기사 · 산업기사 실기
신재생에너지 발전설비 태양광

신정수 저

일진사

머리말

오늘날 신재생에너지의 중요성은 아무리 강조해도 지나치지 않습니다. 우리가 앞으로 전력을 다해서 신재생에너지를 개발해야 하는 이유를 아래와 같이 몇 가지 적어봅니다.

첫째, 인간은 원래 자연에서 왔으므로 자연의 에너지가 가장 자연스럽습니다. 인간이 발명한 형광등, 백열등, LED 전등 등이 아무리 밝아도 대낮 자연의 햇빛이 주는 안정감과 자연스러움을 따라갈 수는 없습니다. 또한 인간이 쓰고 있는 에너지인 석탄, 석유 등의 화석연료는 각종 매연과 이산화탄소를 내뿜어 공해를 유발합니다. 이로 인해 인간은 점점 더 병들어가고 있습니다.

원자력발전소 또한 마찬가지입니다. 체르노빌과 후쿠시마 원자력발전소 사태에서 보았듯이, 간혹 발생하는 원자력의 재앙 앞에 인간은 무기력합니다.

저 무심히 흘러가는 강물이나 지구의 3분의 2를 차지하는 바다, 연일 내리쬐는 햇빛을 좀 보세요. 이러한 막대한 에너지원을 잘만 활용한다면 인간은 에너지의 일대 혁명을 몰고 올 수 있습니다. 지금도 신재생에너지 관련 기술개발을 위해 선진국을 중심으로 대부분의 국가에서 열심히 노력을 하고 있지만, 너무 느립니다. 좀 더 분발해야 할 시기입니다.

둘째, 원자력발전소와 기존 화석연료의 대안이 필요합니다. 최근 대형 원전사고, 국내 9·15 순환정전 사태와 원전비리사건 등 블랙아웃에 대한 우려가 곳곳에 도사리고 있습니다. 더군다나 가채연수가 점점 짧아지고 있는 화석연료에 지나치게 의존하는 것은 앞으로 닥쳐올 위기를 더욱 재촉하는 것입니다.

셋째, 지구온난화 문제의 해결이 필요합니다. 지구는 점점 더 더워지고 있습니다. 예전 우리나라 연근해에서 많이 잡히던 명태, 쥐치, 정어리 등 한류성 어류들은 지금 자취를 감추었거나 그 어획량이 크게 줄어들었습니다. 사과의 주산지는 지금 대구가 아니고 북상하고 있습니다. 남산 위의 저 소나무도 21세기 후반이면 사라질 전망입니다. 더 큰 문제는 온난화로 인한 사막화, 홍수, 가뭄, 해일의 증가, 삶의 터전의 소실, 질병의 증가 등으로, 인간이 앞으로 감당해야 할 숙제는 어마어마합니다. 지구온난화를 유발하는 온실가스를 감축하려면 자연에너지에 가까운 신재생에너지의 사용을 늘리는 방법이 유일하다고 생각합니다.

넷째, 천연 에너지인 태양에너지, 해양에너지, 지열에너지, 그리고 바람에너지인 풍력 등은 그대로 내버려 두기에는 너무 아깝습니다. 우리 인간의 자존심이 허락하지 않을 것입니다. 우리에게는 이들을 개발해내고 발전시켜나가야 할 막중한 책임이 있습니다.

다섯째, 신재생에너지에 대한 개발의 기회는 지구상 그 어느 나라에도, 그 누구에게도 공평합니다. 개발하기에 따라서 엄청난 미래가치를 확보할 수도 있는 것입니다. 즉 신재생에너지에 대한 투자는 국부의 원천으로 이어질 수 있습니다. 신재생에너지의 개발은 앞으로 인류의 선택이 아니라, 반드시 이루어야 할 과제입니다.

이 책은 이렇게 중요하고 향후 비전이 큰 신재생에너지 관련 전문 자격증인 신재생에너지 발전설비 기사·산업기사를 준비하기 위한 교재입니다. 또한 에너지 분야의 기술사, 에너지진단사, 에너지평가사, 에너지관리기사 등을 공부하는 독자에게도 신재생에너지 관련 과목의 필요 지식을 충분히 학습할 수 있도록 최선을 다하였습니다.

특히 '문제풀이'에서는 각 문제마다 '해설'을 자세히 추가하여, 본문에 대한 지나친 반복적 학습을 지양하고 '단기간 시험준비 완성'이 가능하도록 배려하였습니다.

그러나 독자들이 보기에 부족한 부분이 분명히 있을 것입니다. 부족한 부분에 대해서는 많은 조언을 들어 앞으로 계속 업그레이드시킬 것이며, 부단히 증보 및 보강해 나갈 것입니다.

끝으로 이 책의 완성을 위해 지도와 도움을 아끼지 않으신 전주 비전대학교 한우용 교수님과 박효식 교수님, 김지홍 교수님, 조성필 교수님, 박중서 소장님, 이상호 소장님, 송미림 학생, 박수연 학생, ㈜제이앤지 박종우 대표님, ㈜SE&T 김유성 대표님, 도서출판 **일진사**의 남상호 상무님 외 임직원 여러분께 깊은 감사의 말씀을 올립니다. 그리고 원고가 끝날 때까지 항상 옆에서 많은 도움을 준 아내 서현과 딸 이나 그리고 아들 주홍에게도 다시 한 번 진심으로 고마움을 전합니다.

저자 신정수

신재생에너지 발전설비기사 · 산업기사의 전망

○ 근거 법령

국가기술자격법 시행령 제14조제3항 및 국가기술자격법 시행규칙 제8조제1항 관련 [별표 8] 국가기술자격 종목의 시험과목(개정 2011.11.23, 시행일 2013.1.1.)

○ 도입 배경

국제에너지기구에 따르면 전 세계가 지금과 같은 수준으로 화석연료를 사용할 경우 석유는 40년, 석탄은 200년, 천연가스는 60년 정도 사용할 수 있는 양밖에 남아 있지 않다고 한다. 에너지의 대부분을 해외에 의존하고 있는 우리나라로서는 안보 차원에서 에너지 주권을 지킬 수 있는 새로운 에너지원인 '신재생에너지'의 확보가 중요한 과제이다.

또한 화석연료는 현재 지구 최대의 환경문제인 지구온난화의 주범이다. 최근 '기후변화에 관한 정부간 위원회(IPCC)'가 발표한 내용에 따르면 금세기 안에 북극의 빙하가 모두 사라지고 해수면이 59cm까지 상승하는가 하면, 지구 평균 기온이 1.8~4.0℃까지 올라갈 수 있다고 경고하고 있다.

고갈되는 화석연료와 온실가스 감축을 위해서 화석연료를 대체할 에너지가 필요하다. 때문에 황화물(SO_x), 질산화물(NO_x), 미세먼지 등 환경오염 물질의 배출이 없는 환경친화적 에너지인 신재생에너지는 온실가스를 감축하는 청정에너지로, 또한 고갈되어가는 화석연료의 대체에너지로 21세기 성장동력으로 급부상하고 있다.

'신재생에너지 발전설비기사(산업기사)-태양광'은 최근 정부가 역점을 두고 있는 저탄소 녹색성장 분야 인력양성 방안의 일환으로 추진되는 것으로, 해당 종목이 신설될 경우 향후 대체에너지로 주목받고 있는 태양광발전 산업 분야를 이끌 기술 인력의 체계적 육성이 가능할 것으로 기대된다. 신재생에너지 발전소나 모든 건물 및 시설의 신재생에너지 발전시스템 설계 및 인허가, 신재생에너지 발전설비 시공 및 감독, 신재생에너지 발전시스템의 시공 및 작동상태를 감리, 신재생에너지 발전설비의 효율적 운영을 위한 유지 · 보수 및 안전관리 업무 등을 수행하는 곳에 취업이 가능할 것으로 예상된다.

○ 자격증 법제화

고용노동부에 따르면 2013년부터 태양광 분야에서 발전설비기사, 발전설비산업기사, 발전설비기능사 등 3개 국가기술자격을 취득하도록 한 '국가기술자격법 시행령 · 시행규칙 개정안'을 시행하고 있다. 앞으로 정부가 추진하는 주택지원사업, 건물지원사업, 지역지원사업 등의 국책 사업에 태양광 사업자가 참여하기 위해서는 3개의 자격증 중 하나를 꼭 받아야 할 전망이다.

국가기술자격 취득 이유는 '전문성'의 강화에 있다. 이는 태양광이 대체 에너지로 주목받고 있는 만큼 국가 차원에서 기술 인력을 육성하겠다는 의미이다. 고용노동부 관계자는 "국내 태양광 시장이 일정 궤도에 오르면서 전문 인력 양성에 대한 지적이 꾸준히 제기되어 왔다"며 "앞으로 지열, 풍력 등 다른 신재생에너지 사업으로 확대해 나갈 것"이라고 설명했다.

○ 신재생에너지 발전설비기사(태양광)의 전망

최근 청년실업이 사회의 큰 문제로 대두되고 있다. 많은 젊은이들이 직장을 구하기 위해 애쓰고 있지만 쉽지 않은 상황이다. 우리나라가 저성장시대로 들어서게 된다면 아직 준비가 되지 않은 상황에서 고통을 받는 것은 20대들일 것이다. 사실 현재의 우리는 20대뿐만 아니라 전 연령에 걸쳐 고용불안에 시달리고 있다. 이러한 상황에서 나아갈 방향에 대해서 여러 전문가들이 많은 대책을 내놓고 있다. 그러나 현실의 모습을 직시하는 데는 큰 용기가 필요하다. 이럴 때일수록 우리 사회에서 지향하고 있는 생각이나 방향을 읽어내는 것이 무엇보다 중요하다.

최근 우리 사회는 환경에 초점을 맞추어 산업의 발전과 함께 우리가 살고 있는 곳을 안전하면서도 살기 좋게 만드는 방법에 대해 많은 관심을 기울이고 있다. 이러한 시대의 요구에 발맞춰 다양한 자격증이 만들어지고 있는데, 그중에서도 이번에 신설된 신재생에너지 발전설비기사(산업기사)가 가장 눈에 띈다. 실업문제를 해결하는 하나의 방안으로 환경산업이 각광받기 시작한 것이다.

신재생에너지 발전설비기사(산업기사)는 최근 정부가 역점을 두고 있는 저탄소 녹색성장 분야 인력 양성 방안의 일환으로 추진되는 것으로, 해당 종목이 신설될 경우 향후 대체에너지로 주목받고 있는 태양광발전 산업 분야를 이끌 기술 인력의 체계적 육성이 가능할 것으로 기대된다. 신재생에너지 발전소나 모든 건물 및 시설의 신재생에너지 발전시스템 설계 및 인허가, 신재생에너지 발전설비 시공 및 감독, 신재생에너지 발전시스템의 시공 및 작동상태를 감리, 신재생에너지 발전설비의 효율적 운영을 위한 유지·보수 및 안전관리 업무 등을 수행하는 곳에 취업이 가능할 것으로 예상된다.

이 책의 특징

*"신재생에너지에 대한 깊은 이해가 있다면
우리 인류가 나아가야 할 에너지의 방향과 미래가 보입니다!"*

1. 핵심 위주의 해설

신재생에너지 발전설비기사·산업기사를 공부하는 독자를 위해 단시간에 많은 내용을 습득하여 합격의 길로 빨리 갈 수 있게끔 군더더기는 가능한 한 빼고 핵심내용 위주의 이론 해설을 하고 그에 따른 문제를 담았습니다.

2. 문제풀이만으로도 '단기 완성'

문제풀이 부분에서는 각 문제마다 '해설'을 자세히 추가하여, 본문에 대한 지나친 반복적 학습을 지양하고 '단기간 시험준비 완성'이 가능하도록 배려하였습니다.

3. 대학 교재로도 활용 가능

신재생에너지 분야는 신재생이라는 한 분야에만 국한되는 학문이 아닙니다. 온실가스, 지구온난화, 녹색 건축물, 넓게는 공조 분야, 건축설비 분야까지 연관이 아주 많습니다. 따라서 관련된 전 분야에서 현재 일반적으로 통용되는 보편적 기술, 대학 및 기업체의 연구분야 등에서 가장 중요하게 다루어지고 있는 전문적인 핵심기술 등을 추가하여 비교하였으므로 해당 학과 출신이 아니더라도 비교적 이해가 쉽고, 혼자서도 학습할 수 있도록 구성하였습니다.

4. 논리적이고 체계적인 용어해설

보통 깊이가 있는 전문 기술내용들은 논리적이고 체계적인 서술이 아니라면, 독자가 내용을 이해하는 데 혼란이 가중될 수 있으므로, 논리적이고 체계적이면서도 상세한 구성이 될 수 있게 최선을 다하였습니다.

5. 탄탄한 실력

신재생에너지 분야는 탄탄한 수학, 물리, 화학, 공학적 기초지식 위에 발전적 학문이 연구되어야 합니다. 그렇다고 해서 너무 광범위한 관련 지식을 요구하다 보면, '신재생에너지'라는 초점을 흐릴 수도 있기 때문에 핵심적인 관련 지식을 엄선하여 수록함으로써 보다 탄탄한 핵심 기초지식을 비교적 쉽게 터득할 수 있게 하였습니다.

6. 이해력 증진

관련 유사 기술용어들은 가능한 한 함께 묶어 서로 연관지어 이해할 수 있도록 하였고, 사진, 그림, 그래프, 수식 등을 들어가며 해설하였으며, 가장 이해가 쉬운 신재생에너지 기본 교재 및 수험준비서가 될 수 있도록 노력하였습니다.

7. ㈜ 형태로 부연설명

추가적으로 부연설명이 필요한 항목에 대해서는 ㈜표기를 덧붙여 설명이 충분히 될 수 있도록 하였습니다. 특히 필요한 부분에 대해서는 적용사례와 계산문제 등도 같이 덧붙여 설명하였습니다.

8. 사진, 계통도, 그림, 그래프, 수식 등 다수 추가

각 주제의 이해를 돕기 위해 사진, 계통도, 그림, 그래프, 수식, 표, 흐름도 등을 추가하였습니다. 현업에서도 이러한 시각적 표현방법을 잘 참조하여 학습 및 업무에 임한다면 더욱 더 효과적으로 필요한 지식을 체득할 수 있을 것으로 사료됩니다.

9. 깊이 있는 문제풀이

대분류된 각 주제를 중심으로 세부적인 내용까지 자세히 담아, 깊이가 있으면서도 이해가 쉬운 해설을 추가하도록 노력하였습니다. 가장 중요시한 것은 기술의 핵심적 원리, 기술의 대분류 및 소분류(Tree 구조), 각 기술의 분류별 특징 등이지만 보다 세부적인 내용들도 중요하다고 판단되면 해당 주제 혹은 문제에 같이 포함시켜 설명하였습니다.

10. 유용한 자료 제공

블로그(http://blog.naver.com/syn2989)를 통하여 질문을 받고 있습니다. 꼭 책의 내용이 아니더라도 현장 경험상 혹은 실무나 시험에서 부딪히는 문제들을 자유롭게 올려주시면 잘 검토하여 답변을 올려드리도록 하겠습니다.

기사 · 산업기사 · 기능사 시험범위 비교표

과목명	주요항목	기사	산업기사	기능사
• 제1과목 태양광발전 시스템 이론	1. 신재생에너지 개요	○	○	○
	2. 태양광발전 시스템 개요	○	○	○
	3. 태양광 모듈	○	○	○
	4. 태양광 인버터	○	○	○
	5. 관련기기 및 부품	○	○	○
	6. 기초이론	○	○	×
• 제2과목 태양광발전 시스템 설계	1. 태양광 발전시스템 기획	○	×	×
	2. 태양광 발전시스템 설계	○	×	×
	3. 도면작성	○	×	×
• 제3과목 태양광발전 시스템 시공	1. 태양광 발전시스템 시공	○	○	○
	2. 태양광 발전시스템 감리	○	○	×
	3. 송전설비	○	○	×
• 제4과목 태양광발전 시스템 운영	1. 태양광 발전시스템 운영	○	○	○
	2. 태양광 발전시스템 품질관리	○	○	○
	3. 태양광 발전시스템 유지보수	○	○	○
	4. 태양광 발전설비 안전관리	○	○	○
• 제5과목 신재생에너지 관련법규	1. 관련법규	○	○	○
• 2차 실기 태양광발전설비 실무	1. 기획 (부지,경제성,법규,인허가)	○	×	×
	2. 설계	○	○	×
	3. 시공	○	○	○
	4. 감리	○	○ (7.성능진단 제외)	×
	5. 운영 및 유지보수	○	○	○

시험 상세 출제기준(기사 실기)

직무 분야	환경·에너지	중직무 분야	에너지·기상	자격 종목	신재생에너지발전설비 기사(태양광)
• 직무내용 : 신재생에너지설비에 대한 공학적 기초이론 및 숙련기능, 응용기술 등을 가지고 태양광발전설비를 기획, 설계, 시공, 감리, 운영, 유지 및 보수하는 업무 등을 수행					
• 수행준거 : 1. 신재생에너지 발전설비에 필요한 계획단계를 수립할 수 있다.					
2. 신재생에너지 발전설비를 위한 시공 공사를 수행할 수 있다.					
3. 신재생에너지 발전설비 후 운영 및 검토, 유지보수, 관리업무를 수행할 수 있다.					
실기검정방법		필답형		시험시간	2시간 정도

과목명	주요항목	세부항목	세세항목
태양광 발전설비 실무	1. 기획	1. 타당성 및 부지선정하기	1. 부지의 제반사항을 검토할 수 있다. 2. 부지의 허가조건을 검토할 수 있다. 3. 부지의 설치 가능 용량을 산출할 수 있다. 4. 부지의 구조물에 대한 배치 조건을 검토할 수 있다. 5. 부지의 공사 용이성 및 경제성을 검토할 수 있다. 6. 부지의 전력계통 연계 방안 및 조건을 검토할 수 있다. 7. 부지 진입로 조건을 검토할 수 있다. 8. 부지의 적정성(인허가)을 검토할 수 있다. 9. 연간 발전량 산출 및 발전 전력의 판매액을 산출할 수 있다. 10. 총 공사비를 산출할 수 있다. 11. 총 사업비를 산출할 수 있다. 12. 연간 경비를 산정할 수 있다. 13. 연간 수익을 산정할 수 있다. 14. 연간 수익, 연간 비용에 의한 비용, 편익, 현금흐름 등 경제성을 계산할 수 있다.
		2. 법규검토 하기	1. 신에너지 및 재생에너지 개발이용보급 촉진법을 이해할 수 있다. 2. 에너지법을 이해할 수 있다. 3. 에너지이용합리화법을 이해할 수 있다. 4. 저탄소 녹색성장기본법을 이해할 수 있다. 5. 전기관련법 등을 이해할 수 있다.
		3. 기본계획 및 인·허가 받기	1. 필요한 자본금액을 산정할 수 있다. 2. 사업허가서를 작성할 수 있다. 3. 사전환경성 검토를 실시할 수 있다. 4. 발전사업을 위한 전기사업허가요건을 검토할 수 있다. 5. 사용부지 개발행위허가(도시계획결정고시) 등 인허가 요건을 검토할 수 있다. 6. 발전설비 설치인가 요건을 검토할 수 있다.

과목명	주요항목	세부항목	세세항목
	2. 설계	1. 시스템 구성 설계하기	1. 구조물시스템 구성을 설계할 수 있다. 2. 태양광 모듈을 중심으로 한 발전시스템 구성을 설계할 수 있다. 3. 관제시스템(방범/방재설비, 태양광 모니터링설비 등) 구성을 설계할 수 있다.
		2. 계산서 작성하기	1. 구조 계산서를 검토할 수 있다. 2. 전압강하 계산서를 작성할 수 있다. 3. 변압기 용량 계산서를 작성할 수 있다. 4. 차단기 용량 계산서를 작성할 수 있다. 5. 태양광 인버터 용량 계산서를 작성할 수 있다. 6. 모듈 직병렬 계산서를 작성할 수 있다.
		3. 도면작성하기	1. 태양광발전 시스템 도면을 작성할 수 있다. 2. 토목배치 도면을 작성할 수 있다. 3. 구조물 도면을 작성할 수 있다. 4. 관제실(방범/방재, 태양광 모니터링) 건축도면을 작성할 수 있다.
		4. 시방서 작성하기	1. 일반시방서를 작성할 수 있다. 2. 건축, 토목, 구조물 관련 시방서를 작성할 수 있다. 3. 특기시방서를 작성할 수 있다.(모듈, 태양광 인버터, 각종 주변기기) 4. 공사공정도를 작성할 수 있다.
		5. 내역서 작성하기	1. 소요장비 내역서를 작성할 수 있다. 2. 소요자재 내역서를 작성할 수 있다. 3. 소요인력 내역서를 작성할 수 있다.
	3. 시공	1. 설계도서 검토 및 해당공사 발주하기	1. 설계도서의 의도와 내용을 검토할 수 있다. 2. 토목공사 업체를 결정하고 토목공사를 발주할 수 있다. 3. 모듈, 태양광 인버터, 접속함, 모니터링 등 태양광 시스템을 발주할 수 있다. 4. 구조물 공사를 발주할 수 있다. 5. 관제실 구축을 위한 시공업체를 결정하고 건축공사를 발주할 수 있다.
		2. 구조물 및 부속설비 설치하기	1. 선정부지의 경계 측량을 검토할 수 있다 2. 선정부지의 정지작업을 할 수 있다. 3. 구조물 기초공사를 할 수 있다. 4. 구조물 조립공사를 할 수 있다. 5. 울타리공사를 할 수 있다. 6. 관제실(방범/방재, 태양광 모니터링) 공사를 관리할 수 있다.
		3. 모듈 및 전기설비 설치하기	1. 모듈을 설치할 수 있다. 2. 어레이를 결선할 수 있다. 3. 접속함을 설치할 수 있다. 4. 접속함을 결선할 수 있다. 5. 태양광 인버터를 설치할 수 있다 6. 전기설비를 설치할 수 있다.

과목명	주요항목	세부항목	세세항목
		4. 시운전하기	1. 신재생에너지 발전설비의 설치상태를 확인할 수 있다. 2. 발전설비테스트를 실시할 수 있다. 3. 각종 설비 동작의 상태를 확인할 수 있다.
		5. 준공도서 작성하기	1. 준공 도면을 작성할 수 있다. 2. 준공 내역서를 작성할 수 있다. 3. 유지관리 지침서를 작성할 수 있다. 4. 인수인계서를 작성할 수 있다.
		1. 착공 시 감리 업무하기	1. 감리업무를 검토할 수 있다. 2. 설계도서를 검토할 수 있다. 3. 사무실의 설치 및 설계도서를 관리할 수 있다. 4. 착공신고서를 검토 및 보고할 수 있다. 5. 공사 표지판을 설치할 수 있다. 6. 하도급 관련 사항을 검토할 수 있다. 7. 현장 여건을 조사할 수 있다. 8. 인허가 업무를 검토할 수 있다.
		2. 시공 시 감리 업무하기	1. 감리를 기록하고 관리할 수 있다. 2. 토목배치 도면을 작성할 수 있다. 3. 부실공사방지 세부계획을 점검할 수 있다. 4. 공사업자에 대한 지시 및 수명사항을 처리할 수 있다.
		3. 품질관리하기	1. 품질관리에 관한 시험의 요령 및 조치를 취할 수 있다. 2. 시험성과를 검토할 수 있다. 3. 공인기관의 성능평가 결과를 검토할 수 있다.
		4. 공정관리하기	1. 시공 계획서를 검토할 수 있다. 2. 시공 상세도를 검토할 수 있다. 3. 시공 상태를 확인하고 검사할 수 있다.
		5. 안전관리하기	1. 태양광발전의 안전점검 절차서를 작성할 수 있다. 2. 기성부분 검사 절차서를 작성할 수 있다.
		6. 준공검사하기	1. 준공검사를 위한 요건을 검토할 수 있다. 2. 유지관리 및 하자보수 지침서를 검토할 수 있다.
		7. 발전시스템 성능 진단하기(산업기사 제외)	1. 태양광 모듈의 출력량을 점검할 수 있다. 2. 태양광 인버터의 입·출력량을 점검할 수 있다. 3. 접속함의 입·출력량을 점검할 수 있다. 4. 태양광 인버터의 과전압 및 지락시험을 할 수 있다.
	5. 운영 및 유지보수	1. 태양광 모니터링 시스템관리하기	1. 순간발전량 검출상태를 점검할 수 있다. 2. 일별 및 월별 발전량을 검출·점검할 수 있다. 3. 데이터 전송 통신 상태를 점검할 수 있다.

과목명	주요항목	세부항목	세세항목
		2. 태양광 전기실 관리하기	1. 승압변압기 상태를 점검할 수 있다. 2. 전기실 통풍상태를 점검할 수 있다. 3. 케이블 상태를 점검할 수 있다. 4. 차단기 동작 상태를 점검할 수 있다.
		3. 유지보수 계획 수립하기	1. 월별/연간/정밀 보수 계획을 수립할 수 있다. 2. 부품별 보유수량을 검토할 수 있다. 3. 예비품 리스트를 작성할 수 있다. 4. 부품 리스트 관리 위치를 지정할 수 있다. 5. 소모성 부품의 상태를 점검할 수 있다. 6. 보호기능 작동상태를 점검할 수 있다. 7. 정비 매뉴얼을 분석할 수 있다. 8. 정기정비 일정 계획을 점검할 수 있다. 9. 일정에 따라 자재, 인력, 공기구를 점검할 수 있다.
		4. 정기보수 실시하기	1. 필요자재, 장비 상태를 점검할 수 있다. 2. 소요장비의 수량을 산출할 수 있다. 3. 장비리스트를 작성할 수 있다. 4. 장비 보관 위치를 작성할 수 있다. 5. 예산계획을 수립할 수 있다. 6. 정기보수일정을 수립할 수 있다. 7. 유지보수업체를 리스트를 작성할 수 있다. 8. 필요자재, 공기구를 점검할 수 있다. 9. 작업안전 절차를 준수하여 보수작업을 할 수 있다. 10. 작업 및 점검결과를 분석할 수 있다. 11. 분석결과에 따라 정비 계획을 수정할 수 있다.
		5. 긴급보수 실시하기	1. 전기실 상태를 점검할 수 있다. 2. 공구 및 장비를 점검할 수 있다. 3. 긴급상황 발생 시 상황에 맞게 보수작업을 할 수 있다. 4. 작업안전 절차를 준수하여 보수작업을 할 수 있다.
		6. 안전교육 실시하기	1. 작업착수 전 작업절차를 교육할 수 있다. 2. 보호 장구 상태를 교육할 수 있다. 3. 전기설비 안전장비상태 등 각종 안전 교육할 수 있다.
		7. 안전장비 보유상태 확인하기	1. 정기 안전검사 대상을 점검할 수 있다. 2. 보호 장구상태를 점검할 수 있다. 3. 전기설비 안전장비상태를 점검할 수 있다. 4. 정기 안전 검사를 실시할 수 있다. 5. 안전점검 일지를 작성할 수 있다.

시험 상세 출제기준(산업기사 실기)

직무 분야	환경·에너지	중직무 분야	에너지·기상	자격 종목	신재생에너지발전설비 산업기사(태양광)

- 직무내용 : 신재생에너지설비에 대한 공학적 기초이론 및 숙련기능, 응용기술 등을 가지고 태양광발전설비를 설계, 시공, 감리, 운영, 유지 및 보수하는 업무 등을 수행
- 수행준거 : 1. 신재생에너지발전설비에 필요한 장비 및 공구를 사용할 수 있다.
  2. 신재생에너지 발전설비와 관련한 시공 관련 공사를 수행할 수 있다.
  3. 신재생에너지 발전설비 후의 시험 검사 업무 및 유지관리에 필요한 측정 및 점검업무를 수행할 수 있다.

실기검정방법	필답형	시험시간	2시간 정도

과목명	주요항목	세부항목	세세항목
태양광 발전설비 실무	1. 설계	1. 시스템구성 설계하기	1. 구조물시스템 구성을 설계할 수 있다. 2. 태양광 모듈을 중심으로 한 발전시스템 구성을 설계할 수 있다. 3. 관제시스템(방범/방재설비, 태양광 모니터링설비 등) 구성을 설계할 수 있다.
		2. 계산서 작성하기	1. 구조 계산서를 검토할 수 있다. 2. 전압강하 계산서를 작성할 수 있다. 3. 변압기 용량 계산서를 작성할 수 있다. 4. 차단기 용량 계산서를 작성할 수 있다. 5. 태양광 인버터 용량 계산서를 작성할 수 있다. 6. 모듈 직병렬 계산서를 작성할 수 있다.
		3. 도면 작성하기	1. 태양광발전 시스템 도면을 작성할 수 있다. 2. 토목배치 도면을 작성할 수 있다. 3. 구조물 도면을 작성할 수 있다. 4. 관제실(방범/방재, 태양광 모니터링) 건축도면을 작성할 수 있다.
		4. 시방서 작성하기	1. 일반 시방서를 작성할 수 있다. 2. 건축, 토목, 구조물 관련 시방서를 작성할 수 있다. 3. 특기 시방서를 작성할 수 있다.(모듈, 태양광 인버터, 각종 주변기기) 4. 공사공정도를 작성할 수 있다.
		5. 내역서 작성하기	1. 소요장비 내역서를 작성할 수 있다. 2. 소요자재 내역서를 작성할 수 있다. 3. 소요인력 내역서를 작성할 수 있다.
	2. 시공	1. 설계도서 검토 및 해당공사 발주하기	1. 설계도서의 의도와 내용을 검토할 수 있다. 2. 토목공사 업체를 결정하고 토목공사를 발주할 수 있다. 3. 모듈, 태양광 인버터, 접속함, 모니터링 등 태양광 시스템을 발주할 수 있다. 4. 구조물 공사를 발주할 수 있다. 5. 관제실 구축을 위한 시공업체를 결정하고 건축공사를 발주할 수 있다.

과목명	주요항목	세부항목	세세항목
		2. 구조물 및 부속설비 설치하기	1. 선정부지의 경계 측량을 검토할 수 있다 2. 선정부지의 정지작업을 할 수 있다. 3. 구조물 기초공사를 할 수 있다. 4. 구조물 조립공사를 할 수 있다. 5. 울타리공사를 할 수 있다. 6. 관제실(방범/방재, 태양광 모니터링) 공사를 관리할 수 있다.
		3. 모듈 및 전기설비 설치하기	1. 모듈을 설치할 수 있다. 2. 어레이를 결선할 수 있다. 3. 접속함을 설치할 수 있다. 4. 접속함을 결선할 수 있다. 5. 태양광 인버터를 설치할 수 있다 6. 전기설비를 설치할 수 있다.
		4. 시운전하기	1. 신재생에너지 발전설비의 설치상태를 확인할 수 있다. 2. 발전설비테스트를 실시할 수 있다. 3. 각종 설비 동작의 상태를 확인할 수 있다.
		5. 준공도서 작성하기	1. 준공 도면을 작성할 수 있다. 2. 준공 내역서를 작성할 수 있다. 3. 유지관리 지침서를 작성할 수 있다. 4. 인수인계서를 작성할 수 있다.
	3. 감리	1. 착공 시 감리업무 하기	1. 감리업무를 검토할 수 있다. 2. 설계도서를 검토할 수 있다. 3. 사무실의 설치 및 설계도서를 관리할 수 있다. 4. 착공신고서를 검토 및 보고할 수 있다. 5. 공사 표지판을 설치할 수 있다. 6. 유관자 합동회의를 실시할 수 있다. 7. 하도급 관련 사항을 검토할 수 있다. 8. 현장 여건을 조사할 수 있다. 9. 인허가 업무를 검토할 수 있다.
		2. 시공 시 감리 업무하기	1. 감리를 기록하고 관리할 수 있다. 2. 토목배치 도면을 작성할 수 있다. 3. 부실공사방지 세부계획을 점검할 수 있다. 4. 공사업자에 대한 지시 및 수명사항을 처리할 수 있다.
		3. 품질관리하기	1. 품질관리에 관한 시험의 요령 및 조치를 취할 수 있다. 2. 시험성과를 검토할 수 있다. 3. 공인기관의 성능평가 결과를 검토할 수 있다.
		4. 공정관리하기	1. 시공 계획서를 검토할 수 있다. 2. 시공 상세도를 검토할 수 있다. 3. 시공 상태를 확인하고 검사할 수 있다.
		5. 안전관리 하기	1. 태양광 발전의 안전점검 절차서를 작성할 수 있다. 2. 기성부분 검사 절차서를 작성할 수 있다.

16 시험 상세 출제기준

과목명	주요항목	세부항목	세세항목
		6. 준공검사하기	1. 준공검사를 위한 요건을 검토할 수 있다. 2. 유지관리 및 하자보수 지침서를 검토할 수 있다.
	4. 운영 및 유지보수	1. 태양광 모니터링 시스템관리하기	1. 순간발전량 검출상태를 점검할 수 있다. 2. 일별 및 월별 발전량을 검출·점검할 수 있다. 3. 데이터 전송 통신 상태를 점검할 수 있다.
		2. 태양광 전기실 관리하기	1. 승압변압기 상태를 점검할 수 있다. 2. 전기실 통풍상태를 점검할 수 있다. 3. 케이블 상태를 점검할 수 있다. 4. 차단기 동작 상태를 점검할 수 있다.
		3. 유지보수 계획 수립하기	1. 월별/연간/정밀 보수 계획을 수립할 수 있다. 2. 부품별 보유수량을 검토할 수 있다. 3. 예비품 리스트를 작성할 수 있다. 4. 부품 리스트 관리 위치를 지정할 수 있다. 5. 소모성 부품의 상태를 점검할 수 있다. 6. 보호기능 작동상태를 점검할 수 있다. 7. 정비 매뉴얼을 분석할 수 있다. 8. 정기정비 일정 계획을 점검할 수 있다. 9. 일정에 따라 자재, 인력, 공기구를 점검할 수 있다.
		4. 정기보수 실시하기	1. 필요자재, 장비 상태를 점검할 수 있다. 2. 소요장비의 수량을 산출할 수 있다. 3. 장비리스트를 작성할 수 있다. 4. 장비 보관 위치를 작성할 수 있다. 5. 예산계획을 수립할 수 있다. 6. 정기보수일정을 수립할 수 있다. 7. 유지보수업체를 리스트를 작성할 수 있다. 8. 필요자재, 공기구를 점검할 수 있다. 9. 작업안전 절차를 준수하여 보수작업을 할 수 있다. 10. 작업 및 점검결과를 분석할 수 있다. 11. 분석결과에 따라 정비 계획을 수정할 수 있다.
		5. 긴급보수 실시하기	1. 전기실 상태를 점검할 수 있다. 2. 공구 및 장비를 점검할 수 있다. 3. 긴급상황 발생시 상황에 맞게 보수작업을 할 수 있다. 4. 작업안전 절차를 준수하여 보수작업을 할 수 있다.
		6. 안전교육 실시하기	1. 작업착수 전 작업절차를 교육할 수 있다. 2. 보호 장구 상태를 교육할 수 있다. 3. 전기설비 안전장비상태 등 각종 안전 교육할 수 있다.
		7. 안전장비 보유상태 확인하기	1. 정기 안전검사 대상을 점검할 수 있다. 2. 보호 장구상태를 점검할 수 있다. 3. 전기설비 안전장비상태를 점검할 수 있다. 4. 정기 안전 검사를 실시할 수 있다. 5. 안전점검 일지를 작성할 수 있다.

차 례

Part 1 태양광발전 시스템 기획

제1장 태양광 일반, 경제성 및 부지선정

- 1-1 태양광에너지(Photovoltaics) 개요 · 22
- 1-2 태양광의 특징 ······················ 23
- 1-3 태양광발전과 태양열발전의 차이 · 25
- 1-4 광전효과와 광기전력효과 ········· 26
- 1-5 태양전지의 원리 ···················· 26
- 1-6 태양전지의 분류 및 표시 ········· 27
- 1-7 태양광 모듈과 어레이 ············· 33
- 1-8 BIPV ································· 36
- 1-9 태양광발전 시스템의 구성 ········ 38
- 1-10 전력과 역률 ························· 39
- 1-11 변압기 ································ 41
- 1-12 전력부하 관련 용어 ··············· 42
- 1-13 부지 선정 방법 ···················· 43
- 1-14 경제성 분석방법 ··················· 46
- ■예상문제 ···································· 48

제2장 법규 검토

- 2-1 신에너지 및 재생에너지 개발·이용· 보급 촉진법 ························ 66
- 2-2 저탄소 녹색성장 기본법 및 시행령 ·· 83
- 2-3 에너지이용 합리화법 ·············· 91
- 2-4 에너지법 ····························· 102
- 2-5 전기사업법과 시행령 및 시행규칙 ··· 108
- 2-6 전기공사업법과 시행령 및 시행규칙 ·· 141
- ■예상문제 ·································· 154

제3장 기본계획 및 인·허가

- 3-1 발전전력 운영계획 ··············· 163
- 3-2 인·허가사항 ······················· 166
- 3-3 태양광발전 시스템의 분류별 법 철차 ·· 168
- ■예상문제 ·································· 170

Part 2 태양광발전 시스템 설계

제1장 시스템 구성 설계 및 계산서 작성

- 1-1 일사량과 일조량 ·················· 176
- 1-2 태양광 파워컨디셔너 ············· 179
- 1-3 바이패스 다이오드 ··············· 192
- 1-4 역류방지 소자 ····················· 192
- 1-5 접속함 ······························ 193
- 1-6 교류 측 기기 ······················ 196
- 1-7 축전지의 적용 및 분류 ·········· 197
- 1-8 축전지 용량 계산 ················ 199
- 1-9 분산형 전원 배전계통 연계 ········· 202
- 1-10 계통연계 보호장치 ················ 207
- 1-11 구조설계 방법 ······················ 207
- 1-12 얕은 기초의 설계방법 ············ 208
- 1-13 가대설계의 절차 ·················· 210
- 1-14 태양광어레이용 가대 ············· 210
- 1-15 설치 전 사전준비 ················· 213
- 1-16 태양전지 검토 및 선정 ··········· 215
- 1-17 어레이 이격거리 및 등가 가동시간 산정 ············· 218

1-18	태양광발전 시스템 효율 계산 ……… 219		제2장 도면·시방서·내역서 작성	
1-19	태양전지 모듈의 특성 ……………… 220			
1-20	어레이(Array)의 구성 및 계산 …… 223	2-1	도면작성 방법 ………………… 243	
1-21	태양광발전 시스템 설계 관련 용어 ·· 224	2-2	건축물의 설계도서 작성기준 ……… 244	
1-22	구조계산 ……………………… 224	2-3	도면 표시기호 ………………… 247	
1-23	전압강하 계산 ………………… 226	2-4	내역서 ………………………… 253	
■ 예상문제 ……………………………… 228		■ 예상문제 ……………………………… 257		

Part 3 태양광발전 시스템 시공

제1장 설계도서 검토 및 해당공사 발주

1-1	설계도서 검토 ………………… 262
1-2	시설공사 계획 ………………… 264
1-3	태양전지 설치각도 …………… 266
1-4	태양광발전설비 설치공사 ………… 267
■ 예상문제 ……………………………… 270		

제2장 구조물·부속설비·모듈·전기설비 설치

2-1	기초공사 ……………………… 273
2-2	모듈 및 기기 설치 시 주의사항 …… 275
2-3	태양광 어레이의 분류 …………… 275
2-4	전기공사의 절차 ……………… 277
2-5	배선공사 방법 ………………… 278
2-6	전압강하 ……………………… 280
2-7	태양전지 어레이 검사 ………… 281
2-8	절연테이프의 종류 …………… 282
2-9	접지공사 ……………………… 282
2-10	송전방식 ……………………… 289
2-11	전선의 접속 …………………… 290

2-12	이도(Dip) ……………………… 291
2-13	전선로 하중 …………………… 292
2-14	중성점 접지방식 비교 ………… 294
2-15	송전선로 ……………………… 296
2-16	송전설비 주요 용어 …………… 307
2-17	지중전선로 …………………… 310
2-18	배전선로 배전방식 …………… 311
■ 예상문제 ……………………………… 323		

제3장 시운전 및 준공도서

3-1	시운전 및 준공 ………………… 331
3-2	CPM/PERT/CM 기법 ………… 332
3-3	VE(Value Engineering) ………… 334
3-4	점검방법과 시험방법 …………… 335
3-5	절연저항의 측정 ……………… 336
3-6	태양전지 어레이의 개방전압 측정 … 340
3-7	운전상태에 따른 시스템 발생신호 … 341
3-8	절연내력 측정 시험 …………… 342
3-9	접지저항의 측정 ……………… 343
■ 예상문제 ……………………………… 345		

Part 4 태양광발전 시스템 감리

제1장 감리업무 및 품질관리

1-1 공사감리 및 감리
(전력기술관리법상 정의) ············ 350
1-2 용어의 정의 ································ 350
1-3 지원업무 담당자의 주요 업무 ········ 351
1-4 감리원의 기본업무와 지위 ·········· 351
1-5 감리원의 업무자세와 근무지침 ····· 352
1-6 상주감리원의 현장근무와
감리원의 권한 ···························· 353
1-7 비상주감리원의 업무범위 ············ 354
1-8 발주자의 지도·감독 및
부실감리에 대한 제재 ················ 355
1-9 감리업무 착수 및 업무 연락처 보고 · 356
1-10 감리원의 설계도서 등의
검토 및 관리 ···························· 357
1-11 설계감리원의 업무범위 및 설계도서 ··· 359
1-12 시공단계 감리기록 관리 ············ 360
1-13 발주자에게 보고사항 ················ 361
1-14 시공단계 품질관리 ···················· 363
1-15 시공관리 관련 감리업무 ············ 366
1-16 설계변경 및 계약금액의 조정 ········ 371
1-17 태양광발전 시스템의 품질관리 ······ 373
1-18 품질관리 사항 ·························· 375
1-19 관련 규격 ································ 377
■ 예상문제 ·· 380

제2장 공정·안전관리 및 준공검사

2-1 공정관리 및 안전관리 ················ 387
2-2 기성 및 준공검사 ······················ 389
2-3 인수·인계 ································ 392
■ 예상문제 ·· 397

제3장 발전시스템 성능진단

3-1 성능 진단 시 주의사항 ·············· 403
3-2 성능의 진단 ······························ 403
■ 예상문제 ·· 407

Part 5 태양광발전 시스템 운영 및 유지보수

제1장 태양광 운영·모니터링·전기실 관리

1-1 태양광발전 시스템의 운영방법 ······ 412
1-2 태양광발전 모니터링 프로그램 ······ 415
1-3 전기실 ······································ 417
1-4 전기실 기기 ······························ 418
1-5 고효율 변압기 ·························· 421
1-6 사후관리 ·································· 423
1-7 유지관리체계 ···························· 423
■ 예상문제 ·· 424

제2장 유지·정기·긴급보수 계획 및 실시

2-1 태양광발전 시스템 유지관리 ……… 431
2-2 태양광발전설비 점검 ……………… 431
2-3 태양광발전 설비의 유지관리방법 …… 432
2-4 보수점검 작업 ……………………… 433
2-5 설비의 내구연한(내용연수) ………… 436
2-6 태양광발전설비의 품질기준 및
    점검 시 유의사항 …………………… 437
2-7 일상순시점검에 의한 처리 방법 …… 438
2-8 보수점검의 내용(점검 분류) ………… 438
2-9 공사의 공종별 담보책임 존속기간 …… 439
2-10 태양광발전 시스템의 점검
    (일반적 분류) ………………………… 443
2-11 유지관리의 자세 및 하자 발생 시
    조치사항 ……………………………… 449
2-12 신·재생에너지설비의 하자보증기간 … 450
■ 예상문제 ……………………………… 451

제3장 안전교육 및 안전장비

3-1 태양광발전설비 안전대책 ………… 458
3-2 정전 작업 …………………………… 459
3-3 활선 및 활선근접 작업 …………… 460
3-4 전기안전 작업수칙 ………………… 462
3-5 태양광발전설비의 안전관리 대책 …… 462
3-6 전기안전 주의사항 ………………… 463
■ 예상문제 ……………………………… 451

부록 과년도 출제문제

■ 2013년 11월 9일 기사 시행문제 ……………………………………………… 470
■ 2013년 11월 9일 산업기사 시행문제 ………………………………………… 482
■ 2014년 11월 1일 기사 시행문제 ……………………………………………… 493
■ 2014년 11월 1일 산업기사 시행문제 ………………………………………… 504
■ 2015년 7월 12일 기사 시행문제 ……………………………………………… 513
■ 2015년 7월 12일 산업기사 시행문제 ………………………………………… 522
■ 2015년 11월 7일 기사 시행문제 ……………………………………………… 531
■ 2015년 11월 7일 산업기사 시행문제 ………………………………………… 541

참고문헌 ………………………………………………………………………… 550

제1편

태양광발전 시스템 기획

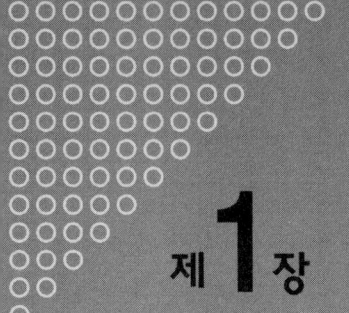

제1장 태양광 일반, 경제성 및 부지선정

1-1 태양광에너지(Photovoltaics) 개요

　태양광발전 시스템은 태양광의 광전효과를 이용하여 태양광을 직접 전기에너지로 변환 및 이용하는 장치이며, 태양전지로 구성된 모듈 및 어레이, 축전장치, 제어장치, 전력변환장치(인버터), 계통연계장치, 기타 보호장치 등으로 구성된다.

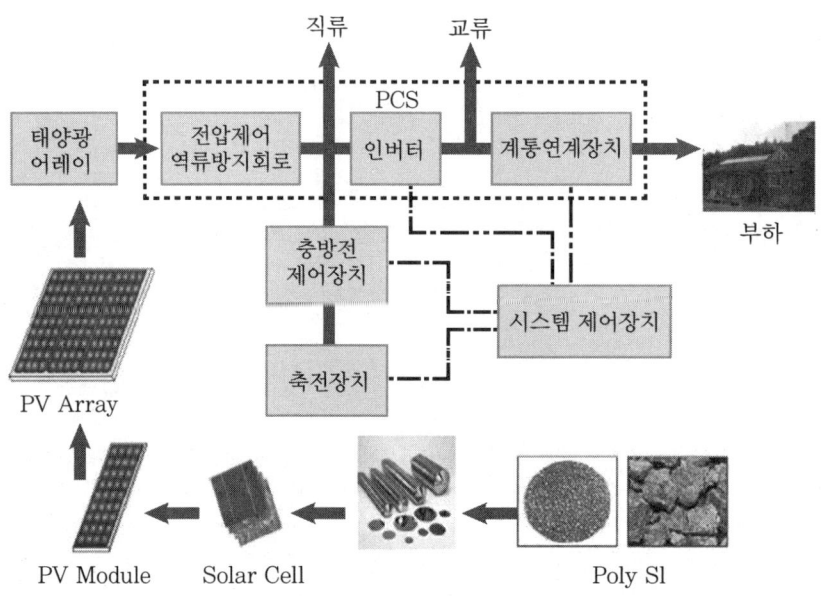

태양광시스템의 시스템 구성

(1) 태양광에너지의 장점

　① 무공해, 무제한
　② 청정에너지원
　③ 부지 부족 시에는 건물일체형으로도 구현 가능
　④ 유지보수 용이

⑤ 무인화 가능
⑥ 장기수명(약 20년 이상)
⑦ 안정적인 계통연계형으로도 구현 가능

(2) 태양광에너지의 단점

① 지역별, 시간별, 계절별, 기후별로 전력 생산량 차이가 많이 발생
② 시스템 초기 설치비용과 발전단가 높음
③ 태양에너지의 전기 변환효율 낮음

(3) 태양전지의 역사

① 1839년 : Alexandre Edmond Becquerel(프랑스)이 최초로 광전효과(Photovoltaic Effect)를 발견
② 1870년대 : Heinrich Rudolf Hertz의 Se의 외부 광전효과 연구 이후 효율 1~2%의 Se Cell이 개발되어 사진기의 노출계에 사용
③ 1940년대~1950년대 초 : 초고순도 단결정실리콘을 제조할 수 있는 Czochralski Process(CZ법 ; 초크랄스키법)가 개발
④ 1949년 : Schockely(쇼클리)에 의해 p-n 접합이론 발표
⑤ 1954년 : Bell 연구소에서 효율 4%의 실리콘 태양전지 개발
⑥ 1958년 : 미국의 Vanguard(뱅가드) 위성에 최초로 태양전지를 탑재한 이후 모든 위성에 태양전지 사용
⑦ 1970년대 : Oil Shock 이후 태양전지의 연구개발 및 상업화에 수십억 달러가 투자되면서 태양전지의 상업화 급진전
⑧ 2010년대 이후 : 태양전지효율 약 10~20%, 수명 약 20년 이상, 모듈가격 $2/W 내외에서 하락 중

1-2 태양광의 특징

(1) 태양방사선의 특징

① '복사열'과 유사한 전자기 방사의 형태(전파, X레이, 따뜻한 난로 등)
② 태양 복사 에너지의 약 절반은 인간의 눈으로 감지할 수 있는 파장 내

③ 지구 대기권 밖 태양 방사선의 강도는 일반 온돌패널의 약 10배 이상이다.
④ 오존층에 의해 단파장이 흡수되어 0.2~0.3nm 영역에서는 대기 외부와 지표 측의 스펙트럼이 차이가 난다.
⑤ 스펙트럼 파장대 에너지 밀도는 자외선 영역이 5%, 가시광선 영역이 46%, 근적외선 영역이 49% 수준이다.

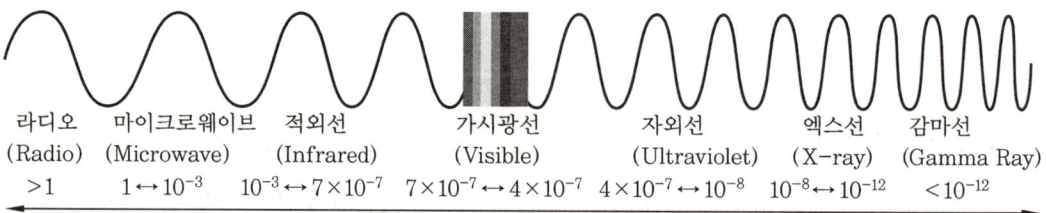

태양광 스펙트럼

(2) 태양각의 중요성

① 태양열 시스템의 성능에 큰 영향을 끼치는 중요한 요소
② 태양열 집열판의 설치 경사각이 태양각과 수직
③ 연간 태양의 고도가 변함에 따른 태양각의 변동
④ **혼합식 (태양)추적법** : '감지식 추적법 + 프로그램 추적식'으로 우수함

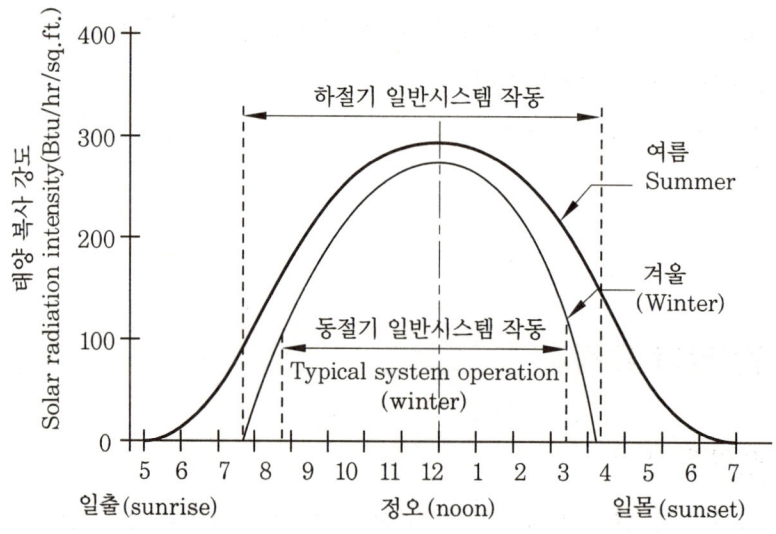

태양복사량(맑은 날, 40° 경사, 정남향)

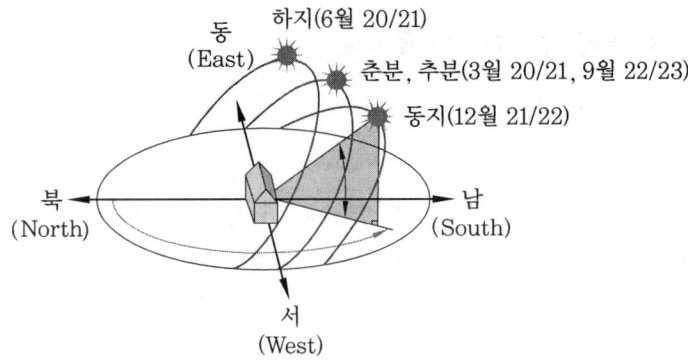

태양각의 변화추이

1-3 태양광발전과 태양열발전의 차이

① **태양광발전** : 태양빛 → 직접 전기 생산
② **태양열발전** : 태양빛 → 기계적 에너지로 바꾼 후 → 재차 전기 생산

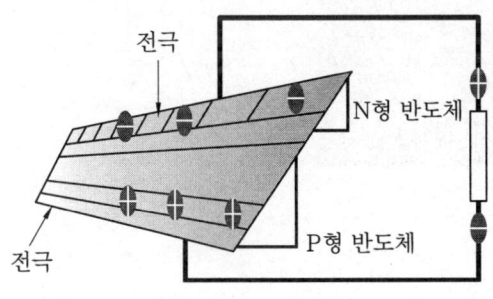

태양광발전

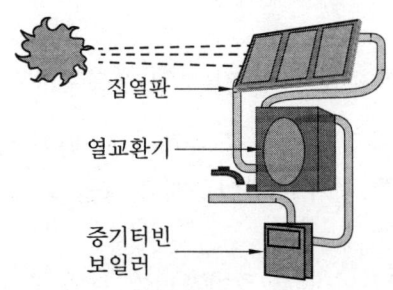

태양열발전

1-4 광전효과와 광기전력효과

(1) 광전효과

아인슈타인이 빛의 입자성을 이용하여 설명한 현상으로, 금속 등의 물질에 일정한 진동수 이상의 빛을 비추었을 때 물질의 표면에서 전자가 튀어나오는 현상

① **외부 광전효과** : 단파장 조사 시 외부에 자유전자 방출(광전관, 빛의 검출/측정 등에 사용)

② **내부 광전효과** : 전자 및 정공 발생

(2) 광기전력효과

어떤 종류의 반도체에 빛을 조사하면 조사된 부분과 조사되지 않은 부분 사이에 전위차(광기전력)를 발생시킨다.

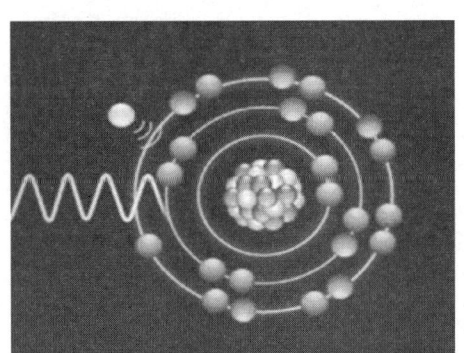

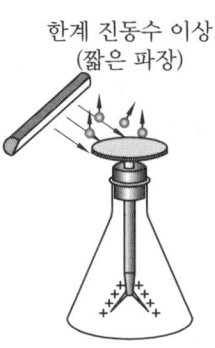

한계 진동수 이하 (긴 파장)
금속박이 벌어지지 않는다(광전자가 튀어나가지 않는다).

한계 진동수 이상 (짧은 파장)
금속박이 벌어진다. (광전자가 튀어나간다.)

1-5 태양전지의 원리

(1) 빛이 부딪치면 플러스와 마이너스를 갖는 입자(정공과 전자) 생성

① **-전자는 n형 반도체** : 자유전자 밀도를 높게 하기 위해 불순물(Dopant)로 인, 비소, 안티몬과 같은 5가 원자를 첨가한다[이렇게 전자를 잃고 이화된 불순물 원자를 도너(Donor)라고 한다].

② **+정공은 p형 반도체** : 정공의 수를 증가시키기 위해 불순물로 알루미늄, 붕소, 갈륨 등의 3가 원소를 첨가 한다[이러한 불순물 원자를 억셉터(Acceptor)라고 한다].

(2) 전류의 흐름

① 태양전지가 빛을 받으면 광기전력효과(반도체에 빛을 조사하면 조사된 부분과 조사되지 않은 부분 사이에 전위차가 발생하는 현상)에 의해 전자는 전면 전극으로, 정공은 후면 전극으로 형성된다.
② 태양전지 외부에 도선 및 부하를 걸면 전류는 +극에서 -극으로 흐르게 된다.

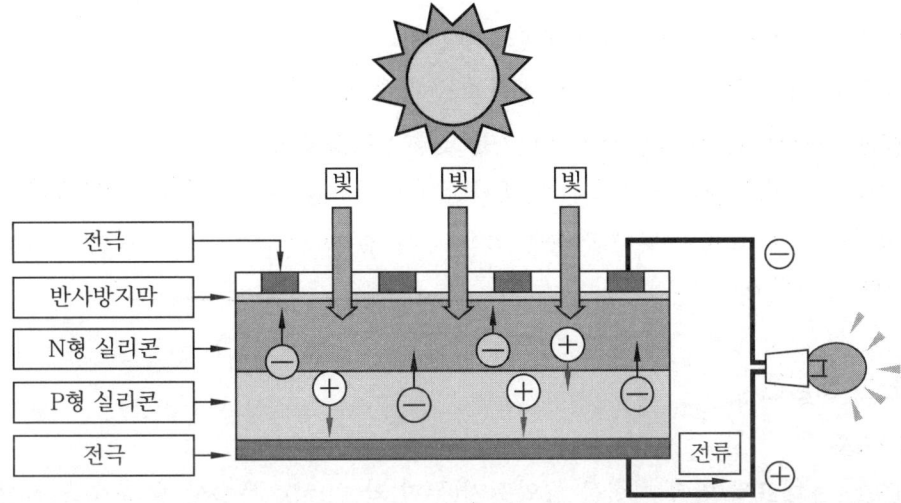

1-6 태양전지의 분류 및 표시

(1) 실리콘계 태양전지

① 결정계(단결정, 다결정)
  ㈎ 변환효율이 높다(약 12~20% 정도).
  ㈏ 실적에 의한 신뢰성이 보장된다.
  ㈐ 현재 태양광발전 시스템에 일반적으로 사용되는 방식이다.
  ㈑ 변환효율은 단결정이 유리하고, 가격은 다결정이 유리하다.
  ㈒ 방사조도의 변화에 따라 전류가 매우 급격히 변화하고, 모듈 표면온도 증감에 대해서 전압의 변동이 크다.
  ㈓ 결정계는 온도가 상승함에 따라 출력이 약 0.45%/℃ 감소한다.
  ㈔ 실리콘계 태양전지의 발전을 위한 태양광 파장영역은 약 300~1,200nm이다.

② 아모포스계(비결정계 ; Amorphous)
  ㈎ 구부러지는(왜곡되는) 것이다.
  ㈏ 변환효율 : 약 7~10% 정도
  ㈐ 생산단가가 가장 낮은 편이며, 소형시계, 계산기 등에도 많이 적용된다.
  ㈑ 결정계에 비하여 고전압 및 저전류의 특성을 지니고 있다.
  ㈒ 온도가 상승함에 따라 출력이 약 0.25%/℃ 감소한다(온도가 높은 지역이나 사막 지역 등에 적용하기에는 결정계보다 유리하다).
  ㈓ 결정계 대비 초기 열화에 의한 변환효율 저하가 심한 편이다.
③ 박막형 태양전지(2세대 태양전지 ; 단가를 낮추는 기술에 초점)
  ㈎ 실리콘을 얇게 만들어 태양전지 생산단가를 절약할 수 있도록 하는 기술이다.
  ㈏ 결정계 대비 효율이 낮은 단점이 있으나, 탠덤 배치구조 등으로 많은 극복을 위한 노력이 전개되고 있다.

(2) 화합물 태양전지

① II-VI족
  ㈎ CdTe : 대표적 박막 화합물 태양전지(두께 약 2μm), 우수한 광 흡수율(직접 천이형), 밴드갭 에너지는 1.45eV(전자볼트), 단일 물질로 pn 반도체 동종 성질을 나타냄, 후면 전극은 금/은/니켈 등 사용, 고온환경의 박막 태양전지로 많이 응용

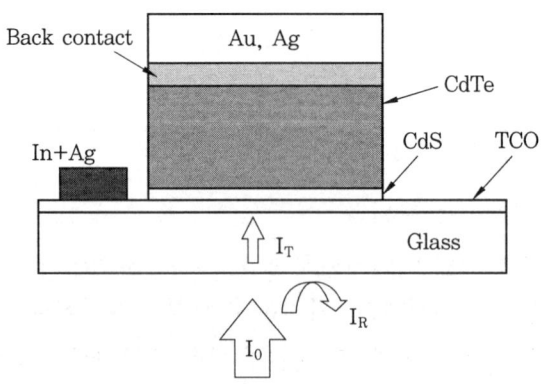

CTe 박막 태양전지

(내) CIGS : CuInGaSSe와 같이 In의 일부를 Ga로, Se의 일부를 S로 대체한 오원화 합물을 일컬음(CIS로도 표기), 우수한 광 흡수율(직접 천이형), 밴드갭 에너지는 2.42 eV, ZnO 위에 Al/Ni 재질의 금속전극 사용, 우수한 내방사선 특성(장기간 사용해도 효율의 변화 적음), 변환효율 약 19% 이상으로 평가되고 있음

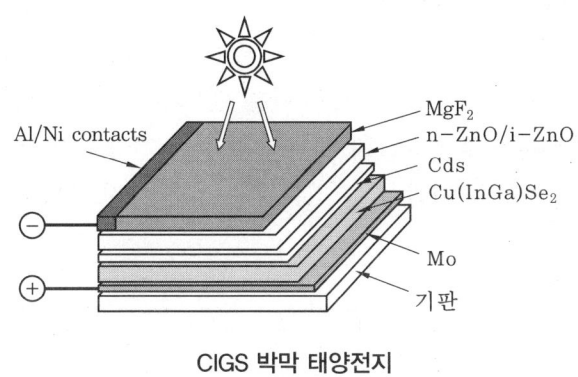

CIGS 박막 태양전지

② Ⅲ-Ⅴ족
(가) GaAs(갈륨비소) : 에너지 밴드갭이 1.4 eV로 단일 전지로는 최대효율, 우수한 광 흡수율(직접 천이형), 주로 우주용 및 군사용으로 사용, 높은 에너지 밴드갭을 가지는 물질부터 낮은 에너지 밴드갭을 가지는 물질까지 차례로 적층하여(Tandem 직렬 적층형) 40% 이상의 효율 가능
(나) InP : 밴드갭 에너지는 1.35 eV, GaAs에 버금가는 특성, 단결경 판의 가격이 실리콘 대비 비싸고 표면 재결합 속도가 크기 때문에 아직 고효율 생산에 어려움(이론적 효율은 우수)

③ Ⅰ-Ⅲ-Ⅵ족
(가) CuInSe2 : 밴드갭 에너지는 1.04 eV, 우수한 광 흡수율(직접 천이형), 두께 약 1~2 μm의 박막으로도 고효율 태양전지 제작 가능
(나) Cu(In,Ga)Se2 : 상기 CuInSe2와 특성 유사, 같은 족의 물질 상호 간에 치환이 가능하여 밴드갭 에너지를 증가시켜 광이용 효율 증가 가능

④ 화합물 태양전지의 일반적 특징
(가) 온도계수(θ)가 작아서 고온에서도 출력 감소가 적다.
(나) 실리콘계 반도체는 간접천이를 하지만 화합물반도체는 직접천이를 하여 광 특성이 우수하다.

㈐ 화합물 태양전지는 큰 에너지갭으로 인해 보다 긴 파장대역보다는 파장이 짧은 대역의 빛을 흡수하는 데 유리하다.
㈑ 실리콘 공급문제의 영향은 받지 않으나 희소한 원소인 인듐(In) 등을 사용하고 있기 때문에 생산비가 고가이다.
㈒ 다양한 흡수대역을 가지는 태양전지를 적층하기 용이하여 단일접합(Single Junction) 구조 대신 한 단계 진보된 다중접합(Multi Junction) 탠덤(Tandem) 구조의 태양전지를 만들 수 있다(서로 다른 밴드갭을 갖는 물질을 적층하여 태양광의 스펙트럼 대부분을 효율적으로 사용하는 것이 가능하기 때문에 향후 50% 이상의 초고효율 태양전지를 개발할 수 있는 가능성을 가지고 있다).

㈜ 1. 밴드갭(에너지)

반도체에서 전자가 위치해 있는 원자가띠(Valence Band)를 벗어나서 전도띠(Conduction Band)에 도달하기 위한 최소한의 에너지

2. 직접 천이형 반도체(Direct Band Gap Semiconductor)

(1) 전도대에서 가전자대로 전자가 천이(여기)할 때 전자와 정공의 재결합(Recombination)이 발생한다. 이때, 재결합 전후로 에너지가 보존됨과 동시에 운동량도 보존되는데 빛의 파동수가 작기 때문에 재결합에 참여하는 전자와 정공은 그 운동량의 차이가 매우 적어야 한다.
(2) 직접천이형 반도체는 재결합 시 전자와 정공의 운동량 차이가 거의 없는 반도체를 지칭한다.
(3) 일반적으로 직접천이형 반도체가 전자-정공 재결합 시 발광 효율이 더 우수하므로 현재 실용화되고 있는 고효율 LED등의 기본 재료는 모두 직접 천이형 밴드구조를 갖는다.

3. 간접 천이형 반도체(Indirect Band Gap Semiconductor)

(1) 반도체, 절연체의 밴드갭 간의 천이에 있어서 광자가 전자뿐만 아니라 격자 진동과 상호 작용에 의해 직접 천이에 비해서 천이 확률이 낮다.
(2) 간접천이형은 열과 진동으로 수평천이가 포함되어 있어서 효율이 좋지 못한 편이다.

4. 반도체의 전도대(Conduction Band)

(1) 전자들이 거의 비어 있고 일부 전자를 가질 수 있음, 자유전자가 자유롭게 이동
(2) 전자들이 거의 비어 있는 밴드들 중 최하위에 속해 있는 밴드

(3) 반도체의 금지대(Forbidden Band) : 반도체의 경우 0.2~2eV 정도

5. 반도체의 가전자대 (Valence Band)
 ⑴ 전자가 거의 채워져 있고, 일부 정공을 가질 수 있음, 정공이 자유롭게 이동
 ⑵ 전자들로 거의 채워지는 밴드들 중 최상위에 속해 있는 밴드(자유전자가 아님)

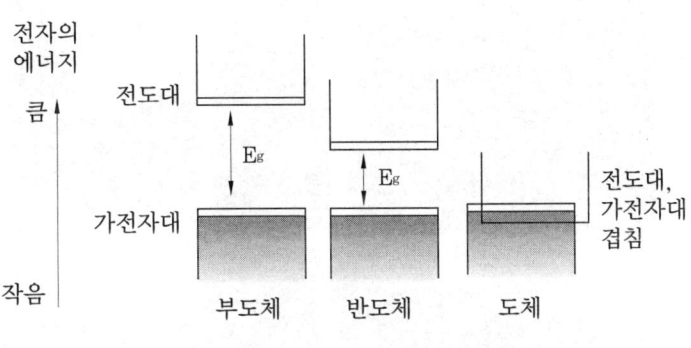

(3) 차세대 태양전지(3세대 태양전지 ; 단가를 낮추면서도 효율을 올리는 기술)

① 염료 감응형 태양전지(Dye Sensitized Solar Cell)
 ㈎ 산화티타늄(TiO$_2$) 표면에 특수한 염료(루테늄 염료, 유기염료 등) 흡착 → 광전기화학적 반응 → 전기 생산
 ㈏ 변환효율은 실리콘계(단결정)와 유사하나, 단가는 상당히 낮은 편이다.
 ㈐ 흐려도 발전 가능하고, 빛의 조사각도가 10°만 되어도 발전 가능한 특징이 있다.

② 유기물 박막 태양전지(OPV ; Organic Photovoltaics)
 ㈎ 플라스틱 필름 형태의 얇은 태양전지
 ㈏ 아직 효율이 낮은 것이 단점이지만, 가볍고 성형성이 좋다.

(4) 태양전지 모듈의 뒷면에 표시해야 할 사항

① 제조업자명 또는 그 약호   ② 제조년월일 및 제조번호
③ 내풍압성의 등급   ④ 최대 시스템전압
⑤ 어레이의 조립형태   ⑥ 공칭 최대출력
⑦ 공칭 개방전압   ⑧ 공칭 단락전류

⑨ 공칭 최대출력 동작전압　　　　　⑩ 공칭 최대출력 동작전류
⑪ 역내전압(V) : 바이패스 다이오드의 유무(아모포스계만 해당)
⑫ 공칭중량(kg) 등

다양한 태양전지

㈜ 태양전지 소자 고효율화 기술

1. 표면의 조직화

태양전지의 표면을 피라미드 혹은 요철구조로 만들어 광흡수율을 높여 효율을 개선하는 기술

2. 표면 패시베이션(Passivation)

광전효과로 생성된 소수 캐리어의 재결합을 줄임으로써 효율을 높이는 방법으로, 단락전류와 개방전압을 동시에 높이는 기술

3. 양면 수광형

태양전지를 n-type 기반의 양면 수광형으로 만들어 태양전지의 효율을 높이는 방식

1-7 태양광 모듈과 어레이

(1) 개요
① 태양전지는 반도체의 일종으로, 빛에너지를 직접 전기에너지로 바꾼다.
② 이 기술은 1954년 미국에서 발명된 것으로, 반도체가 빛을 받으면 내부의 전자에 에너지가 주어져 전압(전위차)이 발생하는 성질을 이용한 것이다.
③ 태양전지에 대부분 사용되고 있는 반도체는 실리콘반도체이다. 이 반도체로는 각각 전기적 성질이 다른 N형 실리콘과 P형 실리콘이 있으며 이 2개를 이어 합친 구조로 되어 있다.
④ 태양전지의 종류는 실리콘반도체를 재료에 사용하는 것과 화합물 반도체를 재료에 사용하는 것, 염료 감응형 혹은 유기물 박막 태양전지 등으로 대별된다.
⑤ 태양전지의 발전효율은 빛에너지 강도에 의해서는 거의 변화하지 않지만 온도에 의해 변화하고, 결정계 실리콘의 경우는 온도가 높아지면 효율이 나빠진다.

(2) 모듈의 구조
① 최소 기본단위의 태양전지 Cell(실리콘 인코트를 $300 \sim 400 \mu m$ 정도의 두께로 Slice하여 만든 실리콘 기판)의 여러 매를 내구성 패키지하여 소정의 전압, 출력을 얻을 수 있도록 직렬 혹은 직·병렬로 연결된 것을 태양전지 모듈(Module)이라고 부르고 있다.
② 모양은 제품사마다 다르기 때문에 설계 시에는 사전에 자료수집이 필요하다.
③ 현재 태양전지의 표면색은 여러 가지가 개발되어 있기 때문에 어느 정도 색의 선택이 가능하다.
④ 하나의 Module 내에 복수의 색을 가진 Cell을 배치하여 문자의 표시와 디자인이 가능하다.
⑤ 보통은 10cm 각, 12.5cm 각, 15cm 각형으로 제작이 이루어지나, 삼각형 형태의 Module도 제작 가능하다.
⑥ 태양전지와 앞뒷면의 유리, 테들러 등은 EVA를 사용하여 단단히 접합시키는데, 이를 'Lamination 공정'이라 한다.

⑦ 직·병렬 연결방법

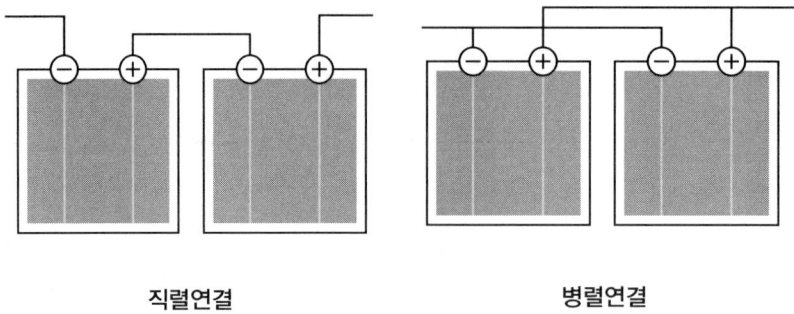

직렬연결 　　　　　병렬연결

(3) 태양전지의 모듈 제작 방식

① 태양전지의 모듈 연결방식에는 서브 플레이트 방식, 슈퍼 스트레이트 방식 그리고 유리봉입 방식 등이 있다.
② 서브 플레이트 방식은 기계적 강도를 갖도록 하기 위해 태양전지의 안쪽에 하부 기판을 놓아 모듈의 지지판으로 하고 그 위에 투명 수지로 태양전지를 고정시키는 방식이다(수광면은 투광성 필름이고, 강도는 이면의 기판이 담당하는 구조).
③ 슈퍼 스트레이트 방식은 태양전지의 빛을 받는 면은 열강화유리 등의 투명 기판을 놓아 모듈의 지지판으로 하고, 그 밑에 투명한 충진 재료와 내면 코팅을 이용하여 태양전지를 고정시키는 방식이다(충진재로 봉한 태양전지 셀을 수광면의 프론트 커버와 뒷면 백커버 사이에 끼운 구조). 주로 태양전지 셀 사이의 내부 연결을 위하여 인터커넥터(금속리본)를 사용하고, 프레임은 알루미늄 표면에 도장 혹은 내식처리한 프레임재를 사용한다.
④ 유리봉입 방식은 전면과 이면에 강화유리를 사용하여 빛을 투과시키는 구조이다.

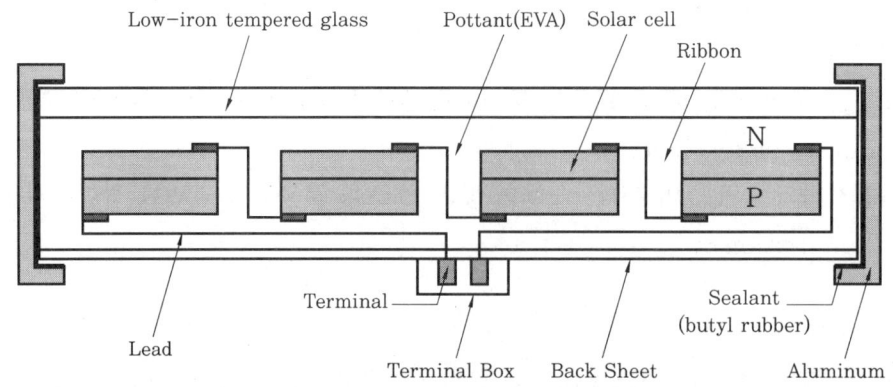

태양전지 모듈 구조(슈퍼 스트레이트 방식)

⑤ 리본(Ribbon) 재료 사용 시 주의사항

(개) 수분 침투가 있으면 쉽게 산화하여 직렬등가저항의 증가 및 병렬등가저항의 감소로 이어져 출력 감소의 원인이 된다.

(내) 리본(Ribbon) 연결공정에서 진공에 의해 압착 시 계면 부위에서 기포를 완전히 제거하지 않으면 점점 산화에 의해 병렬등가저항이 감소하여 출력이 감소할 수 있으니 주의해야 한다.

(대) 리본(Ribbon) 연결공정의 조건 및 물질과 공정온도에 따라 휨(Bowing) 현상이 발생할 수 있다. 이를 최소화하기 위해서는 리본의 두께가 가급적 두꺼운 것이 유리하고, Hot Plate 온도를 낮추는 것이 좋다.

(4) 태양전지 색(Color)

① 결정계 태양전지의 색은 무채색의 경우 실리콘 인코트의 색을 기조로 한 Gray계이다.
② 발전효율을 높이기 위해 청색으로 착색하는 경우가 많다.
③ 단 제품사에 의해 몇 개의 색, 디자인과 더불어 복수의 색을 지정 가능한 경우도 있다.
④ 아모포스계는 적갈색 계열의 색도 있다.

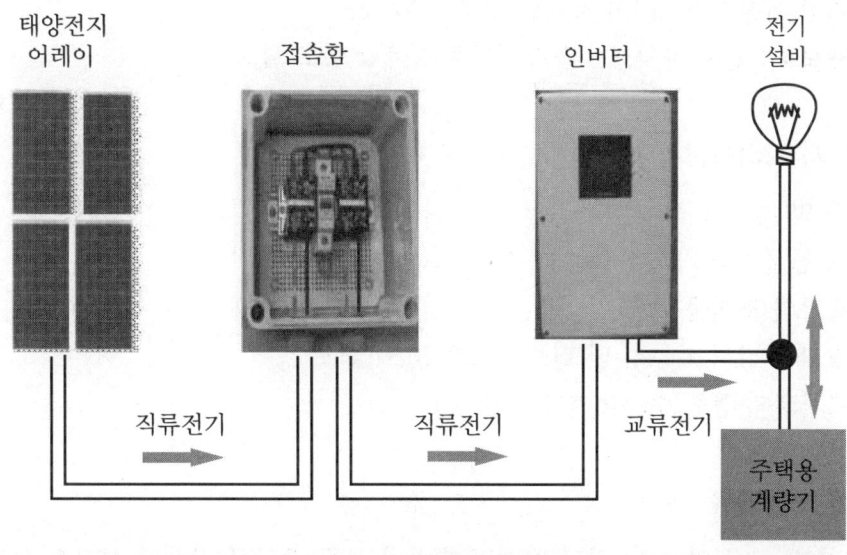

태양전지 어레이 전력계통

1-8 BIPV(Building Integrated Photovoltaics)

(1) BIPV의 특징
① BIPV는 '건물 일체형 태양광발전 시스템'이라고 하며, PV 모듈을 건물 외부 마감재로 대체하여 건축물 외피와 태양열 설비를 통합한 방식이므로, 통합에 따른 설치비가 절감되고 태양열 설비를 위한 별도의 부지 확보가 불필요한 방식이다.
② 커튼월, 지붕, 차양, 타일, 창호, 창유리 등 다양하게 사용 가능하다.

(2) 기술적 해결과제
① 안전성, 방수, 방화, 내구성, 법규 등 관련 규격 및 법규의 보완이 필요하다.
② 건축가 및 수요자의 디자인 측면과 건축 성능상의 요구사항을 충족시킬 만한 품질이 우수하고 다양한 종류의 재료 개발이 시급하다.

(3) 설계 및 설치 시 주의사항
① PV 모듈에 음영이 생기지 않게 할 것
② **PV 모듈 후면 환기 실시** : 온도 상승 방지
③ 서비스성 개선 구조로 할 것
④ 청결 유지될 수 있는 구조로 할 것
⑤ 전기적 결선(Wiring)이 용이한 구조로 할 것
⑥ **배선 보호** : 일사(자외선), 습기 등으로부터의 보호 필요

(4) 설치 시 고려사항
① 방위 및 경사가 적절할 것
② 인접 건물과의 거리가 충분할 것
③ 건축과의 조화를 이룰 것
④ 형상과 색상이 기능성 및 건물과 조화를 이룰 것
⑤ 건축물과의 통합 수준을 향상시킬 것

(5) BIPV 모듈방식
① G2G(Glass to Glass) : 전면과 배면 기판이 모두 유리로 구성된 투과형 모듈로 비전(Vision) 부위에 주로 설치한다(유리봉입 방식).

② G2T(Glass to Tedlar) : 전면은 유리, 배면은 불투명한 테들러(Tedlar)로 구성된 모듈로, 스팬드럴(Spandrel) 부위나 외벽 마감재 대신 설치 가능하다(슈퍼 스트레이트 방식).
③ 기타 고정 차양형, 가동 차양형, 아트리움 지붕/천장형(이중유리, 강화접합유리, 접합안전유리 등의 모듈구조 사용) 등이 있다.

(6) 태양전지 입면 고정방법

① **선형 고정방법** : 모듈은 서로 마주보고 있는 측선에 선형으로 고정되며, 포인트 고정방법 대비 구조적으로 안전하여 보다 얇은 유리로 모듈을 제작할 수 있다.
② **클립 형식의 포인트 고정방법** : 클립을 외장재 사이의 열린 틈에 고정시키도록 되어 있다.
③ **멀리온-트랜섬(Mullion-Transom) 구조** : 바람과 빗물에 기밀한 성능을 가지는 멀리온을 이용하는 방식으로, 특별한 통풍구를 따로 설치하게 된다.

(7) BIPV의 다양한 적용사례

(8) 기타 적용사례

① **복합 신재생에너지 보트** : 풍력 + 태양광 + 바이오 디젤 등을 혼합으로 운행하여 고출력을 낼 수 있다.
② **태양광폰(ECO Friendly Phone)** : 핸드폰 배터리 커버에 태양전지 장착 가능 구조로

약 10분 충전하면 3분 이상 통화 가능하다.

복합 신재생에너지 보트

태양광폰

1-9 태양광발전 시스템의 구성

(1) 개요

① 태양광발전 시스템에는 많은 것이 있지만, 일반적으로 평지 혹은 건물의 지붕이나 벽체 등에 설치되는 태양전지로 발전된 직류전력을 Power Conditioner에서 교류로 변환하여 사용되며, 통상 전력회사의 상용전력계통에 교류전력과 병용된다.
② 태양광발전 시스템의 구성은 태양전지 Array, 접속상자, Power Conditioner 등으로 구성되어 있다.
③ 필요에 의해 계측시스템, 표시장치 등이 쓰인다.
④ 그 외에 축전지를 병용하면 정전 때나 야간에 전력 공급이 가능하게 된다.
⑤ BIPV의 경우에는 건축물의 외장 디자인적 요소를 고려하여, 건축 디자인적 설계사상과 전기적 최적 성능 설계사상이 동시에 존중 및 고려되어야 한다.

(2) 시스템의 종류

① 상용전력계통과 접속된 것을 계통연계형 시스템이라 부르고, 연결되지 않은 것을 독립형 시스템이라고 한다.
② 연계형으로 시스템 출력이 부하에 부족한 경우는 상용 전력계통에서부터 전기를 사고, 여가전력이 발생하면 전력회사로 전기를 팔기 때문에 역조류 시스템이다.

③ 연계 역조류 시스템이 가장 일반적인 시스템이라고 할 수 있다.
④ 정전 시에 연계를 자립으로 대체하여 특정부하에 공급하는 축전 지정용 시스템을 방재형 시스템이라고 한다.

1-10 전력과 역률

① **피상 전력** : 교류의 부하 또는 전원의 용량을 표시하는 전력으로, 전원에서 공급되는 전력
 (가) 단위 : VA
 (나) 피상 전력의 표현 : $P_a = VI$

② **유효 전력** : 전원에서 공급되어 부하에서 유효하게 이용되는 전력으로, 전원에서 부하로 실제 소비되는 전력
 (가) 단위 : W
 (나) 유효 전력의 표현 : $P = VI\cos\theta$

③ **무효 전력** : 실제로는 아무런 일을 하지 않아 부하에서는 전력으로 이용될 수 없는 전력, 즉 실제로 아무런 일도 할 수 없는 전력
 (가) 단위 : Var
 (나) 무효 전력의 표현 : $P_r = VI\sin\theta$

④ **유효 · 무효 · 피상 전력 사이의 관계**

$$P_a = \sqrt{P^2 + P_r^2}$$

⑤ **역률** : 피상 전력 중에서 유효전력으로 사용되는 비율(R ; 저항, X ; 리액턴스)

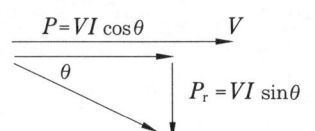

유효전력 : $P = VI\cos\theta$ [W]
무효전력 : $P_r = \sin\theta$ [Var]
피상전력 : $P_a = VI$ [VA]

$$역률 = \frac{전력}{피상전력} = \frac{P}{VI} = \cos\theta = \frac{R}{\sqrt{R^2 + X^2}}$$

⑥ 무효율

$$\text{무효율} = \frac{\text{무효전력}}{\text{피상전력}} = \frac{P_r}{VI} = \sin\theta = \frac{X}{\sqrt{R^2+X^2}}$$

⑦ 대칭 3상 교류전력($V_p I_p$ = 상전압×상전류, $V_1 I_1$ = 선간전압×선전류)

㈎ 유효전력(P)

$$\text{유효전력}(P) = 3V_p I_p \cdot \cos\theta = \sqrt{3}\,V_1 I_1 \cdot \cos\theta = 3I_p^2 R\,[\text{W}]$$

㈏ 무효전력(P_r)

$$\text{무효전력}(P_r) = 3V_p I_p \cdot \sin\theta = \sqrt{3}\,V_1 I_1 \cdot \sin\theta = 3I_p^2 RX\,[\text{Var}]$$

㈐ 피상전력(P_a)

$$\text{피상전력}(P_a) = \sqrt{P^2 + P_r^2} = 3V_p I_p = \sqrt{3}\,V_1 I_1 = 3I_p^2 Z\,[\text{VA}]$$

⑧ 역률의 개선

㈎ 역률이 낮으면, 부하에 동일한 전력을 전달하기 위해 더 많은 전류를 흘려야 한다.

㈏ 이런 문제를 해결하기 위하여, 인덕턴스가 주성분인 부하에 커패시터를 병렬연결 하여 역률을 개선한다.

㈐ 이러한 커패시터를 역률 개선용 진상 콘덴서라고 한다.

㈑ 역률 개선은 부하 자체의 역률을 개선한다는 의미가 아니고, 전원의 입장에서 전력에 기여하지 못하는 리액턴스의 전류를 상쇄하여 전원 전류의 크기를 줄이는 것이다.

㈒ 진상 콘덴서를 설치해서 역률을 $\cos\theta$로부터 $\cos\phi$로 개선하는 데에 요하는 콘덴서 용량 $Q\,[\text{kVA}]$

$$Q = \text{부하전력}[\text{kW}] \times (\tan\theta - \tan\phi)$$
$$= \text{부하전력}[\text{kW}] \times \left(\sqrt{\frac{1}{\cos^2\theta}-1} - \sqrt{\frac{1}{\cos^2\phi}-1}\right)[\text{kVA}]$$

> **예제** 역률을 0.8에서 0.95로 개선하면 18,000W의 동력부하의 연간 절감액은 얼마 인가? (단, kW당 월간 전기요금은 6,000원이라고 가정)
>
> **정답** 18kW × 6,000원/kW × (0.95-0.8) × 12개월 = 194,400원/년

1-11 변압기

① **변압기** : 변압기는 1차 측에서 유입한 교류전력을 받아 전자유도작용에 의해서 전압 및 전류를 변성하여 2차 측에 공급하는 기기이다.
② **변압기의 손실** : 하나의 권선에 정격 주파수의 정격전압을 가하고 다른 권선을 모두 개로했을 때의 손실을 무부하손이라고 하며, 대부분은 철심 중의 히스테리시스손과 와전류손이다. 또한 변압기에 부하전류를 흐르게 함으로써 발생하는 손실을 부하손 이라고 하며, 권선 중의 저항손 및 와전류손, 구조물/외함 등에 발생하는 표류부하 손 등으로 구성된다.
  (가) 무부하손(철손 ; p_i) : 주로 히스테리시스손+와전류손에 의함
  (나) 부하손(동손 ; p_c) : 주로 저항손, 와전류손, 표류부하손에 의함
  (다) 변압기 손실 계산

  $$변압기 \ 손실 = 무부하손(철손) + 부하손(동손)$$

③ **변압기의 효율 계산**
  (가) 규약효율 : 직접 측정하기 곤란한 경우 입력을 단순히 출력과 손실의 합으로 나타내는 효율

  $$변압기 \ 효율 = \frac{출력}{출력 + p_i + p_c} \times 100(\%)$$

  (나) 부하율이 m일 경우의 효율 : 부하율(m)과 변압기의 전손실($p_i + m^2 \cdot p_c$)을 고려한 효율(P ; 피상전력, $\cos\theta$; 역률)

  $$변압기 \ 효율 = \frac{m \cdot p \cdot \cos\theta}{m \cdot p \cdot \cos\theta + p_i + m^2 \cdot p_c} \times 100(\%)$$

  (다) 변압기의 최대효율 : '$p_i = p_c$'일 경우의 효율

  $$변압기의 \ 최대효율 = \frac{m \cdot p \cdot \cos\theta}{m \cdot p \cdot \cos\theta + 2p_i} \times 100(\%)$$

④ **변압기 이용률** : 변압기 용량에 대한 평균부하의 비를 말한다(단, 역률 고려).

  $$변압기 \ 이용률 = \frac{평균부하(kW)}{변압기용량(kVA) \times \cos\theta} \times 100(\%)$$

⑤ **변압기의 분류**

분류 기준	해당 변압기
상수	단상 변압기, 삼상 변압기, 단/삼상 변압기 등
내부 구조	내철형 변압기, 외철형 변압기
권선 수	2권선 변압기, 3권선 변압기, 단권 변압기 등
절연의 종류	A종 절연 변압기, B종 절연 변압기, H종 절연 변압기 등
냉각 매체	유입 변압기, 수랭식 변압기, 가스 절연 변압기 등
냉각 방식	유입 자냉식 변압기, 송유 풍냉식 변압기, 송유 수랭식 변압기 등
탭 절환 방식	부하 시 탭 절환 변압기, 무전압 탭 절환 변압기
절연유 열화 방지 방식	콘서베타 취부 변압기, 질소 봉입 변압기 등

1-12 전력부하 관련 용어

(1) 변압기가 최대효율을 나타내는 부하율[%]

$$m = \sqrt{\frac{p_i}{p_c}} \times 100(\%)$$

* p_i : 철손, p_c : 동손

(2) 전력 사용 지표

① 부하율 = $\dfrac{평균 \ 수용 \ 전력}{최대 \ 수용 \ 전력} \times 100[\%]$

② 수용률 = $\dfrac{최대 \ 수용 \ 전력}{설비 \ 용량} \times 100[\%]$

③ 부등률 = $\dfrac{부하 \ 각각의 \ 최대 \ 수용 \ 전력의 \ 합}{합성 \ 최대 \ 수용 \ 전력}$

④ 설비 이용률 = $\dfrac{평균 \ 발전 \ 또는 \ 수전 \ 전력}{발전소 \ 또는 \ 변전소의 \ 설비 \ 용량} \times 100[\%]$

⑤ 전일 효율 = $\dfrac{1일 \ 중의 \ 공급 \ 전력량}{1일 \ 중의 \ 공급 \ 전력량 + 1일 \ 중의 \ 손실 \ 전력량} \times 100[\%]$

㈜ 상기에서 '부등률'은 항상 1 이상이다.

1-13 부지 선정 방법

(1) 부지 선정 시 고려사항

① **지정학적 조건**
  ㈎ 일조량 및 일조시간이 풍부하고 변동이 적을 것
  ㈏ 적설량이 적을 것
  ㈐ 기후 편차가 적을 것
  ㈑ 음영이 없고, 남향이 일조시간 확보에 유리

② **설치 시 주변환경 및 운영상의 조건**
  ㈎ 호우, 홍수, 태풍, 기타 자연재해의 발생 가능성이 적을 것
  ㈏ 수목이 생장하면서 발생하는 악영향이 없을 것
  ㈐ 공해, 대기오염, 염해 적을 것
  ㈑ 보안상 문제가 없을 것
  ㈒ 설치 시나 운용 시 전기, 가스, 상수도의 공급성
  ㈓ 접근의 용이성(설치자재나 서비스자재의 운송)

③ **자연환경요소상의 검토사항**
  ㈎ 생태자연도 및 녹지자연도
  ㈏ 지반, 지질 및 경사도 등의 지형에 대한 검토
  ㈐ 주변 토지의 이용 현황
  ㈑ 주변 경관과의 조화 여부

④ **인허가상 조건** : 발전사업 허가, 개발행위 허가 취득 및 사전 환경성 검토, 지역 및 토지용도 관련하여 법령상 문제없을 것

⑤ **계통연계 검토**
  ㈎ 송배전 전기설비(저압선, 특고압선) 이용 가능성 검토
  ㈏ 계통 전기 인입선로의 위치 검토

⑥ **경제성 검토** : 부지 매입비, 기타 부대공사비 등의 측면에서 경제성 검토

⑦ **기타** : 법규나 민원 발생 등 공사 진행에 문제없을 것

(2) 태양광 부지선정 절차

후보지 선정 → 토지현황 파악 → 법적사항 검토 → 용량 기획 → 경제성 검토 → 부지 소유자와 협의 → 계약

① **후보지 선정**
  ㈎ **예상 후보지 선정** : 사업 목적과 발전 가능성에 따른 예상 후보지 선정
  ㈏ **지역 정보 수집** : 일조량 및 일조시간, 전기 사용 밀도, 지자체 지원 여부 등 파악
  ㈐ **현장조사** : 공부(公簿 ; 지적도, 토지대장, 등기부등본 등)를 기준으로 소유주, 표고, 경사, 녹지, 생태, 경관, 개발제한구역 여부 등 파악
② **토지현황 파악** : 현재의 토지 이용 실태, 진입로, 주변 여건, 기후, 민원 발생 여부, 기타 사회적 인프라 현황 등 파악
③ **법적사항 검토** : 발전소 건설에 제반 법적 문제가 없는지 확인
④ **용량 기획** : 계획된 발전소 건설 용량이 만족하는지 확인
⑤ **경제성 검토** : 초기 투자비, 유리관리 비용 등을 기준으로 경제성(회수연수)을 검토하여 경제적 측면의 사업 타당성 검토
⑥ **부지 소유자와 협의** : 최종적으로 부지 소유자와 계약조건 등을 협의
⑦ **계약** : 계약 체결

(3) 부지 측량의 목적

① 부지의 고저차 파악
② 설치 가능한 태양전지 모듈의 수량 결정
③ 최소한의 토목공사를 위한 시공기면의 결정
④ 실제 부지의 지적도상의 오차 파악

(4) 수상 태양광발전소 부지선정 시 주요 고려사항

① **수위 변화** : 5m 이상 유지할 것 ② 홍수 시에도 유속 0.5m/s 이하 유지
③ 취수나 방류의 영향   ④ 구조물의 고정 방안
⑤ 염해에 의한 부식   ⑥ 담수호의 동결 영향
⑦ 안정적인 전력 전송망   ⑧ 시공성, 경제성 여부
⑨ 부유물 유입의 영향 및 청소 대책 ⑩ 보안 및 접근 통제
⑪ 지역 농어민의 민원 해소 방안 등

(5) 부지 진입로 개설을 위한 고려사항

① 인접도로와의 연결 여부   ② 사도 개설을 위한 허가조건
③ 진입로 루트의 용이성   ④ 진입로의 규모
⑤ 경사도   ⑥ 경제성 등

(6) 연약지반 판정

① **지반의 N치** : 63.5kg의 해머를 76cm 높이에서 자유낙하시켜 로드 선단의 샘플러를 지반 30cm 박아넣는 데 필요한 타격 횟수를 의미하며, 지반의 특성을 판별하는 데 활용하는 주요한 기준이 될 수 있다(표준 관입시험).

② **일축 압축강도(kN/m²)** : 연직 방향의 일축 압축력을 받을 때 재료가 견디는 강도값

③ **콘 관입 저항력(kN/m²)** : 원추 모양의 콘의 관입저항으로 지반의 단단함, 다짐정도 등을 조사하는 시험인 '콘 관입시험'에 의해 측정된 값

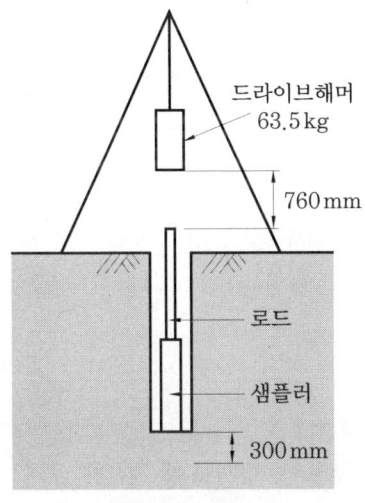

표준 관입시험

콘시스턴시	N치	일축압축강도 q_u(kgf/cm²)
매우 연약함	<2	<0.27
연약함	2~4	0.27~0.54
중간 정도	4~8	0.54~1.08
단단함	8~15	1.08~2.15
매우 단단함	15~30	2.15~4.31
고결화 상태	>30	>4.3

지반 콘시스턴시

(7) 연약지반 개량공법
지반을 직접 또는 간접적으로 강화, 안정시키는 공법으로, 치환 개량공법, 주입공법, 선행재하공법, 연직배수공법, 전기침투공법, 소결공법, 동결공법 등이 있다.

주요공법	내용
치환공법	연약층의 일부 또는 전부를 제거하여 양질의 토사로 치환하는 공법
선행재하공법	지반에 미리 설계하중 이상의 하중을 재하(성토)하여 압밀을 촉진시키는 공법
연직배수공법	지중에 적당한 간격으로 연직 방향의 모래기둥, 페이퍼, 플라스틱 등 배수재를 설치하여 수평 방향 배수거리를 단축하여 압밀을 촉진시키는 공법. 선행재하 공법과 병행
모래다짐공법	지중에 모래 또는 쇄석의 다짐말뚝을 만들어 탈수 촉진, 다짐, 모래기둥 등으로 지반의 지지력을 증가시키는 공법
동다짐공법, 동압밀공법	진동기나 중량의 추를 낙하시켜 지반을 다지는 공법. 사질토-동다짐공법, 점성토-동압밀공법
약액주입공법	생석회, 시멘트밀크, 물유리 등의 약액을 연약지층에 주입시켜 지반강도를 증가시키는 공법

1-14 경제성 분석방법

(1) 발전원가 구성

① **초기투자비**
  ㈎ 주설비 : PV모듈, PCS, 지지장치 등
  ㈏ 계통연계 : 수배전설비, 모니터링 및 자동제어설비
  ㈐ 공사비 : 기초공사, 지지대, 전기공사, 잡자재, 안전시설 등
  ㈑ 토지비용 : 토지 구입비
  ㈒ 기타 : 인허가 용역, 설계, 감리, 검사비용 등

② **유지관리비**

> 연간 유지관리비 = 법인세 및 제세+보험료+운전유지 및 수선비

  * 법인세 및 보험료 : 초기투자비용×요율(%)
    운전유지 및 수선비 : 초기투자비용×1(%)

③ **공사비 원가 계산서(공사비 내역서의 각 항목을 집계한 '공사비 집계표'를 기준)**
  ㈎ 순공사원가 = 재료비+직·간접 노무비+직·간접 경비
  ㈏ 공급가액 = 총원가(순공사원가+일반관리비+이윤)+손해보험료(총원가×손해보험요율)
  ㈐ 총공사비 = 총원가(순공사원가+일반관리비+이윤)+손해보험료+부가가치세(공급가액×1.1)

[참조] 순공사비의 경비 중
  • 산재보험료 = 노무비×산재보험 요율
  • 고용보험료 = 노무비×고용보험 요율
  • 건강보험료 = 직접노무비×건강보험 요율
  • 연금보험료 = 직접노무비×연금보험 요율
  • 노인장기요양보험료 = 건강보험료×적용 요율

④ 발전원가 계산

$$발전원가 = \frac{초기투자비용/설비수명연한 + 연간\ 유지관리비}{연간\ 총\ 발전량(kWh/ann)}$$

(2) 순현가(순현재가치법, NPV ; Net Present Value)

① 순현가가 '0'보다 작으면 사업안 기각, '0'보다 크면 타당성 사업 판단
② 여러개의 투자안 중 한 개의 안을 선정 시에는 '0'보다 큰 투자안 중 NPV가 가장 큰 투안이 채택됨

$$NPV = \Sigma \frac{B_i}{(1+r)^i} - \Sigma \frac{C_i}{(1+r)^i}$$

* B_i : 연차별 총편익
  C_i : 연차별 총비용
  r : 할인율(미래의 가치를 현재의 가치와 같게 하는 비율)
  i : 기간

(3) 비용 · 편익비 분석(CBR ; Benefit-Cost Ratio, B/C Ratio)

① 비용 · 편익비는 투자로부터 기대되는 총편익의 현가를 총비용의 현가로 나눈 값을 의미한다.
② B/C가 1.0보다 크면 경제성 측면에서 사업성이 높은 것으로 평가할 수 있다.

$$B/C\ Ratio = \frac{\Sigma \frac{B_i}{(1+r)^i}}{\Sigma \frac{C_i}{(1+r)^i}}$$

(4) 내부수익률(IRR)

① 투자로부터 기대되는 총편익의 현가와 총비용의 현가를 같게 하는 할인율을 말한다.
② 즉, 어떤 사업의 순현재가치(NPV)를 '0'으로 만들어 평가할 때의 '할인율'을 말한다.
③ IRR이 r보다 크면 사업의 경제성이 있다.

$$\Sigma \frac{B_i}{(1+r)^i} = \Sigma \frac{C_i}{(1+r)^i}$$

예상문제

신재생에너지 발전설비기사·산업기사

제1장 | 태양광 일반, 경제성 및 부지선정

1. 태양광발전 분야에 적용되는 태양 추적법을 세 가지 쓰시오.

해설 태양광발전 분야에 적용되는 태양 추적법에는 감지식과 프로그램식 및 이 두 가지를 접목한 혼합식이 있다.

정답 ① 감지식 추적법
② 프로그램식 추적법
③ 혼합식 추적법

2. 태양광 스펙트럼의 단파장이 대기 외부와 지표 측에서 차이가 나는 이유는 무엇인가?

정답 오존층에 의해 단파장이 흡수되어 0.2~0.3nm 영역에서는 대기 외부와 지표 측의 스펙트럼이 차이가 난다.

3. 태양광발전에 적용되는 광전효과와 광기전력효과에 대하여 간략히 구별하여 쓰시오.

정답 ① 광전효과 : 단파장 조사 시 외부에 자유전자가 방출되는 외부 광전효과와 내부 광전효과(전자 및 정공이 발생) 등의 현상을 말한다.
② 광기전력효과 : 어떤 종류의 반도체에 빛을 조사하면 조사된 부분과 조사되지 않은 부분 사이에 전위차가 발생하는 현상을 말한다.

4. 태양광 경사각이 20°일 때 AM(대기질량)을 계산하면 얼마인가?

해설 AM(대기질량)=$1/\sin\theta=1/\sin 20=2.9$
정답 AM 2.9

5. 태양전지 모듈의 뒷면에 표시해야 할 사항을 6개만 쓰시오.

정답 다음에서 6개를 골라서 작성한다.
① 제조업자명 또는 그 약호
② 제조년월일 및 제조번호
③ 내풍압성의 등급
④ 최대 시스템전압
⑤ 어레이의 조립 형태
⑥ 공칭 최대출력
⑦ 공칭 개방전압
⑧ 공칭 단락전류
⑨ 공칭 최대출력 동작전압
⑩ 공칭 최대출력 동작전류
⑪ 역내전압(V) : 바이패스 다이오드의 유무(아모포스계만 해당)
⑫ 공칭중량(kg) 등

6. 화합물 태양전지의 일반적 특징을 4가지 쓰시오.

정답 다음에서 4개를 골라서 작성한다.
① 온도계수(θ)가 작아서 고온에서도 출력감소가 적다.
② 실리콘계 반도체는 간접천이를 하지만 화합물 반도체는 직접천이를 하여 광특성이 우수하다.
③ 화합물 태양전지는 큰 에너지갭으로 인해 보다 긴 파장대역보다는 파장이 짧은 대역의 빛을 흡수하는 데 유리하다.
④ 실리콘 공급문제의 영향은 받지 않으나 희소한 원소인 인듐(In) 등을 사용하고 있기 때문에 생산비가 고가이다.
⑤ 다양한 흡수대역을 가지는 태양전지를 적층하기 용이하여 단일접합(Single Junction) 구조 대신 한 단계 진보된 다중접합(Multi Junction) 탠덤(Tandem) 구조의 태양전지를 만들 수 있다(서로 다른 밴드갭을 갖는 물질을 적층하여 태양광의 스펙트럼 대부분을 효율적으로 사용하는 것이 가능하기 때문에 향후 50% 이상의 초고효율 태양전지를 개발할 수 있는 가능성을 가지고 있다).

7. 태양전지의 모듈 제작 방식 3가지를 쓰시오.

해설 ① 서브 플레이트 방식 : 기계적 강도를 갖도록 하기 위해 태양전지의 안쪽에 하부 기판을 놓아 모듈의 지지판으로 하고 그 위에 투명 수지로 태양전지를 고정시키는 방식이다(수광면은 투광성 필름이고, 강도는 이면의 기판이 담당하는 구조).

② 슈퍼 스트레이트 방식 : 태양전지의 빛을 받는 면은 열강화유리 등의 투명 기판을 놓아 모듈의 지지판으로 하고, 그 밑에 투명한 충진 재료와 내면 코팅을 이용하여 태양전지를 고정시키는 방식이며(충진재로 봉한 태양전지 셀을 수광면의 프론트 커버와 뒷면 백커버 사이에 끼운 구조), 주로 태양전지 셀 사이의 내부 연결을 위하여 인터커넥터(금속리본)를 사용하고, 프레임은 알루미늄 표면에 도장 혹은 내식처리한 프레임재를 사용한다.

③ 유리봉입 방식 : 전면과 이면에 강화유리를 사용하여 빛을 투과시키는 구조이다.

정답 서브 플레이트 방식, 슈퍼 스트레이트 방식, 유리봉입 방식

---

8. 태양전지의 입면 고정방식을 3가지 쓰시오.

해설 태양전지의 입면 고정방식

① 선형 고정방법 : 모듈은 서로 마주보고 있는 측선에 선형으로 고정되며, 포인트 고정방법 대비 구조적으로 안전하여 보다 얇은 유리로 모듈을 제작할 수 있다.

② 클립 형식의 포인트 고정방법 : 클립을 외장재 사이의 열린 틈에 고정시키도록 되어 있다.

③ 멀리온-트랜섬(Mullion-Transom) 구조 : 바람과 빗물에 기밀한 성능을 가지는 멀리온을 이용하는 방식으로서 특별한 통풍구를 따로 설치하게 된다.

정답 선형 고정방법, 클립 형식의 포인트 고정방법, 멀리온-트랜섬 구조

---

9. 다음의 용어에 대해 간략히 설명하시오.
- 데드 타임(Dead Time)
- 계통연계보호장치

정답 ① 데드 타임(Dead Time) : 인버터 구동회로에서 게이트 구동 시 하나의 레그(Leg)에 있는 두 개의 게이트가 실제로 On/Off되는 시간차에 의해서 단락이 발행할 가능성이 있는데, 이때 단락을 방지하는 최소한의 시간을 말한다.

② 계통연계보호장치 : 주파수 이상이나 과부족 전압 등 계통 측과 인버터의 이상 및 단독운전을 적격으로 검출하여 인버터를 정지시킴과 동시에 계통과의 연계를 빠르게 단절하여 계통 측의 안전을 확보하는 것을 목적으로 하는 장치이다.

10. 태양광 파워컨디셔너(Power Conditioner)의 실내형과 실외형의 경우 DIN 4050 및 IEC 144에 의한 보호등급은 각각 얼마인가?

[해설] 태양광 파워컨디셔너(Power Conditioner)의 DIN 4050 및 IEC 144에 의한 보호등급은 실내형이 IP20(International Protection 20등급) 이상이고, 실외형은 IP44 이상이어야 한다.

[정답] ① 실내형 : IP20 이상
② 실외형 : IP44 이상

11. 인버터의 동작원리 중에서 다음 그림을 참조하고 표의 ( ) 안을 채우시오(ON 혹은 OFF).

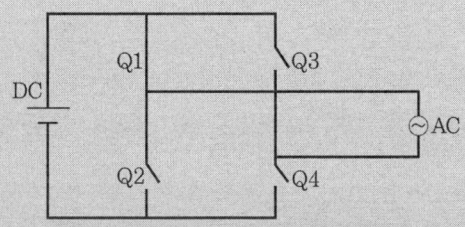

스위칭 소자	1단계	2단계	3단계	4단계
Q1	ON	(㉠)	OFF	OFF
Q2	OFF	(㉡)	(㉢)	ON
Q3	OFF	(㉣)	(㉤)	OFF
Q4	ON	OFF	(㉥)	ON

[해설] Q3/Q4 쌍과 Q1/Q2 쌍이 번갈아가며 ON과 OFF가 서로 바뀐다.
[정답] ㉠ ON, ㉡ OFF, ㉢ ON, ㉣ ON, ㉤ ON, ㉥ OFF

12. 회로 절연방식에 의한 파워컨디셔너의 종류 중에서 제어부가 가장 간단하여 안정성이 우수하고, 내뇌성 및 노이즈 커트 특성이 우수하지만, 효율이 떨어지고 부피와 무게가 커지는 타입을 무엇이라고 부르는가?

[정답] 상용주파 절연방식

13 고주파 절연방식의 파워컨디셔너를 그림을 그려 나타내고 특징을 간략히 쓰시오.

정답 ① 그림

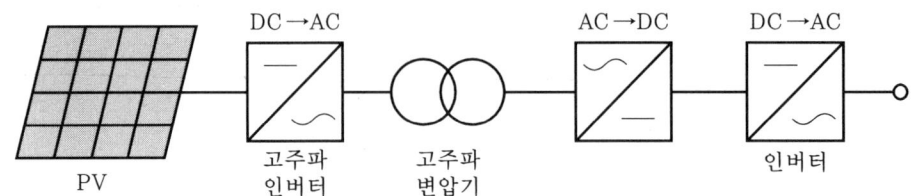

② 특징
　㈎ 태양전지의 직류 출력을 고주파 교류로 변환 후, 소형 고주파 변압기로 절연한다. 그다음 일단 직류로 변환하고 다시 상용주파수 교류로 변환한다.
　㈏ 저주파 절연변압기를 사용하지 않기 때문에 고효율화, 소형경량화, 저가화가 가능하다.
　㈐ 많은 파워소자로 구성이 복잡하다.

14 트랜스리스 방식의 파워컨디셔너를 그림을 그려 나타내고 특징을 간략히 쓰시오.

정답 ① 그림

② 특징
　㈎ 태양전지의 직류출력을 DC-DC 컨버터로 승압하고 DC/AC 인버터로 상용주파수의 교류로 변환한다.
　㈏ 저주파 변압기를 사용하지 않기 때문에 고효율화, 소형경량화, 저가화에 가장 유리하다.
　㈐ 주택용(3kW 이하)에 많이 적용되는 절연방식이다.
　㈑ 변압기를 사용하지 않기 때문에 안정성에 불리하다(복잡한 안정성 제어가 필요).

15 인버터의 최대전력 추종제어기능 중 간접제어방식을 3가지 쓰시오.

정답 ① P&O 제어(Perturb and Observe)
　② IncCond 제어(Incremental Conductance)
　③ Hysterisis Band 변동제어

16 인버터의 단독운전 방지기능 중 수동적 제어방식을 3가지 쓰시오.

정답 ① 전압위상 도약 검출방식
② 제3차 고조파 전압 검출방식
③ 주파수 변화율 검출방식

17 인버터의 단독운전 방지기능 중 능동적 제어방식을 4가지 쓰시오.

정답 ① 주파수(Hz) 시프트방식
② 유효전력(P_e) 변동방식
③ 무효전력(P_r) 변동방식
④ 부하(P) 변동방식

18 한전계통의 정전 시 '단독운전 방지기능'에 의해 전기를 사용하지 못하게 되므로, 이때 사용할 수 있게 고안된 시스템으로서 정전 시 한전계통과 완전히 분리된 후 자체적으로 생산된 전기를 사용하게 되는 운전을 무엇이라고 부르는가?

정답 자립운전(Stand Alone)

19 태양광 파워컨디셔너와 관련하여 다음 (　) 안에 들어갈 알맞은 수치를 쓰시오.

- 파워컨디셔너의 단독운전 방지기능에서 수동적 방식에서 검출시한은 (㉠)초 이내, 유지시간은 5~(㉡)초이다.
- 전력계통으로의 직류분 제한값은 파워컨디셔너 정격교류 최대 출력전류의 (㉢) % 이하로 하여야 한다.

정답 ㉠ 0.5, ㉡ 10, ㉢ 0.5

20 태양광 발전시스템에 적용 가능한 인버터 시스템의 방식을 4가지 쓰시오.

정답 다음 중 4가지를 골라 작성한다.
① 마스터 슬래브 인버터방식　② 중앙집중식 인버터방식
③ 모듈 인버터방식　　　　　　④ 스트링 인버터방식
⑤ 서브어레이 인버터방식　　　⑥ 분산형 인버터방식

21 인버터 시스템의 방식 중 중규모 시스템의 경우 2~3개의 스트링이 인버터에 연결되는데, 이 방식을 무엇이라고 부르는가?

정답 서브어레이 인버터방식

22 인버터 시스템의 방식 중 대용량의 태양광 발전시스템에서 주로 사용하고 중·소용량의 인버터방식을 2~3개 이상 결합하여 사용하는 제어방식으로, 효율이 높은 편이나 초기 투자비는 다소 상승하는 특징을 가진 방식을 무엇이라고 부르는가?

정답 마스터 슬래브 인버터방식

23 태양광발전 시스템에서 방향과 경사가 서로 다른 하부 어레이들로 구성된 시스템, 또는 부분적으로 음영이 되는 시스템의 경우에 적용하기에 적합한 인버터 시스템의 방식을 무엇이라고 부르는가?

정답 분산형 인버터방식

24 태양광발전설비의 부품 중 다음 설명하고 있는 부품을 각각 무엇이라고 부르는가?

㉠ : 낙엽, 그늘, 음영, 태양전지 자체의 결함, 기타 오염 등으로 인한 태양전지의 부분적인 열화현상이 생기는 것을 방지하기 위해 셀의 전류방향과 반대로 설치하는 부품
㉡ : 단순병렬(한전 역송 불가) 조건을 이행하는지 확인하기 위한 계전기

정답 ㉠ 바이패스 다이오드, ㉡ RPR(역전력 계전기)

25 다음 역류방지 다이오드(Blocking Diode)에 관한 설명 중 (   ) 안에 들어갈 적절한 말 혹은 숫자를 쓰시오.

• 역류방지 다이오드는 모듈과는 별도로 (㉠) 내부에 설치된다.
• 역류방지 다이오드 설치 시 용량은 모듈 단락전류의 (㉡)배 이상이어야 한다.

정답 ㉠ 접속함, ㉡ 2

26. 다음 태양광발전설비의 개폐기에 관한 설명 중 (   ) 안에 들어갈 적절한 말을 쓰시오.

- 태양전지 어레이 측 개폐기로 단로기를 사용할 때에는 반드시 주개폐기로는 (㉠)를 설치하여야 한다.
- 주개폐기는 어레이가 1개의 (㉡)으로 구성되어 있고 어레이 측 개폐기가 MCCB로 되어 있을 경우 생략 가능하다.

정답 ㉠ MCCB(배선용 차단기), ㉡ 스트링

27. 태양광발전소의 전기실 화재 소화설비로서 적응성이 가장 좋은 것을 3개 쓰시오.

해설 전기실은 물 피해가 없는 소화약제로 선택하여야 한다.

정답 다음 중 3개를 골라 작성한다.
① 이산화탄소 약제, ② 청정소화약제, ③ 이너젠, ④ 물분무

28. 다음 태양광발전설비의 전기 안전설비에 관련된 설명 중 (   ) 안에 들어갈 적절한 말을 쓰시오.

- 전기설비의 접지와 건축물의 피뢰설비 및 통신설비 등에 대한 접지를 (㉠) 공사로 할 수 있다.
- 전선배관 등의 관통부는 다음 설비로의 화재 확산을 방지하기 위해서 (㉡)를 해야 한다.
- 유입변압기(오일변압기)는 화재안전상 (㉢)에 설치하는 것이 권장된다(NF PA70 기준).

정답 ㉠ 통합접지, ㉡ 관통부 처리, ㉢ 옥외

29. 다음 뇌 보호영역(LPZ ; Lightning Protection Zone)별 SPD 선택기준에서 (   ) 안을 채우시오.

뇌 보호영역	시험 파형	적용 SPD
LPZ1	12.5KA 이상 : (㉠)μs 파형 기준(큰 에너지를 갖는 직격뢰 대응)	Class I (타입 I)
LPZ2	5KA 이상 : (㉡)μs 파형 기준(유도뢰 서지에 대응)	Class II (타입 II)
LPZ3	(㉢)μs(전압), 8/20μs(전류) 조합파 기준	Class III (타입 III)

정답 ㉠ 10/350, ㉡ 8/20, ㉢ 1.2/50

30 축전지의 잔존용량을 표현하는 또 다른 방법으로서 축전지의 정격용량 기준의 실제 방전량을 표현하는 지수를 무엇이라고 하는가?

정답 방전심도 혹은 방전깊이(Depth of Discharge)

31 계통부하 급증 시 방전하고, 태양전지 출력 증대로 인한 계통전압 상승 시 충전하는 방식의 축전지를 무엇이라고 부르는가?

정답 계통안정화 대응형 축전지

32 독립형 시스템과 다른 발전설비와 연계하여 사용하는 형태의 축전지는 무엇인가?

정답 하이브리드형 축전지

33 다음 태양광발전설비의 축전지와 관련된 설명 중 ( ) 안에 들어갈 적절한 말을 쓰시오.
- 축전지의 (㉠)은 부하가 연결되지 않은 상태에서의 방전율로서, 이 값은 낮을수록 좋다.
- 보통 방전심도를 70~80% 이상으로 설정하면 축전지 이용률은 높아지는 대신 그만큼 축전지의 (㉡)이 단축된다.
- 방전심도는 실제의 방전량을 축전지의 (㉢)으로 나누어 100분율로 표현한다.

정답 ㉠ 자기방전율
㉡ 수명
㉢ 정격용량

34 축전지의 운용 방법 중 평상시에는 연계운전을 하고 정전 시 자립운전을 행하는 방식을 무엇이라고 하는가?

정답 방재 대응용 축전지방식

35 다음 SPD(피뢰소자)의 적응성과 관련하여 Class I, Class II 혹은 Class III를 넣으시오.
- 어레이 접속함 : (㉠)
- 인버터 판넬 : (㉡)
- 인입구 배전반 : (㉢)

정답 ㉠ Class II(타입 II) 혹은 Class III(타입 III)
㉡ Class II(타입 II)
㉢ Class I(타입 I)

36 다음 우리나라 신·재생에너지 공급의무비율(공공 및 공공 투자건물)에 대한 계획표와 관련하여 ( ) 안을 채우시오.

해당 연도	2011~2012	2013	2014	2015	2016	2017	2018	2019	2020 이후
공급의무비율	10	11	12	15	(㉠)	(㉡)	24	27	(㉢)

정답 ㉠ 18, ㉡ 21, ㉢ 30

37 다음의 태양열발전탑(Solar Power Tower)에 대한 내용 중 ( ) 안에 들어갈 말은?

기존 전력망에 전기를 공급하기 위하여 햇빛을 청정전기로 변환, 대형의 헬리오스탯(Heliostat)이라는 태양 추적 거울(Sun-Tracking Mirror)을 대량으로 설치하여 타워 상부에 위치한 리시버에 햇빛을 집중 → 리시버에서 가열된 열전달유체는 열교환기를 이용하여 고온의 ( )를 발생 → 터빈발전기를 구동하여 전기를 생산한다.

해설 터빈발전기와 같은 기계적 원동소를 구동시키려면 물을 끓여 증기를 만들고, 이 증기를 팽창시켜 기계적 구동력을 얻어야 한다.
정답 증기

38 다음의 태양광발전소 부지 선정 절차에 관한 내용 중 ( ) 안에 들어갈 단계는 무엇인가?

후보지 선정 → 지역 정보 수집 → 공부(公簿)를 기준으로 현장조사 → 토지현황 파악 → ( ) → 용량 기획 → 경제성 검토 → 부지 소유자와 협의 → 계약 체결

해설 부지선정 절차에는 발전소 건설에 제반 법적 문제가 없는지 확인하는 절차가 반드시 포함되어야 한다.
정답 법적사항 검토

39. 수상 태양광발전소 부지 선정 시 주요 고려사항을 5가지 쓰시오.

정답 다음 중 5가지를 선택하여 작성한다.
① 수위 변화 : 5m 이상 유지할 것 ② 홍수 시에도 유속 0.5m/s 이하 유지
③ 취수나 방류의 영향 ④ 구조물의 고정 방안
⑤ 염해에 의한 부식 ⑥ 담수호의 동결 영향
⑦ 안정적인 전력 전송망 ⑧ 시공성, 경제성 여부
⑨ 부유물 유입의 영향 및 청소 대책 ⑩ 보안 및 접근 통제
⑪ 지역 농어민의 민원 해소 방안 등

40. 부지 선정 시 연약지반에 대한 판정시험 방법 3가지를 쓰시오.

정답 지반의 N치, 일축 압축강도, 콘 관입 저항력

41. 부지 선정 시 연약지반의 개량공법 5가지를 쓰시오.

정답 다음 중 5가지를 쓰면 된다.
치환개량공법, 주입공법, 선행재하공법, 연직배수공법, 전기침투공법, 소결공법, 동결공법, 모래다짐공법, 동압밀공법, 동다짐공법 등

42. 다음 태양광발전 관련 용어를 간략히 설명하시오.
① 일조율 ② 알베도 ③ 수직음영각

정답 ① $\dfrac{\text{일조 시간}}{\text{가조 시간}} \times 100\%$
② 알베도 : 일사가 대기나 지표에 반사되는 비율
③ 수직음영각 : 그림자 끝 지점과 장애물의 상부를 이은 선이 지면과 이루는 각도

43 다음의 분산형 전원 배전계통 연계 기술 기준에 대한 설명과 관련하여 ( ) 안에 적당한 수치를 쓰시오.

① 발전용량이 (㉠)kW 미만인 경우는 저압 전용선로와 연계할 수 있다.
② 저압일반선로에서 분산형 전원의 상시 전압변동률은 (㉡)%를 초과하지 않아야 한다.
③ 저압계통의 경우, 계통병입 시 돌입전류를 필요로 하는 발전원에 대해서 계통 병입에 의한 순시 전압변동률이 (㉢)%를 초과하지 않아야 한다.

정답 ㉠ 500, ㉡ 3, ㉢ 6

---

44 다음의 발전용량 혹은 분산형 전원 정격용량 합계(kW)를 기준으로 한 관리항목에 대한 기준치로 ㉠, ㉡에 들어갈 적당한 수치를 넣으시오.

발전용량 혹은 분산형 전원 정격용량 합계(kW)	주파수차 (Δf, Hz)	전압차 (ΔV, %)	위상각 차 ($\Delta \phi$, °)
1~500 이하	0.3	10	20
500 초과~1,500 이하	0.2	㉡	15
1,500 초과~20,000 미만	㉠	3	10

정답 ㉠ 0.1, ㉡ 5

---

45 다음의 괄호 안에 적당한 수치를 기재하시오.

고조파 전류는 10분 평균한 40차까지의 종합 전류 왜형률이 (㉠)를 초과하지 않도록 각 차수별로 (㉡) 이하로 제어해야 한다.

정답 ㉠ 5%, ㉡ 3%

---

46 다음 계통 이상 시 분산형 전원의 발전설비 분리와 관련하여 ( ) 안에 적당한 수치를 채우시오.

전압범위(기준전압에 대한 비율)	분리시간
V<50%	(㉠)초
V≥120%	(㉡)초

정답 ㉠ 0.16, ㉡ 0.16

47 특고압 계통의 경우, 분산형 전원의 연계로 인한 순시 전압변동률은 발전원의 계통 투입, 탈락 및 출력변동 빈도에 따라 다음 표에서 정하는 허용기준을 초과하지 않아야 한다. ( ) 안의 수치를 쓰시오.

변동빈도	순시 전압변동률
1시간에 2회 초과 10회 이하	(㉠)%
1일 4회 초과, 1시간에 2회 이하	4%
1일에 4회 이하	(㉡)%

정답 ㉠ 3, ㉡ 5

48 어떤 태양광발전소의 발전량이 연간 300,000kWh, 계통한계가격은 160원/kWh, REC 공급인증서 가격은 190원/kWh이라고 하면, 연간 전력 판매금액은 얼마인가? (단, 가중치는 1.0으로 한다.)

해설 kWh당 판매단가=SMP+REC×가중치 160+190×1.0=350원/kWh
따라서, 연간 전력 판매금액=300,000kWh×350원/kWh=105,000,000원

정답 1억 5백만 원

49 5년 동안의 태양광발전소 수익율이 다음 표와 같을 때 B/C Ratio는 얼마인가? (단, 할인율은 4%로 한다.) 또, 사업의 타당성이 있는지 검토하여라.

(단위 : 백만 원)

구 분	0차년도	1차년도	2차년도	3차년도	4차년도	5차년도
연간 수익	–	22	21	20	20	20
소요 비용	70	3	2	2	2	3

해설 비용·편익비 분석(CBR ; Benefit-Cost Ratio, B/C Ratio) 공식에서,

$$\text{B/C Ratio} = \frac{\sum \frac{B_i}{(1+r)^i}}{\sum \frac{C_i}{(1+r)^i}}$$

여기서,

$$\sum \frac{B_i}{(1+r)^i} = \frac{22}{(1+0.04)^1} + \frac{21}{(1+0.04)^2} + \frac{20}{(1+0.04)^3} + \frac{20}{(1+0.04)^4} + \frac{20}{(1+0.04)^5} = 91.884 \text{백만 원}$$

$$\Sigma \frac{C_i}{(1+r)^i} = \frac{70}{(1+0.04)^0} + \frac{3}{(1+0.04)^1} + \frac{2}{(1+0.04)^2} + \frac{2}{(1+0.04)^3}$$
$$+ \frac{2}{(1+0.04)^4} + \frac{3}{(1+0.04)^5} = 80.687 \text{백만 원}$$

B/C Ratio = 91.884/80.687 = 1.139 > 1 (따라서, 사업의 타당성 있음)

정답 ① B/C Ratio = 1.139
② 사업의 타당성 : B/C Ratio가 1.0보다 크므로 경제성 측면에서 사업성이 있다고 평가됨

---

50 설비용량 및 수용률이 다음 표와 같은 수용가가 있다. 수용가 상호 간에 부등률을 1.1로 할 때 합성최대전력[kW]은?

수용가	설비용량[kW]	수용률[%]
A	160	50
B	150	60
C	100	50

해설 각 설비의 최대수용전력의 합 = 160×0.5 + 150×0.6 + 100×0.5 = 220kW
따라서, 합성 최대전력 = 220/1.1 = 200kW

정답 200kW

---

51 태양광발전소에 적용되는 다음 차단기의 특징에 대해 설명하시오.
- GCB(가스차단기)
- 한류 리액터

정답 ① GCB(Gas Circuit Breaker ; 가스차단기)는 주로 소호 및 절연특성이 뛰어난 SF_6(육불화황)을 매질로 사용하는 차단기(저소음형으로 154kV급 이상의 대용량 변전소에 많이 사용함). 단 SF_6는 지구 온난화 물질에 속한다.
② 한류 리액터(Current Limiting Reactor)는 단락 고장에 대하여 고장 전류를 제한하기 위해서 회로에 직렬로 접속되는 리액터이다. 단락 전류에 의한 기계의 기계적 및 열적 장해를 방지하고, 차단해야 할 전류를 제한하여 차단기의 소요 차단 용량을 경감하는 용도에 사용된다. 일반적으로 불변 인덕턴스를 갖는 공심형(空心形) 건식(乾式)이나 또는 유입식이 사용된다.

52 설비용량 800kW, 부등률 1.2, 수용률 60%일 때, 변전시설 용량은 최저 몇 kVA 이상이어야 하는가? (단, 역률은 90% 이상 유지되어야 하며, 소수 첫째자리에서 올림한다.)

[해설] 각 설비의 최대수용전력의 합=800×0.6=480kW
합성 최대전력=480/1.2=400kW
변전시설 필요 용량=400kW/0.9(역률)=444.44kVA

[정답] 445kVA 이상

53 전기설비에서 역률의 정의 및 유효전력과 무효전력을 이용한 전력의 계산방법을 설명하시오.

[정답] ① 역률의 정의 : 역률을 유효전력과 피상전력으로 나누어 계산한다.
② 유효전력과 무효전력을 이용한 전력의 계산방법
전력=유효전력+무효전력
즉, $W = V \cdot I \cdot \cos\theta + j(V \cdot I \cdot \sin\theta)$
여기서, $V \cdot I$: 피상전력[VA], $\cos\theta$: 역률(유효전력/피상전력)

54 역률을 80%에서 95.5%로 개선하면 18,000W의 동력부하의 연간 절감액은 얼마인가? (단, kW당 기본요금은 6,000원이라고 가정하고, 소수 둘째자리에서 반올림한다.)

[해설] 18kW×6,000원/kW×(0.955-0.8)×12개월=200,880원/년

[정답] 200,880원/년

55 어떤 전동기가 삼상 380V로 운전되고 있으며, 선전류 10A, 무효전력이 4,000Var였다면 역률은 얼마인가? (소수 둘째자리에서 반올림한다.)

[해설] 삼상부하에서 피상전력=$\sqrt{3}\,VI=\sqrt{3}\times380\times10$ =6,581.8VA
유효전력=$\sqrt{(피상전력^2 - 무효전력^2)}=\sqrt{(6,581.8^2-4,000^2)}$=5,227W
역률=유효전력/피상전력=5,227W/6,581.8VA=79.416

[정답] 79.4(%)

56. 어느 변압기의 철손이 700W, 동손이 2,800W일 때 이 변압기의 최적 부하율(최고효율로 운전 시의 부하율)을 구하시오.

[해설] 최적 부하율 $m=\sqrt{(700/2,800)}=0.5$

[정답] 50%

57. 삼상 배전선로상에 역률 85%, 소비전력 250W의 삼상 유도전동기가 운전되고 있다. 여기에 진상 콘덴서를 설치하여 선로의 손실을 최소화 하려면 어떤 용량(kVA) 이상의 콘덴서를 설치하여야 하는가? (단, 소수 첫째자리에서 올림한다.)

[해설] 유효전력 : 250W

   피상전력=유효전력/역률=250/0.85=294W

   무효전력=$\sqrt{(294^2-250^2)}=154.7$

[정답] 155kVA

58. 분전반에서 60m 거리에 있는 단상 220V(단상 2선식)의 10kW 전열기가 설치되어 있다. 이 회로의 전압강하를 5V 이하로 하고자 한다면 전선의 공칭 굵기를 다음 중 얼마로 해야 하는가?

> 6.0mm², 10mm², 16mm², 25mm²

[해설] ① 전류=소비전력/전압=10,000/220=45.45

   ② 단상 220V(단상 2선식)에서,
   전선굵기=35.6×60×45.45/(1,000×5)=19.4 이상

[정답] 25mm²

59 수용가 인입구의 전압이 22.9 kV, 주차단기의 차단용량이 250 MVA이며, 10 MVA, 22.9 kV/380 V 변압기의 임피던스가 5.5%일 때, 변압기 2차 측에 필요한 차단기 용량으로 가장 적합한 것은 어느 것인가?

> 100 MVA , 150 MVA , 200 MVA , 250 MVA

[해설] 기준 Base를 10 MVA로 할때, 전원 측 임피던스는
$P_s = 100/\%Z_s \times P_n$ 에서, $\%Z_s = (P_n \times 100)/P_s = (10 \times 100)/250 = 4\%$
변압기 2차측까지의 합성 임피던스 $\%Z = \%Z_s + \%Z_{tr} = 4 + 5.5 = 9.5\%$
단락용량 $P_s = 100/\%Z \times P_n = 100/9.5 \times 10 = 105.26$ MVA
차단용량은 단락용량보다 커야 하므로 '150 MVA'를 선정

[정답] 150 MVA

---

60 165 W의 태양전지(5 A, 33 V)가 10개 직렬, 30개 병렬로 설치된 PV 어레이에서 파워컨디셔너 설치 위치까지의 거리가 50 m, 전선의 단면적이 50 mm²일 때 전압강하율(%)은 얼마인가? (단, 소수 둘째자리에서 반올림한다.)

[해설] ① 최대출력 전류 및 전압 계산
- 최대 출력 전류 $I = 5 \times 30 = 150$ A
- 최대 출력 전압 $E = 33 \times 10 = 330$ V

② 전압강하(e)를 계산하면,
$$e = \frac{35.6 \times L \times I}{1,000 \times A} = \frac{35.6 \times 50 \times 150}{1,000 \times 50} = 5.34 \text{(V)}$$

③ 전압강하율 $= 5.34/(330-5.34) \times 100 = 1.64\%$

[정답] 1.6%

---

61 선로정수에 포함되는 특성 4가지를 쓰시오.

[정답] R(저항), L(인덕턴스), G(누설 컨덕턴스), C(정전용량)

62 냉온수기(냉각수 순환용 ; 20kW) 펌프 현재 역률을 0.8에서 0.95로 높일 때 설치해야 할 콘덴서 용량(kVA)을 구하시오. (단, 소수 둘째자리에서 반올림한다.)

[해설] 진상콘덴서를 설치해서 역률을 $\cos\theta_1$로부터 $\cos\theta_2$로 개선하는 데에 요하는 콘덴서 용량 Q[kVA]는

$$Q = 부하 전력[kW] \times \left\{ \sqrt{\frac{1}{\cos^2\theta_1} - 1} - \sqrt{\frac{1}{\cos^2\theta_2} - 1} \right\}$$

$$= P\left(\frac{\sqrt{1-\cos^2\theta_1}}{\cos\theta_1} - \frac{\sqrt{1-\cos^2\theta_2}}{\cos\theta_2} \right)$$

$$= 20 \times \left(\frac{\sqrt{1-0.8^2}}{0.8} - \frac{\sqrt{1-0.95^2}}{0.95} \right) = 8.426 \text{kVA}$$

[정답] 8.4kVA

63 어느 단상변압기의 용량이 450kVA, 역률이 0.9, 철손이 2.7kW, 전부하동손이 5.8kW일 경우 아래를 각각 구하시오.
① 전부하 시 효율(단, 소수 둘째 자리에서 반올림한다.)
② 변압기 최고효율 시 부하율(단, 소수 넷째 자리에서 반올림한다.)
③ 변압기 최대효율(단, 소수 둘째 자리에서 반올림한다.)

[정답] ① 전부하 시 효율
부하율이 m일 경우의 효율(P ; 피상전력, $\cos\theta$; 역률)은 다음과 같다.

변압기 효율 $= \dfrac{m \cdot P \cdot \cos\theta}{m \cdot P \cdot \cos\theta + P_i + m^2 \cdot p_c} \times 100(\%)$ 공식에서 $m=1$인 경우이므로,

전부하 시 효율 $= \dfrac{450 \times 0.9}{450 \times 0.9 + 2.7 + 5.8} \times 100 = 97.9\%$이다.

② 변압기 최고효율 시 부하율 $m = \sqrt{\dfrac{p_i}{p_c}} = \sqrt{\dfrac{2.7}{5.8}} = 0.682$

③ 변압기의 최대효율, 즉 '$p_i = p_c$'일 경우의 효율

변압기의 최대효율 $= \dfrac{m \cdot P \cdot \cos\theta}{m \cdot P \cdot \cos\theta + 2P_i} \times 100(\%)$

$= \dfrac{0.682 \times 450 \times 0.9}{0.682 \times 450 \times 0.9 + 2 \times 2.7} \times 100 = 98.1\%$

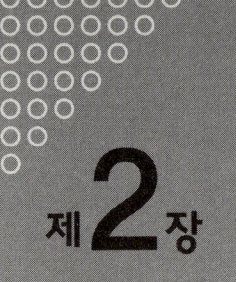

법규 검토

※법규 관련 사항은 국가정책상 필요시 항상 변경 가능성이 있으므로, '국가법령정보센터(http://www.law.go.kr)' 등에서 확인하기 바란다.

2-1 신에너지 및 재생에너지 개발·이용·보급 촉진법

■ 이 법의 목적(제1조)

이 법은 신에너지 및 재생에너지의 기술개발 및 이용·보급 촉진과 신에너지 및 재생에너지 산업의 활성화를 통하여 에너지원을 다양화하고, 에너지의 안정적인 공급, 에너지 구조의 환경친화적 전환 및 온실가스 배출의 감소를 추진함으로써 환경의 보전, 국가 경제의 건전하고 지속적인 발전 및 국민복지의 증진에 이바지함을 목적으로 한다.

■ 용어의 정의(제2조)

1. "신에너지"란 기존의 화석연료를 변환시켜 이용하거나 수소·산소 등의 화학 반응을 통하여 전기 또는 열을 이용하는 에너지로서 다음 각 목의 어느 하나에 해당하는 것을 말한다.
   ① 수소에너지
   ② 연료전지
   ③ 석탄을 액화·가스화한 에너지 및 중질잔사유(重質殘渣油)를 가스화한 에너지로서 대통령령으로 정하는 기준 및 범위에 해당하는 에너지
   ④ 그 밖에 석유·석탄·원자력 또는 천연가스가 아닌 에너지로서 대통령령으로 정하는 에너지
2. "재생에너지"란 햇빛·물·지열(地熱)·강수(降水)·생물유기체 등을 포함하는 재생 가능한 에너지를 변환시켜 이용하는 에너지로서 다음 각 목의 어느 하나에 해당하는 것을 말한다.
   ① 태양에너지
   ② 풍력
   ③ 수력
   ④ 해양에너지

⑤ 지열에너지
⑥ 생물자원을 변환시켜 이용하는 바이오에너지로서 대통령령으로 정하는 기준 및 범위에 해당하는 에너지
⑦ 폐기물에너지로서 대통령령으로 정하는 기준 및 범위에 해당하는 에너지
⑧ 그 밖에 석유·석탄·원자력 또는 천연가스가 아닌 에너지로서 대통령령으로 정하는 에너지

3. "신에너지 및 재생에너지 설비"(이하 "신·재생에너지 설비"라 한다)란 신에너지 및 재생에너지(이하 "신·재생에너지"라 한다)를 생산 또는 이용하거나 신·재생에너지의 전력계통 연계조건을 개선하기 위한 설비로서 산업통상자원부령으로 정하는 것을 말한다.
4. "신·재생에너지 발전"이란 신·재생에너지를 이용하여 전기를 생산하는 것을 말한다.
5. "신·재생에너지 발전사업자"란 「전기사업법」 제2조제4호에 따른 발전사업자 또는 같은 조 제19호에 따른 자가용전기설비를 설치한 자로서 신·재생에너지 발전을 하는 사업자를 말한다.

■ 기본계획의 수립(제5조)

1. 산업통상자원부장관은 관계 중앙행정기관의 장과 협의를 한 후 제8조에 따른 신·재생에너지정책심의회의 심의를 거쳐 신·재생에너지의 기술개발 및 이용·보급을 촉진하기 위한 기본계획(이하 "기본계획"이라 한다)을 5년마다 수립하여야 한다.
2. 기본계획의 계획기간은 10년 이상으로 하며, 기본계획에는 다음 각 호의 사항이 포함되어야 한다.
  ① 기본계획의 목표 및 기간
  ② 신·재생에너지원별 기술개발 및 이용·보급의 목표
  ③ 총전력생산량 중 신·재생에너지 발전량이 차지하는 비율의 목표
  ④ 「에너지법」 제2조제10호에 따른 온실가스의 배출 감소 목표
  ⑤ 기본계획의 추진방법
  ⑥ 신·재생에너지 기술수준의 평가와 보급전망 및 기대효과
  ⑦ 신·재생에너지 기술개발 및 이용·보급에 관한 지원 방안
  ⑧ 신·재생에너지 분야 전문인력 양성계획
  ⑨ 그 밖에 기본계획의 목표달성을 위하여 산업통상자원부장관이 필요하다고 인정하는 사항
3. 산업통상자원부장관은 신·재생에너지의 기술개발 동향, 에너지 수요·공급 동향의 변화, 그 밖의 사정으로 인하여 수립된 기본계획을 변경할 필요가 있다고 인정하

면 관계 중앙행정기관의 장과 협의를 한 후 제8조에 따른 신·재생에너지정책심의회의 심의를 거쳐 그 기본계획을 변경할 수 있다.

> ☞ **시행령**
> 산업통상자원부장관은 계획서(신·재생에너지 기술개발 및 이용·보급에 관한 계획서)를 받았을 때에는 다음 각 호의 사항을 검토하여 협의를 요청한 자에게 그 의견을 통보하여야 한다.
> 1. 법 제5조에 따른 신·재생에너지의 기술개발 및 이용·보급을 촉진하기 위한 기본계획(이하 "기본계획"이라 한다)과의 조화성
> 2. 시의성(時宜性)
> 3. 다른 계획과의 중복성
> 4. 공동연구의 가능성

■ 신·재생에너지 기술개발 등에 관한 계획의 사전협의(제7조)

국가기관, 지방자치단체, 공공기관, 그 밖에 대통령령으로 정하는 자가 신·재생에너지 기술개발 및 이용·보급에 관한 계획을 수립·시행하려면 대통령령으로 정하는 바에 따라 미리 산업통상자원부장관과 협의하여야 한다.

> ☞ **시행령**
> 상기 법 제7조에 따라 신에너지 및 재생에너지(이하 "신·재생에너지"라 한다) 기술개발 및 이용·보급에 관한 계획을 협의하려는 자는 그 시행 사업연도 개시 4개월 전까지 산업통상자원부장관에게 계획서를 제출하여야 한다.

■ 신·재생에너지정책심의회(제8조)

1. 신·재생에너지의 기술개발 및 이용·보급에 관한 중요 사항을 심의하기 위하여 산업통상자원부에 신·재생에너지정책심의회(이하 "심의회"라 한다)를 둔다.
2. 심의회는 다음 각 호의 사항을 심의한다.
    ① 기본계획의 수립 및 변경에 관한 사항. 다만, 기본계획의 내용 중 대통령령으로 정하는 경미한 사항을 변경하는 경우는 제외한다.
    ② 신·재생에너지의 기술개발 및 이용·보급에 관한 중요 사항
    ③ 신·재생에너지 발전에 의하여 공급되는 전기의 기준가격 및 그 변경에 관한 사항
    ④ 그 밖에 산업통상자원부장관이 필요하다고 인정하는 사항
3. 심의회의 구성·운영과 그 밖에 필요한 사항은 대통령령으로 정한다.

■ 조성된 사업비의 사용(제10조)

산업통상자원부장관은 제9조에 따라 조성된 사업비를 다음 각 호의 사업에 사용한다.
1. 신·재생에너지의 자원조사, 기술수요조사 및 통계작성
2. 신·재생에너지의 연구·개발 및 기술평가
3. 신·재생에너지 이용 건축물의 인증 및 사후관리
4. 신·재생에너지 공급의무화 지원
5. 신·재생에너지 설비의 성능평가·인증 및 사후관리
6. 신·재생에너지 기술정보의 수집·분석 및 제공
7. 신·재생에너지 분야 기술지도 및 교육·홍보
8. 신·재생에너지 분야 특성화대학 및 핵심기술연구센터 육성
9. 신·재생에너지 분야 전문인력 양성
10. 신·재생에너지 설비 설치전문기업의 지원
11. 신·재생에너지 시범사업 및 보급사업
12. 신·재생에너지 이용의무화 지원
13. 신·재생에너지 관련 국제협력
14. 신·재생에너지 기술의 국제표준화 지원
15. 신·재생에너지 설비 및 그 부품의 공용화 지원
16. 그 밖에 신·재생에너지의 기술개발 및 이용·보급을 위하여 필요한 사업으로서 대통령령으로 정하는 사업

■ 사업의 실시(제11조)

1. 산업통상자원부장관은 제10조 각 호의 사업을 효율적으로 추진하기 위하여 필요하다고 인정하면 다음 각 호의 어느 하나에 해당하는 자와 협약을 맺어 그 사업을 하게 할 수 있다.
    ① 「특정연구기관 육성법」에 따른 특정연구기관
    ② 「기초연구진흥 및 기술개발지원에 관한 법률」 제14조제1항제2호에 따른 기업연구소
    ③ 「산업기술연구조합 육성법」에 따른 산업기술연구조합
    ④ 「고등교육법」에 따른 대학 또는 전문대학
    ⑤ 국공립연구기관
    ⑥ 국가기관, 지방자치단체 및 공공기관
    ⑦ 그 밖에 산업통상자원부장관이 기술개발능력이 있다고 인정하는 자
2. 산업통상자원부장관은 제1항 각 호의 어느 하나에 해당하는 자가 하는 기술개발사업 또는 이용·보급 사업에 드는 비용의 전부 또는 일부를 출연(出捐)할 수 있다.

3. 제2항에 따른 출연금의 지급·사용 및 관리 등에 필요한 사항은 대통령령으로 정한다.

■ 신·재생에너지사업에의 투자권고 및 신·재생에너지 이용의무화 등(제12조)
1. 산업통상자원부장관은 신·재생에너지의 기술개발 및 이용·보급을 촉진하기 위하여 필요하다고 인정하면 에너지 관련 사업을 하는 자에 대하여 제10조 각 호의 사업을 하거나 그 사업에 투자 또는 출연할 것을 권고할 수 있다.
2. 산업통상자원부장관은 신·재생에너지의 이용·보급을 촉진하고 신·재생에너지산업의 활성화를 위하여 필요하다고 인정하면 다음 각 호의 어느 하나에 해당하는 자가 신축·증축 또는 개축하는 건축물에 대하여 대통령령으로 정하는 바에 따라 그 설계 시 산출된 예상 에너지사용량의 일정 비율 이상을 신·재생에너지를 이용하여 공급되는 에너지를 사용하도록 신·재생에너지 설비를 의무적으로 설치하게 할 수 있다.
① 국가 및 지방자치단체
②「공공기관의 운영에 관한 법률」제5조에 따른 공기업(이하 "공기업"이라 한다)
③ 정부가 대통령령으로 정하는 금액 이상을 출연한 정부출연기관

> ☞ **시행령**
> "대통령령으로 정하는 금액 이상"이란 연간 50억 원 이상을 말한다.

④「국유재산법」제2조제6호에 따른 정부출자기업체
⑤ 지방자치단체 및 제2호부터 제4호까지의 규정에 따른 공기업, 정부출연기관 또는 정부출자기업체가 대통령령으로 정하는 비율 또는 금액 이상을 출자한 법인

> ☞ **시행령**
> "대통령령으로 정하는 비율 또는 금액 이상을 출자한 법인"이란 다음 각 호의 어느 하나에 해당하는 법인을 말한다.
> 1호. 납입자본금의 100의 50 이상을 출자한 법인
> 2호. 납입자본금으로 50억 원 이상을 출자한 법인

⑥ 특별법에 따라 설립된 법인
3. 산업통상자원부장관은 신·재생에너지의 활용 여건 등을 고려할 때 신·재생에너지를 이용하는 것이 적절하다고 인정되는 공장·사업장 및 집단주택단지 등에 대하여 신·재생에너지의 종류를 지정하여 이용하도록 권고하거나 그 이용설비를 설치하도록 권고할 수 있다.

■ 신·재생에너지 이용 건축물에 대한 인증 등(제12조의2)

1. 대통령령으로 정하는 일정 규모 이상의 건축물을 소유한 자는 그 건축물에 대하여 산업통상자원부장관이 지정하는 기관(이하 "건축물인증기관"이라 한다)으로부터 총에너지사용량의 일정 비율 이상을 신·재생에너지를 이용하여 공급되는 에너지를 사용한다는 신·재생에너지 이용 건축물인증(이하 "건축물인증"이라 한다)을 받을 수 있다.

> ☞ 시행령
>
> 상기 "대통령령으로 정하는 일정 규모 이상의 건축물"이란 「건축법 시행령」 별표 1 각 호에 따른 건축물 중 산업통상자원부와 국토교통부가 공동부령으로 정하는 건축물로서 연면적 1천제곱미터 이상인 건축물(제17조 제1항에 따라 설치계획서를 제출한 건축물은 제외한다)을 말한다.

2. 제1항에 따라 건축물인증을 받으려는 자는 해당 건축물에 대하여 건축물인증기관에 건축물인증을 신청하여야 한다.
3. 산업통상자원부장관은 제31조에 따른 신·재생에너지센터나 그 밖에 신·재생에너지의 기술개발 및 이용·보급 촉진사업을 하는 자 중 건축물인증 업무에 적합하다고 인정되는 자를 건축물인증기관으로 지정할 수 있다.
4. 건축물인증기관은 제2항에 따른 건축물인증의 신청을 받은 경우 산업통상자원부와 국토교통부의 공동부령으로 정하는 건축물인증 심사기준에 따라 심사한 후 그 기준에 적합한 건축물에 대하여 건축물인증을 하여야 한다.
5. 산업통상자원부장관은 제27조제1항에 따른 보급사업을 추진하는 데에 있어 건축물인증을 받은 자를 우대하여 지원할 수 있다.
6. 건축물인증기관의 업무 범위, 건축물인증의 절차, 건축물인증의 사후관리, 그 밖에 건축물인증에 관하여 필요한 사항은 산업통상자원부와 국토교통부의 공동부령으로 정한다.

■ 건축물인증의 취소(제12조의4)

건축물인증기관은 건축물인증을 받은 자가 다음 각 호의 어느 하나에 해당하는 경우에는 그 인증을 취소할 수 있다. 다만, 제1호에 해당하는 경우에는 그 인증을 취소하여야 한다.

1. 거짓이나 그 밖의 부정한 방법으로 건축물인증을 받은 경우
2. 건축물인증을 받은 자가 그 인증서를 건축물인증기관에 반납한 경우
3. 건축물인증을 받은 건축물의 사용승인이 취소된 경우
4. 건축물인증을 받은 건축물이 제12조의2제4항에 따른 건축물인증 심사기준에 부적합한 것으로 발견된 경우

■ 신·재생에너지 공급의무화 등(제12조의5)

1. 산업통상자원부장관은 신·재생에너지의 이용·보급을 촉진하고 신·재생에너지산업의 활성화를 위하여 필요하다고 인정하면 다음 각 호의 어느 하나에 해당하는 자 중 대통령령으로 정하는 자(이하 "공급의무자"라 한다)에게 발전량의 일정량 이상을 의무적으로 신·재생에너지를 이용하여 공급하게 할 수 있다.
   ① 「전기사업법」 제2조에 따른 발전사업자
   ② 「집단에너지사업법」 제9조 및 제48조에 따라 「전기사업법」 제7조제1항에 따른 발전사업의 허가를 받은 것으로 보는 자
   ③ 공공기관

   > ☞ 시행령
   > 상기에서 대통령령으로 정하는 자는 아래와 같다.
   > ① 법 제12조의5제1항제1호 및 제2호에 해당하는 자로서 50만 킬로와트 이상의 발전설비(신·재생에너지 설비는 제외한다)를 보유하는 자
   > ② 「한국수자원공사법」에 따른 한국수자원공사
   > ③ 「집단에너지사업법」 제29조에 따른 한국지역난방공사

2. 제1항에 따라 공급의무자가 의무적으로 신·재생에너지를 이용하여 공급하여야 하는 발전량(이하 "의무공급량"이라 한다)의 합계는 총전력생산량의 10% 이내의 범위에서 연도별로 대통령령으로 정한다. 이 경우 균형 있는 이용·보급이 필요한 신·재생에너지에 대하여는 대통령령으로 정하는 바에 따라 총의무공급량 중 일부를 해당 신·재생에너지를 이용하여 공급하게 할 수 있다.
3. 공급의무자의 의무공급량은 산업통상자원부장관이 공급의무자의 의견을 들어 공급의무자별로 정하여 고시한다. 이 경우 산업통상자원부장관은 공급의무자의 총발전량 및 발전원(發電源) 등을 고려하여야 한다.
4. 공급의무자는 의무공급량의 일부에 대하여 3년의 범위에서 그 공급의무의 이행을 연기할 수 있다.
5. 공급의무자는 제12조의7에 따른 신·재생에너지 공급인증서를 구매하여 의무공급량에 충당할 수 있다.
6. 산업통상자원부장관은 제1항에 따른 공급의무의 이행 여부를 확인하기 위하여 공급의무자에게 대통령령으로 정하는 바에 따라 필요한 자료의 제출 또는 제5항에 따라 구매하여 의무공급량에 충당하거나 제12조의7제1항에 따라 발급받은 신·재생에너지 공급인증서의 제출을 요구할 수 있다.

7. 제4항에 따라 공급의무의 이행을 연기할 수 있는 총량과 연차별 허용량, 그 밖에 필요한 사항은 대통령령으로 정한다.

■ 신·재생에너지 공급인증서 등(제12조의7)

1. 신·재생에너지를 이용하여 에너지를 공급한 자(이하 "신·재생에너지 공급자"라 한다)는 산업통상자원부장관이 신·재생에너지를 이용한 에너지 공급의 증명 등을 위하여 지정하는 기관(이하 "공급인증기관"이라 한다)으로부터 그 공급 사실을 증명하는 인증서(전자문서로 된 인증서를 포함한다. 이하 "공급인증서"라 한다)를 발급받을 수 있다. 다만, 제17조에 따라 발전차액을 지원받은 신·재생에너지 공급자에 대한 공급인증서는 국가에 대하여 발급한다.
2. 공급인증서를 발급받으려는 자는 공급인증기관에 대통령령으로 정하는 바에 따라 공급인증서의 발급을 신청하여야 한다.

> ☞ **시행령**
> 신·재생에너지 공급인증서의 발급 신청 등
> 1. 법 제12조의7제2항에 따라 공급인증서를 발급받으려는 자는 법 제12조의9제2항에 따른 공급인증서 발급 및 거래시장 운영에 관한 규칙에서 정하는 바에 따라 신·재생에너지를 공급한 날부터 90일 이내에 발급 신청을 하여야 한다.
> 2. 제1항에 따라 발급 신청을 받은 공급인증기관은 발급 신청을 한 날부터 30일 이내에 공급인증서를 발급하여야 한다.

3. 공급인증기관은 제2항에 따른 신청을 받은 경우에는 신·재생에너지의 종류별 공급량 및 공급기간 등을 확인한 후 다음 각 호의 기재사항을 포함한 공급인증서를 발급하여야 한다. 이 경우 균형 있는 이용·보급과 기술개발 촉진 등이 필요한 신·재생에너지에 대하여는 대통령령으로 정하는 바에 따라 실제 공급량에 가중치를 곱한 양을 공급량으로 하는 공급인증서를 발급할 수 있다.
   ① 신·재생에너지 공급자
   ② 신·재생에너지의 종류별 공급량 및 공급기간
   ③ 유효기간
4. 공급인증서의 유효기간은 발급받은 날부터 3년으로 하되, 제12조의5제5항 및 제6항에 따라 공급의무자가 구매하여 의무공급량에 충당하거나 발급받아 산업통상자원부장관에게 제출한 공급인증서는 그 효력을 상실한다. 이 경우 유효기간이 지나거나 효력을 상실한 해당 공급인증서는 폐기하여야 한다.

5. 공급인증서를 발급받은 자는 그 공급인증서를 거래하려면 제12조의9제2항에 따른 공급인증서 발급 및 거래시장 운영에 관한 규칙으로 정하는 바에 따라 공급인증기관이 개설한 거래시장(이하 "거래시장"이라 한다)에서 거래하여야 한다.
6. 산업통상자원부장관은 다른 신·재생에너지와의 형평을 고려하여 공급인증서가 일정 규모 이상의 수력을 이용하여 에너지를 공급하고 발급된 경우 등 산업통상자원부령으로 정하는 사유에 해당할 때에는 거래시장에서 해당 공급인증서가 거래될 수 없도록 할 수 있다.

> ☞ **시행규칙**
>
> 상기 "산업통상자원부령으로 정하는 사유"란 다음 각 호의 경우를 말한다.
> 1. 공급인증서가 발전소별로 5천 킬로와트를 넘는 수력을 이용하여 에너지를 공급하고 발급된 경우
> 2. 공급인증서가 기존 방조제를 활용하여 건설된 조력(潮力)을 이용하여 에너지를 공급하고 발급된 경우
> 3. 공급인증서가 영 별표 1의 석탄을 액화·가스화한 에너지 또는 중질잔사유를 가스화한 에너지를 이용하여 에너지를 공급하고 발급된 경우
> 4. 공급인증서가 영 별표 1의 폐기물에너지 중 화석연료에서 부수적으로 발생하는 폐가스로부터 얻어지는 에너지를 이용하여 에너지를 공급하고 발급된 경우

7. 산업통상자원부장관은 거래시장의 수급조절과 가격안정화를 위하여 대통령령으로 정하는 바에 따라 국가에 대하여 발급된 공급인증서를 거래할 수 있다. 이 경우 산업통상자원부장관은 공급의무자의 의무공급량, 의무이행실적 및 거래시장 가격 등을 고려하여야 한다.
8. 신·재생에너지 공급자가 신·재생에너지 설비에 대한 지원 등 대통령령으로 정하는 정부의 지원을 받은 경우에는 대통령령으로 정하는 바에 따라 공급인증서의 발급을 제한할 수 있다.

■ 공급인증기관의 지정 등(제12조의8)

1. 산업통상자원부장관은 공급인증서 관련 업무를 전문적이고 효율적으로 실시하고 공급인증서의 공정한 거래를 위하여 다음 각 호의 어느 하나에 해당하는 자를 공급인증기관으로 지정할 수 있다.
   ① 제31조에 따른 신·재생에너지센터
   ②「전기사업법」제35조에 따른 한국전력거래소
   ③ 제12조의9에 따른 공급인증기관의 업무에 필요한 인력·기술능력·시설·장비 등 대통령령으로 정하는 기준에 맞는 자

> ☞ **시행규칙**
>
> 1. 공급인증기관으로 지정을 받으려는 자는 별지 제1호서식의 공급인증기관 지정신청서에 다음 각 호의 서류를 첨부하여 산업통상자원부장관에게 제출하여야 한다.
>   ① 정관(법인인 경우만 해당한다)
>   ② 공급인증기관의 운영계획서
>   ③ 공급인증기관의 업무에 필요한 인력·기술능력·시설 및 장비 현황에 관한 자료
> 2. 제1항에 따른 신청을 받은 산업통상자원부장관은 「전자정부법」 제36조제1항에 따른 행정정보의 공동이용을 통하여 법인 등기사항증명서(법인인 경우만 해당한다)를 확인하여야 한다.

2. 제1항에 따라 공급인증기관으로 지정받으려는 자는 산업통상자원부장관에게 지정을 신청하여야 한다.
3. 공급인증기관의 지정방법·지정절차, 그 밖에 공급인증기관의 지정에 필요한 사항은 산업통상자원부령으로 정한다.

■ 공급인증기관의 업무 등(제12조의9)

1. 제12조의8에 따라 지정된 공급인증기관은 다음 각 호의 업무를 수행한다.
   ① 공급인증서의 발급, 등록, 관리 및 폐기
   ② 국가가 소유하는 공급인증서의 거래 및 관리에 관한 사무의 대행
   ③ 거래시장의 개설
   ④ 공급의무자가 제12조의5에 따른 의무를 이행하는 데 지급한 비용의 정산에 관한 업무
   ⑤ 공급인증서 관련 정보의 제공
   ⑥ 그 밖에 공급인증서의 발급 및 거래에 딸린 업무
2. 공급인증기관은 업무를 시작하기 전에 산업통상자원부령으로 정하는 바에 따라 공급인증서 발급 및 거래시장 운영에 관한 규칙(이하 "운영규칙"이라 한다)을 제정하여 산업통상자원부장관의 승인을 받아야 한다. 운영규칙을 변경하거나 폐지하는 경우(산업통상자원부령으로 정하는 경미한 사항의 변경은 제외한다)에도 또한 같다.

> ☞ **시행규칙**
>
> 1. 법 제12조의9제2항에 따라 공급인증기관이 제정하는 공급인증서 발급 및 거래시장 운영에 관한 규칙에는 다음 각 호의 사항이 포함되어야 한다.
>   ① 공급인증서의 발급, 등록, 거래 및 폐기 등에 관한 사항
>   ② 신에너지 및 재생에너지(이하 "신·재생에너지"라 한다) 공급량의 증명에 관한 사항
>   ③ 공급인증서의 거래방법에 관한 사항
>   ④ 공급인증서 가격의 결정방법에 관한 사항

⑤ 공급인증서 거래의 정산 및 결제에 관한 사항
⑥ 제1호와 관련된 정보의 공개 및 분쟁조정에 관한 사항
⑦ 그 밖에 공급인증서의 발급 및 거래시장 운영에 필요한 사항

3. 산업통상자원부장관은 공급인증기관에 제1항에 따른 업무의 계획 및 실적에 관한 보고를 명하거나 자료의 제출을 요구할 수 있다.
4. 산업통상자원부장관은 다음 각 호의 어느 하나에 해당하는 경우에는 공급인증기관에 시정기간을 정하여 시정을 명할 수 있다.
   ① 운영규칙을 준수하지 아니한 경우
   ② 제3항에 따른 보고를 하지 아니하거나 거짓으로 보고한 경우
   ③ 제3항에 따른 자료의 제출 요구에 따르지 아니하거나 거짓의 자료를 제출한 경우

■ 공급인증기관 지정의 취소 등(제12조의10)

1. 산업통상자원부장관은 공급인증기관이 다음 각 호의 어느 하나에 해당하는 경우에는 산업통상자원부령으로 정하는 바에 따라 그 지정을 취소하거나 1년 이내의 기간을 정하여 그 업무의 전부 또는 일부의 정지를 명할 수 있다. 다만, 제1호 또는 제2호에 해당하는 때에는 그 지정을 취소하여야 한다.
   ① 거짓이나 그 밖의 부정한 방법으로 지정을 받은 경우
   ② 업무정지 처분을 받은 후 그 업무정지 기간에 업무를 계속한 경우
   ③ 제12조의8제1항제3호에 따른 지정기준에 부적합하게 된 경우
   ④ 제12조의9제4항에 따른 시정명령을 시정기간에 이행하지 아니한 경우
2. 산업통상자원부장관은 공급인증기관이 제1항제3호 또는 제4호에 해당하여 업무정지를 명하여야 하는 경우로서 그 업무의 정지가 그 이용자 등에게 심한 불편을 주거나 그 밖에 공익을 해칠 우려가 있으면 그 업무정지 처분을 갈음하여 5천만 원 이하의 과징금을 부과할 수 있다.
3. 제2항에 따라 과징금을 부과하는 위반행위의 종별·정도 등에 따른 과징금의 금액과 그 밖에 필요한 사항은 대통령령으로 정한다.
4. 산업통상자원부장관은 제2항에 따른 과징금을 납부하여야 할 자가 납부기한까지 그 과징금을 납부하지 아니한 때에는 국세 체납처분의 예를 따라 징수한다.

■ 관련 통계의 작성 등(제25조)

1. 산업통상자원부장관은 기본계획 및 실행계획 등 신·재생에너지 관련 시책을 효과

적으로 수립·시행하기 위하여 필요한 국내외 신·재생에너지의 수요·공급에 관한 통계자료를 조사·작성·분석 및 관리할 수 있으며, 이를 위하여 필요한 자료와 정보를 제11조제1항에 따른 기관이나 신·재생에너지 설비의 생산자·설치자·사용자에게 요구할 수 있다.

2. 산업통상자원부장관은 산업통상자원부령으로 정하는 바에 따라 전문성이 있는 기관을 지정하여 제1항에 따른 통계의 조사·작성·분석 및 관리에 관한 업무의 전부 또는 일부를 하게 할 수 있다.

> ☞ 시행령
> 전문성이 있는 기관은 '신·재생에너지센터'로 한다.

※ 참조 : 신·재생에너지의 공급의무 비율(제15조제1항제1호 관련)

해당 연도	2011~2012	2013	2014	2015	2016	2017	2018	2019	2020 이후
공급의무 비율(%)	10	11	12	15	18	21	24	27	30

※ 참조 : 별표 3(연도별 의무공급량 ; 제18조의4 제1항 관련) : 신재생에너지 발전량

해당 연도	비율(%)
2012	2.0
2013	2.5
2014	3.0
2015	3.0
2016	3.5
2017	4.0
2018	4.5
2019	5.0
2020	6.0
2021	7.0
2022	8.0
2023	9.0
2024 이후	10.0

※ **참조 : 별표 4(신·재생에너지의 종류 및 의무공급량 : 제18조의4 제3항 전단 관련)**

1. 종류
    태양에너지(태양의 빛에너지를 변환시켜 전기를 생산하는 방식에 한정한다)
2. 연도별 의무공급량

해당 연도	의무공급량(단위 : GWh)
2012년	276
2013년	723
2014년	1,353
2015년	1,971

※ **2차 국가 에너지 기본계획(2014.01.14 확정)**

구 분	제1차 계획	제2차 계획
계획기간	2008~2030년	2014~2035년
수립과정	정부주도로 계획 수립 (정부초안 마련 후 의견 수렴)	개방형 프로세스 구조 (민관 거버넌스가 초안 작성)
수급기조	공급 중심형	수요 관리형
수요관리	규제 중심	ICT+시장 기반
발전소 배치	대규모 집중형 발전소	분산형 발전 시스템
원전비중	41%	29%
신재생 보급	11%	11%
기타	-	• 분산형 발전비중(5→15%) • 에너지바우처 도입(2015년)
수립절차	에너지위원회 심의	에너지위원회→녹색성장위원회 →국무회의 심의

※ 신·재생에너지원별 가중치 : 산통자부 고시 '신·재생에너지 공급의무화제도 관리 및 운영 지침' (별표 3)

구 분	공급인증서 가중치	대상에너지 및 기준	
		설치유형	세부기준
태양광 에너지	1.2	일반부지에 설치하는 경우	100kW 미만
	1.0		100kW 부터
	0.7		3,000kW 초과부터
	1.5	건축물 등 기존 시설물을 이용하는 경우	3,000kW 이하
	1.0		3,000kW 초과부터
	1.5	유지의 수면에 부유하여 설치하는 경우	
기타 신·재생 에너지	0.25	IGCC, 부생가스	
	0.5	폐기물, 매립지가스	
	1.0	수력, 육상풍력, 바이오에너지, RDF 전소발전, 폐기물 가스화 발전, 조력(방조제 有)	
	1.5	목질계 바이오매스 전소발전, 해상풍력(연계거리 5km 이하)	
	2.0	연료전지, 조류	
	2.0	해상풍력(연계거리 5km 초과), 조력(방조제 無), 연료전지	고정형
	1.0~2.5		변동형
	5.5	ESS설비 (풍력설비 연계)	2015년
	5.0		2016년
	4.5		2017년

> [비고]
> 1. "건축물"이란 발전사업허가일 이전(단, 건축물의 용도가 버섯재배사 등 식물 관련시설의 경우에 발전사업허가일로부터 1년 이전)에 건축물 사용승인을 득하여야 하며, ㉠ 지붕과 외벽이 있는 구조물이며, ㉡ 사람이 출입할 수 있어야 하며, ㉢ 사람, 동·식물을 보호 또는 물건을 보관하는 건축물의 본래의 목적에 합리적으로 사용되도록 설계·설치된 구조물을 대상으로 「건축법」 등 관련규정 준수여부 및 안전성 등을 확보할 수 있도록 공급인증기관의 장이 정하는 세부 기준을 충족하는 설비를 의미한다. 다만, 관련 법령 등에 의한 공공건축물의 외벽 등은 해당 기준을 적용할 수 있다.
> 2. "기존 시설물"이라 함은 「도로법」에 의한 도로의 방음벽 등 고유의 목적을 가진 시설물을 대상으로 「건축법」 등 관련규정 준수여부 및 안전성 등을 확보할 수 있도록 공급인증기관의 장이 정하는 세부 기준을 충족하는 설비를 의미한다.

3. 태양광에너지 가중치와 관련하여, 일반부지에 해당하는 가중치를 적용받는 발전소 중 인근지역(설치장소의 경계가 250미터 이내의 지역을 의미한다) 내 동일사업자의 발전소는 해당 발전소 합산용량에 해당하는 가중치를 적용하며, 공급인증기관의 장은 다음 각 호의 어느 하나에 해당하는 경우는 해당 발전설비의 일부 또는 전부에 대하여 가중치 적용을 제한할 수 있다.
   ① 사업자 등이 태양광에너지 발전설비 설치를 위해 일정 토지를 취득 또는 임대하고, 가중치 우대를 목적으로 해당 토지를 분할하거나 발전사업 허가용량을 분할하여 다수의 발전설비로 분할 설치하는 경우는 해당 발전설비의 일부 또는 전부에 대하여 합산용량에 따른 가중치를 적용한다.
   ② 태양광에너지 발전설비의 실질 소유주가 가중치 우대를 목적으로 타인 명의로 태양광에너지 발전소를 준공하여 운영하는 것이 명백하다고 인정되는 경우는 동일사업자 규정을 적용한다.
4. 태양광에너지 가중치는 전체용량에 대하여 부여하되 소수점 넷째자리에서 절사하며, 설치유형별 용량기준 순으로 구분하여 구간별 해당 가중치를 아래와 같이 적용한다.

   ① 일반부지에 설치하는 경우

설치용량	태양광에너지 가중치 산정식
100kW 미만	1.2
1,000kW부터 3,000kW 이하	$\dfrac{99.999 \times 1.2 + (용량 - 99.999) \times 1.0}{용량}$
3,000kW 초과부터	$\dfrac{99.999 \times 1.2}{용량} + \dfrac{2,900.001 \times 0.1}{용량} + \dfrac{(용량 - 3,000) \times 0.7}{용량}$

   ② 건축물 등 기존 시설물을 이용하는 경우

설치용량	태양광에너지 가중치 산정식
3,000kW 이하	1.5
3,000kW 초과부터	$\dfrac{3,000 \times 1.5 + (용량 - 3,000) \times 1.0}{용량}$

5. "유지의 수면에 부유(浮游)하여 설치하는 경우(이하 수상태양광)"는 다음에 해당하는 유지에 설치하는 경우에 한하며, 안정성, 환경성 등을 확보할 수 있도록 공급인증기관의 장이 정하는 세부 기준을 충족하는 설비를 의미한다.
   ①「댐건설 및 주변지역지원 등에 관한 법률」제2조에 따른 댐
   ②「전원개발촉진법」제5조에 따라 전원개발사업구역으로 지정된 지역의 발전용 댐
   ③「농어촌정비법」제2조에 따른 농업생산기반 정비사업에 따른 저수지 및 담수호와 농업생산기반시설로서의 방조제 내측

6. "부생가스"는 2010년 4월 12일 이전에 전기사업법 제7조에 따른 발전사업 허가를 받고 2011년 12월 31일 이전에 전기사업법 제63조에 따른 사용전검사를 합격한 발전소에 한한다.
7. "IGCC" 및 "부생가스"의 공급인증서 가중치는 공급의무자별 의무공급량의 10% 이내 발전량에 대해서 적용하며, 이를 상회하는 발전량의 경우 공급인증서 가중치는 0을 적용한다.
8. 해상풍력에서 "연계거리"란 「측량·수로조사 및 지적에 관한 법률」 제6조제1항제4호에 따른 해안선과 해안선에서 가장 근접한 발전기의 중앙부 위치와의 직선거리를 의미하며 공급인증기관의 장은 발전단지 내부에서 각 풍력발전기간의 직선거리 등을 고려하여 별도의 기준을 적용할 수 있다.
9. 바이오에너지와 목질계 바이오매스 전소발전의 경우 건설 폐목재 및 사업장 폐목재 중 신축현장 폐목재, 목재팔레트, 목재포장재, 전선드럼 등이 재활용이 가능한 경우와 벌채, 숲 가꾸기 등 산림사업을 통해 발생한 원목 및 산지개발로 발생한 원목의 경우는 공급인증서 발급 가중치를 적용하지 않는다.
10. 고정형과 변동형 가중치는 최초 설비 확인 시 신청인이 선택할 수 있으나, 이후 변경은 불가능하며 변동형 가중치는 아래와 같이 적용한다.

대상에너지 및 기준	공급인증서 가중치 및 적용기간		
	2.5	2.0	1.0
해상풍력(5km 초과)	1~5년차	6~15년차	16년차~
지열			
조력발전(방조제 無)	1~10년차	11~30년차	31년차~

11. 「송·변전설비 주변지역의 보상 및 지원에 관한 법률」 제2조에 의한 송전선로 주변지역 중 2014년 7월 29일 이후에 준공된 76만 5천 볼트 이상 송전선로의 주변지역 내 일반부지에 직접 설치하는 태양광발전소로서 주민참여율(토지출자를 포함하여 발전소 건설을 위한 총사업비 대비 주민이 투자한 금액의 비율)이 30% 이상인 경우에 대해서는 일반부지에 직접 설치하는 경우의 공급인증서 가중치에 1.2를 곱한 값을 공급인증서 가중치로 적용한다. 이 경우 참여주민의 자격 및 구성, 참여율 산정 방법, 사업시행주체 등 가중치 적용을 위한 세부 사항은 공급인증기관의 장이 정하는 세부 기준을 따른다.
12. ESS 설비의 가중치는 RPS 대상 풍력설비와 연계된 ESS 설비에 대하여 매3년 단위로 적용하되 충전된 전기 중 계절별 피크시간에 방전(ESS → 전력계통)하여 활용하는 전력량에 한하여 적용하며 인버터 및 축전지 용량기준은 공급인증기관의 장이 정하는 세부 기준을 따른다. 계절별 피크시간은 아래의 기준을 적용하되, 국내 전력수급 여건에 따라 산업통상자원부 장관이 별도로 지정하는 경우는 그 기준에 따른다.

구 분	기 간	피크 시간
춘계	3월 17일~6월 6일	09~12시
하계	9월 7일~9월 20일	13~17시
추계	9월 21일~11월 14일	18~21시
동계	11월 15일~3월 16일	09~12시

※ 참조 : 수상 태양광발전설비

1. 수상태양광발전은 저수지, 호수 등에 발전설비를 설치한다. 수위운동(최고-최저)이 가능한 계류장치가 적용된 부유체(구조체+부력제)를 제작·설치하고, 부유체 상부에 수상용 태양광 모듈 및 각종 센서류를 설치하여 생산된 전력을 수중케이블 및 변전설비를 통해 전력 계통에 연계하는 발전설비이다. 그러나 수상에 설치된 발전설비는 수중생태 등 환경에 악영향을 미쳐서는 안 된다.
2. 태양광모듈, 접속반 패널, 광통신기기, 발전현황판 및 각종 관측센서를 탑재하고 계류장치를 연결하여 구조적으로 변형이 생기지 않는 구조로 제작·설치되어야 한다.
3. 상부에 설치될 태양광모듈의 지지대와 쉽게 연결될 수 있는 구조로 제작되어야 하며, 부식이 되지 않도록 방지대책을 제시하여야 한다.
4. 상부에 설치될 자재 및 작업자의 총 중량을 고려하여 충분한 부력을 가져야 한다. 상부에 설치되는 자재는 무게중심 및 복원성을 고려하여 안정성을 유지하도록 적절히 배치되어야 한다.
5. 작업 및 관리를 위한 통로는 작업자의 체중을 고려하여 충분한 규격의 격자형 망으로 시공되어야 하며, 부식이 되지 않는 재질을 사용하여야 한다.
6. 부재 조립 방식 : 볼트+보강판 결합방식

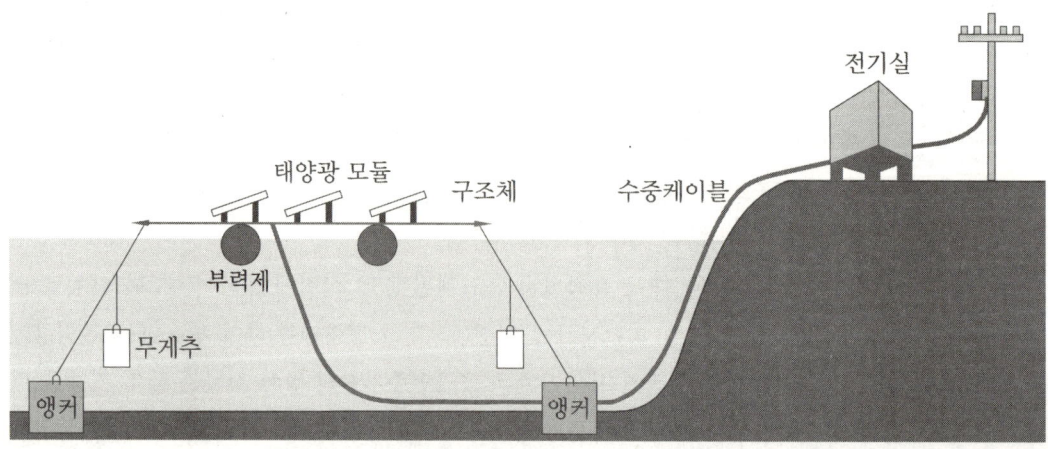

수상 태양광발전설비 설치사례

2-2 저탄소 녹색성장 기본법 및 시행령

제1장 총칙

■ **이 법의 목적(제1조)**

　이 법은 경제와 환경의 조화로운 발전을 위하여 저탄소(低炭素) 녹색성장에 필요한 기반을 조성하고 녹색기술과 녹색산업을 새로운 성장동력으로 활용함으로써 국민경제의 발전을 도모하며 저탄소 사회 구현을 통하여 국민의 삶의 질을 높이고 국제사회에서 책임을 다하는 성숙한 선진 일류국가로 도약하는 데 이바지함을 목적으로 한다.

■ **용어의 정의(제2조)**

1. "저탄소"란 화석연료(化石燃料)에 대한 의존도를 낮추고 청정에너지의 사용 및 보급을 확대하며 녹색기술 연구개발, 탄소흡수원 확충 등을 통하여 온실가스를 적정수준 이하로 줄이는 것을 말한다.
2. "녹색성장"이란 에너지와 자원을 절약하고 효율적으로 사용하여 기후변화와 환경훼손을 줄이고 청정에너지와 녹색기술의 연구개발을 통하여 새로운 성장동력을 확보하며 새로운 일자리를 창출해 나가는 등 경제와 환경이 조화를 이루는 성장을 말한다.
3. "녹색기술"이란 온실가스 감축기술, 에너지 이용 효율화 기술, 청정생산기술, 청정에너지 기술, 자원순환 및 친환경 기술(관련 융합기술을 포함한다) 등 사회·경제 활동의 전 과정에 걸쳐 에너지와 자원을 절약하고 효율적으로 사용하여 온실가스 및 오염물질의 배출을 최소화하는 기술을 말한다.
4. "녹색산업"이란 경제·금융·건설·교통물류·농림수산·관광 등 경제활동 전반에 걸쳐 에너지와 자원의 효율을 높이고 환경을 개선할 수 있는 재화(財貨)의 생산 및 서비스의 제공 등을 통하여 저탄소 녹색성장을 이루기 위한 모든 산업을 말한다.
5. "녹색제품"이란 에너지·자원의 투입과 온실가스 및 오염물질의 발생을 최소화하는 제품을 말한다.
6. "녹색생활"이란 기후변화의 심각성을 인식하고 일상생활에서 에너지를 절약하여 온실가스와 오염물질의 발생을 최소화하는 생활을 말한다.
7. "녹색경영"이란 기업이 경영활동에서 자원과 에너지를 절약하고 효율적으로 이용하며 온실가스 배출 및 환경오염의 발생을 최소화하면서 사회적, 윤리적 책임을 다하는 경영을 말한다.

8. "지속가능발전"이란 「지속가능발전법」 제2조제2호에 따른 지속가능발전을 말한다.
9. "온실가스"란 이산화탄소(CO_2), 메탄(CH_4), 아산화질소(N_2O), 수소불화탄소(HFCs), 과불화탄소(PFCs), 육불화황(SF_6) 및 그 밖에 대통령령으로 정하는 것으로 적외선 복사열을 흡수하거나 재방출하여 온실효과를 유발하는 대기 중의 가스 상태의 물질을 말한다.
10. "온실가스 배출"이란 사람의 활동에 수반하여 발생하는 온실가스를 대기 중에 배출·방출 또는 누출시키는 직접배출과 다른 사람으로부터 공급된 전기 또는 열(연료 또는 전기를 열원으로 하는 것만 해당한다)을 사용함으로써 온실가스가 배출되도록 하는 간접배출을 말한다.
11. "지구온난화"란 사람의 활동에 수반하여 발생하는 온실가스가 대기 중에 축적되어 온실가스 농도를 증가시킴으로써 지구 전체적으로 지표 및 대기의 온도가 추가적으로 상승하는 현상을 말한다.
12. "기후변화"란 사람의 활동으로 인하여 온실가스의 농도가 변함으로써 상당 기간 관찰되어 온 자연적인 기후변동에 추가적으로 일어나는 기후체계의 변화를 말한다.
13. "자원순환"이란 「자원의 절약과 재활용촉진에 관한 법률」 제2조제1호에 따른 자원순환을 말한다.
14. "신·재생에너지"란 「신에너지 및 재생에너지 개발·이용·보급 촉진법」 제2조제1호 및 제2호에 따른 신에너지 및 재생에너지를 말한다.
15. "에너지 자립도"란 국내 총소비에너지량에 대하여 신·재생에너지 등 국내 생산에너지량 및 우리나라가 국외에서 개발(지분 취득을 포함한다)한 에너지량을 합한 양이 차지하는 비율을 말한다.

■ **저탄소 녹색성장 추진의 기본원칙(제3조)**

저탄소 녹색성장은 다음 각 호의 기본원칙에 따라 추진되어야 한다.
1. 정부는 기후변화·에너지·자원 문제의 해결, 성장동력 확충, 기업의 경쟁력 강화, 국토의 효율적 활용 및 쾌적한 환경 조성 등을 포함하는 종합적인 국가 발전전략을 추진한다.
2. 정부는 시장기능을 최대한 활성화하여 민간이 주도하는 저탄소 녹색성장을 추진한다.
3. 정부는 녹색기술과 녹색산업을 경제성장의 핵심 동력으로 삼고 새로운 일자리를 창출·확대할 수 있는 새로운 경제체제를 구축한다.
4. 정부는 국가의 자원을 효율적으로 사용하기 위하여 성장잠재력과 경쟁력이 높은 녹색기술 및 녹색산업 분야에 대한 중점 투자 및 지원을 강화한다.
5. 정부는 사회·경제 활동에서 에너지와 자원 이용의 효율성을 높이고 자원순환을 촉

진한다.
6. 정부는 자연자원과 환경의 가치를 보존하면서 국토와 도시, 건물과 교통, 도로·항만·상하수도 등 기반시설을 저탄소 녹색성장에 적합하게 개편한다.
7. 정부는 환경오염이나 온실가스 배출로 인한 경제적 비용이 재화 또는 서비스의 시장가격에 합리적으로 반영되도록 조세(租稅)체계와 금융체계를 개편하여 자원을 효율적으로 배분하고 국민의 소비 및 생활 방식이 저탄소 녹색성장에 기여하도록 적극 유도한다. 이 경우 국내산업의 국제경쟁력이 약화되지 않도록 고려하여야 한다.
8. 정부는 국민 모두가 참여하고 국가기관, 지방자치단체, 기업, 경제단체 및 시민단체가 협력하여 저탄소 녹색성장을 구현하도록 노력한다.
9. 정부는 저탄소 녹색성장에 관한 새로운 국제적 동향(動向)을 조기에 파악·분석하여 국가 정책에 합리적으로 반영하고, 국제사회의 구성원으로서 책임과 역할을 성실히 이행하여 국가의 위상과 품격을 높인다.

■ 국가의 책무(제4조)

1. 국가는 정치·경제·사회·교육·문화 등 국정의 모든 부문에서 저탄소 녹색성장의 기본원칙이 반영될 수 있도록 노력하여야 한다.
2. 국가는 각종 정책을 수립할 때 경제와 환경의 조화로운 발전 및 기후변화에 미치는 영향 등을 종합적으로 고려하여야 한다.
3. 국가는 지방자치단체의 저탄소 녹색성장 시책을 장려하고 지원하며, 녹색성장의 정착·확산을 위하여 사업자와 국민, 민간단체에 정보의 제공 및 재정 지원 등 필요한 조치를 할 수 있다.
4. 국가는 에너지와 자원의 위기 및 기후변화 문제에 대한 대응책을 정기적으로 점검하여 성과를 평가하고 국제협상의 동향 및 주요 국가의 정책을 분석하여 적절한 대책을 마련하여야 한다.
5. 국가는 국제적인 기후변화대응 및 에너지·자원 개발협력에 능동적으로 참여하고, 개발도상국가에 대한 기술적·재정적 지원을 할 수 있다.

■ 지방자치단체의 책무(제5조)

1. 지방자치단체는 저탄소 녹색성장 실현을 위한 국가시책에 적극 협력하여야 한다.
2. 지방자치단체는 저탄소 녹색성장대책을 수립·시행할 때 해당 지방자치단체의 지역적 특성과 여건을 고려하여야 한다.
3. 지방자치단체는 관할구역 내에서의 각종 계획 수립과 사업의 집행과정에서 그 계획

과 사업이 저탄소 녹색성장에 미치는 영향을 종합적으로 고려하고, 지역주민에게 저탄소 녹색성장에 대한 교육과 홍보를 강화하여야 한다.
 4. 지방자치단체는 관할구역 내의 사업자, 주민 및 민간단체의 저탄소 녹색성장을 위한 활동을 장려하기 위하여 정보 제공, 재정 지원 등 필요한 조치를 강구하여야 한다.

■ **사업자의 책무(제6조)**
 1. 사업자는 녹색경영을 선도하여야 하며 기업활동의 전 과정에서 온실가스와 오염물질의 배출을 줄이고 녹색기술 연구개발과 녹색산업에 대한 투자 및 고용을 확대하는 등 환경에 관한 사회적·윤리적 책임을 다하여야 한다.
 2. 사업자는 정부와 지방자치단체가 실시하는 저탄소 녹색성장에 관한 정책에 적극 참여하고 협력하여야 한다.

■ **국민의 책무(제7조)**
 1. 국민은 가정과 학교 및 직장 등에서 녹색생활을 적극 실천하여야 한다.
 2. 국민은 기업의 녹색경영에 관심을 기울이고 녹색제품의 소비 및 서비스 이용을 증대함으로써 기업의 녹색경영을 촉진한다.
 3. 국민은 스스로가 인류가 직면한 심각한 기후변화, 에너지·자원 위기의 최종적인 문제해결자임을 인식하여 건강하고 쾌적한 환경을 후손에게 물려주기 위하여 녹색생활 운동에 적극 참여하여야 한다.

제2장 저탄소 녹색성장 국가전략

■ **저탄소 녹색성장 국가전략(제9조)**
 1. 정부는 국가의 저탄소 녹색성장을 위한 정책목표·추진전략·중점추진과제 등을 포함하는 저탄소 녹색성장 국가전략(이하 "녹색성장국가전략"이라 한다)을 수립·시행하여야 한다.
 2. 녹색성장국가전략에는 다음 각 호의 사항이 포함되어야 한다.
  ① 제22조에 따른 녹색경제 체제의 구현에 관한 사항
  ② 녹색기술·녹색산업에 관한 사항
  ③ 기후변화대응 정책, 에너지 정책 및 지속가능발전 정책에 관한 사항
  ④ 녹색생활, 제51조에 따른 녹색국토, 제53조에 따른 저탄소 교통체계 등에 관한 사항
  ⑤ 기후변화 등 저탄소 녹색성장과 관련된 국제협상 및 국제협력에 관한 사항

⑥ 그 밖에 재원조달, 조세·금융, 인력양성, 교육·홍보 등 저탄소 녹색성장을 위하여 필요하다고 인정되는 사항

3. 정부는 녹색성장국가전략을 수립하거나 변경하려는 경우 제14조에 따른 녹색성장위원회의 심의 및 국무회의의 심의를 거쳐야 한다. 다만, 대통령령으로 정하는 경미한 사항을 변경하는 경우에는 그러하지 아니한다.

■ 중앙행정기관의 추진계획 수립·시행(제10조)

1. 중앙행정기관의 장은 녹색성장국가전략을 효율적·체계적으로 이행하기 위하여 대통령령으로 정하는 바에 따라 소관 분야의 추진계획(이하 "중앙추진계획"이라 한다)을 수립·시행하여야 한다.
2. 중앙행정기관의 장은 중앙추진계획을 수립하거나 변경하는 때에는 대통령령으로 정하는 바에 따라 제14조에 따른 녹색성장위원회에 보고하여야 한다. 다만, 대통령령으로 정하는 경미한 사항을 변경하는 경우에는 그러하지 아니하다.

■ 지방자치단체의 추진계획 수립·시행(제11조)

1. 특별시장·광역시장·도지사 또는 특별자치도지사(이하 "시·도지사"라 한다)는 해당 지방자치단체의 저탄소 녹색성장을 촉진하기 위하여 대통령령으로 정하는 바에 따라 녹색성장국가전략과 조화를 이루는 지방녹색성장 추진계획(이하 "지방추진계획"이라 한다)을 수립·시행하여야 한다.
2. 시·도지사는 지방추진계획을 수립하거나 변경하는 때에는 제20조에 따른 지방녹색성장위원회의 심의를 거친 후 지방의회에 보고하고 지체 없이 이를 제14조에 따른 녹색성장위원회에 제출하여야 한다. 다만, 대통령령으로 정하는 경미한 사항을 변경하는 경우에는 그러하지 아니하다.

제3장 녹색성장위원회 등

■ 녹색성장위원회의 구성 및 운영(제14조)

1. 국가의 저탄소 녹색성장과 관련된 주요 정책 및 계획과 그 이행에 관한 사항을 심의하기 위하여 국무총리 소속으로 녹색성장위원회(이하 "위원회"라 한다)를 둔다.
2. 위원회는 위원장 2명을 포함한 50명 이내의 위원으로 구성한다.
3. 위원회의 위원장은 국무총리와 제4항제2호의 위원 중에서 대통령이 지명하는 사람이 된다.

4. 위원회의 위원은 다음 각 호의 사람이 된다.
   ① 기획재정부장관, 미래창조과학부장관, 산업통상자원부장관, 환경부장관, 국토교통부장관 등 대통령령으로 정하는 공무원
   ② 기후변화, 에너지·자원, 녹색기술·녹색산업, 지속가능발전 분야 등 저탄소 녹색성장에 관한 학식과 경험이 풍부한 사람 중에서 대통령이 위촉하는 사람
5. 위원회의 사무를 처리하게 하기 위하여 위원회에 간사위원 1명을 두며, 간사위원의 지명에 관한 사항은 대통령령으로 정한다.
6. 위원장은 각자 위원회를 대표하며, 위원회의 업무를 총괄한다.
7. 위원장이 부득이한 사유로 직무를 수행할 수 없는 때에는 국무총리인 위원장이 미리 정한 위원이 위원장의 직무를 대행한다.
8. 제4항제2호의 위원의 임기는 1년으로 하되, 연임할 수 있다.

■ 위원회의 기능(제15조)

위원회는 다음 각 호의 사항을 심의한다.
1. 저탄소 녹색성장 정책의 기본방향에 관한 사항
2. 녹색성장국가전략의 수립·변경·시행에 관한 사항
3. 기후변화대응 기본계획, 에너지기본계획 및 지속가능발전 기본계획에 관한 사항
4. 저탄소 녹색성장 추진의 목표 관리, 점검, 실태조사 및 평가에 관한 사항
5. 관계 중앙행정기관 및 지방자치단체의 저탄소 녹색성장과 관련된 정책 조정 및 지원에 관한 사항
6. 저탄소 녹색성장과 관련된 법제도에 관한 사항
7. 저탄소 녹색성장을 위한 재원의 배분방향 및 효율적 사용에 관한 사항
8. 저탄소 녹색성장과 관련된 국제협상·국제협력, 교육·홍보, 인력양성 및 기반구축 등에 관한 사항
9. 저탄소 녹색성장과 관련된 기업 등의 고충조사, 처리, 시정권고 또는 의견표명
10. 다른 법률에서 위원회의 심의를 거치도록 한 사항
11. 그 밖에 저탄소 녹색성장과 관련하여 위원장이 필요하다고 인정하는 사항

시행령

■ 저탄소 녹색성장 국가전략 5개년 계획 수립(제4조)

정부는 국가전략을 효율적·체계적으로 이행하기 위하여 5년마다 저탄소 녹색성장 국

가전략 5개년 계획(이하 "5개년 계획"이라 한다)을 수립할 수 있다. 이 경우 법 제14조에 따른 녹색성장위원회(이하 "위원회"라 한다)의 심의 및 국무회의 심의를 거쳐야 한다.

■ **지방추진계획의 수립 등(제7조)**

1. 특별시장·광역시장·도지사 또는 특별자치도지사(이하 "시·도지사"라 한다)는 법 제11조제1항에 따라 국가전략 및 5개년 계획이 수립되거나 변경된 날부터 6개월 이내에 다음 각 호의 사항이 포함된 지방녹색성장 추진계획(이하 "지방추진계획"이라 한다)을 5년 단위로 수립하여야 한다.
    ① 특별시·광역시·도 또는 특별자치도(이하 "시·도"라 한다)별 녹색성장 추진과 관련된 현황 분석, 추진 경과 및 추진 실적
    ② 국가전략, 5개년 계획 및 중앙추진계획과 연계하여 지방자치단체의 특성을 반영한 비전과 전략, 정책방향 및 정책과제에 관한 사항
    ③ 연차별 추진계획
    ④ 지방추진계획의 이행을 통한 미래상 및 기대효과
    ⑤ 관할 기초자치단체와 연계한 지방녹색성장 추진체계
    ⑥ 그 밖에 지방자치단체의 저탄소 녹색성장을 이행하기 위하여 필요한 사항
2. 위원회는 지방추진계획의 수립을 효율적으로 지원하기 위하여 관련 지침을 정하여 관계 시·도지사에게 통보할 수 있다.
3. 제1항 및 제2항에서 규정한 사항 외에 지방추진계획의 수립 방법 및 절차, 추진절차 등에 관하여 필요한 사항은 조례로 정한다.
4. 법 제11조제2항 단서에서 "대통령령으로 정하는 경미한 사항을 변경하는 경우"란 지방추진계획의 본질적인 내용에 영향을 미치지 아니하는 사항으로서 정책방향의 범위에서 정책과제 내용의 일부를 변경하는 경우를 말한다.

■ **국가전략 등 추진상황의 점검·평가(제8조)**

1. 국무총리는 법 제12조제1항에 따라 「정부업무평가 기본법」에서 정하는 바에 따라 국가전략, 중앙추진계획의 이행사항을 매년 점검·평가하여야 한다.
2. 관계 중앙행정기관의 장은 제1항에 따른 점검·평가 결과를 반영하여 소관 분야의 중앙추진계획을 수립·변경하거나, 관련 정책을 추진하여야 한다.

■ **지방추진계획 추진상황의 점검·평가(제9조)**

1. 시·도지사는 법 제12조제2항에 따라 지방추진계획의 이행상황을 매년 점검·평가

하여야 한다.
2. 시·도지사는 제1항에 따른 점검·평가 결과를 반영하여 시·도의 지방추진계획을 수립·변경하거나, 관련 정책을 추진하여야 한다.
3. 제1항의 평가를 위한 평가의 원칙, 대상 기관, 절차 등에 관하여 필요한 사항은 조례로 정한다.

■ **녹색성장위원회의 구성 및 운영(제10조)**

1. 법 제14조제4항제1호에서 "기획재정부장관, 미래창조과학부장관, 산업통상자원부장관, 환경부장관, 국토교통부장관 등 대통령령으로 정하는 공무원"이란 기획재정부장관, 미래창조과학부장관, 교육부장관, 외교부장관, 안전행정부장관, 문화체육관광부장관, 농림축산식품부장관, 산업통상자원부장관, 보건복지부장관, 환경부장관, 여성가족부장관, 국토교통부장관, 해양수산부장관, 방송통신위원회위원장, 금융위원회위원장 및 국무조정실장을 말한다.
2. 법 제14조제5항에 따른 간사위원은 국무조정실장이 된다.
3. 위원장은 필요하다고 인정하는 때에는 중앙행정기관의 장으로 하여금 소관 분야의 안건과 관련하여 위원회에 참석하여 의견을 제시하게 하거나 관계 전문가를 참석하게 하여 의견을 들을 수 있다.

■ **지방녹색성장위원회의 구성 및 운영 등(제15조)**

1. 법 제20조에 따른 지방녹색성장위원회는 위원장 2명을 포함한 50명 이내의 위원으로 구성한다.
2. 지방녹색성장위원회의 위원장은 다음 각 호의 사람이 된다.
    ① 「지방자치법 시행령」 제73조제2항에 따른 행정부시장 또는 행정부지사(행정부시장 또는 행정부지사가 2명 이상인 시·도의 경우에는 해당 시·도지사가 지명하는 사람으로 한다). 다만, 「지방자치법 시행령」 제73조제4항 단서에 따라 정무부시장 또는 정무부지사가 행정부시장 또는 행정부지사의 저탄소 녹색성장에 관한 업무를 분담하여 수행하는 경우에는 정무부시장 또는 정무부지사(같은 조 제5항에 따라 정무부시장 또는 정무부지사의 명칭을 조례로 달리 정한 경우를 포함한다)
    ② 제3항제2호의 위원 중에서 시·도지사가 지명하는 사람
3. 지방녹색성장위원회의 위원은 다음 각 호의 사람이 된다.
    ① 시·도 소속 실장·국장급 공무원 중 시·도지사가 임명하는 사람
    ② 기후변화, 에너지·자원, 녹색기술·녹색산업, 지속가능발전 분야 등 저탄소 녹

색성장에 관한 학식과 경험이 풍부한 사람 중에서 시·도지사가 위촉하는 사람
4. 지방녹색성장위원회는 다음 각 호의 사항을 심의한다.
   ① 지방자치단체의 저탄소 녹색성장의 기본방향에 관한 사항
   ② 지방추진계획의 수립·변경에 관한 사항
   ③ 지방추진계획을 이행하기 위한 중점 추진과제 및 실행계획
   ④ 그 밖에 지방자치단체의 저탄소 녹색성장과 관련하여 지방녹색성장위원회 위원장이 필요하다고 인정하는 사항
5. 제1항부터 제4항까지에서 규정한 사항 외에 지방녹색성장위원회의 구성·운영에 필요한 사항은 지방자치단체의 조례로 정한다.

2-3 에너지이용 합리화법

제1장 총칙

■ **이 법의 목적(제1조)**

이 법은 에너지의 수급(需給)을 안정시키고 에너지의 합리적이고 효율적인 이용을 증진하며 에너지소비로 인한 환경피해를 줄임으로써 국민경제의 건전한 발전 및 국민복지의 증진과 지구온난화의 최소화에 이바지함을 목적으로 한다.

■ **정부와 에너지사용자·공급자 등의 책무(제3조)**

1. 정부는 에너지의 수급안정과 합리적이고 효율적인 이용을 도모하고 이를 통한 온실가스의 배출을 줄이기 위한 기본적이고 종합적인 시책을 강구하고 시행할 책무를 진다.
2. 지방자치단체는 관할 지역의 특성을 고려하여 국가에너지정책의 효과적인 수행과 지역경제의 발전을 도모하기 위한 지역에너지시책을 강구하고 시행할 책무를 진다.
3. 에너지사용자와 에너지공급자는 국가나 지방자치단체의 에너지시책에 적극 참여하고 협력하여야 하며, 에너지의 생산·전환·수송·저장·이용 등에서 그 효율을 극대화하고 온실가스의 배출을 줄이도록 노력하여야 한다.
4. 에너지사용기자재와 에너지공급설비를 생산하는 제조업자는 그 기자재와 설비의

에너지효율을 높이고 온실가스의 배출을 줄이기 위한 기술의 개발과 도입을 위하여 노력하여야 한다.
5. 모든 국민은 일상 생활에서 에너지를 합리적으로 이용하여 온실가스의 배출을 줄이도록 노력하여야 한다.

제2장 에너지이용 합리화를 위한 계획 및 조치 등

■ 에너지이용 합리화 기본계획(제4조)

기본계획에는 다음 각 호의 사항이 포함되어야 한다.
1. 에너지절약형 경제구조로의 전환
2. 에너지이용효율의 증대
3. 에너지이용 합리화를 위한 기술개발
4. 에너지이용 합리화를 위한 홍보 및 교육
5. 에너지원간 대체(代替)
6. 열사용기자재의 안전관리
7. 에너지이용 합리화를 위한 가격예시제(價格豫示制)의 시행에 관한 사항
8. 에너지의 합리적인 이용을 통한 온실가스의 배출을 줄이기 위한 대책
9. 그 밖에 에너지이용 합리화를 추진하기 위하여 필요한 사항으로서 산업통상자원부령으로 정하는 사항

■ 국가에너지절약추진위원회(제5조)

1. 에너지절약 정책의 수립 및 추진에 관한 다음 각 호의 사항을 심의하기 위하여 산업통상자원부장관 소속으로 국가에너지절약추진위원회(이하 "위원회"라 한다)를 둔다.
    ① 제4조에 따른 기본계획 수립에 관한 사항
    ② 제6조에 따른 에너지이용 합리화 실시계획의 종합·조정 및 추진상황 점검·평가에 관한 사항
    ③ 제8조에 따른 국가·지방자치단체·공공기관의 에너지이용 효율화조치 등에 관한 사항
    ④ 그 밖에 에너지절약 정책의 수립 및 추진과 관련하여 위원장이 심의에 부치는 사항
2. 위원회는 위원장을 포함하여 25명 이내의 위원으로 구성한다.
3. 위원장은 산업통상자원부장관이 되며, 위원은 대통령령으로 정하는 당연직 위원과 에너지 분야의 학식과 경험이 풍부한 사람 중에서 산업통상자원부장관이 위촉하는

위촉위원으로 구성한다.
4. 제3항에 따른 위촉위원의 임기는 3년으로 한다.
5. 위원회는 제1항제2호에 따른 평가업무의 효과적인 수행을 위하여 관계 연구기관 등에 그 업무를 대행하도록 할 수 있다.
6. 그 밖에 위원회의 구성 및 운영과 제5항에 따른 평가업무 대행 등에 관하여 필요한 사항은 대통령령으로 정한다.

■ 수급안정을 위한 조치(제7조)

1. 산업통상자원부장관은 국내외 에너지사정의 변동에 따른 에너지의 수급차질에 대비하기 위하여 대통령령으로 정하는 주요 에너지사용자와 에너지공급자에게 에너지저장시설을 보유하고 에너지를 저장하는 의무를 부과할 수 있다.
2. 산업통상자원부장관은 국내외 에너지사정의 변동으로 에너지수급에 중대한 차질이 발생하거나 발생할 우려가 있다고 인정되면 에너지수급의 안정을 기하기 위하여 필요한 범위에서 에너지사용자·에너지공급자 또는 에너지사용기자재의 소유자와 관리자에게 다음 각 호의 사항에 관한 조정·명령, 그 밖에 필요한 조치를 할 수 있다.
   ① 지역별·주요 수급자별 에너지 할당
   ② 에너지공급설비의 가동 및 조업
   ③ 에너지의 비축과 저장
   ④ 에너지의 도입·수출입 및 위탁가공
   ⑤ 에너지공급자 상호 간의 에너지의 교환 또는 분배 사용
   ⑥ 에너지의 유통시설과 그 사용 및 유통경로
   ⑦ 에너지의 배급
   ⑧ 에너지의 양도·양수의 제한 또는 금지
   ⑨ 에너지사용의 시기·방법 및 에너지사용기자재의 사용 제한 또는 금지 등 대통령령으로 정하는 사항
   ⑩ 그 밖에 에너지수급을 안정시키기 위하여 대통령령으로 정하는 사항
3. 산업통상자원부장관은 제2항에 따른 조치를 시행하기 위하여 관계 행정기관의 장이나 지방자치단체의 장에게 필요한 협조를 요청할 수 있으며 관계 행정기관의 장이나 지방자치단체의 장은 이에 협조하여야 한다.
4. 산업통상자원부장관은 제2항에 따른 조치를 한 사유가 소멸되었다고 인정하면 지체 없이 이를 해제하여야 한다.

■ 국가 · 지방자치단체 등의 에너지이용 효율화조치 등(제8조)

1. 다음 각 호의 자는 이 법의 목적에 따라 에너지를 효율적으로 이용하고 온실가스 배출을 줄이기 위하여 필요한 조치를 추진하여야 한다.
   ① 국가
   ② 지방자치단체
   ③ 「공공기관의 운영에 관한 법률」 제4조제1항에 따른 공공기관
2. 제1항에 따라 국가 · 지방자치단체 등이 추진하여야 하는 에너지의 효율적 이용과 온실가스의 배출 저감을 위하여 필요한 조치의 구체적인 내용은 대통령령으로 정한다.

■ 에너지공급자의 수요관리투자계획(제9조)

1. 에너지공급자 중 대통령령으로 정하는 에너지공급자는 해당 에너지의 생산 · 전환 · 수송 · 저장 및 이용상의 효율향상, 수요의 절감 및 온실가스배출의 감축 등을 도모하기 위한 연차별 수요관리투자계획을 수립 · 시행하여야 하며, 그 계획과 시행 결과를 산업통상자원부장관에게 제출하여야 한다. 연차별 수요관리투자계획을 변경하는 경우에도 또한 같다.

> ☞ 시행령
> 상기 1항에서 에너지공급자 중 대통령령으로 정하는 에너지공급자는 아래와 같다.
> 1. 한국전력공사
> 2. 한국가스공사
> 3. 한국지역난방공사
> 4. 그 밖에 대량의 에너지를 공급하는 자로서 에너지 수요관리투자를 촉진하기 위하여 산업통상자원부장관이 특히 필요하다고 인정하여 지정하는 자

제3장 에너지이용 합리화 시책

제1절 에너지사용기자재 및 에너지관련기자재 관련 시책

■ 대기전력저감대상제품의 지정(제18조)

산업통상자원부장관은 외부의 전원과 연결만 되어 있고, 주기능을 수행하지 아니하거나 외부로부터 켜짐 신호를 기다리는 상태에서 소비되는 전력(이하 "대기전력"이라 한다)의 저감(低減)이 필요하다고 인정되는 에너지사용기자재로서 산업통상자원부령으로

정하는 제품(이하 "대기전력저감대상제품"이라 한다)에 대하여 다음 각 호의 사항을 정하여 고시하여야 한다.
1. 대기전력저감대상제품의 각 제품별 적용범위
2. 대기전력저감기준
3. 대기전력의 측정방법
4. 대기전력 저감성이 우수한 대기전력저감대상제품(이하 "대기전력저감우수제품"이라 한다)의 표시
5. 그 밖에 대기전력저감대상제품의 관리에 필요한 사항으로서 산업통상자원부령으로 정하는 사항

> ☞ **시행규칙**
> 대기전력 저감 대상제품은 다음과 같다.
> 컴퓨터, 모니터, 프린터, 복합기, 전자레인지, 팩시밀리, 복사기, 스캐너, 오디오, DVD 플레이어, 라디오카세트, 도어폰, 유무선전화기, 비데, 모뎀, 홈 게이트웨이, 자동절전제어장치, 손건조기, 서버, 디지털컨버터, 그 밖에 산업통상자원부장관이 대기전력의 저감이 필요하다고 인정하여 고시하는 제품

■ 대기전력경고표지대상제품의 지정 등(제19조)

1. 산업통상자원부장관은 대기전력저감대상제품 중 대기전력 저감을 통한 에너지이용의 효율을 높이기 위하여 제18조제2호의 대기전력저감기준에 적합할 것이 특히 요구되는 제품으로서 산업통상자원부령으로 정하는 제품(이하 "대기전력경고표지대상제품"이라 한다)에 대하여 다음 각 호의 사항을 정하여 고시하여야 한다.
   ① 대기전력경고표지대상제품의 각 제품별 적용범위
   ② 대기전력경고표지대상제품의 경고 표시
   ③ 그 밖에 대기전력경고표지대상제품의 관리에 필요한 사항으로서 산업통상자원부령으로 정하는 사항
2. 대기전력경고표지대상제품의 제조업자 또는 수입업자는 대기전력경고표지대상제품에 대하여 산업통상자원부장관이 지정하는 시험기관(이하 "대기전력시험기관"이라 한다)의 측정을 받아야 한다. 다만, 산업통상자원부장관이 정하여 고시하는 시험설비 및 전문인력을 모두 갖춘 제조업자 또는 수입업자로서 산업통상자원부령으로 정하는 바에 따라 산업통상자원부장관의 승인을 받은 자는 자체측정으로 대기전력시험기관의 측정을 대체할 수 있다.
3. 대기전력경고표지대상제품의 제조업자 또는 수입업자는 제2항에 따른 측정 결과를

산업통상자원부령으로 정하는 바에 따라 산업통상자원부장관에게 신고하여야 한다.
4. 대기전력경고표지대상제품의 제조업자 또는 수입업자는 제2항에 따른 측정 결과, 해당 제품이 제18조제2호의 대기전력저감기준에 미달하는 경우에는 그 제품에 대기전력경고표지를 하여야 한다.
5. 제2항의 대기전력시험기관으로 지정받으려는 자는 다음 각 호의 요건을 모두 갖추어 산업통상자원부령으로 정하는 바에 따라 산업통상자원부장관에게 지정 신청을 하여야 한다.
   ① 다음 각 목의 어느 하나에 해당할 것
      (가) 국가가 설립한 시험·연구기관
      (나) 「특정연구기관 육성법」 제2조에 따른 특정연구기관
      (다) 「국가표준기본법」 제23조에 따라 시험·검사기관으로 인정받은 기관
      (라) (가)목 및 (나)목의 연구기관과 동등 이상의 시험능력이 있다고 산업통상자원부장관이 인정하는 기관
   ② 산업통상자원부장관이 대기전력저감대상제품별로 정하여 고시하는 시험설비 및 전문인력을 갖출 것

제2절 산업 및 건물 관련 시책

■ **에너지절약전문기업의 지원(제25조)**

1. 정부는 제3자로부터 위탁을 받아 다음 각 호의 어느 하나에 해당하는 사업을 하는 자로서 산업통상자원부장관에게 등록을 한 자(이하 "에너지절약전문기업"이라 한다)가 에너지절약사업과 이를 통한 온실가스의 배출을 줄이는 사업을 하는 데에 필요한 지원을 할 수 있다.
   ① 에너지사용시설의 에너지절약을 위한 관리·용역사업
   ② 제14조제1항에 따른 에너지절약형 시설투자에 관한 사업
   ③ 그 밖에 대통령령으로 정하는 에너지절약을 위한 사업
2. 에너지절약전문기업으로 등록하려는 자는 대통령령으로 정하는 바에 따라 장비, 자산 및 기술인력 등의 등록기준을 갖추어 산업통상자원부장관에게 등록을 신청하여야 한다.

■ **에너지절약전문기업의 등록취소 등(제26조)**

산업통상자원부장관은 에너지절약전문기업이 다음 각 호의 어느 하나에 해당하면 그 등록을 취소하거나 이 법에 따른 지원을 중단할 수 있다. 다만, 제1호에 해당하는 경우

에는 그 등록을 취소하여야 한다.
1. 거짓이나 그 밖의 부정한 방법으로 제25조제1항에 따른 등록을 한 경우
2. 거짓이나 그 밖의 부정한 방법으로 제14조제1항에 따른 지원을 받거나 지원받은 자금을 다른 용도로 사용한 경우
3. 에너지절약전문기업으로 등록한 업체가 그 등록의 취소를 신청한 경우
4. 타인에게 자기의 성명이나 상호를 사용하여 제25조제1항 각 호의 어느 하나에 해당하는 사업을 수행하게 하거나 산업통상자원부장관이 에너지절약전문기업에 내준 등록증을 대여한 경우
5. 제25조제2항에 따른 등록기준에 미달하게 된 경우
6. 제66조제1항에 따른 보고를 하지 아니하거나 거짓으로 보고한 경우 또는 같은 항에 따른 검사를 거부·방해 또는 기피한 경우
7. 정당한 사유 없이 등록한 후 3년 이내에 사업을 시작하지 아니하거나 3년 이상 계속하여 사업수행실적이 없는 경우

■ 에너지절약전문기업의 등록제한(제27조)

상기 제26조에 따라 등록이 취소된 에너지절약전문기업은 등록취소일부터 2년이 지나지 아니하면 제25조제2항에 따른 등록을 할 수 없다.

■ 에너지절약전문기업의 공제조합 가입 등(제27조의2)

1. 에너지절약전문기업은 에너지절약사업과 이를 통한 온실가스의 배출을 줄이는 사업을 원활히 수행하기 위하여 「엔지니어링산업 진흥법」 제34조에 따른 공제조합의 조합원으로 가입할 수 있다.
2. 제1항에 따른 공제조합은 다음 각 호의 사업을 실시할 수 있다.
   ① 에너지절약사업에 따른 의무이행에 필요한 이행보증
   ② 에너지절약사업을 위한 채무 보증 및 융자
   ② 에너지절약사업 수출을 위한 주거래은행 설정에 관한 보증
   ④ 에너지절약사업으로 인한 매출채권의 팩토링
   ⑤ 에너지절약사업의 대가로 받은 어음의 할인
   ⑥ 조합원 및 조합원에 고용된 자의 복지 향상을 위한 공제사업
   ⑦ 조합원 출자금의 효율적 운영을 위한 투자사업
3. 제2항제6호의 공제사업을 위한 공제규정, 공제규정으로 정할 내용 등에 관한 사항은 대통령령으로 정한다.

■ 자발적 협약체결기업의 지원 등(제28조)

1. 정부는 에너지사용자 또는 에너지공급자로서 에너지의 절약과 합리적인 이용을 통한 온실가스의 배출을 줄이기 위한 목표와 그 이행방법 등에 관한 계획을 자발적으로 수립하여 이를 이행하기로 정부나 지방자치단체와 약속(이하 "자발적 협약"이라 한다)한 자가 에너지절약형 시설이나 그 밖에 대통령령으로 정하는 시설 등에 투자하는 경우에는 그에 필요한 지원을 할 수 있다.
2. 자발적 협약의 목표, 이행방법의 기준과 평가에 관하여 필요한 사항은 환경부장관과 협의하여 산업통상자원부령으로 정한다.

■ 에너지경영시스템의 지원 등(제28조의2)

1. 산업통상자원부장관은 에너지사용자 또는 에너지공급자에게 에너지효율 향상을 위한 전사적(全社的) 에너지경영시스템의 도입을 권장하여야 하며, 이를 도입하는 자에게 필요한 지원을 할 수 있다.
2. 제1항에 따른 에너지경영시스템의 내용, 권장 대상, 지원 기준·방법 등에 관하여 필요한 사항은 산업통상자원부령으로 정한다.

■ 온실가스배출 감축실적의 등록·관리(제29조)

1. 정부는 에너지절약전문기업, 자발적 협약체결기업 등이 에너지이용 합리화를 통한 온실가스배출 감축실적의 등록을 신청하는 경우 그 감축실적을 등록·관리하여야 한다.
2. 제1항에 따른 신청, 등록·관리 등에 관하여 필요한 사항은 대통령령으로 정한다.

■ 온실가스의 배출을 줄이기 위한 교육훈련 및 인력양성 등(제30조)

1. 정부는 온실가스의 배출을 줄이기 위하여 필요하다고 인정하면 산업계종사자 등 온실가스배출 감축 관련 업무담당자에 대하여 교육훈련을 실시할 수 있다.
2. 정부는 온실가스 배출을 줄이는 데에 필요한 전문인력을 양성하기 위하여 「고등교육법」 제29조에 따른 대학원 및 같은 법 제30조에 따른 대학원대학 중에서 대통령령으로 정하는 기준에 해당하는 대학원이나 대학원대학을 기후변화협약특성화대학원으로 지정할 수 있다.
3. 정부는 제2항에 따라 지정된 기후변화협약특성화대학원의 운영에 필요한 지원을 할 수 있다.
4. 제1항에 따른 교육훈련대상자와 교육훈련 내용, 제2항에 따른 기후변화협약특성화대학원 지정절차 및 제3항에 따른 지원내용 등에 필요한 사항은 대통령령으로 정한다.

■ 에너지다소비사업자의 신고 등(제31조)

1. 에너지사용량이 대통령령으로 정하는 기준량 이상인 자(이하 "에너지다소비사업자"라 한다)는 다음 각 호의 사항을 산업통상자원부령으로 정하는 바에 따라 매년 1월 31일까지 그 에너지사용시설이 있는 지역을 관할하는 시·도지사에게 신고하여야 한다.
   ① 전년도의 분기별 에너지사용량·제품생산량
   ② 해당 연도의 분기별 에너지사용예정량·제품생산예정량
   ③ 에너지사용기자재의 현황
   ④ 전년도의 분기별 에너지이용 합리화 실적 및 해당 연도의 분기별 계획
   ⑤ 제1호부터 제4호까지의 사항에 관한 업무를 담당하는 자(이하 "에너지관리자"라 한다)의 현황
2. 시·도지사는 제1항에 따른 신고를 받으면 이를 매년 2월 말일까지 산업통상자원부장관에게 보고하여야 한다.
3. 산업통상자원부장관 및 시·도지사는 에너지다소비사업자가 신고한 제1항 각 호의 사항을 확인하기 위하여 필요한 경우 다음 각 호의 어느 하나에 해당하는 자에 대하여 에너지다소비사업자에게 공급한 에너지의 공급량 자료를 제출하도록 요구할 수 있다.
   ①「한국전력공사법」에 따른 한국전력공사
   ②「한국가스공사법」에 따른 한국가스공사
   ③「도시가스사업법」 제2조제2호에 따른 도시가스사업자
   ④「집단에너지사업법」 제2조제3호에 따른 사업자 및 같은 법 제29조에 따른 한국지역난방공사
   ⑤ 그 밖에 대통령령으로 정하는 에너지공급기관 또는 관리기관

■ 에너지진단 등(제32조)

1. 산업통상자원부장관은 관계 행정기관의 장과 협의하여 에너지다소비사업자가 에너지를 효율적으로 관리하기 위하여 필요한 기준(이하 "에너지관리기준"이라 한다)을 부문별로 정하여 고시하여야 한다.
2. 에너지다소비사업자는 산업통상자원부장관이 지정하는 에너지진단전문기관(이하 "진단기관"이라 한다)으로부터 3년 이상의 범위에서 대통령령으로 정하는 기간마다 그 사업장의 에너지의 효율적 사용 여부에 대한 진단(이하 "에너지진단"이라 한다)을 받아야 한다. 다만, 물리적 또는 기술적으로 에너지진단을 실시할 수 없거나 에너지진단의 효과가 적은 아파트·발전소 등 산업통상자원부령으로 정하는 범위에 해당하는 사업장은 그러하지 아니하다.

3. 산업통상자원부장관은 대통령령으로 정하는 바에 따라 에너지진단업무에 관한 자료제출을 요구하는 등 진단기관을 관리·감독한다.
4. 산업통상자원부장관은 자체에너지절감실적이 우수하다고 인정되는 에너지다소비사업자에 대하여는 산업통상자원부령으로 정하는 바에 따라 에너지진단을 면제하거나 에너지진단주기를 연장할 수 있다.
5. 산업통상자원부장관은 에너지진단 결과 에너지다소비사업자가 에너지관리기준을 지키고 있지 아니한 경우에는 에너지관리기준의 이행을 위한 지도(이하 "에너지관리지도"라 한다)를 할 수 있다.
6. 산업통상자원부장관은 에너지다소비사업자가 에너지진단을 받기 위하여 드는 비용의 전부 또는 일부를 지원할 수 있다. 이 경우 지원 대상·규모 및 절차는 대통령령으로 정한다.
7. 진단기관의 지정기준은 대통령령으로 정하고, 진단기관의 지정절차와 그 밖에 필요한 사항은 산업통상자원부령으로 정한다.
8. 에너지진단의 범위와 방법, 그 밖에 필요한 사항은 산업통상자원부장관이 정하여 고시한다.

■ 냉난방온도제한건물의 지정 등(제36조의2)

1. 산업통상자원부장관은 에너지의 절약 및 합리적인 이용을 위하여 필요하다고 인정하면 냉난방온도의 제한온도 및 제한기간을 정하여 다음 각 호의 건물 중에서 냉난방온도를 제한하는 건물을 지정할 수 있다.
   ① 제8조제1항 각 호에 해당하는 자가 업무용으로 사용하는 건물
   ② 에너지다소비사업자의 에너지사용시설 중 에너지사용량이 대통령령으로 정하는 기준량 이상인 건물
2. 산업통상자원부장관은 제1항에 따라 냉난방온도의 제한온도 및 제한기간을 정하여 냉난방온도를 제한하는 건물을 지정한 때에는 다음 각 호의 구분에 따라 통지하고 이를 고시하여야 한다.
   ① 제1항제1호의 건물: 관리기관(관리기관이 따로 없는 경우에는 그 기관의 장을 말한다. 이하 같다)에 통지
3. 제1항 및 제2항에 따라 냉난방온도를 제한하는 건물로 지정된 건물(이하 "냉난방온도제한건물"이라 한다)의 관리기관 또는 에너지다소비사업자는 해당 건물의 냉난방온도를 제한 온도에 적합하도록 유지·관리하여야 한다.
4. 산업통상자원부장관은 냉난방온도제한건물의 관리기관 또는 에너지다소비사업자가 해당 건물의 냉난방온도를 제한온도에 적합하게 유지·관리하는지 여부를 점검

하거나 실태를 파악할 수 있다.
5. 제1항에 따른 냉난방온도의 제한온도를 정하는 기준 및 냉난방온도제한건물의 지정기준, 제4항에 따른 점검 방법 등에 필요한 사항은 산업통상자원부령으로 정한다.

제6장 한국에너지공단

■ **한국에너지공단의 설립 등(제45조)**

1. 에너지이용 합리화사업을 효율적으로 추진하기 위하여 한국에너지공단(이하 "공단"이라 한다)을 설립한다.
2. 정부 또는 정부 외의 자는 공단의 설립·운영과 사업에 드는 자금에 충당하기 위하여 출연을 할 수 있다.
3. 제2항에 따른 출연시기, 출연방법, 그 밖에 필요한 사항은 대통령령으로 정한다.

■ **법인격(제46조)**

공단은 법인으로 한다.

■ **사무소(제47조)**

1. 공단의 주된 사무소의 소재지는 정관으로 정한다.
2. 공단은 산업통상자원부장관의 승인을 받아 필요한 곳에 지부(支部), 연수원, 사업소 또는 부설기관을 둘 수 있다.

■ **정관(제48조)**

공단의 정관에는 「공공기관의 운영에 관한 법률」 제16조제1항에 따른 기재사항 외에 다음 각 호의 사항을 포함하여야 한다.
1. 지부, 연수원 및 사업소에 관한 사항
2. 부설기관의 운영과 관리에 관한 사항
3. 재산에 관한 사항
4. 규약·규정의 제정, 개정 및 폐지에 관한 사항

■ **설립등기(제49조)**

1. 공단은 주된 사무소의 소재지에서 설립등기를 함으로써 성립한다.

2. 제1항에 따른 설립등기 사항은 다음 각 호와 같다.
   ① 목적
   ② 명칭
   ③ 주된 사무소, 지부, 연수원 및 사업소
   ④ 임원의 성명과 주소
   ⑤ 공고의 방법
3. 설립등기 외의 등기에 관하여 필요한 사항은 대통령령으로 정한다.

2-4 에너지법

■ 이 법의 목적(제1조)

이 법은 안정적이고 효율적이며 환경친화적인 에너지 수급(需給) 구조를 실현하기 위한 에너지정책 및 에너지 관련 계획의 수립·시행에 관한 기본적인 사항을 정함으로써 국민경제의 지속가능한 발전과 국민의 복리(福利) 향상에 이바지하는 것을 목적으로 한다.

■ 용어의 정의(제2조)

1. "에너지"란 연료·열 및 전기를 말한다.
2. "연료"란 석유·가스·석탄, 그 밖에 열을 발생하는 열원(熱源)을 말한다. 다만, 제품의 원료로 사용되는 것은 제외한다.
3. "신·재생에너지"란 「신에너지 및 재생에너지 개발·이용·보급 촉진법」 제2조제1호 및 제2호에 따른 에너지를 말한다.
4. "에너지사용시설"이란 에너지를 사용하는 공장·사업장 등의 시설이나 에너지를 전환하여 사용하는 시설을 말한다.
5. "에너지사용자"란 에너지사용시설의 소유자 또는 관리자를 말한다.
6. "에너지공급설비"란 에너지를 생산·전환·수송 또는 저장하기 위하여 설치하는 설비를 말한다.
7. "에너지공급자"란 에너지를 생산·수입·전환·수송·저장 또는 판매하는 사업자를 말한다.
8. "에너지사용기자재"란 열사용기자재나 그 밖에 에너지를 사용하는 기자재를 말한다.

9. "열사용기자재"란 연료 및 열을 사용하는 기기, 축열식 전기기기와 단열성(斷熱性) 자재로서 산업통상자원부령으로 정하는 것을 말한다.
10. "온실가스"란「저탄소 녹색성장 기본법」제2조제9호에 따른 온실가스를 말한다.

■ **국가 등의 책무(제4조)**

1. 국가는 이 법의 목적을 실현하기 위한 종합적인 시책을 수립·시행하여야 한다.
2. 지방자치단체는 이 법의 목적, 국가의 에너지정책 및 시책과 지역적 특성을 고려한 지역에너지시책을 수립·시행하여야 한다. 이 경우 지역에너지시책의 수립·시행에 필요한 사항은 해당 지방자치단체의 조례로 정할 수 있다.
3. 에너지공급자와 에너지사용자는 국가와 지방자치단체의 에너지시책에 적극 참여하고 협력하여야 하며, 에너지의 생산·전환·수송·저장·이용 등의 안전성, 효율성 및 환경친화성을 극대화하도록 노력하여야 한다.
4. 모든 국민은 일상생활에서 국가와 지방자치단체의 에너지시책에 적극 참여하고 협력하여야 하며, 에너지를 합리적이고 환경친화적으로 사용하도록 노력하여야 한다.
5. 국가, 지방자치단체 및 에너지공급자는 빈곤층 등 모든 국민에게 에너지가 보편적으로 공급되도록 기여하여야 한다.

■ **적용 범위(제5조)**

에너지에 관한 법령을 제정하거나 개정하는 경우에는「저탄소 녹색성장 기본법」제39조에 따른 기본원칙과 이 법의 목적에 맞도록 하여야 한다. 다만, 원자력의 연구·개발·생산·이용 및 안전관리에 관하여는「원자력 진흥법」및「원자력안전법」등 관계 법률에서 정하는 바에 따른다.

■ **지역에너지계획의 수립(제7조)**

1. 특별시장·광역시장·도지사 또는 특별자치도지사(이하 "시·도지사"라 한다)는 관할 구역의 지역적 특성을 고려하여「저탄소 녹색성장 기본법」제41조에 따른 에너지기본계획(이하 "기본계획"이라 한다)의 효율적인 달성과 지역경제의 발전을 위한 지역에너지계획(이하 "지역계획"이라 한다)을 5년마다 5년 이상을 계획기간으로 하여 수립·시행하여야 한다.
2. 지역계획에는 해당 지역에 대한 다음 각 호의 사항이 포함되어야 한다.
    ① 에너지 수급의 추이와 전망에 관한 사항
    ② 에너지의 안정적 공급을 위한 대책에 관한 사항

③ 신·재생에너지 등 환경친화적 에너지 사용을 위한 대책에 관한 사항
④ 에너지 사용의 합리화와 이를 통한 온실가스의 배출감소를 위한 대책에 관한 사항
⑤ 「집단에너지사업법」 제5조제1항에 따라 집단에너지공급대상지역으로 지정된 지역의 경우 그 지역의 집단에너지 공급을 위한 대책에 관한 사항
⑥ 미활용 에너지원의 개발·사용을 위한 대책에 관한 사항
⑦ 그 밖에 에너지시책 및 관련 사업을 위하여 시·도지사가 필요하다고 인정하는 사항

3. 지역계획을 수립한 시·도지사는 이를 산업통상자원부장관에게 제출하여야 한다. 수립된 지역계획을 변경하였을 때에도 또한 같다.
4. 정부는 지방자치단체의 에너지시책 및 관련 사업을 촉진하기 위하여 필요한 지원시책을 마련할 수 있다.

■ 비상시 에너지수급계획의 수립 등(제8조)

1. 산업통상자원부장관은 에너지 수급에 중대한 차질이 발생할 경우에 대비하여 비상시 에너지수급계획(이하 "비상계획"이라 한다)을 수립하여야 한다.
2. 비상계획은 제9조에 따른 에너지위원회의 심의를 거쳐 확정한다. 수립된 비상계획을 변경할 때에도 또한 같다.
3. 비상계획에는 다음 각 호의 사항이 포함되어야 한다.
   ① 국내외 에너지 수급의 추이와 전망에 관한 사항
   ② 비상시 에너지 소비 절감을 위한 대책에 관한 사항
   ③ 비상시 비축(備蓄)에너지의 활용 대책에 관한 사항
   ④ 비상시 에너지의 할당·배급 등 수급조정 대책에 관한 사항
   ⑤ 비상시 에너지 수급 안정을 위한 국제협력 대책에 관한 사항
   ⑥ 비상계획의 효율적 시행을 위한 행정계획에 관한 사항
4. 산업통상자원부장관은 국내외 에너지 사정의 변동에 따른 에너지의 수급 차질에 대비하기 위하여 에너지 사용을 제한하는 등 관계 법령에서 정하는 바에 따라 필요한 조치를 할 수 있다.

■ 에너지위원회의 구성 및 운영(제9조)

1. 정부는 주요 에너지정책 및 에너지 관련 계획에 관한 사항을 심의하기 위하여 산업통상자원부장관 소속으로 에너지위원회(이하 "위원회"라 한다)를 둔다.
2. 위원회는 위원장 1명을 포함한 25명 이내의 위원으로 구성하고, 위원은 당연직위원

과 위촉위원으로 구성한다.
3. 위원장은 산업통상자원부장관이 된다.
4. 당연직위원은 관계 중앙행정기관의 차관급 공무원 중 대통령령으로 정하는 사람이 된다.
5. 위촉위원은 에너지 분야에 관한 학식과 경험이 풍부한 사람 중에서 산업통상자원부장관이 위촉하는 사람이 된다. 이 경우 위촉위원에는 대통령령으로 정하는 바에 따라 에너지 관련 시민단체에서 추천한 사람이 5명 이상 포함되어야 한다.
6. 위촉위원의 임기는 2년으로 하고, 연임할 수 있다.
7. 위원회의 회의에 부칠 안건을 검토하거나 위원회가 위임한 안건을 조사·연구하기 위하여 분야별 전문위원회를 둘 수 있다.
8. 그 밖에 위원회 및 전문위원회의 구성·운영 등에 관하여 필요한 사항은 대통령령으로 정한다.

■ 위원회의 기능(제10조)

위원회는 다음 각 호의 사항을 심의한다.
1. 「저탄소 녹색성장 기본법」 제41조제2항에 따른 에너지기본계획 수립·변경의 사전 심의에 관한 사항
2. 비상계획에 관한 사항
3. 국내외 에너지개발에 관한 사항
4. 에너지와 관련된 교통 또는 물류에 관련된 계획에 관한 사항
5. 주요 에너지정책 및 에너지사업의 조정에 관한 사항
6. 에너지와 관련된 사회적 갈등의 예방 및 해소 방안에 관한 사항
7. 에너지 관련 예산의 효율적 사용 등에 관한 사항
8. 원자력 발전정책에 관한 사항
9. 「기후변화에 관한 국제연합 기본협약」에 대한 대책 중 에너지에 관한 사항
10. 다른 법률에서 위원회의 심의를 거치도록 한 사항
11. 그 밖에 에너지에 관련된 주요 정책사항에 관한 것으로서 위원장이 회의에 부치는 사항

■ 에너지기술개발계획(제11조)

1. 정부는 에너지 관련 기술의 개발과 보급을 촉진하기 위하여 10년 이상을 계획기간으로 하는 에너지기술개발계획(이하 "에너지기술개발계획"이라 한다)을 5년마다 수

립하고, 이에 따른 연차별 실행계획을 수립·시행하여야 한다.
2. 에너지기술개발계획은 대통령령으로 정하는 바에 따라 관계 중앙행정기관의 장의 협의와 「과학기술기본법」 제9조에 따른 국가과학기술심의회의 심의를 거쳐서 수립된다. 이 경우 위원회의 심의를 거친 것으로 본다.
3. 에너지기술개발계획에는 다음 각 호의 사항이 포함되어야 한다.
   ① 에너지의 효율적 사용을 위한 기술개발에 관한 사항
   ② 신·재생에너지 등 환경친화적 에너지에 관련된 기술개발에 관한 사항
   ③ 에너지 사용에 따른 환경오염을 줄이기 위한 기술개발에 관한 사항
   ④ 온실가스 배출을 줄이기 위한 기술개발에 관한 사항
   ⑤ 개발된 에너지기술의 실용화의 촉진에 관한 사항
   ⑥ 국제 에너지기술 협력의 촉진에 관한 사항
   ⑦ 에너지기술에 관련된 인력·정보·시설 등 기술개발자원의 확대 및 효율적 활용에 관한 사항

■ 에너지기술 개발(제12조)

1. 관계 중앙행정기관의 장은 에너지기술 개발을 효율적으로 추진하기 위하여 대통령령으로 정하는 바에 따라 다음 각 호의 어느 하나에 해당하는 자에게 에너지기술 개발을 하게 할 수 있다.
   ① 「공공기관의 운영에 관한 법률」 제4조에 따른 공공기관
   ② 국·공립 연구기관
   ③ 「특정연구기관 육성법」의 적용을 받는 특정연구기관
   ④ 「산업기술혁신 촉진법」 제42조에 따른 전문생산기술연구소
   ⑤ 「부품·소재전문기업 등의 육성에 관한 특별조치법」에 따른 부품·소재기술개발 전문기업
   ⑥ 「정부출연연구기관 등의 설립·운영 및 육성에 관한 법률」에 따른 정부출연연구기관
   ⑦ 「과학기술분야 정부출연연구기관 등의 설립·운영 및 육성에 관한 법률」에 따른 과학기술분야 정부출연연구기관
   ⑧ 「국가과학기술 경쟁력강화를 위한 이공계지원특별법」에 따른 연구개발업을 전문으로 하는 기업
   ⑨ 「고등교육법」에 따른 대학, 산업대학, 전문대학
   ⑩ 「산업기술연구조합 육성법」에 따른 산업기술연구조합
   ⑪ 「기초연구진흥 및 기술개발지원에 관한 법률」 제14조제1항제2호에 따른 기업부설

연구소
⑫ 그 밖에 대통령령으로 정하는 과학기술 분야 연구기관 또는 단체
2. 관계 중앙행정기관의 장은 제1항에 따른 기술개발에 필요한 비용의 전부 또는 일부를 출연(出捐)할 수 있다.

■ 한국에너지기술평가원의 설립(제13조)

1. 제12조제1항에 따른 에너지기술 개발에 관한 사업(이하 "에너지기술개발사업"이라 한다)의 기획·평가 및 관리 등을 효율적으로 지원하기 위하여 한국에너지기술평가원(이하 "평가원"이라 한다)을 설립한다.
2. 평가원은 법인으로 한다.
3. 평가원은 그 주된 사무소의 소재지에서 설립등기를 함으로써 성립한다.
4. 평가원은 다음 각 호의 사업을 한다.
   ① 에너지기술개발사업의 기획, 평가 및 관리
   ② 에너지기술 분야 전문인력 양성사업의 지원
   ③ 에너지기술 분야의 국제협력 및 국제 공동연구사업의 지원
   ④ 그 밖에 에너지기술 개발과 관련하여 대통령령으로 정하는 사업
5. 정부는 평가원의 설립·운영에 필요한 경비를 예산의 범위에서 출연할 수 있다.
6. 중앙행정기관의 장 및 지방자치단체의 장은 제4항 각 호의 사업을 평가원으로 하여금 수행하게 하고 필요한 비용의 전부 또는 일부를 대통령령으로 정하는 바에 따라 출연할 수 있다.
7. 평가원은 제1항에 따른 목적 달성에 필요한 경비를 조달하기 위하여 대통령령으로 정하는 바에 따라 수익사업을 할 수 있다.
8. 평가원의 운영 및 감독 등에 필요한 사항은 대통령령으로 정한다.
9. 평가원의 임직원은 「형법」 제129조부터 제132조까지의 규정을 적용할 때에는 공무원으로 본다.
10. 평가원에 관하여 이 법에 규정되지 아니한 사항은 「민법」 중 재단법인에 관한 규정을 준용한다.

■ 에너지기술개발사업비(제14조)

1. 관계 중앙행정기관의 장은 에너지기술개발사업을 종합적이고 효율적으로 추진하기 위하여 제11조제1항에 따른 연차별 실행계획의 시행에 필요한 에너지기술개발사업비를 조성할 수 있다.

2. 제1항에 따른 에너지기술개발사업비는 정부 또는 에너지 관련 사업자 등의 출연금, 융자금, 그 밖에 대통령령으로 정하는 재원(財源)으로 조성한다.
3. 관계 중앙행정기관의 장은 평가원으로 하여금 에너지기술개발사업비의 조성 및 관리에 관한 업무를 담당하게 할 수 있다.
4. 에너지기술개발사업비는 다음 각 호의 사업 지원을 위하여 사용하여야 한다.
    ① 에너지기술의 연구·개발에 관한 사항
    ② 에너지기술의 수요 조사에 관한 사항
    ③ 에너지사용기자재와 에너지공급설비 및 그 부품에 관한 기술개발에 관한 사항
    ④ 에너지기술 개발 성과의 보급 및 홍보에 관한 사항
    ⑤ 에너지기술에 관한 국제협력에 관한 사항
    ⑥ 에너지에 관한 연구인력 양성에 관한 사항
    ⑦ 에너지 사용에 따른 대기오염을 줄이기 위한 기술개발에 관한 사항
    ⑧ 온실가스 배출을 줄이기 위한 기술개발에 관한 사항
    ⑨ 에너지기술에 관한 정보의 수집·분석 및 제공과 이와 관련된 학술활동에 관한 사항
    ⑩ 평가원의 에너지기술개발사업 관리에 관한 사항
5. 제1항부터 제4항까지의 규정에 따른 에너지기술개발사업비의 관리 및 사용에 필요한 사항은 대통령령으로 정한다.

2-5 전기사업법과 시행령 및 시행규칙

제1장 총칙

■ **이 법의 목적(제1조)**

이 법은 전기사업에 관한 기본제도를 확립하고 전기사업의 경쟁을 촉진함으로써 전기사업의 건전한 발전을 도모하고 전기사용자의 이익을 보호하여 국민경제의 발전에 이바지함을 목적으로 한다.

■ **용어의 정의(제2조)**

1. "전기사업"이란 발전사업·송전사업·배전사업·전기판매사업 및 구역전기사업을

말한다.
2. "전기사업자"란 발전사업자·송전사업자·배전사업자·전기판매사업자 및 구역전기사업자를 말한다.
3. "발전사업"이란 전기를 생산하여 이를 전력시장을 통하여 전기판매사업자에게 공급하는 것을 주된 목적으로 하는 사업을 말한다.
4. "발전사업자"란 제7조제1항에 따라 발전사업의 허가를 받은 자를 말한다.
5. "송전사업"이란 발전소에서 생산된 전기를 배전사업자에게 송전하는 데 필요한 전기설비를 설치·관리하는 것을 주된 목적으로 하는 사업을 말한다.
6. "송전사업자"란 제7조제1항에 따라 송전사업의 허가를 받은 자를 말한다.
7. "배전사업"이란 발전소로부터 송전된 전기를 전기사용자에게 배전하는 데 필요한 전기설비를 설치·운용하는 것을 주된 목적으로 하는 사업을 말한다.
8. "배전사업자"란 제7조제1항에 따라 배전사업의 허가를 받은 자를 말한다.
9. "전기판매사업"이란 전기사용자에게 전기를 공급하는 것을 주된 목적으로 하는 사업을 말한다.
10. "전기판매사업자"란 제7조제1항에 따라 전기판매사업의 허가를 받은 자를 말한다.
11. "구역전기사업"이란 대통령령으로 정하는 규모 이하의 발전설비를 갖추고 특정한 공급구역의 수요에 맞추어 전기를 생산하여 전력시장을 통하지 아니하고 그 공급구역의 전기사용자에게 공급하는 것을 주된 목적으로 하는 사업을 말한다.

> **시행령**
> "대통령령으로 정하는 규모"란 3만5천 킬로와트를 말한다.

12. "구역전기사업자"란 제7조제1항에 따라 구역전기사업의 허가를 받은 자를 말한다.
13. "전력시장"이란 전력거래를 위하여 제35조에 따라 설립된 한국전력거래소(이하 "한국전력거래소"라 한다)가 개설하는 시장을 말한다.
14. "전력계통"이란 전기의 원활한 흐름과 품질유지를 위하여 전기의 흐름을 통제·관리하는 체제를 말한다.
15. "보편적 공급"이란 전기사용자가 언제 어디서나 적정한 요금으로 전기를 사용할 수 있도록 전기를 공급하는 것을 말한다.
16. "전기설비"란 발전·송전·변전·배전 또는 전기사용을 위하여 설치하는 기계·기구·댐·수로·저수지·전선로·보안통신선로 및 그 밖의 설비(「댐건설 및 주변지역지원 등에 관한 법률」에 따라 건설되는 댐·저수지와 선박·차량 또는 항공기에 설치되는 것과 그 밖에 대통령령으로 정하는 것은 제외한다)로서 다음 각 목의

것을 말한다.
① 전기사업용전기설비
② 일반용전기설비
③ 자가용전기설비

> ☞ **시행령**
> 1. "선박·차량 또는 항공기에 설치되는 것"이란 해당 선박·차량 또는 항공기가 기능을 유지하도록 하기 위하여 설치되는 전기설비를 말한다.
> 2. "대통령령으로 정하는 것"이란 다음 각 호의 것을 말한다.
>   ① 전압 30볼트 미만의 전기설비로서 전압 30볼트 이상의 전기설비와 전기적으로 접속되어 있지 아니한 것
>   ②「전기통신기본법」제2조제2호에 따른 전기통신설비. 다만, 전기를 공급하기 위한 수전설비는 제외한다.

16의2. "전선로"란 발전소·변전소·개폐소 및 이에 준하는 장소와 전기를 사용하는 장소 상호간의 전선 및 이를 지지하거나 수용하는 시설물을 말한다.
17. "전기사업용전기설비"란 전기설비 중 전기사업자가 전기사업에 사용하는 전기설비를 말한다.
18. "일반용전기설비"란 산업통상자원부령으로 정하는 소규모의 전기설비로서 한정된 구역에서 전기를 사용하기 위하여 설치하는 전기설비를 말한다.
19. "자가용전기설비"란 전기사업용전기설비 및 일반용전기설비 외의 전기설비를 말한다.
20. "안전관리"란 국민의 생명과 재산을 보호하기 위하여 이 법에서 정하는 바에 따라 전기설비의 공사·유지 및 운용에 필요한 조치를 하는 것을 말한다.

■ 보편적 공급(제6조)

1. 전기사업자는 전기의 보편적 공급에 이바지할 의무가 있다.
2. 산업통상자원부장관은 다음 각 호의 사항을 고려하여 전기의 보편적 공급의 구체적 내용을 정한다.
   ① 전기기술의 발전 정도
   ② 전기의 보급 정도
   ③ 공공의 이익과 안전
   ④ 사회복지의 증진

제2장 전기사업

제1절 허가 등

■ 사업의 허가(제7조)

1. 전기사업을 하려는 자는 전기사업의 종류별로 산업통상자원부장관의 허가를 받아야 한다. 허가받은 사항 중 산업통상자원부령으로 정하는 중요 사항을 변경하려는 경우에도 또한 같다.
2. 산업통상자원부장관은 전기사업을 허가 또는 변경허가를 하려는 경우에는 미리 제53조에 따른 전기위원회(이하 "전기위원회"라 한다)의 심의를 거쳐야 한다.
3. 동일인에게는 두 종류 이상의 전기사업을 허가할 수 없다. 다만, 대통령령으로 정하는 경우에는 그러하지 아니하다.

> ☞ 시행령
> 동일인이 두 종류 이상의 전기사업을 할 수 있는 경우는 다음 각 호와 같다.
> ① 배전사업과 전기판매사업을 겸업하는 경우
> ② 도서지역에서 전기사업을 하는 경우
> ③ 「집단에너지사업법」 제48조에 따라 발전사업의 허가를 받은 것으로 보는 집단에너지사업자가 전기판매사업을 겸업하는 경우. 다만, 같은 법 제9조에 따라 허가받은 공급구역에 전기를 공급하려는 경우로 한정한다.

4. 산업통상자원부장관은 필요한 경우 사업구역 및 특정한 공급구역별로 구분하여 전기사업의 허가를 할 수 있다. 다만, 발전사업의 경우에는 발전소별로 허가할 수 있다.
5. 전기사업의 허가기준은 다음 각 호와 같다.
   ① 전기사업을 적정하게 수행하는 데 필요한 재무능력 및 기술능력이 있을 것
   ② 전기사업이 계획대로 수행될 수 있을 것
   ③ 배전사업 및 구역전기사업의 경우 둘 이상의 배전사업자의 사업구역 또는 구역전기사업자의 특정한 공급구역 중 그 전부 또는 일부가 중복되지 아니할 것
   ④ 구역전기사업의 경우 특정한 공급구역의 전력수요의 50퍼센트 이상으로서 대통령령으로 정하는 공급능력을 갖추고, 그 사업으로 인하여 인근 지역의 전기사용자에 대한 다른 전기사업자의 전기공급에 차질이 없을 것

> **☞ 시행령**
> "대통령령으로 정하는 공급능력"이란 해당 특정한 공급구역의 전력수요의 60퍼센트 이상의 공급능력을 말한다.

④의2 발전소나 발전연료가 특정 지역에 편중되어 전력계통의 운영에 지장을 주지 아니할 것

⑤ 그 밖에 공익상 필요한 것으로서 대통령령으로 정하는 기준에 적합할 것

> **☞ 시행령**
> "대통령령으로 정하는 기준"이란 다음 각 호의 기준을 말한다.
> ① 발전소가 특정 지역에 편중되어 전력계통의 운영에 지장을 주지 아니할 것
> ② 발전연료가 어느 하나에 편중되어 전력수급에 지장을 주지 아니할 것

6. 제1항에 따른 허가의 세부기준·절차와 그 밖에 필요한 사항은 산업통상자원부령으로 정한다.

제2절 업무

■ 송전·배전용 전기설비의 이용요금 등(제15조)

1. 송전사업자 또는 배전사업자는 대통령령으로 정하는 바에 따라 전기설비의 이용요금과 그 밖의 이용조건에 관한 사항을 정하여 산업통상자원부장관의 인가를 받아야 한다. 이를 변경하려는 경우에도 또한 같다.

> **☞ 시행령**
> 전기설비의 이용요금과 그 밖의 이용조건에 대한 인가 또는 변경인가의 기준은 다음 각 호와 같다.
> ① 이용요금이 적정 원가에 적정 이윤을 더한 것일 것
> ② 전기설비의 차별 없는 이용이 보장되어 있을 것
> ③ 전기설비의 이용에 대한 권리의무 관계가 명확하게 규정되어 있을 것

2. 산업통상자원부장관은 제1항에 따른 인가를 하려는 경우에는 전기위원회의 심의를 거쳐야 한다.

■ **전기의 공급약관(제16조)**

1. 전기판매사업자는 대통령령으로 정하는 바에 따라 전기요금과 그 밖의 공급조건에 관한 약관(이하 "기본공급약관"이라 한다)을 작성하여 산업통상자원부장관의 인가를 받아야 한다. 이를 변경하려는 경우에도 또한 같다.

   > ☞ **시행령**
   > 전기요금과 그 밖의 공급조건에 관한 약관에 대한 인가 또는 변경인가의 기준은 다음 각 호와 같다.
   > ① 전기요금이 적정 원가에 적정 이윤을 더한 것일 것
   > ② 전기요금을 공급 종류별 또는 전압별로 구분하여 규정하고 있을 것
   > ③ 전기판매사업자와 전기사용자 간의 권리의무 관계와 책임에 관한 사항이 명확하게 규정되어 있을 것
   > ④ 전력량계 등의 전기설비의 설치주체와 비용부담자가 명확하게 규정되어 있을 것

2. 산업통상자원부장관은 제1항에 따른 인가를 하려는 경우에는 전기위원회의 심의를 거쳐야 한다.
3. 전기판매사업자는 그 전기수요를 효율적으로 관리하기 위하여 필요한 범위에서 기본공급약관으로 정한 것과 다른 요금이나 그 밖의 공급조건을 내용으로 정하는 약관(이하 "선택공급약관"이라 한다)을 작성할 수 있으며, 전기사용자는 기본공급약관을 갈음하여 선택공급약관으로 정한 사항을 선택할 수 있다.
4. 전기판매사업자는 선택공급약관을 포함한 기본공급약관(이하 "공급약관"이라 한다)을 시행하기 전에 영업소 및 사업소 등에 이를 갖춰 두고 전기사용자가 열람할 수 있게 하여야 한다.
5. 전기판매사업자는 공급약관에 따라 전기를 공급하여야 한다.

■ **구역전기사업자와 전기판매사업자의 전력거래 등(제16조의2)**

① 구역전기사업자는 사고나 그 밖에 산업통상자원부령으로 정하는 사유로 전력이 부족하거나 남는 경우에는 부족한 전력 또는 남는 전력을 전기판매사업자와 거래할 수 있다.
② 전기판매사업자는 정당한 사유 없이 제1항의 거래를 거부하여서는 아니 된다.
③ 전기판매사업자는 제1항의 거래에 따른 전기요금과 그 밖의 거래조건에 관한 사항을 내용으로 하는 약관(이하 "보완공급약관"이라 한다)을 작성하여 산업통상자원부장관의 인가를 받아야 한다. 이를 변경하는 경우에도 또한 같다.
④ 제3항에 따른 인가에 관하여는 제16조제2항을 준용한다.

■ **전력량계의 설치 · 관리(제19조)**

1. 다음 각 호의 자는 시간대별로 전력거래량을 측정할 수 있는 전력량계를 설치·관리하여야 한다.

    ① 발전사업자(대통령령으로 정하는 발전사업자는 제외한다)

    > ☞ **시행령**
    > 상기에서 "대통령령으로 정하는 발전사업자"란 법 제31조제1항 단서에 따라 전력거래를 하는 '발전사업자'를 말한다.

    ② 자가용전기설비를 설치한 자(제31조제2항 단서에 따라 전력을 거래하는 경우만 해당한다)
    ③ 구역전기사업자(제31조제3항에 따라 전력을 거래하는 경우만 해당한다)
    ④ 배전사업자
    ⑤ 제32조 단서에 따라 전력을 직접 구매하는 전기사용자
2. 제1항에 따른 전력량계의 허용오차 등에 관한 사항은 산업통상자원부장관이 정한다.

제3장 전력수급의 안정

■ **전력수급기본계획의 수립(제25조)**

1. 산업통상자원부장관은 전력수급의 안정을 위하여 전력수급기본계획(이하 "기본계획"이라 한다)을 수립하여야 한다.
2. 산업통상자원부장관은 기본계획을 수립하거나 변경하고자 하는 때에는 관계 중앙행정기관의 장과 협의하고 공청회를 거쳐 의견을 수렴한 후 제47조의2에 따른 전력정책심의회의 심의를 거쳐 이를 확정한다. 다만, 산업통상자원부장관이 책임질 수 없는 사유로 공청회가 정상적으로 진행되지 못하는 등 대통령령으로 정하는 사유가 있는 경우에는 공청회를 개최하지 아니할 수 있으며 이 경우 대통령령으로 정하는 바에 따라 공청회에 준하는 방법으로 의견을 들어야 한다.
3. 기본계획 중 대통령령으로 정하는 경미한 사항을 변경하는 경우에는 제2항에 따른 절차를 생략할 수 있다.
4. 산업통상자원부장관은 제2항에 따라 기본계획이 확정된 때에는 지체 없이 이를 공고하고, 관계 중앙행정기관의 장에게 통보하여야 한다.
5. 산업통상자원부장관은 기본계획을 수립하거나 변경하는 경우 국회 소관 상임위원

회에 보고하여야 한다.
6. 기본계획에는 다음 각 호의 사항이 포함되어야 한다.
   ① 전력수급의 기본방향에 관한 사항
   ② 전력수급의 장기전망에 관한 사항
   ③ 발전설비계획 및 주요 송전·변전설비 계획에 관한 사항
   ④ 전력수요의 관리에 관한 사항
   ⑤ 직전 기본계획의 평가에 관한 사항
   ⑥ 그 밖에 전력수급에 관하여 필요하다고 인정하는 사항
7. 산업통상자원부장관은 기본계획이 「저탄소 녹색성장 기본법」 제42조에 따른 온실가스 감축 목표에 부합하도록 노력하여야 한다.
8. 산업통상자원부장관은 기본계획의 수립을 위하여 필요한 경우에는 전기사업자, 한국전력거래소, 그 밖에 대통령령으로 정하는 관계 기관 및 단체에 관련 자료의 제출을 요구할 수 있다.
9. 기본계획의 수립에 관하여 그 밖에 필요한 사항은 대통령령으로 정한다.

제4장 전력시장

제1절 전력시장의 구성

■ **전력거래(제31조)**

1. 발전사업자 및 전기판매사업자는 제43조에 따른 전력시장운영규칙으로 정하는 바에 따라 전력시장에서 전력거래를 하여야 한다. 다만, 도서지역 등 대통령령으로 정하는 경우에는 그러하지 아니하다.
2. 자가용전기설비를 설치한 자는 그가 생산한 전력을 전력시장에서 거래할 수 없다. 다만, 대통령령으로 정하는 경우에는 그러하지 아니하다.
3. 구역전기사업자는 대통령령으로 정하는 바에 따라 특정한 공급구역의 수요에 부족하거나 남는 전력을 전력시장에서 거래할 수 있다.

> ☞ 시행령
> 구역전기사업자는 다음 각 호의 어느 하나에 해당하는 전력을 전력시장에서 거래할 수 있다.
>   ① 허가받은 공급능력으로 해당 특정한 공급구역의 수요에 부족하거나 남는 전력
>   ② 발전기의 고장, 정기점검 및 보수 등으로 인하여 해당 특정한 공급구역의 수요에

> **부족한 전력**
> ③ 제59조의2제1호에 해당하는 자가 산업통상자원부령으로 정하는 기간 동안 해당 특정한 공급구역의 열 수요가 감소함에 따라 발전기 가동을 단축하는 경우 생산한 전력으로는 해당 특정한 공급구역의 수요에 부족한 전력

4. 전기판매사업자는 다음 각 호의 어느 하나에 해당하는 자가 생산한 전력을 제43조에 따른 전력시장운영규칙으로 정하는 바에 따라 우선적으로 구매할 수 있다.
   ① 대통령령으로 정하는 규모 이하의 발전사업자

> **☞ 시행령**
> "대통령령으로 정하는 규모 이하의 발전사업자"란 설비용량이 2만 킬로와트 이하인 발전사업자를 말한다.

   ② 자가용전기설비를 설치한 자(제2항 단서에 따라 전력거래를 하는 경우만 해당한다)
   ③ 「신에너지 및 재생에너지 개발·이용·보급 촉진법」 제2조제1호 및 제2호에 따른 신에너지 및 재생에너지를 이용하여 전기를 생산하는 발전사업자
   ④ 「집단에너지사업법」 제48조에 따라 발전사업의 허가를 받은 것으로 보는 집단에너지사업자
   ⑤ 수력발전소를 운영하는 발전사업자
5. 「지능형전력망의 구축 및 이용촉진에 관한 법률」 제12조제1항에 따라 지능형전력망 서비스 제공사업자로 등록한 자 중 대통령령으로 정하는 자(이하 "수요관리사업자"라 한다)는 제43조에 따른 전력시장운영규칙으로 정하는 바에 따라 전력시장에서 전력거래를 할 수 있다. 다만, 수요관리사업자 중 「독점규제 및 공정거래에 관한 법률」 제9조제1항의 상호출자제한기업집단에 속하는 자가 전력거래를 하는 경우에는 대통령령으로 정하는 전력거래량의 비율에 관한 기준을 충족하여야 한다.

■ 전력의 직접 구매(제32조)

전기사용자는 전력시장에서 전력을 직접 구매할 수 없다. 다만, 대통령령으로 정하는 규모 이상의 전기사용자는 그러하지 아니하다.

> **☞ 시행령**
> "대통령령으로 정하는 규모 이상의 전기사용자"란 수전설비(受電設備)의 용량이 3만 킬로볼트암페어 이상인 전기사용자를 말한다.

제2절 한국전력거래소

■ **설립(제35조)**

1. 전력시장 및 전력계통의 운영을 위하여 한국전력거래소를 설립한다.
2. 한국전력거래소는 법인으로 한다.
3. 한국전력거래소의 주된 사무소는 정관으로 정한다.
4. 한국전력거래소는 주된 사무소의 소재지에서 설립등기를 함으로써 성립한다.

■ **업무(제36조)**

1. 한국전력거래소는 그 목적을 달성하기 위하여 다음 각 호의 업무를 수행한다.
   ① 전력시장의 개설·운영에 관한 업무
   ② 전력거래에 관한 업무
   ③ 회원의 자격 심사에 관한 업무
   ④ 전력거래대금 및 전력거래에 따른 비용의 청구·정산 및 지불에 관한 업무
   ⑤ 전력거래량의 계량에 관한 업무
   ⑥ 제43조에 따른 전력시장운영규칙 등 관련 규칙의 제정·개정에 관한 업무
   ⑦ 전력계통의 운영에 관한 업무
   ⑧ 제18조제2항에 따른 전기품질의 측정·기록·보존에 관한 업무
   ⑨ 그 밖에 제1호부터 제8호까지의 업무에 딸린 업무
2. 한국전력거래소는 제1항에 따른 업무 중 일부를 다른 기관 또는 단체에 위탁하여 처리하게 할 수 있다.
3. 한국전력거래소는 그가 수행하는 업무의 성격이 서로 다른 분야에 대하여는 회계를 구분하여 처리할 수 있다.

■ **정관의 기재사항(제37조)**

한국전력거래소의 정관에는「공공기관의 운영에 관한 법률」제16조제1항에 따른 기재사항 외에 다음 각 호의 사항이 포함되어야 한다.
   1. 자산에 관한 사항
   2. 회원에 관한 사항
   3. 회원의 보증금에 관한 사항
   4. 회원의 지분 양도 및 반환에 관한 사항

■ 다른 법률과의 관계(제38조)

한국전력거래소에 대하여 이 법 및 「공공기관의 운영에 관한 법률」에 규정된 것을 제외하고는 「민법」 중 사단법인에 관한 규정(같은 법 제39조는 제외한다)을 준용한다. 이 경우 사단법인의 "사원"·"사원총회"와 "이사 또는 감사"는 각각 한국전력거래소의 "회원"·"회원총회"와 "임원"으로 본다.

■ 회원의 자격(제39조)

한국전력거래소의 회원은 다음 각 호의 자로 한다.
1. 전력시장에서 전력거래를 하는 발전사업자
2. 전기판매사업자
3. 전력시장에서 전력을 직접 구매하는 전기사용자
4. 전력시장에서 전력거래를 하는 자가용전기설비를 설치한 자
5. 전력시장에서 전력거래를 하는 구역전기사업자
6. 전력시장에서 전력거래를 하지 아니하는 자 중 한국전력거래소의 정관으로 정하는 요건을 갖춘 자
7. 전력시장에서 전력거래를 하는 수요관리사업자

제5장 전력산업의 기반조성

■ 전력산업기반조성계획의 수립·시행(제47조)

1. 산업통상자원부장관은 전력산업의 지속적인 발전과 전력수급의 안정을 위하여 전력산업의 기반조성을 위한 계획(이하 "전력산업기반조성계획"이라 한다)을 수립·시행하여야 한다.

> ☞ 시행령
> 1. 전력산업기반조성계획은 3년 단위로 수립·시행한다.
> 2. 산업통상자원부장관은 전력산업기반조성계획을 수립하려는 경우에는 전력정책심의회의 심의를 거쳐야 한다. 이를 변경하려는 경우에도 또한 같다.
> 3. 산업통상자원부장관은 전력산업기반조성계획을 수립할 때에는 「석탄산업법」 제3조에 따른 석탄산업장기계획에서의 석탄 사용량과, 발전연료로 석탄을 사용하는 발전사업자에 대한 전력거래 가격 및 발전에 따른 비용과의 차액 보전(補塡) 방안 등을 반영하여야 한다.

> 4. 산업통상자원부장관은 전력산업기반조성계획을 효율적으로 추진하기 위하여 매년 시행계획을 수립하고 공고하여야 한다.
> 5. 산업통상자원부장관은 전력산업기반조성사업을 실시하려는 경우에는 주관기관의 장과 협약을 체결하여야 한다. 단, 협약에는 다음 각 호의 사항이 포함되어야 한다.
>   ① 사업과제, 사업범위 및 사업 수행방법에 관한 사항
>   ② 사업비의 지급에 관한 사항
>   ③ 사업시행의 결과 보고 및 그 결과의 활용에 관한 사항
>   ④ 협약의 변경·해약 및 위반에 관한 사항
>   ⑤ 연구개발사업인 경우 기술료의 징수에 관한 사항
>   ⑥ 그 밖에 산업통상자원부장관이 필요하다고 인정하는 사항

2. 전력산업기반조성계획에는 다음 각 호의 사항이 포함되어야 한다.
   ① 전력산업발전의 기본방향에 관한 사항
   ② 제49조 각 호에 규정된 사업에 관한 사항
   ③ 전력산업전문인력의 양성에 관한 사항
   ④ 전력 분야의 연구기관 및 단체의 육성·지원에 관한 사항
   ⑤ 「석탄산업법」 제3조에 따른 석탄산업장기계획상 발전용 공급량의 사용에 관한 사항
   ⑥ 그 밖에 전력산업의 기반조성을 위하여 필요한 사항
3. 전력산업기반조성계획의 수립·시행에 필요한 사항은 대통령령으로 정한다.

■ 전력정책심의회의 설치 등(제47조의2)

1. 전력수급 및 전력산업기반조성에 관한 중요 사항을 심의하기 위하여 산업통상자원부에 전력정책심의회를 둔다.
2. 전력정책심의회는 다음 각 호의 사항을 심의한다.
   ① 기본계획
   ② 전력산업기반조성계획
   ③ 전력산업기반조성계획의 시행계획
   ④ 그 밖에 전력산업의 발전에 중요한 사항으로서 산업통상자원부장관이 심의에 부치는 사항
3. 전력정책심의회의 구성 및 운영에 필요한 사항은 대통령령으로 정한다.

■ 기금의 설치(제48조)

정부는 전력산업의 지속적인 발전과 전력산업의 기반조성에 필요한 재원을 확보하

기 위하여 전력산업기반기금(이하 "기금"이라 한다)을 설치한다.

■ 기금의 사용(제49조)

기금은 다음 각 호의 사업을 위하여 사용한다.
1. 「신에너지 및 재생에너지 개발·이용·보급 촉진법」 제2조제1호 및 제2호에 따른 신에너지 및 재생에너지를 이용하여 전기를 생산하는 사업자에 대한 지원사업
2. 전력수요 관리사업
3. 전원개발의 촉진사업
4. 도서·벽지의 주민 등에 대한 전력공급 지원사업
5. 전력산업 관련 연구개발사업
6. 전력산업과 관련된 국내의 석탄산업, 액화천연가스산업 및 집단에너지사업에 대한 지원사업
7. 전기안전의 조사·연구·홍보에 관한 지원사업
8. 일반용전기설비의 점검사업
9. 「발전소주변지역 지원에 관한 법률」에 따른 주변지역에 대한 지원사업
9의2. 「송·변전설비 주변지역의 보상 및 지원에 관한 법률」 제10조제2항에 따른 송·변전설비 주변지역 지원사업
10. 「지능형전력망의 구축 및 이용촉진에 관한 법률」에 따른 지능형전력망의 구축 및 이용촉진에 관한 사업
11. 그 밖에 대통령령으로 정하는 전력산업과 관련한 중요 사업

제6장 전기위원회

■ 전기위원회의 설치 및 구성(제53조)

1. 전기사업의 공정한 경쟁환경 조성 및 전기사용자의 권익 보호에 관한 사항의 심의와 전기사업과 관련된 분쟁의 재정(裁定)을 위하여 산업통상자원부에 전기위원회를 둔다.
2. 전기위원회는 위원장 1명을 포함한 9명 이내의 위원으로 구성하되, 위원 중 대통령령으로 정하는 수의 위원은 상임으로 한다.
3. 전기위원회의 위원장을 포함한 위원은 산업통상자원부장관의 제청으로 대통령이 임명 또는 위촉한다.
4. 전기위원회의 사무를 처리하기 위하여 전기위원회에 사무기구를 둔다.

■ 위원의 자격 등(제54조)

1. 전기위원회 위원은 다음 각 호의 어느 하나에 해당하는 사람으로 한다.
   ① 3급 이상의 공무원으로 있거나 있었던 사람
   ② 판사·검사 또는 변호사로서 10년 이상 있거나 있었던 사람
   ③ 대학에서 법률학·경제학·경영학·전기공학이나 그 밖의 전기 관련 학과를 전공한 사람으로서 「고등교육법」에 따른 학교나 공인된 연구기관에서 부교수 이상으로 있거나 있었던 사람 또는 이에 상당하는 자리에 10년 이상 있거나 있었던 사람
   ④ 전기 관련 기업의 대표자나 상임임원으로 5년 이상 있었거나 전기 관련 기업에서 15년 이상 종사한 경력이 있는 사람
   ⑤ 전기 관련 단체 또는 소비자보호 관련 단체에서 10년 이상 종사한 경력이 있는 사람
2. 제1항제2호 및 제3호의 재직기간은 합산한다.
3. 공무원이 아닌 위원의 임기는 3년으로 하되, 연임할 수 있다.

■ 위원의 신분보장(제55조)

전기위원회의 위원은 다음 각 호의 어느 하나에 해당하는 경우를 제외하고는 그 의사에 반하여 해임 또는 해촉되지 아니한다.
1. 금고 이상의 형을 선고받은 경우
2. 심신쇠약으로 장기간 직무를 수행할 수 없게 된 경우

■ 전문위원회(제59조)

1. 전기위원회는 그 업무를 효율적으로 수행하기 위하여 분야별로 전문위원회를 둘 수 있다.
2. 제1항에 따른 전문위원회의 조직·기능·운영에 필요한 사항은 산업통상자원부령으로 정한다.

제7장 전기설비의 안전관리

■ 전기사업용전기설비의 공사계획의 인가 또는 신고(제61조)

1. 전기사업자는 전기사업용전기설비의 설치공사 또는 변경공사로서 산업통상자원부령으로 정하는 공사를 하려는 경우에는 그 공사계획에 대하여 산업통상자원부장관의 인가를 받아야 한다. 인가받은 사항을 변경하려는 경우에도 또한 같다.

2. 제1항 후단에도 불구하고 인가를 받은 사항 중 산업통상자원부령으로 정하는 경미한 사항을 변경하려는 경우에는 산업통상자원부장관에게 신고하여야 한다.
3. 전기사업자는 제1항에 따라 인가를 받아야 하는 공사 외의 전기사업용전기설비의 설치공사 또는 변경공사로서 산업통상자원부령으로 정하는 공사를 하려는 경우에는 공사를 시작하기 전에 산업통상자원부장관에게 신고하여야 한다. 신고한 사항을 변경하려는 경우에도 또한 같다.
4. 전기사업자는 전기설비가 사고·재해 또는 그 밖의 사유로 멸실·파손되거나 전시·사변 등 비상사태가 발생하여 부득이하게 공사를 하여야 하는 경우에는 제1항부터 제3항까지의 규정에도 불구하고 산업통상자원부령으로 정하는 바에 따라 공사를 시작한 후 지체 없이 그 사실을 산업통상자원부장관에게 신고하여야 한다.
5. 제1항에 따른 인가 및 제2항부터 제4항까지의 규정에 따른 신고에 필요한 사항은 산업통상자원부령으로 정한다.

■ 자가용전기설비의 공사계획의 인가 또는 신고(제62조)

1. 자가용전기설비의 설치공사 또는 변경공사로서 산업통상자원부령으로 정하는 공사를 하려는 자는 그 공사계획에 대하여 산업통상자원부장관의 인가를 받아야 한다. 인가받은 사항을 변경하려는 경우에도 또한 같다.
2. 제1항에 따라 인가를 받아야 하는 공사 외의 자가용전기설비의 설치 또는 변경공사로서 산업통상자원부령으로 정하는 공사를 하려는 자는 공사를 시작하기 전에 시·도지사에게 신고하여야 한다. 신고한 사항을 변경하려는 경우에도 또한 같다.
3. 제2항 전단에도 불구하고 산업통상자원부령으로 정하는 저압(低壓)에 해당하는 자가용전기설비의 설치 또는 변경공사의 경우에는 제63조에 따른 사용전검사(使用前檢査) 신청으로 공사계획신고를 갈음할 수 있다.
4. 자가용전기설비의 설치 또는 변경공사에 관하여는 제61조제4항을 준용한다.
5. 제1항에 따른 인가 및 제2항·제4항에 따른 신고에 필요한 사항은 산업통상자원부령으로 정한다.

■ 사용전검사(제63조)

상기 제61조 및 제62조에 따라 전기설비의 설치공사 또는 변경공사를 한 자는 산업통상자원부령으로 정하는 바에 따라 산업통상자원부장관 또는 시·도지사가 실시하는 검사에 합격한 후에 이를 사용하여야 한다.

■ 전기설비의 임시사용(제64조)

1. 산업통상자원부장관 또는 시·도지사는 제63조에 따른 검사에 불합격한 경우에도 안전상 지장이 없고 전기설비의 임시사용이 필요하다고 인정되는 경우에는 사용 기간 및 방법을 정하여 그 설비를 임시로 사용하게 할 수 있다. 이 경우 산업통상자원부장관 또는 시·도지사는 그 사용 기간 및 방법을 정하여 통지를 하여야 한다.
2. 비상용 예비발전기가 완공되지 아니할 경우 등 제1항에 따른 전기설비 임시사용의 허용기준, 1년의 범위에서의 사용기간, 전기설비의 임시사용방법, 그 밖에 필요한 사항은 산업통상자원부령으로 정한다.

■ 정기검사(제65조)

전기사업자 및 자가용전기설비의 소유자 또는 점유자는 산업통상자원부령으로 정하는 전기설비에 대하여 산업통상자원부령으로 정하는 바에 따라 산업통상자원부장관 또는 시·도지사로부터 정기적으로 검사를 받아야 한다.

■ 물밑선로의 보호(제69조)

1. 전기사업자는 물밑에 설치한 전선로(이하 "물밑선로"라 한다)를 보호하기 위하여 필요한 경우에는 물밑선로보호구역의 지정을 산업통상자원부장관에게 신청할 수 있다.
2. 산업통상자원부장관은 제1항에 따른 신청이 있는 경우에는 물밑선로보호구역을 지정할 수 있다. 이 경우 「수산업법」에 따른 양식업 면허를 받은 지역을 물밑선로보호구역으로 지정하려는 경우에는 그 양식업 면허를 받은 자의 동의를 받아야 한다.
3. 산업통상자원부장관은 물밑선로보호구역을 지정하였을 때에는 이를 고시하여야 한다.
4. 산업통상자원부장관은 물밑선로보호구역을 지정하려는 경우에는 미리 해양수산부장관과 협의하여야 한다.

■ 물밑선로보호구역의 선로 손상행위 금지(제70조)

누구든지 제69조에 따른 물밑선로보호구역에서는 다음 각 호의 행위를 하여서는 아니된다. 다만, 산업통상자원부장관의 승인을 받은 경우에는 그러하지 아니하다.
1. 물밑선로를 손상시키는 행위
2. 선박의 닻을 내리는 행위
3. 물밑에서 광물·수산물을 채취하는 행위
4. 그 밖에 물밑선로를 손상하게 할 우려가 있는 행위로서 대통령령으로 정하는 행위

제8장 한국전기안전공사

■ **한국전기안전공사의 설립(제74조)**

1. 전기로 인한 재해를 예방하기 위하여 전기안전에 관한 조사 · 연구 · 기술개발 및 홍보업무와 전기설비에 대한 검사 · 점검업무를 수행하기 위하여 한국전기안전공사를 설립한다.
2. 안전공사는 법인으로 한다.
3. 안전공사는 주된 사업소의 소재지에서 설립등기를 함으로써 성립한다.

■ **안전공사의 운영 등(제75조)**

안전공사의 운영에 필요한 경비는 다음 각 호의 재원으로 충당한다.
1. 제97조제1항제1호에 따른 검사 또는 같은 항 제2호에 따른 점검을 받으려는 자가 내는 수수료
2. 「재난 및 안전관리 기본법」에 따른 재난관리책임기관이 재난예방을 위하여 부담하는 재난예방점검비용 등
3. 기금에서의 출연금
4. 차입금 및 그 밖의 수입

■ **임원(제76조)**

1. 안전공사의 임원은 사장 1명, 이사 8명 이내와 감사 1명으로 한다.
2. 사장은 안전공사를 대표하고, 그 사무를 총괄한다.

■ **사업(제78조)**

안전공사는 다음 각 호의 사업을 한다.
1. 전기안전에 관한 조사 및 연구
2. 전기안전에 관한 기술개발 및 보급
3. 전기안전에 관한 전문교육 및 정보의 제공
4. 전기안전에 관한 홍보
5. 전기설비에 대한 검사 · 점검 및 기술지원
6. 제96조의3제2항에 따른 전기사고의 원인 · 경위 등의 조사
7. 전기안전에 관한 국제기술협력
8. 전기안전을 위하여 산업통상자원부장관 또는 시 · 도지사가 위탁하는 사업

9. 전기설비의 안전진단과 그 밖에 전기안전관리를 위하여 필요한 사업

제11장 보칙

■ **집단에너지사업자의 전기공급에 대한 특례(제92조의2)**

1. 「집단에너지사업법」 제9조에 따라 사업허가를 받은 집단에너지사업자 중 30만 킬로와트 이하의 범위에서 대통령령으로 정하는 발전설비용량을 갖춘 자는 제31조제1항에도 불구하고 「집단에너지사업법」 제9조에 따라 허가받은 공급구역에서 전기를 공급할 수 있다.
2. 제1항의 집단에너지사업자는 이 법을 적용할 때에는 구역전기사업자로 본다.

시행규칙

■ **용어의 정의(제2조)**

1. "변전소"란 변전소의 밖으로부터 전압 5만 볼트 이상의 전기를 전송받아 이를 변성(전압을 올리거나 내리는 것 또는 전기의 성질을 변경시키는 것을 말한다)하여 변전소 밖의 장소로 전송할 목적으로 설치하는 변압기와 그 밖의 전기설비 전체를 말한다.
2. "개폐소"란 다음 각 목의 곳의 전압 5만 볼트 이상의 송전선로를 연결하거나 차단하기 위한 전기설비를 말한다.
    ① 발전소 상호간
    ② 변전소 상호간
    ③ 발전소와 변전소 간
3. "송전선로"란 다음 각 목의 곳을 연결하는 전선로(통신용으로 전용하는 것은 제외한다. 이하 같다)와 이에 속하는 전기설비를 말한다.
    ① 발전소 상호간
    ② 변전소 상호간
    ③ 발전소와 변전소 간
4. "배전선로"란 다음 각 목의 곳을 연결하는 전선로와 이에 속하는 전기설비를 말한다.
    ① 발전소와 전기수용설비
    ② 변전소와 전기수용설비
    ③ 송전선로와 전기수용설비
    ④ 전기수용설비 상호간

5. "전기수용설비"란 수전설비와 구내배전설비를 말한다.
6. "수전설비"란 타인의 전기설비 또는 구내발전설비로부터 전기를 공급받아 구내배전설비로 전기를 공급하기 위한 전기설비로서 수전지점으로부터 배전반(구내배전설비로 전기를 배전하는 전기설비를 말한다)까지의 설비를 말한다.
7. "구내배전설비"란 수전설비의 배전반에서부터 전기사용기기에 이르는 전선로·개폐기·차단기·분전함·콘센트·제어반·스위치 및 그 밖의 부속설비를 말한다.
8. "저압"이란 직류에서는 750볼트 이하의 전압을 말하고, 교류에서는 600볼트 이하의 전압을 말한다.
9. "고압"이란 직류에서는 750 볼트를 초과하고 7천 볼트 이하인 전압을 말하고, 교류에서는 600 볼트를 초과하고 7천 볼트 이하인 전압을 말한다.
10. "특고압"이란 7천 볼트를 초과하는 전압을 말한다.

■ 일반용전기설비의 범위(제3조)

1. 「전기사업법」(이하 "법"이라 한다) 제2조제18호에 따른 일반용전기설비는 다음 각 호의 어느 하나에 해당하는 전기설비로 한다.
   ① 전압 600볼트 이하로서 용량 75킬로와트(제조업 또는 심야전력을 이용하는 전기설비는 용량 100킬로와트) 미만의 전력을 타인으로부터 수전하여 그 수전장소(담·울타리 또는 그 밖의 시설물로 타인의 출입을 제한하는 구역을 포함한다. 이하 같다)에서 그 전기를 사용하기 위한 전기설비
   ② 전압 600볼트 이하로서 용량 10킬로와트 이하인 발전기
2. 제1항에도 불구하고 다음 각 호의 어느 하나에 해당하는 전기설비는 일반용전기설비로 보지 아니한다.
   ① 자가용전기설비를 설치하는 자가 그 자가용전기설비의 설치장소와 동일한 수전장소에 설치하는 전기설비
   ② 다음 각 목의 위험시설에 설치하는 용량 20킬로와트 이상의 전기설비
      ㈎ 「총포·도검·화약류 등 단속법」 제2조제3항에 따른 화약류(장난감용 꽃불은 제외한다)를 제조하는 사업장
      ㈏ 「광산보안법 시행령」 제4조제3항에 따른 갑종탄광
      ㈐ 「도시가스사업법」에 따른 도시가스사업장, 「액화석유가스의 안전관리 및 사업법」에 따른 액화석유가스의 저장·충전 및 판매사업장 또는 「고압가스 안전관리법」에 따른 고압가스의 제조소 및 저장소
      ㈑ 「위험물 안전관리법」 제2조제1항제3호 및 제5호에 따른 위험물의 제조소 또는 취급소

③ 다음 각 목의 여러 사람이 이용하는 시설에 설치하는 용량 20킬로와트 이상의 전기설비

㈎ 「공연법」 제2조제4호에 따른 공연장
㈏ 「영화 및 비디오물의 진흥에 관한 법률」 제2조제10호에 따른 영화상영관
㈐ 「식품위생법 시행령」에 따른 유흥주점·단란주점
㈑ 「체육시설의 설치·이용에 관한 법률」에 따른 체력단련장
㈒ 「유통산업발전법」 제2조제3호 및 제6호에 따른 대규모점포 및 상점가
㈓ 「의료법」 제3조에 따른 의료기관
㈔ 「관광진흥법」에 따른 호텔
㈕ 「소방시설 설치유지 및 안전관리에 관한 법률 시행령」에 따른 집회장

3. 제1항제1호에 따른 심야전력(이하 "심야전력"이라 한다)의 범위는 산업통상자원부장관이 정한다.

■ 사업허가의 신청(제4조)

1. 법 제7조제1항에 따라 전기사업의 허가를 받으려는 자는 별지 제1호서식의 전기사업 허가신청서(전자문서로 된 신청서를 포함한다. 이하 같다)에 다음 각 호의 서류(전자문서를 포함한다. 이하 같다)를 첨부하여 산업통상자원부장관에게 제출하여야 한다. 다만, 발전설비용량이 3천 킬로와트 이하인 발전사업(발전설비용량이 200킬로와트 이하인 발전사업은 제외한다)의 허가를 받으려는 자는 별지 제1호서식의 전기사업 허가신청서에 제1호·제6호·제7호·제9호 및 제12호의 서류를 첨부하고, 발전설비용량이 200킬로와트 이하인 발전사업의 허가를 받으려는 자는 별지 제1호서식의 전기사업 허가신청서에 제1호 및 제5호의 서류를 첨부하여 특별시장·광역시장·도지사 또는 특별자치도지사(이하 "시·도지사"라 한다)에게 제출하여야 한다.

① 별표 1의 작성요령에 따라 작성한 사업계획서
② 사업개시 후 5년 동안의 별지 제2호서식의 연도별 예상사업손익산출서
③ 배전선로를 제외한 전기사업용전기설비의 개요서
④ 배전사업의 허가를 신청하는 경우에는 사업구역의 경계를 명시한 5만분의 1 지형도
⑤ 구역전기사업의 허가를 신청하는 경우에는 특정한 공급구역의 위치 및 경계를 명시한 5만분의 1 지형도
⑥ 발전사업 또는 구역전기사업의 허가를 신청하는 경우에는 송전관계 일람도(一覽圖)
⑦ 발전사업 또는 구역전기사업의 허가를 신청하는 경우에는 발전원가명세서
⑧ 신용평가의견서(「신용정보의 이용 및 보호에 관한 법률」 제2조제4호에 따른 신용

정보업자가 거래신뢰도를 평가한 것을 말한다) 및 재원 조달계획서
⑨ 전기설비의 운영을 위한 기술인력의 확보계획을 적은 서류
⑩ 신청인이 법인인 경우에는 그 정관 및 직전 사업연도 말의 대차대조표·손익계산서
⑪ 신청인이 설립 중인 법인인 경우에는 그 정관
⑫ 전기사업용 수력발전소 또는 원자력발전소를 설치하는 경우에는 발전용 수력의 사용에 대한「하천법」제33조제1항의 허가 또는 발전용 원자로 및 관계시설의 건설에 대한「원자력법」제11조제1항의 허가사실을 증명할 수 있는 허가서의 사본(허가신청 중인 경우에는 그 신청서의 사본)
2. 제1항에 따른 신청을 받은 산업통상자원부장관 또는 시·도지사는「전자정부법」제36조제1항에 따른 행정정보의 공동이용을 통하여 법인 등기사항증명서(법인인 경우만 해당한다)를 확인하여야 한다.

■ 변경허가사항 등(제5조)

1. 법 제7조제1항 후단에서 "산업통상자원부령으로 정하는 중요 사항"이란 다음 각 호의 사항을 말한다.
   ① 사업구역 또는 특정한 공급구역
   ② 공급전압
   ③ 발전사업 또는 구역전기사업의 경우 발전용 전기설비에 관한 다음 각 목이 어느 하나에 해당하는 사항
   ㈎ 설치장소(동일한 읍·면·동에서 설치장소를 변경하는 경우는 제외한다)
   ㈏ 설비용량(변경 정도가 허가 또는 변경허가를 받은 설비용량의 100분의 10 이하인 경우는 제외한다)
   ㈐ 원동력의 종류(허가 또는 변경허가를 받은 설비용량이 30만 킬로와트 이상인 발전용 전기설비에「신에너지 및 재생에너지 개발·이용·보급 촉진법」제2조에 따른 신·재생에너지를 이용하는 발전용 전기설비를 추가로 설치하는 경우는 제외한다)
2. 법 제7조제1항 후단에 따라 변경허가를 받으려는 자는 별지 제3호서식의 사업허가변경신청서에 변경내용을 증명하는 서류를 첨부하여 산업통상자원부장관 또는 시·도지사에게 제출하여야 한다.

■ 전압 및 주파수의 측정(제19조)

1. 법 제18조제2항에 따라 전기사업자 및 한국전력거래소는 다음 각 목의 사항을 매년

1회 이상 측정하여야 하며 측정 결과를 3년간 보존하여야 한다.
  ① 발전사업자 및 송전사업자의 경우에는 전압 및 주파수
  ② 배전사업자 및 전기판매사업자의 경우에는 전압
  ③ 한국전력거래소의 경우에는 주파수
 2. 전기사업자 및 한국전력거래소는 제1항에 따른 전압 및 주파수의 측정기준·측정방법 및 보존방법 등을 정하여 산업통상자원부장관에게 제출하여야 한다.

■ 구역전기사업자에 대한 준용(제19조의2)

 구역전기사업자에 관하여는 제13조부터 제17조까지의 규정을 준용한다. 이 경우 "전기판매사업자"는 "구역전기사업자"로 본다.

■ 기본계획의 경미한 변경(제20조)

「전기사업법 시행령」(이하 "영"이라 한다) 제15조제3항 단서에 따라 법 제47조의2에 따른 전력정책심의회의 심의를 거치지 아니하고 변경할 수 있는 사항은 다음 각 호와 같다.
 1. 전기설비 설치공사의 착공·준공 또는 공사기간을 2년 이내의 범위에서 조정하는 경우
 2. 전기설비별 용량의 20퍼센트 이내의 범위에서 그 용량을 변경하는 경우
 3. 신규건설 또는 폐지되는 연도별 전기설비용량의 5퍼센트 이내의 범위에서 전기설비용량을 변경하는 경우

■ 전문위원회의 구성 등(제26조)

 1. 법 제59조제1항에 따라 전기위원회는 법률·분쟁조정 분야, 전기요금 분야, 소비자보호 분야, 전력계통 분야, 구조개편 분야 및 시장조성 분야에 관한 전문위원회를 구성할 수 있다.
 2. 각 전문위원회는 위원장 1명을 포함한 15명 이내의 위원으로 구성한다.
 3. 각 전문위원회의 위원장 및 위원은 해당 분야에 관한 학식과 경험이 풍부한 사람 중에서 전기위원회 위원장이 위촉한다.
 4. 위원의 임기는 2년으로 하며, 연임할 수 있다.
 5. 각 전문위원회는 사무를 처리하기 위하여 간사를 둘 수 있으며, 간사는 전기위원회 소속 5급 이상 공무원 중에서 전문위원회 위원장이 임명한다.

■ 전문위원회의 기능 및 운영(제27조)

1. 전문위원회는 다음 각 호의 기능을 수행한다.
   ① 해당 분야의 안건에 대한 전문적인 연구·검토
   ② 전기위원회의 의사결정에 대한 자문
   ③ 그 밖에 전력 분야의 전문적인 사항에 관하여 전기위원회 위원장이 연구·검토를 요청하는 사항
2. 전문위원회는 전문위원회 위원장이 필요하다고 인정하거나 전기위원회 위원장이 요청하는 경우 소집된다.
3. 전문위원회의 회의는 재적위원 과반수의 출석으로 개의(開議)하고, 출석위원 과반수의 찬성으로 의결한다.

■ 인가 및 신고를 하여야 하는 공사계획(제28조)

1. 법 제61조제1항 전단 및 같은 조 제3항 전단에 따른 전기사업용전기설비의 설치공사계획 또는 변경공사계획에 대한 인가 및 신고 대상은 별표 5와 같다.
2. 법 제61조제2항에서 "산업통상자원부령으로 정하는 경미한 사항"이란 별표 6에 규정된 사항을 제외한 사항을 말한다.
3. 법 제62조제1항 전단 및 같은 조 제2항 전단에 따른 자가용전기설비의 설치공사계획 또는 변경공사계획에 대한 인가 및 신고 대상은 별표 7과 같다.

■ 공사계획 인가 등의 신청(제29조)

1. 법 제61조 및 법 제62조에 따른 공사계획의 인가 또는 변경인가를 신청하려는 자는 별지 제25호서식의 공사계획 인가(변경인가)신청서에 별표 8의 공사계획의 인가신청 방법에 따라 작성한 서류를 첨부하여 제출 대상 기관에 제출하여야 한다.
2. 법 제61조 및 법 제62조에 따른 공사계획의 신고 또는 변경신고를 하려는 자는 별지 제26호서식의 공사계획 신고(변경신고)서에 별표 8의 공사계획의 신고방법에 따라 작성한 서류를 첨부하여 제출 대상 기관에 제출하여야 한다.

■ 전기설비 검사자의 자격(제33조)

법 제63조 및 법 제65조에 따른 검사는 「국가기술자격법」에 따른 전기·토목·기계 분야의 기술자격을 가진 사람 중 다음 각 호의 어느 하나에 해당하는 사람이 수행하여야 한다.
1. 해당 분야의 기술사 자격을 취득한 사람
2. 해당 분야의 기사 자격을 취득한 사람으로서 그 자격을 취득한 후 해당 분야에서 4

년 이상 실무경력이 있는 사람
3. 해당 분야의 산업기사 자격을 취득한 사람으로서 그 자격을 취득한 후 해당 분야에서 6년 이상 실무경력이 있는 사람

■ 물밑선로보호구역의 지정(제39조)

1. 법 제69조제1항에 따라 물밑선로보호구역의 지정을 신청하려는 자는 별지 제35호서식의 보호구역 지정신청서에 다음 각 호의 서류를 첨부하여 산업통상자원부장관에게 제출하여야 한다.
   ① 물밑선로보호구역 위치도(축척 25만분의 1 지도)
   ② 보호대상물 설치좌표 및 보호구역의 범위를 적은 서류
2. 법 제69조에 따라 물밑선로보호구역의 지정을 받은 전기사업자가 지정받은 내용을 변경하려는 경우에는 별지 제35호서식의 보호구역 변경지정신청서에 변경된 내용을 적은 서류를 첨부하여 변경지정을 받아야 한다.

■ 안전관리업무의 대행 규모(제41조)

법 제73조제3항제1호에 따른 안전공사, 법 제73조제3항제2호에 따른 전기안전관리대행사업자(이하 "대행사업자"라 한다) 및 법 제73조제3항제3호에 따른 자(이하 "개인대행자"라 한다)가 안전관리업무를 대행할 수 있는 전기설비의 규모는 다음 각 호와 같다.

1. 안전공사 및 대행사업자: 다음 각 목의 어느 하나에 해당하는 전기설비(둘 이상의 전기설비 용량의 합계가 2천500킬로와트 미만인 경우로 한정한다)
   ① 용량 1천 킬로와트 미만의 전기수용설비
   ② 용량 300킬로와트 미만의 발전설비. 다만, 비상용 예비발전설비의 경우에는 용량 500킬로와트 미만으로 한다.
   ②「신에너지 및 재생에너지 개발·이용·보급 촉진법」제2조에 따른 태양에너지를 이용하는 발전설비(이하"태양광발전설비"라 한다)로서 용량 1천 킬로와트 미만인 것
2. 개인대행자: 다음 각 목의 어느 하나에 해당하는 전기설비(둘 이상의 용량의 합계가 1천50킬로와트 미만인 전기설비로 한정한다)
   ① 용량 500킬로와트 미만의 전기수용설비
   ② 용량 150킬로와트 미만의 발전설비. 다만, 비상용 예비발전설비의 경우에는 용량 300킬로와트 미만으로 한다.
   ③ 용량 250킬로와트 미만의 태양광발전설비

[별표 10] 정기검사대상 전기설비 및 검사시기(제32조제1항 및 제2항 관련)

구 분	대 상	시 기	비 고
1. 전기사업용 전기설비 가. 기력, 내연력, 가스터빈, 복합화력, 수력(양수), 풍력, 태양광 및 연료전지발전소	(1) 증기터빈 및 내연기관 계통 (2) 가스터빈·보일러·열교환기(「집단에너지사업법」을 적용받는 보일러 및 압력용기는 제외) 및 발전기 계통 (3) 수차·발전기 계통 (4) 풍차·발전기 계통 (5) 태양전지·전기설비 계통 (6) 연료전지·전기설비 계통	4년 이내 2년 이내 4년 이내 4년 이내 4년 이내 연료전지 교체 시기마다	(1)부터 (4)까지의 설비에 부속되는 전기설비로서 사용압력이 제곱센티미터당 0킬로그램 이상의 내압부분이 있는 것을 포함한다.
2. 자가용 전기설비 가. 발전설비 기력, 내연력, 가스터빈, 복합화력 및 수력, 태양광 및 연료전지발전소(비상예비발전설비는 제외한다)	(1) 증기터빈 및 내연기관 계통(발전기 계통을 포함한다) (2) 가스터빈(발전기 계통 포함), 보일러, 열교환기(보일러 및 열교환기 중「에너지이용 합리화법」제58조에 따라 검사를 받는 것은 제외한다) (3) 수차·발전기 계통 (4) 풍차차·발전기 계통 (5) 태양전지차·전기설비 계통 (6) 연료전지차·전기설비 계통	4년 이내 2년 이내 4년 이내 4년 이내 4년 이내 연료전지 교체 시기마다	(1)과 (2)에 부속되는 전기설비로서 사용압력이 제곱센티미터당 0킬로그램 이상의 내압부분이 있는 것을 포함한다.
나. 전기수용설비 및 비상용 예비 발전설비	(1) 의료기관, 공연장, 호텔, 대규모 점포, 예식장, 지정 문화재, 단란주점, 유흥주점, 목욕장, 노래연습장에 설치한 고압 이상의 수전설비 및 75킬로와트 이상의 비상용 예비발전설비 (2) 제40조제1항에 따라 전기안전관리자의 선임이 면제된 제조업자 또는 제조업 관련 서비스업자의 수용설비 (3) (1) 및 (2)의 설비 외의 수용가에 설치한 고압 이상의 수전설비 및 75킬로와트 이상의 비상용 예비발전설비	2년마다 2월 전후 2년마다 2월 전후 3년마다 2월 전후	(1)부터 (4)까지의 전기설비로서 구내발전설비로부터 전기를 공급받는 수전설비는 해당 발전기 계통과 같은 시기에 검사한다.

	(4) (3)의 규정에도 불구하고 「산업안전보건법」 제49조의2에 따른 공정안전보고서 또는 「고압가스 안전관리법」 제13조의2에 따른 안전성향상계획서를 제출하거나 갖춰 둔 자의 고압 이상의 수전설비 및 용량 75킬로와트 이상의 비상용 발전설비	4년 이내	(1)부터 (4)까지의 전기설비에는 자가용 송전·배전선로가 포함된다.

비고 발전설비의 검사는 발전설비의 가동정지기간 중에 하며, 설비 고장 등 검사시기 조정 사유 발생 시 검사기관과 협의하여 2개월 이내의 범위에서 검사시기를 조정할 수 있다.

[별표 5] 전기사업용 전기설비 공사계획의 인가 및 신고의 대상(제28조제1항 관련)

공사의 종류	인가가 필요한 것	신고가 필요한 것
1. 발전소 　가. 설치공사	출력 1만 킬로와트 이상의 발전소 설치	출력 1만 킬로와트 미만의 발전소 설치
나. 변경공사 　　1) 발전설비의 설치	출력 1만 킬로와트 이상의 발전설비 설치	출력 1만 킬로와트 미만의 발전설비 설치
2) 발전설비의 변경공사 　　　가) 원동력설비	출력 1만 킬로와트 이상의 발전소로서 다음에 해당하는 것	
(1) 수력설비 　　　　　(가) 댐	댐의 설치	(1) 출력 1만 킬로와트 미만의 발전소 댐의 설치 (2) 댐을 개조하는 것으로서 본체의 강도나 안정도 또는 홍수토의 용량 변경을 수반하는 것
(나) 취수설비	취수설비의 설치	(1) 출력 1만 킬로와트 미만의 발전소 취수설비 설치 (2) 개조하는 것으로서 통수 용량 또는 취수탑의 강도 변경을 수반한 것
(다) 침사지(沈砂池)	침사지의 설치 또는 개조	출력 1만 킬로와트 미만의 발전소 침사지의 설치 또는 개조

(라) 도수로(導水路) 또는 방수로	도수로 또는 방수로의 설치·연장 및 개조	출력 1만 킬로와트 미만의 발전소 도수로 또는 방수로의 설치·연장 및 개조

(마) 헤드탱크 또는 서지 탱크(surge tank)	헤드탱크 또는 서지 탱크의 설치	(1) 출력 1만 킬로와트 미만의 발전소의 헤드탱크 또는 서지 탱크의 설치
		(2) 개조하는 것으로서 다음과 같은 것
		  (가) 여수로(餘水路)의 용량 또는 여수로의 통수 용량의 변경을 수반하는 것
		  (나) 여수로 또는 여수로의 종류의 변경을 수반하는 것
		  (다) 서지 탱크에 영향을 미치는 것
		  (라) 서지 탱크의 강도의 변경을 수반하는 것

(바) 수압관로	수압관로의 설치 및 연장	(1) 출력 1만 킬로와트 미만의 발전소의 수압관로 설치 및 연장 (2) 개조하는 것으로서 관 본체의 강도 변경을 수반하는 것
(사) 수차	수차의 설치	(1) 출력 1만 킬로와트 미만의 발전소의 수차 설치 (2) 대체 또는 개조
(아) 양수식발전소의 양수용 펌프	펌프의 설치	(1) 출력 1만 킬로와트 미만의 발전소의 펌프 설치 (2) 대체 및 개조
(자) 저수지 또는 조정지	저수지 또는 조정지의 설치	(1) 출력 1만 킬로와트 미만의 발전소의 저수지 또는 조정지 설치 (2) 개조하는 것으로서 상시 만수위(滿水位) 또는 최저수위의 변경을 수반하는 것
(2) 기력설비 (가) 증기터빈 또는 왕복기관	(1) 증기터빈 또는 왕복기관의 설치	(1) 출력 1만 킬로와트 미만의 발전소의 증기터빈 또는 왕복기관 설치

		(2) 증기터빈 또는 왕복기관을 개조하는 것으로서 20퍼센트 이상의 출력변경을 수반하는 것	(2) 출력 1만 킬로와트 미만의 발전소의 증기터빈 또는 왕복기관을 개조하는 것으로서 20퍼센트 이상의 출력 변경을 수반하는 것
			(3) 증기터빈을 개조하는 것으로서 다음과 같은 것
			  (가) 차실·원판 또는 차축의 강도 변경을 수반하는 것
			  (나) 조속장치 또는 비상조속장치의 종류 변경을 수반하는 것
			(4) 대체

(나) 보일러		(1) 보일러의 설치
		(2) 보일러를 개조하는 것으로서 다음과 같은 것
		  (가) 최고 사용압력 또는 최고 사용온도의 20퍼센트 이상의 변경을 수반하는 것
		  (나) 재열기(再熱器)의 최고 사용압력 또는 최고 사용온도의 20퍼센트 이상의 변경을 수반하는 것
		  (다) 드럼 또는 안전밸브에 관한 것
			(1) 출력 1만 킬로와트 미만의 발전소 보일러 설치
			(2) 출력 1만 킬로와트 미만의 발전소 보일러를 개조하는 것으로서 다음과 같은 것
			  (가) 최고 사용압력 또는 최고 사용온도의 20퍼센트 이상의 변경을 수반하는 것
			  (나) 재열기의 최고 사용압력 또는 최고 사용온도의 20퍼센트 이상의 변경을 수반하는 것
			  (다) 드럼 또는 안전밸브에 관한 것
			(3) 보일러를 개조하는 것으로서 가열면적의 20퍼센트 이상의 변경을 수반하는 것
			(4) 대체
			(5) 수리하는 것으로서 다음과 같은 것
			  (가) 드럼 또는 안전밸브의 대체
			  (나) 드럼의 강도에 영향을 미치는 것
			  (다) 안전밸브의 성능에 영향을 미치는 것

	(다) 연료연소설비	(1) 연료연소설비의 설치 또는 대체 (2) 연료연소설비를 개조하는 것으로서 연료의 종류 변경을 수반하는 것	(1) 출력 1만 킬로와트 미만의 발전소의 연료연소설비의 설치 또는 대체 (2) 출력 1만 킬로와트 미만의 발전소의 연료연소설비를 개조하는 것으로서 연료의 종류 변경을 수반하는 것
	(라) 공해방지설비	공해방지설비를 설치·개조 또는 폐지하는 것. 다만, 개조하는 것은 공해방지능력의 감소를 수반하는 것만 해당한다.	출력 1만 킬로와트 미만의 발전소의 공해방지설비를 설치·개조 또는 폐지하는 것. 다만, 개조하는 것은 공해방지능력의 감소를 수반하는 것만 해당한다.
	(마) 증기밸브	증기밸브의 설치 또는 대체	출력 1만 킬로와트 미만의 발전소의 증기밸브의 설치 또는 대체
	(바) 보조설비	제31조제2항의 용기 및 관의 설치 또는 대체	출력 1만킬로와트 미만의 발전소로서 제31조제2항의 용기 및 관의 설치 또는 대체
(3) 가스터빈 설치 (가) 가스터빈		가스터빈의 설치 또는 대체	(1) 출력 1만 킬로와트 미만의 발전소의 가스터빈의 설치 또는 대체 (2) 개조하는 것으로서 20퍼센트 이상의 출력 변경을 수반하는 것
	(나) 공기압축기	공기압축기의 설치 또는 대체	(1) 출력 1만 킬로와트 미만의 발전소의 공기압축기 설치 또는 대체 (2) 차실 또는 차축의 강도 변경을 수반하는 개조
	(다) 연료연소설비	연료연소설비의 설치 또는 대체	(1) 출력 1만 킬로와트 미만의 발전소의 연료연소설비 설치 및 대체 (2) 개조하는 것으로서 연료의 종류 변경을 수반하는 것
	(라) 보조설비	제31조제2항의 용기 및 관의 설치 또는 대체	출력 1만 킬로와트 미만의 발전소로서 제31조제2항의 용기 및 관의 설치 또는 대체

(4) 복합화력설비 (가) 가스터빈		가스터빈의 설치 또는 대체	(1) 출력 1만 킬로와트 미만의 발전소의 가스터빈 설치 또는 대체 (2) 개조하는 것으로서 20퍼센트 이상의 출력 변경을 수반하는 것
(나) 공기압축기		공기압축기의 설치 또는 대체	(1) 출력 1만 킬로와트 미만의 발전소의 공기압축기 설치 또는 대체 (2) 차실 또는 차축의 강도 변경을 수반하는 개조
(다) 연료연소설비		연료연소설비의 설치 또는 대체	(1) 출력 1만 킬로와트 미만의 발전소의 연료연소설비 설치 및 대체 (2) 개조하는 것으로서 연료의 종류 변경을 수반하는 것
(라) 보일러		(1) 보일러의 설치 (2) 보일러를 개조하는 것으로서 다음과 같은 것 (가) 최고 사용압력 또는 최고 사용온도의 20퍼센트 이상의 변경을 수반하는 것 (나) 재열기의 최고 사용압력 또는 최고 사용온도의 20퍼센트 이상의 변경을 수반하는 것 (다) 드럼 또는 안전밸브에 관한 것	(1) 출력 1만 킬로와트 미만의 발전소의 보일러 설치 (2) 출력 1만 킬로와트 미만의 발전소 보일러를 개조하는 것으로서 다음과 같은 것 (가) 최고 사용압력 또는 최고 사용온도의 20퍼센트 이상의 변경을 수반하는 것 (나) 재열기의 최고 사용압력 또는 최고 사용온도의 20퍼센트 이상의 변경을 수반하는 것 (다) 드럼 또는 안전밸브에 관한 것 (3) 보일러를 개조하는 것으로서 가열면적의 20퍼센트 이상의 변경을 수반하는 것 (4) 대체 (5) 수리하는 것으로서 다음과 같은 것 (가) 드럼 또는 안전밸브의 대체 (나) 드럼의 강도에 영향을 미치는 것 (다) 안전밸브의 성능에 영향을 미치는 것

	(마) 공해방지설비	공해방지설비를 설치·개조 또는 폐지하는 것. 다만, 개조하는 것은 공해방지 처리능력의 감소를 수반하는 것만 해당한다.	출력 1만 킬로와트 미만의 발전소의 공해방지설비를 설치·개조 또는 폐지하는 것. 다만, 개조하는 것은 공해방지처리능력의 감소를 수반하는 것만 해당한다.
	(바) 증기밸브	증기밸브의 설치 또는 대체	출력 1만 킬로와트 미만의 발전소의 증기밸브 설치 또는 대체
	(사) 증기터빈	(1) 증기터빈 또는 왕복기관의 설치	(1) 출력 1만 킬로와트 미만의 발전소의 증기터빈 또는 왕복기관의 설치
		(2) 증기터빈 또는 왕복기관의 개조로서 20퍼센트 이상의 출력의 변경을 수반하는 것	(2) 출력 1만 킬로와트 미만의 발전소의 증기터빈 또는 왕복기관의 개조로서 20퍼센트 이상의 출력 변경을 수반하는 것 (3) 증기터빈을 개조하는 것으로서 다음과 같은 것 　(가) 차실·원판 또는 차축의 강도 변경을 수반하는 것 　(나) 소속상지 또는 비상소속상치의 종류 변경을 수반하는 것 (4) 대체
	(아) 보조설비	제31조제2항의 용기 및 관의 설치 또는 대체	출력 1만 킬로와트 미만의 발전소로서 제31조제2항의 용기 및 관의 설치 또는 대체
(5) 내연력설비 　(가) 내연기관		내연기관의 설치 또는 대체	출력 1만 킬로와트 미만의 발전소의 내연기관 설치 또는 대체
(6) 풍력설비		풍차의 설치 또는 대체	출력 1만 킬로와트 미만의 발전소의 풍차 설치 또는 대체
(7) 원자력설비			출력 1만 킬로와트 미만의 원자력발전소로서 다음과 같은 것

	(가) 증기터빈설비	(1) 증기터빈의 설치 또는 대체 (2) 증기밸브의 설치 또는 대체 (3) 습분분리재열기의 설치 또는 대체 (4) 증기터빈을 개조하는 것으로서 다음과 같은 것 　(가) 차실·원판 또는 차축의 강도 변경을 수반하는 것 　(나) 조속장치 또는 비상조속장치의 종류 변경을 수반하는 것	(1) 증기터빈의 설치 또는 대체 (2) 증기밸브의 설치 또는 대체 (3) 습분분리재열기의 설치 또는 대체 (4) 증기터빈을 개조하는 것으로서 다음과 같은 것 　(가) 차실·원판 또는 차축의 강도 변경을 수반하는 것 　(나) 조속장치 또는 비상조속장치의 종류 변경을 수반하는 것
	(나) 급수설비	급수펌프의 설치 또는 대체	급수펌프의 설치 또는 대체
	(다) 복수설비	복수기(復水器)의 설치 또는 대체	복수기의 설치 또는 대체
	(라) 보조설비	(1) 공기압축기의 설치 또는 대체 (2) 제31조제2항의 용기 및 관의 설치 또는 대체	(1) 공기압축기의 설치 또는 대체 (2) 제31조제2항의 용기 및 관의 설치 또는 대체
나) 발전기계통설비 　(1) 발전기		(1) 용량 1만 킬로볼트암페어 이상의 발전기 설치 또는 대체 (2) 용량 1만 킬로볼트암페어 이상의 발전기를 개조하는 것으로서 20퍼센트 이상의 전압 또는 용량 변경을 수반하는 것	(1) 용량 1만 킬로볼트암페어 미만의 발전기 설치 또는 대체 (2) 용량 1만 킬로볼트암페어 이상의 발전기를 개조하는 것으로서 20퍼센트 이상의 전압 또는 용량 변경을 수반하는 것
(2) 변압기		전압 20만 볼트 이상의 변압기 설치 또는 대체	전압 10만 볼트 이상 20만 볼트 미만의 변압기 설치 또는 대체(원자력발전소의 경우 1만볼트 이상 20만 볼트 미만의 변압기 설치 또는 대체)
(3) 차단기			전압 20만 볼트 이상의 차단기 설치 또는 대체(원자력발전소의 경우 1만 볼트 이상의 차단기 설치 또는 대체)

2. 변전소 　가. 설치공사	전압 20만 볼트 이상의 변전소 설치	전압 20만 볼트 이상의 변전소 설치
나. 변경공사 　　1) 변압기 　　2) 차단기	전압 20만 볼트 이상의 변전소 설치 또는 대체	전압 20만 볼트 미만의 변전소 설치 또는 대체 전압 20만 볼트 이상의 차단기 설치 또는 대체
3. 송전선로 　가. 설치공사	전압 20만 볼트 이상의 송전선로 설치	(1) 전압 20만 볼트 미만으로서 선로 길이 10킬로미터 이상의 송전선로 설치 (2) 전압 20만 볼트 미만으로서 선로 길이 1킬로미터 이상의 지중(地中) 송전선로 설치
나. 변경공사 　　1) 전선로	전압 20만 볼트 이상으로서 선로 길이 5킬로미터 이상의 송전선로 연장 또는 변경	전압 20만 볼트 미만으로서 선로 길이 10킬로미터 이상의 송전선로 연장 또는 변경
2) 개폐소	전압 20만 볼트 이상의 개폐소 설치 또는 개조	전압 20만 볼트 미만의 개폐소 설치 또는 개조
4. 배전선로(공동구 또는 전력구만 해당한다)		
가. 설치공사(전력케이블 및 부대설비)		전압 1만 볼트 이상으로서 선로 길이 0.5킬로미터 이상의 배전선로 설치
나. 변경공사(전력케이블 및 부대설비)		전압 1만 볼트 이상으로서 선로 길이 0.5킬로미터 이상의 배전선로 연장 또는 변경

2-6 전기공사업법과 시행령 및 시행규칙

제1장 총칙

■ 이 법의 목적(제1조)

이 법은 전기공사업과 전기공사의 시공·기술관리 및 도급에 관한 기본적인 사항을 정함으로써 전기공사업의 건전한 발전을 도모하고 전기공사의 안전하고 적정한 시공을 확보함을 목적으로 한다.

■ 용어의 정의(제2조)

1. "전기공사"란 다음 각 목의 어느 하나에 해당하는 설비 등을 설치·유지·보수하는 공사 및 이에 따른 부대공사로서 대통령령으로 정하는 것을 말한다.
   ① 「전기사업법」 제2조제16호에 따른 전기설비
   ② 전력 사용 장소에서 전력을 이용하기 위한 전기계장설비(電氣計裝設備)
   ③ 전기에 의한 신호표지
   ④ 「신에너지 및 재생에너지 개발·이용·보급 촉진법」 제2조제3호에 따른 신·재생에너지 설비 중 전기를 생산하는 설비
   ⑤ 「지능형전력망의 구축 및 이용촉진에 관한 법률」 제2조제2호에 따른 지능형전력망 중 전기설비

> ☞ 시행령
>
> 상기 1호에서 "대통령령으로 정하는 것"이란 다음 각 호의 공사(저수지, 수로 및 이에 수반되는 구조물의 공사는 제외한다)로 한다.
> ① 발전·송전·변전 및 배전 설비공사
> ② 산업시설물, 건축물 및 구조물의 전기설비공사
> ③ 도로, 공항 및 항만의 전기설비공사
> ④ 전기철도 및 철도신호의 전기설비공사
> ⑤ 제1호부터 제4호까지의 규정에 따른 전기설비공사 외의 전기설비공사
> ⑥ 제1호부터 제5호까지의 규정에 따른 전기설비 등을 유지·보수하는 공사 및 그 부대공사

2. "공사업(工事業)"이란 도급이나 그 밖에 어떠한 명칭이든 상관없이 전기공사를 업(業)으로 하는 것을 말한다.
3. "공사업자(工事業者)"란 제4조제1항에 따라 공사업의 등록을 한 자를 말한다.
4. "발주자(發注者)"란 전기공사를 공사업자에게 도급을 주는 자를 말한다. 다만, 수급인으로서 도급받은 전기공사를 하도급 주는 자는 제외한다.
5. "도급(都給)"이란 원도급(原都給), 하도급, 위탁, 그 밖에 어떠한 명칭이든 상관없이 전기공사를 완성할 것을 약정하고, 상대방이 그 일의 결과에 대하여 대가를 지급할 것을 약정하는 계약을 말한다.
6. "하도급(下都給)"이란 도급받은 전기공사의 전부 또는 일부를 수급인이 다른 공사업자와 체결하는 계약을 말한다.
7. "수급인(受給人)"이란 발주자로부터 전기공사를 도급받은 공사업자를 말한다.
8. "하수급인(下受給人)"이란 수급인으로부터 전기공사를 하도급받은 공사업자를 말한다.
9. "전기공사기술자"란 다음 각 목의 어느 하나에 해당하는 사람으로서 제17조의2에 따라 산업통상자원부장관의 인정을 받은 사람을 말한다.
   ① 「국가기술자격법」에 따른 전기 분야의 기술자격을 취득한 사람
   ② 일정한 학력과 전기 분야에 관한 경력을 가진 사람
10. "전기공사관리"란 전기공사에 관한 기획, 타당성 조사·분석, 설계, 조달, 계약, 시공관리, 감리, 평가, 사후관리 등에 관한 관리를 수행하는 것을 말한다.
11. "시공책임형 전기공사관리"란 전기공사업자가 시공 이전 단계에서 전기공사관리 업무를 수행하고 아울러 시공 단계에서 발주자와 시공 및 전기공사관리에 대한 별도의 계약을 통하여 전기공사의 종합적인 계획·관리 및 조정을 하면서 미리 정한 공사금액과 공사기간 내에서 전기설비를 시공하는 것을 말한다. 다만, 「전력기술관리법」에 따른 설계 및 공사감리는 시공책임형 전기공사관리 계약의 범위에서 제외한다.

■ 전기공사의 제한 등(제3조)

1. 전기공사는 공사업자가 아니면 도급 받거나 시공할 수 없다. 다만, 대통령령으로 정하는 경미한 전기공사는 그러하지 아니하다.

> ☞ 시행령
> "대통령령으로 정하는 경미한 전기공사"
>   ① 꽂음접속기, 소켓, 로제트, 실링블록, 접속기, 전구류, 나이프스위치, 그 밖에 개폐

> 기의 보수 및 교환에 관한 공사
> ② 벨, 인터폰, 장식전구, 그 밖에 이와 비슷한 시설에 사용되는 소형변압기(2차 측 전압 36볼트 이하의 것으로 한정한다)의 설치 및 그 2차 측 공사
> ③ 전력량계 또는 퓨즈를 부착하거나 떼어내는 공사
> ④ 「전기용품안전 관리법」에 따른 전기용품 중 꽂음접속기를 이용하여 사용하거나 전기기계·기구(배선기구는 제외한다. 이하 같다) 단자에 전선(코드, 캡타이어케이블 및 케이블을 포함한다. 이하 같다)을 부착하는 공사
> ⑤ 전압이 600볼트 이하이고, 전기시설 용량이 5킬로와트 이하인 단독주택 전기시설의 개선 및 보수 공사. 다만, 전기공사기술자가 하는 경우로 한정한다.

2. 다음 각 호의 자는 제1항 본문에도 불구하고 그 수요에 의한 전기공사로서 대통령령으로 정하는 전기공사를 직접 할 수 있다.
   ① 국가
   ② 지방자치단체
   ③ 「전기사업법」 제7조제1항에 따라 허가를 받은 자

> ☞ 시행령
> "대통령령으로 정하는 전기공사"란 다음 각 호의 공사를 말한다.
> ① 전기설비가 멸실되거나 파손된 경우 또는 재해나 그 밖의 비상시에 부득이하게 하는 복구공사
> ② 전기설비의 유지에 필요한 긴급보수공사

3. 제2항에 따라 전기공사를 직접 하는 경우에는 제16조, 제17조(통지는 제외한다), 제22조 및 제27조제2호·제3호·제4호(통지는 제외한다)·제5호를 준용한다.

제2장 공사업의 등록 등

■ 공사업의 등록(제4조)

1. 공사업을 하려는 자는 산업통상자원부령으로 정하는 바에 따라 주된 영업소의 소재지를 관할하는 특별시장·광역시장·도지사 또는 특별자치도지사(이하 "시·도지사"라 한다)에게 등록하여야 한다.

> ☞ **시행령**
>
> 공사업의 등록 신청이 다음 각 호의 어느 하나에 해당하는 경우를 제외하고는 등록을 해 주어야 한다.
> ① 등록기준을 갖추지 아니한 경우
> ② 등록을 신청한 자가 법 제5조 각 호의 어느 하나에 해당하는 경우
> ③ 그 밖에 법, 이 영 또는 다른 법령에 따른 제한에 위반되는 경우

2. 제1항에 따른 공사업의 등록을 하려는 자는 대통령령으로 정하는 기술능력 및 자본금 등을 갖추어야 한다.

> ☞ **시행령**
>
> 공사업의 등록을 하려는 자가 갖추어야 할 기술능력, 자본금 및 사무실 등에 관한 기준은 다음 각 호와 같다.
> ① 별표 3에 따른 기술능력, 자본금 및 사무실을 갖출 것
> ② 산업통상자원부장관이 지정하는 금융기관 또는 「전기공사공제조합법」에 따른 전기공사공제조합이 제1호에 따른 자본금 기준금액의 100분의 25 이상에 해당하는 금액의 담보를 제공받거나 현금의 예치 또는 출자를 받은 사실을 증명하여 발행하는 확인서를 제출할 것

3. 제1항에 따라 공사업을 등록한 자 중 등록한 날부터 5년이 지나지 아니한 자는 제2항에 따른 기술능력 및 자본금 등(이하 "등록기준"이라 한다)에 관한 사항을 대통령령으로 정하는 기간이 지날 때마다 산업통상자원부령으로 정하는 바에 따라 시·도지사에게 신고하여야 한다.

> ☞ **시행령**
>
> "대통령령으로 정하는 기간"이란 등록한 날부터 3년을 말한다.

4. 시·도지사는 제1항에 따라 공사업의 등록을 받으면 등록증 및 등록수첩을 내주어야 한다.

■ **등록사항의 변경신고 등(제9조)**

1. 공사업자는 등록사항 중 대통령령으로 정하는 중요 사항이 변경된 경우에는 시·도지사에게 그 사실을 신고하여야 한다.

> ☞ **시행령**
>
> "대통령령으로 정하는 중요 사항"이란 다음 각 호의 사항을 말한다.
> ① 상호 또는 명칭
> ② 영업소의 소재지
> ③ 대표자
> ④ 자본금(공사업과 관련이 없는 자본금의 변경은 제외한다)
> ⑤ 전기공사기술자

2. 공사업자는 공사업을 폐업한 경우에는 시·도지사에게 그 사실을 신고하여야 한다.

■ 공사업 등록증 등의 대여금지 등(제10조)

공사업자는 타인에게 자기의 성명 또는 상호를 사용하게 하여 전기공사를 수급 또는 시공하게 하거나, 등록증 또는 등록수첩을 빌려 주어서는 아니 된다.

제3장 도급 및 하도급

■ 전기공사 및 시공책임형 전기공사관리의 분리발주(제11조)

1. 전기공사는 다른 업종의 공사와 분리발주하여야 한다. 다만, 대통령령으로 정하는 특별한 사유가 있는 경우에는 그러하지 아니하다.

> ☞ **시행령**
>
> "대통령령으로 정하는 특별한 사유가 있는 경우"란 다음 각 호의 어느 하나에 해당하는 경우를 말한다.
> ① 공사의 성질상 분리하여 발주할 수 없는 경우
> ② 긴급한 조치가 필요한 공사로서 기술관리상 분리하여 발주할 수 없는 경우
> ③ 국방 및 국가안보 등과 관련한 공사로서 기밀 유지를 위하여 분리하여 발주할 수 없는 경우

2. 시공책임형 전기공사관리는 「건설산업기본법」에 따른 시공책임형 건설사업관리 등 다른 업종의 공사관리와 분리발주하여야 한다. 다만, 대통령령으로 정하는 특별한 사유가 있는 경우에는 그러하지 아니하다.

■ 전기공사의 도급계약 등(제12조)

1. 도급 또는 하도급의 계약당사자는 그 계약을 체결할 때 도급 또는 하도급의 금액, 공사기간, 그 밖에 대통령령으로 정하는 사항을 계약서에 분명히 기재하여야 하며, 서명날인한 계약서를 서로 주고받아 보관하여야 한다.

> ☞ **시행령**
>
> 공사의 도급 또는 하도급 계약서에 분명하게 적어야 하는 사항은 다음 각 호와 같다.
> ① 공사 내용
> ② 도급금액과 도급금액 중 노임(勞賃)에 해당하는 금액
> ③ 공사의 착수 및 완성 시기
> ④ 도급금액의 우선(優先)지급금이나 기성금 지급을 약정한 경우에는 각각 그 지급의 시기·방법 및 금액
> ⑤ 도급계약 당사자 어느 한쪽에서 설계변경, 공사중지 또는 도급계약 해제 요청을 하는 경우 손해부담에 관한 사항
> ⑥ 천재지변이나 그 밖의 불가항력으로 인한 면책의 범위에 관한 사항
> ⑦ 설계변경, 물가변동 등에 따른 도급금액 또는 공사 내용의 변경에 관한 사항
> ⑧ 「하도급거래 공정화에 관한 법률」 제13조의2에 따른 하도급대금 지급보증서 발급에 관한 사항(하도급계약의 경우만 해당한다)
> ⑨ 「하도급거래 공정화에 관한 법률」 제14조에 따른 하도급대금의 직접 지급 사유와 그 절차
> ⑩ 「산업안전보건법」 제30조에 따른 산업안전보건관리비 지급에 관한 사항
> ⑪ 「고용보험 및 산업재해보상보험의 보험료징수 등에 관한 법률」, 「국민연금법」 및 「국민건강보험법」에 따른 보험료 등 해당 공사와 관련하여 관계 법령 및 산업통상자원부장관이 정하여 고시하는 기준에 따라 부담하는 비용에 관한 사항
> ⑫ 도급목적물의 인도를 위한 검사 및 인도 시기
> ⑬ 공사가 완성된 후 도급금액의 지급시기
> ⑭ 계약 이행이 지체되는 경우의 위약금 및 지연이자 지급 등 손해배상에 관한 사항
> ⑮ 하자보수책임기간 및 하자담보방법
> ⑯ 해당 공사에서 발생된 폐기물의 처리방법과 재활용에 관한 사항
> ⑰ 그 밖에 다른 법령 또는 계약당사자 양쪽의 합의에 따라 명시되는 사항

2. 공사업자는 산업통상자원부령으로 정하는 바에 따라 도급·하도급 및 시공에 관한 사항을 적은 전기공사 도급대장을 비치(備置)하여야 한다.

■ 수급자격의 추가제한 금지(제13조)

국가·지방자치단체 또는 「공공기관의 운영에 관한 법률」 제4조에 따라 공공기관으로 지정된 기관(이하 "공공기관"이라 한다)인 발주자는 이 법 및 다른 법률에 특별한 규정이 있는 경우를 제외하고는 공사업자에 대하여 수급자격에 관한 제한을 하여서는 아니 된다.

■ 하도급의 제한 등(제14조)

1. 공사업자는 도급받은 전기공사를 다른 공사업자에게 하도급 주어서는 아니 된다. 다만, 대통령령으로 정하는 경우에는 도급받은 전기공사의 일부를 다른 공사업자에게 하도급 줄 수 있다.

> ☞ 시행령
>
> 도급받은 전기공사의 일부를 다른 공사업자에게 하도급 줄 수 있는 경우는 다음 각 호 모두에 해당하는 경우로 한다.
> ① 도급받은 전기공사 중 공정별로 분리하여 시공하여도 전체 전기공사의 완성에 지장을 주지 아니하는 부분을 하도급하는 경우
> ② 수급인(受給人)이 법 제17조에 따른 시공관리책임자를 지정하여 하수급인을 지도·조정하는 경우

2. 하수급인은 하도급받은 전기공사를 다른 공사업자에게 다시 하도급 주어서는 아니 된다. 다만, 하도급받은 전기공사 중에 전기기자재의 설치 부분이 포함되는 경우로서 그 전기기자재를 납품하는 공사업자가 그 전기기자재를 설치하기 위하여 전기공사를 하는 경우에는 하도급 줄 수 있다.
3. 공사업자는 제1항 단서에 따라 전기공사를 하도급 주려면 미리 해당 전기공사의 발주자에게 이를 서면으로 알려야 한다.
4. 하수급인은 제2항 단서에 따라 전기공사를 다시 하도급 주려면 미리 해당 전기공사의 발주자 및 수급인에게 이를 서면으로 알려야 한다.

■ 하수급인의 변경 요구 등(제15조)

1. 제14조제3항 또는 제4항에 따른 통지를 받은 발주자 또는 수급인은 하수급인 또는 다시 하도급받은 공사업자가 해당 전기공사를 하는 것이 부적당하다고 인정되는 경우에는 대통령령으로 정하는 바에 따라 수급인 또는 하수급인에게 그 사유를 명시하여 하수급인 또는 다시 하도급받은 공사업자를 변경할 것을 요구할 수 있다.

> ☞ **시행령**
>
> 발주자 또는 수급인이 하도급받거나 다시 하도급받은 공사업자의 변경을 요구할 때에는 그 사유가 있음을 안 날부터 15일 이내 또는 그 사유가 발생한 날부터 30일 이내에 서면으로 요구하여야 한다.

2. 발주자 또는 수급인은 수급인 또는 하수급인이 정당한 사유 없이 제1항에 따른 요구에 따르지 아니하여 전기공사 결과에 중대한 영향을 초래할 우려가 있다고 인정되는 경우에는 그 전기공사의 도급계약 또는 하도급계약을 해지할 수 있다.

■ 전기공사 수급인의 하자담보책임(제15조의2)

1. 수급인은 발주자에 대하여 전기공사의 완공일부터 10년의 범위에서 전기공사의 종류별로 대통령령으로 정하는 기간에 해당 전기공사에서 발생하는 하자에 대하여 담보책임이 있다.
2. 제1항에도 불구하고 수급인은 다음 각 호의 어느 하나의 사유로 발생하는 하자에 대하여는 담보책임이 없다.
    ① 발주자가 제공한 재료의 품질이나 규격 등의 기준미달로 인한 경우
    ② 발주자의 지시에 따라 시공한 경우
3. 공사에 관한 하자담보책임에 관하여 다른 법률에 특별한 규정(「민법」 제670조 및 제671조는 제외한다)이 있는 경우에는 그 법률에서 정하는 바에 따른다.

제4장 시공 및 기술관리

■ 전기공사의 시공관리(제16조)

1. 공사업자는 전기공사기술자가 아닌 자에게 전기공사의 시공관리를 맡겨서는 아니된다.
2. 공사업자는 전기공사의 규모별로 대통령령으로 정하는 구분에 따라 전기공사기술자로 하여금 전기공사의 시공관리를 하게 하여야 한다.

■ 시공관리책임자의 지정(제17조)

공사업자는 전기공사를 효율적으로 시공하고 관리하게 하기 위하여 제16조제2항에 따른 전기공사기술자 중에서 시공관리책임자를 지정하고 이를 그 전기공사의 발주자(공사업자가 하수급인인 경우에는 발주자 및 수급인, 공사업자가 다시 하도급받은 자인 경우에는 발주자·수급인 및 하수급인을 말한다)에게 알려야 한다.

■ 전기공사기술자의 인정(제17조의2)

1. 전기공사기술자로 인정을 받으려는 사람은 산업통상자원부장관에게 신청하여야 한다.
2. 산업통상자원부장관은 제1항에 따른 신청인이 제2조제9호 각 목의 어느 하나에 해당하면 전기공사기술자로 인정하여야 한다.
3. 산업통상자원부장관은 제1항에 따른 신청인을 전기공사기술자로 인정하면 전기공사기술자의 등급 및 경력 등에 관한 증명서(이하 "경력수첩"이라 한다)를 해당 전기공사기술자에게 발급하여야 한다.
4. 제1항에 따른 신청절차와 제2항에 따른 기술자격·학력·경력의 기준 및 범위 등은 대통령령으로 정한다.

■ 전기공사기술자의 의무(제18조)

전기공사기술자는 전기공사에 따른 위험 및 장해가 발생하지 아니하도록 이 법,「전기사업법」제67조에 따른 기술기준(이하 "기술기준"이라 한다) 및 설계도서(設計圖書)에 적합하게 전기공사를 시공관리하여야 한다.

■ 경력수첩의 대여 금지 등(제18조의2)

전기공사기술자는 타인에게 자기의 성명을 사용하여 공사를 수행하게 하거나 경력수첩을 빌려 주어서는 아니 되며, 누구든지 타인의 경력수첩을 빌려서 사용하여서는 아니 된다.

■ 전기공사기술자의 양성교육훈련(제19조)

1. 산업통상자원부장관은 전기공사기술자의 원활한 수급과 안전한 시공을 위하여 산업통상자원부장관이 지정하는 교육훈련기관(이하 "지정교육훈련기관"이라 한다)이 전기공사기술자의 양성교육훈련을 실시하게 할 수 있다.

> ☞ **시행령**
> 1. 지정교육훈련기관의 지정요건은 다음 각 호와 같다.
>   ① 최근 3년간 전기공사 기술인력에 대한 교육실적이 있을 것
>   ② 연면적 200제곱미터 이상의 교육훈련시설이 있을 것
> 2. 산업통상자원부장관은 지정교육훈련기관이 다음 각 호의 사람에 대하여 양성교육훈련을 실시하게 하여야 한다.
>   ① 전기공사기술자로 인정을 받으려는 사람. 다만, 별표 4의2에 따른 국가기술자격자의 경우는 제외한다.
>   ② 등급의 변경을 인정받으려는 전기공사기술자

2. 제1항에 따른 교육훈련기관의 지정요건 및 감독과 전기공사기술자 양성교육훈련의 종류·대상 및 내용은 대통령령으로 정한다.

제7장 보칙

■ **벌칙(제40조)**

1. 공사업자 또는 제17조에 따라 시공관리책임자로 지정된 사람으로서 제18조 또는 제22조를 위반하여 전기공사를 시공함으로써 착공 후 하자담보책임기간에 대통령령으로 정하는 주요 전력시설물의 주요 부분에 중대한 파손을 일으키게 하여 사람들을 위험하게 한 자는 7년 이하의 징역 또는 7천만 원 이하의 벌금에 처한다.

> ☞ **시행령**
> "대통령령으로 정하는 주요 전력시설물의 주요 부분"이란 다음 각 호의 부분을 말한다.
> ① 345킬로볼트 이상의 공중 송전설비 중 철탑 기초부분, 철탑 조립부분 및 공중전선 연결부분
> ② 345킬로볼트 이상의 변전소 개폐기 및 차단기의 연결부분

2. 제1항의 죄를 범하여 사람을 상해(傷害)에 이르게 한 경우에는 1년 이상의 유기징역 또는 1천만 원 이상 2억 원 이하의 벌금에 처하며, 사망에 이르게 한 경우에는 3년 이상의 유기징역 또는 3천만 원 이상 5억 원 이하의 벌금에 처한다.

> **시행령**
>
> 산업통상자원부장관은 다음 각 호의 사항에 대하여 다음 각 호의 기준일을 기준으로 3년마다(매 3년이 되는 해의 기준일과 같은 날 전까지를 말한다) 그 타당성을 검토하여 개선 등의 조치를 하여야 한다.
> ① 제6조 및 별표 3에 따른 공사업의 등록기준 및 신고 기간: 2014년 1월 1일
> ② 제8조에 따른 분리발주의 예외 사유: 2014년 1월 1일

시행규칙

■ 등록신청 등(제3조)

1. 「전기공사업법」(이하 "법"이라 한다) 제4조제1항에 따라 전기공사업을 등록하려는 자는 별지 제8호서식의 전기공사업 등록신청서(전자문서로 된 신청서를 포함한다)에 다음 각 호의 서류(전자문서를 포함한다)를 첨부하여 「전기공사업법 시행령」(이하 "영"이라 한다) 제15조제2항에 따라 산업통상자원부장관이 지정하여 고시하는 공사업자단체(이하 "지정공사업자단체"라 한다)에 제출하여야 한다.
   ① 신청인(외국인을 포함하되, 법인의 경우에는 대표자를 포함한 임원을 말한다)의 성명, 주민등록번호 및 주소지 등의 인적사항이 적힌 서류
   ② 기업진단보고서
   ③ 영 제6조제1항제2호에 따른 확인서
   ④ 법 제2조제9호에 따른 전기공사기술자(이하 "전기공사기술자"라 한다)의 명단과 해당 전기공사기술자의 경력수첩 사본
   ⑤ 사무실 사용 관련 서류: 임대차계약서 사본(임대차인 경우만 해당한다)
   ⑥ 외국인이 전기공사업의 등록을 신청하는 경우에는 해당 국가에서 신청인(법인의 경우에는 대표자를 말한다)이 법 제5조 각 호의 결격사유와 같거나 비슷한 사유에 해당되지 아니함을 확인한 확인서

2. 제1항에 따라 등록신청을 받은 지정공사업자단체는 「전자정부법」 제36조제1항에 따른 행정정보의 공동이용을 통하여 다음 각 호의 서류를 확인하여야 한다. 다만, 제1호의 서류는 신청인이 확인에 동의하지 아니하는 경우에는 이를 제출하도록 하여야 한다.
   ① 「출입국관리법」 제33조에 따른 외국인등록증(외국인인 경우만 해당하되, 법인의 경우에는 대표자를 포함한 임원을 말한다. 이하 "외국인등록증"이라 한다)

② 법인 등기사항증명서(법인인 경우만 해당한다)
③ 사무실 사용 관련 서류
  ㈎ 자기 소유인 경우: 건물등기부 등본 또는 건축물대장
  ㈏ 전세권이 설정된 경우: 전세권이 설정되어 있는 사실이 표기(表記)된 건물등기부 등본
  ㈐ 임대차인 경우: 건물등기부 등본 또는 건축물대장
3. 제1항 각 호의 서류는 등록신청서 제출일 전 30일 이내에 작성되거나 발행된 것이어야 한다.
4. 제1항제2호에 따른 기업진단보고서(이하 "기업진단보고서"라 한다)는 산업통상자원부장관이 고시하는 바에 따라 작성된 것이어야 한다.

시행령 [별표 3] 공사업의 등록기준(제6조제1항 관련)

항목	공사업의 등록기준
기술능력	별표 4의2에 따른 전기공사기술자 3명 이상(2000년 12월 31일까지는 3명 중 1명 이상은 전기공사산업기사 이상의 국가기술자격자, 1명 이상은 전기공사기능사 이상의 국가기술자격자가 포함되어야 하고, 2001년 1월 1일 이후에는 3명 중 1명 이상은 전기공사산업기사 이상의 국가기술자격자가 포함돼야 한다)
자본금	2억 원 이상
사무실	공사업 운영을 위한 공부상 면적이 25제곱미터 이상인 사무실 확보

비고 1. 기술능력
  위 표 중 전기공사기술자는 별표 4의2에 따른 전기공사기술자를 말하며, 상근의 임원 또는 직원 신분으로 소속돼 있어야 한다. 다만, 외국인인 경우에는 「출입국관리법 시행령」 별표 1 제16호부터 제18호까지의 규정에 따른 주재, 기업투자 또는 무역경영의 체류자격에 적합해야 한다.

2. 자본금
  ① 자본금은 공사업을 위한 실질자본금으로서 공사업 외의 자본금은 제외하고, 주식회사 외의 법인의 경우 "자본금"은 "출자금"으로 한다.
  ② 법인의 경우 납입자본금과 실질자본금이 각각 등록기준의 자본금 이상이어야 한다. 다만, 외국법인(외국의 법령에 따라 설립된 법인 또는 외국법인이 자본금의 100분의 50 이상을 출자했거나, 임원수의 2분의 1 이상이 외국인인 법인을 말한다)이 지사를 설치하여 공사업을 신청하는 경우의 자본금은 국내지사 설립자본금(주된 영업소의 자본금을 말한다)을 기준으로 한다.

시행령 [별표 4] 전기공사기술자의 시공관리 구분(제12조 관련)

전기공사기술자의 구분	전기공사의 규모별 시공관리 구분
1. 별표 4의2에 따른 특급 전기공사기술자 또는 고급 전기공사기술자	별표 1에 따른 모든 전기공사
2. 별표 4의2에 따른 중급 전기공사기술자	별표 1에 따른 전기공사 중 사용전압이 100,000볼트 이하인 전기공사
3. 별표 4의2에 따른 초급 전기공사기술자	별표 1에 따른 전기공사 중 사용전압이 1,000볼트 이하인 전기공사

시행령 [별표 4의3] 양성교육훈련의 교육실시기준(제12조의4제2항 관련)

대상자	교육 시간	교육 내용
별표 4의2에 따른 전기공사기술자로 인정을 받으려는 사람 및 등급의 변경을 인정받으려는 전기공사기술자	20시간	기술능력의 향상

시행규칙 [별표 3] 표준전압·표준주파수 및 허용오차(제18조 관련)

1. 표준전압 및 허용오차

표준전압	허용오차
110볼트	110볼트의 상하로 6볼트 이내
220볼트	220볼트의 상하로 13볼트 이내
380볼트	380볼트의 상하로 38볼트 이내

2. 표준주파수 및 허용오차

표준주파수	허용오차
60헤르츠	60헤르츠 상하로 0.2헤르츠 이내

비고 제1호 및 제2호 외의 구체적인 품질유지 항목 및 그 세부기준은 산업통상자원부장관이 정하여 고시한다.

예상문제

신재생에너지 발전설비기사 · 산업기사

제2장 | 법규검토

1 신에너지 및 재생에너지 개발·이용·보급 촉진법에서 정하는 신에너지 3가지를 쓰시오.

정답
① 수소에너지
② 연료전지
③ 석탄 액화·가스화 및 중질잔사유 에너지[석탄을 액화·가스화한 에너지 및 중질잔사유(重質殘渣油)를 가스화한 에너지로서 대통령령으로 정하는 기준 및 범위에 해당하는 에너지]

2 신에너지 및 재생에너지 개발·이용·보급 촉진법에서 정하는 재생에너지 8가지를 쓰시오.

정답 태양광, 태양열, 풍력에너지, 수력에너지, 지열에너지, 해양에너지, 바이오에너지, 폐기물에너지

3 다음 (   )에 적당한 수치를 기입하시오.

대통령령으로 정하는 연면적 (   )제곱미터 이상의 국가 및 지방자치단체, 공공기관 등은 신축·증축 또는 개축 시 일정 비율 이상의 신재생에너지를 의무적으로 설치해야 한다.

정답 1,000

4 다음은 신에너지 및 재생에너지 개발·이용·보급 촉진법에서 기본계획의 수립에 관련된 내용이다. (   ) 안에 적당한 숫자를 채우시오.

① 산업통상자원부장관은 관계 중앙행정기관의 장과 협의를 한 후 신·재생에너지정책심의회의 심의를 거쳐 신·재생에너지의 기술개발 및 이용·보급을 촉진하기 위한 기본계획을 (㉠)년마다 수립하여야 한다.
② 기본계획의 계획기간은 (㉡)년 이상으로 한다.

정답 ㉠ 5, ㉡ 10

5 신·재생에너지 공급인증서의 발급 신청과 관련하여 다음 문구에서 (   ) 안을 채우시오.

① 법에 따라 공급인증서를 발급받으려는 자는 공급인증서 발급 및 거래시장 운영에 관한 규칙에서 정하는 바에 따라 신·재생에너지를 공급한 날부터 (㉠)일 이내에 발급 신청을 하여야 한다.
② 상기 제1항에 따라 발급 신청을 받은 공급인증기관은 발급 신청을 한 날부터 (㉡)일 이내에 공급인증서를 발급하여야 한다.

정답 ㉠ 90, ㉡ 30

6 신재생 공급인증기관이 공급인증서를 발급할 때와 관련하여 다음 사항에 답하시오.

① 공급인증서에 꼭 포함시켜야 할 내용을 3가지 쓰시오.
② 이때 공급량을 계산하는 방법은?

정답 ① 공급인증서에 꼭 포함시켜야 할 내용
　　(가) 신·재생에너지 공급자
　　(나) 신·재생에너지의 종류별 공급량(가중치 감안) 및 공급기간
　　(다) 유효기간
② 공급량=실제 공급량×가중치

7 다음 표는 신재생에너지 공급의무자가 의무적으로 신·재생에너지를 이용하여 공급하여야 하는 총전력생산량 대비 발전량의 비율이다. (   ) 안을 채우시오.

해당 연도	비율(%)
2012	2.0
2013	2.5
2014	3.0
2015	3.0
2016	3.5
2017	(㉠)
2018	4.5
2019	5.0
2020	6.0
2021	7.0
2022	(㉡)
2023	9.0
2024 이후	(㉢)

정답 ㉠ 4.0, ㉡ 8.0, ㉢ 10.0

8 "제2차 국가 에너지 기본계획에서 신재생에너지 보급비율 목표는 (㉠)년까지 (㉡)%로 달성하는 것으로 되어 있다."에서 ( ) 안에 들어갈 숫자는?

정답 ㉠ 2035, ㉡ 11

9 산업통상자원부장관이 신·재생에너지의 이용·보급을 촉진하고 신·재생에너지산업의 활성화를 위하여 필요하다고 인정하면 발전량의 일정량 이상을 의무적으로 신·재생에너지를 이용하여 공급하게 할 수 있는 공급의무자를 3개 쓰시오.

정답 ① 50만 킬로와트 이상의 발전설비를 보유하는 자
② 한국수자원공사
③ 한국지역난방공사

10 다음은 신·재생에너지 공급인증기관이 수행하는 업무에 대한 설명이다. ( ) 안을 채우시오.

1. (㉠)의 발급, 등록, 관리 및 폐기
2. 국가가 소유하는 공급인증서의 거래 및 관리에 관한 사무의 대행
3. (㉡)의 개설
4. 공급의무자가 의무를 이행하는 데 지급한 비용의 정산에 관한 업무
5. 공급인증서 관련 정보의 제공
6. 그 밖에 공급인증서의 발급 및 거래에 딸린 업무

정답 ㉠ 공급인증서, ㉡ 거래시장

11 신·재생에너지의 공급의무 비율과 관련하여 다음 표의 빈 칸에 들어가야 할 숫자를 쓰시오.

해당 연도	2011~2012	2013	2014	2015	2016	2017	2018	2019	2020 이후
공급 의무비율 (%)	10	11	12	15	18	21	(㉠)	(㉡)	(㉢)

정답 ㉠ 24, ㉡ 27, ㉢ 30

12 다음은 저탄소 녹색성장 관련 추진되어야 할 기본 원칙에 대한 설명이다. ( ) 안에 알맞은 말을 넣으시오.

- 정부는 시장기능을 최대한 활성화하여 (㉠)이 주도하는 저탄소 녹색성장을 추진한다.
- 정부는 녹색기술과 (㉡)을 경제성장의 핵심 동력으로 삼고 새로운 일자리를 창출·확대할 수 있는 새로운 경제체제를 구축한다.
- 정부는 사회·경제 활동에서 에너지와 자원 이용의 효율성을 높이고 (㉢)을 촉진한다.

정답 ㉠ 민간, ㉡ 녹색산업, ㉢ 자원순환

13 저탄소녹색성장기본법에서 정하는 6대 온실가스를 쓰시오.

정답 이산화탄소(CO_2), 메탄(CH_4), 아산화질소(N_2O), 수소불화탄소(HFCs), 과불화탄소(PFCs), 육불화황(SF_6)

14 저탄소녹색성장기본법에서 규정하는 녹색성장위원회에 대한 다음의 설명 중 ( ) 안을 채우시오.

① 국가의 저탄소 녹색성장과 관련된 주요 정책 및 계획과 그 이행에 관한 사항을 심의하기 위하여 국무총리 소속으로 녹색성장위원회를 둔다.
② 위원회는 위원장 (㉠)명을 포함한 (㉡)명 이내의 위원으로 구성한다.
③ 위원회의 위원장은 국무총리와 대통령이 지명하는 사람이 된다.
④ 위원회의 사무를 처리하게 하기 위하여 위원회에 간사위원 (㉢)명을 둔다.
⑤ 위원의 임기는 (㉣)년으로 하되, 연임할 수 있다.

정답 ㉠ 2, ㉡ 50, ㉢ 1, ㉣ 1

15 에너지이용합리화법에서 해당 에너지의 생산·전환·수송·저장 및 이용상의 효율향상, 수요의 절감 및 온실가스배출의 감축 등을 도모하기 위한 연차별 수요관리투자계획을 수립·시행하여야 하는 에너지 공급자 3개를 쓰시오.

정답 한국전력공사, 한국가스공사, 한국지역난방공사

16 에너지다소비사업자의 신고 등 관련하여 (   ) 안을 채우시오.

1. 에너지다소비사업자는 다음 각 호의 사항을 산업통상자원부령으로 정하는 바에 따라 매년 1월 31일까지 그 에너지사용시설이 있는 지역을 관할하는 시·도지사에게 신고하여야 한다.
   ① 전년도의 분기별 에너지사용량 및 (㉠)
   ② 해당 연도의 분기별 에너지사용예정량 및 제품생산예정량
   ③ (㉡)의 현황
   ④ 전년도의 분기별 에너지이용 합리화 실적 및 해당 연도의 분기별 계획
   ⑤ 에너지관리자의 현황
2. 시·도지사는 상기 제1항에 따른 신고를 받으면 이를 매년 (㉢)월 말일까지 산업통상자원부장관에게 보고하여야 한다.

정답 ㉠ 제품생산량, ㉡ 에너지사용기자재, ㉢ 2

17 에너지다소비사업자에 대한 에너지진단과 관련하여 (   ) 안을 채우시오.

① 에너지다소비사업자는 산업통상자원부장관이 지정하는 에너지진단전문기관으로부터 (㉠)년 이상의 범위에서 대통령령으로 정하는 기간마다 그 사업장의 에너지의 효율적 사용 여부에 대한 에너지진단을 받아야 한다.
② 산업통상자원부장관은 자체에너지절감실적이 우수하다고 인정되는 에너지다소비사업자에 대하여는 산업통상자원부령으로 정하는 바에 따라 에너지진단을 면제하거나 (㉡)를 연장할 수 있다.

정답 ㉠ 3, ㉡ 에너지진단주기

18 에너지법에서 지역에너지계획에는 해당 지역에 대한 다음 각 호의 사항이 포함되어야 한다. (   )를 채우시오.

1. 에너지 수급의 추이와 전망에 관한 사항
2. 에너지의 안정적 공급을 위한 대책에 관한 사항
3. (㉠) 등 환경친화적 에너지 사용을 위한 대책에 관한 사항
4. 에너지 사용의 합리화와 이를 통한 (㉡)의 배출감소를 위한 대책에 관한 사항
5. 집단에너지공급대상지역으로 지정된 지역의 경우 그 지역의 집단에너지 공급을 위한 대책에 관한 사항
6. (㉢)의 개발·사용을 위한 대책에 관한 사항
7. 그 밖에 에너지시책 및 관련 사업을 위하여 시·도지사가 필요하다고 인정하는 사항

정답 ㉠ 신·재생에너지, ㉡ 온실가스, ㉢ 미활용 에너지원

19 다음은 에너지법에서 비상시 에너지수급계획의 수립 시 그 계획에 포함되어야 할 사항이다. ( ) 안을 채우시오.

1. 국내외 에너지 수급의 추이와 전망에 관한 사항
2. 비상시 에너지 소비 절감을 위한 대책에 관한 사항
3. 비상시 비축에너지의 활용 대책에 관한 사항
4. 비상시 에너지의 할당·배급 등 (㉠) 조정 대책에 관한 사항
5. 비상시 에너지 수급 안정을 위한 (㉡) 대책에 관한 사항
6. 비상계획의 효율적 시행을 위한 행정계획에 관한 사항

정답 ㉠ 수급, ㉡ 국제협력

20 에너지위원회가 심의하는 다음 사항 중 ( ) 안을 채우시오.

1. 에너지기본계획 수립·변경의 사전심의에 관한 사항
2. 비상계획에 관한 사항
3. 국내외 (㉠)에 관한 사항
4. 에너지와 관련된 교통 또는 물류에 관련된 계획에 관한 사항
5. 주요 에너지정책 및 에너지사업의 조정에 관한 사항
6. 에너지와 관련된 (㉡)의 예방 및 해소 방안에 관한 사항
7. 에너지 관련 예산의 효율적 사용 등에 관한 사항
8. (㉢) 발전정책에 관한 사항
9. 「기후변화에 관한 국제연합 기본협약」에 대한 대책 중 에너지에 관한 사항

정답 ㉠ 에너지 개발, ㉡ 사회적 갈등, ㉢ 원자력

21 다음은 전기사업법상 전기사업의 허가기준이다. ( ) 안을 채우시오.

1. 전기사업을 적정하게 수행하는 데 필요한 재무능력 및 (㉠)이 있을 것
2. 전기사업이 계획대로 수행될 수 있을 것
3. 배전사업 및 구역전기사업의 경우 둘 이상의 배전사업자의 사업구역 또는 구역전기사업자의 특정한 공급구역 중 그 전부 또는 일부가 중복되지 아니할 것
4. 구역전기사업의 경우 특정한 공급구역의 전력수요의 (㉡)퍼센트 이상으로서 대통령령으로 정하는 공급능력을 갖추고, 그 사업으로 인하여 인근 지역의 전기사용자에 대한 다른 전기사업자의 전기공급에 차질이 없을 것

정답 ㉠ 기술능력, ㉡ 50

22 다음은 전기사업법상 전기요금과 그 밖의 공급조건에 관한 약관에 대한 인가 또는 변경인가와 관련된 내용이다. ( ) 안을 채우시오.

1. 전기요금이 적정 원가에 적정 (㉠)을 더한 것일 것
2. 전기요금을 공급 종류별 또는 (㉡)별로 구분하여 규정하고 있을 것
3. 전기판매사업자와 전기사용자 간의 권리의무 관계와 책임에 관한 사항이 명확하게 규정되어 있을 것
4. 전력량계 등의 전기설비의 설치주체와 비용부담자가 명확하게 규정되어 있을 것

정답 ㉠ 이윤, ㉡ 전압

23 전기판매사업자는 다음 각 호의 어느 하나에 해당하는 자가 생산한 전력을 전력시장운영규칙으로 정하는 바에 따라 우선적으로 구매할 수 있다. ( ) 안을 채우시오.

1. 설비용량이 (㉠)킬로와트 이하인 발전사업자
2. 자가용전기설비를 설치한 자
3. (㉡)를 이용하여 전기를 생산하는 발전사업자
4. 집단에너지사업자
5. (㉢)를 운영하는 발전사업자

정답 ㉠ 20,000, ㉡ 신재생에너지, ㉢ 수력발전소

24 전력의 직접 구매와 관련하여 ( ) 안을 채우시오.

전력시장에서 전력을 직접 구매할 수 있는 전기사용자는 ( )킬로볼트암페어 이상의 전기사용자이다.

정답 30,000

25. 전기사업법상 한국전력거래소 회원의 자격을 5가지 쓰시오.

정답 다음 중 5가지를 골라서 작성한다.
① 전력시장에서 전력거래를 하는 발전사업자
② 전기판매사업자
③ 전력시장에서 전력을 직접 구매하는 전기사용자
④ 전력시장에서 전력거래를 하는 자가용전기설비를 설치한 자
⑤ 전력시장에서 전력거래를 하는 구역전기사업자
⑥ 전력시장에서 전력거래를 하지 아니하는 자 중 한국전력거래소의 정관으로 정하는 요건을 갖춘 자

26. 다음은 전기공사업법상 공사업자가 아니어도 도급받거나 직접 시공할 수 있는 경미한 전기공사이다. ( ) 안을 채우시오.

1. 꽂음접속기, 소켓, 로제트, 실링블록, 접속기, 전구류, 나이프스위치, 그 밖에 개폐기의 보수 및 교환에 관한 공사
2. 벨, 인터폰, 장식전구, 그 밖에 이와 비슷한 시설에 사용되는 소형변압기의 설치 및 그 2차측 공사. 단, 소형변압기의 경우 2차측 전압은 (㉠)볼트 이하의 것으로 한정한다.
3. 전력량계 또는 퓨즈를 부착하거나 떼어내는 공사
4. 전기용품 중 꽂음접속기를 이용하여 사용하거나 전기기계·기구(배선기구는 제외) 단자에 전선(코드, 캡타이어케이블 및 케이블을 포함)을 부착하는 공사
5. 전압이 (㉡)볼트 이하이고, 전기시설 용량이 (㉢)킬로와트 이하인 단독주택 전기시설의 개선 및 보수 공사. 다만, 전기공사기술자가 하는 경우로 한정한다.

정답 ㉠ 36, ㉡ 600, ㉢ 5

27. 전기공사의 하도급 기준과 관련 하여 ( ) 안을 채우시오.

발주자 또는 수급인이 하도급받거나 다시 하도급받은 공사업자의 변경을 요구할 때에는 그 사유가 있음을 안 날부터 (㉠)일 이내 또는 그 사유가 발생한 날부터 (㉡)일 이내에 (㉢)으로 요구하여야 한다.

정답 ㉠ 15, ㉡ 30, ㉢ 서면

28 도급받은 전기공사의 일부를 다른 공사업자에게 하도급 줄 수 있는 경우는 다음 각 호 모두에 해당하는 경우로 한다. ( ) 안을 채우시오.

1. 도급받은 전기공사 중 (㉠)별로 분리하여 시공하여도 전체 전기공사의 완성에 지장을 주지 아니하는 부분을 하도급하는 경우
2. 수급인이 (㉡)를 지정하여 하수급인을 지도·조정하는 경우

정답 ㉠ 공정, ㉡ 시공관리책임자

---

29 다음은 전기공사업법상 표준전압의 허용오차 관련 표이다. ( ) 안을 채우시오.

표준전압	허용오차
110볼트	110볼트의 상하로 (㉠)볼트 이내
220볼트	220볼트의 상하로 (㉡)볼트 이내
380볼트	380볼트의 상하로 (㉢)볼트 이내

정답 ㉠ 6, ㉡ 13, ㉢ 38

---

30 다음은 전기공사업법상 표준주파수의 허용오차 관련 표이다. ( ) 안을 채우시오.

표준주파수	허용오차
60헤르츠	60헤르츠 상하로 ( )헤르츠 이내

정답 0.2

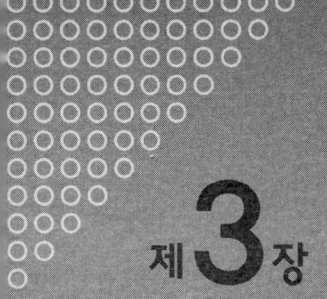

제3장 기본계획 및 인·허가

3-1 발전전력 운영계획

(1) 발전전력의 거래

① 발전설비 1,000kW 이하 : 전기판매사업자(한국전력), 전력시장(한국전력거래소)

② 발전설비 1,000kW 초과 : 전력시장(한국전력거래소)

㈜ 계통한계가격(System Marginal Price) : 거래시간별로 일반발전기(원자력, 석탄 외의 발전기)의 전력량에 대해 적용하는 전력시장가격(원/kWh)으로서, 전력생산에 참여한 일반발전기 중 변동비가 가장 높은 발전기의 변동비로 결정된다.

(2) 한국전력거래소 회원자격

① 전기판매사업자
② 전력시장에서 전력을 직접 구매하는 전기사용자
③ 전력시장에서 전력거래를 하는 발전사업자
④ 전력시장에서 전력거래를 하는 구역전기사업자
⑤ 전력시장에서 전력거래를 하는 자자용전기설비를 설치한 자
⑥ 전력시장에서 전력거래를 하지 아니하는 자 중 한국전력거래소의 정관으로 정하는 요건을 갖춘 자
⑦ 전력시장에서 전력거래를 하는 수요관리사업자

(3) 안전관리업무 대행 자격요건(전기사업법)

① 안전공사
② 자본금, 보유하여야 할 기술인력 등 대통령령으로 정하는 요건을 갖춘 전기안전관리 대행업자
③ 전기분야의 기술자격을 취득한 사람으로서 대통령령으로 정하는 장비를 보유하고 있는 자

(4) 전기용량별 정기점검 횟수

① 3kW 미만의 경우 : 법적으로 정기점검을 하지 않아도 된다.
② 100kW 미만의 경우 : 매년 2회 이상 점검
③ 100kW 이상의 경우 : 다음 표 참조

용량(kW)	300 미만	500 미만	700 미만	1,000 미만
횟수(월)	1회 이상	2회 이상	3회 이상	4회 이상

(5) 태양광발전 시스템 운영 시 갖추어야 할 목록

① 태양광발전 시스템 계약서 사본
② 태양광발전 시스템 시방서
③ 태양광발전 시스템 건설 관련 도면
④ 태양광발전 시스템 구조물의 구조계산서
⑤ 태양광발전 시스템 운영 매뉴얼
⑥ 태양광발전 시스템의 한전 계통연계 관련 서류
⑦ 태양광발전 시스템에 사용된 핵심기기의 매뉴얼
⑧ 태양광발전 시스템에 사용된 기기 및 부품의 카탈로그
⑨ 태양광발전 시스템 일반 점검표
⑩ 태양광발전 시스템 긴급복구 안내문
⑪ 태양광발전 시스템 안전교육 표지판
⑫ 전기안전 관련 주의 명판 및 안전 경고표시 위치도
⑬ 전기안전 관리용 정기 점검표

(6) 전기(발전)사업 허가기준

① 전기사업 수행에 필요한 재무능력 및 기술능력이 있을 것
② 전기사업이 계획대로 수행될 수 있을 것
③ 발전소가 특정지역에 편중되어 전력계통의 운영에 지장을 주지 말 것
④ 발전연료가 어느 하나에 편중되어 전력수급에 지장을 주지 말 것

(7) 전기(발전)사업 허가변경

① 사업구역 또는 특정한 공급구역이 변경되는 경우
② 공급전압이 변경되는 경우
③ 설비용량이 변경되는 경우(허가 또는 변경허가를 받은 설비용량의 10% 미만인 경우에는 제외)

(8) 발전사업의 허가취소

전기사업자가 사업 준비기간(발전사업 허가를 득한 후부터 사업개시 신고 전까지) 내에 전기설비의 설치 및 사업의 개시를 하지 아니한 경우, 산업통상자원부의 전기위원회(허가 및 취소의 심의 담당)의 심의를 거쳐 허가를 취소한다.
① 신·재생에너지 발전사업 준비기간의 상한 : 10년
② 발전사업 허가 시 사업준비기간을 지정

(9) 발전사업 계획서 작성 시 고려사항

① **사업구분** : 발전사업(태양광발전사업)
② **사업계획 개요** : 발전소 명칭, 발전소 위치, 설비용량, 설비형식, 사용연료, 건설공사, 총사업비, 건설단가, 연간 전력생산량, 계통연계방법 등
③ 사업개시 예정일
④ 전기판매사업 및 구역전기사업 개시 일부터 5년간 연도별 공급계획(발전량, 송전량)
⑤ **소요자금 현황 및 조달방법**
  ㈎ 소요자금 현황 : 직접공사비, 간접공사비, 총공사비
  ㈏ 소요자금 조달방법 : 자기 자금액, 타인 자금액 및 조달방법
⑥ **태양광발전설비 및 송전설비의 개요**
  ㈎ 발전설비
    ㉮ 태양전지의 종류, 정격용량, 정격전압 및 정격출력
    ㉯ 인버터의 종류, 입력전압, 출력전압 및 정격출력
    ㉰ 집광판의 면적
    ㉱ 발전소의 명칭 및 위치
  ㈏ 송변전설비
    ㉮ 변전소의 명칭 및 위치, 변압기의 종류, 용량, 전압, 대수
    ㉯ 송전선로의 명칭, 구간 및 용량
    ㉰ 개폐소의 위치(동·리까지 적을 것)
    ㉱ 송전선의 종류, 길이, 회선수 및 굵기의 1회선당 조수
⑦ **공사비 개괄 계산서** : 전기사업 회계규칙의 계정과목 분류에 따를 것
⑧ 전기설비의 설치 일정

3-2 인·허가사항

(1) 전기(발전) 사업 허가권자
① 3,000kW 초과설비 : 산업통상자원부 장관(전기위원회 총괄팀)
② 3,000kW 이하설비 : 시·도지사
　㈜ 단, 제주특별자치도는 제주국제자유도시 특별법에 따라 3,000kW 이상의 발전설비도 제주특별자치도지사의 허가사항이다.

(2) 발전용량이 100,000kW 이상일 경우 환경영향평가 대상

(3) 허가절차

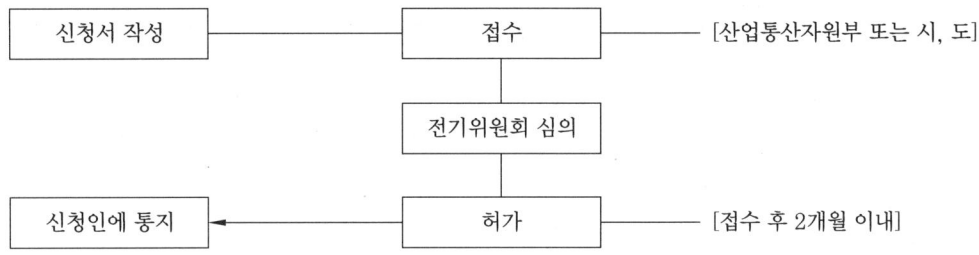

(4) 발전 사업 허가 신청 시 제출서류
① 200kW 이하 : 사업허가 신청서, 사업계획서, 송전관계 일람표
② 3,000kW 이하 : 상기 ① + 발전원가명세서, 기술인력 확보계획, 수력(하천점용허가서), 원자력(건설허가서)
③ 3,000kW 초과 : 상기 ② + 5년간 예상 손익 산출서, 전기설비 개요서, 공급구역 5만분의 1 지도, 신용평가 의견서, 소요재원 조달계획, 법인은 정관/등기부등본/직전년도 손익계산서, 대차대조표

(5) 개발행위 총괄 인·허가
① 사전환경성 검토, 협의(대기, 소음, 수질) : '환경정책 기본법', '전원개발 촉진법'에 근거하여 시장, 군수, 지방 환경관서의 장에 허가를 받는다.
　㈎ 검토 대상
　　㉮ 전원개발사업 예정지구
　　㉯ 보전관리지역(5,000m² 이상)
　　㉰ 자연환경보전지역(5,000m² 이상)

㉥ 개발제한구역(5,000㎡ 이상)
㉦ 생산관리지역(7,500㎡ 이상)
㉧ 계획관리지역(10,000㎡ 이상)
㉨ 개발행위 허가 총괄 : '국토의 계획 및 이용에 관한 법률'에 근거하여 시장, 군수, 구청장이 허가한다.

(나) 허가면적
㉮ 도시지역
  ㉠ 보전녹지지역 : 5,000㎡ 미만
  ㉡ 주거, 상업, 자연녹지, 생산녹지 지역 : 10,000㎡ 미만
  ㉢ 공업지역 : 30,000㎡ 미만
㉯ 자연환경 보전지역 : 5,000㎡ 미만
㉰ 관리지역 : 30,000㎡ 미만
㉱ 농림지역 : 30,000㎡ 미만

③ **산지전용 허가 및 입목 벌채 허가** : '산지관리법'에 근거하여 산림청장, 지방산림관리청장, 국유림 관리소장, 시장, 군수가 허가한다.
④ **농지전용 허가** : '농지법'에 근거하여 시·도지사 혹은 시장, 군수, 구청장이 허가한다.
⑤ **사방지 지정의 해제** : 사방사업법에 근거하여 산림청장, 지방산림청장, 시·도지사, 시장, 군수가 허가한다.
⑥ **사도개설의 허가** : '사도법'에 근거하여 시장, 군수가 허가한다.
⑦ **무연분묘의 개장 허가** : '장사 등에 관한 법률'에 근거하여 시장, 군수, 구청장이 허가한다.
⑧ **초지전용의 허가** : '초지법'에 근거하여 시장, 군수가 허가한다.
⑨ **전기사업용 전기설비의 공사계획 인가 또는 신고** : '전기사업법'에 근거하여 산업통상자원부(인가사항) 혹은 광역지자체(신고사항)에서 관할한다.
⑩ **문화재 지표조사** : '문화재보호법'에 근거하여 시장, 군수, 구청장을 거쳐 시·도지사에 제출(시·도지사는 문화재청장과 협의)
⑪ **건축물 허가 및 공작물 축조 신고** : '건축법'에 근거하여 시장, 군수, 구청장이 허가한다.
⑫ **자연공원의 점·사용 허가** : '자연공원법'에 근거하여 공원관리청장이 허가한다.

(6) 협의 및 등록 외
① **군사시설 보호지역의 사용에 관한 협의** : '군사시설 보호법'에 근거하여 관계 행정기관의 장과 국방부장관 또는 관할부대장과 협의한다.

② **송전용 전기설비 이용 신청** : '전기사업법'에 근거하여 한국전력공사 전력관리처와 협의한다.
③ **발전회사 등록** : '전기사업법'에 근거하여 한국전력거래소 시장운영팀에 등록한다.
④ **전기설비의 사용 전 검사** : '전기사업법'에 근거하여 검사기관(한국전기안전공사 법정검사팀)으로부터 사용 전 검사를 받는다(검사를 받고자 하는 날의 7일 전까지 신청해야 함)
⑤ **신재생에너지 공급의무화(RPS) 제도** : '신에너지 및 재생에너지 개발·이용·보급 촉진법'에 근거하여 공급인증기관(한국에너지공단 신재생에너지센터, 한국전력거래소)으로부터 공급인증을 받는다.

㊜ 1. **전력거래소** : 신재생에너지 공급인증서(REC) 거래 시장 개설·운영과 공급의무사업자 의무이행비용 산정·정산 업무를 한다.
2. 한국에너지공단 신재생에너지센터는 REC 발급, 공급 의무량 산정 및 의무이행실적 점검, 태양광 판매사업자 선정 업무를 한다.
3. **SMP(System Marginal Price ; 계통한계가격)** : 거래시간별로 일반발전기(원자력, 석탄 외의 발전기)의 전력량에 대해 적용하는 전력시장가격(원/kWh)으로서, 전력생산에 참여한 일반발전기 중 변동비가 가장 높은 발전기의 변동비로 결정된다.
4. **REC(Renewable Energy Certificate ; 공급인증서)** : 가중치를 적용한 전력공급량 1MWh 에 대하여 '1 REC'를 발급한다.

3-3 태양광발전 시스템의 분류별 법 철차

(1) 태양광발전 시스템의 계통연계 구분

출력용량	계통연계의 구분
500kW 미만	저압배전선과 연계
500kW 이상	특고압배전선과 연계

(2) 태양광발전 시스템의 법 절차

① 태양광발전 시스템의 검사, 신고 절차

출력	공사계획	사용 전 검사	사용개시 신고	제출처
10,000kW 초과	인가	실시	실시	산업통상자원부
3kW 초과~10,000kW 이하	신고	실시	실시	시·도지사
3kW 이하	신고	신고	신고	시·도지사

② 태양광발전설비 용량에 따른 안전관리자 선임

발전 용량	안전관리자 선임
10kW 이하	미선임
10kW 초과	안전관리자 선임
1,000kW 이하	안전관리 대행업자 대행 가능 (단, 250kW 미만은 개인대행자 대행 가능)
1,000kW 초과	상주 안전관리자 선임

③ 태양광발전 시스템 건설의 절차

항목	개요	소요일수 기준
설치계획과 설계	설치업자에게 설치의뢰·계약	1~2개월
전력회사와의 협의	계통연계 조건에 대한 검토	5~6개월(병행처리)
전력회사에 신청 계약	계통연계에 관한 계약체결	
설치공사	설치업자에 의한 공사	5~6개월
자주 준공검사	시험운전, 성능조사	1주일가량
전력회사의 현지 확인	전력회사 상황에 따라 다름	1주일
사용개시	-	-

신재생에너지 발전설비기사 · 산업기사

예상문제

제3장 | 기본계획 및 인 · 허가

1 태양광발전소의 발전전력을 거래할 수 있는 곳을 발전설비 1,000kW를 기준으로 설명하시오.

정답 ① 발전설비 1,000kW 이하 : 전기판매사업자(한국전력), 전력시장(한국전력거래소)
② 발전설비 1,000kW 초과 : 전력시장(한국전력거래소)

2 태양광발전 시 거래가격에 해당하는 계통한계가격(SMP)과 공급인증서(REC)를 구분하여 설명하시오.

정답 ① 계통한계가격(SMP ; System Marginal Price) : 거래시간별로 일반발전기(원자력, 석탄 외의 발전기)의 전력량에 대해 적용하는 전력시장가격(원/kWh)으로서, 전력생산에 참여한 일반발전기 중 변동비가 가장 높은 발전기의 변동비로 결정된다.
② 공급인증서(REC ; Renewable Energy Certificate) : 가중치를 적용한 전력공급량 1MWh에 대하여 '1REC'를 발급한다.

3 한국전력거래소 회원자격을 4가지 쓰시오.

정답 다음 중 4개를 골라 작성한다.
① 전기판매사업자
② 전력시장에서 전력을 직접 구매하는 전기사용자
③ 전력시장에서 전력거래를 하는 발전사업자
④ 전력시장에서 전력거래를 하는 구역전기사업자
⑤ 전력시장에서 전력거래를 하는 자가용전기설비를 설치한 자
⑥ 전력시장에서 전력거래를 하지 아니하는 자 중 한국전력거래소의 정관으로 정하는 요건을 갖춘 자
⑦ 전력시장에서 전력거래를 하는 수요관리 사업자

4 전기용량 100kW 이상 발전소의 경우 다음 표의 정기점검 횟수를 쓰시오.

용량(kW)	300 미만	500 미만	700 미만	1,000 미만
횟수(월)	(㉠)회 이상	(㉡)회 이상	(㉢)회 이상	(㉣)회 이상

정답 ㉠ 1, ㉡ 2, ㉢ 3, ㉣ 4

5 전기(발전)사업의 허가기준 4가지를 쓰시오.

정답 ① 전기사업 수행에 필요한 재무능력 및 기술능력이 있을 것
② 전기사업이 계획대로 수행될 수 있을 것
③ 발전소가 특정지역에 편중되어 전력계통의 운영에 지장을 주지 말 것
④ 발전연료가 어느 하나에 편중되어 전력수급에 지장을 주지 말 것

6 다음은 발전사업의 허가취소에 관련된 내용이다. ( ) 안에 적절한 말 혹은 숫자를 넣으시오.

전기사업자가 사업 준비기간(발전사업 허가를 득한 후부터 사업개시 신고 전까지) 내에 전기설비의 설치 및 사업의 개시를 하지 아니한 경우, 산업통상자원부의 전기위원회(허가 및 취소의 심의 담당)의 심의를 거쳐 허가를 취소한다.
① 신·재생에너지 발전사업 준비기간의 상한 : (㉠)년
② 발전사업 허가 시 미리 (㉡)을 지정

정답 ㉠ 10, ㉡ 사업준비기간

7 전력의 거래와 관련하여 전력거래소와 신재생에너지센터의 역할을 구분하여 설명하시오.

정답 ① 전력거래소 : 신재생에너지 공급인증서(REC) 거래 시장 개설·운영과 공급의무사업자 의무이행비용 산정·정산 업무
② 신재생에너지센터 : REC 발급, 공급 의무량 산정 및 의무이행실적 점검, 태양광 판매사업자 선정 업무

8 발전사업 계획서 작성 시 고려해야 할 사항을 5개 쓰시오.

정답 다음 중 5개를 골라 작성한다.
① 사업구분 : 발전사업(태양광 발전사업)
② 사업계획 개요
③ 사업개시 예정일
④ 전기판매사업 및 구역전기사업 개시일부터 5년간 연도별 공급계획(발전량, 송전량)
⑤ 소요자금 현황 및 조달방
⑥ 태양광 발전설비 및 송전설비의 개요
⑦ 공사비 개괄 계산서 : 전기사업 회계규칙의 계정과목 분류에 따를 것
⑧ 전기설비의 설치 일정

9. 다음 ( ) 안에 적당한 수치를 쓰시오.

1. 신·재생에너지 발전사업 준비기간의 상한은 (㉠)년으로 한다.
2. 전기(발전) 사업 허가권자
   ① (㉡)kW 초과설비 : 산업통상자원부 장관(전기위원회 총괄팀)
   ② (㉢)kW 이하설비 : 시·도지사
   ③ 단, 제주특별자치도는 제주국제자유도시 특별법에 따라 (㉣)kW 이상의 발전설비도 제주특별자치도지사의 허가사항이다.
3. 발전용량이 (㉤)kW 이상일 경우 환경영향평가의 대상이 된다.

정답 ㉠ 10, ㉡ 3,000, ㉢ 3,000, ㉣ 3,000, ㉤ 100,000

---

10. 발전사업 허가 신청 시 제출서류와 관련하여 다음 ( ) 안에 들어갈 서류의 이름을 쓰시오.

① 200kW 이하 : 사업허가 신청서, 사업계획서, (㉠)
② 3,000kW 이하 : 상기 ① + 발전원가명세서, (㉡), 수력(하천점용허가서), 원자력(건설허가서)
③ 3,000kW 초과 : 상기 ② + (㉢), 전기설비 개요서, 공급구역 5만분의 1 지도, 신용평가 의견서, 소요재원 조달계획, 법인은 정관/등기부등본/직전년도 손익계산서 / 대차대조표

정답 ㉠ 송전관계 일람표, ㉡ 기술인력 확보계획, ㉢ 5년간 예상 손익 산출서

---

11. 환경정책 기본법 및 전원개발 촉진법에 근거하여 사전환경성 검토·협의(대기, 소음, 수질)를 시장, 군수, 지방 환경관서의 장에 허가받는 지역을 6개 쓰시오.

정답
① 전원개발사업 예정지구
② 보전관리지역(5,000m² 이상)
③ 자연환경보전지역(5,000m² 이상)
④ 개발제한구역(5,000m² 이상)
⑤ 생산관리지역(7,500m² 이상)
⑥ 계획관리지역(10,000m² 이상)

---

12. 국토의 계획 및 이용에 관한 법률에 근거하여 시장, 군수, 구청장에 허가를 받아야 하는 지역을 6개 쓰시오.

정답
① 보전녹지지역 : 5,000m² 미만
② 주거·상업·자연녹지·생산녹지 지역 : 10,000m² 미만
③ 공업지역 : 30,000m² 미만
④ 자연환경 보전지역 : 5,000m² 미만
⑤ 관리지역 : 30,000m² 미만
⑥ 농림지역 : 30,000m² 미만

13 다음 표의 태양광 발전설비 용량에 따른 안전관리자 선임과 관련하여 ( ) 안을 채우시오.

발전 용량	안전관리자 선임 여부
(㉠)kW 이하	안전관리자 미선임
(㉡)kW 초과	안전관리자 선임
1,000kW 이하	안전관리 대행업자 대행 가능 단, 250kW 미만은 (㉢) 대행 가능
1,000kW 초과	상주 안전관리자 선임

정답 ㉠ 10, ㉡ 10, ㉢ 개인대행자

14 태양광발전 시스템 운영 시 갖추어야 할 목록 중 5개를 쓰시오.

정답 다음 중 5개를 골라서 작성한다.
① 태양광발전 시스템 계약서 사본
② 태양광발전 시스템 시방서
③ 태양광발전 시스템 건설 관련 도면
④ 태양광발전 시스템 구조물의 구조계산서
⑤ 태양광발전 시스템 운영 매뉴얼
⑥ 태양광발전 시스템의 한전 계통연계 관련 서류
⑦ 태양광발전 시스템에 사용된 핵심기기의 매뉴얼
⑧ 태양광발전 시스템에 사용된 기기 및 부품의 카탈로그
⑨ 태양광발전 시스템 일반 점검표
⑩ 태양광발전 시스템 긴급복구 안내문
⑪ 태양광발전 시스템 안전교육 표지판
⑫ 전기안전 관련 주의 명판 및 안전 경고표시 위치도
⑬ 전기안전 관리용 정기 점검표

15 태양광발전 시스템의 사용개시 전 다음과 같은 절차를 따르고 있다. ㉠ 및 ㉡에 적당한 용어를 각각 채우시오.

"설치공사 → (㉠) 검사 → 대상설비 설치확인 → (㉡) 계약 체결 → 사업개시 신고 → 상업운전 개시"

정답 ㉠ 사용전, ㉡ 전력수급

제2편 태양광발전 시스템 설계

제1장 시스템 구성 설계 및 계산서 작성

1-1 일사량과 일조량

(1) 일사량

① 일사량은 일정기간의 일조강도(에너지)를 적산한 것을 의미한다($kWh/m^2 \cdot day$, $kWh/m^2 \cdot year$, $MJ/m^2 \cdot year$ 등)
② 일사량은 대기가 없다고 가정했을 때의 약 70%에 해당된다.
③ 일사량은 하루 중 남중시에 최대가 되고, 일 년 중에는 하지경이 최대가 된다.
④ 보통 해안지역이 산악지역보다 일사량이 많다.
⑤ 국내에서 일사량을 계측 중인 장소는 22개로서 20년간 평균치는 기상청이 보유하고 있다.

(2) 일조량

① 일조량도 일사량과 유사한 의미로 사용되고 있다.
② 일조강도(일사강도, 복사강도)는 단위 면적당 일률 개념으로 표현하며, W/m^2의 단위를 사용한다.
③ **태양상수** : 일조강도의 평균값으로서 $1,367 W/m^2$이다.
④ **일조량의 구분**
　㈎ 직달 일조량 : 지표면에 직접 도달하는 일사강도를 적산한 것
　㈏ 산란 일조량 : 햇빛이 대기를 지날 때 공기분자, 구름, 연무, 안개 등에 의해 산란된 일조 강도량
　㈐ 경사면 일조량(총일조량) : 경사면이 받는 직달 일사량과 산란 일조량의 적산값을 합한 것
　㈑ 전일조량(수평면 일조량) : 지표면에 직접 도달한 직달 일조량과 산란 일조량의 적산값을 합한 것

(3) 일조율

$$일조율 = \frac{일조시간}{가조시간} \times 100\%$$

* 일조시간 : 구름, 먼지, 안개 등의 방해 없이 지표면에 태양이 비친 시간
  가조시간(可照時間, Possible Duration of Sunshine) : 태양에서 오는 직사광선, 즉 일조(日照)를 기대할 수 있는 시간 또는 해 뜨는 시각부터 해 지는 시각까지의 시간

(4) 방위각, 경사각 및 남중고도각

① **방위각** : 어레이와 정남향과 이루는 각(발전시간 내 음영 발생 없을 것)
② **경사각** : 어레이와 지면이 이루는 각(적설고려, 경사각 이격거리 확보)

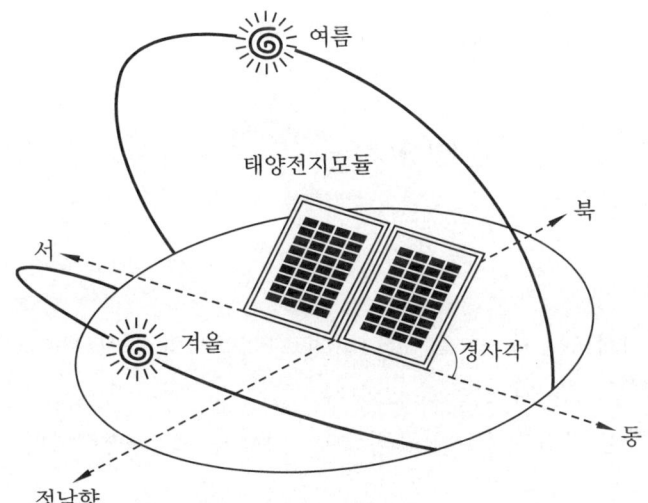

③ **남중고도각** : 하루 중 태양의 고도가 가장 높을 때의 고도각
  (가) 동지 시 태양의 남중 고도각 : 90°−위도(Latitude)−23.5°
  (나) 하지 시 태양의 남중 고도각 : 90°−위도+23.5°
  (다) 춘추분 시 태양의 남중 고도각 : 90°−위도
   ㈜ **태양의 적위** : 태양이 지구의 적도면과 이루는 각을 말하며, 춘분과 추분일 때 0°, 하지일 때 +23.5°, 동지일 때 −23.5°이다.

(5) 태양복사에너지 결정요소

① **천문학적 요소** : 태양과 지구의 거리, 태양의 천정각, 관측지점의 고도, 알베도(일사가 대기나 지표에 반사되는 비율, 약 30%)
② **대기 요소** : 구름, 먼지, 안개, 수증기, 에어로졸 등

(6) 음영각

① **수직음영각** : 태양의 고도각이며, 지면의 그림자 끝 지점과 장애물의 상부를 이은 선이 지면과 이루는 각도
② 수평면상 하루 동안(일출~일몰)의 그림자가 이동한 각도
③ 연중 입사각이 가장 작은 동지의 오전 9시부터 오후 3시까지 태양광 어레이에 그늘이 생기지 않도록 할 것

(7) 대지 이용률

① 어레이 경사각이 작을수록 대지이용률 증가
② 경사면을 이용할 경우 대지이용률 증가
③ 어레이 간 이격거리가 증가할수록 대지이용률 감소
④ 계산공식

$$대지이용률(f) = \frac{모듈의 경사길이}{이격거리}$$

(8) 신태양궤적도

① 종래의 태양궤적도는 균시차를 고려하여 진태양시의 환산직입이 필요하므로 사용상 번거롭고 많은 오차가 있을 수 있었다.
② 따라서 균시차를 고려한 신태양궤적도를 사용하는 것이 편리하다.

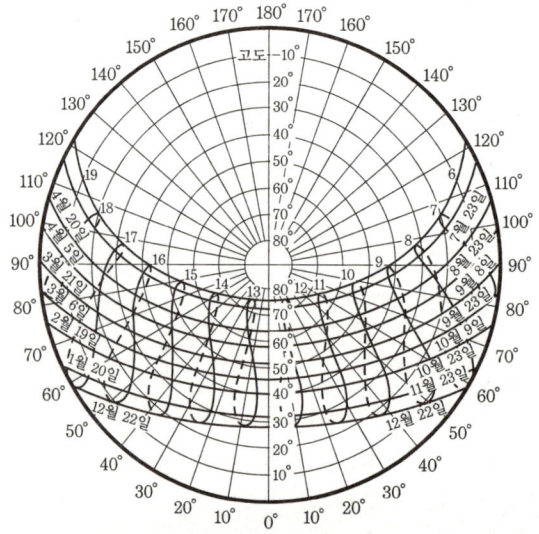

신태양궤적도(서울)

(9) 신월드램 태양궤적도

① 신월드램 태양궤적도는 관측자가 천구상의 태양경로를 수직 평면상의 직교좌표로 나타낸 것이다.
② 태양의 궤적을 입면상에 그릴 수 있기 때문에 매우 이해하기 쉽고 편리하다.
③ 실용면에서 태양열 획득을 위한 건물의 향, 외부공간 계획, 내부의 실 배치, 창 및 차양장치, 식생 및 태양열 집열기의 설계 등에 특히 많이 사용된다.

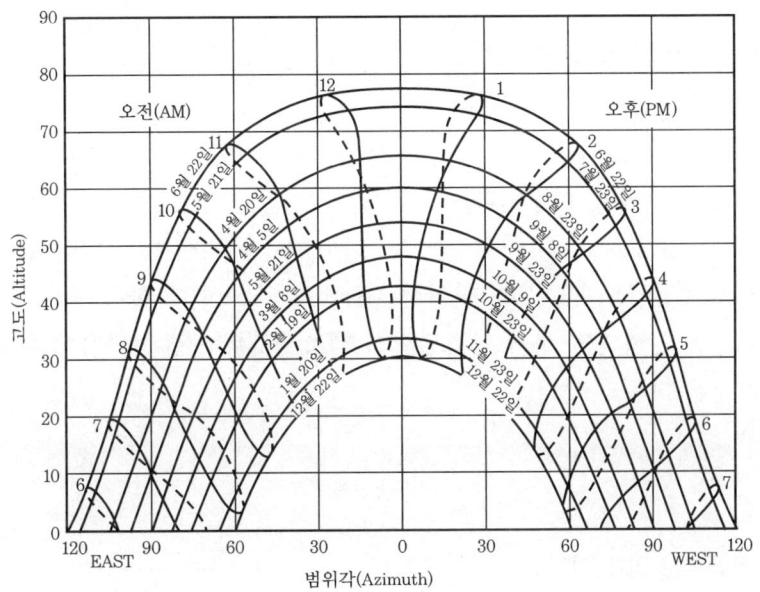

신월드램 태양궤적도(서울)

1-2 태양광 파워컨디셔너(Power Conditioner)

(1) 개요

① 태양광 파워컨디셔너(Power Conditioner)는 인버터기능(직류 → 교류), 최대전력 추종 제어기능, 계통연계 보호기능, 단독운전 방지기능 등을 행한다. 더욱이 주파수, 전압, 전류, 위상, 유효 및 무효전력, 동기, 출력품질(전압변동, 고주파) 등의 기능도 제어 가능하다.

② 보통 단순히 인버터라고도 부르며, 태양전지로 발전한 직류전력을 일반적으로 사용되고 있는 교류로 변환하는 기능이 가장 핵심기능이다.
③ **계통연계보호장치** : 주파수 이상이나 과부족 전압 등 계통 측과 인버터의 이상 및 단독운전을 적격으로 검출하여 인버터를 정지시킴과 동시에 계통과의 연계를 빠르게 단절하여 계통 측의 안전을 확보하는 것을 목적으로 한다.
④ 인버터 구동회로에서 게이트 구동 시 하나의 레그(Leg)에 있는 두 개의 게이트가 실제로 On/Off되는 시간차에 의해서 단락이 발행할 가능성이 있는데, 이때 단락을 방지하는 최소한의 시간을 '데드 타임(Dead Time)'이라고 한다.
⑤ 파워컨디셔너의 효율에 영향을 미치는 인자로는 스위칭 주파수, 데드 타임, 필터회로, 최대 전력 추종제어 등이 있다.
⑥ 파워컨디셔너는 10kW 이하를 보통 소용량이라고 하며, 공공·산업·발전사업자용은 보통 10~1,000kW 이상이다.
⑦ DIN 4050 및 IEC 144에 의한 보호등급은 실내형이 IP20(International Protection 20등급) 이상이고, 실외형은 IP44 이상이어야 한다.
⑧ 태양광발전용 인버터의 정격 입력전압이 제조사로부터 규정되지 않은 경우 정격 입력전압 기준은 다음과 같다.

$$\frac{V_L + V_s}{2}$$

* V_L : 허용되는 최대 입력전압
  V_s : 발전을 시작하기 위한 최소 입력전압

---

⑤ IP 규격 : IP 규격은 국제 전기 표준 협회(IEC)의 규격 IEC60529를 근거로 작성한 일본 공업 규격으로 전기 기계 기구에 대한 용기에 따른 보호 등급을 규정하고 있다.

1. IP 코드

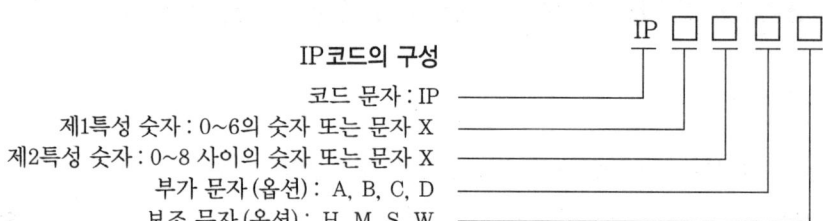

IP코드의 구성
코드 문자 : IP
제1특성 숫자 : 0~6의 숫자 또는 문자 X
제2특성 숫자 : 0~8 사이의 숫자 또는 문자 X
부가 문자 (옵션) : A, B, C, D
보조 문자 (옵션) : H, M, S, W

2. IP 코드의 구성요소

제1특성 숫자	외래 고형 이물질에 대한 보호	위험한 곳으로의 접근에 대한 보호
0	보호 없음	보호 없음
1	직경 50mm 이상 크기의 외래 고형 이물질에 대하여 보호	주먹과 같은 물체가 위험한 곳으로 접근하지 못하도록 보호하고 있음
2	직경 12.5mm 이상 크기의 외래 고형 이물질에 대하여 보호	위험한 곳으로 접근하는 손가락과 같은 물체에 대하여 보호하고 있음
3	직경 2.5mm 이상 크기의 외래 고형 이물질에 대하여 보호	위험한 곳으로 접근하는 공구와 같은 물체에 대하여 보호하고 있음
4	직경 1.0mm 이상 크기의 외래 고형 이물질에 대하여 보호	위험한 곳으로 접근하는 철사와 같은 물체에 대하여 보호하고 있음
5	방진형 : 먼지의 침입을 완전히 방지할 수 없으나 전기 기기의 동작 그리고 안전성을 방해하는 정도의 침입에 대하여 보호	
6	내진형 : 먼지의 침입으로부터 보호	
X	제1특성 숫자를 생략하는 경우	

제2특성 숫자	물의 침입에 대한 보호
0	보호 없음
1	수직으로 떨어지는 물방울에 대해서도 유해한 영향을 끼치지 않는다.
2	용기가 정상 위치에 대하여 양쪽으로 15° 이내로 기울어질 때 수직으로 떨어지는 물방울에 대해서도 유해한 영향을 끼치지 않는다.
3	수직으로부터 양쪽 60° 까지 각도로 분무한 물에 대해서도 유해한 영향을 끼치지 않는다.
4	어떠한 방향에서 날라온 물에 대해서도 유해한 영향을 끼치지 않는다.
5	모든 방향의 노즐에 의해 분출된 물에 대해서도 유해한 영향을 끼치지 않는다.
6	모든 방향의 노즐에 의한 강력한 압력으로 분출된 물에 대해서도 유해한 영향을 끼치지 않는다.
7	규정된 압력 및 시간에서 용기를 일시적으로 담갔을 때 유해한 영향을 발생시키는 정도의 물의 침투로부터 보호한다.
8	관계자 간에 결정한, 숫자 7보다 좋지 않은 조건에서 용기를 지속해서 수중에 담갔을 때 유해한 영향을 발생시키는 물의 침투로부터 보호한다.
X	제2특성 숫자를 생략하는 경우

부가 문자	위험한 곳으로의 접근
A	주먹과 같은 물체의 접근에 대하여 보호한다.
B	손가락과 같은 물체의 접근에 대하여 보호한다.
C	공구와 같은 물체의 접근에 대하여 보호한다.
D	철사와 같은 물체에 의한 접근에 대하여 보호한다.

㈜ 부가 문자는 다음과 같은 경우에만 사용한다.
- 위험한 곳으로의 접근에 대한 보호가 제1특성보다 우선인 경우
- 위험한 곳으로의 접근에 대한 보호만을 표시하는 경우로 제1특성 숫자가 'X'로 나타나는 경우

보조 문자	개 요
H	고압 기기
S	전기 기기의 가동 부분을 동작시킨 상태에서 물에 대한 시험을 한 것
M	전기 기기의 가동 부분을 정지시킨 상태에서 물에 대한 시험을 한 것
W	어떠한 기상 조건에서도 사용할 수 있고 추가로 보호 구조·처리를 한 것

(2) 인버터의 동작원리

① 인버터는 스위칭 소자를 정해진 순서대로 On 및 Off 함으로써 직류 입력을 교류 출력으로 변환한다(On/Off 시 인덕터 양단에 나타나는 역기전력에 의한 스위칭 소자의 소손을 방지하기 위해 보통 '환류다이오드'를 설치).

② 또한 약 20kHz의 고주파 PWM 제어방식을 이용하여 정현파의 양쪽 끝에 가까운 곳은 전압폭을 좁게 하고, 중앙부는 전압폭을 넓혀 1/2 사이클 사이에 스위칭 동작을 해서 구형파의 폭을 만든다.

③ 이 구형파는 L-C 필터를 이용해서 파선 형태의 정형파 교류를 만든다.

④ 스위칭 방법

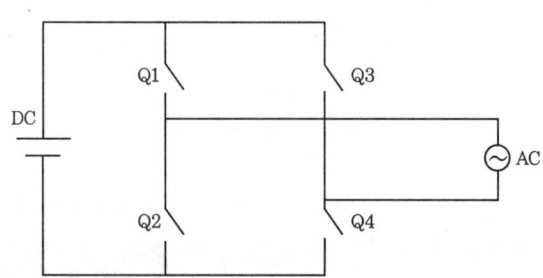

(3) 파워컨디셔너의 종류(회로 절연방식에 의한 분류)

종류	설 명
상용주파 절연방식	• 태양전지 직류출력을 상용주파의 교류로 변환한 후 변압기로 절연한다. • 제어부가 가장 간단하여 안정성이 우수하다. • 내뇌성 및 노이즈 커트 특성이 우수하다. • 변압기 때문에 효율이 떨어지고 부피와 무게가 커진다. • 3상 10kW 이상에 주로 적용한다(주로 복권변압기 적용 방식이다). • 직류가 교류계통으로 유입되는 것을 방지하기 용이하다.
고주파 절연방식	• 태양전지의 직류출력을 고주파 교류로 변환 후, 소형 고주파 변압기로 절연한다. 그다음 일단 직류로 변환하고 다시 상용주파수 교류로 변환한다. • 저주파 절연변압기를 사용하지 않기 때문에 고효율화, 소형경량화, 저가화가 가능하다. • 많은 파워소자로 구성이 복잡하다.
트랜스리스 방식	• 태양전지의 직류출력을 DC-DC 컨버터로 승압하고 DC/AC 인버터로 상용주파수의 교류로 변환한다. • 저주파 변압기를 사용하지 않기 때문에 고효율화, 소형경량화, 저가화에 가장 유리하다. • 주택용(3kW 이하)에 많이 적용되는 절연방식이다. • 변압기를 사용하지 않기 때문에 안정성에 불리하다(복잡한 안정성 제어가 필요).

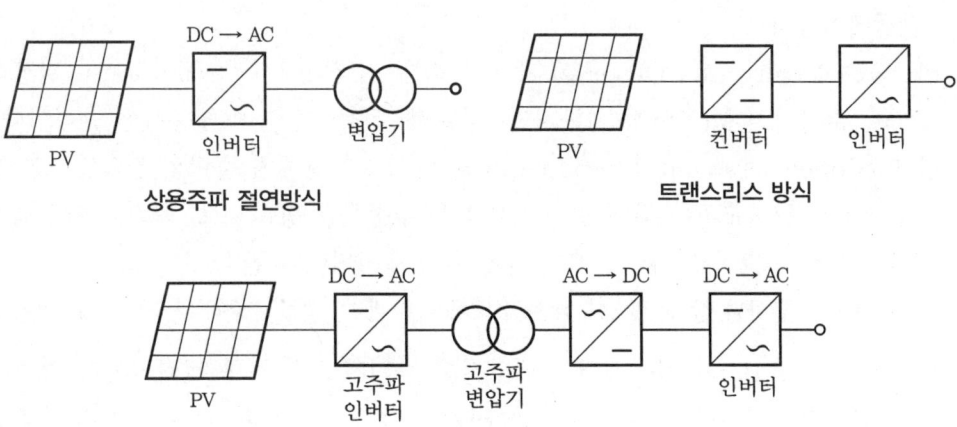

(4) 인버터의 기능

① 자동운전 정지기능
⑺ 일사강도가 증대하여 발전조건이 되면 자동으로 운전 시작
⑻ 일몰 후 출력을 얻을 수 없을 때 정지, 흐린 날 또는 비 오는 날 대기상태 유지

② 최대전력 추종제어기능
⑺ 태양전지의 동작점이 항상 최대전력을 추종하도록 변화시켜 최대출력을 얻을 수 있는 제어

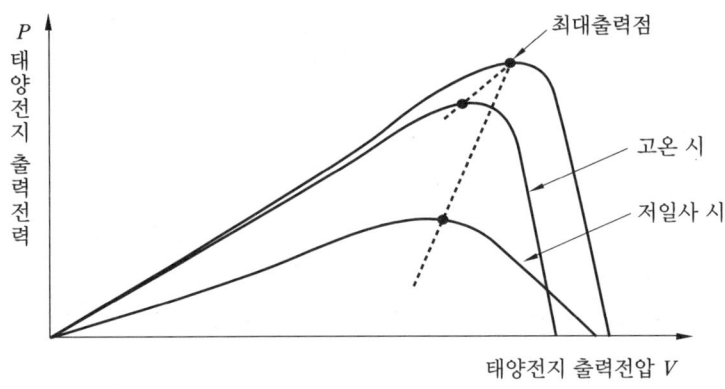

최대전력추종(MPPT ; Maximum Power Point Tracking)

⑻ 직접제어방식 : 온도나 일사량의 센싱에 의한 간단한 비례제어 방식이지만 성능은 다소 떨어진다.
⑼ 간접제어방식
  ㉮ P&O(Perturb and Observe) 제어 : 최대 전력점에서 Oscillation이 발생하여 다소 손실이 발생(불안정성)하지만, 비교적 간단하여 많이 채용하는 방식이다.
  ㉯ IncCond(Incremental Conductance) 제어 : 태양전지 출력의 컨덕턴스와 증분 컨덕턴스를 비교하여 최대 전력 동작점을 추종하는 방식으로, 출력이 안정적이지만 계산량이 많아 고사양 프로세서에 의해 제어되어야 한다.
    ㈜ 전기가 얼마나 잘 통하느냐 하는 정도를 나타내며, 회로저항의 역수로 표현된다.
  ㉰ Hysterisis Band 변동제어 : 태양전지 출력전압을 최대 전력점까지 증가시킨 후 임의의 보정치를 기준으로 최소 전력점 값을 지정하며, 매 주기마다 출력전압을 증가 및 감소시키므로 손실이 유발된다.
⑽ 추적효율 : 태양광 모듈의 출력이 최대가 되는 최대전력점(MPP ; Maximum Power Point)을 찾는 기술에 대한 성능지표를 말한다.

③ **단독운전 방지기능** : 한전계통의 정전에 의한 단독운전 발생 시 배전망에 전기가 공급되어 보수점검자에게 위해를 끼칠 수 있으므로, 한전계통 정전 시에는 이를 수동적 혹은 능동적 방식으로 검출하여 태양광발전 시스템을 안전하게 정지하게 하는 기능을 말한다.

(가) 수동적 방식(검출시한 0.5초 이내, 유지시간 5~10초)

㉮ 전압위상 도약 검출방식 : 단독운전 이행 시에 발전 출력과 부하의 불평형에 의한 전압위상의 급변을 검출하는 방식이며, 단독운전 억제를 위한 계전기(UVR, UFR, OVR, OFR)보다 검출 감도를 높일 수 있다. 그러나 발전 출력과 부하의 유효전력과 무효전력이 완전히 평형되어 있으면 검출할 수 없다는 단점이 있다.

㉯ 제3차 고조파 전압 검출방식 : 역변환장치에 전류제어형을 이용하는 경우 단독운전 이행 시에 변압기에 의하여 발생하는 3차 고조파전압의 급증을 검출하는 방식이다. 이 방식은 발전 출력과 부하의 평형도에 좌우되지 않지만 불평형이 없는 3상회로와 전압제어형 역변환장치에서는 적용할 수 없다.

㊟ **고조파** : 기본 진동수의 정수배가 되는 진동. 주기파 또는 주기 변화량에 있어서 기본파 주파수의 정배수 주파수를 가진 성분을 말한다. 여기서, 기본파의 3배 주파수를 가진 파를 제3고조파라 한다.

㉰ 주파수 변화율 검출방식 : 주로 단독운전 이행 시에 발전출력과 부하의 불평형에 의한 주파수의 급변을 검출하는 방식이며, 단독운전 억제를 위한 계전기(UVR, UFR, OVR, OFR)보다 검출 감도를 높일 수 있다. 그러나 대용량의 회전기를 이용한 발전 등의 안정된 전원이 연계되어 있으면 단독운전 현상을 검출할 수 없는 염려가 있다.

(나) 능동적 방식(검출시한 0.5~1초)

㉮ 라인에 변화가 있을 때만 검출하는 수동검출법과 달리 인버터 출력전류에 변동(주파수, 유효전력, 무효전력, 부하)을 주어 이를 이용하여 단독운전을 검출하는 방식이다.

㉯ 수동적 검출기법으로는 단독운전 시에 전력 생산량과 부하 요구량이 일치할 경우 연계점의 전압 및 주파수 특성이 변하지 않으므로 검출하지 못하게 되는 상황이 발생하나, 능동적 검출기법에서는 인버터 전류제어를 통해 미소한 왜곡을 주입하여 전력평형상태에서도 단독운전 시에 연계점 전압의 주파수 등을 변동시켜 단독운전 검출이 가능하다.

㉰ 능동적 방식의 종류
  ㉠ 주파수(Hz) 시프트방식　　㉡ 유효전력(P_a) 변동방식
  ㉢ 무효전력(P_r) 변동방식　　㉣ 부하(P) 변동방식

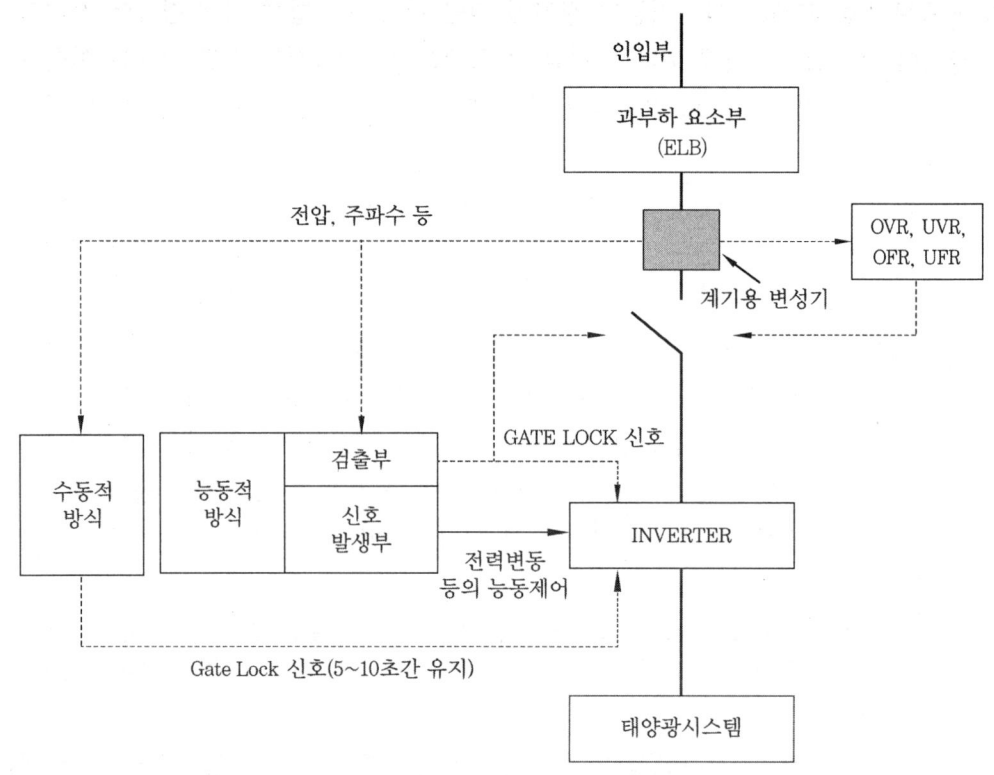

단독운전 방지기능의 제어 계통도

㈜ 1. 단독운전 검출기능(출력 등의 발생부는 제외) 및 단독운전 억제를 위한 계전기는 인버터 외부에 설치하는 것이 원칙이나, 기능·성능·정기점검 등의 조건이 충족되면 인버터에 내장해도 무방함
2. 능동적 방식에서 단독운전 억제를 위한 계전기로서 확실하게 검출 가능하면 검출부는 생략이 가능함

③ **자립운전** : 한전계통의 정전 시 '단독운전 방지기능'에 의해 전기를 사용하지 못하게 되므로, 이때 사용할 수 있게 고안된 시스템이다. 정전 시 한전계통과 완전히 분리된 후 자체적으로 생산된 전기를 사용하게 된다.

④ **자동전압 조정기능** : 태양광 계통에 접속하여 역전송 운전 시 수전점의 전압이 상승하여 운영범위가 넘어서는 것을 방지한다.
  ㈎ 진상무효전력제어
  ㈏ 출력제어

⑤ 직류 검출기능

㈎ 인버터 반도체 스위칭을 고주파로 스위칭 제어하기 때문에 적은 직류분이 중첩된다.

㈏ 고주파 변압기 절연방식과 트랜스리스 방식에서는 인버터 출력이 직접 계통에 접속되기 때문에 직류분이 존재하게 되면 주상변압기의 자기포화 등 악영향을 준다.

㈐ 전력계통으로의 직류분 제한값은 파워컨디셔너 정격교류 최대 출력전류의 0.5% 이하로 하여야 한다.

⑥ 직류 지락 검출기능

㈎ 특히 트랜스리스 방식의 인버터에서는 태양전지와 계통 측이 절연되지 있지 않으므로 태양전지의 지락에 대한 안전대책이 필요하다.

㈏ 직류 지락사고 검출 레벨은 보통 100mA 수준이다.

⑦ 파워컨디셔너의 이상신호 조치방법

㈎ 태양전지의 과전압, 저전압, 과·저전압 제한 초과, 정전 등의 경우(Fault 종류 표시됨) 점검 후 정상 시 5분 후 재기동한다.

㈏ 한전계통의 과전압, 저전압, 고·저 주파수, 정전 등의 경우(Fault 종류 표시됨) 점검 후 정상 시 5분 후 재기동한다.

㈐ 전자접촉기 고장 시(Fault 종류 표시됨)에는 전자접촉기 교체 점검 후 운전해야 한다.

(5) 인버터의 전압 왜란 측정

① 인버터의 경우 스위칭 소자의 비선형적 특성 때문에 전압 왜란(Distortion)이 발생할 수 있다.

② 인버터의 전압 왜란은 교류에서 발생하는 현상이며, 왜란을 측정하기 위하여 AC 측정 및 분석법(AC 회로시험, 인버터 수치 읽기, 전력망 분석) 등의 방법을 사용한다.

(6) 인버터 시스템의 방식

① 마스터 슬래브 인버터방식

㈎ 대용량의 태양광 발전시스템에서는 중·소용량의 인버터방식을 2~3개 이상 결합하여 사용하는 마스터 슬래브 인버터 제어방식을 많이 적용한다.

㈏ 보통 복사량이 증가하여 마스터 인버터의 용량한계를 넘어서기 직전에 다음 슬래브 인버터가 자동적으로 연결되는 방식이다.

㈐ 중앙집중식처럼 대형 인버터 한 개로 작동되는 방식에 비하여 효율이 높은 편이나, 초기 투자비는 다소 증가하는 편이다.

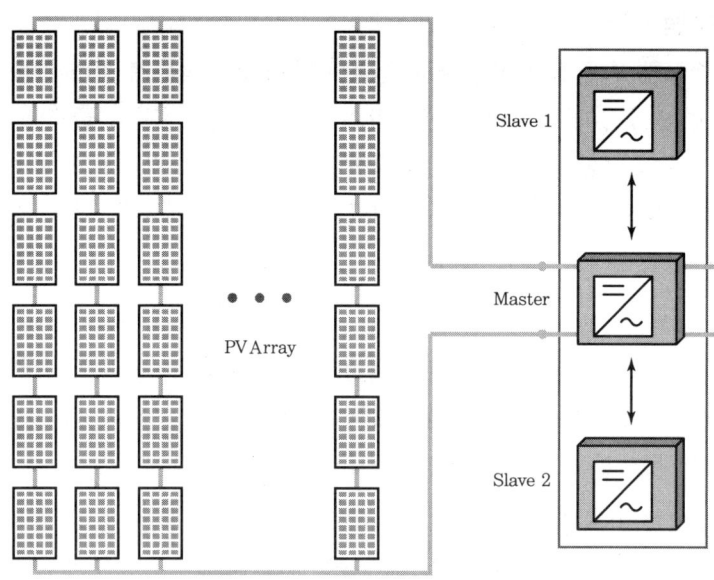

마스터 슬래브 인버터방식

② 중앙집중식 인버터방식
㈎ 어레이 전체를 중앙집중식 인버터에서 통합적으로 제어하는 방식이다.
㈏ 일반적으로 가장 많이 선정되는 방식이다.
㈐ 모듈 몇 개를 직렬 연결하여 스트링 전압을 DC 120V 이하로 구성하면 저전압방식(보호등급 III, 음영의 영향을 적게 받음)이라고 하고, 스트링을 길게 하여 DC 120V 이상으로 구성하면 고전압방식(보호등급 II)이라고 한다.

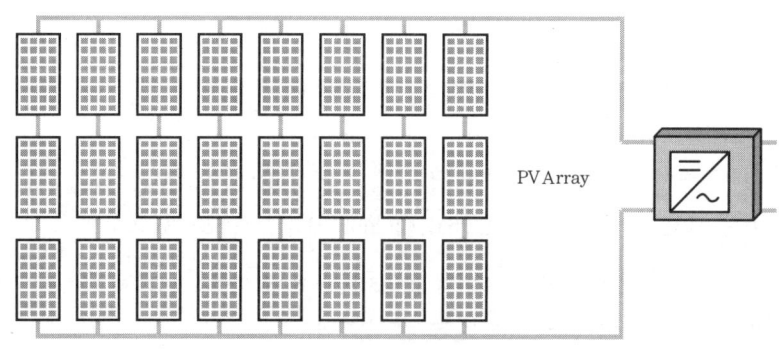

중앙집중식 인버터방식

③ **모듈 인버터방식**
 ㈎ 부분 음영이 많은 곳에서 높은 효율을 얻기 위해서 설치하는 방식이다.
 ㈏ 각 모듈에 각각 개별적으로 최대 전력점에서 작동되도록 구성할 수 있는 것이 장점이다.
 ㈐ 모듈 인버터방식은 확장이 용이하지만, 설치비용은 고가라는 단점이 있다.

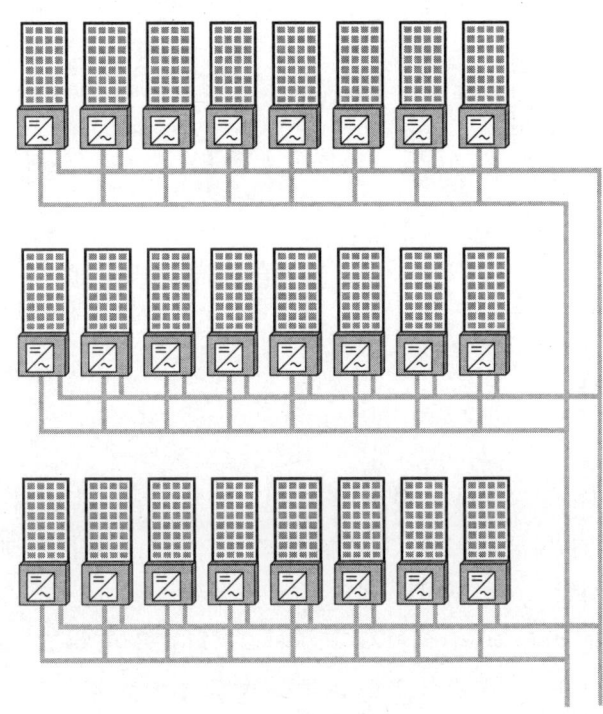

모듈 인버터방식

④ **기타 방식**
 ㈎ 스트링 인버터방식 : 최고 출력이 3kW인 시스템은 스트링 인버터방식으로 많이 설치되며, 태양전지 어레이는 한 개의 스트링으로 구성된다.
 ㈏ 서브어레이 인버터방식 : 중규모 시스템의 경우 2~3개의 스트링이 인버터에 연결되는 방식이다.
 ㈐ 분산형 인버터방식 : 방향과 경사가 서로 다른 하부 어레이들로 구성된 시스템, 또는 부분적으로 음영이 되는 시스템의 경우에 적용하는 방식이다.

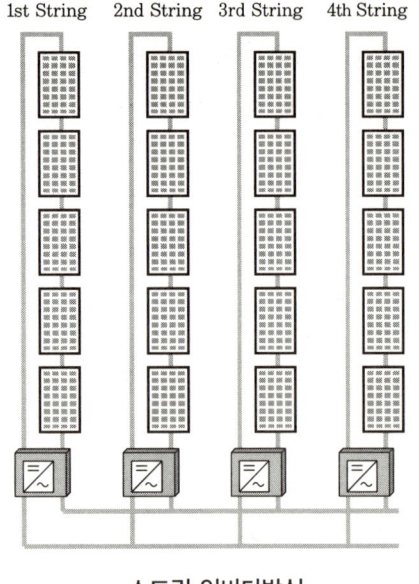

| 스트링 인버터방식 | 서브어레이 인버터방식 |

(7) 인버터 효율 계산

① **인버터의 선정**

(가) 종합적 체크사항 : 연계하는 한전 측과 전기방식 일치, 인증 여부, 설치의 용이성, 비상시 자립운전 여부, 축전지 운전연계 가능, 수명, 신뢰성, 보호장치 설정/시험 용이, 발전량 확인 용이, 서비스 네트워크 구축 등

(나) 태양광의 유효 이용 관련 체크사항 : 전력변환효율이 높고, 최대전력 추종제어(MPPT)가 용이할 것, 대기손실 및 저부하 손실이 적을 것

(다) 전력의 품질 및 공급의 안정성 측면의 체크사항 : 잡음 및 직류 유출, 고조파 발생이 적을 것, 기동·정지가 안정적일 것

(라) 기타의 확인사항

⑦ 제어방식 : 전압형 전류제어방식

㉯ 출력 기본파 역률 : 95% 이상

㉰ 전류의 왜형률 : 종합 5% 이하, 각 차수마다 3% 이하

㉱ 최고효율 및 유러피언 효율이 높을 것

② **인버터 설치상태** : 옥내, 옥외용을 구분하여 설치하여야 한다. 단 옥내용을 설치하는 경우는 5kW 이상 용량일 경우에만 가능하며 이 경우 빗물 침투를 방지할 수 있도록 옥내에 준하는 수준으로 외함 등을 설치하여야 한다.

③ **인버터 설치용량** : 인버터의 설치용량은 설계용량 이상이어야 하고, 인버터에 연결된 모듈의 설치용량은 인버터의 설치용량 105% 이내여야 한다.

④ **인버터 표시사항** : 입력단(모듈출력) 전압, 전류, 전력과 출력단(인버터출력)의 전압, 전류, 전력, 역률, 주파수, 누적발전량, 최대출력량(Peak)이 표시되어야 한다.

⑤ **인버터 효율**
  (가) 최대효율
    ㉮ 전부하 영역 중에서 가장 효율이 높은 값(보통 75~80% 부하에서 가장 효율이 높음)
    ㉯ 태양광발전은 일사량, 온도 등의 기상조건이 시시각각으로 변화하기 때문에 일정한 부하에서 최댓값을 나타내는 최대효율은 큰 의미가 없다고도 할 수 있다.
  (나) European 효율
    ㉮ 낮은 부분부하 영역에서부터 전부하 영역까지 운전하는 것을 고려하여 산정한다.
    ㉯ 5%, 10%, 20%, 30%, 50%, 100% 부하에서 각각 효율을 측정하고 각각의 효율에 가중치를 부여한 다음 합산하여 산정한다.
    ㉰ European 효율 계산식

$$\text{European 효율}(\eta_{euro}) = 0.03 \times \eta_{5\%} + 0.06 \times \eta_{10\%} + 0.13 \times \eta_{20\%} + 0.1 \times \eta_{30\%} + 0.48 \times \eta_{50\%} + 0.2 \times \eta_{100\%}$$

  (다) CEC(California Energy Commission) 효율
    ㉮ 미주지역에서 주로 사용하며 '캘리포니아 효율'이라고도 한다.
    ㉯ 미국 업체와 상담 시에는 주로 European 효율 대신 CEC 효율값이 요구된다.
    ㉰ CEC 효율 계산식

$$\text{CEC 효율}(\eta_{CEC}) = 0.04 \times \eta_{10\%} + 0.05 \times \eta_{20\%} + 0.12 \times \eta_{30\%} + 0.21 \times \eta_{50\%} + 0.53 \times \eta_{75\%} + 0.05 \times \eta_{100\%}$$

(8) 전기적 보호등급

보호등급	등급 기준	기 호
등급 I	장치 접지됨	⏚
등급 II	보호절연(이중/강화 절연)	▢
등급 III	• 안전 초저전압 • 최대 AC : 50V • 최대 DC : 120V	⬨III

1-3 바이패스 다이오드

(1) 용도

① 낙엽, 그늘, 음영, 태양전지 자체의 결함, 기타 오염 등으로 인해 태양전지에 부분적인 열화현상이 생기면, 그 태양전지 셀에는 다른 태양전지 셀에서 발생한 모든 전압이 인가되어 열점(Hot Spot)이 발생한다. 이런 문제점을 대비하여 태양전지 모듈 내의 약 18~20개마다 셀의 전류방향과 반대로 바이패스 다이오드를 설치한다.

② 바이패스 다이오드의 내전압(역내전압)은 보통 스트링 공칭 최대 전압의 1.5배 이상으로 해야 한다.

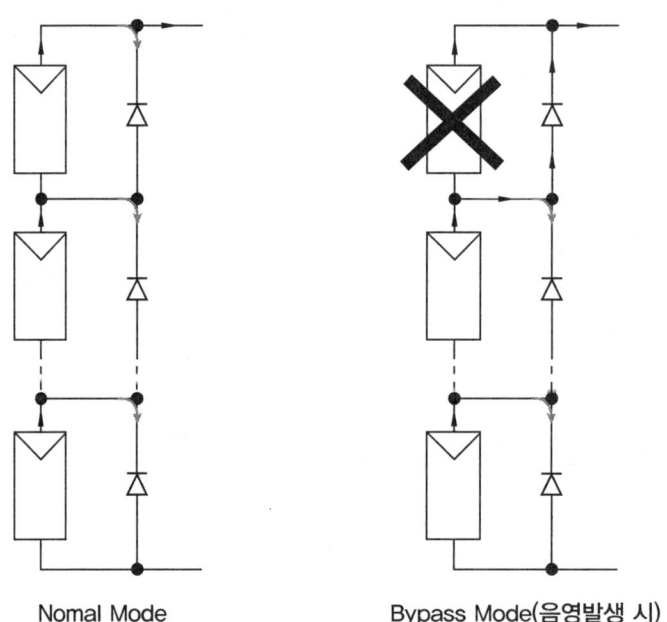

Nomal Mode   Bypass Mode(음영발생 시)

1-4 역류방지 소자(Blocking Diode)

① 개요

㈎ 태양전지 모듈에 다른 태양전지회로나 축전지에서 전류가 돌아 들어가는 것을 방지하기 위하여 설치하는 다이오드이다.

㈏ 특히 다수의 병렬회로로 구성된 어레이에서는 어떤 모듈이 고장인 경우 정상적인 모듈의 전류가 고장점으로 역류해서 집중하는 것을 방지하기 위하여 사용된다.

㈐ 역전류방지 다이오드는 반드시 정격 순방향 전류, 역내전압, 최고 주위온도와 같은 파라미터를 고려하여 설계하여야 한다.
㈑ 보통 모듈과는 별도로 접속함 내부에 설치된다.
② **용량** : 역류방지 다이오드 설치 시 용량은 모듈 단락전류의 2배 이상이어야 한다.
③ **역류방지 소자 설치방법**

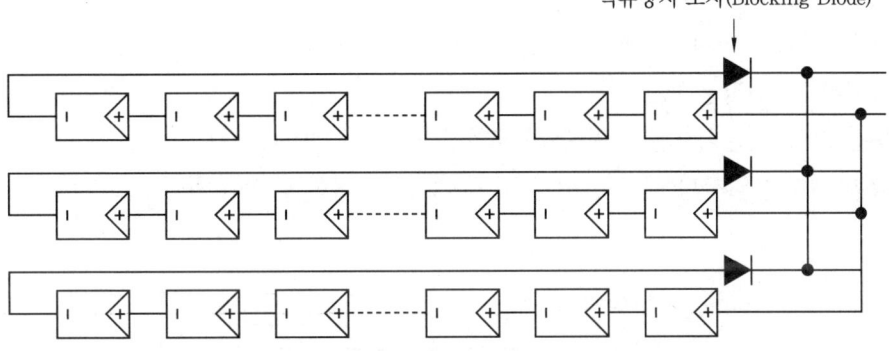

1-5 접속함

① **용도** : 다수 태양전지 모듈의 스트링을 하나의 접속함에서 연결하기 위함
② **접속함의 성능시험**

시험항목			판정기준
절연저항			1MΩ 이상일 것
내전압			(2E+1,000) V, 1분간 견딜 것
조작 성능	수동조작	개폐조작	조작이 원활하고 확실하게 개폐동작을 할 것
	전기조작	투입조작	조작회로의 정격 전압 85~110% 범위에서 지장 없이 개방 및 투입할 수 있을 것
		개방조작	조작회로의 정격 전압 85~110% 범위에서 지장 없이 개방 및 리셋할 수 있을 것
		전압트립	조작회로의 정격 전압 75~125% 범위 내의 모든 트립 전압에서 지장 없이 트립이 될 것
		트립자유	차단기 트립을 확실히 할 수 있을 것
차단기 성능			KS C IEC 60898-2에 따른 승인을 득한 부품을 사용할 것(태양광 어레이의 최대 개방 전압 이상의 직류 차단 전압을 가지고 있을 것)

③ **접속함 주요 구성요소**
  (개) 단자대 : 모듈로부터 직류전원의 공급(접속)
  (내) (직류)차단기 : 입력부 전원 개폐 및 고장 시 차단
  (대) 퓨즈 : 단락전류에 대한 보호
  (래) 역류 방지 다이오드 : 역전류에 대한 방지
  (매) SPD : 서지 보호(타입 II 권장)
  (배) PCB : 퓨즈, 단자대, 역류 방지 다이오드, SPD 등 일체형
  (새) 방열판 및 냉각용 Fan
  (애) 통신 모듈 : 신호변환기 및 통신 모듈(RS485, TCP/IP 등)
  (재) 각종 센서 : 일사량, 온도, 풍향 및 풍속 등에 대한 측정용 등

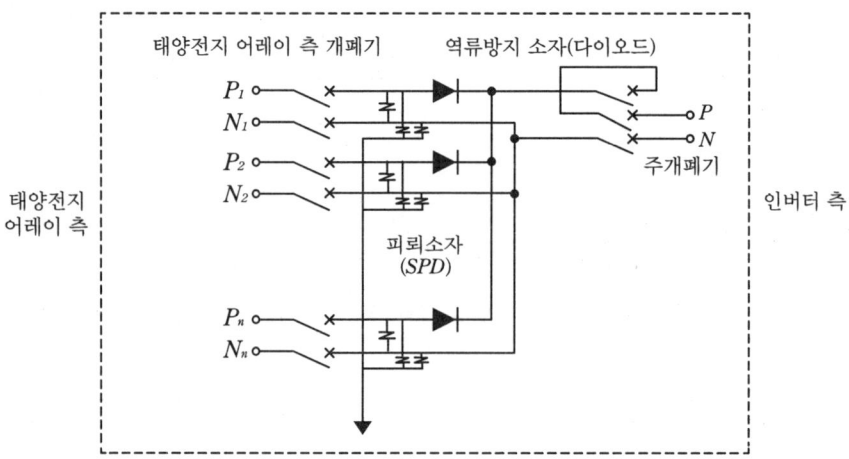

> 1. 태양전지 어레이 측 개폐기로 단로기(무부하 Disconnecting Switch)나 퓨즈(Fuse)를 사용할 때에는 반드시 주개폐기로 MCCB(Mold Case Current Braker ; 배선용 차단기)를 설치하여야 한다.
> 2. 주개폐기는 어레이가 1개의 스트링으로 구성되어 있고 어레이측 개폐기가 MCCB로 되어 있을 경우 생략 가능하다.
> 3. SPD(서지보호소자 혹은 피뢰소자) : 각 스트링마다 설치(낙뢰가 많은 경우에는 주개폐기 혹은 송전단/수전단 양측 모두에 설치)하며, 접지 측 배선은 최대한 짧게 한다. SPD에는 반도체형과 갭형(방전갭형, SG ; Spark Gap)이 있고, 기능면에서 억제형과 차단형으로, 용도면에서 통신용과 전원용 등으로 구분되며, SPD 소자로서 탄화규소, 산화아연 등이 사용된다.

종류		기호	전압전류특성	장점 및 단점
갭	방전갭 (SG) 〈직격뢰용〉	⊙	(그래프)	• 정전용량이 적음 • 서지전류내량 큼 • 누설전류가 적음 • 고장모드는 개방 • 속류가 있음(단점)
반도체	산화금속 바리스터 (MOV) 〈유도뢰용〉	(기호)	(그래프)	• 제한전압이 낮음 • 신뢰성 높음(방전응답 빠름) • 정전용량 큼(단점) • 고장모드는 단락(단점)

4. 전기설비의 접지와 건축물의 피뢰설비 및 통신설비 등의 통합접지공사를 할 수 있다. 단 낙뢰 등에 의한 과전압으로부터 설비를 보호하기 위해 SPD를 설치하여야 한다.
5. 전기실의 소화설비 : 물분무, 이산화탄소, 청정소화약제, 이너젠 등
6. 전선배관 등의 관통부는 방화구획 측면에서 다음 설비로의 화재 확산을 방지하기 위해서 '관통부 처리'를 해야 한다.
7. 유입변압기(오일변압기)는 화재안전상 옥외설치가 권장된다(NFPA70 기준).
8. 뇌 보호영역(LPZ ; Lightning Protection Zone)별 SPD 선택기준

뇌 보호영역	시험 파형	적용 SPD
LPZ1	12.5KA 이상 - 10/350μs 파형 기준(큰 에너지를 갖는 직격뢰 대응)	Class I (타입 I)
LPZ2	5KA 이상 - 8/20μs 파형 기준(유도뢰 서지에 대응)	Class II (타입 II)
LPZ3	1.2/50μs(전압) , 8/20μs(전류) 조합파 기준	Class III (타입 III)

㈜ 1. 충격파는 다음 그림과 같이 보통 파고값, 파두장(파고값에 달하기까지의 시간)과 파미장(파미의 부분으로 파고값의 50%로 감쇠할 때까지의 시간)으로 나타낸다.

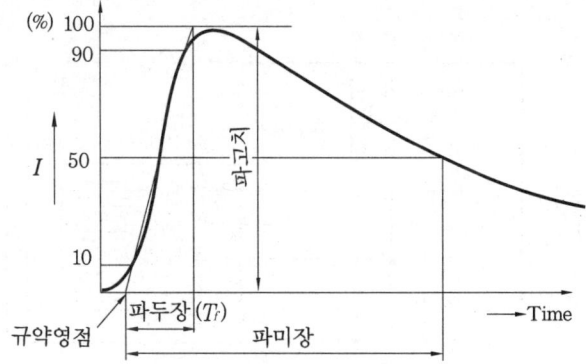

충격전류파 파형커브

◐ 충격전류파의 규약영점 : 파고치의 10% 및 90%의 점을 연결한 직선과 전류의 0점을 통과하는 시간좌표축과의 교점, 즉 파고치의 10% 되는 시각보다 $0.1T_f$ 앞선 시각을 말한다.

2. SPD의 방전내량 크기 순서 : Class III < Class II < Class I
 - 어레이 접속함 : Class II(타입II) 혹은 Class III(타입 III)
 - 인버터 판넬 : Class II(타입 II)
 - 인입구 배전반 : Class I(타입 I)

③ 개폐기
 (가) 어레이 측 개폐기 : 태양전지 어레이의 출력과 접속반과의 회로 중간에 삽입한다.
 (나) 주개폐기 : 태양전지 어레이의 출력을 한군데로 모은 후 인버터와의 회로 중간에 삽입한다.

1-6 교류 측 기기

① 분전반
 (가) 분전반은 계통연계하는 시스템의 경우에 인버터의 교류출력을 계통으로 접속할 때 사용하는 차단기를 수납한다.
 (나) 태양광발전 시스템용으로 설치하는 차단기는 지락검출기능이 있는 과전류 차단기가 필요하다.
② **적산전력량계** : 역전송한 전력량을 계측하여 전력회사에 판매할 전력요금을 산출하는 계량기이다.
③ SPD(서지보호소자) : 접속반과 동일하게 뇌 서지로부터의 보호를 목적으로 분전반 내부에 설치한다.

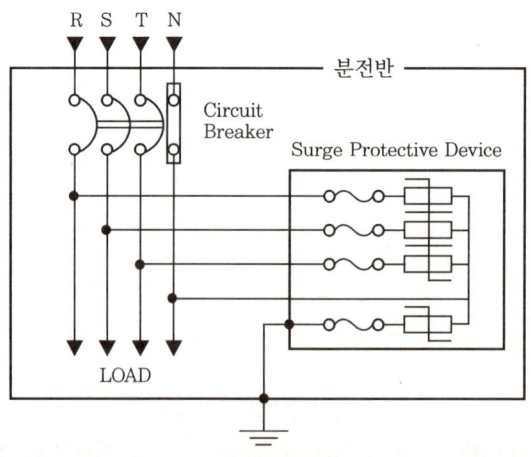

분전반의 설치 사례

1-7 축전지의 적용 및 분류

① 전력 축전을 행하여 일사량이 적을 때나 야간의 발전을 하지 않는 시간에 전력량을 필요에 따라 내보내는 장치이다.
② 재해 시나 정전 시의 Backup 전원이나 발전전력 급변 때의 완충, Peak Cut 등에 적용 범위를 확대할 수 있다.
③ 방전심도(DOD ; Depth of Discharge)
  ㈎ 축전지의 잔존용량을 표현하는 또 다른 방법이다.

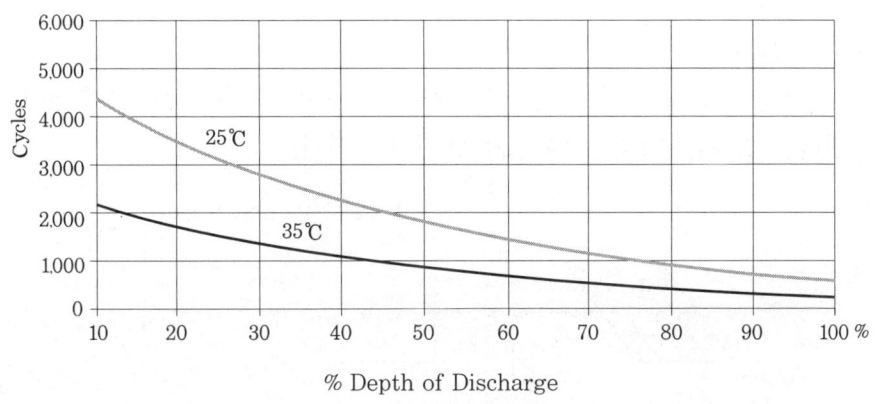

  ㈏ 방전심도 혹은 방전깊이(Depth of Discharge) 계산식

$$\text{DOD(방전심도)} = \frac{\text{실제의 방전량}}{\text{축전지의 정격용량}} \times 100\%$$

  ㈐ 방전심도는 잔존용량의 반대 개념 : 방전심도를 30~40% 정도로 낮게 설정하면 축전지 수명이 길어지고, 방전심도를 70~80% 이상으로 설정하면 축전지 이용률은 높아지는 대신 그만큼 축전지의 수명이 단축된다.

④ 운용 방법상의 축전지 분류
 ㈎ 계통연계시스템용 축전지(방재 대응용)
  ㉮ 평상시 연계운전
  ㉯ 정전 시 자립운전
  ㉰ 정전회복 후·야간 충전운전

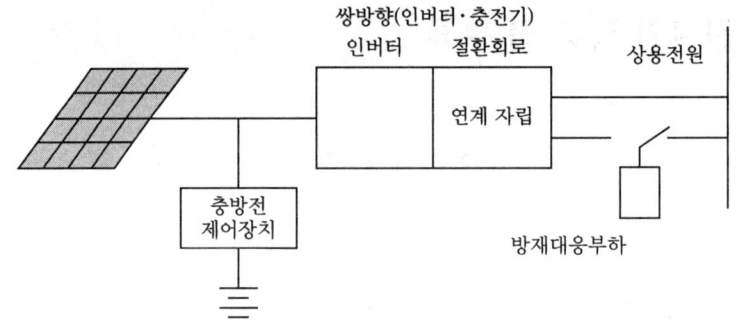

(나) 계통연계시스템용 축전지(부하 평준화 대응형)
  ㉮ 평상시 연계운전
  ㉯ 피크 시 태양전지 축전지 겸용 연계운전
  ㉰ 야간충전운전
  ㉱ 특히 계통부하 급증 시 방전하고, 태양전지 출력 증대로 인한 계통전압 상승 시 충전하는 방식을 '계통안정화 대응형'이라고 한다.

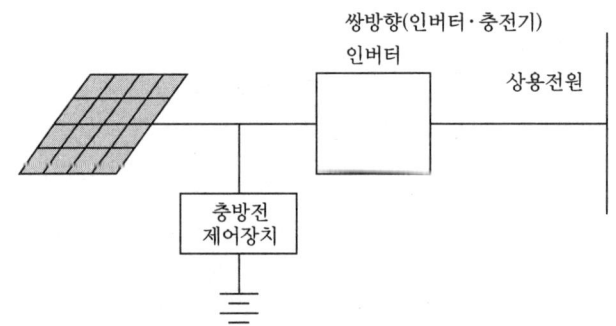

(다) 독립형 전원시스템용 축전지
  ㉮ 직류부하 전용일 때는 인버터가 필요 없음
  ㉯ 직류출력 전압과 축전지 전압은 상호 맞출 것
  ㉰ 하이브리드형 : 독립형 시스템과 다른 발전설비와 연계하여 사용하는 형태

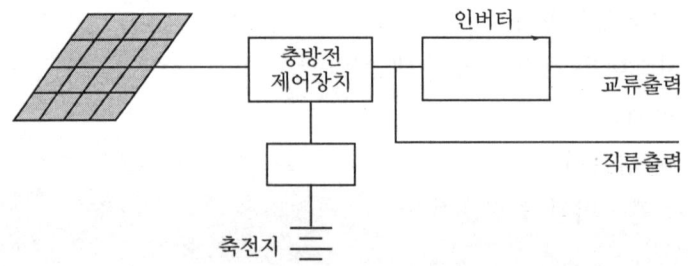

⑤ 축전지 취급 주의사항
　㈎ 방재 대응형에는 재해로 인한 정전 시에 태양전지에서 충전하기 위한 충전전력량과 축전지 용량을 매칭할 필요가 있다.
　㈏ 축전지 직렬 개수는 태양전지에서도 충전 가능한지, 인버터 입력전압 범위에 포함되는지 확인하여 선정한다.
　㈐ 상시 유지 충전방법을 충분히 검토하고, 항상 축전지를 양호한 상태로 유지한다.
　㈑ 중량물이므로 설치장소는 하중을 견딜 수 있는 장소로 선정한다.
　㈒ 지진에 견딜 수 있는 구조로 한다.
　㈓ 기타 자기방전율(부하가 연결되지 않은 상태에서의 방전율)이 낮아야 한다.

1-8 축전지 용량 계산

(1) 축전지 선정 시 고려사항
① 경제성
② 자기 방전율이 낮을 것
③ 수명이 길 것
④ 방전 전압 및 전류가 안정적일 것
⑤ 과충전, 과방전에 강할 것
⑥ 중량 대비 효율이 높을 것
⑦ 환경 변화에 안정적일 것
⑧ 에너지 저장밀도가 높을 것
⑨ 유지보수가 용이할 것

(2) 축전지 용량 및 직렬 연결 개수
① 계통연계시스템용 축전지 용량 산출(방재대응형, 부하 평준화형 포함)

$$\text{축전지 용량 } C = \frac{K \cdot I}{L} \text{(Ah)}$$

＊C : 온도 25℃에서 정격 방전율 환산용량(축전지 표시용량)
　K : 방전(유지)시간, 축전지(최저동작)온도, 허용 최저전압(방전 종기 전압 ; V/Cell)으로 결정되는 용량 환산시간(알려고 하는 방전시간에 해당하는 K값 = 어떤 방전시간에 해

당하는 K값+방전시간의 차이)
I : 평균 방전전류(PCS 직류 입력전류)=1,000$P/\{(V_i+V_d) \cdot E_f\}$
L : 보수율(수명 말기의 용량 감소율 고려하여 보통 0.8)
P : 평균 부하용량(kW)
V_i : 파워컨디셔너 최저 동작 직류 입력전압(V)
V_d : 축전지-파워컨디셔너 간 전압강하(V)
E_f : 파워컨디셔너의 효율

② 축전지 직렬 연결 개수 산출

$$\text{축전지 직렬연결 개수 } N = \frac{V_i+V_d}{V_c}$$

* V_c : 축전지 방전 종지전압(V/Cell)

③ 독립형 전원시스템용 축전지 용량 산출

$$C = \frac{L_d \times D_r \times 1,000}{L \times V_b \times N \times \text{DOD}} (\text{Ah})$$

* L_d : 1일 적산 부하전력량(kWh)
  D_r : 불일조 일수
  L : 보수율
  V_b : 공칭 축전지 전압(V)
  N : 축전기 개수
  DOD: 방전심도(일조기 없는 날의 마지막 날을 기준으로 결정)

(3) MSE형 축전지 용량환산시간(K값)

방전시간	온도	허용 최저전압 (V/Cell)			
		1.9V	1.8V	1.7V	1.6V
1시간	25	2.40	1.90	1.65	1.55
	5	3.10	2.05	1.80	1.7
	-5	3.50	2.26	1.95	1.80
1.5시간 (90분)	25	3.10	2.50	2.21	2.10
	5	3.80	2.70	2.42	2.25
	-5	4.35	3.00	2.57	2.42
2시간	25	3.7	3.05	2.75	2.60
	5	4.50	3.30	3.00	2.80
	-5	6.50	5.00	4.50	4.10

	25	4.80	4.10	3.72	3.50
3시간	5	5.80	4.40	4.05	3.80
	-5	6.50	5.00	4.50	4.10
	25	5.90	5.00	4.60	4.40
4시간	5	7.00	5.40	5.00	4.75
	-5	9.00	7.20	6.40	6.10
	25	7.00	5.95	5.50	5.20
5시간	5	8.00	6.30	6.00	5.60
	-5	9.00	7.20	6.40	6.10
	25	8.00	6.80	6.30	6.00
6시간	5	9.00	7.20	6.80	6.40
	-5	10.00	8.30	7.40	7.00
	25	8.90	7.60	7.10	6.70
7시간	5	10.00	8.00	7.60	7.30
	-5	11.00	9.40	8.40	8.00
	25	9.90	8.40	7.90	7.50
8시간	5	11.00	8.90	8.40	8.10
	-5	12.00	10.30	9.30	9.00
	25	10.80	9.70	9.20	8.90
9시간	5	11.80	9.70	9.20	8.90
	-5	13.00	11.10	10.00	9.80
	25	11.50	10.00	9.40	8.90
10시간	5	12.70	10.50	10.00	9.70
	-5	14.00	12.00	11.00	10.60

(4) 축전지 설비의 이격거리

대 상	이격거리(m)
큐비클 이외의 발전설비와의 사이	1.0
큐비클 이외의 변전설비와의 사이	1.0
옥외에 설치할 경우 건물과의 사이	2.0
전면 또는 조작면	1.0
점검면	0.6
환기면(환기구 설치면)	0.2

(5) 충·방전 컨트롤러

야간에는 태양전지 모듈이 부하의 형태로 변하므로 역류방지 다이오드와 함께 축전지가 일정 전압 이하로 떨어질 경우 부하와의 연결을 차단하는 기능, 야간타이머 기능, 온도보정기능(축전지의 온도를 감지해 충전 전압을 보정) 등을 보유한 제어장치이다.

1-9 분산형 전원 배전계통 연계

(1) 배전선로의 연계
① 500kW 미만의 발전전력용량은 저압배전선로와 연계할 수 있다.
② 500kW 이상인 경우는 특고압 배선전로와 연계할 수 있다.

(2) 분산형 전원 배전계통 연계 기술 기준
① **전기방식** : 연계하고자 하는 계통의 전기방식과 동일하여야 한다.
② **공급전압 안전성 유지** : 연계 지점의 계통전압을 조정해서는 안 된다.
③ **계통접지** : 계통에 연결되어 있는 설비의 성격을 초과하면 안 된다.
④ **동기화** : 연계지점의 계통전압이 4% 이상 변동하지 않도록 계통에 연계한다.
⑤ **상시 전압변동률과 순시 전압변동률**
  (가) 저압일반선로에서 분산형 전원의 상시 전압변동률은 3%를 초과하지 않아야 한다.
  (나) 저압계통의 경우, 계통병입 시 돌입전류를 필요로 하는 발전원에 대해서 계통 병입에 의한 순시 전압변동률이 6%를 초과하지 않아야 한다.
  (다) 특고압 계통의 경우, 분산형 전원의 연계로 인한 순시 전압변동률은 발전원의 계통 투입, 탈락 및 출력변동 빈도에 따라 다음 표에서 정하는 허용기준을 초과하지 않아야 한다.

변동빈도	순시 전압변동률
1시간에 2회 초과 10회 이하	3%
1일 4회 초과, 1시간에 2회 이하	4%
1일에 4회 이하	5%

㈜ 1. 분산형 전원의 전기품질 관리항목 : 직류 유입제한, 역률(90% 이상), 플리커, 고조파

2. 분산형 전원을 한전계통에 연계 시 생산된 전력의 전부 또는 일부가 한전계통으로 송전되는 병렬 형태를 '역송병렬'이라고 부른다.

발전용량 혹은 분산형 전원 정격용량 합계(kW)	주파수차 (Δf, Hz)	전압차 (ΔV, %)	위상각 차 ($\Delta \phi$, °)
1~500 이하	0.3	10	20
500 초과~1,500 이하	0.2	5	15
1,500 초과~20,000 미만	0.1	3	10

⑥ 가압되어 있지 않은 계통에서의 연계 금지

⑦ **측정감시** : 분산형 전원 발전설비의 용량 250kVA 이상이면, 연계지점의 연결 상태, 유효전력, 무효전력과 전압을 측정하고 감시할 수 있어야 한다.

⑧ **분리장치** : 분산형 전원 발전설비와 계통연계지점 사이 설치

⑨ 계통연계 시스템의 건전성

　㈎ 전자장 장해로부터의 보호

　㈏ 서지 보호기능

⑩ 계통 이상 시 분산형 전원 발전설비 분리

　㈎ 계통 고장, 또는 작업 시 역충전 방지

　㈏ 전력계통 재폐로 협조

　㈐ 전압 : 계통에서 비정상 전압상태가 발생할 경우 분산형 전원 발전설비를 전력계통에서 분리

전압범위(기준전압에 대한 비율)	분리시간
V<50%	0.16초
50≤V<88%	2.0초
110<V<120%	2.0초
V≥120%	0.16초

㈜ 1. 기준전압은 계통의 공칭전압을 말한다.
　2. 분리시간이란 비정상 상태의 시작부터 분산형 전원의 계통가압 중지까지의 시간을 말한다. 최대용량 30kW 이하의 분산형 전원에 대해서는 전압 범위 및 분리시간 정정치가 고정되어 있어도 무방하나, 30kW를 초과하는 분산형 전원에 대해서는 전압범위 정정치를 현장에서 조정할 수 있어야 한다. 상기 표의 분리시간은 분산형 전원용량이 30kW 이하일 경우에는 분리시간 정정치의 최대값을, 30kW를 초과할 경우에는 분리시간 정정치의 초기값(Default)을 나타낸다.

⒭ 계통 재병입 : 계통 이상 발생 복구 후 전력계통의 전압과 주파수가 정상상태로 5분간 유지되지 않으면 분산형 전원 발전설비를 계통에 연결하지 않는다.

⑪ **전력품질**
㈎ 직류전류 계통유입 한계 : 최대전류의 0.5% 이상의 직류전류를 유입하여서는 안 된다.
㈏ 역률
  ㉮ 분산형 전원의 역률은 90% 이상으로 유지함을 원칙으로 한다. 다만, 역송병렬로 연계하는 경우로서 연계계통의 전압상승 및 강하를 방지하기 위하여 기술적으로 필요하다고 평가되는 경우에는 연계계통의 전압을 적절하게 유지할 수 있도록 분산형 전원 역률의 하한값과 상한값을 사용자 측과 협의하여야 정할 수 있다.
  ㉯ 분산형 전원의 역률은 계통 측에서 볼 때 진상역률(분산형 전원 측에서 볼 때 지상역률)이 되지 않도록 함을 원칙으로 한다.
㈐ 플리커(Flicker) : 분산형 전원은 빈번한 기동·탈락 또는 출력변동 등에 의하여 한전계통에 연결된 다른 전기사용자에게 시각적인 자극을 줄 만한 플리커나 설비의 오동작을 초래하는 전압요동을 발생시켜서는 안 된다.
㈑ 고조파 전류는 10분 평균한 40차까지의 종합 전류 왜형률이 5%를 초과하지 않도록 각 차수별로 3% 이하로 제어해야 한다.
㈒ 고조파 전류의 비율

고조파 차수	$h<11$	$11 \leq h<17$	$17 \leq h<23$	$23 \leq h<35$	$35 \leq h$	TDD
비율	4.0	2.0	1.5	0.6	0.3	5.0

㈓ 짝수 고조파는 각 구간별로 홀수 고조파의 25% 이하로 한다.

⑫ **단독운전 방지(Anti-Islanding)** : 연계계통의 고장으로 단독운전상 분산형 전원 발전설비는 이러한 단독운전 상태를 빨리 검출하여 전력계통으로부터 분산형 전원 발전설비를 분리시켜야 한다(최대한 0.5초 이내).

⑬ **보호협조의 원칙** : 분산형 전원의 이상 또는 고장 시 이로 인한 영향이 연계된 한전계통으로 파급되지 않도록 분산형 전원을 해당 계통과 신속히 분리하기 위한 보호협조를 실시하여야 한다.

⑭ **태양광 발전 계통** : 태양전지 어레이, 접속반, 인버터, 원격모니터링, 변압기, 배전반 등으로 구성된다.

㈜ 분산형 전원 연계 요건 및 연계의 구분(한국전력 기준)

1. 분산형 전원을 계통에 연계하고자 할 경우, 공공 인축과 설비의 안전, 전력공급 신뢰도 및 전기품질을 확보하기 위한 기술적인 제반 요건이 충족되어야 한다.
2. 한전 기술요건을 만족하고 한전계통 저압 배전용 변압기의 분산형 전원 연계가능 용량에 여유가 있을 경우, 저압 한전계통에 연계할 수 있는 분산형 전원의 용량은 다음과 같이 구분한다.
   ① 분산형 전원의 연계용량이 500kW 미만이고 배전용 변압기 누적연계용량이 해당 배전용변압기 용량의 50% 이하인 경우 다음 각 목에 따라 해당 저압계통에 연계할 수 있다. 다만, 분산형 전원의 출력전류의 합은 해당 저압 전선의 허용전류를 초과할 수 없다.
      ㈎ 분산형 전원의 연계용량이 연계하고자 하는 해당 배전용 변압기(지상 또는 주상) 용량의 50% 이하인 경우 다음 각 목에 따라 간소검토 또는 연계용량 평가를 통해 저압 일반선로로 연계할 수 있다.
         ㉮ 간소검토 : 저압 일반선로 누적연계용량이 해당 변압기 용량의 25% 이하인 경우
         ㉯ 연계용량 평가 : 저압 일반선로 누적연계용량이 해당 변압기 용량의 25% 초과 시, 한전에서 정한 기술요건을 만족하는 경우
      ㈏ 분산형 전원의 연계용량이 연계하고자 하는 해당 배전용 변압기(주상 또는 지상) 용량의 25%를 초과하거나, 한전에서 정한 기술요건에 적합하지 않은 경우 접속설비를 저압 전용선로로 할 수 있다.
   ② 배전용 변압기 누적연계용량이 해당 변압기 용량의 50%를 초과하는 경우 연계할 수 없다. 다만, 한전이 해당 저압계통에 과전압 혹은 저전압이 발생될 우려가 없다고 판단하는 경우에 한하여 해당 배전용 변압기에 연계가 가능하다. 다만, 배전용 변압기 누적연계용량은 해당 배전용 변압기의 정격용량을 초과할 수 없다.
   ③ 분산형 전원의 연계용량이 500kW 미만인 경우라도 분산형 전원 설치자가 희망하고 한전이 이를 타당하다고 인정하는 경우에는 특고압 한전계통에 연계할 수 있다.
   ④ 동일 번지 내에서 개별 분산형 전원의 연계용량은 500kW 미만이나 그 연계용량의 총합은 500kW 이상이고, 그 소유나 회계주체가 각기 다른 복수의 단위 분산형 전원이 존재할 경우에는 각각의 단위 분산형 전원을 저압 한전계통에 연계할 수 있다. 다만, 각 분산형 전원 설치자가 희망하고, 계통의 효율적 이용, 유지보수 편의성 등 경제적, 기술적으로 타당한 경우에는 대표 분산형 전원 설치자의 발전용 변압기 설비를 공용하여 특고압 한전계통에 연계할 수 있다.
3. 한전 기술요건을 만족하고 한전계통 변전소 주변압기의 분산형 전원 연계가능 용량에 여유가 있을 경우, 특고압 한전계통에 연계할 수 있는 분산형 전원의 용량은 다음과 같이 구분한다.
   ① 분산형 전원의 연계용량이 10,000kW 이하로 특고압 한전계통에 연계되거나 500kW

미만으로 전용변압기를 통해 저압 한전계통에 연계되고 해당 특고압 일반선로 누적연계용량이 해당 선로의 상시운전용량 이하인 경우 다음 각 목에 따라 해당 특고압 계통에 연계할 수 있다. 다만, 분산형 전원의 출력전류의 합은 해당 특고압 전선의 허용전류를 초과할 수 없다.

    ㈎ 간소검토 : 주변압기 누적연계용량이 해당 주변압기 용량의 15% 이하이고, 특고압 일반선로 누적연계용량이 해당 특고압 일반선로 상시운전용량의 15% 이하인 경우 간소검토 용량으로 하여 특고압 일반선로에 연계할 수 있다.

    ㈏ 연계용량 평가 : 주변압기 누적연계용량이 해당 주변압기 용량의 15%를 초과하거나, 특고압 일반선로 누적연계용량이 해당 특고압 일반선로 상시운전용량의 15%를 초과하는 경우에 대해서는 한전에서 정한 기술요건을 만족하는 경우에 한하여 해당 특고압 일반선로에 연계할 수 있다.

    ㈐ 분산형 전원의 연계로 인해 한전 기술요건을 만족하지 못하는 경우 원칙적으로 전용선로로 연계하여야 한다. 단, 기술적 문제를 해결할 수 있는 보완 대책이 있고 설비 보강 등의 합의가 있는 경우에 한하여 특고압 일반선로에 연계할 수 있다.

② 분산형 전원의 연계용량이 10,000kW를 초과하거나 특고압 일반선로 누적연계용량이 해당 선로의 상시운전용량을 초과하는 경우 다음 각 목에 따른다.

    ㈎ 개별 분산형 전원의 연계용량이 10,000kW 이하라도 특고압 일반선로 누적연계용량이 해당 특고압 일반선로 상시운전용량을 초과하는 경우에는 접속설비를 특고압 전용선로로 함을 원칙으로 한다.

    ㈏ 개별 분산형 전원의 연계용량이 10,000kW 초과 20,000kW 미만인 경우에는 접속설비를 대용량 배전방식에 의해 연계함을 원칙으로 한다.

    ㈐ 접속설비를 전용선로로 하는 경우, 향후 불특정 다수의 다른 일반 전기사용자에게 전기를 공급하기 위한 선로경과지 확보에 현저한 지장이 발생하거나 발생할 우려가 있다고 한전이 인정하는 경우에는 접속설비를 지중 배전선로로 구성함을 원칙으로 한다.

    ㈑ 접속설비를 전용선로로 연계하는 분산형 전원은 한전에서 정한 단락용량 기술요건을 만족해야 한다.

4. 단순병렬로 연계되는 분산형 전원의 경우 한전 기술요건을 만족하는 경우 주변압기 및 특고압 일반선로 누적연계용량 합산 대상에서 제외할 수 있다.

5. 한전 기술요건 만족 여부를 검토할 때, 분산형 전원 용량은 해당 단위 분산형 전원에 속한 발전설비 정격 출력의 합계를 기준으로 하며, 검토점은 특별히 달리 규정된 내용이 없는 한 공통 연결점으로 함을 원칙으로 하나, 측정이나 시험 수행 시 편의상 접속점 또는 분산형 전원 연결점 등을 검토점으로 할 수 있다.

6. 한전 기술요건 만족 여부를 검토할 때, 분산형 전원 용량은 저압연계의 경우 해당 배전용 변압기 및 저압 일반선로 누적연계용량을 기준으로 하며, 특고압 연계의 경우 해당 주변압기 및 특고압 일반선로 누적연계용량을 기준으로 한다.

1-10 계통연계 보호장치

① **계통연계 보호장치의 역할** : 계통연계로 운전하는 태양광발전 시스템에서 계통 혹은 인버터 측 이상 발생 시 이를 감지하여 인버터를 즉시 정지시킴(계통 측 안전 확보)
② **저압연계 시스템** : 과전압 계전기(OVR), 저전압 계전기(UVR), 과주파수 계전기(OFR), 저주파수 계전기(UFR) 등
③ **특고압 연계 시스템** : 지락 과전류 계전기(OCGR) 등

사고 발생개소	사고형태	보호계전기 역조류 없음	보호계전기 역조류 있음
자가용 발전 설비	역변환장치의 제어계통 이상 등에 의한 전압상승	OVR	OVR
	역변환장치의 제어계통 이상 등에 의한 전압저하	UVR	UVR
전력 계통	연계된 계통의 단락	UVR	UVR
	계통사고 및 작업정전 등에 의한 단독운전상태	RPR, UFR, 역충전 검출기능	단독운전 검출기능, OVR, UVR, OFR, UFR
	특고압 연계 시스템의 지락 과전류 발생	OCGR	OCGR

㈜ RPR(역전력 계전기 ; Reverse Power Relay)은 단순병렬(한전역송 불가) 조건을 이행하는지 확인하기 위한 계전기로서 발전전력이 계통으로 역송되면 감지하여 발전기를 계통에서 분리하는 계전기이므로, 엄밀히 송전 시나 수전 시 시스템 보호를 위한 보호계전기의 종류는 아니다.

1-11 구조설계 방법

(1) 구조설계 시 기본 고려사항

① **안정성**
  ㈎ 내진, 내풍, 적설 그 밖의 자연재해(천재지변) 고려
  ㈏ 구조물에 미칠 수 있는 최대 상정 하중 고려
  ㈐ 발전시스템 사용 중 발생 가능한 돌발적 상황 고려
  ㈑ 유지보수 및 기타 발생 가능한 추가 하중 고려

⑷ 하부의 기존 구조물에 미칠 수 있는 안전성 관련 문제점 분석
② **경제성**
  ㈎ 지나친 안전율을 적용하는 등 과다 설계의 배제
  ㈏ 발전소의 적절한 설치 규모 및 현장여건 고려
  ㈐ 공사비 절감 가능한 공법 채택(VE기법 고려)
③ **시공성**
  ㈎ 설치 부자재의 재질, 접합방법 등에 대한 통일화
  ㈏ 규격화, 표준화 등 일관성 있는 시공법 채택 필요
④ **사용성 및 내구성**
  ㈎ 구조물의 경년 변화 및 지반의 변화 고려
  ㈏ 주변 환경조건의 변화 가능성 등 고려

(2) 기초의 형식 결정 시 고려사항

① **지반의 조건** : 지반의 종류, 지하수위, 암반의 깊이, 지반의 균일성 등 고려
② **상부 구조물의 특성** : 허용 침하량, 구조물의 중요도, 하중의 종류와 크기, 허용 변위량, 기타 특수 요구조건
③ **상부 구조물의 하중** : 기초의 설계하중 결정
④ **경제성** : 기초의 종류별 경제성 비교검토
⑤ **시공성** : 기초 깊이, 항타성, 작업공간, 소음/진동, 인접 구조물의 영향 등

1-12 얕은 기초의 설계방법

① **원칙** : 허용지지력 < 하중의 단위 면적당 크기
② **기초의 크기(A ; m²)**

$$A = \frac{D_L \times D_b \times D_s + W}{q_a}$$

* D_L : 상부 구조물의 고정하중
  D_b : 기초의 자중
  D_s : 기초 위에 채워지는 흙 및 흙 위의 상재하중
  W : 활하중(풍하중)
  q_a : 기초의 지지력

③ 기초의 허용 지지력(q_a) 평가

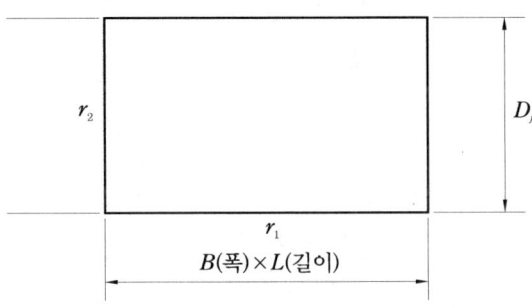

다음 Terzaghi 공식으로 q_a를 계산하면,

$$q_a = \frac{1}{f_s}(\alpha \cdot c \cdot N_c + \beta \cdot \gamma_1 \cdot B' \cdot N_r + \gamma_2 \cdot D_f \cdot N_q)$$

* q_a : 허용지지력(kN/m^2)
  f_S : 안전율(평상시 3, 지진 시 2)
  c : 기초저면하의 흙의 점착력(kN/m^2)
  α, β : 기초의 형상계수
  N_c, N_r, N_q : 지지력계수
  D_f : 기초의 근입심도(m)
  γ_1, γ_2 : 기초저면하 및 근입깊이 흙의 단위체적중량(kN/m^2)
  B' : 하중의 편심을 고려한 유효재하폭(m), $B'=B-2e_B$
  e_B : 하중의 편심량

④ 총 허용하중 계산

$$총\ 허용하중 = q_a \times A(기초\ 밑면적)$$

⑤ 기초의 형상계수

기초의 모양에 따라 다음과 같이 정해진다.

형상계수	기초저면의 형상계수			
	연속 기초	정사각형 기초	직사각형 기초	원형 기초
α	1.0	1.3	1+0.3 B/L	1.3
β	0.5	0.4	0.5−0.1 B/L	0.3

1-13 가대설계의 절차

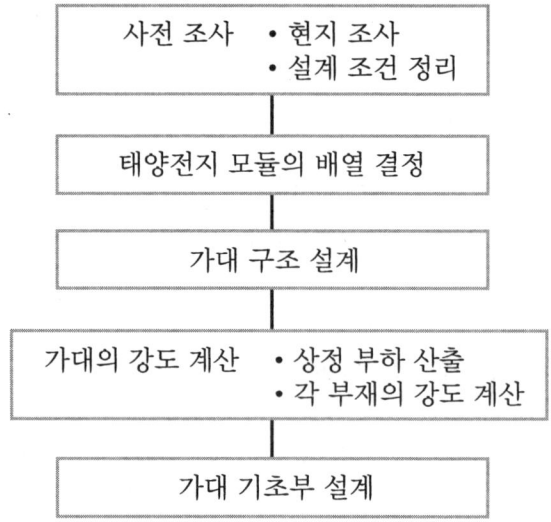

1-14 태양광어레이용 가대

(1) 가대 설계 상정하중

구분		내용
수직하중	고정하중	• 어레이, 프레임 및 서포트 하중
	적설하중	• 경사계수 및 눈의 단위 질량 고려
	활하중	• 건축물 혹은 공작물을 점유 및 사용함으로써 발생하는 하중
수평하중	풍하중	• 어레이 및 지지물 등의 구조물에 가한 풍압의 합 • 풍력계수, 용도계수, 환경계수 등 고려
	지진하중	• 지지층의 전단력 계수 고려

㈜ 1. 어레이용 가대 : 가공을 피할 수 있도록 규격화(통일화)되어 있고, 수급이 용이하며, 절삭가공이 쉽고, 염해/공해/부식 등이 적을 것
 2. 가대 설계순서 : 설치장소 결정 > 모듈의 배열 결정 > 상정 최대하중 산출 > 재질/형태/크기 산출
 3. 하중의 크기 : 폭풍 > 적설 > 지진
 4. 풍하중 산출 시 사용되는 지역별 풍속

지역	풍속(m/s)	지역	풍속(m/s)	지역	풍속(m/s)
서울, 경기	25~30	충청	25~35	전라	25~35
강원	25~40	경상	25~45	제주	40

5. 풍하중 산출

$$풍하중(N) = G_f \times C_f \times P_Z \times A$$

* G_f : 가스트 영향계수(주변 구조물, 식생 등에 의한 난류나 돌풍 유발 계수)
  C_f : 풍압계수
  P_Z : 임의의 높이(z)에서의 설계속도압(N/m²)
  　　　$P_Z = \rho V^2 / 2$
  ρ : 공기의 밀도(=약 1.25kg/m³)
  V : 지역별 풍속(m/s)
  A : 유효수압 면적(m²)

6. 적설하중

$$적설하중(kN/m^2) = C_s \times C_b \times C_e \times C_t \times I_s \times S_g$$

* C_s : 지붕 경사도 계수
  C_b : 기본 적설하중 계수(보통 0.7)
  C_e : 노출계수
  C_t : 온도계수
  I_s : 건물 용도별 중요도계수
  S_g : 지상 적설하중(kN/m²)

7. 지진하중

$$지진하중(N) = C_E \times G$$

* C_E : 지지층 전단력 계수
  G : 고정하중(N)

(2) 파워볼트 시스템(Power Bolt System)

파워볼트 시스템은 태양광발전소의 구조물 설치에 필요한 대부분의 부품과 어셈블리를 공장에서 직접 제작하고, 이를 현장으로 운반하여 현장에서는 볼트체결 등의 간단한 작업만으로 설치가 간편하게 될 수 있고, 누구나 쉽고 견실하게 작업할 수 있는 구조물 설치방식이다.

① 장점

　(가) 비교적 경량구조로 장스팬 구조물에 유리하다.

㈏ 구조역학적으로 안정된 트러스 구조이다.
㈐ 부품과 어셈블리의 공장제작으로 현장 볼트 설치가 간편하다.
㈑ 필요한 응력에 의한 정밀한 설계로 경제적 설계가 가능하다.
㈒ 제품규격이 정교하여 구조물의 마감처리를 정밀하게 할 수 있다.
㈓ 조립 및 해체가 용이하여 이설이 쉽다.
㈔ 접합부의 강성이 높고 변형이 거의 없다.
㈕ 시공이 간편하고 유지보수가 쉽다.

② 단점
㈎ 구조물 높이가 타 구조물에 비해 크다.
㈏ 설치비용이 다소 높은 편이다.

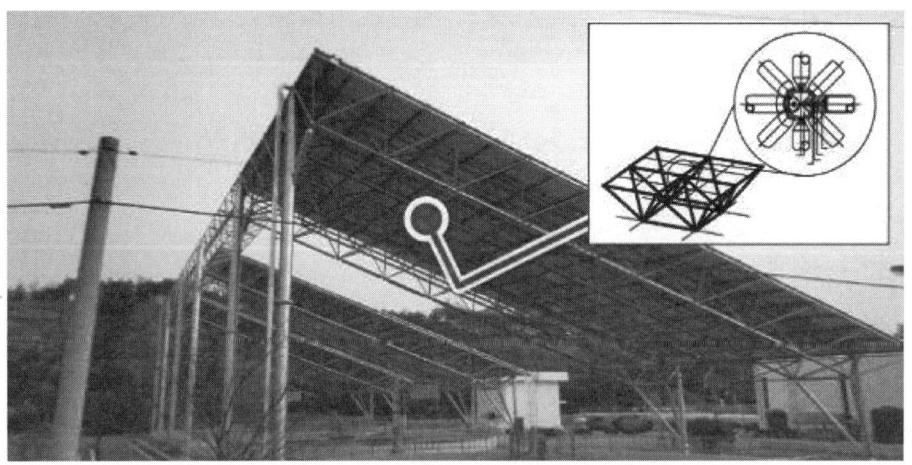

파워볼트 시스템(Power Bolt System)

㈜ 세장비

1. 좌굴을 알아보기 위한 파라미터로서, 세장비가 크면 좌굴이 잘 일어난다는 의미이다.
2. 공식

$$\text{세장비 } \lambda = \frac{L}{R} = \frac{L}{\sqrt{\dfrac{I}{A}}}$$

* L : 구조체 기둥의 길이
  R : 회전반경
  I : 단면 2차모멘트(m^4 ; $I_x = \Sigma y^2 dA$)
  A : 단면의 면적(m^2)

1-15 설치 전 사전준비

(1) 환경조건의 조사
① 수광장애의 유무
② 오염·염해·공해의 유무
③ 겨울철 적설·결빙·뇌해 상태
④ 자연재해의 가능성
⑤ 새 등의 분비물 피해의 유무

(2) 설계조건의 조사
① 설치예정 장소의 조사
② 건물의 상태
③ 자재의 반입경로

(3) 뇌서지 대책
① 피뢰소자를 어레이 주회로 내부에 분산시켜 설치하고 접속함에도 설치
② 피뢰설비 설치기준 : KS C 62305와 건축물의 설비기준 등에 관한 규칙 20조에 의거하여 낙뢰의 우려가 있는 건축물 또는 높이 20m 이상의 건축물에는 '피뢰설비'를 하여야 한다.
③ 저압배전선에서 침입하는 뇌서지에 대해서는 분전반에 피뢰소자를 설치
④ 뇌우 다발지역에서는 교류 전원 측으로 내뢰 트랜스를 설치
⑤ 접속함을 실내에 설치하더라도 피뢰소자는 반드시 설치

(4) 피뢰소자의 선정
① 어레스터
  (가) 낙뢰에 의한 충격성 과전압을 전기설비 규정 이내로 감소시켜 정전을 일으키지 않고 원상태로 회귀시킨다.
  (나) 접속함 내와 분전반 내에 설치하는 피뢰소자이다(방전내량이 큰 것으로 선정).
② 서지 업서버
  (가) 전선로에 침입한 이상전압의 높이를 완화시키고 파고치를 저하시키는 피뢰소자이다.
  (나) 최대 허용 DC전압 이상의 것으로 선정한다.
  (다) 유도 뇌서지 전류로서 1,000A(8/20μs)에서 제한전압을 2,000V 이하로 선정한다.
  (라) 방전내량은 최저 4kA 이상으로, 탈착이 용이하고 서비스성이 좋아야 한다.
  (마) 어레이 주회로 내에 설치하는 피뢰소자이다(주로 방전내량이 작은 것으로 선정).

③ 내뢰 트랜스
㉮ 교류 전원 측에 설치하여 낙뢰에 의한 충격성 과전압을 전기설비 규정 이내로 감소시킨다.
㉯ 상용계통과 완전 절연 및 뇌서지 완전 차단이 가능하다(설치비용이 고가).
㉰ 1차 측과 2차 측 간에 실드판이 있고, 이 판 수가 많을수록 뇌서지에 대한 억제효과가 크다.

어레스터

서지 업서버

내뢰 트랜스

㉱ 뇌뢰의 종류
 ㉮ 직격뢰 : 태양전지 어레이, 저압배전선, 전기기기 및 배선 등으로의 직접 낙뢰 및 그 근방에 떨어지는 낙뢰
 ㉯ 유도뢰 : 케이블에 유도된 플러스 전하가 낙뢰로 인한 지표면 전하의 중화에 의한 뇌서지(정전유도) 혹은 케이블 부근에 낙뢰로 인한 뇌전류에 따라 케이블에 유도되는 뇌서지(전자유도)

㉲ 뇌뢰의 발생시기
 ㉮ 여름철 : 온도, 습도가 불연속으로 되기 쉽고, 상승기류가 발생하기 쉬운 곳
 ㉯ 겨울철 : 기온이 급변할 때에 발생하기 쉽다.

> ㈜ 시스템 보호대책
> 1. 어레이 및 내부 시스템 보호방법 : 접지 및 본딩, 자기차폐, 선로의 경로, SPD 등
> 2. 외부 피뢰시스템의 구성 : 수뢰부(돌침/수평도체/메시도체로 구성), 인하도선, 접지시스템(동결심도인 최소 0.75m 이상의 깊이)
> 3. 외부 피뢰시스템은 피뢰레벨에 따라 회전구체 반경, 수뢰부 높이, 보호각, 인하도선의 굵기, 메시(평면 보호)의 간격 등을 달리 적용한다.

(5) 피뢰시스템의 레벨등급

피뢰 시스템의 레벨	보호법	
	회전구체의 반경(m)	메시치수(m)
레벨 I	20	5×5
레벨 II	30	10×10
레벨 III	45	15×15
레벨 IV	60	20×20

1-16 태양전지 검토 및 선정

(1) 제조공정(실리콘계열)

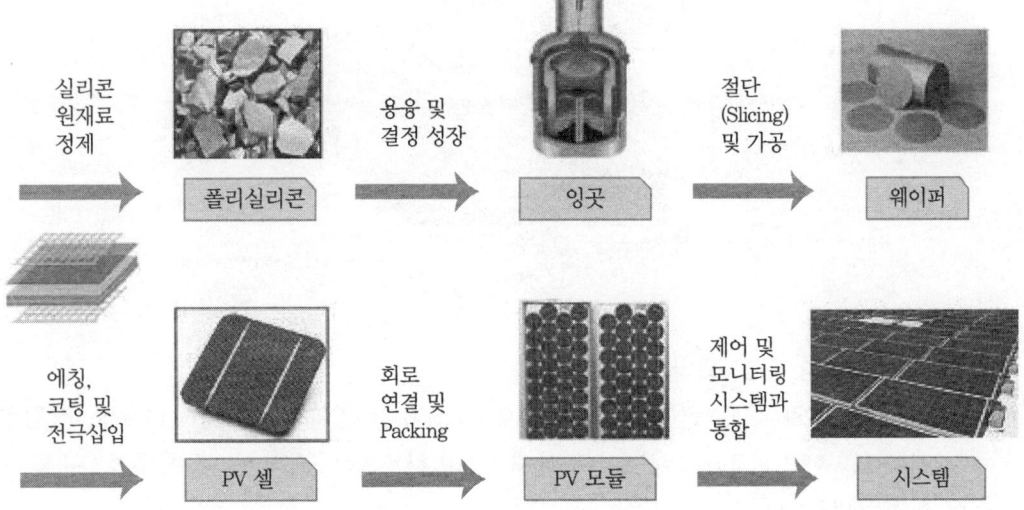

① **단결정 실리콘 웨이퍼** : 초크랄스키 법(Czochralski Method)과 플롯존 법(Float Zone Method)을 이용하여 폴리실리콘을 물리적으로 정제 → 입자계면과 같은 결정 격자의 불연속적 결함면이 결정 내에 존재하지 않음

② **다결정 실리콘 웨이퍼** : 도가니에서 실리콘을 1,400℃ 이상으로 가열하여 용융시키고, 이를 다시 냉각하여 잉곳(ingot)을 제조하는 Casting 방법 → 입자계면과 같은 결정격자의 불연속적 결함면이 결정 내에 많이 존재함

③ 미세 조직구성

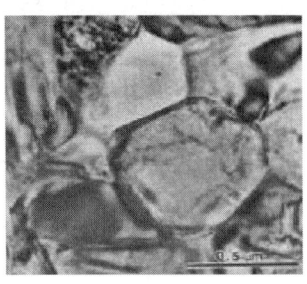
다결정

단결정

(2) 결정질 Si 태양전지 모듈 구성

① 결정질 Si 태양전지 모듈 구성방법

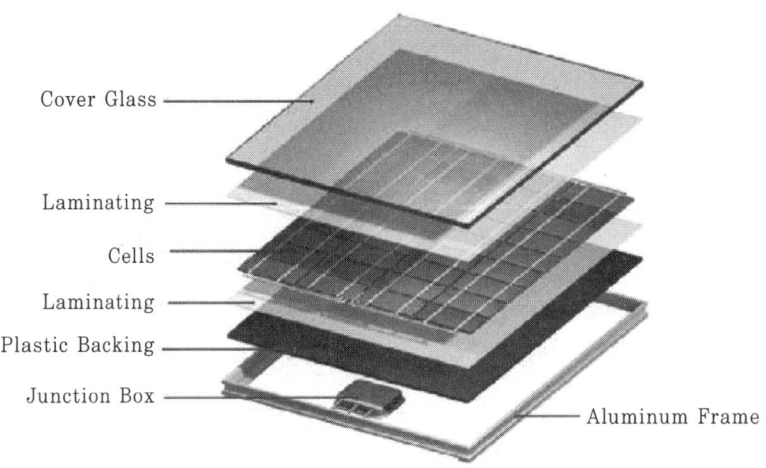

② 태양전지 모듈의 구성재료와 요구성능

- (가) 백시트(Back Sheet) : 발전모듈과 접지(Ground) 간 절연특성, 내습, 내후성, 작업성
- (나) 충진재(EVA) : Solar Cell, 수광면재료, 백시트와의 접착성, 광학특성, 유연성, 안정성, 시행조건
- (다) Seal 재료 : 외부의 수분침투 방지, 내수성, 방수성, 내열성, 내후성, 작업성
- (라) 수광면재료(Glass 등) : 광학특성, 역학특성, EVA와의 접착성, 열팽창계수
- (마) 프레임(Frame) : 소형, 경량, 형상안정성, 역학특성, 내부식성
- (바) 인출선부 : 인출선 절연재료와 다른 재료와의 접착성, 방수처리

③ Hotspot 현상

- (가) 병렬 어레이에서의 Hotspot 현상 : 특정 태양전지 전압량이 출력 전압량보다 작은 경우 발생하는 출력 전압량이 작은 셀의 발열 현상

㈏ 직렬 어레이에서의 Hotspot 현상 : 특정 태양전지의 전류량이 출력 전류량보다 적은 경우 발생하는 출력 전류량이 적은 셀의 발열 현상

㈐ 결정질 태양광모듈의 열화원인

  ㉮ 태양광 모듈의 출력 특성 저하 : 출력 불균일 셀 사용으로 전체 모듈의 출력 저하, 얼룩, 그림자 등의 장시간 노출에 의한 출력 불균일

  ㉯ 제조공정 결함이 사용 중에 나타남 : Tabbing 혹은 String 공정 및 Lamination 공정 중의 미세 균열 등

  ㉰ 사용과정에서의 자연열화 : 설치 후 자연환경에 의한 열화

㈑ 결정질 태양광모듈의 열화의 형태

  ㉮ EVA Sheet 변색 = 빛 투과율 저하(자외선)

  ㉯ 태양전지와 EVA Sheet 사이 공기 침투 = 백화현상(박리)

  ㉰ 물리적인 영향에 의한 습기 침투 = 전극부식(저항 변화 = 출력 감소)

④ 태양전지의 온도특성 및 일조량 특성

  ㈎ 온도특성

  모듈 표면온도 상승 → 전압 급감소(전류는 큰 변화 없음) → 전력 급감소

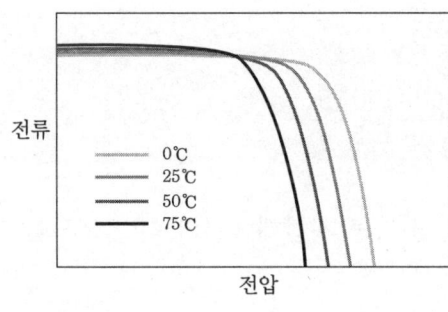 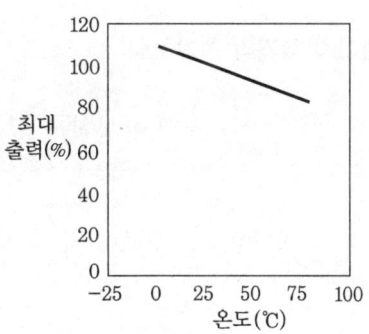

  ㈏ 일조량 특성

  일사량 감소 → 전류 급감소(전압은 큰 변화 없음) → 전력 급감소

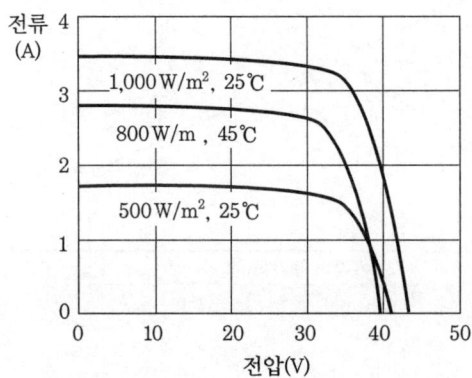

⑤ **태양전지 설계기술 개발방향**

㈎ 소자설계

  ㉮ 전극에 의한 빛의 반사를 최소화시킬 수 있는 구조의 전극형태 개발

  ㉯ Back Surface Reflector : 장파장의 흡수 또는 표면으로의 반사구조

㈏ 공정기술

  ㉮ SiO_2, SiN, TiO_2, CeO_2, MgF_2 등의 물질을 이용한 Light Trapping 구조 개발 (장파장대의 효율 향상)

  ㉯ 결정의 방향성이 없는 다결정 실리콘 표면을 건식과 환경 친화적 공법 개발

  ㉰ Electroless Plating 표면에서의 Deflect 저감 실현, 선폭 미세화 및 저저항화

㈐ 특성 평가 : 인공태양에서의 각종 변수 측정 등

1-17 어레이 이격거리 및 등가 가동시간 산정

(1) 어레이 이격거리

① **어레이 이격거리 계산공식**

$$이격거리\ D = \frac{\sin(180° - \alpha - \beta)}{\sin \beta} \times L$$

② **이격거리 계산상 고도 기준** : 동지 시 발전 가능 시간대에서의 최저 고도를 기준으로 고려한다.

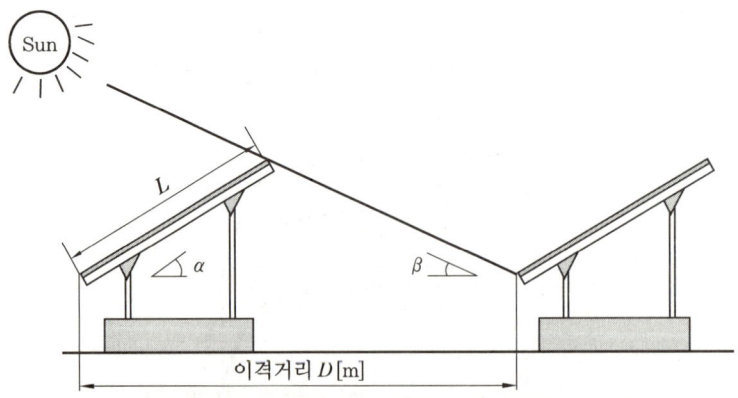

(2) 기준 등가 가동시간과 어레이 등가 가동시간

① **기준 등가 가동시간 혹은 등가 1일 일조시간(Reference Yield)** : 일조강도가 기준 일조강도라고 할 경우, 실제로 태양광발전 어레이가 받는 일조량과 같은 크기의 일조량을 받는 데 필요한 일조시간

② **어레이 등가 가동시간(Array Yield)** : 태양광발전 어레이가 단위 정격용량당 발전한 출력에너지를 시간으로 나타낸 것

1-18 태양광발전 시스템 효율 계산

① **모듈변환효율**

$$\text{모듈변환효율} = \frac{\text{모듈출력(W)}}{\text{모듈면적}(m^2) \times 1,000(W/m^2)} \times 100(\%)$$

㈜ 태양광모듈 설치용량은 사업계획서상에 제시된 설계용량 이상이어야 하며, 설계용량의 103%를 초과하지 않아야 한다.

② **일평균 발전시간**

$$\text{일평균 발전시간} = \frac{\text{1년간 발전전력량(kWh)}}{\text{시스템용량(kW)} \times \text{운전일수}}$$

③ **시스템 이용률**

$$\text{시스템 이용률} = \frac{\text{일평균 발전시간}}{24}$$

$$\text{시스템 이용률} = \frac{\text{태양광발전 시스템의 출력(kWh)}}{\text{어레이의 정격출력(kW)} \times \text{가동시간(hr)}}$$

④ **어레이 기여율(태양 에너지 의존율)** : 종합시스템 입력 전력량에서 태양광발전 어레이 출력이 차지하는 비율

☞ 태양열에너지 사용 측면에서의 태양의존율 또는 태양열 절감률(전체 열부하 중 태양열에 의해서 공급하는 비율)과 구별에 주의를 요한다.

⑤ **태양광 어레이의 필요 출력(P_{AD} ; kW)**

$$P_{AD} = \frac{E_L \times D \times R}{(H_A/G_S) \times K}$$

* H_A : 태양광 어레이면 일사량 (kWh/m²)
  G_S : 표준상태에서의 일사강도(kW/m²)
  E_L : 부하소비전력량(kWh/기간)
  D : 부하의 태양광 발전시스템에 대한 의존율
  R : 설계여유계수(설계치와 실제값과의 차이의 위험에 대한 보정값 ; > 1.0)
  K : 종합설계지수(태양전지 모듈 출력의 불균형 보정, 회로손실, 기기에 의한 손실 등을 포함 ; < 1.0)

⑥ 태양광 발전소 월 발전량(P_{AM} ; kWh/m²)

$$P_{AM} = P_{AS} \times \frac{H_A}{G_S} \times K$$

* P_{AS} : 표준상태에서의 태양광 어레이의 생산출력(kW/m²)
  H_A : 태양광 어레이면 일사량(kWh/m²)
  G_S : 표준상태에서의 일사강도(kW/m²)
  K : 종합설계지수(태양전지 모듈 출력의 불균형 보정, 회로손실, 기기에 의한 손실 등을 포함 ; < 1.0)

1-19 태양전지 모듈의 특성

(1) I-V 특성곡선

① '표준시험조건(STC)'에서 시험한 태양전지 모듈의 'I-V 특성곡선'은 다음과 같다.

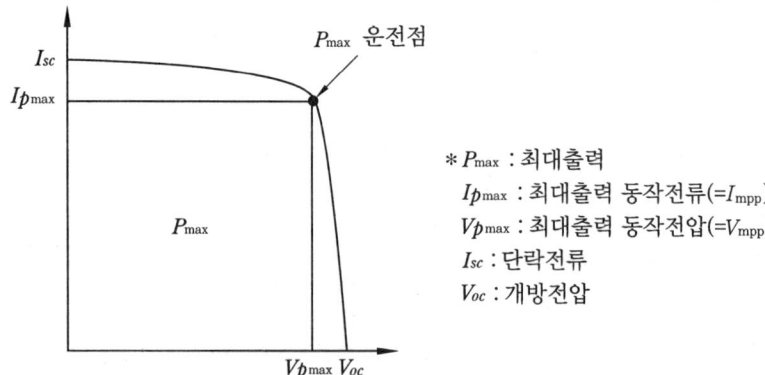

* P_{max} : 최대출력
  Ip_{max} : 최대출력 동작전류(=I_{mpp})
  Vp_{max} : 최대출력 동작전압(=V_{mpp})
  I_{sc} : 단락전류
  V_{oc} : 개방전압

② 표준온도(25℃)가 아닌 경우의 최대출력(P'_{max})

$$P'_{max} = P_{max} \times (1 + \gamma \cdot \theta)$$

* γ : P_{max} 온도계수, θ : STC 조건 온도편차($T_{cell} - 25℃$)

1. 표준시험조건(STC ; Standard Test Conditions)

① 태양광 발전소자 접합온도 = 25±2℃
② AM(Air Mass) 1.5 : '대기질량'이라고 부르며, 직달 태양광이 지구 대기를 48.2° 경사로 통과할 때의 일사강도를 말한다(일사강도 = 1kW/m²).

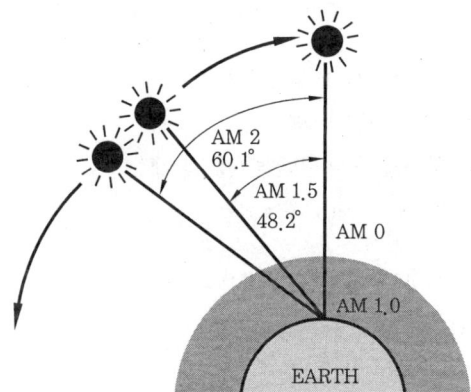

③ 광 조사강도 1kW/m²
④ 최대출력 결정 시험에서 시료는 9매를 기준으로 한다.
⑤ 모듈의 시리즈인증 : 기본모델 정격출력의 10% 이내의 모델에 대해서 적용
⑥ 충진율(Fill Factor) : 개방전압과 단락전류의 곱에 대한 최대출력의 비율
 (가) 공식

$$FF(충진율) = \frac{P_{max}}{V_{oc} \times I_{sc}} = \frac{V_{mpp} \times I_{mpp}}{V_{oc} \times I_{sc}}$$

 (나) $I-V$ 특성곡선의 질을 나타내는 지표이다(내부의 직·병렬저항과 다이오드 성능 지수에 따라 달라진다).
 (다) 결정질 태양전지의 충진율은 약 0.75~0.85이고, 비정질 태양전지는 약 0.5~0.7 정도이다.

2. 표준운전조건(SOC ; Standard Operating Conditions) : 일조 강도 1,000W/m², 대기 질량 1.5, 어레이 대표 온도가 공칭 태양전지 동작온도(NOCT ; Nominal Operating Cell Temperature)인 동작 조건을 말한다.

3. 공칭 태양광 발전전지 동작온도(NOCT ; Nominal Operating photovoltaic Cell Temperature) : 다음 조건에서의 모듈을 개방회로로 하였을 때 모듈을 이루는 태양전지의 동작 온도. 즉, 모듈이 표준 기준 환경(SRE ; Standard Reference Environment)에 있는 조건에서 전기적으로 회로 개방 상태이고 햇빛이 연직으로 입사되는 개방형 선반식 가대(Open Rack)에 설치되어 있는 모듈 내부 태양전지의 평균 평형온도(접합부의 온도)를 말한다(단위 : ℃).

① 표면의 일조강도=800W/m²
② 공기의 온도(T_{air}) : 20℃

③ 풍속(V) : 1m/s
④ 모듈 지지상태 : 후면 개방(Open Back Side)

4. 셀온도 보정 산식

$$T_{cell} = T_{air} + \frac{NOCT-20}{800} \times S$$

* NOCT-20 : 공칭 태양전지 동작온도 편차(ΔT)
  S : 기준 일사강도 = 1,000 W/㎡

5. 모듈의 출력 및 개방전압/최대출력동작전압 계산

① 표준온도(25℃)에서의 최대출력(P_{max})

$P_{max} = V_{mpp} \times I_{mpp}$

② 표준온도(25℃)가 아닌 경우의 최대출력(P'_{max})

$P'_{max} = P_{max} \times (1 + \gamma \cdot \theta)$

* γ : 최대출력(P_{max}) 온도계수
  θ : STC 조건 온도편차($T_{cell} - 25℃$)

③ 표준온도(25℃)가 아닌 경우의 개방전압(Voc')

$Voc' = Voc \times (1 + \gamma \cdot \theta)$

* V_{oc} : 표준 상태(25℃)에서의 개방전압
  γ : V_{oc} 온도계수
  θ : STC 조건 온도편차($T_{cell} - 25℃$)

④ 표준온도(25℃)가 아닌 경우의 최대 출력 동작전압(V'_{mpp})

$V'_{mpp} = V_{mpp} \times (1 + \gamma \cdot \theta)$

* V_{mpp} : 표준 상태(25℃)에서의 최대 출력 동작전압
  γ : Voc 온도계수
  θ : STC 조건 온도편차($T_{cell} - 25℃$)

㈜ AM(Air Mass)

아래와 같은 태양광 입사각을 참조할 때, AM($1/\sin\theta$)로 표현하여 입사각에 따른 일사에너지의 강도를 표현하는 방법이다. (예를 들어, 아래 그림에서 AM($1/\sin 41.8$) = AM 1.5가 되는 것이다)

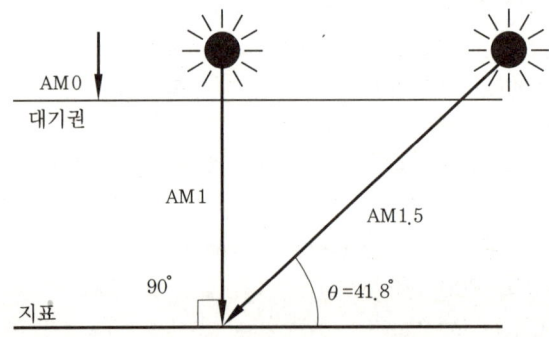

1-20 어레이(Array)의 구성 및 계산

① 태양전지 Module의 필요매수를 직렬 접속한 것을, 그 위에 병렬 접속으로 조합하여 필요한 발전전력을 얻어내도록 하는 것을 태양전지 Array라고 한다.

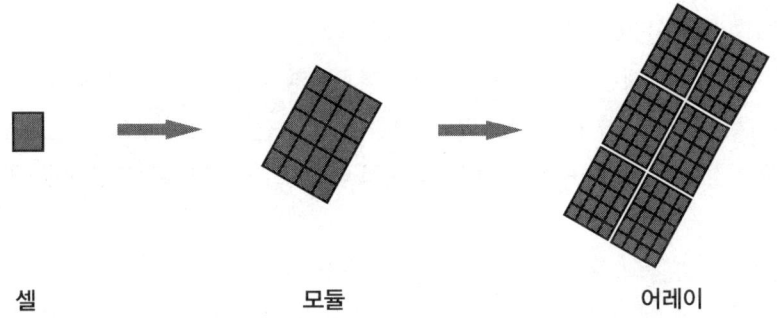

    셀   모듈   어레이

② 모듈의 최적 직렬 수 계산

 (개) 최대 직렬 수

$$\text{최대 직렬 수} = \frac{\text{PCS 입력전압 변동범위의 최고값(최대입력전압)}}{\text{모듈 온도가 최저인 상태의 개방전압} \times (1-\text{전압강하율})}$$

 (내) 최저 직렬 수

$$\text{최저 직렬 수} = \frac{\text{PCS 입력전압 변동범위의 최저값}}{\text{모듈 온도가 최고인 상태의 최대 출력 동작전압} \times (1-\text{전압강하율})}$$

 * 1. 모듈 온도가 최저인 상태의 개방전압($V_{oc}{'}$)
   = 표준 상태(25℃)에서의 $V_{oc} \times (1+\text{개방전압 온도계수} \times \text{온도차})$
  2. 모듈 온도가 최고인 상태의 최대 출력 동작전압($V_{mpp}{'}$)
   = 표준 상태(25℃)에서의 $V_{mpp} \times (1+\frac{V_{mpp}}{V_{oc}} \times \text{개방전압 온도계수} \times \text{온도차})$
  3. 온도차 = $T_{cell} - 25℃$

③ 최저 직렬 수 ≤ 최적 직렬 수 ≤ 최대 직렬 수 : 통상 '최적 직렬 수'를 기준으로 직렬 매수를 결정한다.

1-21 태양광발전 시스템 설계 관련 용어

① **강도 감소계수**
  ㈎ 재료의 공칭값과 실제 강도의 차이를 말한다.
  ㈏ 부재를 제작 또는 시공할 때 설계도와 완성된 부재의 차이, 그리고 내력의 추정과 해석에 관련된 불확실성을 고려하기 위한 안전계수의 일종이다.
② **강도 한계상태** : 연성적 최대강도, 좌굴, 피로, 파열 등 구조부재 또는 구조물의 안전성을 유지하기 위한 최대 지지능력에 영향을 미치는 한계상태를 말한다.
③ **계수하중** : 강도설계법 또는 한계상태 설계법으로 설계할 때 사용하중에 하중계수를 곱한 하중
④ **공칭하중** : '건축물의 구조기준 등에 관한 규칙'에 규정된 하중의 크기
⑤ **단면력** : 하중과 외력에 의하여 구조부재에 생기는 축방향력, 휨모멘트, 전단력, 비틀림 등의 힘
⑥ **사용하중(작용하중)** : 고정하중 및 활하중과 같이 기준에서 규정하는 각종 하중으로 하중계수를 곱하지 않은 하중을 말한다.
⑦ **설계하중**
  ㈎ 부재 설계 시 적용하는 하중을 말한다.
  ㈏ 강도설계법 또는 한계상태설계법에서는 계수하중을 적용하고, 기타의 설계법에서는 사용하중을 적용한다.
⑧ **설계강도** : 부재나 접합 등에 의한 저항력으로, 공칭강도에 강도감소계수를 곱한 강도를 말한다.
⑨ **안전성** : 건축물 및 공작물의 예상되는 수명기간 동안 최대하중에 대하여 저항하는 능력으로서, 각 부재가 항복하거나 좌굴, 피고, 취성파괴 등의 현상이 생기지 않고 회전, 미끄러짐, 침하 등에 저항하는 구조물의 성능을 말한다.
⑩ **응력도** : 하중 및 외력에 의하여 구조부재에 생기는 단위면적당 힘의 세기를 말한다.

1-22 구조계산

(1) 구조계산서의 작성

① 다음 각 호에 해당하는 건축물을 건축하거나 대수선하는 경우에는 구조안전을 확인

할 수 있도록 구조계산서(지진에 대한 안전을 포함한다)를 작성한다.
 (가) 층수가 3층 이상인 건축물
 (나) 연면적이 1천 제곱미터 이상인 건축물(창고, 축사, 작물재배사 및 표준설계도서에 따라 건축하는 건축물은 제외)
 (다) 높이가 13미터 이상인 건축물
 (라) 처마높이가 9미터 이상인 건축물
 (마) 기둥과 기둥 사이의 거리(기둥이 없는 경우에는 내력벽과 내력벽 사이의 거리)가 10미터 이상인 건축물
 (바) 국토해양부령으로 정하는 "지진구역1" 지역에 건축하는 건축물 중 중요도 (특), 중요도 (1)에 해당하는 건축물
 (사) 박물관, 전시장 등의 용도에 쓰이는 바닥면적 합계가 5천 제곱미터 이상인 건축물
② 제①항 각 호의 건축물 중 지진에 대한 안전이 확인된 건축물로서 사용승인서를 교부받은 후 5년이 지난 건축물을 증축(연면적 10분의 1 이내의 증축 또는 1개층의 증축에 한한다)하거나 일부 개축하는 경우에는 지진에 대한 안전의 확인을 생략할 수 있다.
③ 구조내력의 기준 및 구조계산의 방법 등은 「건축물의구조기준등에관한규칙」이 정하는 바에 의하고 이에 필요한 세부기준 등은 국토해양부장관이 작성 또는 승인한 기준이 정하는 바에 의한다.

(2) 관계전문기술자의 협력

① 다음 각 호에 해당하는 건축물에 대한 구조계산은 「국가기술자격법」에 의한 건축구조기술사가 하여야 한다.
 (가) 6층 이상인 건축물
 (나) 기둥과 기둥 사이의 거리가 30미터 이상인 건축물
 (다) 다중이용 건축물
 (라) 한쪽 끝은 고정되고 다른 끝은 지지(支持)되지 아니한 구조로 된 차양 등이 외벽의 중심선으로부터 3미터 이상 돌출된 건축물
 (마) 「건축법 시행령」 제32조제1항제6호에 해당하는 건축물 중 국토해양부령으로 정하는 건축물
② 연면적이 1만 제곱미터 이상인 건축물(창고시설을 제외한다) 또는 에너지를 대량으로 소비하는 건축물로서 「건축물의설비기준등에관한규칙」 제2조의 규정에서 정하는 건축물은 다음 각 호의 구분에 따른 관계전문기술사의 협력을 받아야 한다.

(개) 전기, 승강기(전기 분야만 해당한다) 및 피뢰침 : 「국가기술자격법」에 따른 건축전기설비기술사 또는 발송배전기술사

(내) 가스·급수·배수(配水)·배수(排水)·환기·난방·소화·배연·오물처리 설비 및 승강기(기계 분야만 해당한다) : 「국가기술자격법」에 따른 건축기계설비기술사 또는 공조냉동기계기술사

③ 깊이 10미터 이상의 토지굴착공사 또는 높이 5미터 이상의 옹벽 등의 공사를 수반하는 건축물의 설계자 및 공사감리자는 토지 굴착 등에 관하여 국토해양부령으로 정하는 바에 따라 「국가기술자격법」에 따른 토목 분야 기술사의 협력을 받아야 한다.

(3) 수량산출조서의 작성

설계도면을 작성 완료한 후에는 공종별로 재료의 수량산출내역서를 작성할 수 있다.

1-23 전압강하 계산

① 전압강하 현상이란 어떤 전선에 전류가 흐름에 따라 자체 임피던스에 의하여 전압이 점점 낮아지는 현상을 말한다.
② 옥내배선 등 비교적 전선의 길이가 짧고, 전선이 가는 경우에서 전압강하는 다음과 같이 계산한다.

배전방식	전압강하	대상 전압강하
직류2선식 교류2선식	$e = \dfrac{35.6 \times L \times I}{1{,}000 \times A}$	선간
3상3선식	$e = \dfrac{30.8 \times L \times I}{1{,}000 \times A}$	선간
단상3선식	$e = \dfrac{17.8 \times L \times I}{1{,}000 \times A}$	대지간
3상4선식	$e = \dfrac{17.8 \times L \times I}{1{,}000 \times A}$	대지간

* e : 전압강하(V)
 I : 부하전류(A)
 L : 전선의 길이(m)
 A : 사용전선의 단면적(mm^2)

㈜ 상기 공식으로 전선의 굵기 선정 및 배관 선정 시 '간선 계산서'를 먼저 작성하여 참조하면서 계산한다.

③ 허용 전압강하 결정 시 고려사항
(가) 부하 기능을 손상시키지 않을 것
(나) 부하 단자전압의 변동 폭을 작게 할 것
(다) 각 부하의 단자전압은 동일하게 할 것
(라) 배선 중의 전력손실을 줄일 것
(마) 비경제적이지 않을 것

④ 전압강하율
송전단 전압(V_s)과 수전단 전압(V_r)의 차이값(전압강하)을 수전단 전압에 대한 백분율로 표시한 것이다. 즉,

$$전압강하율\ e = \frac{V_s - V_r}{V_r} \times 100\%$$

⑤ 전압강하 계산서(사례)

NO	선로명	선로구간	전압(V)	전류(A)	전선길이(m)	전선의 굵기(mm²)	전압강하(V)	전압강하율(%)
1								
2								
3								

신재생에너지 발전설비기사 · 산업기사
예상문제

제1장 | 시스템 구성 설계 및 계산서 작성

1. 태양광발전소의 설치 구조물 건설 시 고려되는 '세장비'가 무엇인지 설명하시오.

정답 세장비란 구조물의 좌굴을 알아보기 위한 파라미터로서, 세장비가 크면 좌굴이 잘 일어난다는 의미이다.

$$\text{세장비 } \lambda = \frac{L}{R} = \sqrt{\frac{L}{\frac{I}{A}}}$$

* L : 구조체 기둥의 길이, R : 회전반경
I : 단면 2차모멘트(m^4 ; $I_x = \Sigma y^2 dA$), A : 단면의 면적(m^2)

2. 전기설비의 낙뢰와 관련하여 다음 용어를 설명하시오.
- 직격뢰
- 유도뢰
- 내뢰트랜스

정답 ① 직격뢰 : 태양전지 어레이, 저압배전선, 전기기기 및 배선 등으로의 직접 낙뢰 및 그 근방에 떨어지는 낙뢰
② 유도뢰 : 케이블에 유도된 플러스 전하가 낙뢰로 인한 지표면 전하의 중화에 의한 뇌서지(정전유도) 혹은 케이블 부근에 낙뢰로 인한 뇌전류에 따라 케이블에 유도되는 뇌서지(전자유도)
③ 내뢰 트랜스
- 교류 전원 측에 설치하여 낙뢰에 의한 충격성 과전압을 전기설비 규정 이내로 감소시킴
- 상용계통과 완전 절연 및 뇌서지 완전 차단 가능함(설치비용 고가)
- 1차 측과 2차 측 간에 실드판이 있고, 이 판수가 많을수록 뇌서지에 대한 억제효과가 큼

3. 태양광 발전소에서 적설하중, 폭풍하중, 지진하중 중에서 크기가 가장 큰 것부터 순서대로 기재하시오.

( ) > ( ) > ( )

정답 폭풍하중 > 적설하중 > 지진하중

4 피뢰시스템의 레벨등급과 관련하여 ( ) 안을 채우시오.

피뢰시스템의 레벨	보호법	
	회전구체의 반경(m)	메시치수(m)
레벨 Ⅰ	20	5×5
레벨 Ⅱ	(㉠)	10×10
레벨 Ⅲ	45	15×15
레벨 Ⅳ	(㉡)	(㉢)

정답 ㉠ 30, ㉡ 60, ㉢ 20×20

5 태양광발전설비와 관련하여 다음 용어를 설명하시오.
- Hotspot 현상
- 어레이 기여율(태양 에너지 의존율)

정답 ① Hotspot 현상 : 태양전지 제조공정상의 미세균열이나 사용과정에서의 얼룩, 그림자, 이물질 등에 장시간 노출 시 특정 태양전지 전압량이나 전류량이 정격치보다 작게 나오면서 발열되는 현상이다.
② 어레이 기여율(태양 에너지 의존율) : 종합시스템 입력 전력량에서 태양광발전 어레이 출력이 차지하는 비율을 말한다.

6 태양광발전설비와 관련하여 다음 용어를 설명하시오.
- 표준시험조건(STC)
- 충진율

정답 ① 표준시험조건(STC)
- 태양광 발전소자 접합온도 = 25±2℃
- AM 1.5 : Air Mass(대기질량)가 1.5로서 직달 태양광이 지구 대기를 48.2° 경사로 통과할 때의 일사강도를 말한다.
- 광 조사강도 = $1kW/m^2$

② 충진율 : Fill Factor라고 하며, 개방전압과 단락전류의 곱에 대한 최대출력의 비율을 말하고, I-V 특성곡선의 질을 나타내는 지표이다(내부의 직·병렬저항과 다이오드 성능지수에 따라 달라진다).

7 태양광발전설비에 적용되는 인버터의 효율을 나타내는 방식 3가지를 쓰고 간략히 설명하시오.

정답 ① 최대효율
- 전부하 영역 중에서 가장 효율이 높은 값(보통 75~80% 부하에서 가장 효율이 높음)
- 태양광발전은 일사량, 온도 등의 기상조건이 시시각각으로 변화하기 때문에 일정한 부하에서 최대값을 나타내는 최대효율은 큰 의미가 없다고도 할 수 있다.

② European 효율
- 낮은 부분부하 영역에서부터 전부하 영역까지 운전하는 것을 고려하여 산정.
- 5%, 10%, 20%, 30%, 50%, 100% 부하에서 각각 효율을 측정하고 각각의 효율에 가중치를 부여한 다음 합산하여 산정한다.
- European 효율 계산식

$$\text{European 효율}(\eta_{euro}) = 0.03 \times \eta_{5\%} + 0.06 \times \eta_{10\%} + 0.13 \times \eta_{20\%} + 0.1 \times \eta_{30\%} + 0.48 \times \eta_{50\%} + 0.2 \times \eta_{100\%}$$

③ CEC(California Energy Commission) 효율
- 미주지역에서 주로 사용하며 '캘리포니아 효율'이라고도 한다.
- 미국 업체와 상담 시에는 주로 European 효율 대신 CEC 효율값이 요구된다.
- CEC 효율 계산식

$$\text{CEC 효율}(\eta_{CEC}) = 0.04 \times \eta_{10\%} + 0.05 \times \eta_{20\%} + 0.12 \times \eta_{30\%} + 0.21 \times \eta_{50\%} + 0.53 \times \eta_{75\%} + 0.05 \times \eta_{100\%}$$

8 태양광발전 시스템의 전기적 보호등급에서 등급 Ⅲ의 경우 안전 초저전압 기준이 최대 얼마인가? (AC와 DC로 각각 ㉠ 및 ㉡에 답하시오.)

해설

보호등급	등급 기준	기호
등급 Ⅰ	장치 접지됨	⏚
등급 Ⅱ	보호절연(이중/강화 절연)	▢
등급 Ⅲ	• 안전 초저전압 • 최대 AC : (㉠)V • 최대 DC : (㉡)V	◇Ⅲ◇

정답 ㉠ 50, ㉡ 120

9 피측정 태양전지 모듈의 표준상태에서의 최대출력 P_{max}=250W, 가로=2,000mm, 세로=1,000mm인 태양광 모듈의 효율을 구하시오. (단, 입사강도=1,000W/m²)

[해설] 모듈변환효율 = $\dfrac{\text{모듈출력(W)}}{\text{모듈면적(m}^2) \times 1,000(\text{W/m}^2)} \times 100\%$

따라서, 모듈의 효율 = $\dfrac{250}{2 \times 1 \times 1,000} \times 100\% = 12.5\%$

[정답] 12.5%

10 모듈 1개의 Wp가 150(Wp)이고, 모듈수가 110개인 어레이의 발전 가능 용량은 몇 kWp인가? (단, 인버터의 효율은 98%라고 가정한다.)

[해설] 발전 가능 용량 = 모듈수 × 모듈 1개의 Wp × 인버터 효율
= 110 × 150 × 0.98 = 16.17kWp

[정답] 16.17kWp

11 어떤 지역에 경사로 설치된 12m×12m 면적의 지붕(=144m²)에 태양광설비를 구축하려 한다. 200Wp인 모듈의 가로길이가 1.6m, 세로길이가 0.85m, 모듈의 온도에 따른 전압범위가 28~42V일 때 직렬 연결 가능 개수(장) 및 최대 발전 가능 용량(kWp)은 얼마인가? (단, 인버터의 동작전압은 200~600V, 효율은 97%이며, 소수점 이하는 버린다.)

[해설] ① 12/1.6 = 7.5 → 7장
  12/0.85 = 14.1 → 14장
  ∴ 7장 × 14장 = 총 98장 설치 가능함
② 직렬 연결 가능 개수(장) 계산
  600/42 = 14.3 → 14장까지 연결 가능함
  이때, 전압범위는 (28×14)~(42×14) = 392~588V → 인버터 동작범위(200~600V)에 문제없음
③ 최대 발전 가능 용량(kWp) 계산
  최대 발전 가능 용량 = 모듈수 × 모듈 1개의 Wp × 인버터 효율
  = 98 × 200 × 0.97 = 19.01kWp

[정답] 14장, 19kWp

12 어떤 태양광발전 시스템의 출력이 60 kW이고, 모듈의 최대출력이 200W, 직렬 연결이 15장이라고 할 때, 병렬연결은 몇 장으로 구성되어 있는 것인가?

해설 '시스템 출력전력=모듈 최대 출력×태양전지의 직렬 연결수×병렬 연결수'에서,

$$태양전지의\ 직렬\ 연결수 = \frac{시스템\ 출력전력}{모듈\ 최대\ 출력 \times 태양전지의\ 직렬\ 연결수}$$

$$= \frac{60,000}{200 \times 15} = 20장$$

정답 20장

13 모듈 한 장이 180W이고 가로길이가 1.6m, 세로길이가 0.9m라고 할 때, 모듈의 변환효율(%)은 얼마인가?

해설 ① 특별한 언급이 없으면, 일반적으로 표준상태의 일사강도($1kWh/m^2$)를 적용한다.

② $모듈변환\ 효율 = \frac{모듈\ 출력}{모듈에\ 입사한\ 에너지양} \times 100\%$

$$= \frac{180}{1,000 \times 1.6 \times 0.9} \times 100\% = 12.5\%$$

정답 12.5%

14 어떤 지역에 설치된 태양광 어레이 출력이 9.5kW이고, 9월의 월 적산 경사면 일사량이 $104kWh/m^2 \cdot 월$, 종합설계지수가 0.74로 설계되었다고 한다면, 이 지역의 9월의 전체 발전량(kWh/월)은 얼마인가? (단, 소수점 이하는 절사한다.)

해설 태양광 발전소 월 발전량(P_{AM} ; kWh) 공식에서,

$$P_{AM} = P_{AS} \times \frac{H_A}{G_S} \times K$$

* P_{AS} : 표준상태에서의 태양광 어레이의 생산출력(kW)
  H_A : 태양광 어레이면 일사량(kWh/m^2)
  G_S : 표준상태에서의 일사강도(kW/m^2)
  K : 종합설계지수(태양전지 모듈 출력의 불균형 보정, 회로손실, 기기에 의한 손실 등을 포함 ; < 1.0) (단, 표준상태의 일사강도는 $1kW/m^2$로 적용한다.)

따라서, $P_{AM} = 9.5 \times \frac{104}{1} \times 0.74 = 731.12 kWh/월$

정답 731 kWh/월

15 허용지내력을 15t/m², 기초판의 크기를 1.5m×1.5m로 설계했는데, 현장 지내력 시험결과 10t/m²이었다. 기초판 크기의 재설계값은 얼마 이상(소수 셋째 자리에서 반올림)인가? (단, 구조물에 걸리는 수직하중은 33t이며, 기초판은 정방형으로 계산한다.)

[해설] '수직하중 < 현장지내력×기초판면적'이어야 한다.

따라서, 기초판면적 = $\dfrac{\text{수직하중}}{\text{현장지내력}} = \dfrac{33}{10} = 3.3\,\text{m}^2$ 이상이어야 한다.

정방형으로 하면, $\sqrt{3.3} = 1.82\,\text{m}$

[정답] 1.82m

16 태양광 어레이를 설치하는 지역의 설계속도압이 750N/m²이고, 유효수압면적이 8m²인 경우 풍하중(kN)을 구하시오. (단, 풍압계수는 1.3, 가스트 영향계수는 1.8로 하고, 소수점 이하는 버린다.)

[해설] ① 계산공식

$$\text{풍하중}(N) = G_f \times C_f \times P_z \times A$$

* G_f : 가스트 영향계수(주변 구조물, 식생 등에 의한 난류나 돌풍 유발 계수)
 C_f : 풍압계수
 P_z : 임의의 높이(z)에서의 설계속도압(N/m²)

$$P_z = \dfrac{\rho V^2}{2}$$

 ρ : 공기의 밀도(=약 1.25kg/m³)
 V : 지역별 풍속(m/s)
 A : 유효수압 면적(m²)

② 따라서, 풍하중$(N) = G_f \times C_f \times P_z \times A = 1.8 \times 1.3 \times 750 \times 8 = 14.04\,\text{kN}$

[정답] 14kN

17 어떤 지역에 태양광 어레이를 설치하고자 한다. 태양을 바라보는 방향으로 높이가 10m인 장애물이 있을 경우 장애물로터 최소 이격거리(m)를 구하시오. (단, 동지 시 발전가능 한계시각의 태양 고도는 18°이며, 소수 둘째자리에서 반올림한다.)

[해설] $\tan\theta = \dfrac{10}{x}$

$x = \dfrac{10}{\tan\theta} = \dfrac{10}{\tan 18} = 30.78\,\text{m}$

[정답] 30.8m

18 어떤 지역에 설치하고 있는 태양광 어레이의 세로길이가 4m, 어레이 경사각을 30°, 동지 시 발전 한계시각에서의 태양고도각을 15°라고 할 때 어레이 간 이격거리는 몇 m인가? (단, 소수 둘째 자리에서 반올림한다.)

[해설] ① 계산공식

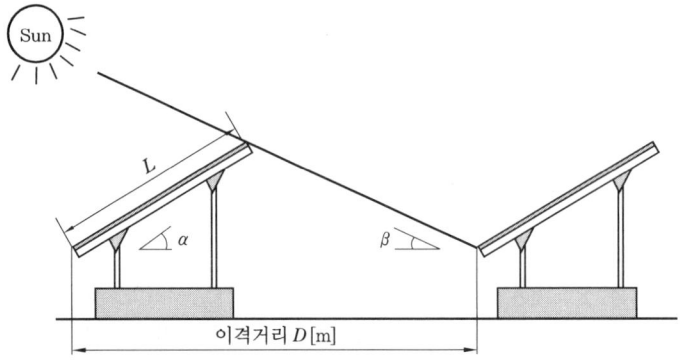

$$이격거리\ D = \frac{\sin(180° - \alpha - \beta)}{\sin \beta} \times L$$

② 이격거리 $D = \dfrac{\sin(180° - 30 - 15)}{\sin 15} \times 4 = 10.93\,\text{m}$

[정답] 10.9m

19 다음 그림은 서울지역의 '신태양궤적도'이다. 이격거리 계산 관련 동지 시 오전 11시에 태양의 고도는 얼마인지 구하시오.

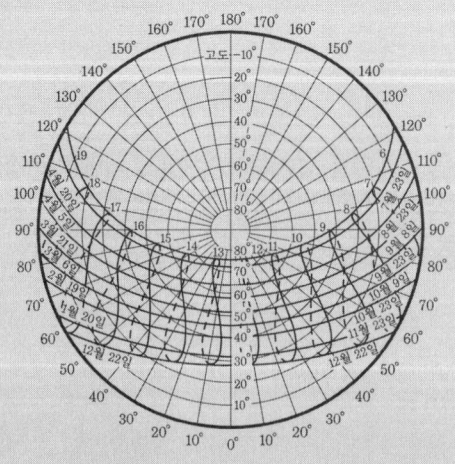

[해설] 동지는 2월 22일로 보고, 이 곡선이 오전 11시를 뜻하는 곡선과 만나는 지점에서의 고도값(원의 중심을 지나는 세로 수직선에 표시됨)을 읽으면 약 24°이다.
따라서, 동지 오전 11시의 태양의 고도는 약 24°이다.

[정답] 24°

20. 210W 태양전지(35V, 6A) 15개를 직렬, 15개를 병렬로 설치된 어레이에서 접속함까지 거리가 100m일 때 설치 가능한 케이블의 최소 공칭단면적은 다음 리스트 중 얼마로 선정해야하는가? (허용 가능한 전압강하는 5%로 한다.)

$$5mm^2, 6mm^2, 10mm^2, 16mm^2$$

[해설] ① 어레이 출력전압 : $35 \times 15 = 525V$
② 어레이 출력전류 : $6 \times 15 = 90A$
③ 허용 가능한 전압강하 $5\% = 0.05 = \dfrac{e}{525-e}$
∴ $e = 25V$
④ 허용 가능한 공칭단면적 $= \dfrac{35.6 \times 100 \times 90}{1,000 \times 25} = 12.82mm^2$ 이상

[정답] $16mm^2$

21. 3상 22900V의 선로가 정격전류(기준전류) 1,520A, %Z가 5%일 때 차단기 용량은 다음 중 몇 kA로 선정해야 하는가?

$$20kA, 25kA, 30kA, 35kA$$

[해설] %Z와 단락전류
① %Z(%임피던스)
 • 하나의 Loop를 이루는 전기회로에서 특정 설비가 가지고 있는 부하비율을 백분율로 표시한 값이다.
 • 하나의 Loop 전체의 %임피던스의 총합이 항상 100%가 된다.
 • %Z를 산정하는 계통의 폐 Loop를 어디로 잡는가에 따라서 그 비율이 달라진다.
② 단락전류(I_s) 계산
$I_s = 100/\%Z \times I_n$(기준전류, 정격전류) $= 100/5 \times 1,520 = 30.4kA$
* 차단기 용량은 31kA 이상의 것을 선정해야 한다.

[정답] 35kA

22. 파워컨디셔너(PCS)의 출력용량이 150kW, 효율이 90%, 최저입력전압이 250V, 선로의 전압강하는 5V일 경우 파워컨디셔너의 입력전류(A)는 얼마인가? (소수점 이하는 절사한다.)

해설 ① 계산공식

$$\text{파워컨디셔너 입력전류} = \frac{1,000P}{(V_i+V_d) \cdot E_f}$$

* P : 평균 부하용량(kW)
  V_i : 파워컨디셔너 최저 동작 직류 입력전압(V)
  V_d : 축전지-파워컨디셔너 간 전압강하(V)
  E_f : 파워컨디셔너의 효율

② 파워컨디셔너 입력전류 $= \dfrac{1,000P}{(V_i+V_d) \cdot E_f}$

$$= \frac{1,000 \times 150}{(250+5) \times 0.9} = 653.6\,A$$

정답 653A

---

23. 독립형 태양광시스템이 일일적산부하량이 20kWh인 부하에 연결되어 운전되어 운전되고 있다. 축전지 용량(Ah)은? (단, 보수율=0.9, 일조가 없는 날 10일, 공칭축전지 전압 12V, 축전지 직렬 연결 개수는 30, 방전심도는 70%로 하고, 소수 첫째자리에서 반올림한다.)

해설 ① 계산공식

독립형 전원시스템용 축전지이므로,

$$C = \frac{L_d \times D_r \times 1,000}{L \times V_b \times N \times DOD}\,(Ah)$$

* L_d : 1일 적산 부하전력량(kWh)
  D_r : 불일조 일수
  L : 보수율
  V_b : 공칭 축전지 전압(V)
  N : 축전기 개수
  DOD : 방전심도(일조가 없는 날의 마지막 날을 기준으로 결정)

② 상기 식으로부터

$$C = \frac{20 \times 20 \times 1000}{0.9 \times 12 \times 30 \times 0.7} = 881.83\,Ah$$

정답 882Ah

24. 모듈사이즈 가로길이 2[m], 세로길이 1[m], 일사량 1,000[W/m²], 모듈 출력 V_{mpp}=30V, I_{mpp} = 10[A] 때의 모듈변환효율은 몇% 인가?

[해설] 모듈변환효율 = $\dfrac{모듈출력(W)}{모듈면적(m^2) \times 1,000(W/m^2)}$

$= \dfrac{30 \times 10(W)}{2 \times 1(m^2) \times 1,000(W/m^2)} = 15\%$

[정답] 15%

25. 다음 표에서 태양광발전의 7월 발전량(kWh/m²)을 구하시오. (단, 표준상태에서의 일사강도는 1kW/m²이고, 소수 셋째 자리에서 반올림한다.)

구분	1	2	3	4	5	6	7	8	9	10	11	12
월 적산 경사면(30°) 일사량[kwh/m² 월]	113.77	104.44	126.34	121.6	136.09	111.1	115.94	130.42	101.7	102.92	93	101.99
종합설계계수	0.81	0.81	0.81	0.81	0.76	0.76	0.66	0.76	0.76	0.81	0.81	0.81
월간 발전량 [kwh/m²]												

㈜ 종합 설계계수 : 태양전지 모듈 출력의 불균형 보정, 회로손실, 기기에 의한 손실 등을 포함

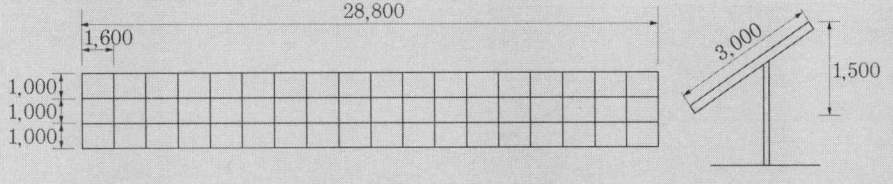

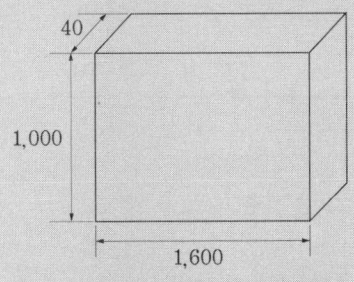

Maximum Power(P_{max})	200W
Voltage P_{max} Point(V_{max})	30.40V
Current P_{max} Point(I_{max})	6.58A
Open Current Voltage(V)	37.8V
Short Circuit Current(I)	7.09A
Max System Voltage(V)	1,000V
Weight	19.11kg

(tolerance 3%)

[해설] 태양전지 모듈수 = 3×18 = 54개

$$P_{AS} = \frac{모듈수 \times 모듈\ 최대출력}{전체면적} = \frac{54 \times 200}{3 \times 28.8} = 125\,W/m^2 = 0.125\,kW/m^2$$

태양광 발전소 월 발전량(P_{AM} ; kWh) 공식에서,

$$P_{AM} = P_{AS} \times \frac{H_A}{G_S} \times K$$

* P_{AS} : 표준상태에서의 태양광 어레이의 생산출력(kW)
  H_A : 태양광 어레이면 일사량(kWh/m^2)
  G_S : 표준상태에서의 일사강도(kW/m^2)
  K : 종합설계지수(태양전지 모듈 출력의 불균형 보정, 회로손실, 기기에 의한 손실 등을 포함 ; < 1.0)

따라서, P_{AM} = 0.125×115.94/1×0.66 = 9.565 kWh/m^2

[정답] 9.57 kWh/m^2

---

26 태양광발전소 부지면적이 19m(가로)×16m(세로)이며, 설치할 모듈이 250Wp, 1,700mm×800mm이고, 어레이 경사각을 31°, 동지 시 발전 한계시각에서의 태양고도각을 14°라고 할 때 최대 발전 가능 전력(kWp)은 얼마인가? [단, 모듈의 배열은 세워서 1단 가로깔기로 가정하고 가로 배열 모듈의 간격(800mm 측)은 무시하며, 소수 둘째 자리에서 반올림한다.]

[해설]

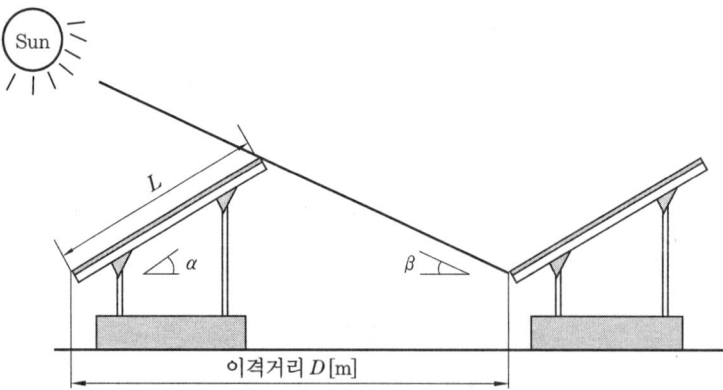

① 세로 최대 배치수 : $\frac{19\,m}{0.8\,m} = 23.75 \rightarrow 23$장 가능

② 이격거리 $D = \frac{\sin(180°-\alpha-\beta)}{\sin \beta} \times L = \frac{\sin(180°-31-14)}{\sin 14} \times 1.7 = 4.97\,m$

③ 열수 : $\frac{16\,m}{4.97\,m} = 3.22 \rightarrow 3$열

또한, 맨끝쪽의 열은 음영을 고려하지 않아도 되므로,
4.97m×3열+1.7×cos(31)=16.4>16이므로 최종적으로 '3열'로 결정됨

④ 모듈의 최대 장수=23장×3열=69장
⑤ 최대 발전 가능 전력(kWp)=69장×0.25=17.25 kWp

정답 17.3kWp

---

27 다음 조건에서 축전지의 용량(Ah)은 얼마인가? (단, 축전지 용량환산계수 K값은 10.6, 보수율은 일반 적용치인 0.8을 적용하고, 소수 둘째 자리에서 반올림한다.)

- PCS 최저동작 직류 입력전압 : 250V
- 축전지와 PCS 간 전압강하 : 4V
- 평균 부하용량 : 3kW
- 축전지 방전 종지전압 : 1.6V/CELL
- PCS 효율 : 95%

[해설] I(평균 방전전류, PCS 직류 입력전류)$= \dfrac{1,000P}{(V_i+V_d) \cdot E_f}$

$= \dfrac{1,000 \times 3}{(250+4) \times 0.95} = 12.43\text{A}$

축전지 용량 $C = \dfrac{K \cdot I}{L}$(Ah)$= \dfrac{10.6 \times 12.43}{0.8} = 164.698$(Ah)

정답 164.7(Ah)

---

28 Terzaghi 공식을 이용하여 다음 그림과 같은 정사각형(2m×2m) 독립기초에 대하여 총 허용하중(ton_f)을 계산하시오. (단, 안전율은 1.7, 기초의 형상계수인 α=1.3, β=0.4, 지지력계수인 $N_c/N_r/N_q$는 각각 3.5/1.2/2.7, 점착력 $C=0$, 흙의 단위체적중량 $\gamma_1=2.1$ ton_f/m³, $\gamma_2=1.7$ ton_f/m³, D_f는 0.7m로 하고, 소수 둘째 자리에서 반올림한다.)

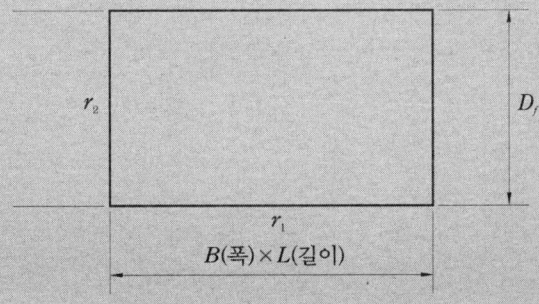

[해설] 다음 Terzaghi 공식으로 q_a를 계산하면,

$$q_a = \frac{1}{f_s}(\alpha \cdot c \cdot N_c + \beta \cdot \gamma_1 \cdot B' \cdot N_r + \gamma_2 \cdot D_f \cdot N_q)$$

* q_a : 허용지지력(ton_f/m^2)
  f_S : 안전율(평상시 3, 지진 시 2)
  c : 기초저면하의 흙의 점착력(ton_f/m^2)
  α, β : 기초의 형상계수
  N_c, N_r, N_q : 지지력계수
  D_f : 기초의 근입심도(m)
  γ_1, γ_2 : 기초저면하 및 근입깊이 흙의 단위체적중량(ton_f/m^2)
  B' : 하중의 편심을 고려한 유효재하폭(m), $B'=B-2e_B$
  e_B : 하중의 편심량

$$q_a = \frac{1}{1.7}(0+0.4\times2.1\times2\times1.2+1.7\times0.7\times2.7) = 5.229\,ton_f/m^2$$

총 허용하중=$q_a \times A$(기초 밑면적)=$5.229\,ton_f/m^2 \times 4m^2 = 20.916\,ton_f$

[정답] $20.9\,ton_f$

29. 어떤 기초의 총 허용하중이 5.5kN이라고 할 때 기초의 크기(m^2)는 얼마로 하여야 하는가? (단, 해당 흙의 지지력은 2.25kN/m^2이라고 한다.)

[해설] 총 허용하중=q_a(허용지지력)$\times A$(기초 밑면적) 공식에서,

$$A(\text{기초 밑면적}) = \frac{\text{총 허용하중}}{q_a} = \frac{5.5}{2.25} = 2.4\,m^2$$

[정답] $2.4\,m^2$

30. 어떤 태양광발전소에 설치된 모듈의 직렬연결 매수가 50개, 병렬연결 매수가 100개일 때 발전용량은 몇 MW인가? (단, 모듈의 최대 출력은 260Wp로 한다.)

[해설] 발전용량=$260Wp \times 50 \times 100 = 1.3\,MW$

[정답] $1.3\,MW$

31 모듈과 파워컨디셔너(PCS)의 조건이 다음과 같을 때 모듈의 최대 직렬매수와 최소 직렬매수는 각각 얼마인가?

- 모듈의 최대 출력 동작전압(V_{mpp}) : 30Vdc
- 모듈의 최대 출력 동작전류(I_{mpp}) : 7Adc
- 개방전압(V_{oc}) : 36Vdc
- 개방전류(I_{sc}) : 8Adc
- 모듈의 개방전압 온도계수 : -0.343%/℃
- 모듈 표면의 온도 변화 폭 : -15~60℃
- PCS의 입력전압 변동 범위 : 350~700Vdc

[해설] 모듈의 최적 직렬 수 계산 방법

① 최대 직렬 수 = $\dfrac{\text{PCS 입력전압 변동범위의 최고값(최대입력전압)}}{\text{모듈 온도가 최저인 상태의 개방전압}(V_{oc}')}$

$= \dfrac{\text{PCS 입력전압 변동범위의 최고값(최대입력전압)}}{\text{표준 상태}(25℃)\text{에서의 } V_{oc} \times (1+\text{개방전압 온도계수} \times \text{온도차})}$

$= \dfrac{700}{36 \times \{1+(-0.00343) \times (-15-25)\}} = 17.1개 \rightarrow 17개$

② 최소 직렬 수 = $\dfrac{\text{PCS 입력전압 변동범위의 최저값}}{\text{모듈 온도가 최고인 상태의 최대 출력 동작전압}(V_{mpp})}$

$= \dfrac{\text{PCS 입력전압 변동범위의 최저값}}{\text{표준 상태의 } V_{mpp} \times \left(1+\dfrac{V_{mpp}}{V_{oc}} \times \text{개방전압 온도계수} \times \text{온도차}\right)}$

$= \dfrac{350}{30 \times \{1+\dfrac{30}{36} \times (-0.00343) \times (60-25)\}} = 12.9개 \rightarrow 13개$

[정답] ① 최대 직렬매수 : 17, ② 최소 직렬매수 : 13

---

32 다음 표의 축전지 설비 이격거리 중 ( ) 안을 채우시오.

대상	이격거리(m)
큐비클 이외의 발전설비와의 사이	(㉠)
큐비클 이외의 변전설비와의 사이	1.0
옥외에 설치할 경우 건물과의 사이	(㉡)
전면 또는 조작면	1.0
점검면	0.6
환기면(환기구 설치면)	(㉢)

[정답] ㉠ 1.0, ㉡ 2.0, ㉢ 0.2

33 건축물을 건축하거나 대수선하는 경우에 구조안전을 확인할 수 있도록 구조계산서(지진에 대한 안전을 포함)를 작성해야 하는 건축물을 4가지 쓰시오.

정답 다음 중 4개를 골라 작성한다.
① 층수가 3층 이상인 건축물
② 연면적이 1천 제곱미터 이상인 건축물(창고, 축사, 작물재배사 및 표준설계도서에 따라 건축하는 건축물은 제외)
③ 높이가 13미터 이상인 건축물
④ 처마높이가 9미터 이상인 건축물
⑤ 기둥과 기둥 사이의 거리(기둥이 없는 경우에는 내력벽과 내력벽 사이의 거리)가 10미터 이상인 건축물
⑥ 국토교통부령으로 정하는 "지진구역1" 지역에 건축하는 건축물 중 중요도(특), 중요도 (1)에 해당하는 건축물
⑦ 박물관, 전시장 등의 용도에 쓰이는 바닥면적 합계가 5천 제곱미터 이상인 건축물

34 연면적이 1만 제곱미터 이상인 건축물(창고시설을 제외) 또는 에너지를 대량으로 소비하는 건축물로서 「건축물의설비기준등에관한규칙」 제2조의 규정에서 정하는 건축물은 다음 각 호의 구분에 따른 관계전문기술사의 협력을 받아야 한다. (   ) 안을 채우시오.

① 전기, 승강기(전기 분야만 해당한다) 및 피뢰침: 「국가기술자격법」에 따른 건축전기설비기술사 또는 (㉠)
② 가스·급수·배수(配水)·배수(排水)·환기·난방·소화·배연·오물처리 설비 및 승강기(기계 분야만 해당한다): 「국가기술자격법」에 따른 건축기계설비기술사 또는 (㉡)

정답 ㉠ 발송배전기술사, ㉡ 공조냉동기계기술사

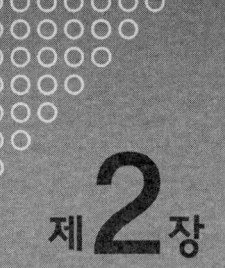 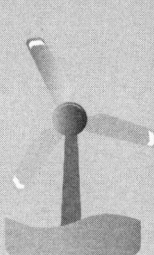

제2장 도면 · 시방서 · 내역서 작성

2-1 도면작성 방법

① 누가 보아도 이해가 쉽도록 작성한다.
② 여러 가지로 해석할 여지가 없도록 명확히 표현한다.
③ 구조물 도면의 경우 '설계방법'에 대하여 명기한다.
④ 설계도면에는 책임자(검도자), 설계자 등의 날인이 있어야 한다.
⑤ 모든 도면은 컴퓨터를 이용한 CAD로 작성하는 것을 기본으로 한다.
⑥ 모든 표기 및 표현은 중복 기재 혹은 도시를 피한다.
⑦ 보이는 부분은 실선, 숨겨진 부분은 파선으로 표기한다.
⑧ 그림으로 표현하기 어려울 경우에는 '주기'로 표현한다.
⑨ 도면 작성은 3각법으로 작성하는 것을 원칙으로 한다.
⑩ 도면 작성 시 미터법으로 작성함을 원칙으로 한다.
⑪ 도면 내 치수는 mm 단위로 사용하는 것이 원칙이다.
⑫ 각도는 도(°)를 사용하는 것을 원칙이며, 분(′)은 가급적 사용을 금한다.
⑬ 도면 Size는 다음과 같이 작성하는 것을 원칙으로 한다.
　(가) ASS′Y 도면
　　㉮ A1 : 가급적 A1 Size로 작성한다.
　　㉯ A0 : A1에 표현할 때 Size가 부족 시에 적용한다.
　　㉰ A2 : 1품 1도 시는 A2 Size로 설계가 가능하면 적용한다.
　(나) Detail 도면
　　㉮ A1 : 가급적 1도 다품 시 A1 Size에 Detail을 작성하는 것을 원칙으로 한다.
　　㉯ A0 : Detail이 커서 A1 Size에 작성하기 무리일 경우에만 적용한다.
　　㉰ A2, A3, A4 : 1품 1도 시 적용한다.
⑭ 모든 도면의 작성법은 발주처의 표준에 준하여 작성한다.
　(가) 표제란 및 도면 변경란, 공차표 등

㈏ ASS´Y 도면에 치수기입 방법
㈐ Detail 작성 요령 등
⑮ 특별히 명기되지 않은 사항은 KS기준을 준용한다.

2-2 건축물의 설계도서 작성기준

(1) 용어의 정의

① "설계도서"라 함은 건축물의 건축 등에 관한 공사용의 도면과 구조계산서 및 시방서 기타 다음 각 호의 서류를 말한다.
  ㈎ 건축설비계산 관계서류
  ㈏ 토질 및 지질 관계서류
  ㈐ 기타 공사에 필요한 서류
② "설계"라 함은 건축사가 자기책임하에(보조자의 조력을 받는 경우를 포함한다) 건축물의 건축대수선, 용도변경, 리모델링, 건축설비의 설치 또는 공작물의 축조를 위한 설계도서를 작성하고 그 설계도서에서 의도한 바를 설명하며 지도자문하는 행위를 말한다.
③ "기획업무"라 함은 건축물의 규모검토, 현장조사, 설계지침 등 건축설계 발주에 필요하여 건축주가 사전에 요구하는 설계업무를 말한다.
④ "건축설계업무"라 함은 건축주의 요구를 받아 수행하는 건축물의 계획(설계목표, 디자인 개념의 설정), 연관분야의 다각적 검토(인,허가 관련 사항 포함), 계약 및 공사에 필요한 도서의 작성 등의 업무를 말하며, "계획설계", "중간설계", "실시설계"로 구분된다.
⑤ "계획설계"라 함은 건축사가 건축주로부터 제공된 자료와 기획업무 내용을 참작하여 건축물의 규모, 예산, 기능, 질, 미관 및 경관적 측면에서 설계목표를 정하고 그에 대해 가능한 계획을 제시하는 단계로서, 디자인 개념의 설정 및 연관분야(구조, 기계, 전기, 토목, 조경 등을 말한다. 이하 같다)의 기본시스템이 검토된 계획안을 건축주에게 제안하여 승인을 받는 단계이다.
⑥ "중간설계(건축법 제8조제3항에 의한 기본설계도서를 포함한다. 이하 같다)"라 함은 계획설계 내용을 구체화하여 발전된 안을 정하고, 실시설계 단계에서의 변경 가능성을 최소화하기 위해 다각적인 검토가 이루어지는 단계로서, 연관분야의 시스템

확정에 따른 각종 자재, 장비의 규모, 용량이 구체화된 설계도서를 작성하여 건축주로부터 승인을 받는 단계이다.
⑦ "실시설계"라 함은 중간설계를 바탕으로 하여 입찰, 계약 및 공사에 필요한 설계도서를 작성하는 단계로서, 공사의 범위, 양, 질, 치수, 위치, 재질, 질감, 색상 등을 결정하여 설계도서를 작성하며, 시공 중 조정에 대해서는 사후설계관리업무 단계에서 수행방법 등을 명시한다.
⑧ "사후설계관리업무"라 함은 건축설계가 완료된 후 공사시공 과정에서 건축사의 설계의도가 충분히 반영되도록 설계도서의 해석, 자문, 현장여건 변화 및 업체선정에 따른 자재와 장비의 치수, 위치, 재질, 질감, 색상, 규격 등의 선정 및 변경에 대한 검토보완 등을 위하여 수행하는 설계업무를 말한다.
⑨ **흙막이 구조도면의 작성** : 지하 2층 이상의 지하층을 설치하는 경우에는 건축법에서 정하는 바에 의거 흙막이 구조도면을 작성하여 착공신고 시에 제출한다.
⑩ **재료의 표기**
　㈎ 건축물에 사용하는 건축재료는 품명 및 규격, 재질, 질감, 색상 등을 설계도면에 표기함을 원칙으로 한다.
　㈏ 설계도면에 표기할 수 없는 재료의 성능 및 재질 등에 관한 사항은 공사시방서에 표기한다.

> ◐ 공사시방서에는 도면에 표시하기 불편한 내용을 주로 기술하고, 치수는 가능한 한 도면에 표시한다.

(2) 공사시방서의 작성
① 공사시방서에는 중간설계 및 실시설계도면에 구체적으로 표시할 수 없는 내용과 공사수행을 위한 시공 방법, 자재의 성능규격 및 공법, 품질시험 및 검사 등 품질관리, 안전관리, 환경관리 등에 관한 사항을 기술한다.
② 공사시방서는 표준시방서 및 전문시방서를 기본으로 하여 작성하되, 공사의 특수성, 지역여건, 공사방법 등을 고려하여 작성한다.

(3) 일반시방서에 포함되는 주요내용
① 용어의 정의
② 적용 법규 및 제 규정
③ 설계도서의 적용 순위
④ 계약 상대자의 의무

⑤ 공사현장관리
⑥ 자재의 반입, 검수, 관리 등에 관한 사항
⑦ 설계, 제작 및 설치에 관한 제반사항
⑧ 품질관리, 검사 및 시험에 관한 사항
⑨ 품질보증 및 하자보증에 관한 사항
⑩ 이견 발생 시의 해결 원칙
⑪ 공사 외의 민원, 공무 등에 관한 비용 처리
⑫ 경미한 변경 등에 관한 처리방법
⑬ 인수인계 방법 등에 관한 사항
⑭ 설계도서 등의 관리 등

(4) 건축제도 통칙의 적용

이 기준에서 규정한 사항 이외에 설계도서의 작성에 필요한 사항은 한국산업규격 KS F 1501 건축제도 통칙이 정하는 바에 의한다.

(5) 설계도서 작성자의 서명날인

설계도서를 작성하는 데 참여한 자 및 협력한 관계전문기술자는 관계법령 및 그 규정에 의한 명령이나 처분 등에 적합하게 작성되었는지를 확인한 후 당해 도서에 서명날인한다.

(6) 적용의 예외

건축법 제23조제4항에 따라 표준설계도서등의운영에관한규칙에 의한 표준설계도서 또는 특수한 공법을 적용한 설계도서에 따라 건축물을 건축하는 경우에는 이 기준을 적용하지 아니한다.

(7) 재검토 기한

「훈령예규 등의 발령 및 관리에 관한 규정」(대통령훈령 제248호)에 따라 이 기준 발령 후의 법령이나 현실여건의 변화 등을 검토하여 이 기준의 폐지, 개정 등의 조치를 하여야 하는 기한은 시행일로부터 2015년 8월 21일까지로 한다.

2-3 도면 표시기호

(1) 조명 및 회로

기호	용도	기호	용도	기호	용도
○	백열등	☯	콘센트	Ⓖ	발전기
⊂○⊃	형광등	●	점멸기	Ⓗ	전열기
○⊣	벽 등	Ⓜ	전동기	⊢⊢	축전지
B	배선용 차단기	TS	타임스위치	L	한류제한기

(2) 배선기호 1

기호	명칭	기호	명칭
───	전선, 천장은폐배선	─·─·─	지중 매설선
---	바닥은폐배선	┬	전선 접속점 표시
⏚	접지	○／	상승
············	노출배선	／○	인하
▭	홀 상자 및 접촉 상자	○／○	소통
─///─	전선수 표시	▭○	점검구
─1.6─	전선 크기 표시	⌇	수전점

(3) 배선기호 2

기호	명칭	기호	명칭
─⊙─	전구	─∽∽∽─	코일 : 나사 모양으로 여러 번 감은 도선, 이것에 전류를 통하면 강한 전자기장을 만듦
─┤├─	전지	─┤├─	콘덴서(축전기) : 많은 양의 전기를 모으는 장치
─o/o─	스위치	─Ⓥ─	전압계 : 전압을 재는 기계
─Ⓜ─	전동기	─Ⓐ─	전류계 : 전류를 재는 기계
─/\/\/─	저항 : 전류의 흐름을 방해하는 작용	─◠─	퓨즈 : 전류가 강하면 녹아서 전류를 절단시켜 위험을 방지함

(4) 배선기호 3

기호	명칭	기호	명칭	기호	명칭
	팬터그래프		유도코일		단락회로 접촉기
	피뢰기		접촉편		고정저항기
	휴스		축전지		가변저항기
	나이프스위치 또는 단로기		계전기		보온기 난방기
	차단기		보턴스위치		전동기
	단류기		푸쉬보턴 스위치		스위치
	회로차단기		정류기 (다이오드)		선풍기
	고속도 차단기		SCR (사이리스터)		형광등
	연결선		전조등		점퍼선
	연결안된선		표시등		접지

기호	명칭	기호	명칭	기호	명칭
⊣⊢	전자접촉기	⊖	지시등	⊸⊀	반도체
⊸⊕⊸	제어접촉기	⊣⊢	축전기(콘덴서)		가변저항기
	변압기		조압기		기계적 연동

(5) 배선기호 4

기호	명칭	기호	명칭
▭	분전반 및 제어반	Ⓗ	전열기
▬	배전반	∞	환기팬
⊠	동력용 배전반	RC	룸 에어컨
◩	전등용 배전반	▶⊦	정류 장치
⊠(반)	전등·전력용 배전반	⌒	정온식 스폿형 감지기
Ⓢ	개폐기	⌓	차동식 스폿형 감지기
Ⓢ	개폐기 (전류계 붙이)	⌷	보상식 스폿형 감지기
Ⓑ	배선용 차단기	Ⓢ	연기 감지기
Ⓔ	누전 차단기	Ⓟ	P형 발신기
Ⓦⓗ	전력량계	⊠	수신기
Ⓦⓗ	전력량계 (상자들이 또는 후드붙이)	⊞	부수신기(표시기)
Ⓛ	전류 제한기	⊣⊠⊢	철탑
Ⓜ	진동기	⊸◯⊸	철주
Ⓖ	발전기	⊸◐	콘크리트주
⊣⊢	콘덴서	⊸◯	목주

(6) 토목도면 기호

① 단면 표시기호

표시 사항 구분		원칙으로 사용한다	준용한다	비고
지반				
잡석다짐				
자갈, 모래		자갈 모래		타재와 혼동될 우려가 있을 때는 반드시 재료명을 기입한다.
석재				
인조석				
콘크리트		a b c		a는 강자갈, b는 깬자갈, c는 철근 배근일 때
벽돌				
블록				
목재	치장재		단면 길이 방향 단면	
	구조재	보조 구조재	합판	유심재, 거심재를 구별할 때 유심재 거심재
철재				
차단재 (보온, 흡음, 방수, 기타)		재료명 기입		
엷은재(유리)		—a		a는 원칙에 가까울 때 사용한다.
망(사)		a		b는 원칙에 가까울 때 사용한다.

② 평면 표시기호

축적 정도별 구분 표시사항		축적 1/100 또는 1/200일 때	축적 1/20 또는 1/50일 때
벽일반			
철골 철근, 콘크리트 기둥 및 철근 콘크리트 벽			
철근 콘크리트 기둥 및 장막벽		←재료 표시	←재료 표시
철골 기둥 및 장막벽			
블록벽			1/20 1/50
벽돌벽			
목조벽	양쪽심벽 안심벽, 밖평벽 안팎평벽		반쪽 기둥 통재 기둥

(7) 건축도면 관련 기호

명칭	평면	입면	명칭	평면	입면
빈지문			쌍여닫이창		
자재문			망사창		
망사문			여닫이창		

창일반	⊟	☐	셔터창	≡	☐
회전창 또는 돌출창	⌀	⊠	미서기창	⊟	⊞
오르내리창	≣	☐	계단 오름 표시	⊠	내림(DN) 오름(UP)
격자창	∿	⊞	미서기문	⊢⊣	⊞
출입구 일반	⊐|⊏	▯	미닫이문	⊐⊟	▯
회전문	⊗	⫼	셔터	⊐⋯⊏	▤
쌍여닫이문	W	⋈	빈지문	⊐⊟	▯
접이문	∧	⫼	방화벽과 쌍여닫이문	M	⋈
여닫이문	⌣	▱	주름문 (재질 및 양식 기입)	⌇	⫼

㈜ 빈지문 : 풍우를 방지하기 위해 건축물 개구부의 최외측에 덧대어 한 짝씩 끼웠다 떼었다 하게 만든 창호.

2-4 내역서

(1) 내역서의 분류
① **물량내역서** : 각종 공사에 투입되는 각 재료의 수량 및 노무량만 기재하는 내역서
② **산출내역서** : 물량내역서의 내용은 물론이고, 단가와 금액, 소계, 총계까지 기재하여 작성하는 내역서

(2) 공사 진행 단계별 내역서의 명칭
① 설계내역서　　　　② 입찰내역서
③ 계약내역서　　　　④ 착공내역서
⑤ 기성내역서　　　　⑥ 준공내역서

(3) 내역서의 작성
각 공사의 내역을 집계한 '공사비 집계표'를 기준으로 내역서(공사비 원가 계산서)를 작성한다.
① 순공사원가=재료비+직·간접 노무비+직·간접 경비
② 공급가액=총원가(순공사원가+일반관리비+이윤)+손해보험료(총원가×손해보험요율)
③ 총공사비=총원가(순공사원가+일반관리비+이윤)+손해보험료+부가가치세(공급가액×1.1)

㈜ 순공사비의 경비 중,
- 산재보험료=노무비×산재보험 요율
- 고용보험료=노무비×고용보험 요율
- 건강보험료=직접노무비×건강보험 요율
- 연금보험료=직접노무비×연금보험 요율
- 노인장기요양보험료=건강보험료×적용 요율

(4) 발전원가 계산

$$발전원가 = \frac{초기투자비용/설비수명연한 + 연간 유지관리비}{연간 총발전량(kWh/ann)}$$

(5) 재료 할증률(표준품셈)

종 류	할증률(%)	철거손실률(%)
옥외전선	5	2.5
옥내전선	10	-
Cable(옥외)	3	1.5
Cable(옥내)	5	-
전선관배관	10	-
Trolley 선	1	-
동대, 동봉	3	1.5
애자류 100개 미만	5	2.5
100개 이상	4	2
200개 이상	3	1.5
500개 이상	1.5	0.75
1,000개 이상	1	0.5
전선로 철물류 100개 미만	3	6
100개 이상	2.5	5
200개 이상	2	4
500개 이상	1.5	3
1,000개 이상	1	2
조가선(철강)	4	4
합성수지파형전선관 (파상형 경질 폴리에틸렌 전선관)	3	-

㈜ • 재료의 할증률 : 시방 및 도면 등에 의해 산출된 재료의 정미량에 재료의 운반, 절단, 가공 및 시공 중에 발생되는 손실량을 가산해주는 비율(%)
• 철거손실률 : 전기설비공사에서 철거작업 시 발생하는 폐자재를 환입할 때 재료의 파손, 망실 및 일부 부식 등에 의한 손실률을 말한다.

(6) 공사원가계산 시 간접노무비 계상방법(행정규칙 계약예규 ; 예정가격작성기준 별표2의1)

① 직접계상방법
발주목적물의 노무량을 예정하고 노무비단가를 적용하여 계상한다.

$$간접노무비 = 노무량 \times 노무비단가$$

② 비율분석방법
발주목적물에 대한 직접노무비를 표준품셈에 따라 계상한다.

$$간접노무비 = 직접노무비 \times 간접노무비율$$

③ 기타 보완적 계상방법
직접계상방법 또는 비율분석방법에 의하여 간접노무비를 계상하는 것을 원칙으로 하되, 계약목적물의 내용·특성 등으로 인하여 원가계산자료를 확보하기가 곤란하거나, 확보된 자료가 신빙성이 없어 원가계산자료로서 활용하기 곤란한 경우에는 다음 원가계산자료(공사종류 등에 따른 간접노무비율)를 참고로 동비율을 해당 계약목적물의 규모·내용·공종·기간 등의 특성에 따라 활용하여 간접노무비(품셈에 의한 직접노무비×간접노무비율)를 계상할 수 있다.

구 분	공사종류별	간접노무비율
공사 종류별	건축공사	14.5
	토목공사	15
	특수공사(포장, 준설 등)	15.5
	기타(전문, 전기, 통신 등)	15
공사 규모별	50억 원 미만	14
	50~300억 원 미만	15
	300억 원 미만	16
공사 기간별	6개월 미만	13
	6~12개월 미만	15
	12개월 이상	17

㈜ 공사규모가 100억 원이고 공사기간이 15개월인 건축공사의 경우 예시

$$간접노무비율 = \frac{15\% + 17\% + 14.5\%}{3} = 15.5\%$$

(7) 일반관리비율(행정규칙 계약예규 ; 예정가격작성기준 별표 3)

업 종	일반관리비율(%)
• 제조업	
음·식료품의 제조·구매	14
섬유·의복·가죽제품의 제조·구매	8
나무·나무제품의 제조·구매	9
종이·종이제품·인쇄출판물의 제조·구매	14
화학·석유·석탄·고무·플라스틱제품의 제조·구매	8
비금속광물제품의 제조·구매	12
제1차 금속제품의 제조·구매	6
조립금속제품·기계·장비의 제조·구매	7
기타물품의 제조·구매	11
• 시설공사업	6

㈜ 업종 분류는 한국표준산업분류에 의함

예상문제

신재생에너지 발전설비기사·산업기사

제2장 | 도면·시방서·내역서 작성

1 다음에서 설명하고 있는 설계도서는 무엇인가?

"계획설계 내용을 구체화하여 발전된 안을 정하고, 실시설계 단계에서의 변경 가능성을 최소화하기 위해 다각적인 검토가 이루어지는 단계로서, 연관분야의 시스템 확정에 따른 각종 자재, 장비의 규모, 용량이 구체화된 설계도서를 작성하여 건축주로부터 승인을 받는 단계이다."

정답 중간설계

2 다음은 도면과 시방서에 관련된 설명이다. ( ) 안에 들어갈 적당한 용어를 채우시오.

① 공사시방서에는 도면에 표시하기 불편한 내용을 주로 기술하고, 치수는 가능한 한 (㉠)에 표시한다.
② 지하 2층 이상의 지하층을 설치하는 경우에는 건축법에서 정하는 바에 의거 (㉡)을 작성하여 착공신고 시에 제출한다.

정답 ㉠ 도면, ㉡ 흙막이 구조도면

3 다음 ①~④의 조명 및 회로에 관한 도면 표시기호에 해당하는 명칭을 각각 쓰시오.

① ○　　② TS
③ L　　④ B

정답 ① 백열등　② 타임스위치
　　　③ 전류 제한기　④ 배선용 차단기

4 다음 ①~④의 도면 배선기호 관련 해당 명칭을 각각 쓰시오.

① ⏚　　② ┬
③ ◯　　④ ▭

정답 ① 접지 ② 전선 접속점
③ 점검구 ④ 접속상자

5 다음 ①~④의 도면 배선기호 관련 해당 명칭을 각각 쓰시오.

① —|⊢— ② —|⊢—
③ Ⓜ ④ Ⓐ

정답 ① 축전지(콘덴서) ② 전지
③ 전동기 ④ 전류계

6 다음 ①~④의 도면 배선기호 관련 해당 명칭을 각각 쓰시오.

① —▯▯— ② —o o—
③ —▷|— ④

정답 ① 피뢰기 ② 스위치
③ 다이오드(정류기) ④ 가변저항기

7 다음에 도시한 ①~④의 토목 및 건축 관련 도면기호에 해당하는 명칭을 각각 쓰시오.

① ②
③ ④

정답 ① 지반 ② 출입구 일반
③ 여닫이창 ④ 잡석다짐

8 건설공사에 주로 사용하는 물량내역서와 산출내역서를 각각 구분하여 설명하시오.

정답 ① 물량내역서 : 각종 공사에 투입되는 각 재료의 수량 및 노무량만 기재하는 내역서
② 산출내역서 : 물량내역서의 내용은 물론이고, 단가와 금액, 소계, 총계까지 기재하여 작성하는 내역서

9 공사 진행 단계별 내역서의 종류를 4가지만 쓰시오.

정답 다음 중에서 4가지를 쓴다.
① 설계내역서　　② 입찰내역서
③ 계약내역서　　④ 착공내역서
⑤ 기성내역서　　⑥ 준공내역서

10 건설공사의 품셈과 관련하여 다음의 2가지 용어의 정의에 대해서 간략히 설명하시오.
① 재료의 할증률
② 철거손실률

정답 ① 재료의 할증률 : 시방 및 도면 등에 의해 산출된 재료의 정미량에 재료의 운반, 절단, 가공 및 시공 중에 발생되는 손실량을 가산해주는 비율(%)
② 철거손실률 : 전기설비공사에서 철거작업 시 발생하는 폐자재를 환입할 때 재료의 파손, 망실 및 일부 부식 등에 의한 손실률을 말한다.

11 태양광발전소를 건설 후 경제성 분석을 위해 발전원가를 계산하려고 한다. 발전원가를 계산하는 공식을 쓰시오.

정답 발전원가 = $\dfrac{\text{초기투자비용/설비수명연한} + \text{연간 유지관리비}}{\text{연간 총 발전량(kWh/ann)}}$

12 각 공사의 내역을 집계한 '공사비 집계표'를 기준으로 내역서(공사비 원가 계산서)를 작성 시 다음을 계산하는 수식을 쓰시오.
• 순공사원가
• 공급가액
• 총공사비

정답 ① 순공사원가 = 재료비 + 직·간접 노무비 + 직·간접 경비
② 공급가액 = 총원가(순공사원가 + 일반관리비 + 이윤) + 손해보험료(총원가 × 손해보험요율)
③ 총공사비 = 총원가 + 손해보험료 + 부가가치세(공급가액 × 1.1)

제3편 태양광발전 시스템 시공

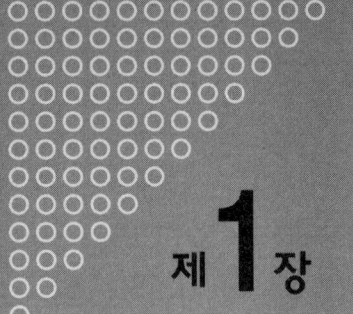

제1장 설계도서 검토 및 해당공사 발주

1-1 설계도서 검토

(1) 설계도서 해석의 우선순위

설계도서, 법령해석, 감리자의 지시 등이 서로 일치하지 아니하는 경우에 있어 계약으로 그 적용의 우선순위를 정하지 아니한 때에는 다음의 순서를 원칙으로 한다.
① 1순위 : 공사시방서
② 2순위 : 설계도면
③ 3순위 : 전문시방서
④ 4순위 : 표준시방서
⑤ 5순위 : 산출내역서
⑥ 6순위 : 승인된 상세시공도면
⑦ 7순위 : 관계법령의 유권해석
⑧ 8순위 : 감리자의 지시사항

(2) 설계도서 검토 시 주의사항

① 숫자로 나타낸 치수는 도면상 축척으로 잰 치수보다 우선한다.
② 도면 및 시방서의 어느 한쪽에 기재되어 있는 것은 그 양쪽에 기재되어 있는 사항과 완전히 동일하게 다룬다.
③ **표제란** : 도면 작성 및 관리에 필요한 정보를 모아서 기재한 곳
　㈎ 발주자 정보영역(발주자명 및 로고) : 발주처 및 발주사의 로고를 기재
　㈏ 수급인 정보영역(수급인명 및 로고) : 컨소시엄의 경우 대표사, 참여사를 모두 기재
　㈐ 공사정보 영역(사업명) : 사업로고 포함 가능
　㈑ 도면 정보영역(도명, 도번, 일련번호, 축적, 승인란 등) : 다수인 경우 대표 도면명을 기재 가능, 도번 및 일련번호는 공종별 분류체계에 따라 기재함. 승인란은 제도자/설계자/검사자/승인자로 세분하여 기재

표제란(예시)

④ **시방서** : 시방서는 운영체계 및 용도에 따라 여러 가지로 구분할 수 있는데, 주요한 것은 다음과 같다.

㈎ 공사시방서 : 계약문서의 일부가 되고, 법적 구속력을 가지며, 특정 공종별로 건설공사 시공에 필요한 사항을 규정한 시방서를 말한다. 태양광발전소의 경우 공종은 가설공사, 토공사, 기초공사, 철근콘크리트공사, 어레이설치공사, 배관 및 배선공사, 전기실(건축공사) 등으로 나누어진다.

㈏ 전문시방서 : '시설물별 표준시방서'를 기본으로 모든 공종을 대상으로 하여 특정한 공사의 시공에 활용하기 위한 종합적인 시공기준

㈐ 표준시방서 : 각종 공사에 쓰이는 공통적이고 표준적인 시공기준 및 공법을 명시한 문서

㈑ 일반시방서 : 입찰요구조건과 계약조건으로 구분, 공사기일 등 공사 전반(일반)에 걸친 비기술적인 사항을 규정한 시방서

㈒ 안내시방서 : 공사시방서를 작성하는 데 안내 및 지침이 되는 시방서

㈓ 성능시방서 : 시설물, 설비 등의 성능만을 명시해 놓은 시방서

㈔ 공법시방서 : 계획된 성능을 확보하기 위한 방법과 수단을 서술한 시방서

㈕ 기술시방서 : 공사 전반에 걸친 기술적인 사항을 규정한 시방서

1-2 시설공사 계획

(1) 가대 제작

① 가대는 설계도면에 의거하여 제작한다.
② 재질은 규정된 자재(Mild Steel)를 사용할 것

가대의 재질	장점	단점	가격
강제+용융아연도금	• 철의 10배 이상의 내식성(수명 김)	• 부분 발청 가능	중가
강제+도장	• 도료 선정이 내식성 좌우	• 5~10년 주기로 재도장 필요	저가
STS(스테인리스)	• Ni과 Cr의 합금으로 경량/내식성 우수	• 고가	고가
알루미늄 합금	• 시공성 우수 • 경량성	• 강도 약함 • 부식에 취약	중가

③ 양면용접을 실시하여 용접 강도를 유지해야 하며, 용접이나 제조상 휨과 손상 등이 없을 것
④ 철구조물은 부식 방지를 위해 아연도금 실시 후 사용할 것

(2) 기초공사

① 앵커볼트 삽입 후 그 위에 도면을 참조하여 기초 콘크리트 작업을 행함
② 기초 콘크리트의 외관은 모서리가 직각을 이루도록 하고, 표면은 깨끗하게 할 것
③ 기초 콘크리트 상단의 지지대 연결부는 높이를 동일하게 맞추어 수평이 되도록 유지시킴
④ 앵커볼트 삽입 시 센터거리를 정확하게 측정하여 맞추며, 콘크리트 중앙에 오도록 할 것

(3) 지지대 설치

① 지지대의 조립 및 설치는 도면에 의거해 실시하며, 느슨함이 없도록 완전히 조일 것
② 구조물의 조립 시 STS(스테인리스) 재질의 피팅류를 사용할 것
③ 지지대 조립 후 부식이 가능한 부위는 후처리를 행하여 방식(Anticorrosion)이 되도록 할 것

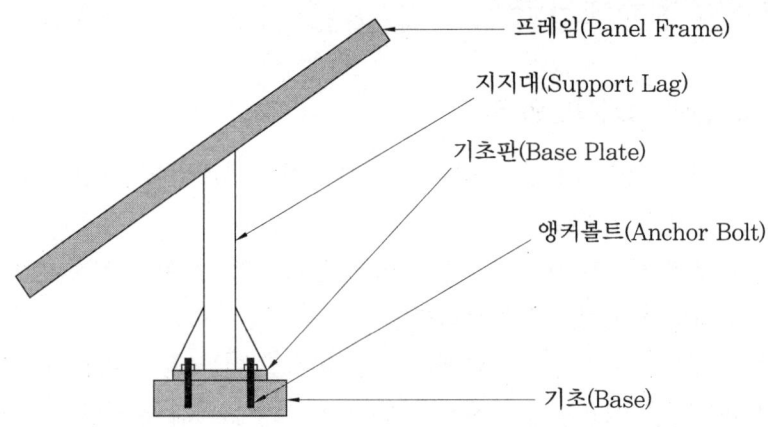

태양광 어레이 구조물 설치도

(4) 모듈의 설치

① 모듈은 도면을 참조하여 설치하되 STS(스테인리스) 재질의 피팅류를 사용하여 고정시킬 것
② 설치 시 어레이 전면의 모듈과 모듈이 서로 평행하게 조립되어 굴곡이 없도록 할 것
③ 모듈 단자함의 전선 통화 홀에 별도의 케이블 그랜드를 끼워 조립할 것
④ **모듈과 가대의 접합** : 전식방지를 위해 모듈과 가대 사이에 RO스켓 설치

(5) 모듈 결선

① 극성에 유의하여야 하고, 도면의 규격으로 시공할 것
② 모듈 단자함의 홀은 방수커넥터를 이용하여 고정시킬 것
③ 모듈의 직렬 연결 시 절연에 유의하고, 모듈 간 연결배선의 길이가 일정하도록 할 것
④ 모듈 지지대에 연결된 배선의 결선은 미관상 양호하게 타이(Tie)를 사용하여 묶을 것

(6) 전기 결선

① 극성에 유의하고, 도면의 규격을 참조하여 규격대로 시공할 것
① 건물 내부의 전선관은 플렉시블 튜브(Flexible Tube)를 사용하여 배선할 것

1-3 태양전지 설치각도

(1) 태양전지 Array의 설치각도와 통풍

① 태양광발전 시스템의 발전량을 좌우하는 태양전지 Array의 발전각도는 건축물의 외관에 강한 영향을 미친다.
② 따라서 설계할 당시, 지붕에 설치할지 벽에 설치할지 등 설치각도에 의한 능력, 경제성과 함께 의장성의 검토가 필요하다.
③ 태양광발전 시스템의 효율은 정남에서 가장 높지만 어느 정도 허용범위가 있다.
④ 의장적인 융통성을 이용하기 위해서 방위각의 차이에 의한 발전량의 차이를 파악하는 것이 필요하다.
⑤ 최대출력을 가져올 수 있는 경사각(20~40°)으로 설치하는 것이 일반적이지만, 수직면, 북면(경사각이 적은 경우)에도 실용에 견딜 수 있는 어느 정도의 발전량은 기대할 수 있다.
   ◐ 최적 경사각에 관한 연구자료에 의하면, 국내 대부분의 지방에서 발전효율이 최대가 되는 경사각은 약 33°이다.
⑥ 결정질 태양전지는 후면의 원활한 통풍을 위해 최소 10~15cm 이상의 이격거리가 필요하다(보통 후면 이격거리가 5cm 정도이면 약 5%의 손실이 발생하고, 0cm이면 약 10%의 손실을 가져온다).
⑦ 일반적으로 온도 상승으로 인한 발전량의 감소율은 난방입면 10.5%, 난방지붕 7.5%, 비난방입면(후면통풍 비양호) 7.0%, 지붕(후면통풍 비양호) 5.0% 등으로 평가된다.

(2) 기타 설치 시 주의사항

① 태양전지 Array의 설치를 고려한 경우, 그늘의 영향, 바람에 의한 풍압 하중, 적설에 의한 하중, 지진에 의한 하중, 낙뢰에 의한 영향, 또 낙엽과 적설에 의한 태양광 차단, 표면에 오염에 의한 변환효율의 저하 등을 고려한 계획이 필요하다.
② 건축설계상 혹은 경제상 가능하면 낙엽, 적설, 오염도, 파손 등에 의한 보수관리가 용이한 부위에 설치하는 것이 좋다.
③ 태양전지 Array의 경사가 있는 경우 인접한 Array에 의한 그늘이 생기는 경우가 있으니 주의가 필요하다.

④ Array면에 그늘이 있으면, 그 부분의 발전량이 저하된다.
⑤ 아무리 해도 부분적으로 그늘이 예상되는 경우에는 직렬과 병렬의 조합된 배열로 고안하여, 조금이라도 그늘의 영향이 적게 하는 방법을 검토하는 것이 각 String(직렬배치)에 좋다.
⑥ 실제로는 그늘의 모양이나 움직이는 방향이 다양하기 때문에 음영도를 작성한 위에 종합적으로 배선계획을 검토하는 것이 필요하다.
⑦ 신축건물에서 일반적 규모의 태양전지 Array를 설치하는 경우는 시공의 용이성과 경제성을 위해 보호콘크리트의 위에 기초를 설치하는 것이 일반적이며, 대형의 가대, 키가 큰 가대 등은 강도상, 또는 방수층의 관계로부터 기초를 옥상 슬라브까지 일체로 사전에 투입된 Anchor Bolt에 가대철골을 지지하는 것이 바람직하다.
⑧ 개축건물에서는 방수층의 개수 등 특별한 경우를 제외하고, 방수보호 콘크리트 위에 기초를 설치한 콘크리트 블록 등을 고정한 기초로 하는 방법을 행하고 있다. 기초의 고정방법은 신축과 같이 일체적인 시공이 가능하지 않기 때문에 케미칼 앵커나 콘크리트의 부착력을 이용하여 필요에 대응하는 주변의 벽 등에 고정 가능 개소를 보강한다.
⑨ 축전지의 설치방법으로는 전용의 축전지실로 Steel Rack(가대) 수납방식으로 설치하는 경우와 Cubicle 수납방식으로 옥상 등에 설치하는 것을 고려한다.

1-4 태양광발전설비 설치공사

(1) 개요

① 태양광 설치공사에서는 설계하중에 대한 안전성 확보, 전기적 위험으로부터의 보호(접지, 내뢰 등), 환경변화와 현장여건의 변화, 자연 및 기후 조건의 변화 가능성 등을 면밀히 따져 시공에 임해야 한다.
② 태양광 설치공사 시 주로 사용하는 대형장비에는 굴삭기, 크레인, 지게차 등이 있다.
③ 태양광 발전설비 설치공사 시 필요 공구로는 앵커드릴(앵커 구멍 천공), 스피드 커터(골조 프레임 제단), 그라인더(절삭 작업), 테스터기(도동시험 외) 등이 주로 사용된다.

(2) 일반 시공절차

현장여건 분석→시스템 설계→구성요소 제작→토목공사(기초/지반/구조물/접지 공사)→자재 반입검사→모듈 및 기기 설치공사→전기배선공사→점검 및 검사→시운전→운전개시

(3) 공종별 시공절차

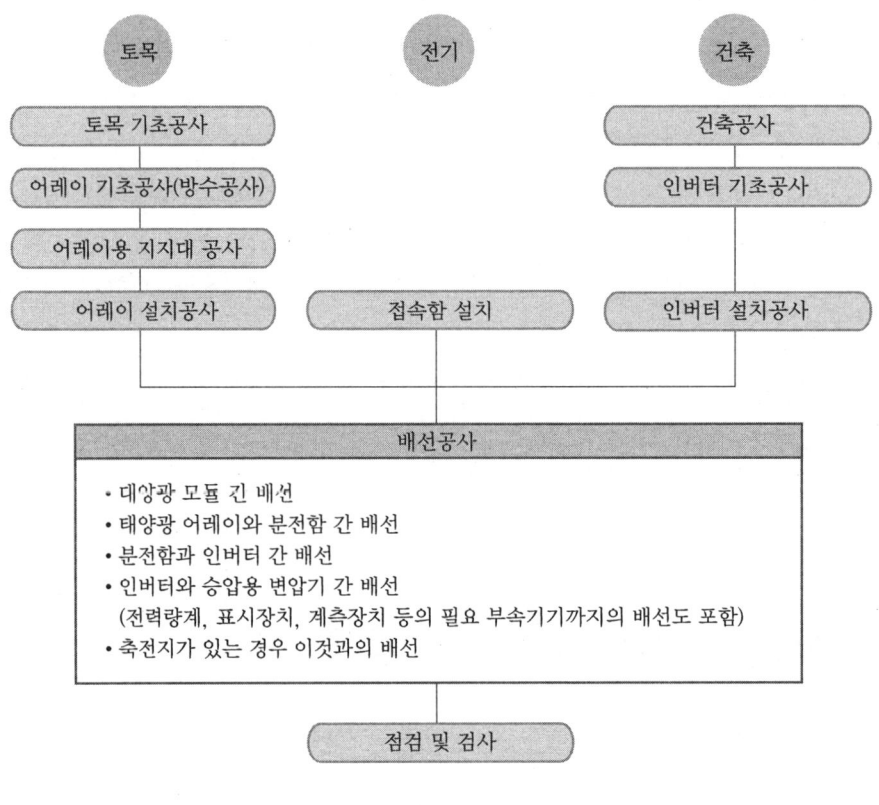

설치공사 절차

(4) 작업 중 안전대책

① 작업 전 태양전지 모듈 표면에 차광막을 씌워 태양광 차단
② 작업 중 저압 절연장갑 착용
③ 절연 처리된 공구 사용
④ 강우 시 작업 금지

⑤ 강한 일사 시에는 작업량을 조절하여 인력 투입 고려한다.
⑥ 기타 감전, 낙상, 미끄러짐 등의 재해에 대한 세부적 대책 수립 및 교육

(5) 어레이 구조물 기초의 요구조건

① **허용 침하량 이내** : 구조물의 허용 침하량 이내일 것
② **구조적 안정성** : 설계하중에 대한 안정성 고려
③ **최소의 근입 깊이를 가질 것** : 환경변화, 국부적 지반 쇄굴 등에 저항
④ **시공의 가능성** : 현장여건 고려

예상문제

신재생에너지 발전설비기사 · 산업기사

제1장 | 설계도서 검토 및 해당공사 발주

1. 다음 설계도서 중 해석의 우선순위를 작성하시오.

> 설계도면, 공사시방서, 표준시방서, 감리자의 지시사항,
> 관계법령의 유권해석, 산출내역서, 승인된 상세시공도면, 전문시방서

정답 설계도서 해석의 우선순위
① 1순위 : 공사시방서
② 2순위 : 설계도면
③ 3순위 : 전문시방서
④ 4순위 : 표준시방서
⑤ 5순위 : 산출내역서
⑥ 6순위 : 승인된 상세시공도면
⑦ 7순위 : 관계법령의 유권해석
⑧ 8순위 : 감리자의 지시사항

2. 다음 ( ) 안에 시방서의 명칭을 기입하시오.

① (㉠)시방서 : '시설물별 표준시방서'를 기본으로 모든 공종을 대상으로 하여 특정한 공사의 시공에 활용하기 위한 종합적인 시공기준
② (㉡)시방서 : 계약문서의 일부가 되고, 법적 구속력을 가지며, 특정 공종별로 건설공사 시공에 필요한 사항을 규정한 시방서
③ (㉢)시방서 : 각종 공사에 쓰이는 공통적인 시공기준 및 공법을 명시한 문서

정답 ㉠ 전문, ㉡ 공사, ㉢ 표준

3. 다음 ①및 ②에서 공통적으로 설명하고 있는 설계도면 관련 용어는 무엇인가?

① 도면 작성 및 관리에 필요한 정보를 모아서 기재한 곳
② 발주자 정보영역(발주자명 및 로고), 수급인 정보영역(수급인명 및 로고), 공사정보 영역(사업명), 도면 정보영역(도명, 도번, 일련번호, 축적, 승인란 등) 으로 구성된다.

정답 표제란

4 입찰요구조건과 계약조건으로 구분하고, 공사기일 등 공사 전반(일반)에 걸친 비기술적인 사항을 규정한 시방서를 무엇이라고 부르는가?

정답 일반시방서

5 ① ~ ④에 해당하는 시방서의 명칭을 각각 쓰시오.

① 공사시방서를 작성하는 데 안내 및 지침이 되는 시방서
② 시설물, 설비 등의 성능만을 명시해 놓은 시방서
③ 계획된 성능을 확보하기 위한 방법과 수단을 서술한 시방서
④ 공사 전반에 걸친 기술적인 사항을 규정한 시방서

정답 ① 안내시방서 ② 성능시방서
③ 공법시방서 ④ 기술시방서

6 다음 태양광 어레이를 설치할 가대 제작 시의 주의사항 중 (   )에 들어갈 용어를 채우시오.

① 철구조물은 부식방지를 위해 (㉠) 도금 실시 후 사용해야 한다.
② 가재의 재질 중 (㉡) 재질은 Ni과 Cr의 합금으로 경량/내식성이 우수하다.

정답 ㉠ 아연, ㉡ 스테인리스 혹은 STS

7 태양광 어레이 구조물을 구상하는 구성요소를 4개 쓰시오.

해설 태양광 어레이 구조물 설치도

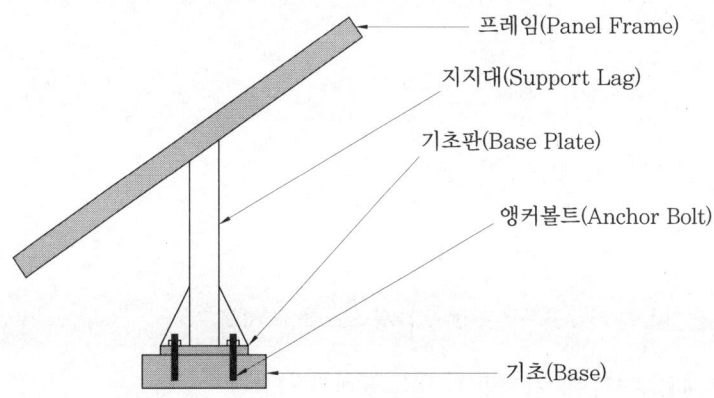

정답 다음 중 4개를 골라 작성한다.
프레임, 지지대, 기초판, 앵커볼트, 기초

8 ( ) 안에 들어갈 적당한 용어를 각각 쓰시오.
① 모듈과 가대의 접합 시 전식 방지를 위해 모듈과 가대 사이에 (㉠)을 설치한다.
② 결정질 태양전지는 후면의 원활한 통풍을 위해 최소 일정 수준 이상의 이격거리가 필요하다. 보통 후면 이격거리가 5cm 정도이면 약 (㉡)%의 손실이 발생하고, 0cm이면 약 (㉢)%의 손실을 가져온다.

정답 ㉠ 개스킷, ㉡ 5, ㉢ 10

9 다음은 태양광발전설비 설치공사 중 일반 시공절차이다. 보기에서 알맞은 말을 골라 ( ) 안을 채우시오.

보기 자재 반입검사, 시운전, 전기배선공사, 시스템 설계

현장여건 분석→(㉠)→구성요소 제작→토목공사(기초/지반/구조물/ 접지 공사)→(㉡)→모듈 및 기기 설치공사→(㉢)→점검 및 검사→(㉣)→운전개시

정답 ㉠ 시스템 설계, ㉡ 자재 반입검사, ㉢ 전기배선공사, ㉣ 시운전

10 다음은 태양광 작업 중 안전대책에 관한 설명이다. ( ) 안에 들어갈 알맞은 말을 각각 채우시오.
① 작업 전 태양전지 모듈 표면에 (㉠)을 씌워 태양광 차단
② 작업 중 저압(㉡) 착용
③ 절연 처리된 공구 사용
④ (㉢) 시 작업 금지

정답 ㉠ 차광막, ㉡ 절연장갑, ㉢ 강우

11 태양광발전설비의 가대를 구성하는 3가지 요소를 쓰시오.

정답 프레임, 지지대, 기초판(베이스 플레이트)

 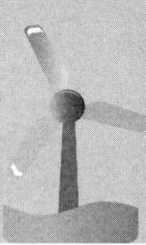

제2장 구조물 · 부속설비 · 모듈 · 전기설비 설치

2-1 기초공사

(1) 직접기초(얕은 기초)

직접기초(얕은 기초)에는 독립 Footing 기초, 연속 Footing 기초, 복합 Footing 기초, 전면 기초 등이 있다.

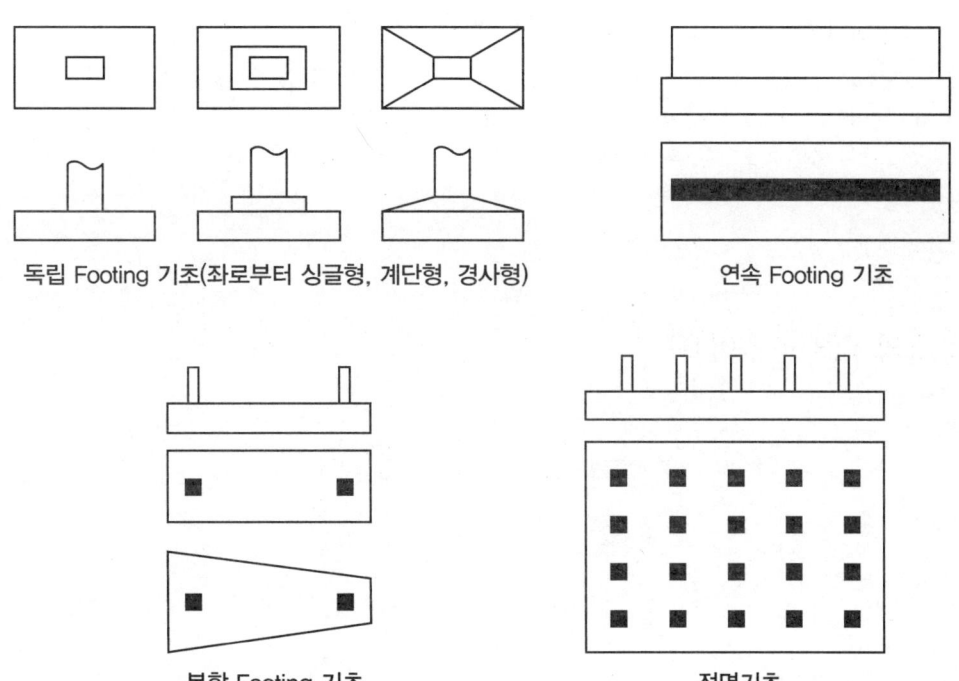

독립 Footing 기초(좌로부터 싱글형, 계단형, 경사형)   연속 Footing 기초

복합 Footing 기초   전면기초

(2) 깊은 기초

① **말뚝 기초** : 보통 파지 않고 지반 속에 때려 박아서 단단한 지반에 연결시킴
② **케이슨 기초** : 원통형 혹은 상자형 케이슨을 자중 또는 적재 하중에 의하여 소정의 깊이까지 침하시키는 방법
③ **피어 기초** : 시공 전에 굴착한 후 현장 콘크리트 타설

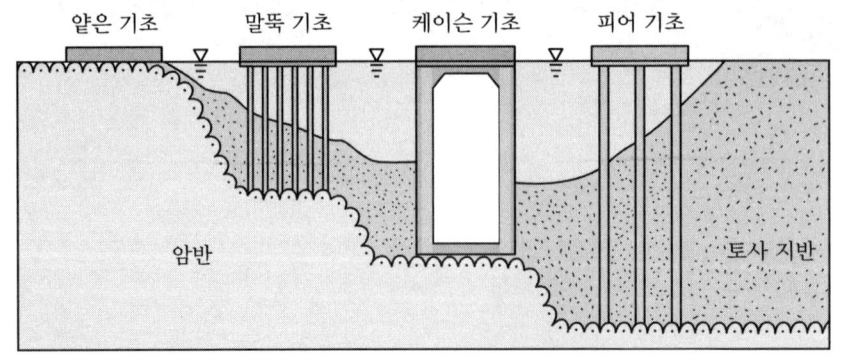

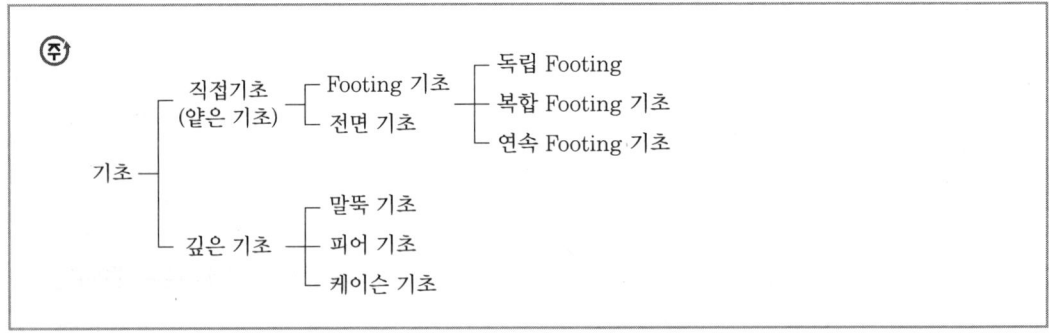

(3) 기초의 폭(B_f)과 깊이(D_f)

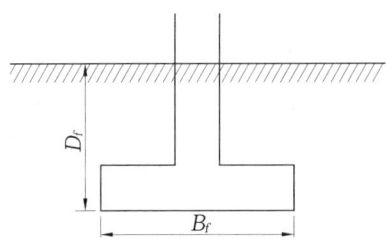

① 얕은 기초 : $\dfrac{D_f}{B_f} \leq 1$

② 깊은 기초 : $\dfrac{D_f}{B_f} > 1$

2-2 모듈 및 기기 설치 시 주의사항

① 풍압, 적설, 지진, 주변의 진동 등에 대한 내구성이 있어야 한다.
② 구조물 전체적으로 녹방지 처리를 철저히 해야 하며, 특히 앵커볼트의 돌출부에는 볼트캡을 반드시 설치한다.
③ 유지보수를 위한 발판 및 안전난간을 설치해야 한다.
④ 태양전지 모듈의 인력 이동 필요시 항상 2인 1조로 안전하게 실시해야 한다(파손 방지 및 이물질 오염 방지 철저).
⑤ 접속함 설치 위치는 어레이 근처가 좋다.
⑥ 역류방지 다이오드는 모듈 단락전류의 2배 이상으로 한다.
⑦ 음영의 영향을 받지 않는 정남향이 가장 유리한 방향이다. 단, 전깃줄, 피뢰침, 안테나 등 경미한 음영은 장애물로 보지 않는다.
⑧ PCS(파워 컨디셔너)는 설계용량 이상으로 설치해야 하며, 옥내용을 옥외에 설치하는 경우는 5kW 이상의 용량일 경우에만 가능하며, 이 경우 반드시 빗물 침투를 방지하는 외함을 설치하여야 한다.

2-3 태양광 어레이의 분류

(1) 설치방식에 따른 분류

① 고정형 어레이   ② 경사가변형 어레이
③ 추적식 어레이   ④ BIPV(건물통합형)

(2) 추적방식에 따른 분류

① 감지식 추적법   ② 프로그램식 추적법
③ 혼합 추적식

(3) 추적방향에 따른 분류

① 단방향 추적식   ② 양방향 추적식

(4) 건물 설치 시 지지대에 따른 분류

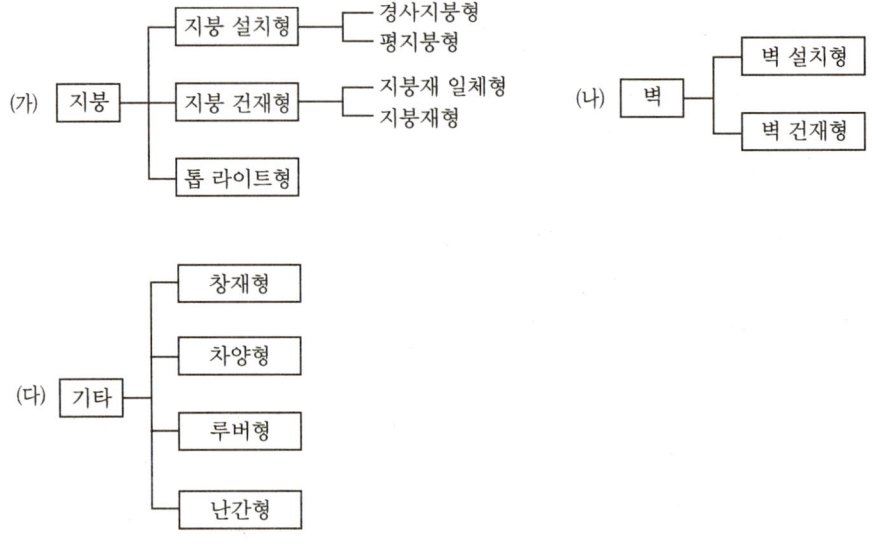

태양광발전 시스템의 지지대

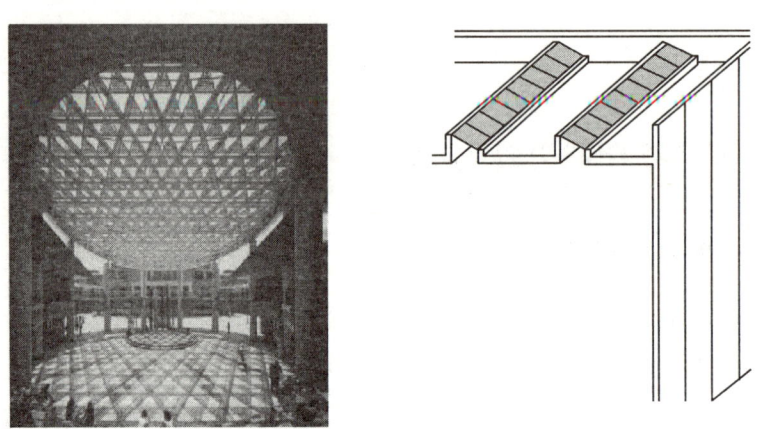

톱 라이트형

㈜ 1. 설치장소에 따른 분류로는 평지, 경사지, 건물 설치형 등이 있다.
  2. 발전효율 : 양방향추적 > 단방향추적 > 고정식
  3. 단축식은 태양의 고도에 맞게 동쪽과 서쪽으로 태양을 추적하는 방식으로서, 동서 및 남북으로 태양을 추적하는 양축식에 비해 발전효율이 떨어진다.
  4. 연중 4~6월은 태양의 고도가 높고 외기의 온도가 비교적 선선하여 출력 또한 가장 높다.
  5. 연중 7~8월은 일사량이 1년 중 가장 많지만 태양전지의 온도 상승에 의한 손실이 커서 출력감소율도 제일 높다.

(2) 주요 태양광 어레이의 장단점 비교

구분	고정형 어레이	경사가변형 어레이	추적식 어레이
장점	• 설치비가 제일 낮다. • 간단하고 고장우려가 가장 적다. • 토지이용률이 높다.	• 설치비가 추적식 대비 낮다. • 고장우려가 적다. • 고정형 대비 효율이 높다.	• 발전효율이 가장 높은 편이다.
단점	• 효율이 낮은 편이다.	• 추적식 대비 효율이 낮다. • 연중 약 2회 경사각 변동 시 인건비가 발생한다.	• 투자비가 많이 든다. • 구동축 운전으로 인한 동력비가 발생한다. • 토지이용률이 낮다. • 유지보수비가 증가한다.

2-4 전기공사의 절차

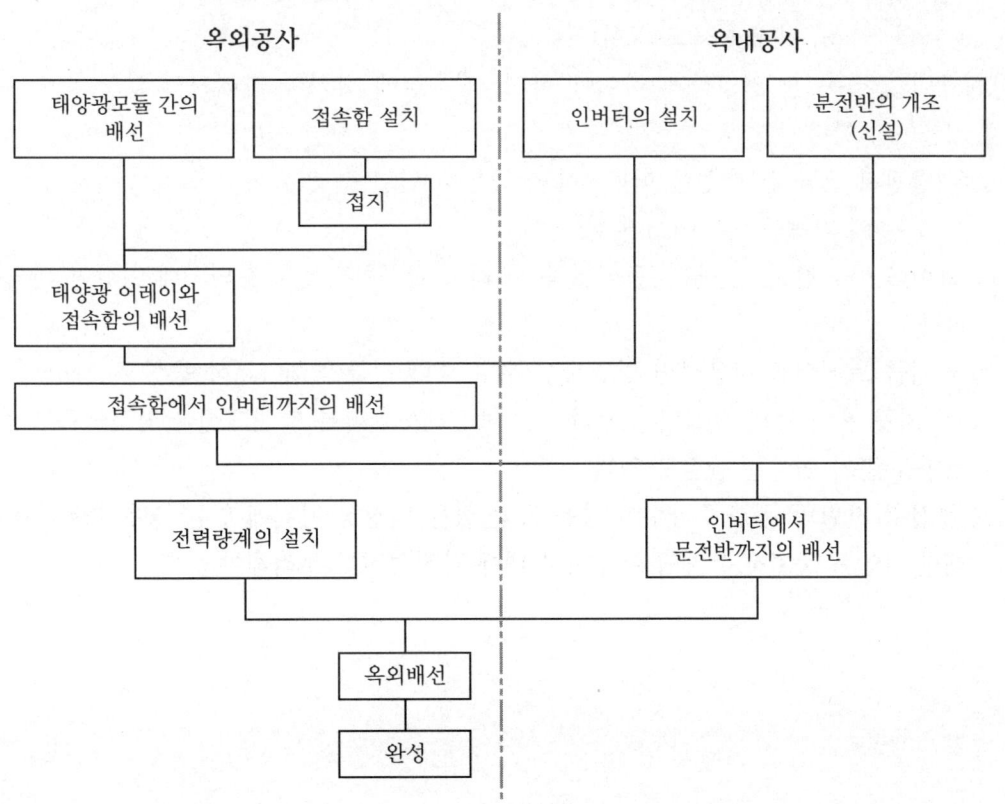

2-5 배선공사 방법

(1) 배선공사 시 주의사항

① 태양전지 모듈의 뒷면에 접속용 케이블 극성을 확인한다.
② 전선은 모듈 전용선, XLPE 케이블 등을 사용하고, 특히 옥외용으로는 자외선에 견딜 수 있는 UV 케이블이 적당하다.
③ 태양전지 모듈을 스트링에 필요한 매수만큼 직렬로 결선한다.
④ 지붕 위에 설치한 태양전지 어레이에서 접속함으로 복수의 케이블을 배선하는데, 지붕 환기구 및 처마 밑에 배선하게 된다.
⑤ 접속함은 어레이 근처에 설치하는 것이 바람직하지만 건물의 구조와 미관상 설치장소가 제한되는 경우가 있다.
⑥ 접속함에서 인버터까지의 배선은 전압강하율을 1~2%로 할 것을 권장한다.
⑦ 태양전지 어레이를 지상에 설치할 경우에는 지중배선을 하기도 한다.
⑧ 바람에 흔들릴 우려가 있는 곳에는 케이블 타이, 스테이플 스트랩, 행거 등을 이용하여 130cm 이내의 간격으로 단단히 고정한다. 가장 많이 늘어진 부문이 모듈면으로부터 30cm 이내에 들도록 한다.
⑨ 케이블 접속 시 견고하게 하여야 하며, 접속점에 장력이 가해지지 않도록 주의를 기울여야 한다.
⑩ 태양전지 모듈 간 배선은 단락전류를 충분히 견딜 수 있도록 2.5mm² 이상의 연동선 또는 이와 동등 이상이어야 한다.
⑪ 케이블이나 전선, 전선관 등의 굴곡 시 최소 굴곡반경은 지름의 6배 이상이 되도록 한다.
⑫ 케이블 트레이를 사용하면 방열특성 우수, 허용전류가 큼, 부하 증설 시 대응력 우수, 시공 용이 등의 장점이 있으나, 케이블 노출에 따른 자연재해나 인축으로부터의 영향을 받기 쉽다는 단점도 있다.
⑬ 분산형 전원의 계통 주파수가 다음 표와 같은 비정상 범위에 있는 경우 한전계통에 대한 가압을 중지하고 해당 분리시간 내에 발전설비를 분리해야 한다.

분산형 전원 용량	주파수범위(Hz)	분리시간
300kW 이하	> 60.5	0.16 s
	< 59.3	0.16 s
300kW 초과	> 60.5	0.16 s
	< (57~59.8) (조정 가능)	0.16 s~300 ms (조정 가능)
	< 57	0.16 s

⑭ **분산형 전원의 역률**

㈎ 분산형 전원의 역률은 90% 이상으로 유지함을 원칙으로 한다. 다만, 역송병렬로 연계하는 경우로서 연계계통의 전압상승 및 강하를 방지하기 위하여 기술적으로 필요하다고 평가되는 경우에는 연계계통의 전압을 적절하게 유지할 수 있도록 분산형 전원 역률의 하한값과 상한값을 사용자 측과 협의하여야 정할 수 있다.

㈏ 분산형 전원의 역률은 계통 측에서 볼 때 진상역률(분산형 전원 측에서 볼 때 지상역률)이 되지 않도록 함을 원칙으로 한다.

⑮ 배선이 끝나면, 모듈의 극성 확인, 전압 및 단락전류 확인, 양극과의 접지 여부(비접지) 등을 확인한다.

(2) 어레이와 접속함 간 배선공사&차수 시공방법

① 각 조립하는 케이블 선단에 케이블 번호를 표시해 두면 중계단자에 접속할 때 오결선을 피할 수 있다.

② **차수(접속함으로의 물의 침입을 방지하기 위한 물빼기) 시공 방법** : 케이블 지름의 6배 이상의 반경으로 한다.

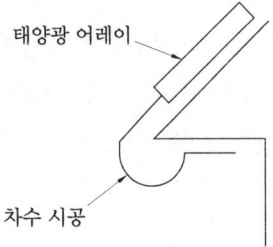

③ 전선관의 굵기는 전선 피복을 포함하여 단면적 합계가 48% 이하가 되도록 선정한다(단, 굵기가 서로 다른 케이블을 같은 전선관 속에 넣을 때에는 32% 이하가 되도록 할 것).
④ 케이블 트레이의 안전율은 1.5 이상의 강도여야 한다.
⑤ 접속함과 PCS(파워 컨디셔너) 간의 전압강하율은 2% 이하로 한다.
⑥ 태양전지 모듈에서 PCS(파워 컨디셔너) 입력단 간 및 PCS의 출력단과 계통연계점 간의 전압강하치는 각각 3% 이하로 관리하는 것이 원칙이다.

(3) 지중 전선관 매립 시 주의사항

① 총 전선의 길이가 30m를 초과하는 경우 30m마다 지중함을 설치한다(지중함 내부에서는 케이블 길이에 여유가 있을 것).
② 간혹 지반의 침하가 우려될 수 있으므로 배관 도중에는 조인트가 없어야 한다.
③ 지중 매설 시에는 배선용 탄소강관, 내충격성 경질염화비닐관을 사용한다(단, 부득이한 사유로 후강 전선관을 사용 시에는 방수·방습 처리하여 사용할 것).
④ 지중 매설된 배관과 지표면 사이에는 안전테이프를 설치하여 '매립되어 있음'을 표시한다.
⑤ 필요에 따라서는 지표 위 잘보이는 곳에 전선의 매립방향, 매설 깊이 등의 표식도 같이 해두는 것이 유리하다.
⑥ 매설의 깊이는 중량물의 압력을 견딜 수 있도록 약 1.2m 이상의 깊이로 매설한다(중량물의 압력 우려가 없는 곳은 0.6m 이상으로 매설할 것).

2-6 전압강하

태양전지판에서 인버터 입력단 간 및 인버터 출력단과 계통연계점 간의 전압강하는 각 3%를 초과하여서는 안 된다. 단, 전선길이가 60m를 초과할 경우에는 다음 표에 따라 시공할 수 있다. 전압강하 계산서(또는 측정치)를 설치확인 신청서에 제출하여야 한다.

전선길이	전압강하(%)
120m 이하	5
200m 이하	6
200m 초과	7

2-7 태양전지 어레이 검사

① **전압·극성 확인** : 태양전지 모듈이 올바르게 시공되어 사양서에 기초한 전압이 나오고 있는지, 정극·부극의 극성에 실수는 없는지 등을 테스터, 직류전압계로 확인한다.
② **단란전류 측정** : 태양전지 모듈의 사양서에 기재되어 있는 단락전류가 흐르는지 직류전류계로 측정한다. 다른 모듈과 비교하여 측정치가 매우 다를 경우에는 배선을 다시 한 번 점검한다.
③ **비접지 확인**
  ㈎ 인버터도 원칙적으로는 접지를 해야 하지만, 절연변압기를 시설하는 경우가 드물기 때문에 일반적으로는 직류 측 회로(태양전지 어레이에서 인버터까지의 직류 주 전로)를 비접지로 하고 있다.
  ㈏ 테스터로 확인하는 방법 : 접지극과 편극이 있는 전압의 경우(무전압 측의 극을 접지)

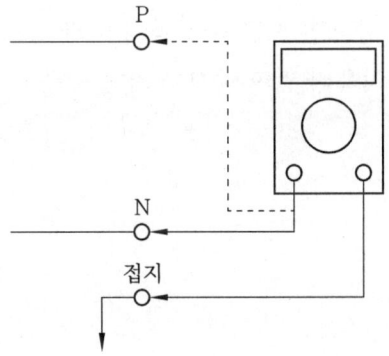

  ㈐ 검전기로 확인하는 방법 : 무음 또는 발광하지 않는 극을 접지

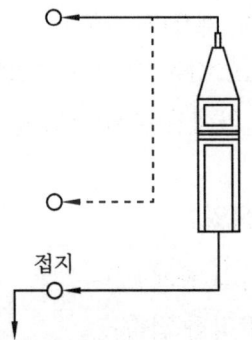

㈐ 테스터나 검전기 등으로 비접지 여부를 확인하고, 만약 직류 측 회로의 1선이 접지되어 있으면 접지된 곳을 찾아 비접지 상태로 한다.

④ **다기능 측정기** : 태양광 모듈의 접촉점의 장애를 발견하기 위한 점검 및 측정기로서, 만약 모듈의 접촉점이 끊어졌을 경우 저항값이 증가하므로 I-V 곡선을 측정하고 모듈의 명판에 나와있는 값과 비교하여 차이가 날 경우 '접촉점의 장애'로 판단한다.

2-8 절연테이프의 종류

① **비닐 절연테이프** : 비닐 절연테이프를 장기간 사용하게 되면 접착력이 쇠퇴하여 벗겨질 가능성이 있으므로 태양광발전 시스템과 같이 장기간 사용할 설비에는 적합하지 않다.
② **자기융착 절연테이프** : 자기융착 테이프는 시공 시 테이프의 폭이 3/4에서 2/3가 될 정도로 잡아당겨서 겹쳐 감으면 시간의 경과에 따라 융착하여 일체화된다.
③ **보호테이프** : 자기융착 테이프의 열화 방지를 위해 자기융착 테이프 위에 재차 감는다.

2-9 접지공사

(1) 개요

① 저압계통의 접지방식은 국제적으로 IEC 분류에 따라 TN 계통(Terra Neutral System ; 다중 접지방식), TT 계통(Terra Terra System ; 독립 접지방식), IT 계통(Insulation Terra System), TN-C, TN-S, TN-C-S 등이 사용되고 있다.
② 국내에서는 'KS C 60364'에 의해 구체적인 접지방식이 규정되어 있다.

(2) IEC 분류에서 접지 Code의 정의

① 제1문자는 전력계통과 대지와의 관계
  ㈎ T(Terra) : 한 점을 대지에 직접 접속

(나) I(Insert) : 모든 충전부를 대지(접지)로부터 절연시키거나 임피던스를 삽입하여 한 점을 접속
② 제2문자는 설비의 노출 도전성 부분과 대지와의 관계
(가) T(Terra) : 전력계통의 접지와는 관계가 없으며 노출 도전성 부분을 대지로 직접 접속
(나) N(Neutral) : 노출 도전성 부분을 전력계통의 접지점(교류계통에서는 통상적으로 중성점 또는 중성점이 없을 경우는 한 상)에 직접 접속
③ 그다음 문자(문자가 있을 경우)는 중성선 및 보호도체와의 조치
(가) S(Separator) : 보호도체의 기능을 중성선 또는 접지 측 도체와 분리된 도체에서 실시
(나) C(Combine) : 중성선 및 보호도체의 기능을 한 개의 도체로 겸용(PEN 도체)

(3) IEC 분류에 따른 접지계통 분류

접지방식		비 고
TN(Terra-Neutral)		• TN 전력계통은 한 점을 직접 접지하고 설비의 노출 도전성 부분을 보호도체를 이용하여 그 점으로 접속시킨다. • TN 계통은 중성선 및 보호도체의 조치에 따라 분류한다.
	TN-S	• 계통 전체에 대해 보호도체를 분리시킨다.
	TN-C	• 계통 전체에 대해 중성선과 보호도체의 기능을 동일 도체로 겸용한다.
	TN-C-S	• 계통의 일부분에서 중성선과 보호도체의 기능을 동일 도체로 겸용한다.
TT(Terra-Terra)		• TT 전력계통은 한 점을 직접 접지하고 설비의 노출 도전성 부분을 전력계통의 접지극과 전기적으로 독립한 접지극으로 접속시킨다.
IT(Insert-Terra)		• IT 전력계통은 충전부 전체를 대지로부터 절연시키거나 한 점을 임피던스를 삽입하여 대지에 접속시키고 전기설비의 노출 도전성 부분을 단독 혹은 일괄로 접지시키거나 또는 계통의 접지로 접속시킨다.

① TN 계통
(가) TN 전력계통은 한 점을 직접 접지하고 설비의 노출 도전성 부분을 보호도체를 이용하여 그 점으로 접속시킨다.
(나) TN 계통은 중성선 및 보호도체의 조치에 따라 분류한다.

㉮ TN-S 계통 : 계통 전체에 대해 보호도체를 분리시킨다.

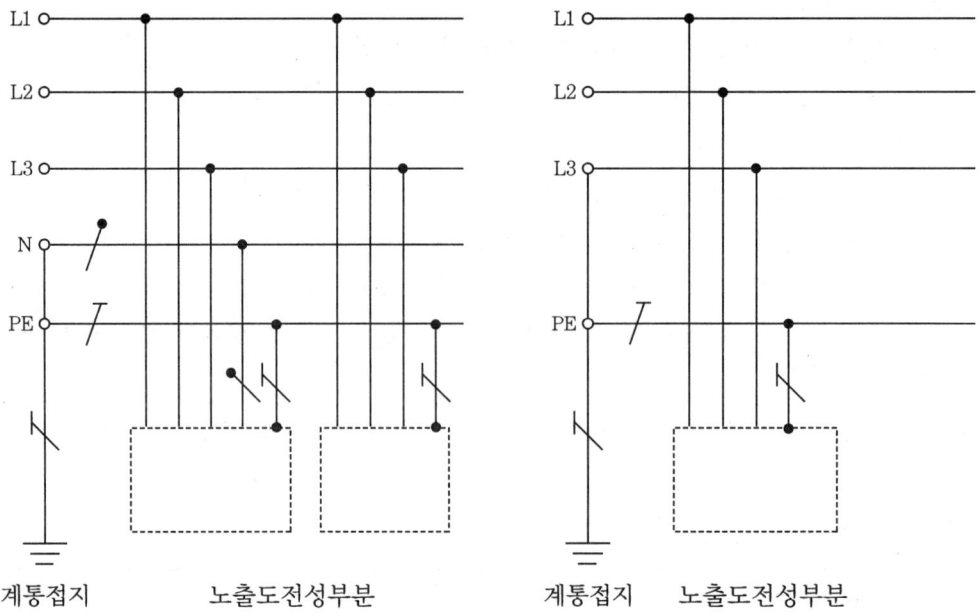

㉯ TN-C 계통 : 계통 전체에 대해 중성선과 보호도체의 기능을 동일 도체로 겸용한다.

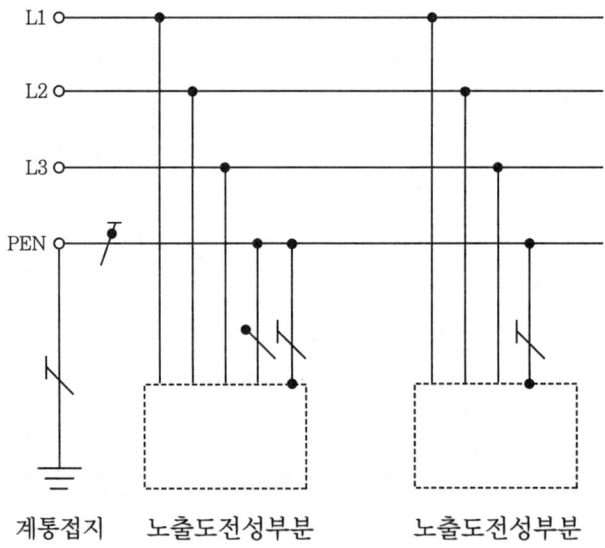

㉯ TN-C-S 계통 : 계통의 일부분에서 중성선과 보호도체의 기능을 동일 도체로 겸용한다.

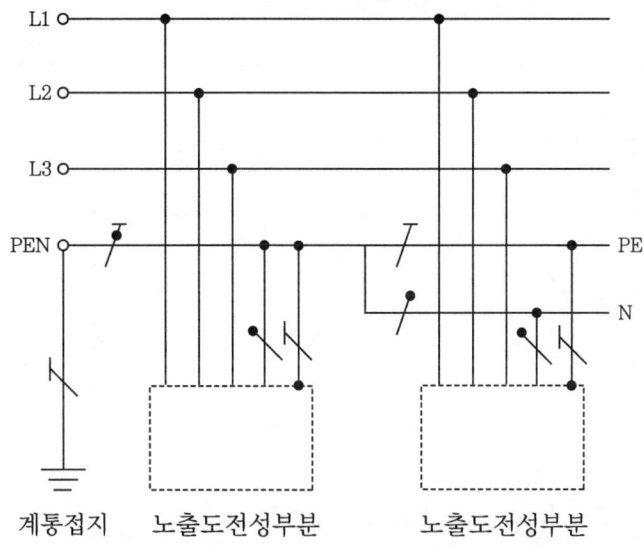

② **TT 계통** : TT 전력계통은 한 점을 직접 접지하고 설비의 노출 도전성 부분을 전력계통의 접지극과 전기적으로 독립한 접지극으로 접속시킨다.

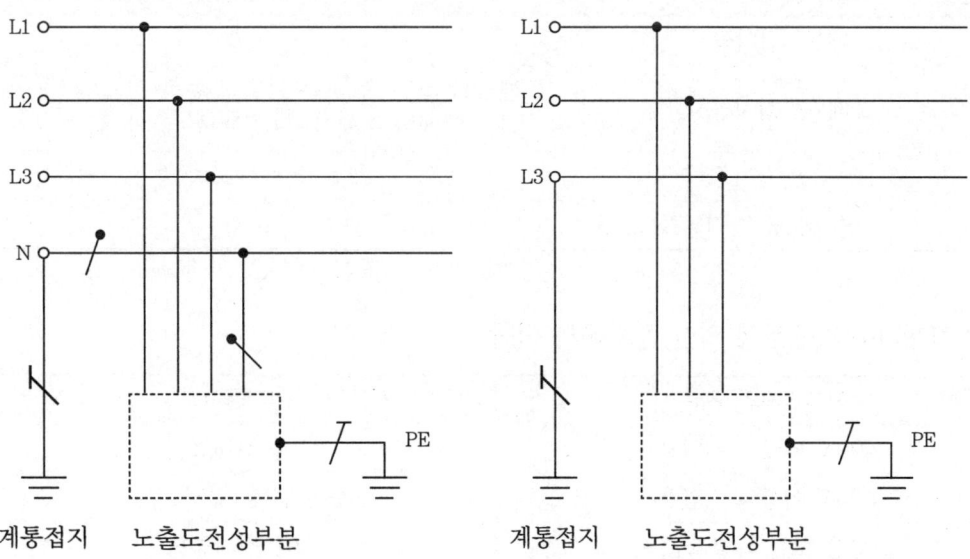

③ **IT 계통** : IT 전력계통은 충전부 전체를 대지로부터 절연시키거나 한 점을 임피던스를 삽입하여 대지에 접속시키고 전기설비의 노출 도전성 부분을 단독 혹은 일괄로 접지시키거나 또는 계통의 접지로 접속시킨다.

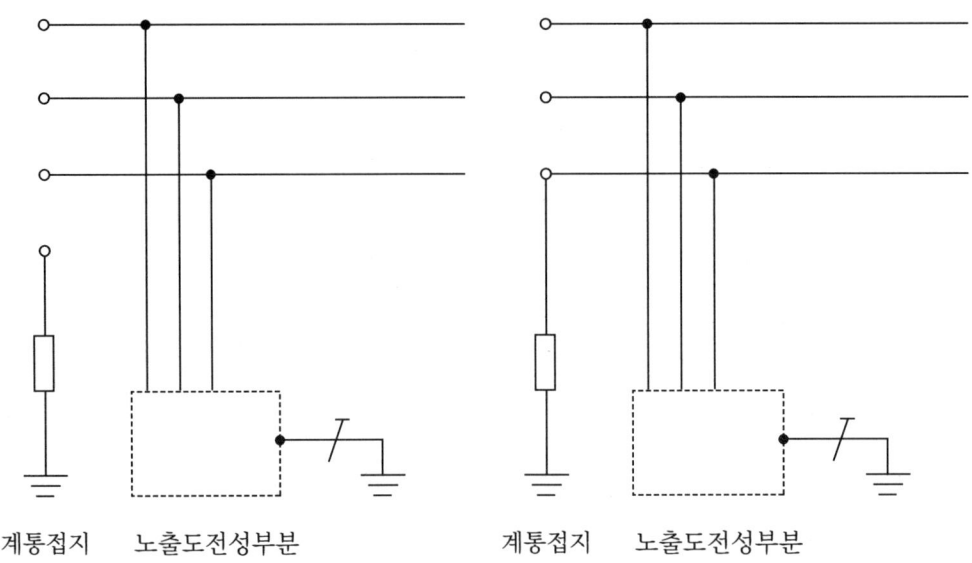

계통접지 노출도전성부분   계통접지 노출도전성부분

(4) 접지의 종류

접지공사의 종류	접지저항
제1종 접지공사	10 Ω
제2종 접지공사	변압기 고압 측 또는 특별고압 측 전로의 1선 지락 전류 암페어 수에서 150을 나눈 값의 옴 수
제3종 접지공사	100 Ω
특별 제3종 접지공사	10 Ω

(5) 기계기구의 구분에 의한 접지공사 적용

기계기구의 구분	접지공사
400V 미만의 저압용	제3종 접지공사
400V 이상의 저압용	특별 제3종 접지공사
고압용 또는 특별고압용	제1종 접지공사

㈜ 고압 또는 특고압과 저압을 결합한 변압기의 저압 측의 중성점에는 고저압의 혼촉에 의한 위험을 예방하기 위하여 제2종 접지공사를 한다. 이때 300[V] 이하의 것은 저압 측의 1단자를 접지할 수 있다.

(6) 접지공사의 시설방법

① 제3종 및 특별 제3종 접지공사의 접지선의 두께는 판단기준 제20조에서 인장강도 0.39kN 이상의 금속선 또는 직경 1.6mm 이상의 연동선으로 규정하고 있지만, 기기의 고장 시에 흐르는 전류에 대한 안전성, 기계적 강도, 내식성을 고려하여 결정한다.

② **접지선의 표시** : 접지선의 색은 녹색 표시를 하지 않으면 안 되는데, 부득이하게 녹색 또는 황록색 줄무늬가 있는 것 이외의 절연전선을 접지선으로 사용할 경우에는 단말 및 적당한 장소에 녹색의 테이프 등으로 표시할 필요가 있다.

③ **태양전지 어레이용 전기회로 설계표준에 따른 접지선의 두께**

태양전지 어레이 출력	접지선의 굵기
500W 이하	1.5mm^2
500W 초과~2kW 이하	2.5mm^2
2kW를 초과하는 경우	4.0mm^2

④ **제3종 및 특별 제3종 접지공사의 시설방법**

㈎ 접지하는 전기기계의 금속성 외함, 배관 등과 접지선의 접속은 전기적, 기계적 모두 확실히 한다.

㈏ 접지선이 외상을 입을 염려가 있을 경우에는 접지할 기계기구에서 6cm 이내의 부분 및 지중부분을 제외하고 합성수지관(두께 2mm 미만의 합성수지제 전선관, CD관은 제외), 금속관 등에 넣어 보호해야 한다.

㈐ 접지 저항값은 저압전로에 누전차단기 등의 지락차단장치(0.5초 이내에 동작하는 것)를 설치하면 500Ω까지 완화할 수 있다.

㈑ 알루미늄과 구리를 접속할 경우 접속부분에 수분 등이 있으면 알루미늄이 부식한다. 이를 방지하기 위해 접속부분에 콘파운드를 도포한다.

㈒ 제3종 또는 특별 제3종 접지공사의 특례 : 제3종 및 특별 제3종 실시할 금속체와 대지 간의 전기저항값이 특별 제3종 접지공사인 경우 10Ω 이하, 제3종 접지공사인 경우 100Ω 이하이면 각각의 접지공사를 실시한 것으로 간주한다.

⑤ **'제3종 접지' 생략 가능의 경우**

㈎ 사용전압이 직류 300V 또는 교류 대지전압 150V 이하인 기계기구를 건조한 곳에 설치한 경우

㈏ 저압용 기계기구에 지락이 생겼을 경우 그 전로를 자동 차단하는 장치를 접속하고

건조한 곳에 시설한 경우
㈐ 저압용 기계기구를 건조한 목재의 마루 기타 이와 유사한 절연성 물건 위에서 취급하도록 시설한 경우
㈑ 저압용이나 고압용의 기계기구, 판단기준 제29조에 규정하는 특고압 전선로에 접속하는 배전용 변압기나 이에 접속하는 전선에 시설하는 기계기구 또는 판단기준 제135조 제1항 및 제4항에 규정하는 특고압 가공전선로(Overhead Line ; 전주, 철탑 등을 지지물로 하여 공중에 가설한 전선로)의 전로에 시설하는 기계기구를 사람이 쉽게 접촉할 우려가 없도록 목주 기타 이와 유사한 것의 위에 시설하는 경우
㈒ 철대 또는 외함의 주위에 적당한 절연대를 설치한 경우
㈓ 외함이 없는 계기용변성기가 고무·합성수지 기타의 절연물로 피복한 것일 경우
㈔ '전기용품안전관리법'의 적용을 받는 2중 절연구조로 되어 있는 기계기구를 시설하는 경우
㈕ 저압용 기계기구에 전기를 공급하는 전로의 전원 측에 절연변압기(2차 전압이 300V 이하이며, 정격용량이 3kVA 이하)를 시설하고 또한 그 절연변압기의 부하 측 전로를 접지하지 않은 경우
㈖ 물기가 있는 장소 이외의 장소에 시설하는 저압용의 개별 기계기구에 전기를 공급하는 전로에 '전기용품안전관리법'의 적용을 받는 인체감전보호용 누전차단기(정격감도 30mA 이하, 동작시간 0.03초 이하)를 시설하는 경우
㈗ 외함을 충전하여 사용하는 기계기구에 사람이 접촉할 우려가 없도록 시설하거나 절연대를 시설하는 경우

⑥ 공통접지 등의 시설과 관련하여 보호도체의 단면적

S(상도체의 단면적) (mm^2)	대응 보호도체의 최소단면적(mm^2)	
	보호도체의 재질이 상도체와 같은 경우	보호도체의 재질이 상도체와 다른 경우
$S \leq 16$	S	$(k1/k2) \times S$
$16 < S \leq 35$	16^a	$(k1/k2) \times 16$
$S > 35$	$S^a/2$	$(k1/k2) \times (S/2)$

㈜ 1. 상도체 : 충전용 도체 혹은 전압이 걸려 있는 도체, 즉, $L1$, $L2$, $L3$
   2. $k1$, $k2$: 도체 및 절연체의 재질에 따라 KS C 60364에서 산정된 상도체에 대한 k값
   3. a : PEN(Protective Earthing Conductor and a Neutral Conductor) 도체의 경우 단면적의 축소는 중성선의 크기 결정에 대한 규칙에만 허용된다.

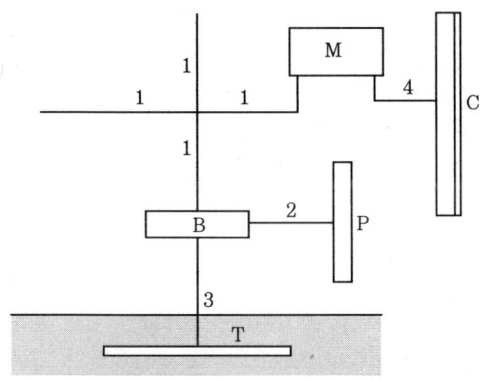

1 : 보호도체(PE ; 보호선)
2 : 주요 등전위본딩용 도체
3 : 접지선
4 : 보조 등전위본딩용 도체
B : 주접지 단자
M : 전기기구 등의 노출 도전성 부분
C : 계통 외 도전성 부분
P : 주요 금속제 수도관
T : 접지극

⑦ 접지공사에서 매설 또는 타입식 접지극으로 주로 사용하는 동판과 동봉의 규격
　㉮ 동판(300mm×300mm) : 두께 0.7mm 이상
　㉯ 동봉 : 지름 8mm 이상, 길이 0.9m 이상

2-10 송전방식

(1) 직류송전

① 장점
　㉮ 절연 계급을 낮출 수 있다.
　㉯ 리액턴스가 없으므로 리액턴스에 의한 전압강하가 없다.
　㉰ 송전효율이 좋다.
　㉱ 안정도가 좋다.
　㉲ 도체 이용률이 좋다.

② 단점
　㉮ 교·직 변환장치가 필요하며, 설비가 비싸다.
　㉯ 고전압 대전류 차단이 어렵다.
　㉰ 회전자계를 얻을 수 없다.

(2) 교류송전

① 장점
  ㈎ 전압의 승압 및 강압 변경이 용이하다.
  ㈏ 회전자계를 쉽게 얻을 수 있다.
  ㈐ 일괄된 운용을 기할 수 있다.

② 단점
  ㈎ 보호방식이 복잡해진다.
  ㈏ 많은 계통이 연계되어 있어 고장 시 복구가 어렵다.
  ㈐ 무효전력으로 인한 송전손실이 크다.

2-11 전선의 접속

(1) 전선 접속의 일반사항

① 접속부분은 동일 전선저항보다 증가하지 않아야 함
② 접속부분 기계적 강도는 접속하지 않은 부분의 80%를 유지
③ 절연은 타부분의 절연물과 동등 이상의 효력을 가질 것
④ 횡단하는 장소에서는 접속개소를 만들어서는 안 됨

(2) Al(알루미늄) 전선의 접속

① 브러시 · 샌드 페이퍼로 산화피막 제거
② 도선성 컴파운드 도포
③ 접합한 금구와 공구 사용

> ㈜ 컴파운드의 사용 목적
> 1. 알루미늄 전선의 산화 피막 생성을 방지한다.
> 2. 접속저항을 감소시킨다.
> 3. 수밀성이므로 수분 침입을 막아 부식을 방지한다.

2-12 이도(Dip)

(1) 고저차가 없고 지지점의 높이가 같을 때만 적용

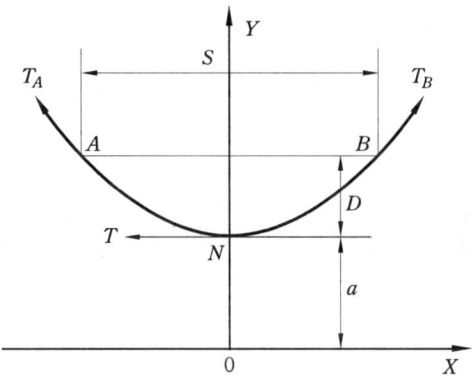

(2) 이도 계산

$$이도\ D = \frac{WS^2}{8T}$$

* T : 수평장력(kgf, N), W : 합성하중(kgf/m, N/m), S : 경간(m)

① 수평장력(T)

$$T = \frac{인장하중}{안전율}$$

② 인장하중 : 전선이 완전히 끊어졌을 때 작용한 힘
③ 인장강도 : 소선 1가닥이 끊어졌을 때 작용한 힘

$$인장하중 = 인장강도 \times 단면적$$

(3) 전선의 실제 길이

$$L = S + \frac{8D^2}{3S} = S \times 1.1\ 이상$$

(4) 온도변화 시 Dip 값 계산

$$D = \sqrt{D_1^2 \pm \frac{3}{8}\alpha t S^2}$$

* t : 온도차, S : 경간, α : 선팽창계수

(5) 이도를 크게 했을 때의 장·단점

장 점	단 점
• 안정도 증가 • 진동 방지 • 지지물에 가해지는 장력 감소	• 지지물 높아짐 • 전선접촉사고 증가

2-13 전선로 하중

(1) 합성하중

① **수직하중** : 전선의 하중(Wi), 빙설하중(Wc)
② **수평 횡하중** : 풍압하중(Wp) → 가장 큰 값

(2) 빙설이 적은 지방의 합성하중

$$W=\sqrt{Wi^2+Wp^2}$$

(3) 빙설이 많은 지방의 합성하중

$$W=\sqrt{(Wi+Wc)^2+Wp^2}$$

(4) 풍압하중 계산 [kgf/m, N/m]

① **빙설이 적은 지방**

$$Wp=PKd \times 10^{-3}$$

② **빙설이 많은 지방**

$$Wp=PK(d+12) \times 10^{-3}$$

* P : 수평 풍압[kgf/m^2, N/m^2]
  K : 표면계수
  d : 전선의 직경[mm]

(5) 빙설하중

$$Wc = 0.0054\pi(d+6)\,[\text{kg/m}]$$

* d : 전선의 직경(mm)

(6) 연선 계산식

$$N = 3n(n+1) + 1\,[\text{가닥}]$$

* N : 소선수, n : 층수

$$D = (2n+1)d\,[\text{mm}]$$

* D : 전선의 지름, d : 소선의 지름

$$A = \frac{\pi}{4}d^2 N\,[\text{mm}^2]$$

* A : 전선의 단면적

① 연선의 무게

$$W = (1+k1)wN\,[\text{mm}^2]$$

② 연선의 저항

$$R = \frac{(1+k2)r}{N}\,[\text{mm}^2]$$

* w : 소선과 같은 길이의 소선 1선의 중량
  r : 소선과 같은 길이의 소선 1선의 저항
  $k1$: 중량 연입률
  $k2$: 저항 연입률

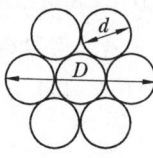

㈜ 연입률 : 연선은 꼬여 있기 때문에 전선의 중량이나 저항 등이 단선인 경우에 비하여 차이가 남 (약 1.2~3%)

(7) 부하계수

$$\text{부하계수} = \frac{\text{합성하중}}{\text{전선하중}}$$

2-14 중성점 접지방식 비교

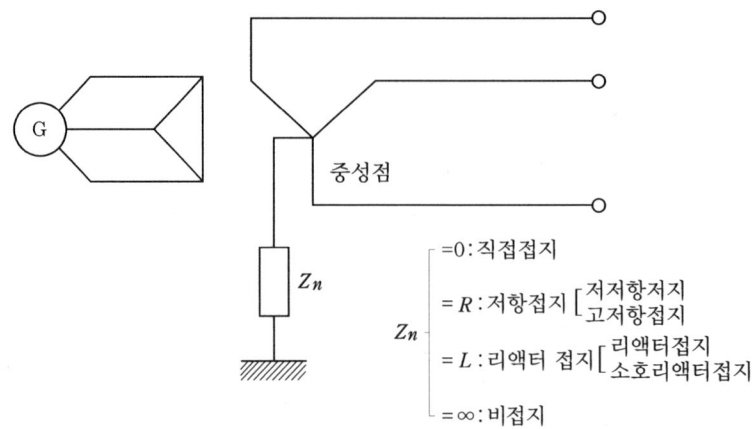

(1) 비접지 방식

① 고장전류가 작다(단, 장거리인 경우 커질 수 있음).
② 지락사고 시 건전상의 전압 상승이 크다.
③ 보호계전기 동작이 곤란하다.

(2) 직접접지 방식

① **장점**
  (가) 1선 지락 시 건전상의 대지전압 상승이 거의 없다(선로 및 기기의 절연수준 저감).
  (나) 피뢰기의 책무가 경감된다(정격전압이 낮은 피뢰기 사용 가능).
  (다) 변압기의 단절연(端絕緣, Graded Insulation ; 선중성점 유효접지 방식의 송전계통에서는 변압기 권선의 경우 선로단으로부터 중성점까지의 전위 분포를 직선적이 되도록 설계하면 권선의 절연도 이에 따라 중성점에 근접함에 따라 순차적으로 저감할 수 있다)이 가능하다.
  (라) 지락고장 검출이 용이하다.
  (마) 기기값이 저렴하다(경제성).
  (바) 보호계전기의 동작이 신속 확실하다.

② **단점**
  (가) 지락고장 시 저역률 대전류인 지락전류가 발생한다. → 과도안정도 저해
  (나) 지락고장 시 통신선 유도장해가 유발된다.

(3) 저항접지 방식

① 목적
  (개) 고장전류 제한 → 과도안정도 향상
  (내) 고역률의 고장전류

② 저저항접지/고저항접지
  (개) 저저항접지 : $R=30\,\Omega$
  (내) 고저항접지 : $R=100\sim1,000\,\Omega$

③ 저항 크기와 현상
  (개) 저항이 작으면 고장전류 크고, 통신선 유도장해 유발
  (내) 저항이 크면 지락계전기 동작 난점, 건전상의 전위 상승

(4) 소호리액터(Petersen Coil) 접지 방식

① 소호리액터 접지 방식에서는 1선 지락 시 아크지락을 재빨리 소멸시켜 그대로 송전을 계속할 수 있게 한다.
② 단선 고장일 때 선로의 전압 상승이 최대이고, 통신 장해가 최소이다.

※ 주요 중성점 접지 방식 비교

항목	비접지	직접접지	고저항접지	소호리액터 접지
지락사고 시 건전상의 전압 상승	• 큼 • 장거리 송전선의 경우 이상전압이 발생	• 적음 • 평상시와 거의 차이가 없음	• 약간 큼 • 비접지의 경우보다 약간 작음	• 큼 • 적어도 $\sqrt{3}$배까지 올라감.
절연 레벨	감소 불가능	감소 가능	감소 불가능	감소 불가능
애자 개수	최고	최저	높음	높음
변압기	전절연	단절연 가능	전절연	전절연
피뢰기	정격전압 저하 불가능	정격전압 저하 가능	정격전압 저하 불가능	정격전압 저하 불가능
지락전류	• 작음 • 송전거리가 길어지면 상당히 커짐	최대	• 중간 정도 • 중성점 접지 저항에 따라 달라짐(100~300A)	최소
보호계전기동작	곤란	가장 확실	확실	불가능

1선지락 시 통신선에의 유도장해	작음	최대[단, 고속 차단으로 고장 계속 시간의 최소화 가능(0.1초)]	중간 정도	최소
과도 안정도	큼	최소(단, 고속도 차단 및 고속도 재폐로 방식으로 향상 가능)	큼	큼
경제성	우수	최고 우수	중간	나쁨

2-15 송전선로

(1) 가공 전선의 구비조건

① 경제적일 것
② 기계적 강도가 클 것
③ 도전율(허용전류)이 높을 것
④ 비중(밀도)이 작을 것
⑤ 가요성이 있을 것
⑥ 부식이 적을 것
⑦ 내구성이 클 것

(2) 전선의 종류

① **구조에 의한 분류**

  (가) 단선 : 원형, 각형 등[지름(mm)으로 호칭(1.6mm, 2.2mm, 3.2mm 등)]
  (나) 연선 : 단선을 여러 가닥 꼬아 만듦[단면적(mm^2)으로 호칭(125mm^2, 250mm^2 등)]
  (다) 중공전선
    ㉮ 전선의 직경을 크게 하여 전선표면의 전위 경도를 낮춤으로써 코로나 발생을 억제
    ㉯ 표피효과(Skin Effect) 감소, 중량감소 등 초고압 송전선에 효과적

② **재질에 의한 분류**

  (가) 경동선 : 도전율 96~98%, 인장강도 35~48kg/mm^2
  (나) 경(硬)Al선 : 도전율 61%, 인장강도 16~18kg/mm^2
  (다) 강선 : 도전율 10%, 인장강도 55~140kg/mm^2
  (라) 합금선 : 구리 또는 알루미늄에 다른 금속 첨가, 강도 증가
  (마) 쌍금속선 : 2종류 이상 융착시켜 만듦, 코퍼웰드선, 도전율 30~40%
  (바) 합성연선 : 가공전선에 주로 사용

㉮ 강심 알루미늄연선(ACSR ; Aluminum Cable Steal Reinforced)
  ㉠ 도전율 61%
  ㉡ 인장강도 125 kg/mm^2
  ㉢ 동선에 비해 강도 보강, 장거리 경간에 적합, 강선에 비해 도전율 증가, 가공선에 가장 일반적으로 쓰임

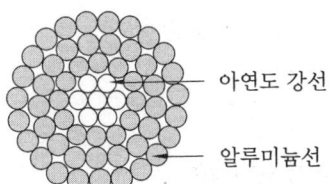 

강심 알루미늄연선(ACSR)

㉯ 내열 강심 알루미늄 합금연선(TACSR ; Thermo resistance ACSR)
  ㉠ 아연도금강선을 중심에 두고 내열 알루미늄을 외부로 하여 연선한 내열 강심 알루미늄 합금연선
  ㉡ 도전율이 경알루미늄보다 약간 낮은 60%이지만, 150℃의 높은 온도까지 사용이 가능하므로 동일 Size의 ACSR보다 약 60% 큰 전류를 흘릴 수 있음. 즉 동일 전류를 흘렸을 시 약 1/2 Size로 가능
  ㉢ 용도 : 일반 ACSR보다 1.5~1.6배의 큰 허용전류가 필요한 가공전선로, 이도 제약이 비교적 적은 지역의 가공전선로, 동일 부하에서 송전선로를 경량화하여 운용이 필요한 전선로 등

③ **조합상 분류**
  ㉮ 단도체, 다도체(복도체, 3도체, 4도체 포함)
  ㉯ 복도체(한 상당 두 가닥 이상의 전선 사용)
    ㉮ 장점
      ㉠ 인덕턴스 감소(약 20~30%) 및 정전용량 증가(약 20~30%)로 송전용량 증가(가장 주된 이유)
      ㉡ 표피효과가 적어 송전용량 증가
      ㉢ 표면전위경도 완화로 코로나 발생 억제
      ㉣ 전선의 허용전류를 증대시킬 수 있음
      ㉤ 안정도 향상
    ㉯ 단점

㉠ 정전용량이 커지기 때문에 페란티 현상 발생 → 분로리액터 설치 필요
㉡ 풍압하중, 빙설하중 등으로 진동 발생 우려 → 댐퍼 설치
㉢ 각 소도체 간에 흡입력이 작용하여 단락사고 발생 우려 → 스페이서 설치
㉣ 건설비가 비쌈

㈐ 적용 방식
㉠ 154kV : ACSR 410mm^2 2도체 방식
㉡ 345kV : ACSR 480mm^2 2도체 또는 4도체 방식
㉢ 765kV : ACSR 480mm^2 6도체 방식

(3) 등가 선간거리(기하학적 평균거리)와 등가 반지름

① 등가 선간거리

$$D_0 = \sqrt[n]{D_1 \times D_2 \times D_3 \cdots D_n} \ [m]$$

㈎ 직선 배열

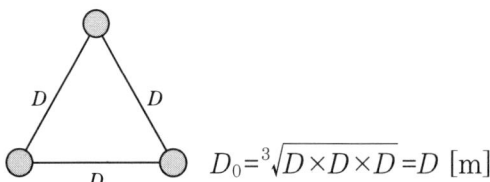

$D_0 = \sqrt[3]{D \times D \times 2D} = \sqrt[3]{2}D \ [m]$

㈏ 정삼각형 배열

$D_0 = \sqrt[3]{D \times D \times D} = D \ [m]$

㈐ 정사각형 배열

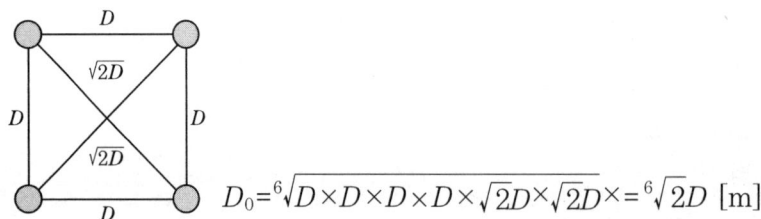

$D_0 = \sqrt[6]{D \times D \times D \times D \times \sqrt{2}D \times \sqrt{2}D} = \sqrt[6]{2}D \ [m]$

② **등가반지름**

  ㈎ 복도체, 다도체 : 1상의 도체를 2~4개 정도로 분할하여 시설하는 전선
  ㈏ 스페이서 : 전선의 소도체 간 간격을 일정하게 유지하게 위한 기구

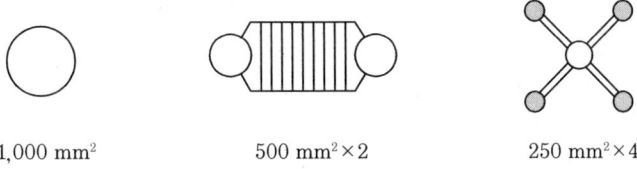

1,000 mm²   500 mm²×2   250 mm²×4

  ㈐ 등가반지름

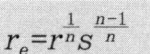

$$r_e = r^{\frac{1}{n}} s^{\frac{n-1}{n}}$$

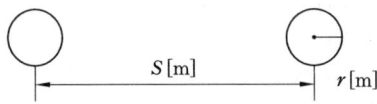

* r[m] : 소도체의 반지름, n : 소도체의 개수, s[m] : 소도체 간 간격

Quiz 단도체 면적 1,000mm²인 전선을 소도체 간 간격 40cm인 2복도체로 분할하여 시설할 경우 복도체의 반경은?

해설

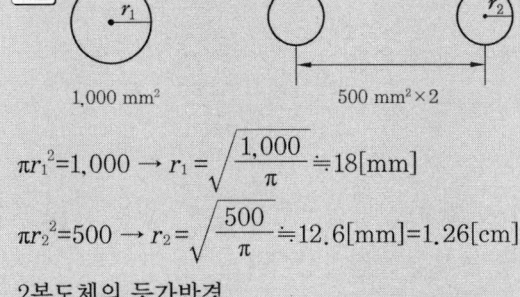

1,000 mm²   500 mm²×2

$\pi r_1^2 = 1,000 \rightarrow r_1 = \sqrt{\dfrac{1,000}{\pi}} \fallingdotseq 18$[mm]

$\pi r_2^2 = 500 \rightarrow r_2 = \sqrt{\dfrac{500}{\pi}} \fallingdotseq 12.6$[mm] $= 1.26$[cm]

2복도체의 등가반경

$r_e = r^{\frac{1}{n}} s^{\frac{n-1}{n}} = r^{\frac{1}{2}} s^{\frac{2-1}{2}} = \sqrt{rs} = \sqrt{1.26 \times 40} = 7$[cm]

㈜ 복도체를 채용하면 전선의 등가반경이 커지는 효과가 있으므로 선로에서의 L은 감소하고 C는 증가한다.

(4) 복도체 채용 시의 L(인덕턴스), C(정전용량)

$$L = \frac{0.05}{n} + 0.4605 \log_{10} \frac{D}{r_e} [\text{mH/km}]$$

* n : 복도체, D : 도체 간 거리(mm), r_e : 등가 반지름(mm)

$$C = \frac{0.02413}{\log_{10} \frac{D}{r_e}} [\mu\text{F/km}]$$

(5) 켈빈의 법칙(Kelvin's Law)
① 경제적인 전선의 굵기 선정방법이다.
② 건설 후의 전선의 단위길이를 기준으로 해서, 1년간 손실전력량의 금액과 전선 건설비에 대한 이자와 상각비를 합한 연경비(年經費)가 같게 되도록 전선의 굵기를 결정하는 방법이다.

(6) 송전선로 안정도 증진방법
① 직렬 리액턴스를 작게 한다.
② 전압 변동을 작게 한다.
③ 계통을 연계한다.
④ 고장전류를 줄이고 고장 구간을 고속도 차단한다.
⑤ 중간 조상 방식을 채택한다.
⑥ 고장 시 발전기 입출력의 불평형을 작게 한다.

(7) 코로나 현상
① **정의** : 초고압 송전계통에서 전선 표면의 전위경도가 높은 경우 전선 주위의 공기 절연이 파괴되면서 발생하는 일종의 부분방전현상이다.
  ㈎ 방전현상
    ㉮ 전면(불꽃)방전 : 단선
    ㉯ 부분방전 : 연선
  ㈏ 공기의 절연파괴전압(극한 파괴전압) : 표준상태의 기온 및 기압하에서 공기의 절연이 파괴되는 전위경도는 정현파 교류 및 직류의 실효값으로 다음과 같다.
    ㉮ 교류 극한 파괴전압 = 21kV/cm

㉯ 직류 극한 파괴전압 = 30kV/cm

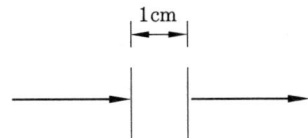

㈜ 전위차가 교류 21kV/cm 혹은 직류 30kV/cm 이상이면, 공기절연이 파괴되어 통전될 수 있다.

② **코로나 임계전압(코로나가 발생하기 시작하는 최저한도전압)이 높아지는 경우의 원인**
  ㈎ 날씨가 맑을 때
  ㈏ 온도 및 습도가 낮을 때
  ㈐ 기압이 높을 때(고기압)
  ㈑ 상대 공기밀도가 클 때
  ㈒ 전선의 지름이 클 때

③ **코로나 발생의 영향**
  ㈎ 코로나 전력손실 발생(Peek의 식)

$$P_c = \frac{241}{\delta}(f+25)\sqrt{\frac{r}{D}}(E-E_0)^2 \times 10^{-5} \,[\text{kW/cm 1선당}]$$

  * δ : 상대공기밀도 ($\delta \propto \frac{온도}{기압}$), E : 대지전압
    E_0 : 코로나 임계전압, f : 주파수
    D : 선간거리, r : 전선의 반경

  ㈏ 코로나 잡음 발생
  ㈐ 고조파 장해 발생 : 정현파 → 왜형파(=직류분+기본파+고조파)
  ㈑ 초산에 의한 전선, 바인드선의 부식
  ㈒ 전력선 이용 반송전화 장해 발생
  ㈓ 소호리액터 접지방식의 장해 발생
  ㈔ 서지(이상전압)의 파고치 감소(장점)
  ㈕ 기타 통신선에 유도장해 등 발생

④ **코로나 방지대책**
  ㈎ 전선을 굵게 한다.
  ㈏ 복도체(다도체)를 사용한다.
  ㈐ 가선 금구류를 개량한다.

(8) 송전선 굵기 선정

① 연속 허용전류와 단시간 허용전류
② 경제전류
③ 순시허용전류
④ 전압강하와 전압변동
⑤ 코로나
⑥ 기계적 강도

(9) 표피효과(Skin Effect)

① 전선의 중심은 전류밀도(전하밀도)가 작고, 표피 쪽은 전류밀도가 크다.
② 전선이 굵을수록, 주파수가 높을수록 커진다.

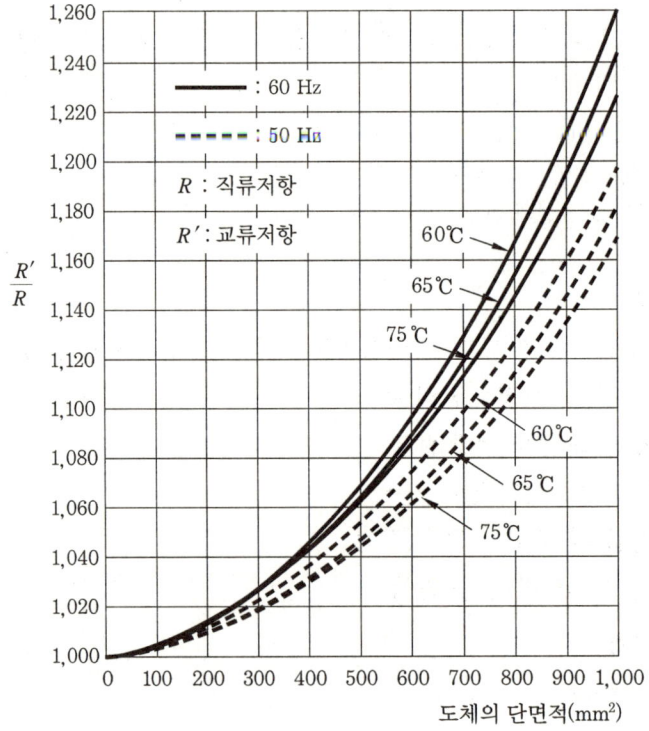

(10) 케이블의 전력손실

① **저항손** : 전선로 자체의 저항에 의한 손실
② **유전체손** : 교류를 흘렸을 때 유전체 내에서 소비되는 손실
③ **연피손** : 케이블에 전류를 흘리면 도체 외부로부터의 전자유도 작용으로 연피에 전압이 유기되고, 또 와전류가 흘러 발생하는 손실

(11) 선로정수(Line Constant)

① 전선(電線)이 내포하고 있는 R(저항), L(인덕턴스), G(누설 컨덕턴스), C(정전용량)의 4가지 특성을 말한다.
② 선로정수는 전선의 종류, 굵기, 재질에 따라서 정해진다.
③ 선로정수는 전압과 전류, 기온 등에는 영향을 받지 않는다.
④ 동일한 규격의 전선이라도 송전선로가 설치된 지리적 여건, 송전선로에서의 전류밀도차 등에 의하여 송전선로별 특성이 상이하게 나타나게 되므로 선로정수를 이용하여 전압과 전류의 관계, 전압강하, 송수전단의 전력량 등 송전선로별 특성을 계산하게 된다.
⑤ 선로의 누설 콘덕턴스는 주로 애자의 누설 저항에 기인한다. 애자의 누설저항은 건조 시에는 대단히 커서 그 역수인 누설 콘덕턴스는 매우 적은 값을 나타내므로 송전선로의 특성을 검토하는 경우에는 특별한 경우를 제외하고 무시해도 좋다.

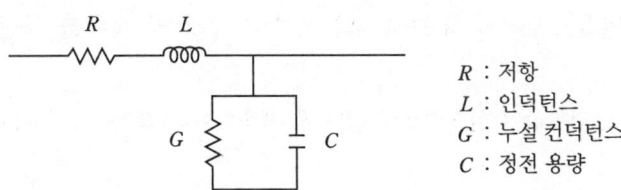

R : 저항
L : 인덕턴스
G : 누설 컨덕턴스
C : 정전 용량

(12) 송전선 이상전압 방지대책

① 가공지선(벼락이 직접 떨어지지 않도록 송전선 위에 도선과 나란이 가설하여 접지한 전선)을 설치하여 직격뇌 및 유도뇌 차폐, 통신선의 유도장해를 경감시킨다.
  (가) 차폐각(θ) : 30~45°
    ㉮ 30° 이하 : 100%
    ㉯ 45° 이하 : 97%
  (나) 차폐각이 작을수록 보호효과가 크고 시설비는 상승한다.

㈐ 2조지선 사용 : 차폐효율이 높아진다.

② **매설지선(접지를 위해 땅속에 묻어 놓은 전선)** : 철탑 저항값(탑각 저항값)을 감소시켜 역섬락을 방지한다. 여기서 '역섬락'이란 뇌전류가 철탑에서 대지로 방전 시 철탑의 접지 저항값이 클 경우 대지가 아닌 송전선에 섬락을 일으키는 현상을 말한다.

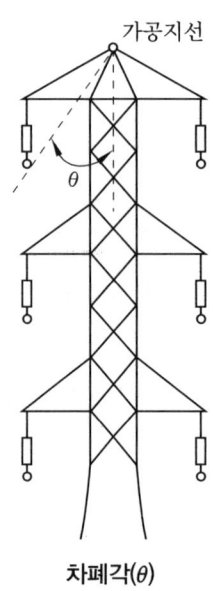

차폐각(θ)

③ **소호장치** : 아킹혼, 아킹링 → 뇌로부터 애자련 보호
④ **피뢰기** : 이상전압으로부터의 보호, 뇌 전류의 방전 및 속류를 차단하여 기계기구 절연 보호
◐ **피뢰기의 속류** : 방전현상이 실질적으로 끝난 후 계속하여 전력계통에서 피뢰기로 흐르는 상용주파전류를 말한다.
⑤ 피뢰침 등

(13) 피뢰기(LA ; Lightening Arrester)

① **설치목적**
㈎ 피뢰기는 낙뢰 및 회로의 개폐 시 발생하는 과(서지)전압을 일시적으로 대지로 방류시켜 계통에 설치된 기기 및 선로를 보호하기 위하여 설치하는 것이다(피뢰기의 주 보호 대상물은 전력용 변압기이다).
㈏ 절연레벨은 낮다(절연레벨 순서 : 단로기 > 변압기 > 피뢰기).

② 피뢰기에 요구되는 기능
  ㈎ 정상전압, 정상주파수에서는 절연내력이 높아 방전하지 않을 것
  ㈏ 이상전압, 이상주파수에서는 절연내력이 낮아져 신속하게 방류특성이 될 것
  ㈐ 전압회복 후 잔류전압 및 전류를 자동적으로 신속히 차단할 것
  ㈑ 방전 후 이상전류 통전 시의 피뢰기의 단자전압(제한전압)을 일정레벨 이하로 억제할 것
  ㈒ 반복동작에 대하여 특성이 변화하지 않을 것

③ 피뢰기의 구조 및 종류
  ㈎ 피뢰기는 일반적으로 직렬갭과 특성요소로 구성되며, 계통의 전압별로 특성요소의 수량을 적합한 수량으로 포개어 조정한다.
  ㈏ 직렬갭 : 정상 시에는 방전을 하지 않고 절연상태를 유지하며, 이상 과전압 발생 시 통전되어 신속히 이상전압을 대지로 방전하고 속류를 차단한다.
  ㈐ 특성요소 : 탄화규소 입자를 각종 결합체와 혼합한 것으로 밸브 저항체라고도 하며, 비저항 특성을 가지고 있어 큰 방전전류에 대해서는 저항값이 낮아져 제한전압을 낮게 억제함과 동시에 비교적 낮은 전압계통에서는 높은 저항값으로 속류를 차단하여 직렬갭에 의한 속류의 차단을 용이하게 도와주는 작용을 한다(철탑 등의 쇼트 방지).

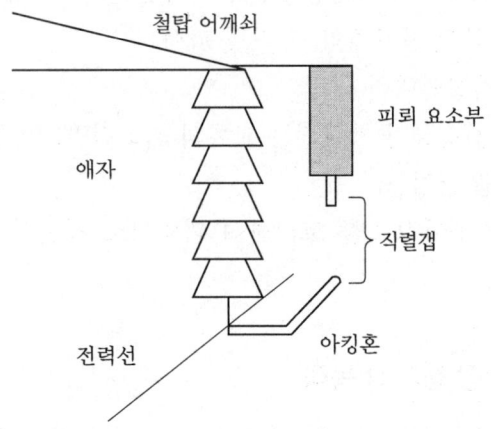

④ 피뢰기의 종류
  ㈎ 갭 저항형
    ㉮ 상용주파수의 계통전압에서 서지가 겹쳐서 그 파고값이 임펄스 방전 개시전압에

이르면 피뢰기가 방전을 개시하여 전압이 내려가며 동시에 방전전류가 흘러 제한전압이 발생한다.

㉯ 서지전압 소멸 후 계통전압을 따라 속류가 흐르지만 처음의 전류 "0"점에서 속류를 차단하고 원상태로 회복된다.

㉰ 이러한 동작은 반 사이클의 짧은 시간에 이루어진다.

(나) 갭리스형

㉮ 기존의 SiC(탄화규소) 특성요소를 비직선 저항특성의 산화아연(ZnO) 소자를 적용한 것으로서, 전압-전류 특성은 SiC 소자에 비하여 광범위하게 전압이 거의 일정하며 정전압장치에 가까워진다.

㉯ SiC 소자는 상규 대지전압이라도 상시전류가 흐르므로 소자의 온도가 상승하여 소손되기 때문에 직렬갭으로 전류를 차단해 둘 필요가 있다.

㉰ 갭리스 피뢰기의 경우에는 누설전류가 1mA로서 문제가 발생되지 않으므로 직렬갭이 선로와 절연을 할 필요가 없으므로 소형 경량으로 된다.

(다) 밸브 저항형(Valve Resistance Type) : 직렬갭 + 특성요소(SiC)

(라) 기타 밸브형(Valve Type) 등이 있다.

⑤ **선정방법** : 피뢰기가 소기의 기능을 발휘하기 위해서는 계통의 과전압, 시설물 차폐여부, 설비의 중요도, 선로 및 피보호기기의 절연내력, 기상조건 등을 종합적으로 검토하여 적용한다. 선정 시 유의사항은 다음과 같다.

(가) 피뢰기의 설치장소에서의 최대상용주파 대지전압

(나) 가장 심한 피뢰기의 방전전류의 크기 및 파형

(다) 피보호기기의 충격절연내력 결정

(라) 피뢰기의 정격전압(속류가 차단되는 교류의 최고전압) 및 공칭 방전전류

(마) 피뢰기의 보호레벨 결정

(바) 이격거리 및 기타 관계요소를 고려하여 피뢰기로 제한된 피보호기기에서의 전압 결정

(14) 송전선로에서 중성점 접지의 목적

① 1선 지락 시 전위 상승을 억제하여 기계기구를 보호한다(이상전압 방지).
② 단절연이 가능하므로 기기값이 저렴하다.
③ 과도 안정도가 증진된다.
④ 보호 계전기의 동작이 신속해진다.

2-16 송전설비 주요 용어

(1) 스틸의 법칙(Still's Law) : 경제적인 송전전압

$$E = 5.5\sqrt{0.6l + 0.01P} \text{ [kV]}$$

* l : 송전길이(km), P : 송전전력(kW)

(2) 송전용량 계수법

$$P = K\frac{V^2}{l} \text{(kW)}$$

* K : 송전 용량계수, V : 수전단 선간 전압 (kV), l : 송전길이(km), P : 송전용량 (kW)

(3) 오프셋

수직 배치의 송전선로에서 상·하단 간의 단락사고 방지를 위한 장치이다.

(4) 댐퍼

송전선에 설치하여 전선의 진동을 방지하는 장치이다(스페이서 댐퍼, 나선형 댐퍼 등).

(5) 연가

3상 송전선의 전선배치는 대부분 비대칭이므로 각 전선의 선로 정수는 불평형되어 중성점의 전위가 영전위가 되지 않고 어떤 전류전압이 생긴다. 이를 방지하고 유도장해 및 직렬공진을 방지하기 위해 전선로를 그림과 같이 연결한다.

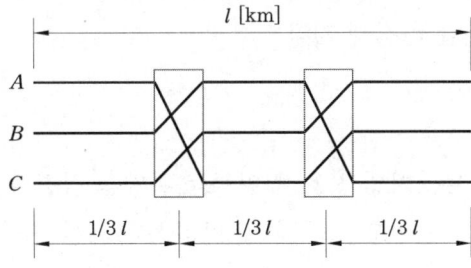

(6) 영상전류

① 3본의 송전선에 동상의 전류가 흘렀을 때의 전류값을 말한다.
② 각 상 전류의 위상차가 없는 전류를 말한다.

③ 삼상의 중성선을 통해서 대지로 흐르는 전류이다.
④ 영상전류 발생 시 대지의 임피던스에 의해서 나타나는 전압을 영상전압이라고 한다.

(7) 유도장해
전력선에 의한 통신선의 전자 유도장해의 원인은 영상전류, 상호 인덕턴스 등이며, 그 대책은 다음과 같다.
① **근본대책** : 지중 케이블화, 차폐선 설치, 이격거리를 크게 하고, 사고값을 줄인다.
② **전력선 측 대책**
   (가) 중성점 접지저항을 크게 함
   (나) 고속도 지락 보호계전 방식 채택
   (다) 연가를 충분히 함
   (라) 고장회선 고속도 차단
   (마) 소호리액터 채용
   (바) 2회선 송전선의 경우 역상순 배열
   (사) 고장전류를 줄임
③ **통신선 측 대책**
   (가) 배류(排流) 코일 사용(Drainage Coil)→통신선의 전위 상승 억제(고인덕턴스 코일을 통신선 간에 브리지시켜 중점 접지)
   (나) 통신선로 수직교차
   (다) 통신선 및 통신기기의 절연강화
   (라) 통신선 케이블화
   (마) 통신선 구간 분할(중계코일 설치)
   (바) 연피통신 케이블 설치(상호인덕턴스 경감)
   (사) 피뢰기 설치(유도전압의 강제 저감)

(8) 절연협조
① 계통 내 보호기와 피보호기의 상호 절연 협력관계를 말한다.
② 계통 전체의 신뢰도를 높이고 경제적 및 합리적 설계를 해야 한다.

(9) 전력용 퓨즈
① **목적** : 단락전류 차단
② **장점** : 가격 저렴, 소형 및 경량, 고속 차단, 보수 간단, 차단 능력 큼

③ 단점
  ㈎ 재투입 불가
  ㈏ 과도전류(단락 필요 경계선 전류)에 용단되기 쉬움
  ㈐ 계전기를 자유로이 조정할 수 없음
  ㈑ 한류형은 과전압을 발생시킴

(10) 보호계전기
① 보호계전기는 전기회로의 동작 조건을 계산하고, 고장이 검출되었을 때 차단기를 트립시키게 되어 있다. 대개 동작 임계전압과 동작 시간이 고정되어 있고 부정확하게 설정된 스위칭 타입 계전기와는 다르게, 보호계전기는 시간/전류 곡선(또는 다른 동작 특성)이 정밀하게 설정되어 있고, 선택이 가능하다.

② 분류(동작시간에 의한 분류)
  ㈎ 순한시 계전기 : 규정된 전류 이상의 전류가 흐르면 즉시 동작(0.3초 이내)
  ㈏ 고속도 계전기 : 규정된 전류 이상의 전류가 흐르면 즉시 동작(0.5~2Hz 이내에 동작하는 계전기)
  ㈐ 반한시 계전기 : 전류가 크면 동작시간은 짧고, 전류가 작으면 동작시간은 길어지는 계전기
  ㈑ 정한시 계전기 : 규정된 전류 이상의 전류가 흐를 때 전류의 크기와 관계없이 일정 시간 후 동작
  ㈒ 반한시-정한시 계전기 : 전류가 작은 구간은 반한시 특성, 전류가 일정 범위를 넘으면 정한시 특성을 갖는 계전기

③ 보호계전기의 구비조건
  ㈎ 고장의 정도 및 위치를 정확히 파악할 것
  ㈏ 고장 개소를 정확히 선택할 것
  ㈐ 동작이 예민하고, 오동작이 없을 것
  ㈑ 소비전력이 적고, 경제적일 것
  ㈒ 후비 보호능력이 있을 것

(11) 공간거리와 연면거리
① **공간거리** : 공기 중에서 두 도전성 부분 간에 가장 짧은 거리
② **연면거리** : 불꽃방전을 일으키는 두 전극 간 거리를 고체 유전체의 표면을 따라서 그 최단거리로 나타낸 값

2-17 지중전선로

(1) 지중전선로를 택하는 이유

① 도시미관 고려
② 보안상 제한 조건
③ 재해 등에 높은 신뢰도를 요구
④ 수용밀도가 높은 지역에 공급
⑤ 가공전선로 대비 인덕턴스는 작고, 정전용량은 커짐

(2) 지중배선공사의 현장시험항목

절연저항, 절연레벨, 접지저항, 상일치, 검상 시험 등

(3) 지중전선로 매설깊이

① 차량 또는 중량물의 압력을 받을 우려가 있는 장소: 1.2m
② 기타의 장소: 0.6m

(4) 지중전선로 노출부분의 방호범위

지상 2m 이상 지하 20cm 이상을 금속관, 합성수지관 등을 이용하여 방호조치할 것

(5) 기타 주의사항

① 가압장치의 누설시험(10분간)
  ㈎ 유·수압 : 1.5배
  ㈏ 기압 : 1.25배
② 지중 전선로는 전선에 케이블을 사용하고, 암거식·관로식·직접 매립식 등에 의하여 시설할 것
③ 지중전선을 냉각하기 위해 물을 순환하는 경우 순환압력에 견디고 누수가 없을 것
④ 암거에 시설하는 지중전선은 난연조치 혹은 자동소화설비를 시설할 것
⑤ 금속제 부분은 제3종접지를 할 것(금구류는 제외)
⑥ **지중전선과 타 지중전선 혹은 약 전류전선과 교차 시** : '전기설비 기술기준의 판단기준'에 명시된 이격거리 유지 혹은 불연성·난연성 처리를 할 것

2-18 배전선로 배전방식

(1) 배전선로의 형태 및 구성

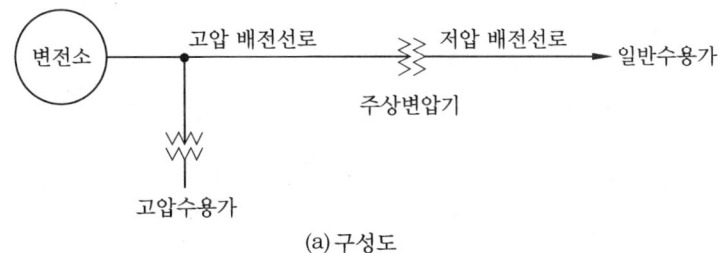

(a) 구성도

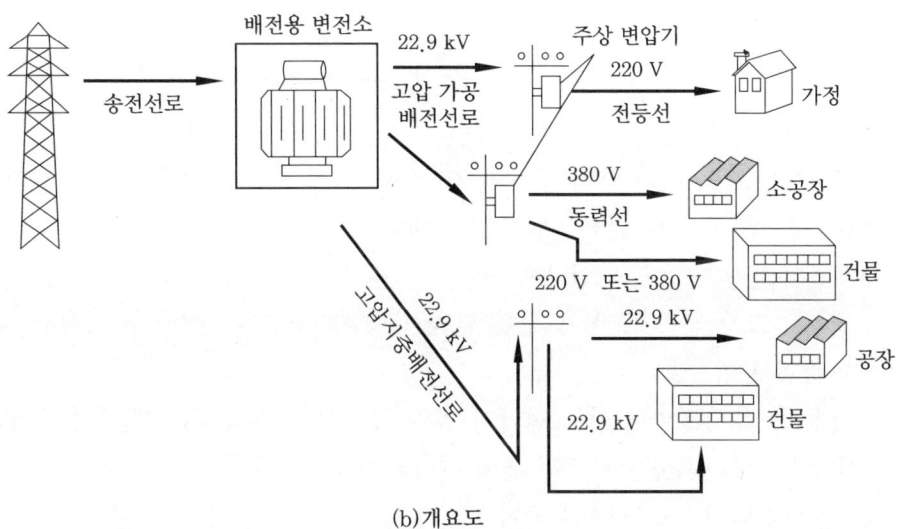

(b) 개요도

배전선로의 형태

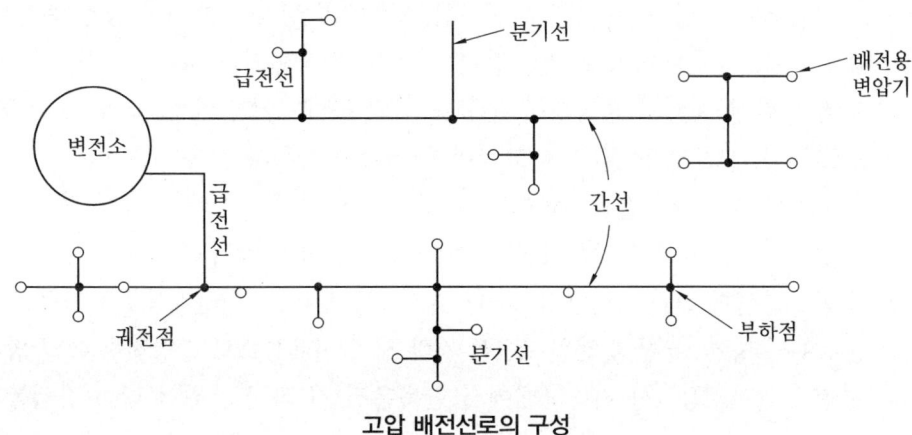

고압 배전선로의 구성

① **급전선(Feeder)** : 궤전선(饋電線), 배전구역까지의 전송선으로 부하가 접속되지 않음
② **간선(Main Line)** : 급전선에 접속되어 부하지점까지 전력을 전송
③ **분기선(Branch Line)** : 간선에서 분기된 배전선로의 가지부분, 지선

> **주 전압의 종류**
> 1. 저압 : 직류 750V 이하, 교류 600V 이하
> 2. 고압 : 직류 750V 초과~7,000V 이하
>   교류 600V 초과~7,000V 이하
> 3. 특고압 : 7,000V 초과

④ **주상변압기 결선방식**
  ㈎ 삼상변압기는 1개의 모듈로 되어 있는 경우도 있고, 델타 또는 와이로 연결된 세 개의 단상변압기로 구성되기도 한다. 또한 경우에 따라서는 두 개의 변압기가 사용되기도 한다.
  ㈏ 1차와 2차는 각각 여러 가지 결선의 조합이 가능하며 그 조합은 다음과 같다.
    ㉮ 1차권선 : 와이 – 2차권선 : 델타($Y-\Delta$)
      ㉠ 특징 : 분산형 전원의 연계에 적합
      ㉡ 장점 : 고장 검출 용이, 분산형 전원 발생 제3고조파 한전계통 불유출, 단독운전 방지 용이
      ㉢ 단점 : 제3고조파로 인한 변압기 과열, 한전계통 지락 시 고장전류 유입, 통신선 유도장해 및 중성점 전위 변화 예측의 어려움
    ㉯ 1차권선 : 와이 – 2차권선 : 와이($Y-Y$)
      ㉠ 특징 : 3상 부하에 전기를 공급하는 일반적인 방식
      ㉡ 장점 : 철공진(철심이 든 리액터는 전류의 크기에 따라서 인덕턴스가 변화하므로 콘덴서와 직렬 또는 병렬로 접속한 경우에 발생하는 특이한 공진 현상)의 문제가 적음, $\Delta-Y$ 대비 변압기 절연에 유리, 위상변화가 없음
      ㉢ 단점 : 한전 계통의 불평형이 분산형 전원 측에 영향, 제3고조파 등의 직접적 통로 제공, 보호협조 실패 시 고장이 한전계통으로 파급 등
    ㉰ 1차권선 : 델타 – 2차권선 : 와이($\Delta-Y$)
      ㉠ 특징 : 3상 부하에 전기를 공급하는 가장 일반적인 방식
      ㉡ 장점 : 분산형 전원 발생 제3고조파 한전계통 불유출, 한전계통 1선 지락 시 고장전류 유입 방지, 분산형 전원 측 1선 지락 시 한전계통으로 고장전류 유입 방지
      ㉢ 단점 : 한전계통 1선 지락상태에서 단독운전 시 과전압 위험 및 고장검출의 어

려움, 한전계통 고장 시 개방상태에서 철공진 발생, 구내계통의 중성선에 제3 고조파에 의한 과전압 발생 가능
㉣ 1차권선:델타 – 2차권선:델타($\Delta-\Delta$)
  ㉠ 특징 : 66kV 이하의 배전용 변압기 등에서 사용
  ㉡ 장점 : 1, 2차 간 전압은 동상으로 각변위가 없음, 권선 중의 상전류는 선로전류의 $\frac{1}{\sqrt{3}}$이 되므로 대전류의 결선에 유리, 1상의 권선이 고장 나도 고장상을 분리시켜 V결선으로 운전 가능
  ㉢ 중성점 접지를 할 수 없기 때문에 지락사고 검출 곤란, 아크 지락 시 이상고전압이 발생하기 쉬움, 중성점 접지 필요시 별도 접지변압기를 설치해야 함, 상부하 불평형 시 순환전류가 흐름
(다) 결선도

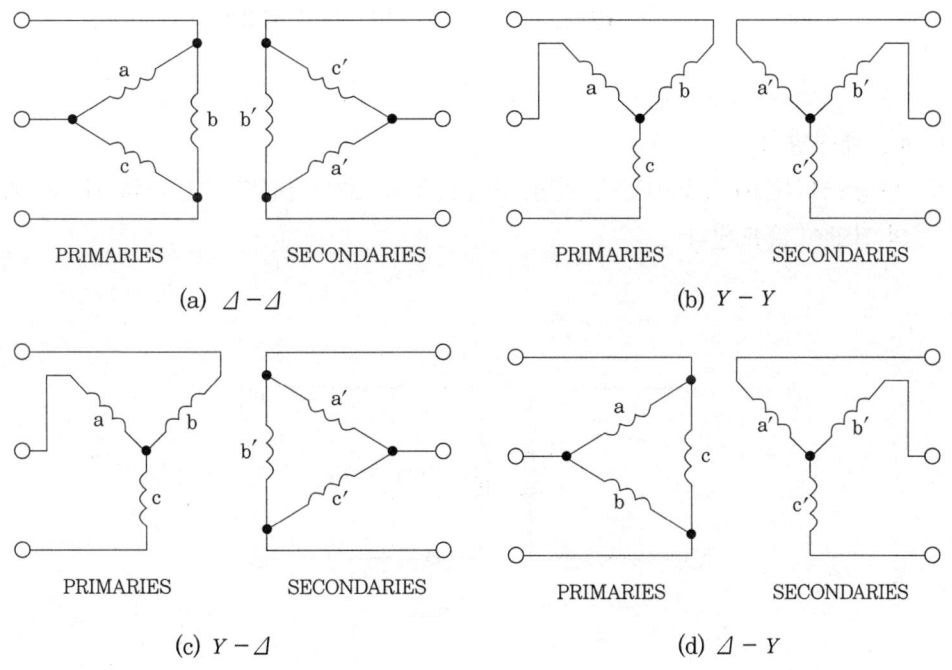

(a) $\Delta-\Delta$ (b) $Y-Y$
(c) $Y-\Delta$ (d) $\Delta-Y$

⑤ **배전방식**
 ㈎ 특고압 배전방식
  ㉮ 우리나라의 배전방식 : Y결선(중성점 다중접지)방식 채용
  ㉯ 단상부하만 있는 경우 '단상2선식'으로 하는 것이 간편할 수도 있으나, 단상 선로의 구성률이 높아지면 부하 불평형이 발생할 수 있다.
  ㉰ 중성선 접지 : 인가 밀집 지역에는 매 전주마다 접지하고, 인가가 없는 야외지역에는 300m 이하마다 접지한다.

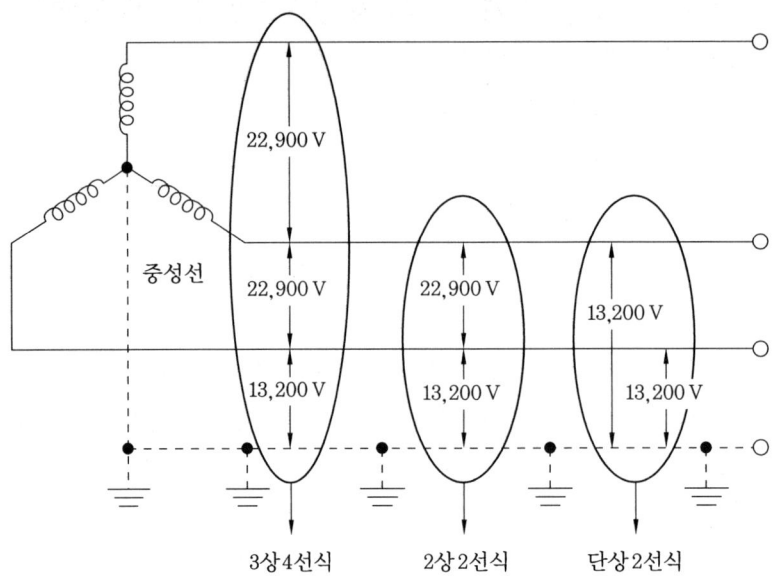

3상4선식　　2상2선식　　단상2선식

(나) 저압 배전방식

㉮ 단상2선식(110V, 220V) : 일반 가정용으로, 2차 결선방식에 따라 110V, 220V 의 전압이 유도된다.

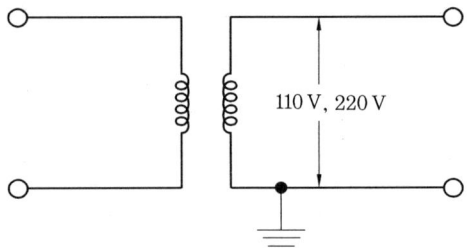

㉯ 단상3선식(110V, 220V)
　㉠ 일반 가정의 전등부하 또는 소규모 공장에서 사용된다.
　㉡ 한 장소에 두 종류의 전압이 필요한 경우에 채택한다.
　㉢ 중성선이 단선되면 부하가 적게 걸린 단자(저항이 큰 쪽 단자)의 전압이 많이 걸리게 되어 과전압에 의한 사고 발생 위험이 있다.

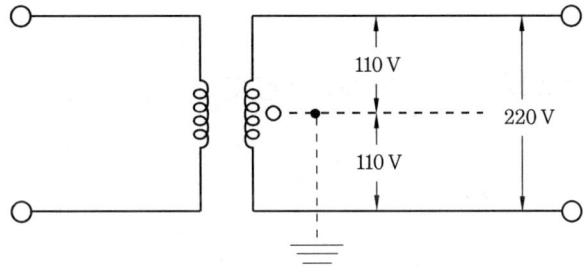

㉓ 3상3선식(220V)
　㉠ 고압 수용가의 구내 배전설비에 많이 사용한다(1대 고장 시 V결선 가능).
　㉡ 선전류가 상전류의 배가 되는 결선법으로 전류가 선로에 많이 흐르게 되어 요즘은 거의 사용하지 않는다.

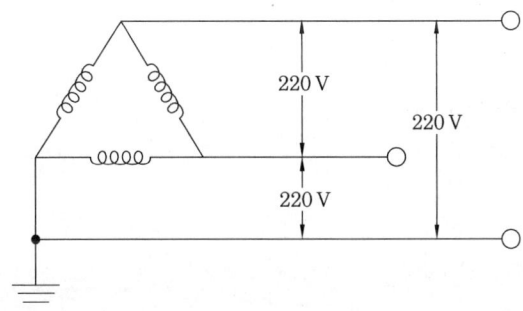

㉔ 3상4선식(220V, 380V)
　㉠ 동력과 전등부하를 동시에 사용하는 수용가에 사용
　㉡ 변압기 용량은 3대 모두 동일 용량을 사용하는 방식과 1대의 용량은 크게 하고 나머지 두 대의 용량은 작게 구성하는 방식이 있다. 이 경우 1대는 동력 전용으로 두 대는 전등 및 동력 고용으로 주로 나누어진다.
　㉢ 중성선이 단선되면 단상부하에 과전압이 인가될 수 있다.

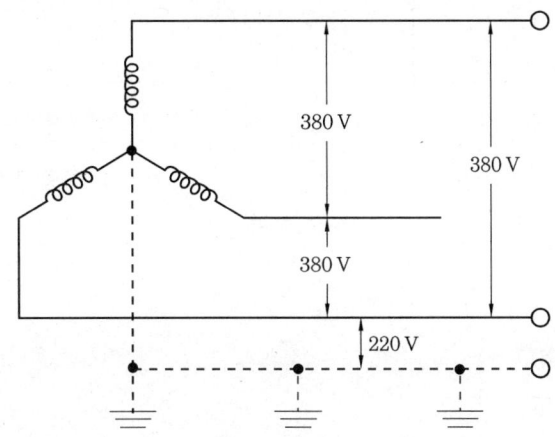

(2) 고압 배전선로

① **방사상식(수지식, 가지식)** : 나뭇가지 모양처럼 한쪽 방향으로만 전력을 공급하는 방식

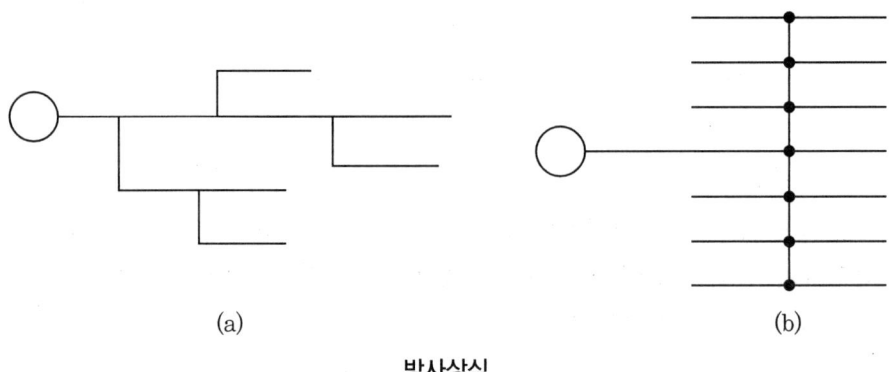

방사상식

(가) 장점
 ㉮ 부하증설에 용이하게 대비
 ㉯ 시설비 저렴

(나) 단점
 ㉮ 전압강하 大
 ㉯ 전력손실 大
 ㉰ 정전범위 大(☞ 공급신뢰도 低)

② **환상식(Loop방식)** : 간선을 환상으로 구성하여 양방향에서 전력을 공급하는 방식

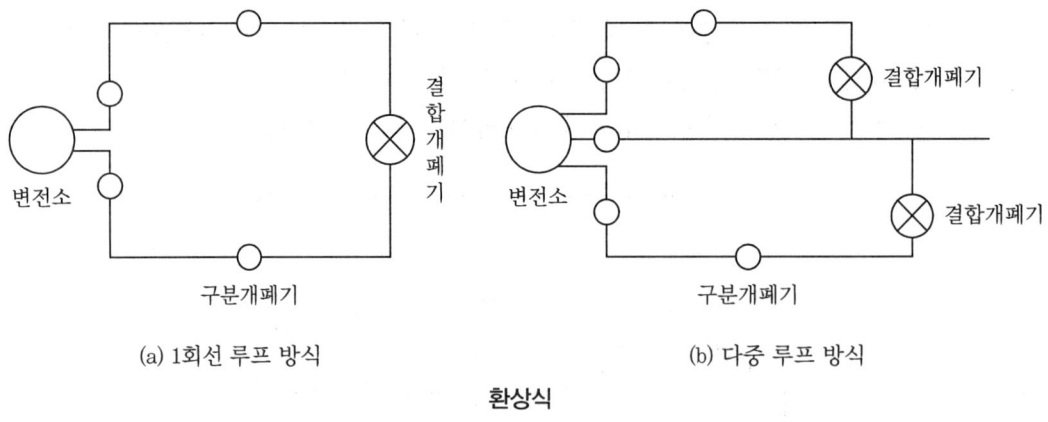

환상식

(가) 결합개폐기
 ㉮ 상시개로 Loop
 ㉯ 상시폐로 Loop

(나) 장점
   ㉮ 손실 및 전압강하 低
   ㉯ 공급신뢰도 좋음
(다) 단점
   ㉮ 설비비 高
   ㉯ 단락용량 大
   ㉰ 보호방식 복잡

③ 망상식
(가) 특징
   ㉮ 배전 Feeder를 Network 형태로 접속하고, 그 수개소의 접속점에 급전선을 연결하는 방식이다.
   ㉯ 같은 변전소의 같은 변압기에서 나온 2회선 이상의 고압배전선에 접속된 변압기의 2차 측을 같은 저압선에 연결하여 부하에 전력을 공급하는 방식이다.

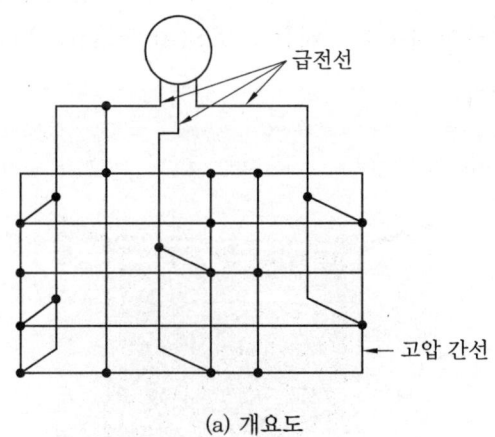

(a) 개요도

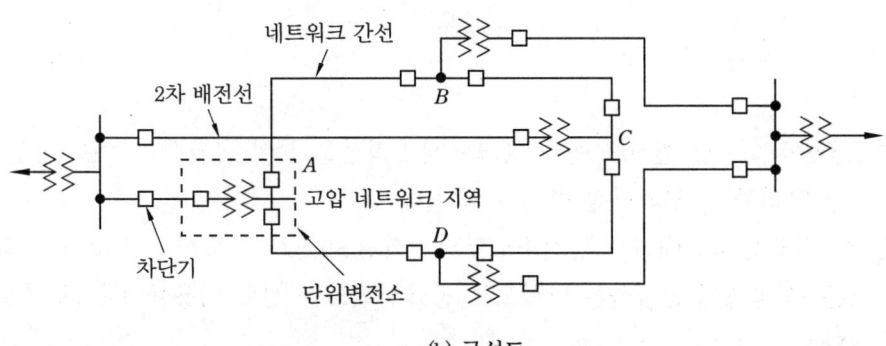

(b) 구성도

망상식

(나) 장점
  ㉮ 무정전 공급(공급신뢰도 가장 높음)
  ㉯ 전압변동률 낮아 기기의 이용률 향상
  ㉰ 전력손실 적음
  ㉱ 부하변화에 대한 적응성 좋음
  ㉲ 2차 변전소의 수 감소
  ㉳ 부하증설 용이
  ㉴ 대형 빌딩가와 같은 고밀도 부하밀집지역에 적합
(다) 단점 : 네트워크변압기나 네트워크프로텍터 설치에 따른 설비비가 비쌈

(3) 고압 지중 배전선로

① **수지식(방사상) 방식** : 부하의 분포에 따라 분기선을 내면서 수요의 증가에 응하는 방법으로 경제적인 공급방식이다.
② **예비선 절체방식** : 서로 다른 변전소에서 또는 같은 변전소에서는 다른 뱅크에서 본선과 예비선을 인출하여 수용가에서는 ALTS(Automatic Load Transfer Switch)로 수전을 받는 방식이다.

ALTS

③ **환상 공급방식** : 동일 변전소 동일 뱅크에서 2회선을 상시 공급하는 순수 환상 방식과 뱅크를 달리하는 개방 환상 방식이 있다.
④ **스폿 네트워크 방식** : 배전용 변전소로부터 2회선 이상으로 도심부의 고층 빌딩이라든가 혹은 큰 공장에 공급하는 방식으로 공급신뢰도와 선로 이용률이 높고 전압변동률이 낮다.

(4) 저압 배전선로

① **저압 방사상식** : 한 방향으로만 전력이 공급되어 시설비가 저렴하고, 부하증설 및 관리가 간단하지만 공급신뢰도가 비교적 낮은 편이다.

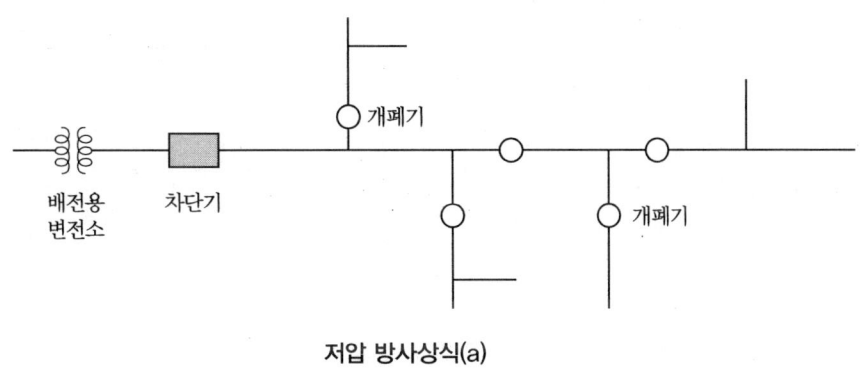

저압 방사상식(a)

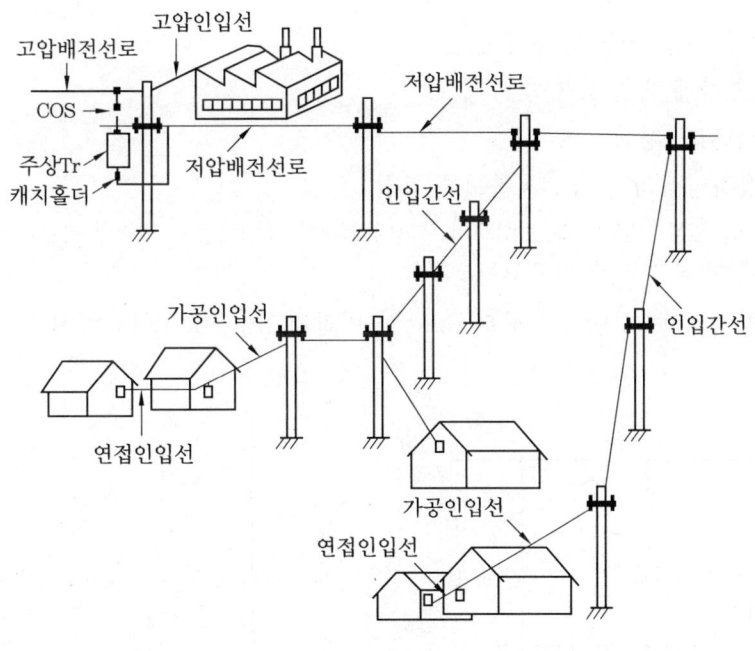

저압 방사상식(b)

② **저압 뱅킹 방식** : 고압선로에 접속된 2대 이상의 변압기 저압 측을 병렬접속하여 부하의 융통성을 도모하는 방식이다.

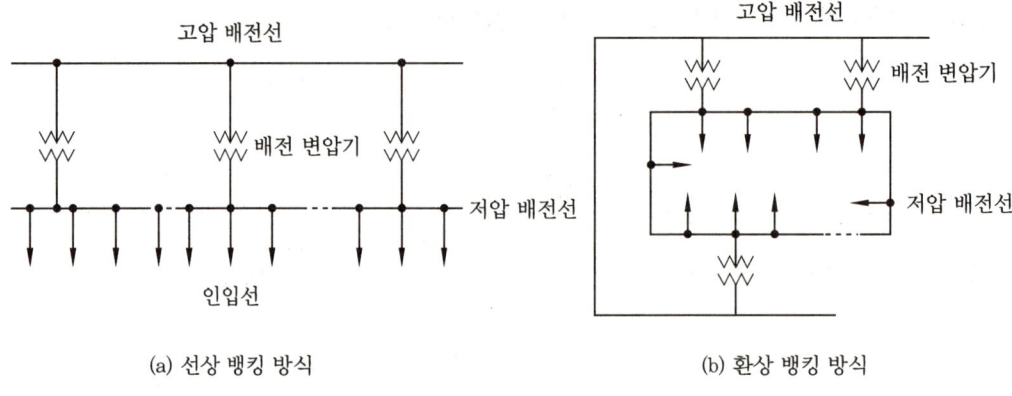

(a) 선상 뱅킹 방식   (b) 환상 뱅킹 방식

저압 뱅킹 방식

㈎ 저압 뱅킹 방식의 장점
  ㉮ 전압변동에 의한 Flicker 경감
  ㉯ 전압강하, 손실 경감
  ㉰ 변압기 용량, 배전선 동량 절감
  ㉱ 수요증가에 대한 융통성 증대
  ㉲ 공급신뢰도 향상

㈏ 저압 뱅킹방식의 단점 : 계통보호 복잡

◐ Cascading 현상 : 변압기 또는 선로의 사고에 의해서 Banking 내 건전한 변압기의 일부 또는 전부가 연쇄적으로 회로로부터 차단되는 현상

㈐ 뱅킹 방식의 보호 협조 : 구분 Fuse가 변압기 1차 Fuse보다 먼저 Open되도록 설계할 것

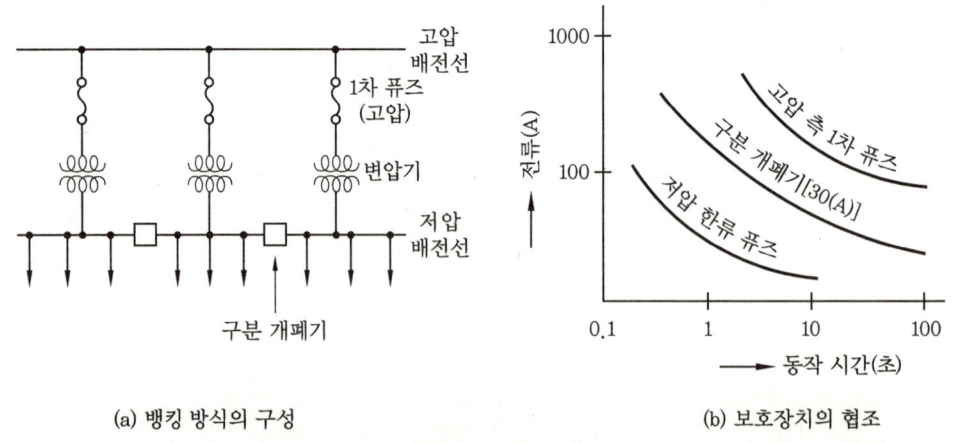

(a) 뱅킹 방식의 구성   (b) 보호장치의 협조

뱅킹 방식의 보호 협조

③ **저압 네트워크 방식** : 배전 변전소의 동일 모선으로부터 2회선 이상의 급전선으로 전력을 공급하는 방식으로 신뢰도가 높다.

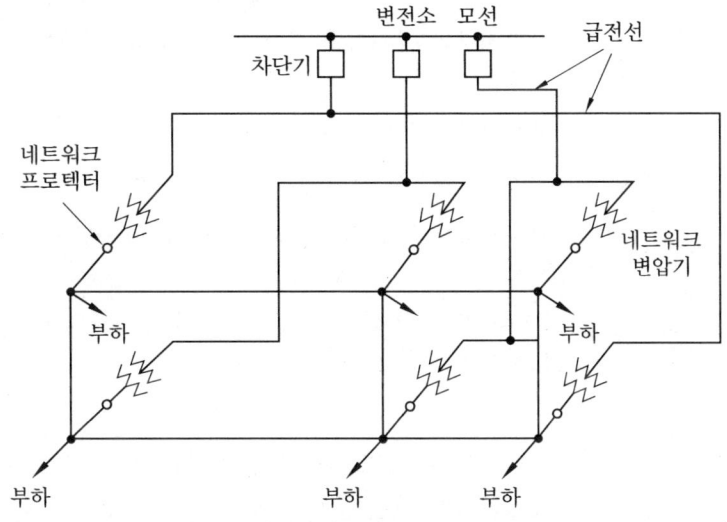

저압 네트워크 방식

④ **스폿 네트워크 방식**

㈎ 저압 네트워크 방식을 간소화한 것

㈏ 22.9kV 배전용 변전소로부터 2회선 이상(보통 3회선)의 배전선으로 수전해서 고층빌딩이나 큰 공장 같은 부하밀도가 높은 대용량 집중부하에 적용

㈐ 22.9kV 측의 수전용 차단기 생략

㈑ 변압기의 저압 측에 Network Protector 보호장치

㈒ Network Protector에 Contingency에 대한 Operating Duty 부여

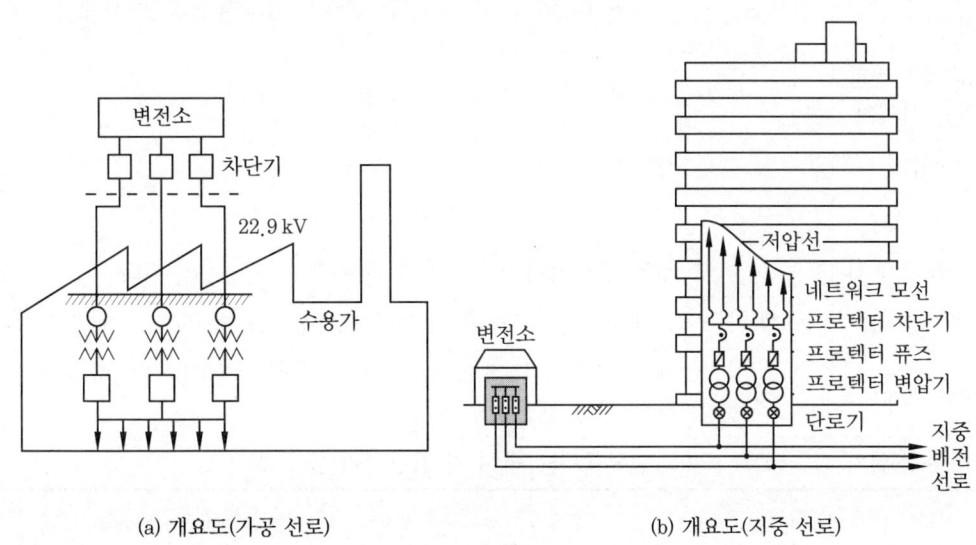

(a) 개요도(가공 선로)　　　(b) 개요도(지중 선로)

스폿 네트워크 방식

※ 수변전 설비에 사용하는 기기의 명칭, 약호, 기능

용어(명칭)	약호(문자)	기능(역할)
케이블 헤드	CH	가공전선과 케이블의 단말 접속으로서, 재산분계점과 책임분계점을 이룸
단로기	DS	무부하에서 회로(전로)를 개방, 변경
피뢰기	LA	지락전류를 대지로 방전하고 속류를 차단
전력퓨즈	PF	부하전류는 통전하도록 하고 과전류는 차단하여 전로나 기기를 보호
계기용 변압변류기	MOF(PCT)	PT와 CT를 한 함에 넣어 고전압과 대전류를 저전압과 소전류로 변성하여 전력량계에 공급
영상 변류기	ZCT	지락전류를 검출하여 지락 계전기에 공급
계기용 변압기	PT	고전압을 저전압(110V)로 변성(변압)하여 계기나 계전기에 공급
계기용 변류기	CT	대전류를 소전류(5A)로 변성(변류)하여 계기나 계전기에 공급
교류 차단기	CB	부하전류를 개폐하고 사고(고장, 이상)전류를 차단
유입 차단기	OCB	부하전류를 개폐하고 사고(고장, 이상)전류를 차단
유입 개폐기	OS	부하전류를 개폐
트립 코일	TC	사고 시에 보호계전기에 의해 여자되어 차단기를 동작
지락 계전기	GR	지락사고 시에 지락전류(영상전류)로 동작
과전류 계전기	OCR	과전류에서 동작
전압계용 전환(절환)개폐기	VS	전압계 1대로 3상의 각 선간 전압을 측정하기 위한 개폐기
전류계용 전환(절환)개폐기	AS	전류계 1대로 3상의 각 선전류를 측정하기 위한 개폐기
전압계	V	전압을 측정
전류계	A	전류를 측정
전력용 콘덴서	SC	진상 무효전력을 공급하여 역률 개선
방전 코일	DC	콘덴서의 잔류전하를 방전하여 감전사고 방지
직렬 리액터	SR	제5고조파 전류를 없애 전압파형의 찌그러짐을 방지하고 콘덴서 투입 시 돌입전류를 억제
컷아웃 스위치	COS	과전류를 차단하여 기기(변압기)를 보호

예상문제

신재생에너지 발전설비기사·산업기사

제2장 | 구조물·부속설비·모듈·전기설비 설치

1 태양광발전소 부지의 기초공사에서 직접기초(얕은 기초)의 종류 4가지를 쓰시오.

> **정답** 독립 기초, 연속 기초, 복합 기초, 전면 기초

2 다음 태양광발전소의 기초공사에 적용될 수 있는 깊은 기초 방식 중에서 ( ) 안에 들어갈 명칭은?

- (㉠) 기초 : 보통 파지 않고 지반 속에 박아서 단단한 지반에 연결시킴
- (㉡) 기초 : 시공 전에 굴착한 후 현장 콘크리트 타설
- (㉢) 기초 : 원통형 혹은 상자형 구조물을 자중 또는 적재 하중에 의하여 소정의 깊이까지 침하시키는 방법

> **정답** ㉠ 말뚝, ㉡ 피어, ㉢ 케이슨

3 태양광발전 시스템의 배선공사와 관련하여 ( ) 안에 적당한 용어를 쓰시오.

- 전선은 모듈 전용선, XLPE 케이블 등을 사용하고, 특히 옥외용으로는 자외선에 견딜 수 있는 (㉠)이 적당하다.
- (㉡)를 사용하면 방열특성 우수, 허용전류 큼, 부하 증설 시 대응력 우수, 시공 용이 등의 장점이 있으나, 케이블 노출에 따른 자연재해나 인축으로부터 영향을 받기 쉽다는 단점도 있다.
- 차수(접속함으로의 물의 침입을 방지하기 위한 물빼기) 구조를 시공 시에는 케이블 지름의 (㉢)배 이상의 반경으로 한다.

> **정답** ㉠ UV 케이블, ㉡ 케이블 트레이, ㉢ 6

4 태양광발전 시스템의 전선관 공사 및 지중함 공사와 관련하여 (   ) 안에 적당한 수치를 넣으시오.

- 전선관의 굵기는 전선 피복을 포함하여 단면적 합계가 (㉠)% 이하가 되도록 선정할 것. 단, 굵기가 서로 다른 케이블을 같은 전선관 속에 넣을 때에는 (㉡)% 이하가 되도록 할 것
- 지중 전선관 매립 시 총 전선의 길이가 (㉢)m를 초과하는 경우 (㉣)m마다 지중함을 설치할 것

정답 ㉠ 48, ㉡ 32, ㉢ 30, ㉣ 30

5 다음 태양광 어레이 종류 중 발전효율이 가장 좋은 것부터 순서대로 쓰시오.

단방향추적식, 양방향추적식, 고정식

(   ) > (   ) > (   )

정답 양방향추적식 > 단방향추적식 > 고정식

6 다음 그림의 기호 D_f, B_f를 이용하여 깊은 기초의 정의를 수식으로 나타내시오.

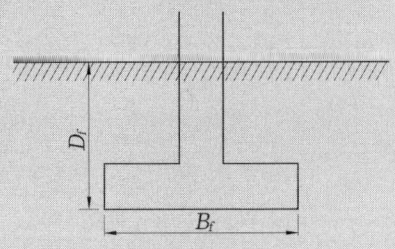

정답 $D_f/B_f > 1$

7 다음 표에서 (   ) 안에 들어갈 수치를 각각 쓰시오.

전선길이	태양전지판에서 인버터 입력단 간 및 인버터 출력단과 계통연계점 간의 전압강하(%)
60m 이하	(㉠)
120m 이하	5
200m 이하	6
200m 초과	(㉡)

정답 ㉠ 3, ㉡ 7

8 태양광발전소의 접지와 관련하여 ( ) 안에 적당한 말을 쓰시오.
- 인버터도 원칙적으로는 접지를 해야 하지만, 절연변압기를 시설하는 경우가 드물기 때문에 일반적으로는 직류 측 회로를 (㉠)로 하고 있다.
- 테스터나 (㉡) 등으로 비접지 여부를 확인하고, 만약 직류 측 회로의 1선이 접지되어 있으면 접지된 곳을 찾아 비접지 상태로 한다.

정답 ㉠ 비접지, ㉡ 검전기

9 다음에서 설명하고 있는 계측기의 이름은 무엇인가?

이 계측기는 태양광 모듈의 접촉점의 장애를 발견하기 위한 점검 및 측정기로서, 만약 모듈의 접촉점이 끊어졌을 경우 저항값이 증가하므로 I-V 특성을 측정하고 모듈의 명판에 나와 있는 값과 비교하여 차이가 날 경우 '접촉점의 장애'로 판단할 수 있다.

정답 다기능 측정기

10 태양광 전기공사 시공 시 테이프의 폭이 3/4에서 2/3가 될 정도로 잡아당겨서 겹쳐 감아놓으면 시간의 경과에 따라 융착하여 일체화되는 전기테이프를 무엇이라고 하는가?

정답 자기융착 절연테이프

11 IEC 분류에 따른 저압계통의 여러 접지방식 중에서 IT계통(Insulation Terra System) 외 다른 2가지를 쓰시오.

정답 아래에서 두 가지를 골라 작성한다.
① TN계통(Terra Neutral System ; 다중 접지방식)
② TT계통(Terra Terra System ; 독립 접지방식)
③ 기타 TN-C, TN-S, TN-C-S 등

12 다음의 태양광발전설비의 접지공사 시 주의사항에서 ( ) 안에 적당한 수치를 채우시오.
- 태양전지 어레이용 전기회로 설계표준에 따르면 어레이 출력 500W 이하의 경우 접지선의 굵기는 (㉠)mm^2 이상으로 할 수 있다.
- 3종 및 특별 제3종을 실시할 금속체와 대지 간의 전기저항값이 특별 제3종 접지공사인 경우 (㉡)Ω 이하, 제3종 접지공사인 경우 (㉢)Ω 이하이면 각각의 접지공사를 실시한 것으로 간주한다.

정답 ㉠ 1.5, ㉡ 10, ㉢ 100

13 다음의 태양광발전설비의 접지공사와 관련하여 (   ) 안에 적당한 말을 채우시오.

- 접지선의 색은 녹색표시를 하지 않으면 안 되는데, 부득이하게 녹색 또는 (㉠)색 줄무늬가 있는 것 이외의 절연전선을 접지선으로 사용할 경우에는 단말 및 적당한 장소에 녹색의 테이프 등으로 표시한다.
- 고압 또는 특고압과 저압을 결합한 변압기의 저압 측의 중성점에는 고저압의 혼촉에 의한 위험을 예방하기 위하여 (㉡)종 접지공사를 해야 한다.

정답 ㉠ 황록, ㉡ 2

14 접지공사 시 제3종 접지를 생략 가능한 경우를 3가지 쓰시오.

정답 다음 중 3가지를 골라 작성한다.
① 사용전압이 직류 300V 또는 교류 대지전압 150V 이하인 기계기구를 건조한 곳에 설치한 경우
② 저압용 기계기구에 지락이 생겼을 경우 그 전로를 자동 차단하는 장치를 접속하고 건조한 곳에 시설한 경우
③ 저압용 기계기구를 건조한 목재의 마루 기타 이와 유사한 절연성 물건 위에서 취급하도록 시설한 경우
④ 저압용이나 고압용의 기계기구, 판단기준 제29조에 규정하는 특고압 전선로에 접속하는 배전용 변압기나 이에 접속하는 전선에 시설하는 기계기구 또는 판단기준 제135조 제1항 및 제4항에 규정하는 특고압 가공전선로(Overhead Line ; 전주, 철탑 등을 지지물로 하여 공중에 가설한 전선로)의 전로에 시설하는 기계기구를 사람이 쉽게 접촉할 우려가 없도록 목주 기타 이와 유사한 것의 위에 시설하는 경우
⑤ 철대 또는 외함의 주위에 적당한 절연대를 설치한 경우
⑥ 외함이 없는 계기용변성기가 고무 · 합성수지 기타의 절연물로 피복한 것일 경우
⑦ '전기용품안전관리법'의 적용을 받는 2중 절연구조로 되어 있는 기계기구를 시설하는 경우
⑧ 저압용 기계기구에 전기를 공급하는 전로의 전원 측에 절연변압기(2차전압이 300V 이하이며, 정격용량이 3kVA 이하)를 시설하고 또한 그 절연변압기의 부하 측 전로를 접지하지 않은 경우
⑨ 물기가 있는 장소 이외의 장소에 시설하는 저압용의 개별 기계기구에 전기를 공급하는 전로에 '전기용품안전관리법'의 적용을 받는 인체감전보호용 누전차단기(정격감도 30mA 이하, 동작시간 0.03초 이하)를 시설하는 경우
⑩ 외함을 충전하여 사용하는 기계기구에 사람이 접촉할 우려가 없도록 시설하거나 절연대를 시설하는 경우

15 교류 송전방식의 장점 및 단점을 각각 2가지씩 쓰시오.

정답 다음 중 장점 및 단점을 각각 2가지씩 골라 작성한다.
① 장점
- 전압의 승압 및 강압 변경이 용이하다.
- 회전자계를 쉽게 얻을 수 있다.
- 일괄된 운용을 기할 수 있다.

② 단점
- 보호방식이 복잡해진다.
- 많은 계통이 연계되어 있어 고장 시 복구가 어렵다.
- 무효전력으로 인한 송전손실이 크다.

16 다음 송전계통의 절연협조에서 필요 충격절연내력을 크기순으로 나열하시오.

변압기, 차단기, 선로애자, 피뢰기

( ) > ( ) > ( ) > ( )

정답 선로애자 > 차단기 > 변압기 > 피뢰기

17 피뢰기의 구조에서 ( ) 안에 적당한 용어를 쓰시오.
- 피뢰기는 일반적으로 (㉠)과 특성요소로 구성되며, 계통의 전압별로 특성요소의 수량을 적합한 수량으로 포개어 조정한다.
- 낙뢰 전류가 철탑으로 흐를 때 철탑에서부터 전선으로 불꽃이 거꾸로 일어나는 현상을 (㉡) 현상이라고 하며, 철탑 전위의 마룻값이 전선을 절연하는 애자들의 절연 파괴 전압보다 높을 때 주로 발생한다.

정답 ㉠ 직렬갭, ㉡ 역섬락

18 다음 ( ) 안에 들어갈 용어를 쓰시오.
3상 3선식에서는 회로의 평형, 불평형 또는 부하의 Δ, Y에 불구하고, 세 선전류의 합은 0이므로 선전류의 ( )은 0이다.

정답 영상분

19 최대사용전압이 6,600V인 3상 유도전동기의 권선과 대지 사이의 절연내력 시험전압은 얼마인가?

[해설] 절연내력 시험 전압 : 최대 사용 전압의 1.5배의 전압
[정답] 9,900V

20 한 가닥의 지름이 2.6mm인 19가닥 연선의 공칭단면적은 몇 mm²인가?

[해설] $\dfrac{\pi d^2}{4} \times 가닥수 = \dfrac{\pi \times 2.6^2}{4} \times 19 = 100$
[정답] $100\,\text{mm}^2$

21 동심 연선에서 심선을 뺀 층수를 n, 소선의 지름을 d, 소선 단면적을 S라 할 때의 소선의 총수 N을 구하는 식을 쓰시오.

[정답] $N = 3n(n+1) + 1$

22 가공 송전 전로에서 전선 굵기를 산정하는 요소를 3가지 쓰시오.

[정답] 다음 중 3가지를 골라 작성한다.
경제성, 허용 전류, 전압 강하, 기계적 강도 등

23 다음에서 설명하고 있는 송전설비와 관련된 용어의 명칭을 각각 쓰시오.

① 전선을 지지물 사이에 가설하면 자체의 무게 때문에 전선이 곡선 모양으로 처지는데, 가장 밑으로 처진 점의 수직거리
② 동선에 비해 강도 보강, 장거리 경간에 적합, 강선에 비해 도전율 증가, 가장 일반적으로 쓰이는 합성연선으로서 가공전선에 주로 사용되는 전선
③ 복도체에서 2본의 전선이 서로 충돌하는 것을 방지하기 위하여 2본의 전선 사이에 적당한 간격을 두어 설치하는 것

[정답] ① 이도
② 강심 알루미늄연선(ACSR)
③ 스페이서

24. 154 kV의 송전선로의 전압을 345 kV로 승압하고 같은 손실률로 송전한다고 가정하면 송전전력은 승압 전의 몇 배인가?

[해설] $P \propto V^2 \propto \left(\dfrac{345}{154}\right)^2 \propto 5$

[정답] 5배

25. 송전설비와 관련하여 다음에서 설명하고 있는 효과는 무엇인가?

일반적으로 부하의 역률은 지상 역률이기 때문에 비교적 큰 부하가 걸려 있을 때에는 전류가 전압보다 위상이 뒤져 있는 것이 보통이다. 즉, 지상 전류가 송전선이나 변압기를 흐르게 되면 송전단 전압은 수전단 전압보다도 높아진다. 그런데 부하가 아주 작을 경우, 특히 무부하의 경우에는 선로의 정전 용량 때문에 전압보다 위상이 90° 앞선 충전 전류의 영향이 커져서 선로를 흐르는 전류가 진상으로 되는 수가 있다. 이러한 경우에는 이 진상 전류와 선로의 자기 인덕턴스에 의한 기전력 때문에 수전단의 전압은 송전단의 전압보다도 높아진다.

[정답] 페란티 효과(Ferranti Effect)

26. 22.9 kV로 수전하는 어떤 수용가의 최대 부하 250 kVA, 부하 역률 80%이고 부하율이 50% 이다. 월간 사용 전력량(MWh)은 약 얼마인가? (단, 1개월은 30일로 계산한다.)

[해설] $W = 250 \times 0.8 \times 0.5 \times 30 \times 24 \times 10^{-3} = 72$ MWh

[정답] 72 MWh

27. 345 kV 2회선 선로의 거리가 220 km이다. 송전용량 계수법에 의하면 송전용량은 약 몇 MW인가? (단, 345 kV의 송전 용량계수는 1,200)

[해설] 송전용량 계수법에서 2회선 선로의 거리가 220 km이고, 1회선은 110 km이므로,

송전용량 $P = K\dfrac{V^2}{l} = \dfrac{1,200 \times 345^2}{110 \times 10^{-3}} = 1,300$ MW

[정답] 1,300 MW

28 62,000kW의 전력을 60km 떨어진 지점까지 송전하려고 한다. 전압은 약 몇 kV로 하면 좋은가?

해설 스틸의 법칙(경제적인 송전전압)에서
$$E = 5.5\sqrt{0.6l + 0.01P} = 5.5 \times \sqrt{0.6 \times 60 + 0.01 \times 62{,}000} = 140\,\text{kV}$$
정답 140 kV

29 다음 ( )에 알맞은 수치를 넣으시오.
태양전지 모듈에서 인버터 입력단 간 및 인버터 출력단과 계통연계점 간의 전압강하는 각 ( )%를 초과하지 말아야 한다.

정답 3

30 다음 수변전 설비에 사용하는 기기의 약호를 보고 그 명칭을 쓰시오.
① DS   ② LA   ③ PF   ④ ZCT
⑤ OCB   ⑥ GR   ⑦ COS

정답 ① DS : 단로기   ② LA : 피뢰기
③ PF : 전력퓨즈   ④ ZCT : 영상 변류기
⑤ OCB : 유입 차단기   ⑥ GR : 지락 계전기
⑦ COS : 컷아웃 스위치

제3장 시운전 및 준공도서

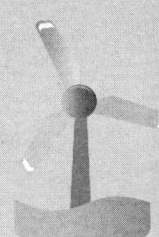

3-1 시운전 및 준공

(1) 시설물 시운전 계획

① 당해 공사완료 후 준공검사 전 사전 시운전 등이 필요한 부분에 대하여는 공사업자가 시운전을 위한 계획을 수립하고, 계획에 의거 시운전을 실시해야 한다.
② 시운전계획은 감리원의 검토를 경유하여 시운전일 20일 이내에 발주자에게 제출 및 통보되어야 한다.

(2) 시운전 및 예비준공검사 실시

① **예비준공검사의 실시** : 주요공사 완료 후 준공예정일 2개월 전에 준공기한 내 준공 가능 여부 및 미진사항의 사전 보완을 위해 시운전 및 예비준공검사를 실시하여야 한다.
② 예비준공검사 시 지적받은 보완사항에 대하여는 즉시 보완을 실시하고, 준공 검사자가 이를 확인할 수 있도록 감리업자 및 발주자 등에게 검사결과를 제출하여야 한다.

(3) 준공도면 등의 검토·확인

① 준공도서는 실제 시공된 대로 작성되었는가의 여부에 대해 감리원의 검토·확인을 득하여 발주자에게 제출하여야 한다.
② 준공도면은 계약에 정한 방법으로 작성되어야 하며, 모든 준공도면에는 감리원의 확인 서명이 있어야 한다.
③ 공사의 시행으로 인하여 발생한 모든 폐기물, 잉여자재 및 가건물과 주변지역 훼손에 대하여 지체 없이 제거 또는 반출해야 하며, 공사현장 주위의 정리 상태를 확인한 후 검사에 임하여야 한다.

(4) 준공 후 인수인계 서류

준공 후 인수인계되어야 할 서류 목록에는 다음 항목이 포함되어야 한다.
① 준공 사진첩
② 준공도
③ 준공 내역서
④ 시방서
⑤ 시공도
⑥ 시험성적서(주요자재, 품질관리)
⑦ 기자재 구매서류
⑧ 공사관련 기록부(주요자재 정산서, 인·허가 관계철)
⑨ 시설물 인수·인계서
⑩ 준공검사 조서
⑪ 사용설명서

3-2 CPM/PERT/CM 기법

(1) CPM/PERT 기법(작업의 상호관계를 네트워크로 표현)

① **CPM(Critical Path Method) 기법**
 ㈎ 공사계획에서 일정을 단축하기 위하여 개발된 기법으로, 공사의 일정관리를 위하여 건설업 분야에서 널리 활용되고 있으며, 근래에는 공사 계약관리의 기준으로 이용되고 있다.
 ㈏ CPM 기법은 과거의 실적자료나 경험 등을 기초로 하여 Activity 중심의 확정적 시스템으로 전개하여 목표기일의 단축과 비용의 최소화를 의도한 기법이다(시간추정이 확정적이고 모든 계획을 활동, 즉 작업 중심으로 수립).

② **PERT(Project Evaluation & Review Technique) 기법**
 ㈎ PERT 기법은 원래 연구개발 계획 분야의 진도를 평가하고 감시하기 위하여 고안된 기법이다.
 ㈏ PERT 기법에서는 확률적인 추정치를 기초로 하여 Event 중심의 확률적 시스템을 전개함으로써 최단기간에 목표를 달성하고자 의도하는 기법이다(주로 미경험의 비반복성 설계사업의 평가 검토 및 관리를 목적으로 한다).

(2) CM(건설사업관리 ; Construction Management)

① 발주자가 CM(Construction Manager)을 대리인으로 선정하여 '타당성 조사→설계→계획→발주→시공→사용'의 전단계를 관리하게 한다.

② CM은 적정품질을 유지하며 공기, 공사비 최소화, Cordinate, Communicate 하는 절차를 관할한다.

③ 특징 : 공기단축, VE 기법, 전문가관리, 원활한 의사소통, 발주자의 객관적 의사 결정, 관리 기술수준 향상, 업무융통성, CM 비용 증대 등

④ 분류

 (가) CM for Fee(Agency CM ; 용역형 CM) : 직접 일에 참여하지 않고, 조언자로서의 역할만 하는 CM

 (나) CM at Risk(위험 부담형 CM) : Construction Manager가 시공자로서의 역할도 하면서 이윤과 연계함

⑤ 건설공사 시행단계별 CM의 역할

 (가) 건설사업관리(CM) 공통업무 : 건설사업관리 업무수행 계획서/절차서 작성, 작업분류체계 및 사업번호체계 관리, 건설공사 참여자 간의 업무협의 주관

 (나) 설계 이전 단계의 업무 : 건설사업의 기획, 타당성 조사/분석, 발주청이 건설사업의 특성과 현장여건 등을 종합적으로 고려하여 필요로 하는 업무

 (다) 기본설계 단계의 업무 : 설계자 선정업무 지원, 기본설계의 경제성 등 검토(기본설계 VE), 공사비 분석 및 개략공사비 적정성 검토, 기본설계 용역 진행사항 및 기성관리, 기본설계의 조정 및 연계성 검토(기본설계 Interface), 기본설계 단계의 품질관리

 (라) 실시설계 단계의 업무 : 공사발주계획 수립, 실시설계의 경제성 등 검토(실시설계 VE), 공사비 분석 및 공사원가의 적정성 검토, 실시설계 용역 진행상황 및 기성관리, 실시설계조정 및 연계성 검토(실시설계 Interface), 실시설계단계의 품질관리, 지급자재 조달 및 관리계획 수립, 시공자 선정업무 지원

 (마) 시공 단계의 업무 : 통합관리계획서 검토, 성과분석 및 대책수립 업무, 책임감리 업무, 클레임 분석 및 분쟁 대응업무 지원, 최종 건설사업관리 보고서 등

 (바) 시공 이후 단계의 업무 : 건설사업 준공 이후 시설물 운영 및 유지보수·유지관리 등, 발주청이 건설사업의 특성과 현장여건 등을 종합적으로 고려하여 필요로 하는 업무 등

3-3 VE(Value Engineering)

(1) 배경
① 전통적으로 VE는 생산과정이 정형화되지 않은 건설조달분야에서 활발히 시행되어 왔다.
② 이는 현장상황에 따라 생산비의 가변성이 큰 건설산업의 특징상, 건설과정에 창의력을 발휘하여 새로운 대안을 마련할 때 비용 절감의 가능성이 크기 때문이다.

(2) 개념
① 최소의 생애주기비용(Life Cycle Cost)으로 필요한 기능을 달성하기 위해 시스템의 기능분석 및 기능설계에 쏟는 조직적인 노력을 의미한다.
② 좁은 의미에서의 VE는 소정의 품질을 확보하면서, 최소의 비용으로 필요한 기능을 확보하는 것을 목적으로 하는 체계적인 노력을 지칭하는 의미로 사용된다.

(3) 계산식

$$VE = \frac{F}{C}$$

* F : 발주자 요구기능(Function), C : 소요 비용(Cost)

(4) 추진원칙
① 고정관념의 제거
② 사용자 중심의 사고
③ 기능 중심의 사고
④ 조직적인 노력

(5) 응용
① 제품이나 서비스의 향상과 코스트의 인하를 실현하려는 경영관리 수단으로 사용되어 VA(가치분석) 혹은 PE(구매공학)로 불리기도 한다.
② VE의 사상을 기업의 간접부분에 적용하여 간접업무의 효율화를 도모하기도 한다. 이 경우 VE를 OVA(Overhead Value Analysis)라고 부른다.

③ VE에서 LCC는 원안과 대안을 경제적 측면에서 비교할 수 있는 중요한 Tool이다.
㈜ VE는 한마디로 '얼마나 적은 비용을 투자하여 얼마나 많은 사용자 효용을 만들어내느냐?'로 정의할 수 있는 지표이다.

3-4 점검방법과 시험방법

(1) 외관검사

① **태양전지 모듈·태양전지 어레이의 점검**
  ㈎ 태양광모듈 시공 시 외관 검사 : 태양전지 셀에 금이 가거나 파손 또는 변색 확인
  ㈏ 일상점검이나 정기점검의 경우 태양전지 모듈의 오염 여부 확인

② **배선 케이블의 점검**
  ㈎ 절연저항의 저하나 파괴 부분에 대한 검사 수행
  ㈏ 공사 도중 외관검사 등을 실시하여 기록을 남겨둠

③ **접속함·인버터** : 전기기기 및 접속함 등의 케이블 접속부 확인

④ 축전지 및 기타 주변기기의 점검

(2) 운전상황 확인

① 소리음, 진동, 냄새에 주의
② 운전상황 점검

(3) 태양전지 어레이의 출력 확인

① 개방전압 측정
② 단락전류 확인

(4) 시스템 측정

① 절연저항 측정
② 절연내력 측정
③ 접지저항 측정
④ 계통연계 보호장치의 시험 등

(5) 시스템 필요 계측 및 표시

① 시스템의 운전상태 감시를 위한 계측 또는 표시
② 시스템의 발전전력량을 알기 위한 계측
③ 시스템기기 및 시스템 종합평가를 위한 계측
④ 시스템의 운전상황을 견학자에게 보여주고, 시스템의 홍보를 위한 계측 또는 표시

(6) 계측 · 표시기기의 구성

검출기, 신호변환기, 연산장치, 기억장치 등

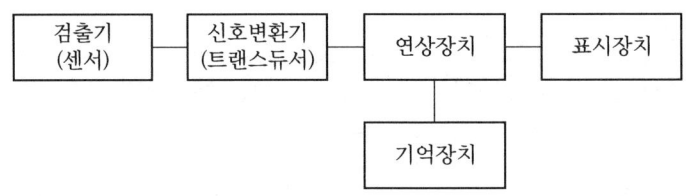

3-5 절연저항의 측정

(1) 어레이 및 접속함 절연저항 측정방법

① 출력개폐기를 개방(Off) 및 SPD의 접지단자 분리
② 단락용 개폐기(태양전지의 개방전압에서 차단전압이 높고, 출력개폐기와 동등 이상의 전류 차단능력을 가진 전류개폐기의 2차 측을 단락하여 1차 측에 각각 클립을 취부한 것) 개방(Off)
③ 전체 스트링의 MCCB 또는 퓨즈를 개방(Off)한다.
④ 측정하고자 하는 스트링의 MCCB 또는 퓨즈와 역류방지 다이오드 사이에 단락용 개폐기의 1차 측 (+) 및 (−) 클립을 각각 접속한다.
⑤ 해당 스트링의 MCCB, 퓨즈를 투입(On) 후 단락용 개폐기 투입(On)
⑥ 계측기로는 절연저항계(메거 ; Megger)를 사용하고, 메거의 E측을 어레이 측 접지단자에, L측을 단락용 개폐기의 2차에 접속하고, 절연저항계를 투입(On)하여 절연저항값을 측정한다.
⑦ **판정기준** : 절연저항 1MΩ 이상일 것

> **측정 종료 후 주의사항**
> 1. 반드시 단락용 개폐기를 개방하고, 어레이 측 단로기(MCCB, 퓨즈)를 개방한 후, 마지막에 스트링의 클립을 제거한다.
> 2. SPD의 접지 측 단자를 복원하여, 대지전압을 측정해서 잔류전하의 방전상태를 확인한다.

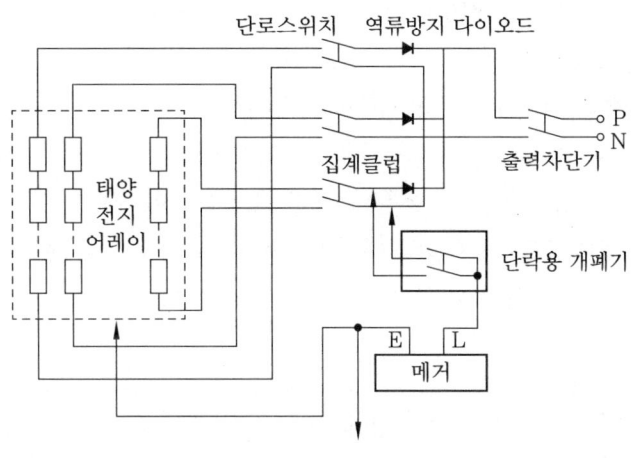

(2) 인버터의 절연저항 측정

① 측정방법

㈎ 입력회로의 절연저항 측정순서

㉮ 태양전지 회로를 접속함에서 분리한다.

㉯ 분전반 내의 분기 차단기를 개방한다.

㉰ 직류 측의 모든 입력단자 및 교류 측의 전체의 출력단자를 각각 단락한다.

㉱ 직류단자와 대지 간의 절연저항을 측정한다.

㉲ 측정결과의 판정기준을 '전기설비 기술기준'에 따라 표시한다.

㈏ 출력회로의 절연저항 측정순서

㉮ 태양전지 회로를 접속함에서 분리한다.

㉯ 분전반 내의 분기 차단기를 개방한다.

㉰ 직류 측의 모든 입력단자 및 교류 측의 전체의 출력단자를 각각 단락한다.

㉱ 교류단자와 대지 간의 절연저항을 측정한다.

㉲ 측정결과의 판정기준을 '전기설비 기술기준'에 따라 표시한다.

㈐ 인버터 회로의 절연저항 측정 시 유의사항

㉮ 정격전압이 입출력과 다를 때에는 높은 측의 전압을 절연저항계의 기준으로 선택한다.

㉯ 입출력 단자에 주회로 이외의 제어단자 등이 있는 경우는 이것을 포함해서 측정한다.

㉢ 측정할 때는 서지 업서버 등의 정격에 약한 회로들은 회로에서 분리시킨다.
㉣ 절연변압기를 장착하지 않은 트랜스리스 인버터의 경우는 제조업자가 추천하는 방법 따라 측정한다.

② **인버터의 절연저항 측정 회로도**
  ㈎ 인버터의 정격전압이 300V 이하인 경우에는 측정기구로서 500V의 절연저항계(메거 ; Megger)를 사용한다.
  ㈏ 인버터의 정격전압이 300V 초과~600V 이하인 경우에는 1,000V의 절연저항계를 사용한다.
  ㈐ KS C 1302의 규정에 의거 시험품의 정격 측정전압이 500V 미만에서는 유효 최대 눈금값 1,000MΩ, 500~1,000V 이하에서는 유효 최대 눈금값 2,000MΩ의 절연저항계를 사용한다. 단, 해당 시험 시 바리스터, Y-CAP, 서지 보호부품은 제거한다.

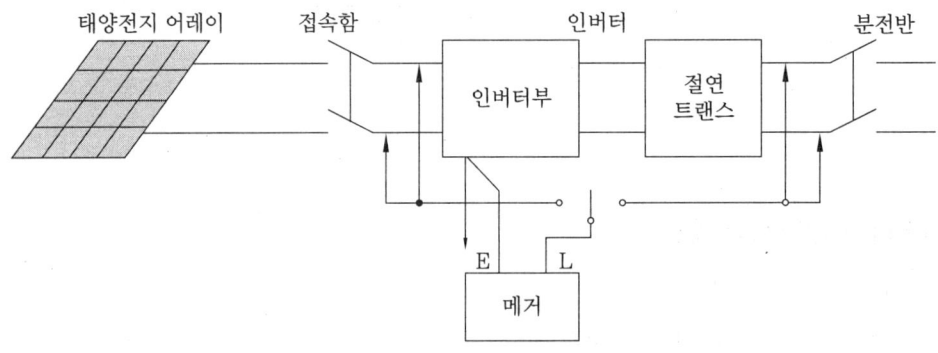

③ **판정기준** : 절연저항 1MΩ 이상일 것

(3) 변압기 절연저항 기준치

구 분	전압(kV)	측정 개소	주위 온도(℃)				
			20	30	40	50	60
유입형	22 이상	1차권선과 2차권선 [MΩ]	300	150	70	40	25
	22 미만	철심(대지) 간[MΩ]	250	120	60	40	25
		1차권선과 2차권선, 철심(대지) 간[MΩ]	–	–	–	–	5
건식형		전압(kV 이하)	1	3	6	10	20
		절연저항[MΩ]	5	20	20	30	50

(4) 변성기 절연저항 기준치

구 분	측정 개소	주위 온도(℃)		
		20	30	40
유입형	1차권선과 2차권선 외함 일괄[MΩ]	500	250	130
	2차권선과 외함[MΩ]		2	
몰드형	1차권선과 2차권선 외함 일괄[MΩ]	200	100	50
	2차권선과 외함[MΩ]		2	

(5) 어레이, 전로전압, 배전반 절연저항 기준치

전로의 사용전압 구분		절연저항치[MΩ]
400V 미만	대지전압(접지식 전로는 전선과 대지 간의 전압, 비접지식 전로는 전선 간의 전압을 말한다. 이하 같다)이 150V 이하인 경우	0.1 이상
	대지전압 150V 초과 300V 이하인 경우(전압 측 전선과 중선선 또는 대지 간의 절연저항)	0.2 이상
	사용전압이 300V 초과 400V 미만인 경우	0.3 이상
400V 이상	-	0.4 이상

(6) 주회로 차단기, 단로기 절연저항 기준치

구 분	측정장비	절연저항값[MΩ]
주 도전부	1,000V 메거	500 이상
저압 제어회로	500V 메거	2 이상

(7) 유입 리액터 절연저항 기준치

유온 40℃ 이하에서 단자일괄과 외함 간 : 100MΩ

3-6 태양전지 어레이의 개방전압 측정

(1) 측정방법

접속함의 출력개폐기 Off→접속함 각 스트링의 단로스위치 Off→각 모듈에 음영의 영향이 없는 것을 확인→측정하는 스트링의 단로스위치(MCCB, 퓨즈 등)만 On하고, 각 스트링의 P-N 단자 간 전압을 측정한다.

(2) 개방전압 측정 회로

① 직류전압계(멀티 테스터기)로 다음 그림과 같이 측정한다.
② 멀티테스터기의 직류전류 최대측정값은 보통 10A이다.
③ 태양전지 모듈의 측정과 관련하여, '모듈 I-V Curve 측정기'를 이용하면 태양전지 모듈의 개방전압, 단락전류, 최대출력을 동시에 측정할 수 있다.

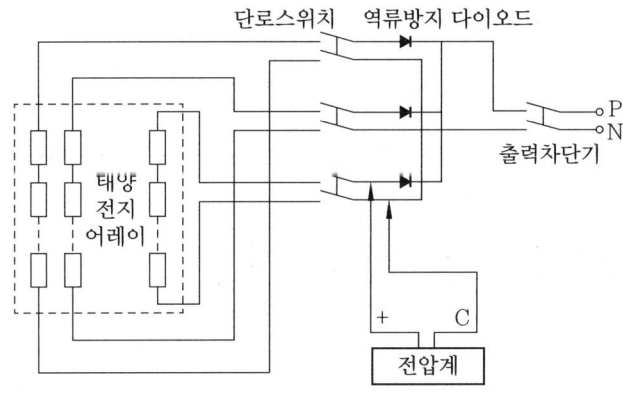

(3) 개방전압 측정의 목적

① 개방전압의 불균일에 따라 동작 불량의 스트링이나 태양전지 모듈의 검출
② 직·병렬 접속선의 결선 누락사고 등을 검출해내기 위함

(4) 개방전압(Voc) 측정 시 유의사항

① 태양전지 어레이 표면을 청소해야 한다.
② 각 스트링의 측정은 안정된 일사강도가 얻어질 때 실시한다.
③ 측정시각은 일사강도, 온도의 변동을 적게 하기 위해 맑을 때 및 태양이 남쪽에 있을 때의 전후 1시간에 실시하는 것이 가장 좋다.

④ 태양전지 셀은 비 오는 날에도 미소한 전압이 발생하므로 감전에 특히 유의해야 한다.

3-7 운전상태에 따른 시스템 발생신호

(1) 정상운전

태양전지로부터 전력을 공급받아 인버터가 계통전압과 동기로 운전을 하며 계통과 부하에 전력을 공급한다.

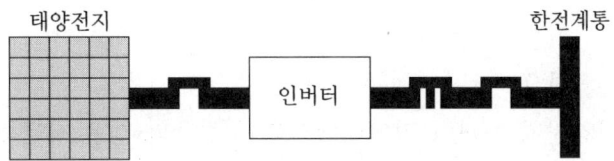

(2) 태양전지 전압 이상 시 운전

태양전지 전압이 저전압 또는 과전압이 되면 이상신호(Fault)를 나타내고 인버터는 정지, M/C는 Off로 된다.

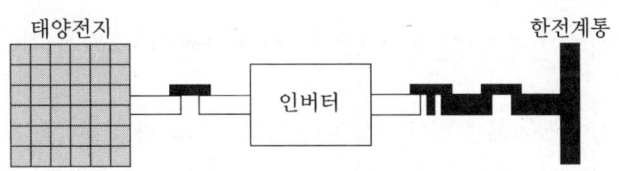

(3) 인버터 이상 시 운전

인버터에 이상이 발생하면 인버터는 자동으로 정지하고 이상신호(Fault)를 나타낸다.

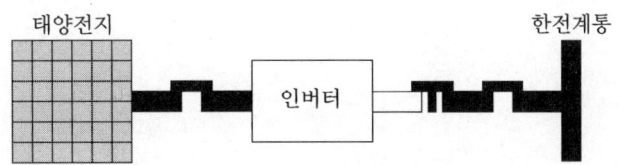

3-8 절연내력 측정 시험

(1) 태양전지 어레이

① 절연저항 측정과 같은 회로조건으로서 표준 태양전지 어레이 개방전압을 최대 사용전압으로 간주하여 최대 사용전압의 1.5배의 직류전압이나, 1배의 교류전압(500V 미만일 때에는 500V)을 10분간 인가하여 절연파괴 등의 이상이 발생하지 않을 것을 확인한다.
② 태양전지 스트링의 출력회로에 삽입되어 있는 피뢰소자는 절연시험 회로에서 분리시키는 것이 일반적이다.

(2) 인버터 회로

① 절연저항 측정과 같은 회로조건에서 진행한다.
② 시험 전압은 태양전지 어레이 절연내력시험의 경우와 같은 시험전압으로 10분간 인가하여 절연파괴 등의 이상이 발생하지 않는지를 확인한다.

(3) 절연시험 판정기준

절연내력 시험 후 절연의 파괴 또는 균열이 없어야 한다.

㊜ 절연내력시험의 정의

1. 절연내력시험이란 원래 절연물이 어느 정도의 전압에 견딜 수 있는지를 확인하는 제반 시험이다.
2. 이에는 어떤 전압을 가해서 점차 승압하여 실체로 파괴되는 전압을 구하는 파괴시험과 어느 일정한 전압을 규정된 시간 동안 가해서 이상 유무를 확인하는 내전압 시험(혹은 절연내압시험)의 두 종류가 있다.

3-9 접지저항의 측정

(1) 개요

① 전기설비에는 위험 방지와 안전상의 이유 때문에 접지공사를 해야 한다.
② 전기설비기술기준에 정해진 접지가 양호한 상태로 설치되었는지의 여부를 측정하는 것이 이 측정의 목적이다.
③ 현재 주로 사용되고 있는 방법에는 전위차계식 측정법, 코올라시 브리지법, 간이 접지저항계 측정법, 클램프온 측정법, 전압강하식 측정법 등이 있다.

(2) 전위차계 접지저항계의 측정순서

① 계측기를 수평으로 반듯하게 놓는다.
② 보조 접지봉을 습기가 있는 곳에 직선으로 10m 이상 간격을 두고 박는다.
③ E단자의 리드선을 접지극(접지선)에 접속한다.
④ P단자, C단자를 보조 접지봉에 접속한다.
⑤ Push Button을 누르면서 다이얼을 돌려 검류계의 눈금이 중앙(0)에 지시할 때 다이얼 값을 읽는다.

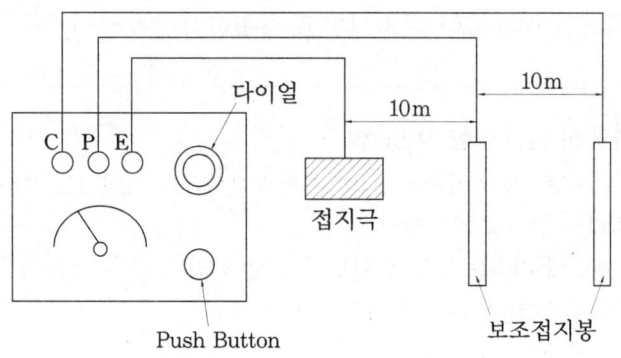

전위차계 접지저항계의 측정

(3) 코올라시 브리지법

접지극 E와 제1보조전극 P, 제2보조전극 C를 역시 10m 이상으로 하여 다음 공식에 의해 구한다.

$$\text{접지저항 } R = \frac{R_{EP} + R_{CE} - R_{PC}}{2} [\Omega]$$

* R_{EP} : 본 접지극 E와 제1보조전극 P 사이의 저항
  R_{CE} : 본 접지극 E와 제2보조전극 C 사이의 저항
  R_{PC} : 보조전극 P와 C 상호 간의 저항

(4) 간이 접지저항 측정법

① 주로 접지 보조전극을 타설할 수 없을 경우에 사용하는 방식이다.
② 주상변압기 2차 측 중성점에 2종 접지공사가 시공되어 있는 것을 이용하는 방식이다.
③ 중성선과 기기 접지단자 간에 저주파의 전류를 흘리고, 저항치를 측정하면 양 접지저항의 합이 얻어지므로 간접적으로 접지저항을 알 수 있다.

(5) 클램프온 측정법

① 전위차계식 접지저항계 대신 측정할 수 있는 방식이다.
② 22.9(kV-Y) 배전계통이나 통신케이블의 경우처럼 다중접지 시스템의 측정에 사용되는 방법으로 접지시스템을 장비와 분리시키지 않고 측정할 수 있다.
③ 통합 접지저항을 측정할 수 있는 장점이 있고, 간단하며 취급이 용이하다.
④ 회로에 특수한 변류기로 전압 E를 공급해주면 전류 I가 흐르게 되고, 이때의 전류와 전압과의 관계를 이용하여 접지저항을 측정한다($E/I=R_x$).

> **주** 1. 3상 전원에서 상 회전 방향 확인방법
> ① 같은 값의 저항 2개와 캐패시턴스 1개를 Y결선으로 하여 3상 전원을 공급한 후, 두 저항에 걸리는 전압을 확인한다.
> ② 이때 두 저항에 걸리는 전압을 확인하여 상 회전 방향은 '높은 전압 선로→낮은 전압→캐패시턴스 선로' 순으로 결정된다.
>
> 2. 변류기(CT) 2차 측 개방에 대한 대책
> ① 변류기(CT) 2차 측은 반드시 접지한다.
>   ㈎ 1차 권선과 2차 권선 사이의 정전용량에 의해 1차 측 고압이 2차 측으로 이행될 수 있다.
>   ㈏ 이때 이행전압을 대지로 방전시키기 위해 2차 측을 접지한다.
> ② 변류기 2차 측은 1차 전류가 흐르고 있는 상태에서는 절대로 개로되지 않도록 한다.
> ③ 2차 개로 보호용 비직선 저항요소를 부착하는 것도 하나의 방법이 된다.

신재생에너지 발전설비기사·산업기사

예상문제

제3장 | 시운전 및 준공도서

1 다음은 태양광발전소의 준공 및 준공도서와 관련된 내용이다. ( ) 안에 들어갈 용어는 무엇인가?

- 주요공사 완료 후 준공예정일 2개월 전에 준공기한 내 준공 가능 여부 및 미진사항의 사전 보완을 위해 (㉠) 및 예비준공검사를 실시하여야 한다.
- 준공도서는 실제 시공된 대로 작성되었는가의 여부에 대해 (㉡)의 검토·확인을 득하여 발주자에게 제출하여야 한다.

정답 ㉠ 시운전, ㉡ 감리원

2 준공 후 꼭 인수인계해야 할 서류의 목록을 5가지 쓰시오.

정답 다음 중 5개를 골라서 작성한다.
① 준공 사진첩
② 준공도
③ 준공 내역서
④ 시방서
⑤ 시공도
⑥ 시험성적서(주요자재, 품질관리)
⑦ 기자재 구매서류
⑧ 공사관련 기록부(주요자재 정산서, 인·허가 관계철)
⑨ 시설물 인수·인계서
⑩ 준공검사 조서
⑪ 사용설명서

3 다음에서 설명하고 있는 건설 관련 용어를 쓰시오.

과거의 실적자료나 경험 등을 기초로 하여 Activity 중심의 확정적 시스템으로 전개하여 목표기일의 단축과 비용의 최소화를 의도한 기법이다(시간추정이 확정적이고 모든 계획을 활동, 즉 작업 중심으로 수립).

정답 CPM 기법

4 다음에서 설명하고 있는 건설 관련 용어를 쓰시오.

발주자가 건설사업의 '타당성 조사→설계→계획→발주→시공→사용'의 전단계를 대리인을 내세워 전반적으로 관리하게끔 맡기는 관리기법

정답 CM(건설사업관리)

5 태양광발전소에서 시스템 필요 계측 및 표시의 목적 3가지를 쓰시오.

정답 다음 중 3개를 골라서 작성한다.
① 시스템의 운전상태 감시를 위한 계측 또는 표시
② 시스템의 발전전력량을 알기 위한 계측
③ 시스템기기 및 시스템 종합평가를 위한 계측
④ 시스템의 운전상황을 견학자에게 보여주고, 시스템의 홍보를 위한 계측 또는 표시

6 다음 인버터 입력회로의 절연저항 측정순서대로 번호를 나열하시오.

① 분전반 내의 분기 차단기를 개방
② 태양전지 회로를 접속함에서 분리
③ 측정결과의 판정기준을 '전기설비 기술기준'에 따라 표시
④ 직류단자와 대지 간의 절연저항을 측정
⑤ 직류 측의 모든 입력단자 및 교류 측의 전체의 출력단자를 각각 단락

( ) > ( ) > ( ) > ( ) > ( )

정답 ② → ① → ⑤ → ④ → ③

7 다음은 태양전지 어레이의 개방전압 측정 순서를 설명한 것이다. ( ) 안에 각각 On 혹은 Off를 기입하시오.

접속함의 출력개폐기를 (㉠)→접속함 각 스트링의 단로스위치를 (㉡)→각 모듈에 음영의 영향이 없는 것을 확인→측정하는 스트링의 단로스위치 혹은 MCCB만을 (㉢)→각 스트링의 P-N 단자 간 전압을 측정한다.

정답 ㉠ Off, ㉡ Off, ㉢ On

8 다음은 결정질 태양전지 모듈의 절연내력시험방법이다. ( ) 안에 들어갈 숫자를 각각 채우시오.

절연저항 측정과 같은 회로조건으로서 표준 태양전지 어레이 개방전압을 최대 사용전압으로 간주하여 최대 사용전압의 (㉠)배의 직류전압이나, (㉡)배의 교류전압(500V 미만일 때에는 500V)을 (㉢)분간 인가하여 절연파괴 등의 이상이 발생하지 않을 것을 확인한다.

정답 ㉠ 1.5, ㉡ 1, ㉢ 10

9 접지저항의 측정법으로 주로 사용되고 있는 방법을 3가지 기술하시오.

정답 다음 중 3가지를 골라서 작성한다.
① 전위차계식 측정법
② 코올라시 브리지법
③ 간이 접지저항계 측정법
④ 클램프온 측정법

10 다음은 전위차계 접지저항계의 측정순서를 기술한 것이다. ( ) 안에 적당한 숫자 혹은 용어를 쓰시오.

① 계측기를 수평으로 반듯하게 놓는다.
② 보조 접지봉을 습기가 있는 곳에 직선으로 (㉠)m 이상 간격을 두고 박는다.
③ E단자의 리드선을 (㉡)에 접속한다.
④ P단자, C단자를 (㉢)에 접속한다.
⑤ Push Button을 누르면서 다이얼을 돌려 검류계의 눈금이 중앙(0)에 지시할 때 다이얼 값을 읽는다.

정답 ㉠ 10, ㉡ 접지극 혹은 접지선, ㉢ 보조 접지봉

11 태양광발전설비에서 개방전압(V_{oc}) 측정 시 유의사항을 3가지 작성하시오.

정답 다음 중 3가지를 골라서 작성한다.
① 태양전지 어레이 표면을 청소해야 한다.
② 각 스트링의 측정은 안정된 일사강도가 얻어질 때 실시한다.
③ 측정시각은 일사강도, 온도의 변동을 적게 하기 위해 맑을 때 및 태양이 남쪽에 있을 때의 전후 1시간에 실시하는 것이 가장 좋다.
④ 태양전지 셀은 비 오는 날에도 미소한 전압이 발생하므로 감전에 특히 유의해야 한다.

12 태양광발전소의 시운전 및 준공검사와 관련하여 (   ) 안에 적당한 숫자 혹은 용어를 쓰시오.
- 시운전계획은 감리원의 검토를 경유하여 시운전일 (㉠)일 이내에 발주자에게 제출 및 통보되어야 한다.
- 주요공사 완료 후 준공예정일 (㉡)개월 전에 준공기한 내 준공 가능여부 및 미진사항의 사전 보완을 위해 시운전 및 예비준공검사를 실시하여야 한다.
- 예비준공검사 시 지적받은 보완사항에 대하여는 즉시 보완을 실시하고, 준공 검사자가 이를 확인할 수 있도록 감리업자 및 (㉢)에게 검사결과를 제출하여야 한다.

정답 ㉠ 20, ㉡ 2, ㉢ 발주자

제4편
태양광발전 시스템 감리

제1장 감리업무 및 품질관리

1-1 공사감리 및 감리(전력기술관리법상 정의)

① **공사감리(工事監理)** : 전력시설물의 설치·보수 공사에 대하여 발주자의 위탁을 받은 공사감리업체가 설계도서나 그 밖의 관계 서류의 내용대로 시공되는지 여부를 확인하고, 품질관리·공사관리 및 안전관리 등에 대한 기술지도를 하며, 관계 법령에 따라 발주자의 권한을 대행하는 것을 말한다.
② **감리원(監理員)** : 공사감리업체에 종사하면서 전력시설물의 공사감리업무를 수행하는 사람을 말한다.
③ **감리업자** : 공사감리를 업으로 하고자 시·도지사에게 등록한 자를 말한다.

1-2 용어의 정의

① **발주자** : 전력시설물 공사를 하기 위하여 전기공사업자 또는 감리업자에게 공사 혹은 용역을 발주하는 자를 말한다.
② **책임감리원** : 감리업체를 대표하여 상주감리원으로 당해 공사전반에 관한 감리업무를 책임지는 자를 말한다.
③ **보조감리원** : 책임감리원을 보좌하는 감리원을 말하며, 보조감리원은 담당 감리업무에 대하여 책임감리원과 연대하여 책임지는 자를 말한다.
④ **상주감리원** : 현장주재 또는 출장하면서 감리업무를 수행하는 자를 말한다.
⑤ **비상주감리원** : 감리업체에 근무하면서 상주감리원의 업무를 기술적, 행정적으로 지원하는 자를 말한다.
⑥ **감리기간** : 「감리용역계약서」에 표기된 계약기간을 말하며, 해당 감리 대상 공사의 감리 착수일로부터 준공검사 완료일까지로 한다.
⑦ **지원업무담당자** : 수행하기 위하여 발주자가 지정한 발주처 소속직원을 말한다.

1-3 지원업무 담당자의 주요 업무

지원업무 담당자의 주요 업무범위는 다음과 같다.
① 입찰참가 자격심사(PQ) 기준 작성
② 감리업무 수행계획서 및 감리원 배치계획서 검토
③ 보상 담당부서에서 수행하는 통상적인 보상업무 외에 감리원 및 공사업자와 협조하여 용지측량, 기공 승낙, 지장물 이설 확인 등의 용지보상 지원업무 수행
④ 감리원에 대한 지도·점검(근태상황 등)
⑤ 감리원이 수행할 수 없는 공사와 관련한 각종 민·관 업무 및 인·허가 업무를 해결하고, 특히 지역성 민원해결을 위한 합동조사, 공청회 개최 등 추진
⑥ 설계변경, 공기연장 등 주요사항 발생 시 발주자로부터 검토, 지시가 있을 경우 현지 확인 및 검토 보고
⑦ 공사관계자 회의 등에 참석, 발주자의 지시사항 전달 및 감리·공사 수행상 문제점 파악·보고
⑧ 기성검사 및 각종검사 입회
⑨ 준공검사 입회
⑩ 준공도서 등의 인수
⑪ 하자 발생 시 현지조사 및 사후조치

1-4 감리원의 기본업무와 지위

(1) 감리원의 기본업무

감리원은 공사감독업무 등 발주자의 권한을 대행하며 발주자에 예속되지 아니하고 독립적으로 그 업무를 성실히 수행하고 전력시설물공사의 품질 및 기술향상에 노력하여야 한다.

(2) 감리원 지위

① 감리업무를 수행함에 있어 감리원은 발주자에게 예속되지 아니하며 발주자와의 계약에 의하여 독립적으로 발주자 권한을 대행한다.
② 발주자와 감리자 간에 체결된 감리용역 계약의 내용에 따라 감리원은 당해공사가

설계도서 및 기타 관계서류의 내용대로 시공되는지의 여부를 확인하고 품질관리, 시공관리, 안전관리 및 공정관리 등에 대한 기술 지도를 하며, 발주자의 감독권한을 대행한다.

1-5 감리원의 업무자세와 근무지침

(1) 감리원의 업무자세

감리업무에 종사하는 자는 그 업무를 성실히 수행하고 공사의 품질향상에 노력하며 감리원으로서의 품위를 유지하여야 한다.

① 감리원은 법률과 이에 따른 명령, 공공복리에 어긋나는 어떠한 행위도 하지 않으며 신의와 성실로서 임무에 임한다.
② 감리원은 품위를 손상하는 행위를 하여서는 아니 된다.
③ 감리원은 담당업무와 관련하여 제3자로부터 일체의 금품, 이권 또는 향응을 받아서는 아니 된다.
④ 감리원은 공사 감리를 수행함에 있어서 성실, 친절, 공정, 청렴결백하게 업무를 수행하여야 한다.
⑤ 감리원은 공사의 품질향상을 위하여 부단히 기술개발 및 보급에 전력한다.

(2) 감리원의 근무지침

① 감리원은 감리업무를 수행함에 있어 당해 공사의 공사계약문서, 감리 과업지시서, 기타 관계규정 등의 내용을 숙지하고 당해 공사의 특수성을 파악한 후 감리에 임해야 한다.
② 감리원은 당해 공사가 공사계약문서, 공정계획표, 발주자의 지시사항 등 기타 관계규정 내용대로 시공되는가를 공사시행 시 수시로 입회하고, 공사시행 단계별로 시의적절하게 확인, 검측하여 엄격한 품질관리에 임해야 하고 기타 공사업자에게 품질, 시공, 안전 및 공정관리 등에 대한 감리수행을 하고 확인하여야 한다.
③ 감리원은 공사업자의 의무와 책임을 면제시킬 수 없으며 임의로 설계를 변경하거나 기일연장 등 공사계약조건과 다른 지시나 조치를 하여서는 아니 된다.
④ 감리원은 공사현장의 문제점이 발생되거나 시공과 관련한 중요한 변경 및 예산과 관련되는 사항에 대하여는 수시로 발주자에게 보고하고, 지시를 받아 업무를 수행한

다. 다만, 인명손실이나 시설물의 안전에 위험이 예상되는 사태가 발생할 시에는 먼저 적절한 조치를 취한 후 즉시 발주자에게 보고하여야 한다.
⑤ 감리업자 및 감리원은 당해공사 시행 중은 물론 공사가 종료된 후라도 감사기관의 수감요구가 있을 경우에는 이에 응하여야 하며, 감리업무 수행과 관련하여 발생된 사고 또는 피해발생으로 피해자가 소송 제기 시 국가지정 소송업무에 적극 협력하여야 한다.

1-6 상주감리원의 현장근무와 감리원의 권한

(1) 상주감리원의 현장근무

① 상주감리원은 공사현장(공사와 관련한 외부 현장점검, 확인 등 포함)에 용역대가기준에 의하여 배치된 일수를 상주하여야 하며, 업무 또는 부득이한 사유로 2일 이상 현장을 이탈하는 경우에는 반드시 근무상황부에 이를 기록하고 업무담당자의 승인을 득하여야 한다.
② 상주감리원은 감리사무실 또는 출입구에 부착한 근무상황판에 당일현장 근무위치 및 업무내용 등을 기록하여야 한다.
③ 감리업자는 감리업무에 종사하는 감리원이 감리업무 수행기간 중 법에 의한 교육훈련을 받는 경우나 근로기준법에 따른 유급휴가로 현장을 이탈하게 되는 경우에는 감리업무에 지장이 없도록 직무대행자 지정 및 업무인계·인수 등의 필요한 조치를 하여야 한다.

(2) 감리원의 권한

① 감리원은 공사업자가 당해공사의 설계도서, 시방서 기타 관계서류의 내용과 적합하지 아니하게 당해공사를 시공하는 경우 재시공, 공사중지명령, 기타 필요한 조치를 취할 수 있다.
② 상기 ①항의 규정에 의하여 감리원으로부터 재시공, 공사중지명령, 기타 필요한 조치에 대한 지시를 받은 공사업자는 특별한 사유가 없는 한 이에 응하여야 한다.
③ 감리원이 공사업자에게 재시공, 공사중지명령 기타 필요한 조치를 취한 때에는 지체 없이 이에 관한 사항을 발주자에게 통보하여야 한다.
④ 발주자는 감리원으로부터 상기 ③항의 규정에 의한 재시공, 공사중지명령, 기타 필

요한 조치에 관한 보고를 받은 때에는 이를 검토한 후 시정 여부의 확인, 공사재개 지시 등 필요한 조치를 하여야 한다.
⑤ 감리원은 상기 ①항의 규정에 의한 재시공, 공사중지명령을 하였을 경우 발주자가 공사중지 사유가 해소되었다고 판단되어 공사재개를 지시한 때에는 특별한 사유가 없는 한 이에 응하여야 한다.
⑥ **공사중지 및 재시공 지시**
　㈎ 재시공 : 시공된 공사가 품질확보상 미흡 또는 위해를 발생시킬 수 있다고 판단되거나 관계규정에 재시공을 하도록 규정한 경우
　㈏ 공사중지 : 시공된 공사가 품질확보상 미흡 또는 중대한 위해를 발생시킬 수 있다고 판단되거나, 안전상 중대한 위험이 발견될 경우에는 공사중지를 지시할 수 있으며 공사중지는 부분중지와 전면중지로 구분된다.
⑦ 감리원은 공사업자가 감리원의 재시공, 공사중지명령 등을 이행하지 아니한 때에는 발주자에게 필요한 조치를 취하도록 요구하여야 한다.

1-7 비상주감리원의 업무범위

① 감리업체의 사무실에 근무하면서 현장상주감리원의 업무를 지원하는 자가 비상주감리원이다.
② 비상주감리원의 업무범위는 다음과 같다.
　㈎ 설계도서 등의 검토
　㈏ 상주감리원의 능력범위를 벗어난 현장 시공상의 문제점에 대한 검토와 민원사항에 대한 현지조사 및 해결방안 검토
　㈐ 중요한 설계변경에 대한 기술 검토
　㈑ 설계변경 및 계약금액 조정의 심사
　㈒ 기성 및 준공검사
　㈓ 정기적(분기 또는 월별)으로 현장 시공 상태를 종합적으로 점검 확인 평가하고 기술지도
　㈔ 공사와 관련하여 발주자(지원업무수행자 포함)가 요구한 기술적 사항 등에 대한 검토
　㈕ 기타 감리업무 추진에 필요한 지원업무

1-8 발주자의 지도 · 감독 및 부실감리에 대한 제재

(1) 발주자의 지도 · 감독
① 발주자는 감리계약서에 규정된 바에 따라 감리원을 지휘, 지도, 감독하며 모든 통보는 감리업자 또는 책임감리원을 통하여 하도록 한다.
② 발주자는 감리원이 공사업자에게 지시한 사항에 대해 이의 제기가 있을 경우 그 내용을 조사하여 감리원과 협의하여 조정할 수 있다.
③ 발주자는 부적절하게 감리가 수행되고 있다고 판단된 때에는 당해 감리업자 및 책임감리원에게 이 사실을 통보하고 시정하도록 하여야 한다.
  ㈎ 지도점검 시기 : 감리업무 수행초기 및 당해공사 추진상황을 고려하여 실시
  ㈏ 지도점검 내용
    ㉮ 복무자세
      ㉠ 감리원의 적정자격 보유 여부 및 상주이행 상태
      ㉡ 품위 손상 여부 및 근무자세
      ㉢ 발주자의 지시사항 이행 상태
    ㉯ 행정처리 사항
      ㉠ 행정서류 및 비치서류 처리기록 관리
      ㉡ 각종 보고서의 처리상태

(2) 부실감리에 대한 제재
감리업체 및 그에 소속된 감리원이 감리업무 수행 중 타인의 인명 또는 재산상의 피해를 끼친 경우나 감리업무를 성실하게 수행하지 아니할 경우에는 발주자는 제재를 가할 수 있다.
① **시정 지시**
  ㈎ 시공상태 확인 및 검토사항을 소홀히 한 경우
  ㈏ 기록유지 및 보고사항을 소홀히 한 경우
  ㈐ 기타 고의 또는 과실로 인하여 공사가 부실하게 될 우려가 예상되는 경우
② **감리원의 교체**
  ㈎ 보고 없이 3회 이상 현장을 무단 이탈한 경우
  ㈏ 발주자의 정당한 지시에 대하여 불응한 경우
  ㈐ 보조감리원에 대한 지휘, 감독능력 및 책임감리원으로서의 업무수행능력이 현저히 부족하다고 인정되는 경우
  ㈑ 감리용역의 수행 또는 관리상 부적당하다고 인정되는 경우

③ 계약 해지
  ㈎ 정당한 사유 없이 착공 기일을 경과하고도 감리용역을 착수하지 아니한 경우
  ㈏ 계약조건에 명시된 업무를 소홀히 하거나 업무수행 능력이 현저히 부족하여 계약 목적을 달성할 수 없다고 인정될 경우
  ㈐ 계약기간 내 감리용역을 완료하지 못하거나 완료할 가능성이 없음이 명백하다고 인정될 경우

1-9 감리업무 착수 및 업무 연락처 보고

(1) 감리업무 착수

① 감리업자는 계약상 착수일에 감리용역을 착수하여야 하며, 감리용역 착수 시 다음 각호의 서류를 첨부한 착수신고서를 제출하여 발주자의 승인을 받아야 한다.
  ㈎ 감리비 내역서
  ㈏ 상주, 비상주감리원 지정신고서와 감리원 경력사항 확인서
  ㈐ 감리원 조직 구성내용과 감리원별 투입기간 및 담당업무
② 발주자는 감리원 또는 감리조직 구성내용이 당해 공사에 적합하지 않다고 인정될 때에는 변경을 요구할 수 있으며, 감리자는 특별한 사유가 없는 한 이에 응해야 한다.
③ 승인된 감리원은 특별한 사유가 없는 한 감리용역 완료 시까지 근무하도록 하여야 하며, 교체가 필요한 경우에는 교체인정사유를 명시하여 발주 기관의 사전승인을 받아야 한다.
④ 감리원의 구성은 과업지시서에 기술된 과업내용에 의거 관련분야 기술 자격자 또는 학력, 경력을 갖춘 자로 구성되어야 한다.
⑤ 책임감리원과 보조감리원은 수행업무를 분담하고 그 분담내용에 따라 업무수행 계획을 수립하여 과업을 수행하도록 하여야 한다.

(2) 감리용역 계약문서

감리용역 체결 관련 계약문서는 다음과 같으며, 이들은 상호 보완의 효력을 가진다.
① 감리용역 계약서
② 기술용역 입찰유의서
③ 기술용역 계약 일반조건

④ 감리용역 계약 특수조건
⑤ 과업지시서
⑥ 감리비 산출내역서

(3) 감리용역 착수단계에서 발주자 승인을 받아야 할 착수신고서 서류

① 감리업무 수행계획서
② 감리비 산출내역서
③ 상주·비상주 감리원 배치계획서와 감리원의 경력확인서
④ 감리원 조직 구성내용과 감리원별 투입기간 및 담당업무

(4) 업무 연락처의 보고

① 감리원은 현지에 부임하는 즉시 사무소, 숙소 또는 비상연락처의 전화번호, Fax, 우편 연락처 등을 업무담당자에게 보고하여 업무연락에 차질이 없도록 하여야 한다.
② 또한 관련 주소 혹은 연락처 등 변경 시 즉시 보고하여야 한다.

1-10 감리원의 설계도서 등의 검토 및 관리

(1) 감리원의 설계도서 등의 검토내용

① 검토 주요내용
  (가) 현장조건에 부합 여부
  (나) 시공의 실제 가능 여부
  (다) 다른 사업 또는 다른 공정과의 상호 부합 여부
  (라) 설계도면, 설계시방서, 기술계산서, 산출내역서 등의 내용에 대한 상호일치 여부
  (마) 설계도서의 누락, 오류 등 불명확한 부분의 존재 여부
  (바) 발주자가 제공한 물량내역서와 공사업자가 제출한 산출내역서의 수량일치 여부
  (사) 시공상의 예상 문제점 및 대책 등
② 또한 공사업자에게도 검토하도록 하여 검토결과를 보고받아야 한다.
③ 설계도서의 검토와 관련하여 불합리한 부분, 착오, 불명확한 부분 등이 있을 때에는 그 내용과 의견을 발주자에게 보고하여야 한다.

(2) 사무실 설치 및 설계도서의 관리

① 감리원은 현장실정에 부합되도록 업무용 사무실 사용방안을 발주자와 협의하여 감리업무에 지장이 없도록 설치한다.
② 감리원은 책임과 동시에 공사설계도서 및 자료, 공사계약 문서 등을 발주자로부터 인수하여 관리번호를 부여하고 관리대장을 작성하여 관리를 철저히 하여야 한다.
③ 감리원은 공사의 여건을 감안하여 각종 법규정, 표준시방서, KS규정집 및 필요한 기술서적 등을 비치하여야 한다.

(3) 착공신고서 검토 및 보고

감리원은 공사가 착공된 경우에는 즉시 공사업자로부터 다음 각 호의 서류가 포함된 착공신고서를 제출받아 적정성 여부를 검토하여 7일 이내 발주자에게 보고하여야 한다.
① 시공관리 책임자 지정 통지서(현장관리조직, 안전관리자 등)
② 공사 예정공정표
③ 품질관리 계획서
④ 공사도급 계약서 사본 및 산출내역서
⑤ 착공 전 사진
⑥ 현장기술자 경력사항 확인서 및 자격증 사본
⑦ 안전관리 계획서
⑧ 작업인원 및 장비투입 계획서
⑨ 기타 발주자가 지정한 사항

(4) 공사표지판의 설치

감리원은 공사업자로부터 다음 각호 표지판의 제작방법, 크기, 설치장소 등이 포함된 제작설치 계획서를 제출받아 검토하고, 업무담당자와 협의한 후 승인하여야 한다.
① 성실시공 및 책임시공 안내간판
② 안전 표지판
③ 불법 하도급 행위신고 표지판
④ 기타 발주자가 지정하는 표지판

(5) 유관자 합동회의

① 감리원은 시공 전에 유관자 합동회의를 실시하여 사후 민원 등이 야기되지 않도록 하여야 한다.

② 감리원과 공사업자는 유관자 합동회의를 실시하기 전에 현장을 정밀하게 조사하고 설계도서 등을 숙지하여 그 내용을 유관자에게 설명하여야 한다.

(6) 기타 시공 전 검토사항

① 감리원은 하도급에 대하여 발주자의 요구사항 등을 검토하여 그 의견을 제시하여야 하며, 처리된 하도급에 대해서도 적정성 여부를 검토하여 발주자에게 제출하여야 한다(요청받은 날로부터 7일 이내에 제출).
② 감리원은 공사 착공 후 조속한 시일 내에 공사추진에 지장이 없도록 공사업자와 합동으로 현지 조사하여 시공 자료로 활용하고 당초 설계내용의 변경이 필요한 경우에는 설계변경 절차에 의거 처리하여야 한다.
  (가) 각종 재료원의 확인
  (나) 지반 및 지질상태
  (다) 진입도로 현황
  (라) 지하매설물 및 장애물 등
③ 인·허가 업무 : 감리원은 공사시공과 관련된 각종 인·허가 사항을 포함한 제 법규 등을 공사업자로 하여금 준수하도록 지도·감독하여야 한다.

1-11 설계감리원의 업무범위 및 설계도서

(1) 설계감리원의 업무범위

① 주요 설계용역 업무에 대한 기술자문
② 사업기획 및 타당성 조사 등 전 단계 용역수행 내용의 검토
③ 시공성 및 유지관리의 용이성 검토
④ 설계도서의 누락, 오류, 불명확한 부분에 대한 추가 및 정정 지시 및 확인
⑤ 설계업무의 공정(공정예정표 등) 및 기성관리의 검토·확인
⑥ 설계감리 결과보고서의 작성
⑦ 그 밖에 계약문서에 명시된 사항

(2) 설계감리를 받아야 하는 설계도서

① 용량 80만 kW 이상의 발전설비

② 전압 30만 V 이상의 송전·변전 설비
③ 전압 10만 V 이상의 수전설비·구내배전설비 및 전력사용설비
④ 전기철도의 수전설비, 구내배전설비 및 전력사용설비
⑤ 국제공항의 수전설비, 구내배전설비 및 전력사용설비
⑥ 21층 이상이거나 연면적 5만 m^2 이상인 건축물의 전력시설물(공동주택의 전력시설물 제외)
⑦ 그 밖의 산업통상자원부령으로 정하는 전력시설물

1-12 시공단계 감리기록 관리

① 감리원은 다음의 문서를 기록 비치하고 발주자의 승인을 받아 시행하며, 준공 후 발주자에게 인계한다.
  ㈎ 근무상황부
  ㈏ 감리업무 일지
  ㈐ 검사서류 및 지시부
  ㈑ 매몰부분 검사 대장 및 사진
  ㈒ 주요자재 검수부
  ㈓ 현장실정보고서
  ㈔ 기술검토사항
  ㈕ 회의록
  ㈖ 감리원 교체 인수인계서
  ㈗ 공사사진첩
  ㈘ 각종정기보고서
  ㈙ 기타 필요한 서류 및 도표

② **공사업자 제출 서류의 검토** : 감리원은 공사업자가 제출하는 모든 서류는 반드시 접수하여야 하며, 접수된 서류에 하자가 있을 경우 공사업자에게 보완하도록 하여야 한다.
  ㈎ 착공신고서 및 현장기술자 배치 신고서
  ㈏ 품질검사 확인서
  ㈐ 자재 시험 실적보고서
  ㈑ 명일작업계획서

(마) 공정현황보고
(바) 지급자재수급요청서 및 대체사용신청서
(사) 주요기자재 공급원 승인요청서
(아) 각종시험 성적서 및 측정결과표
(자) 설계변경여건 보고
(차) 기한 연기 신청서
(카) 하도급 통지 및 승인요청서
(타) 현장실정 보고서
(파) 안전관리 추진실적 보고서(안전관리 활동, 안전관리비 사용실적 등)
(하) 확인측량 결과보고서
(거) 물공량 확정보고서 및 물가 변동지수 조정률 계산서
(너) 기타 시공과 관련되는 보고 및 신청서
(더) 시공계획 승인요청서(필요시)
(러) 기타 필요한 서류 및 도표(천후표, 온도표 등)

③ **기록관리 및 문서수발**
  (가) 감리업무 일지는 감리원별 분담업무에 따라 항목별로 수행업무의 내용을 육하원칙에 의해 기록하며, 공사업자가 작성한 공사일보를 제출받아 확인한 후 보관한다.
  (나) 중요한 현장은 착공 전, 시공 중, 준공 등 시공과정을 알 수 있도록 동일 장소에서 사진 촬영하여 필름과 함께 보관한다.
  (다) 각종 문서는 감리원 전원이 숙지하도록 교육 또는 공람시킨다.
  (라) 문서접수 및 발송대장을 비치하여야 하며, 경유문서는 발송대장에 기록한다.

1-13 발주자에게 보고사항

(1) 정기보고

① **월간 감리보고서** : 책임감리원은 다음 사항이 포함된 감리보고서를 매월 작성하여 감리 착수 후 중간 시점에 발주자에게 제출하여야 한다.
  (가) 공정현황
  (나) 자재관리시험 실적
  (다) 안전관리실적 보고

㈜ 자재 수불현황
㈤ 신기술, 특수공법 사용실적 등
㈥ 설계변경 등 기타 필요한 사항
② **분기 감리보고서** : 책임감리원이 발주자에게 제출하는 분기보고서에 포함될 내용은 다음과 같다.
㈎ 공사 추진 현황(공사개요, 계획 및 실적, 공정현황, 감리용역 현황, 감리조직, 감리원 조치내역 등)
㈏ 감리원 업무일지
㈐ 품질검사 및 관리현황
㈑ 검사요청 및 결과 통보내용
㈒ 주요 기자재 검사 및 수불내용
㈓ 설계변경 현황
㈔ 그 밖에 책임감리원이 감리에 관하여 중요하다고 인정되는 사항
③ **최종 감리보고서** : 책임감리원은 다음 사항을 포함한 각종 최종감리 보고를 감리기간 종료 후 14일 이내에 감리업체 대표자명의로 발주자에게 제출하여야 한다.
㈎ 공사 및 감리용역 개요
㈏ 공사추진 실적현황(설계변경, 실정보고, 장비 및 인력 투입현황, 기성, 준공검사 등을 포함하는 총괄 실적)
㈐ 품질관리 실적
㈑ 주요 기자재 사용실적(승인 및 투입 실적)
㈒ 안전관리 실적
㈓ 환경관리 실적(폐기물 등)
㈔ 종합분석

(2) 수시보고 사항

감리원은 다음 각 호의 사항을 검토하고 필요시 의견을 첨부하여 발주자에게 보고하여야 한다.
① 시공자 제출서류의 검토
② 현장상황 보고사항
③ 재시공 및 공사중단 명령을 한 때
④ 시공자가 불법 하도급 행위를 한 때(공사 중지 후 발주자에 서면보고)
⑤ 기타 시공과 관련하여 중요하다고 인정되는 사항이 있을 때

1-14 시공단계 품질관리

(1) 부실공사 방지 세부 실천계획 수립 및 이행

① 책임감리원은 시공자와 협의하여 매월별 추진하여야 할 공사에서 발생될 수 있는 부실공사 요인을 도출하고 이를 방지할 수 있는 대책을 수립하여 집중 관리하여야 한다.
② 매월별 수립된 부실공사 방지 세부실천 계획 및 실적을 정리하여 비치 보관하여야 한다.

(2) 현장 정기교육

감리원은 시공자로 하여금 현장종사자(기능공 포함)의 양질시공 의식고취를 위한 정기교육을 주 1회 실시하고 그 내용을 기록 비치하여야 한다.

(3) 발주자의 자문요구 및 감리원의 의견 제시

① 발주자는 공사 중 시공자의 공법변경 요구 등 기술적인 사항에 대하여 감리원에게 자문을 서면으로 요구할 수 있고 감리원은 특별한 사유가 없는 한 이에 응하여야 한다. 다만, 상당한 노력이 소요되거나 제3자에게 의뢰하여야 하는 전문성이 요구되는 내용에 대하여는 제3자에게 의뢰하여야 한다.
② 감리원은 스스로 공사시공과 관련하여 검토한 내용에 대하여 필요하다고 판단될 경우 발주자 또는 공사업자에게 그 검토의견을 서면으로 제시할 수 있다.

(4) 공사 진행 광경 사진촬영 및 보관

① 감리원은 공사업자로 하여금 공사사진을 공종별로 착공 전부터 준공 시까지의 공사 내용(시공일자, 위치, 공정, 작업내용)을 촬영하고, 공사 내용 설명서를 기재 제출하도록 하여 참고자료로 활용하도록 하고, 공사기록사진을 공종별 공사추진 단계에 따라 다음 사항을 촬영 정리하도록 한다.
　(가) 공사착수 전 현장 전경 및 공정별 착수 전 현장 현황
　(나) 공사시공 중의 상황
　(다) 시공 후의 검사가 불가능하거나 곤란한 부분
② 감리원은 필름을 포함한 사진첩 2첩(필요시 VTR, TAPE)을 제출받아 수시 검토 확인할 수 있도록 보관하고, 준공 시 발주자에게 제출하여야 한다.

(5) 민원사항

감리원은 유관자 합동회의 및 현지여건 조사, 설계도서의 공법검토 등을 통하여 민원 발생에 예상되는 사항을 사전 도출하여 민원발생의 원인 제거 또는 최소화를 위해 노력하여야 한다.

(6) 품질시험 계획

① 감리원은 공사업자에게 품질관리 계획서를 작성, 제출하도록 하고 이를 검토 확인해야 한다.
② 감리원은 관계 규정에 의한 시험 종류, 시험 종목, 시험 횟수, 시험요원, 시험실에 의해 품질관리가 되도록 지도 확인하여야 한다.
③ 공사업자의 품질관리 책임자는 부 소장급으로 임명하여 품질관리에 대한 책임과 권한이 시공감리 책임자와 동등수준이 되어 실질적인 품질관리가 이루어질 수 있도록 한다.
④ 감리원은 공사업자가 정해진 양식지와 품질시험성과 총괄표에 기록 제출한 내용을 확인해야 한다.
⑤ 감리원은 시험성과가 불합격으로 판정되었을 때는 후속공정의 진행을 보류시키고 공사업자로 하여금 보완대책을 강구토록 조치해야 한다.

(7) 품질관리계획

① 감리원은 품질관리계획이 발주자로부터 승인되기 전까지는 공사업자에게 해당 업무를 수행하게 하여서는 안 된다.
② 단, 접지공사 등 타공정(토목)과 간섭되는 공정 등 시급을 다투는 공정은 구두보고 및 긴급처리로 발주처와 사전 협의를 통해 처리하도록 한다.

(8) 검사업무 수행내용

① 현장 시공확인을 위한 검사는 현장조건을 고려한 '검사업무지침'을 작성·수립하여 발주자의 승일을 받은 후 이를 근거로 검사업무를 수행한다.
② 검사업무지침은 검사해야 할 세부공종, 검사철차, 검사시기 또는 검사빈도, 검사 체크리스트 등의 내용을 포함한다.
③ 수립된 검사업무지침은 모든 시공 관련자에게 배포하고, 보다 확실한 이행을 위하여 교육을 실시한다.
④ 현장검사는 체크리스트를 활용하여 수행하고, 그 결과를 '검사 체크리스트'에 기록한

후 공사업자에게 통보하여 후속 공정의 승인 여부와 지적사항을 명확히 전달한다.
⑤ '검사 체크리스트'에는 검사항목에 대한 시공기준 또는 합격기준을 기재하여 검사결과의 합격 여부를 합리적으로 신속 판정한다.
⑥ 단계적인 검사로 현장확인이 곤란한 공종은 시공중 감리원의 계속적인 입회·확인으로 시행한다.
⑦ 공사업자는 검사요청서를 제출할 때 시공기술자 실명부가 첨부되었는지 확인한다.
⑧ 공사업자가 요청한 검사일에 감리원이 정당한 사유 없이 검사를 하지 않는 경우에는 공정추진에 지장이 없도록 요청한 날 이전 또는 휴일 검사를 하여야 한다.
⑨ 단, 이때 발생하는 감리대가는 감리업자가 부담한다.

(9) 중점 품질관리 공종

① 책임감리원은 중점 품질관리 대상으로 선정된 공종에 대해서는 별도의 관리방안을 수립한다.
② 관리방안 수립 후 시행 전에 발주자에게 보고하고 동시에 공사업자에게도 통보하여야 한다.

(10) 중점 품질관리 공종 선정 시 고려사항

① 월별, 공종별 시험 종목 및 시험횟수
② 공사업자의 품질관리 요원 및 공정에 따른 충원계획
③ 품질관리 담당 감리원이 직접 입회 및 확인 가능한 적정 시험횟수
④ 공정의 특성상 품질관리 상태를 육안 등으로 간접 확인할 수 있는지 여부
⑤ 작업조건의 양호 및 불량상태
⑥ 다른 현장의 시공사례에서 하자 발생 빈도가 높은 공정인지 확인
⑦ 품질관리 불량부위의 시정이 용이한지 여부 검토
⑧ 시공 후 지중에 매몰되어 추후 품질확인이 어렵고 재시공이 곤란한지 여부
⑨ 품질 불량 시 인근 부위 또는 다른 공종에 미치는 영향의 대소
⑩ 시공이 광활한 지역에서 이루어져 접근이 용이한지 여부

(11) 감리원의 검사절차

① 현장시공 완료→② 시공관리책임자 점검→③ 검사요청서 제출→④ 감리원의 현장검사→⑤ 검사결과 통보(이때 만약 불합격 시에는 재시공 및 보완을 실시하여 다시 ②번으로 넘어간다)→⑥ 다음 단계의 공종 착수

1-15 시공관리 관련 감리업무

(1) 시공계획서 검토확인

① 감리원은 공사업자가 작성 제출한 시공계획서를 검토 확인하여야 한다. 시공계획서는 주요 공정 착수 전에 제출되어야 하며, 중요한 내용변경이 발생할 경우에는 변경시공계획서를 제출받아 검토 확인되어야 한다.
② **시공계획서에 포함되어야 할 내용** : 현장 조직표, 세부 공정표, 주요 공정의 시공절차 및 방법, 시공일정, 주요 장비 동원계획, 주요 기자재 및 인력투입 계획, 주요설비, 품질·안전·환경관리 대책 등
③ 감리원은 공사업자로부터 공사용 임시시설물에 대한 설계 도서를 사전에 제출받아 가설방법의 기술적 타당성, 안정성 여부 등을 검토 확인해야 한다.
④ **공사업자의 가설시설물 설치계획표 작성 및 제출에 포함될 내용** : 공사용 도로, 가설사무소, 작업장, 창고, 숙소, 식당, 그 밖의 부대설비, 자재 야적장, 공사용 임시전력 등
⑤ **공사업자의 공사업무 수행상 필요 서식 보관 서류** : 하도급 현황, 주요인력 및 장비투입 현황, 작업계획서, 기자재 공급원 승인현황, 주간공정계획 및 실적보고서, 안전관리비 사용실적 현황, 각종 측정 기록표 외
⑥ 감리원은 시공계획서를 공사 착공신고서와는 별도로 공사 시작 전에 제출받아야 하며, 공사 중 시공계획서에 중요한 내용 변경이 발생할 경우 그때마다 변경 시공계획서를 제출받은 후 5일 이내에 검토, 확인하여 승인한 후 시공하도록 하여야 한다.

(2) 시공 상세도(Shop Drawing) 검토확인

① 감리원은 공사업자로부터 각종 구조물의 시공 상세도를 사전에 제출받아 검토 확인해야 한다.
② 감리원은 시공 상세도 검토 확인 시까지 구조물 시공을 허용하지 말아야 하며 접수일로부터 7일 이내에 검토·확인하는 것을 원칙으로 한다.
③ 다만, 7일 이내에 검토·확인이 불가능한 경우에는 사유 등을 명시하여 통보한다.
④ 이 경우 별도의 통보사항이 없는 때에는 승인한 것으로 본다.
⑤ 시공상세도 사전 검토·확인 내용
 ㈎ 설계도면, 설계설명서 또는 관계 규정 적합 여부 확인
 ㈏ 현장의 시공기술자가 명확하게 이해할 수 있는지 여부
 ㈐ 실제 시공 가능 여부
 ㈑ 안정성의 확보 여부

㈣ 계산의 정확성

㈥ 제도의 품질 및 선명성, 도면작성 표준 일치 여부

㈦ 도면으로 표시 곤란한 내용은 시공 시 유의사항으로 작성되었는지 등의 검토

⑥ 감리원의 시공상세도 승인 이전에는 시공을 해서는 안 된다.

(3) 금일 작업실적 및 명일 작업계획

감리원은 공사업자로부터 명일 작업계획서를 제출받아 감리업무 수행계획을 수립하고 금일 작업실적을 검토 확인하여야 한다.

(4) 타 전문 기술 분야의 업무위탁

① 감리업자는 구조물 안전분야의 기술검토 및 시공관리가 필요한 태양광발전시설 설치 또는 구조물 설치 부문에 대하여는 당해 기술 분야의 전문가로 하여금 당해 공정 기간 중 현장에 상주 배치하거나 당해 공정에 대한 기술검토 및 시공확인업무를 위탁하여 감리업무를 수행하여야 한다.

② 위 항에 의한 타 기술 분야의 전문가 자격기준은 엔지니어링기술진흥법 또는 기술사법에 의한 자격자로서 토목부문의 시공기술 및 구조물 안전(토목)분야 고급기술자 1인 이상을 당해 공정기간에 각각 5일 이상 투입하여야 한다.

③ 책임감리원은 타 전문분야 감리원 배치 시 기술자 투입계획을 수립하여 당해 공정의 착공예정일 10일 전까지 발주자에게 제출하여야 한다.

④ 위 항의 제출내용에는 공정, 공사예정기간, 책임감리원, 타 분야 투입기술자 명단(자격증명서 포함), 공정계획 검토내용 등이 포함되어야 한다.

⑤ 감리업자는 타 전문기술 분야에 대하여 당해 감리업무를 수행한 경우라도 당해 업무 수탁자가 수행한 업무내용에 대하여 공동으로 그 책임을 진다.

(5) 시공확인

① 감리원은 공사가 설계도서 및 시방서 등에 일치되게 시공되는가를 시공단계별로 시공 전·후 및 시공 중에 확인해야 한다.

② 콘크리트 타설 공사는 반드시 감리원이 입회하되 콘크리트 운반송장은 감리원의 품질확인 서명이 있는 것만 인정해야 한다.

③ 감리원은 공사업자가 제출한 검측요청서에 의거 확인 검측하되 허용오차기준에 맞지 않을 경우 보완, 재시공토록 조치하여야 하며, 감리원의 승인을 받을 경우에만 다음 공정을 착수해야 한다.

④ 검측시행 시는 『검측업무지침』을 현장별로 수립, 이를 근거로 실시하되 수립된 지침은 모든 시공관련자에 배포하고 주지시켜야 한다.
⑤ 검측 체크리스트는 2부 작성, 감리원과 시공사 각 1부씩 보관하도록 한다.
⑥ 감리원은 시공을 매몰되거나 사후 검사가 곤란한 구조물은 반드시 현장검측한 후 시공 상태를 증빙할 수 있는 사진 또는 비디오로 촬영한 후 촬영일지와 촬영내용을 기록하고 공정별로 구분하여 비치하여야 한다.

(6) 제작공정 확인

감리원은 자재부분 및 구조물 제작 공정에 대하여는 제작과정의 공장검사를 필요시마다 실시하여야 한다.

(7) 특수공법검토

특수한 공법이 적용되는 경우의 기술검토 및 시공상 문제점 등의 검토 시 감리원은 감리업체의 본사 지원반을 활용하고, 필요시 발주자와 협의하여 외부의 국내외 전문가의 자문을 받아 검토의견을 제시할 수 있으며, 특수한 공정에 대하여 외부 전문가의 감리참여가 필요하다고 판단될 경우 발주자와 협의하여 조치할 수 있다.

(8) 기술검토 의견서

감리원은 시공 중 발생되는 기술적 문제점, 설계변경사항, 공사계획 및 공법 변경문제 설계도면, 시방서 상호간의 차이, 모순 등의 문제점 기타 공사업자가 당면하는 문제점에 대하여 현지 실정을 충분히 조사 분석하여 공사를 원활히 수행할 수 있는 해결방안을 제시하여야 하며, 중요한 기술검토는 반드시 서면 제출하고 검토서에는 상세 기술검토내역 또는 근거가 첨부되어야 한다.

(9) 주요 기자재 공급원의 검토 승인

① 감리원은 공사업자로 하여금 공정계획에 의거 사전에 주요 기자재(K·S 의무화 품목, 시험대상 품목 등) 공급원 승인 신청서를 사용 30일 전까지 제출하도록 하여 시험성과표가 품질기준을 만족하는지 여부를 확인하여 적합하다고 판단될 경우 이를 승인한다.
② 감리원은 공급원 승인 요청서에 다음의 관계서류를 첨부하도록 하여야 한다.
  ㈎ 공급자의 사업자 등록증명
  ㈏ 국세, 지방세 완납 증명

(다) 품질시험대행 국·공립기관의 시험성과
(라) 납품실적 증명
(마) 시험성과 대비표(선정 시험)
(바) 제품 설명서
(사) K·S 허가서 사본
(아) 공장등록증 사본

③ 감리원은 주요자재 공급원 승인 후 현장반입 시 공사업자로부터 송장 사본(수입품인 경우)을 접수함과 동시에 이를 검수하고 그 결과를 검수부에 기록 비치한다.

(10) 자재의 관리

① 감리원은 공사업자가 지급(관급)자재의 수급요청서를 제출하면 이의 적정성 여부를 검토하여 적기에 공사업자에게 인도되도록 한다.

② 감리원은 자재가 현장에 반입되면 이를 확인하고 검사부를 작성하여 보관해야 하며 검수조서는 발주자에게 보고해야 한다.

(11) 현장상황 보고

① 감리원은 공사시공 중 불가항력적인 재해의 발생, 공사중단의 필요성 등 감리원의 권한에 속하지 않는 사태가 발생될 경우 육하원칙에 의해 검토의견을 첨부하여 발주자에게 현장상황을 신속히 보고하고, 그 지시에 따라야 한다.

② 감리원은 공사현장에 아래 사태 발생 시 필요한 응급조치를 취하는 동시에 상세한 경위를 발주자에게 보고하여야 한다.
(가) 천재지변 등의 사유로 공사현장에 피해 발생 시
(나) 공사업자 현장대리인이 사전 승인 없이 3일 이상 현장에 상주하지 않을 때
(다) 공사업자가 공사시행을 불성실하게 하거나 감리원의 정당한 지시에 불응할 때
(라) 공사업자가 계약에 따른 시공능력이 없다고 인정되거나 공정이 현저히 미달될 때
(마) 기타 공사추진에 지장이 있을 때

(12) 감리원의 주요기자재 공급원의 검토·승인

① 감리원은 공사업자에게 공정계획에 따라 사전에 주요기자재 공급원 승인신청서를 기자재 반입 7일 전까지 제출받는다(단, 관계 법령에 따라 품질검사를 받았거나, 품질을 인정받은 기자재에 대해서는 예외로 한다).

② 감리원은 시험성적서가 품질기준에 만족하는지 여부를 확인하고, 품명, 공급원, 납품

실적 등을 고려하여 적합한 것으로 판달될 때에는 주요 기자재 공급승인 요청서를 제출받은 날로부터 7일 이내에 검토·승인한다.

③ 감리원은 시공된 공사가 품질확보 미흡 또는 위해를 발생시킬 수 있다고 판단되거나, 감리원의 확인·검사에 대한 승인을 받지 아니하고 후속 공정을 진행한 경우와 관계 규정에 맞지 않을 때에는 '재시공'을 지시할 수 있다.

(13) 부분 공사중지 사유

① 재시공 지시가 이행되지 않는 상태에서는 다음 단계의 공정이 진행됨으로써 하자가 발생될 수 있다고 판단될 때
② 안전시공상 중대한 위험이 예상되어 물적, 인적 중대한 피해가 예견될 때
③ 동일 공정에 있어 3회 이상 시정 지시가 이행되지 않을 때
④ 동일 공정에 있어 2회 이상 경고가 있었음에도 이행되지 않을 때

(14) 전면 공사중지 사유

① 공사업자가 고의로 공사의 추진을 지연하거나, 공사의 부실 발생 우려가 짙은 상황에서 적절한 조치를 취하지 않은 채 공사를 계속 진행하는 경우
② 부분중지가 이행되지 않음으로써 전체공정에 영향을 끼칠 것으로 판단될 때
③ 지진·해일·폭풍 등 불가항력적인 사태가 발생하여 시공을 계속 할 수 없다고 판단될 때
④ 기타 천재지변 등으로 발주자의 지시가 있을 때

(15) 시공기술자 교체 가능한 사유

① 관계 법령에 따른 배치기준, 겸직 금지, 보수교육, 품질관리 등의 법규 위반 시
② 시공관리 책임자가 사전 승인 없이 현장 이탈 시
③ 시공관리 책임자가 공사를 조잡하게 하거나, 부실시공으로 일반인에게 위해를 끼친 때
④ 시공관리 책임자가 기술 및 시공능력 부족이 인정되거나, 정당한 사유 없이 기성공정이 예정공정에 현격히 미달 시
⑤ 시공관리 책임자가 불법 하도급을 하거나, 이를 방치 시
⑥ 시공관리 책임자가 기술능력 부족으로 시공에 차질을 빚거나, 감리원의 정당한 지시에 응하지 않을 시
⑦ 시공관리 책임자가 감리원의 검사확인 등의 승인을 받지 않고 후속공정을 진행하거나, 정당한 사유 없이 공사를 중단한 때

(16) 작업지시

감리원이 공사업자에게 지시를 할 때 서면으로 하는 것이 원칙이나, 시급한 경우나 경미한 경우에는 우선 구두지시 후 추후에 서면으로 확인할 수 있다.

(17) 감리원의 공사진도 관리

① 감리원은 공사업자로부터 전체 실시공정표에 따른 월간 상세공정표(작업 착수 7일 전 제출) 및 주간 상세공정표(작업 착수 4일 전 제출)를 사전에 제출받아 검토·확인하여야 한다.
② 감리원은 공사진도율이 계획공정 대비 월간 공정실적이 10% 이상 지연되거나, 누계 공정 실적이 5% 이상 지연될 때에는 공사업자에게 부진사유 분석, 만회대책 및 만회 공정표를 수립하여 제출하도록 지시하여야 한다.

(18) 공정관리 계획서

① 감리원은 공사 시작일부터 30일 이내에 공사업자로부터 공정관리 계획서를 제출받도록 한다.
② 공정관리 계획서를 제출받은 날부터 14일 이내에 검토·승인하고, 발주자에게 제출하여야 한다.

1-16 설계변경 및 계약금액의 조정

(1) 경미한 설계변경

① 감리원은 공사시행 과정에서 당초 설계의 기본적인 사항인 전기공급방식, 접지방식, 계통보호, 간선규격과 구조물의 구조, 평면 및 공법 등의 변경 없이 현지여건에 따른 위치변경과 단순 구조물의 추가 또는 삭제 등의 경미한 설계변경 사항이 발생한 경우에는 설계도면, 수량증감 및 증감 공사비 내역을 시공자로부터 제출받아 검토 확인하고 우선 변경 시공하도록 지시할 수 있다.
② 경미한 설계변경 사항에 대한 사후보고는 수시로 처리된 내용을 취합하여 보고한다.

(2) 발주자의 지시에 의한 설계변경

발주자는 사업 환경의 변경, 기본계획의 조정 등으로 설계변경이 필요한 경우에는 설계변경 개요서를 첨부하여 설계변경 지시를 할 수 있다.

(3) 공사업자의 제안에 의한 설계변경

① 공사업자는 현지여건과 설계도서가 부합되지 않거나 공사비의 절감 및 공사의 품질 향상을 위한 개선사항 등 설계변경이 필요한 경우에는 설계변경사유서, 설계변경 도면, 개략적인 수량증감 내역 및 공사비 증감내역 등의 서류를 첨부하여 책임감리원에게 제출하여야 한다.
② 책임감리원은 이를 신속히 검토 확인하고, 필요시 기술검토 의견서를 첨부하여 발주자에게 상황보고하고 발주자의 방침을 득한 후 시공토록 조치하여야 한다.
③ 감리원은 공사업자로부터 상황보고 접수 후 기술검토를 요하지 않는 단순한 사항은 7일 이내, 그 외의 사항은 14일 이내에 검토 처리하여야 하며, 만일 기일 내 처리가 곤란할 경우 사유와 처리계획을 발주자에게 보고하고 공사업자에게도 통보하여야 한다.

(4) 계약금액의 조정

① 감리원은 설계변경 등으로 인한 계약금액의 조정을 위한 각종 서류를 공사업자로부터 제출받아 검토·확인한 후 감리업자(대표이사)에게 보고하여야 하며, 감리업자는 소속 비상주감리원으로 하여금 검토, 확인하게 하고 대표자 명의로 발주자에게 제출하여야 한다.
② 변경설계서의 설계자는 책임감리원, 심사자는 비상주감리원이 날인하여야 한다.
③ 물가변동으로 인한 계약금액 조정 시 감리원은 공사업자로부터 제출된 서류(물가변동 조정 요청서, 계약금액 조정 요청서, 품목조정률이나 지수조정률의 산출근거, 계약금액 조정 산출근거, 기타 필요 서류 등)를 검토·확인 후 조정요청을 받은 날로부터 14일 이내에 검토의견을 첨부하여 발주자에게 보고한다.
④ 최종 계약금액의 조정은 예비준공검사 기간 등을 고려하여 늦어도 준공 예정일 45일 전까지 발주자에게 제출되어야 한다.
⑤ 설계변경에 의한 계약금액 조정업무의 처리절차는 관계규정에 따른다.

1-17 태양광발전 시스템의 품질관리

(1) 태양광발전 시스템의 성능평가를 위한 측정 요소
① 구성요인의 성능 및 신뢰성
② 사이트
③ 발전성능
④ 신뢰성
⑤ 설치가격(경제성)

(2) 태양광발전 시스템의 성능분석

① 태양광 어레이 발전효율(PV Array Conversion Efficiency)

$$= \frac{\text{태양광 어레이 출력(kW)}}{\text{경사면일사강도}(kW/m^2) \times \text{태양광 어레이 면적}(m^2)} \times 100\%$$

② 태양광 시스템 발전효율(PV System Conversion Efficiency)

$$= \frac{\text{태양광 시스템 발전전력량(kWh)}}{\text{경사면일사량}(kWh/m^2) \times \text{태양광 어레이 면적}(m^2)} \times 100\%$$

③ 태양에너지 의존율(Dependency on Solar Energy)

$$= \frac{\text{태양광 시스템 평균 발전전력(kW)}}{\text{부하 소비전력(kW)}} \times 100\%$$

$$= \frac{\text{태양광 시스템 평균 발전전력량(kWh)}}{\text{부하 소비전력량(kWh)}} \times 100\%$$

④ 태양광 시스템 이용률(PV System Capacity Factor)

$$= \frac{\text{일 평균 발전시간}}{24} \times 100\% = \frac{\text{태양광 시스템 발전전력량(kWh)}}{24 \times \text{운전일수} \times \text{PV설계용량(kW)}} \times 100\%$$

⑤ 태양광 시스템 가동률(PV System Availability)

$$= \frac{\text{시스템 동작시간}}{24 \times \text{운전일수}} \times 100\%$$

⑥ **태양광 시스템 일조가동률(PV System Availability per Sunshine Hour)**

$$= \frac{시스템\ 동작시간}{가조시간} \times 100\%$$

㈜ 가조시간(可照時間, Possible Duration of Sunshine) : 태양에서 오는 직사광선, 즉 일조(日照)를 기대할 수 있는 시간 또는 해 뜨는 시각부터 해 지는 시각까지의 시간을 말한다.

⑦ **시스템 성능계수(PR ; Performance Ratio)** : 어레이손실 및 시스템손실(인버터, 정류기 등의 손실) 등을 고려한 효율값(보통 80~90% 수준임)

$$시스템\ 성능계수 = \frac{시스템발전전력량(kWh)}{어레이\ 정격용량(kWh)} \times 100\%$$

(3) 신뢰성 평가분석

① **시스템 트러블** : 시스템의 정지, 인버터의 정지, 트립, 지락 등
② **계측 관련 트러블** : 컴퓨터의 Off 혹은 조작 오류, 기타 계측 관련 트러블 등
③ **운전데이터의 결측**
④ **계획정지** : 계획 정전, 정기점검, 개수정전, 계통정전 등

(4) 사이트 평가방법

① 설치 대상기관
② 설치 시설의 분류
③ 설치 시설의 지역
④ 설치 형태
⑤ 설치 용량
⑥ 설치 각도와 방위
⑦ 시공업자
⑧ 기기 제조사

(5) 설치가격(경제성) 평가방법

① 시스템 설치단가
② 태양전지 설치단가
③ 어레이 가대 설치단가
④ PCS(파워컨디셔너) 설치단가
⑤ 계측 표시장치 단가
⑥ 부착시공 단가
⑦ 기초공사 단가

1-18 품질관리 사항

① 개요
  ㈎ 감리원은 공사업자가 공사계약문서에서 정한 품질관리계획대로 품질에 영향을 미치는 모든 작업에 대해 검사, 확인 및 관리할 책임이 있다.
  ㈏ 중점 품질관리 대상 선정 : 감리원은 해당 공사의 설계도서, 설계설명서, 공정계획 등을 검토하여 품질관리가 소홀해지기 쉽거나, 하자발생 빈도가 높으며, 시공 후 시정이 어렵고 많은 노력과 경비가 소요되는 공종 또는 부위에 대해 '중점 품질관리 대상'으로 선정하여 다른 공종에 비하여 우선적으로 품질관리 상태를 입회 및 확인해야 한다.

② 중점품질관리 대상 선정과 관련하여 중점 품질관리 공종 선정 시 고려사항
  ㈎ 하자발생 빈도가 높은 공종인지 여부(다른 현장의 시공사례에서)
  ㈏ 품질관리 불량부위의 시정이 용이한지 여부
  ㈐ 시공 후 지중에 매몰되어 추후 품질확인이 어렵고, 재시공이 곤란한지 여부

③ 중점 품질관리방안 수립 시 포함되어야 할 사항
  ㈎ 중점 품질관리 공종의 선정
  ㈏ 중점 품질관리 공종의 품질확인 지침
  ㈐ 중점 품질관리 대장을 작성, 기록·관리하고 확인하는 절차
  ㈑ 중점 품질관리 공종별로 시공 중 및 시공 후 발생되는 예상 문제점
  ㈒ 각 문제점에 대한 대책방안 및 시공 지침

④ 주요 품질관리 방안
  ㈎ 감리원은 공사업자에게 각 공정마다 준비과정에서부터 작업완료까지의 각 과정마다 품질확보를 위한 수단, 절차 등을 규정한 '총체적 품질관리계획(TQC)'을 작성 및 제출하도록 해야 한다.
  ㈏ 감리원은 해당공사에 사용될 전기기계, 기구 및 자재가 규격에 적합한 것이 선정되고, 시공 시 품질관리가 효과적으로 수행되어 하자발생을 사전에 예방할 수 있도록 품질관리 계획을 세우도록 지도한다.
  ㈐ 각종 시험기록 서식은 해당 공사의 특성에 적합하도록 결정하고, 공사업자가 공정계획서를 제출할 때에는 품질관리에 필요한 시험요원수와 시험장비 등을 명시한 '품질관리 계획서'를 첨부하도록 하여 효율적인 품질관리가 이루어질 수 있도록 사전 점검한다.
  ㈑ 감리원은 공사업자에게 공사의 검사성과표가 준공검사 완료 시까지 기록·보관되

도록 하고, 이를 기성검사, 준공검사 등에 활용하도록 해야 한다.
- ㈐ 감리원은 검사결과 미비점이 발견되거나 불합격으로 판정되어 재검사를 실시하였을 경우에는 당초 검사성과표를 반드시 첨부하고 이를 모두 수정, 정비 및 보완해야 한다.
- ㈑ 발주자는 품질시험의 비용과 시험장비 구입손료 등을 공사비에 계상해야 하며, 누락되었을 경우에는 설계변경 시 반영하도록 조치한다.
- ㈒ 발주자는 지형, 지세에 따라 달라지는 대지저항률과 접지저항 측정 등의 확인, 기록, 입회절차를 생략하고 매몰하는 행위를 발견하였을 때에는 해당 부위에 대해 아래 조치를 행한다.
  - ㉮ 해당 부위에 대한 각종 시험 등을 무효로 처리하고, 필요시 재시험을 실시한다.
  - ㉯ 설계도서 및 관계법령에 적합하게 유지관리되도록 해야 한다.

⑤ 시공감리가 확인하는 기기의 품질기준 중 태양전지 셀의 육안 외형 및 치수검사의 평가기준

시험 항목	평가 기준
육안 외형/치수검사	• 셀 : 깨짐, 크랙이 없는 것 • 치수 : 156mm 미만일 때 제시한 값 대비 ±0.5mm • 두께 : 제시한 값 대비 ±40μm
전류-전압특성시험	출력의 분포는 정격출력의 ±3% 이내
온도계수 시험	평가기준 없음(시험결과만 표기)
스펙트럼 응답시험	평가기준 없음(시험결과만 표기)
2차 기준 태양전지 교정시험	• 신규 교정시험 • 재교정 시 초기교정값의 5% 이상 변화하면 사용불가 • 인증 필수시험 항목이 아닌 선택시험 항목

⑥ 태양광 발전설비 시험성적서 확인방법 중 사용 전 검사 시 시험인증 확인방법
- ㈎ 공인시험기관에 의한 시험성적서(공인시험)
- ㈏ 기관에 의한 인증서(제품인증)

⑦ 고압 이상 전기기계/기구의 시험성적서는 국내생산품과 수입품 모두 동일하게 국내 공인시험기관의 시험성적서를 확인함을 원칙으로 한다. 다만, 다음의 경우에는 제작회사의 자체 시험성적서를 확인한다.
- ㈎ 산업표준화법에 의한 KS 표시품, 케이블, 콘덴서, 전동기, 기동기, 20kV급 케이블 종단접속재 이외의 케이블 접속재
- ㈏ 국가표준기본법에 의한 공인제품 인증기관의 안전인증 표시품
- ㈐ 중전기기(重電機器 ; 전기를 생산하여 수송은 물론 사용자가 안전하게 사용할 수

있기까지의 제반 장비 및 설비와 부속기기를 총칭) 시험기준 및 방법에 관한 요령 고시에 의한 공인시험기관의 인증시험이 면제된 제품
㈑ 국내 공인시험기관에서 시험이 불가능한 품목 및 검사기관에서 인정한 품목
㈒ 국내 공인시험기관의 시험설비 미비, 관련규격이 없는 경우, 수리품 및 국내 미생산품인 경우는 공인시험기관의 참고 시험성적서를 확인한다.
⑧ 사업용 태양광발전설비는 고압의 경우 태양전지, 접속함, PCS, 배전반, 변압기, 차단기 등으로 이루어져 한전계통과 연계되어 있다. 따라서, 이상 발생 시 전력계통 전체의 사고로 파급될 수 있으므로 태양광발전소의 안정적인 운용을 위해 몇 년마다 정기적으로 검사를 해야 한다.
⑨ 소출력 태양광발전설비의 경우 누전차단기 동작 시, 발전원에 의해 지속적으로 전원이 공급되어 감전사고 발생의 우려가 있고 누전차단기 테스트 버튼 조작 등에 의한 지락 발생 시 발전원에 지속적으로 지락전류가 흘러 트립코일 소손의 가능성이 상존하므로 계통으로의 연계점은 누전차단기의 1차 측에 접속하도록 하고, 연계점 전원 측의 과전류 차단기(MCCB) 부설 여부를 확인해야 한다.

1-19 관련 규격

(1) KS규격

① KS C 8525:2005 : 결정계 태양전지 셀 분광감도 특성 측정방법
② KS C 8526:2005 : 결정계 태양전지 모듈 출력 측정방법
③ KS C 8527:2005 : 결정계 태양전지 모듈 측정용 솔라 시뮬레이터
④ KS C 8528:2005 : 결정계 태양전지 셀 출력 측정방법
⑤ KS C 8529:2005 : 결정계 태양전지 셀 모듈의 출력전압 출력전류의 온도계수 측정방법
⑥ KS C 8532:1995 : 태양광 발전용 납축전지의 잔존 용량 측정방법
⑦ KS C 8533:2002 : 태양광 발전용 파워컨디셔너의 효율 측정방법
⑧ KS C 8534:2012 : 태양전지 어레이 출력의 온사이트 측정방법
⑨ KS C 8535:2005 : 태양광 발전 시스템 운전특성의 측정방법
⑩ KS C 8536:2005 : 독립형 태양광 발전 시스템 통칙
⑪ KS C 8537:2005 : 2차 기준 결정계 태양전지 셀
⑫ KS C 8538:2000 : 아몰퍼스 태양전지 셀 출력 측정방법
⑬ KS C 8539:2005 : 태양광 발전용 장시간율 납축전지의 시험방법
⑭ KS C 8540:2005 : 소출력 태양광 발전용 타워 조절기의 시험방법

(2) 국제 태양광발전 인증체계(IECEE : 국제전기기기인증제도)

① IEC 규격에 따르는 가정용, 상업용, 농업용, 계통 연계형 태양광 설비 및 이와 유사한 태양광설비의 부품 및 시스템에 대한 품질신뢰성 제고 및 국제무역촉진을 위해 도입

② 특징
  ㈎ 태양광 인증은 IECEE 인증제도에 속하며, IECEE 인증관리 위원회(CMC)에서 관리운영
  ㈏ IEC 규격을 근간으로 안전요건에 성능요건도 포함
  ㈐ 태양광시스템의 부품(모듈, 인버터 등)도 인증

③ IECEE 태양광발전 인증 회원국(8개국), NCB 및 CBTL 현황

국가	Member Body	NCB	CBTL
프랑스	LCIE	LCIE	
독일	Deutsches Komitee	VDE TUV Rh	VDE TUV RH PS GmbH
인도	BIS	STQC	ETDC
이탈리아	IMQ SpA	IMQ S.p.A	ESTI
일본	JISC	JET	JET Yokohama
네덜란드	Netherlands National Committee	KEMA	KEMA Quality B.V
스페인	AENOR	AENOR	CIEMAT
미국	US National Committee	UL Inc.	UL Inc. ASU

* NCB(National Certification body) : 국가인증기관
  CBTL(Certification body Testing Laboratory) : CB시험소

④ IEC 규격의 국내 적용현황(2002~)

규격번호	규격명
KS C IEC 60891	결정계 실리콘 태양전지 소자의 측정된 I-V 특성의 온도 및 방사조도 보정절차
KS C IEC 60904-1	태양전지 소자 : 제1부 - 태양전지 전류-전압 특성 측정
KS C IEC 60904-2	태양전지 소자 : 제2부 - 기준 태양전지 셀의 요구사항
KS C IEC 60904-3	태양전지 소자 : 제3부 - 기준 분광(스펙트럼) 방사조도 데이터를 이용한 지상용 태양전지(PV) 소자의 측정원리
KS C IEC 60904-4	태양전지 소자 : 제4부 - 기준 태양광 소자의 교정 소급성의 확립과정
KS C IEC 60904-5	태양전지 소자 : 제5부 - 개방전압 방법을 이용한 태양전지(PV) 소자의 등가 전지온도(ECT) 결정
KS C IEC 60904-6	태양전지 소자 : 제6부 - 표준 태양광모듈의 요구사항
KS C IEC 60904-7	태양전지 소자 : 제7부 - 태양전지 소자의 시험에서 발생된 스펙트럼 미스매치 오차계산
KS C IEC 60904-8	태양전지 소자 : 제8부 - 태양전지(PV) 소자의 스펙트럼 응답 측정
KS C IEC 60904-9	태양전지 소자 : 제9부 - 솔라 시뮬레이터의 성능 요구사항
KS C IEC 60904-10	태양전지 소자 : 제10부 - 선형성 측정방법
KS C IEC 61215	결정계 실리콘 지상용 태양전지 모듈 - 설계인증 및 형식승인
KS C IEC 61277	지상용 태양광발전 시스템 - 일반사항 및 지침
KS C IEC 61345	태양광모듈의 자외선시험
KS C IEC 61646	지상용 박막 태양광 모듈 - 디자인 필요 조건과 형식승인
KS C IEC 61683	태양광발전 시스템-파워조절기-효율 측정 절차
KS C IEC 61702	직결형 태양광발전(PV) 펌핑시스템 평가
KS C IEC 61721	우발적 충격 손상에 대한 태양전지(PV) 모듈의 내성(충격시험내성)
KS C IEC 61727	태양광발전 시스템-교류계통 연결특성
KS C IEC 61730-1	태양광발전모듈 안전조건 : 제1부 - 구성요건
KS C IEC 61730-2	태양광발전모듈 안전조건 : 제2부 - 시험요건
KS C IEC 61829	결정계 실리콘 태양전지 어레이-현장에서의 전류-전압 특성 측정
KS C IEC 61836	태양광발전 에너지 시스템 - 용어 및 기호

예상문제

신재생에너지 발전설비기사·산업기사

제1장 | 감리업무 및 품질관리

1. 태양광발전설비의 감리업무와 관련하여 다음에서 설명하고 있는 역할 담당자를 무엇이라고 부르는가?

공사수행에 따른 업무연락 및 문제점의 파악, 민원해결, 기타 필요한 업무를 수행하기 위하여 발주자가 지정한 발주처 소속직원

정답 지원업무담당자

2. 태양광발전설비의 감리업무와 관련하여 다음에서 설명하고 있는 역할 담당자를 각각 무엇이라고 부르는지 쓰시오.

㉠ 공사감리를 업으로 하고자 시·도지사에게 등록한 자
㉡ 감리업체에 근무하면서 상주감리원의 업무를 기술적, 행정적으로 지원하는 자
㉢ 감리업체를 대표하여 상주감리원으로 당해 공사의 전반에 관한 감리업무를 책임지는 자

정답 ㉠ 감리업자
㉡ 비상주 감리원
㉢ 책임감리원

3. 공사중지 및 재시공 지시와 관련하여 ( ) 안을 채우시오.

- 시공된 공사가 품질확보상 미흡 또는 (㉠)를 발생시킬 수 있다고 판단되거나 관계규정에 재시공을 하도록 규정한 경우 재시공을 지시한다.
- 시공된 공사가 품질확보상 미흡 또는 중대한 위해를 발생시킬 수 있다고 판단되거나, 안전상 중대한 (㉡)이 발견될 경우에는 공사중지를 지시할 수 있으며, 또한 공사중지는 (㉢)와 (㉣)로 구분된다.

정답 ㉠ 위해, ㉡ 위험, ㉢ 부분중지, ㉣ 전면중지

4. 공사의 전면중지를 지시할 수 있는 경우를 2가지 드시오.

정답 다음 중 2개를 골라 작성한다.
① 시공자가 고의로 당해공사의 추진을 심히 지연시키거나 당해공사의 부실 발생 우려가 농후한 상황에서 적절한 조치를 취하지 아니한 채 공사를 계속 진행하는 경우
② 부분중지가 이행되지 아니함으로써 전체공정에 영향을 끼칠 것으로 판단될 때
③ 천재지변 등 불가항력적인 사태가 발생하여 공사를 계속할 수 없다고 판단될 때

5. 공사의 부분중지를 지시할 수 있는 경우를 2가지 드시오.

정답 다음 중 2개를 골라 작성한다.
① 재시공 지시가 이행되지 않은 상태에서 다음 단계의 공정이 진행됨으로써 하자발생의 우려가 있다고 판단될 때
② 안전 시공상 중대한 위험이 예상되는 물적, 인적 피해가 예견될 때
③ 동일공정에 있어 3회 이상 시정지시가 이행되지 아니할 때
④ 동일공정에 있어 2회 이상 경고가 있었음에도 이행되지 아니할 때

6. 감리원의 교체를 요구할 수 있는 경우를 2가지 드시오.

정답 다음 중 2개를 골라 작성한다.
① 보고 없이 3회 이상 현장을 무단 이탈한 경우
② 발주자의 정당한 지시에 대하여 불응한 경우
③ 보조감리원에 대한 지휘, 감독능력 및 책임감리원으로서의 업무수행능력이 현저히 부족하다고 인정되는 경우
④ 감리용역의 수행 또는 관리상 부적당하다고 인정되는 경우

7 감리원의 착공신고서 검토와 관련하여 (   ) 안에 알맞은 숫자를 채우시오.

- 감리원은 공사가 착공된 경우에는 즉시 공사업자로부터 착공신고서를 제출받아 적정성 여부를 검토하여 (㉠)일 이내 발주자에게 보고하여야 한다.
- 감리원은 하도급에 대하여 발주자의 요구사항 등을 검토하여 그 의견을 제시하여야 하며, 처리된 하도급에 대해서도 적정성 여부를 검토하여 발주자에게 제출하여야 한다. 단, 요청받은 날로부터 (㉡)일 이내에 제출해야 한다.

정답 ㉠ 7, ㉡ 7

---

8 다음은 설계감리를 받아야 하는 설계도서를 설명한 것이다. (   ) 안에 적당한 숫자를 넣으시오.

① 용량 (㉠)kW 이상의 발전설비
② 전압 (㉡)V 이상의 송전·변전 설비
③ 전압 (㉢)V 이상의 수전설비·구내배전설비 및 전력사용설비
④ 전기철도의 수전설비, 구내배전설비 및 전력사용설비
⑤ 국제공항의 수전설비, 구내배전설비 및 전력사용설비
⑥ 층수가 (㉣)층 이상이거나 연면적 (㉤)m² 이상인 건축물의 전력시설물(공동주택의 전력시설물 제외)
⑦ 그 밖의 산업통상자원부령으로 정하는 전력시설물

정답 ㉠ 80만, ㉡ 30만, ㉢ 10만, ㉣ 21, ㉤ 5만

---

9 감리원의 보고와 관련하여 (   ) 안을 채우시오.

- 책임감리원은 최종감리 보고를 감리기간 종료 후 (㉠)일 이내에 감리업체 대표자명의로 발주자에게 제출하여야 한다.
- 시공자가 불법 하도급 행위를 했을 때 발주자에 수시보고 및 공사중지 명령 후 나중에 별도로 발주자에 (㉡)를 해야 한다.

정답 ㉠ 14, ㉡ 서면보고

10 감리원이 발주자에게 정기보고해야 할 보고서의 종류를 3가지 드시오.

정답 월간 감리보고서, 분기 감리보고서, 최종 감리보고서

11 다음은 시공감리가 최종 확인해야 할 태양전지 셀의 품질 평가 기준이다. ( ) 안에 맞는 숫자를 채우시오.

① 육안 외평 및 치수 검사
  - 셀 : 깨짐, 크랙 등이 없을 것
  - 치수 : 156mm 미만일 때 제시한 값 대비 ±(㉠)mm 이내일 것
  - 두께 : 제시한 값 대비 ±(㉡)μm 이내일 것
② 전류-전압 특성 : 정격출력의 ±(㉢)% 범위 이내의 분포에 들 것
③ 온도계수 시험 : 평가기준 없음(시험결과만 표기)
④ 스펙트럼 응답 시험 : 평가기준 없음(시험결과만 표기)
⑤ 2차 기준 태양전지 교정시험
  - 신규 교정시험
  - 재교정 시 초기 교정값의 (㉣)% 이상 변화하면 사용 불가
  - 인증 필수시험 항목이 아닌 선택시험 항목

정답 ㉠ 0.5, ㉡ 40, ㉢ 3, ㉣ 5

12 다음은 중점 품질관리 공종에 대한 설명이다. ( ) 안을 채우시오.

- 책임감리원은 (㉠) 대상으로 선정된 공종에 대해서는 별도의 관리방안을 수립한다.
- 관리방안 수립 후 시행 전에 발주자에게 보고하고 동시에 (㉡)에게도 통보하여야 한다.

정답 ㉠ 중점 품질관리, ㉡ 공사업자

13 다음은 품질 관련 감리원의 검사절차를 설명한 것이다. ( ) 안에 들어갈 관리 담당자의 명칭을 기입하시오.

① 현장시공 완료 → ② (㉠)의 점검 → ③ 검사요청서 제출 → ④ (㉡)의 현장검사 → ⑤ 검사결과 통보(이때 만약 불합격 시에는 재시공 및 보완을 실시하여 다시 ②번으로 넘어간다) → ⑥ 다음 단계의 공종 착수

정답 ㉠ 시공관리책임자, ㉡ 감리원

14 다음은 감리원의 시공 상세도(Shop Drawing) 검토 및 확인 시에 관한 사항이다. ( ) 안을 채우시오.

- 감리원은 공사업자로부터 각종 구조물의 시공 상세도를 사전에 제출받아 검토 확인해야 한다.
- 감리원은 시공 상세도 접수일로부터 (㉠)일 이내에 검토·확인하는 것을 원칙으로 한다.
- 다만, 기간 이내에 검토·확인이 불가능한 경우에는 사유 등을 명시하여 통보한다.
- 이 경우 별도의 통보사항이 없는 때에는 (㉡)을 한 것으로 본다.
- (㉢)의 시공상세도 승인 이전에는 시공을 해서는 안 된다.

정답 ㉠ 7, ㉡ 승인, ㉢ 감리원

15 다음은 감리원의 주요기자재 공급원의 검토·승인, 공사품질 등에 관련된 내용이다. ( ) 안을 채우시오.

- 감리원은 공사업자에게 공정계획에 따라 사전에 주요기자재 공급원 승인신청서를 기자재 반입 (㉠)일 전까지 제출받는다.
- 감리원은 시험성적서가 품질기준에 만족하는지 여부를 확인하고, 품명, 공급원, 납품실적 등을 고려하여 적합한 것으로 판단될 때에는 주요 기자재 공급승인 요청서를 제출받은 날로부터 (㉡)일 이내에 검토·승인한다.
- 감리원은 시공된 공사가 품질확보 미흡 또는 위해를 발생시킬 수 있다고 판단되거나, 감리원의 확인·검사에 대한 승인을 받지 아니하고 후속 공정을 진행한 경우와 관계 규정에 맞지않을 때에는 (㉢)을 지시할 수 있다.

정답 ㉠ 7, ㉡ 7, ㉢ 재시공

16 시공기술자에 대해 교체를 요구할 수 있는 사유를 3가지 쓰시오.

정답 다음 중 3가지를 골라 작성한다.
① 관계 법령에 따른 배치기준, 겸직 금지, 보수교육, 품질관리 등의 법규 위반 시
② 시공관리 책임자가 사전 승인 없이 현장 이탈 시
③ 시공관리 책임자가 공사를 조잡하게 하거나, 부실시공으로 일반인에게 위해를 끼친 때
④ 시공관리 책임자가 기술 및 시공능력 부족이 인정되거나, 정당한 사유 없이 기성공정이 예정공정에 현격히 미달 시
⑤ 시공관리 책임자가 불법 하도급을 하거나, 이를 방치 시
⑥ 시공관리 책임자가 기술능력 부족으로 시공에 차질을 빚거나, 감리원의 정당한 지시에 응하지 않을 시
⑦ 시공관리 책임자가 감리원의 검사확인 등의 승인을 받지 않고 후속공정을 진행하거나, 정당한 사유 없이 공사를 중단한 때

17 다음 계약금액의 조정과 관련된 문장 중에서 ( ) 안에 들어갈 담당자를 쓰시오.

"감리원은 설계변경 등으로 인한 계약금액의 조정을 위한 각종 서류를 공사업자로부터 제출받아 검토·확인한 후 (㉠)에게 보고하여야 하며, 감리업자는 소속 (㉡)으로 하여금 검토·확인하게 하고 대표자 명의로 발주자에게 제출하여야 한다."

정답 ㉠ 감리업자
㉡ 비상주감리원

18 물가변동으로 인한 계약금액 조정 시 감리원이 공사업자로부터 제출받아 검토 및 확인해야 할 서류를 3가지 쓰시오.

정답 다음 중 3가지를 골라서 쓴다.
① 물가변동 조정 요청서
② 계약금액 조정 요청서
③ 품목조정률이나 지수조정률의 산출근거
④ 계약금액 조정 산출근거

19. 태양광발전 시스템의 성능평가를 위한 측정 요소를 4가지 쓰시오.

정답 다음 중 4가지를 골라서 쓴다.
① 구성요인의 성능 및 신뢰성
② 사이트
③ 발전성능
④ 신뢰성
⑤ 설치가격(경제성)

20. 태양광발전소의 신뢰성 평가분석 항목 4가지를 쓰시오.

정답 ① 시스템 트러블(시스템의 정지, 인버터의 정지, 트립, 지락 등)
② 계측 관련 트러블(컴퓨터의 Off 혹은 조작 오류, 기타의 계측 관련 트러블 등)
③ 운전데이터의 결측
④ 계획정지(계획 정전, 정기점검, 개수정전, 계통정전 등)

21. IEC 규격의 국내 적용현황에서 다음 규격명을 쓰시오.

① KS C IEC 60904-4
② KS C IEC 61277
③ KS C IEC 61836

정답 ① KS C IEC 60904-4 : 태양전지 소자 제4부 - 기준 태양광 소자의 교정 소급성의 확립과정
② KS C IEC 61277 : 지상용 태양광발전 시스템 - 일반사항 및 지침
③ KS C IEC 61836 : 태양광발전 에너지 시스템 - 용어 및 기호

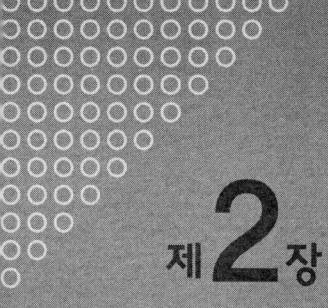 

제2장 공정·안전관리 및 준공검사

2-1 공정관리 및 안전관리

(1) 공정관리 관련 감리업무

① 개요
  ㈎ 감리원은 공사착공일부터 30일 이내에 공사업자로부터 공정관리 계획서를 제출받아 조속한 시일 내에 검토하여 승인하고, 이를 발주자에게 제출하여야 한다.
  ㈏ 감리원은 일정관리와 원가관리, 진도관리가 병행될 수 있는 종합관리 형태의 공정관리가 되도록 하여야 한다.
  ㈐ 감리원은 공사업자가 공정관리 업무를 수행할 수 있는 조직을 갖추도록 하여야 한다.

② 공정관리 계획
  ㈎ 감리원은 공사업자로부터 전체 실시공정표에 의거한 월간, 주간 상세공정표를 사전에 제출받아 검토, 확인하여야 한다.
    ㉮ 월간 상세 공정표 : 작업착수 1주일 전 제출
    ㉯ 주간 상세 공정표 : 작업착수 2일 전 제출
  ㈏ 감리원은 주간단위의 공정계획 및 실적을 공사업자로부터 제출받아 이를 검토·확인하고, 필요한 조치를 취해야 한다.
  ㈐ 감리원은 공사 진도율이 계획공정 대비 월간공정실적이 20% 이상 지연되거나 누계 공정실적이 10% 이상 지연될 때에는 공사업자로 하여금 부진사유 분석 만회대책 및 만회공정표 수립을 지시하여 정상공정을 회복할 수 있도록 하여야 한다.
  ㈑ 감리원은 검토·확인한 부진공정 만회대책과 그 이행상태의 점검평가 결과를 감리 월간보고서에 수록, 발주자에게 보고하여야 한다.
  ㈒ 감리원은 공사업자의 요청 또는 감리원의 판단에 의하여 수정공정 계획을 수립할 시 공사업자로부터 수정공정 계획을 제출받아 제출일로부터 14일 이내에 검토하여 승인하고 발주자에게 보고하여야 한다.
  ㈓ 감리원은 공사업자의 준공기한 연기원에 대하여 이의 타당성을 검토·확인하고, 필요시 검토의견서를 첨부하여 발주자에게 보고하여야 하며, 공기연장은 당해공사의 주공정의 연기된 부분만을 인정한다.

(사) 감리원은 월간 공정현황을 정기 감리보고서에 포함하여 발주자에게 보고하여야 한다.

(2) 안전관리 관련 감리업무

① 임무
(가) 감리원은 공사업자의 안전관리를 지도·감독하며, 공사 전반에 대한 안전관리계획의 사전검토·실시확인 및 평가지표의 기록 유지 등 사고예방을 위한 제반 안전관리 업무에 대한 감리수행을 하여야 한다.
(나) 책임감리원은 소속 감리원 중 안전관리 담당을 지정하여 현장 안전관리사항을 감리하여야 한다.

② 사전검토사항
(가) 공사업자의 안전조직편성 및 임무의 법상 구비조건 충족 및 실질적인 활동 가능성 검토
(나) 안전 관리자에 대한 임무수행 능력보유 및 권한부여 검토
(다) 시공계획과 연계된 안전계획의 수립 및 그 내용의 실효성 검토
(라) 유해, 위험방지계획 내용 및 실천 가능성 검토
(마) 안전점검 및 안전교육 계획의 수립 여부와 내용의 적정성 검토
(바) 안전관리 예산편성 및 집행계획의 적정성 검토
(사) 현장 안전관리 규정의 비치 및 그 내용의 적정성 검토
(아) 표준 안전 관리비는 타용도에 사용 불가

③ 공사 중 감리수행
(가) 안전관리 계획의 이행 및 여건 변동 시 계획 변경 여부
(나) 안전보건 협의회 구성 및 운영상태(해당 시)
(다) 안전점검 계획 수립 및 실시(일일, 주간, 우기 및 해빙기 등 자체의 안전점검, 전력기술관리법 및 관계법령에 의한 안전점검, 안전진단 등)
(라) 안전교육 계획의 실시(사전 안전교육, 직무교육)
(마) 위험장소 및 작업에 대한 안전조치 이행
(바) 안전표지 부착 및 유지관리
(사) 안전통로확보, 자재의 정리정돈
(아) 사고조사 및 원인분석, 각종 통계자료의 유지
(자) 월간 안전관리비 사용실적 확인

④ 기록 유지 : 감리원은 공사업자에게 다음 자료를 기록 유지하도록 하고, 이행상태를

점검한다.
　(가) 안전업무일지(일일보고)
　(나) 안전점검 실시(안전업무일지에 포함 가능)
　(다) 안전교육(안전업무일지에 포함 가능)
　(라) 각종 사고보고
　(마) 월간 안전 통계
　(바) 안전관리비 사용실적(월별)
⑤ **안전관리결과 보고서의 검토** : 감리원은 매월 시공사로부터 안전관리 결과 보고서를 제출받아 이를 검토하고, 미비한 사항이 있을 시는 시정조치하여야 한다.

2-2 기성 및 준공검사

(1) 검사자 임명

감리자는 기성부분검사원 또는 준공계를 접수하였을 때는 소속 비상주감리원 중 고급감리원급 이상의 자로 검사자, 입회자를 임명하고 즉시 본인에게 통지하여야 하고 이 사실을 발주자에게 보고하여야 한다.

(2) 검사기간

① 감리원은 공사업자로부터 검사원을 접수하였을 때는 이를 신속하게 검토 확인하고, 감리조서를 첨부하여 지체 없이 감리업자에게 제출하여야 한다.
② 검사자는 계약에 소정기일이 명시되지 않는 한 임명통지를 받은 날로부터 8일 이내에 당해 공사의 검사를 완료하고 소정 서식에 의한 검사조서를 작성하여 검사완료일로부터 3일 이내에 검사결과를 소속 감리업자에게 보고하여야 하며 감리업자는 신속히 검토 후 발주자에게 지체 없이 보고하여야 한다.

(3) 불합격 공사에 대한 재시공명령

검사자는 검사에 합격되지 아니한 부분이 있을 때에는 감리업자에게 지체 없이 그 내용을 보고하고 감리업자의 지시에 따라 즉시 시공자로 하여금 보완시공 또는 재시공하게 하고, 감리업자는 당해 공사의 검사자로 하여금 재검사를 하게 하여야 한다.

(4) 기성부분 검사 절차

① **기성부분 검사원 및 기성내역서 검토 확인** : 공사업자는 기성부분 검사원 작성 시는 사전에 감리원과 의견 조정을 한 후 작성하도록 하여 감리원의 검사원 검토기간을 줄일 수 있도록 하여야 한다. 감리원은 공사업자로부터 기성부분 검사원을 접수하였을 때는 기성내역과 실제 시공현황을 비교 검토하여 부당하게 과소 또는 과대하게 사정되지 않도록 하여야 한다.

② **기성부분 검사** : 감리업자로부터 기성부분 검사자로 임명받은 감리자는 당해 공사의 현장에 상주감리원 및 시공자 또는 그 대리인 등을 입회하게 하여 계약서, 시방서, 설계도서, 기타 관계서류에 따라 검사하여야 한다.

③ **발주자에게 검사결과의 보고** : 기성부분 검사자는 임명 통지를 받은 날로부터 8일 이내에 기성검사를 완료하고 검사조서를 작성하여 검사완료일로부터 3일 이내에 검사결과를 감리업자에게 보고하여야 한다.

(5) 준공검사 등의 절차

① **시설물 시운전** : 감리원은 당해 공사완료 후 준공검사 전 사전 시운전 등이 필요한 부분에 대하여는 공사업자로 하여금 시운전을 위한 계획을 수립하도록 하고 이를 검토하여 발주자에게 제출하여야 한다.

② **예비준공검사**
  ㈎ **예비준공검사의 실시** : 공사현장의 주요공사가 완료되고 현장이 정리단계에 있을 때, 준공기한 내 준공 가능 여부 및 미진사항의 사전 보완을 위해 준공예정일 2개월 전에 예비준공검사(시운전 포함)를 실시하여야 한다.
  ㈏ **보완지시** : 예비준공검사는 검사를 행한 후 보완사항에 대하여는 공사업자에게 보완지시하고 준공 검사자가 검사 시에 이를 확인할 수 있도록 감리업자 및 발주자에게 검사결과를 제출하여야 한다.
  ㈐ **시운전계획수립 검토** : 감리원은 공사업자로부터 시운전계획서를 제출받아 검토 및 확정하여 시운전 20일 이내에 발주자 및 공사업자에게 통보하여야 한다.

③ **준공검사**
  ㈎ **준공검사원의 검토 확인** : 감리원은 공사업자로부터 준공검사원을 접수하였을 때는 계약서, 시방서, 설계도면, 기타 관계서류의 내용대로 시공이 완료되었는지 여부 및 시운전 결과를 확인하고 준공검사원의 내용과 정산설계도서의 합치 여부 등을 검토 확인하여야 한다.
  ㈏ 준공검사

㉮ 준공검사자는 당해 공사의 현장 상주감리원, 공사업자 또는 대리인 등을 입회하게 하여 계약서, 시방서, 설계도면, 기타 관계서류에 따라 검사하여야 한다.
㉯ 검사조서의 작성 : 준공검사자는 임명통지를 받은 날로부터 8일 이내에 당해 공사의 검사를 완료하고 준공검사조서를 작성하여 검사 완료일로부터 3일 이내에 검사결과를 소속 감리업자에게 보고하여야 한다.
㉰ 준공검사자로부터 보고를 받은 감리업자는 신속히 검토 후 발주자에게 지체 없이 통보하여야 한다.

④ **준공도면 등의 검토확인**
㉮ 감리원은 준공 설계도서 등을 검토 확인하고 시설 목적물이 발주자에게 차질 없이 인계될 수 있도록 지도 감독하여야 한다. 감리원은 공사업자로부터 준공일 30일 전까지 준공 설계 도서를 제출받아 이를 검토 확인하여야 한다.
㉯ 준공도면의 검토 · 확인 : 감리원은 공사업자가 작성 제출한 준공도면이 실제 시공된 대로 작성되었는가의 여부를 검토 · 확인하여 발주자에게 제출하여야 한다. 준공도면은 계약에 정한 방법으로 작성되어야 하며, 모든 준공도면에는 감리원의 확인 서명이 있어야 한다.
㉰ 공사현장의 사후관리검사자는 공사의 시행으로 인하여 발생한 모든 폐기물, 잉여자재 및 가건물과 주변지역 훼손에 대하여 공사업자로 하여금 지체 없이 제거 또는 반출하게 하거나 공사현장 주위의 정리 상태를 확인한 후 검사에 임하여야 한다.

⑤ **기성검사 및 준공검사자의 임명 요청 시 준공 감리조서에 첨부할 서류**
㉮ 주요 기자재 검수 및 수불부
㉯ 감리원의 검사기록 서류 및 시공 당시의 사진
㉰ 품질시험 및 검사성과 총괄표
㉱ 발생품 정리부
㉲ 그 밖에 감리원이 필요하다고 인정하는 서류와 준공검사원에는 지급기자재 잉여분 조치현황과 공사의 서전검사 확인서류, 안전관리점검 총괄표 추가 첨부

⑥ **준공검사 관련 내용**
㉮ 완공된 시설물이 설계도서대로 시공되었는지의 여부
㉯ 시공 시 현장 상주감리원이 작성 비치한 제 기록에 대한 검토
㉰ 폐품 또는 발생물의 유무 및 처리의 적정성 여부
㉱ 지급 기자재의 사용 적부와 잉여자재의 유무 및 그 처리의 적정성 여부
㉲ 제반 가설시설물의 제거와 원상복구 정리 상황
㉳ 감리원의 준공검사원에 대한 검토의견서
㉴ 그 밖에 검사자가 필요하다고 인정하는 사항

2-3 인수·인계

(1) 시설물 인수·인계

① **시설물 인수·인계 계획 수립**
  ㈎ 감리원은 공사업자로 하여금 당해 공사의 예비준공검사(시운전 포함) 완료 후 14일 이내에 시설물의 인수·인계를 위한 계획을 수립하도록 하고 이를 검토하여야 한다.
  ㈏ 감리원은 공사업자로부터 시설물 인수·인계 계획서를 제출받아 7일 이내에 검토·확정하여 발주자 및 공사업자에게 통보하여 인수·인계에 차질이 없도록 한다.

② **시설물 인수·인계**
  ㈎ 감리원은 발주자와 공사업자 간의 시설물 인수·인계의 입회자가 된다.
  ㈏ 감리원은 공사업자가 제출한 인수·인계서를 검토하여 시설물이 적기에 발주자에게 인계될 수 있도록 한다.
  ㈐ 시설물의 인수·인계는 준공검사 시 지적사항 시정완료일로부터 14일 이내에 실시한다.

(2) 준공 후 현장문서 인수·인계

① 감리원은 당해 공사와 관련한 감리기록서류 중 발주자에게 인계할 문서의 목록을 발주자와 협의, 작성하여야 한다.
② 감리원은 감리용역 준공 후 14일 이내에 발주자와 협의한 현장문서를 발주자에 인계하여야 한다.
③ 감리업자는 공사 준공 후 시스템 사용설명서를 작성하여 제출하여야 한다.

(3) 유지관리 및 하자보수

① **시설물의 유지관리 지침서 등**
  ㈎ 감리원은 발주자(설계자) 또는 공사업자(주요 설비의 납품자 포함) 등이 제출한 시설물의 유지관리 지침자료를 검토하여 유지관리 지침서를 작성하여 공사 준공 후 14일 이내에 발주자에게 제출하여야 한다.
  ㈏ 유지관리 지침서에는 다음 내용을 포함하여야 한다.
    ㉠ 시설물의 규격 및 기능 설명서
    ㉡ 시설물의 유지관리 기구에 대한 의견서

㈐ 시설물 유지관리 지침
㈑ 특기사항
㈐ 당해 감리업체 대표자는 발주자가 유지관리상 필요하다고 인정하여 기술자문 요청 등이 있을 경우에는 이에 협조하여야 한다.

② **하자보수에 대한 의견제시**
㈎ 감리업체 대표자 및 감리원은 공사준공 후 발주자와 공사업자 간의 시설물의 하자보수 처리에 대한 분쟁 또는 이견이 있는 경우, 감리원으로서의 의견을 제시하여야 한다.
㈏ 감리업체 대표자 및 감리원은 공사준공 후 발주자가 필요하다고 인정하여 하자보수 대책수립을 요청할 경우 이에 협조하여야 한다.

(4) 사용 전 검사

① **검사 시기** : 전체공사 완료 후
② **사용 전 검사의 구분**

구 분	검사의 종류	용 량	선 임	감리원 배치
일반용	사용 전 점검	10kW 이하	미선임	필요 없음
자가용	사용 전 검사 (저압설비는 공사계획 미신고)	10kW 초과 (자가용 설비 내에 있는 경우 용량에 관계없이 자가용임)	대행업체 대행 가능(1,000kW 이하)	감리원 배치확인서(자체 감리원 불인정)
사업용	사용 전 검사 (시·도에 공사계획 신고)	전용량 대상	대행업체 대행 가능(10kW 이하 미선임 가능)	감리원 배치확인서(자체 감리원 불인정)

③ **사용 전 검사에 필요한 서류**
㈎ 사용 전 검사(점검) 신청서
㈏ 태양광발전설비 개요
㈐ 공사계획 인가서(신고서)
㈑ 태양광전지 규격서
㈒ 단선결선도, 시퀀스 도면, 태양전지 트립인터록 도면, 종합 인터록 도면 → 설계면허(직인 필요 없음)

(바) 절연저항시험 성적서, 절연내력시험 성적서, 경보회로시험 성적서, 부대설비시험 성적서, 보호장치 및 계전기시험 성적서
(사) 출력 기록지
(아) 전기안전관리자 선임필증 사본(사용 전 점검에서는 제외)
(자) 감리원 배치확인서(사용 전 점검에서는 제외)

④ **태양전지 셀 및 어레이 사용 전 검사 방법**
(가) 지상설치형 어레이의 경우에는 지상에서 육안으로 점검하며, 지붕설치형 어레이는 수검자가 제공한 낙상 보호조치를 확인한 후 검사자가 직접 지붕에 올라 어레이를 검사한다.
(나) 지붕의 경사가 심해 검사자가 직접 오를 수 없는 경우에는 수검자가 제공한 사다리나 승강장치에 올라 정확한 모듈과 어레이의 설치개수, 설계도면 일치 여부 등을 확인한다.
(다) 지붕에 설치된 모듈은 모델번호를 확인하기 곤란한 경우가 많으므로 수검자가 카메라로 찍은 사진을 근거로 확인한다.
(라) 사용 전 검사 시 공사계획인가서의 내용과 일치하는지 태양전지 모듈의 정격용량을 확인하여 이를 사용전검사필증에 표시한다.
(마) 검사자는 모듈 간 제대로 접속되었는지 확인하기 위해 개방전압이나 단락전류 등을 확인한다.
(바) 검사자는 운전 개시 이전에 태양광 회로의 절연상태를 확인하고 통전 여부를 판단하기 위해 절연저항을 측정한다.
(사) 태양광발전소에 설치된 태양전지 셀의 셀당 최대출력을 기록한다.
(아) 개방전압과 단락전류와의 곱에 대한 최대출력의 비(충진율)를 태양전지 규격서로부터 확인하여 기록한다.

⑤ **사용 전 검사 주의사항**
(가) 피뢰침 보호각이 표시되어 있는 전기 간선 계통도를 붙여야 한다.
(나) 케이블 트레이 상용케이블과 태양광발전설비 케이블의 사이에는 이격거리를 두고 배선 꼬리표를 달아야 한다.
(다) 계통 연계되는 전기실까지 케이블 트레이 평면도를 붙여야 한다.
(라) 비상발전기는 태양광발전설비의 계통과 연계하지 말아야 한다.
(마) 자가용 및 사업자용 태양광발전설비 사용 전 검사 항목 : 전기사업용 전기설비의 검사항목을 준용한다.

⑥ 자가용 태양광발전의 검사항목

검사항목	검사세부	수검자 준비자료
1. 태양광발전 설비표	• 태양광발전 설비표 작성	• 공사계획인가(신고)서 • 태양광 발전설비 개요
2. 태양광 전지 검사 ① 태양광 전지일반규격	• 규격확인	• 공사계획인가(신고)서 • 태양광 전지규격서

② 태양광 전지 검사	• 외관검사
	• 전지 전기적 특성시험
	  - 최대출력
	  - 개방전압
	  - 단락전류
	  - 최대 출력전압 및 전류
	  - 충진율
	  - 전력변환효율
	• Array
	  - 절연저항
	  - 접지저항
		• 단선결선도
		• 태양광전지 Trip Interlock 도면
		• Sequence 도면
		• 보호장치 및 계전기시험 성적서
		• 절연저항시험 성적서

3. 전력변환장치 검사 ① 전력변환장치 일반규격	• 규격확인	• 공사계획인가(신고)서
② 전력변환장치 검사	• 외관검사 • 절연저항 • 절연내력 • 제어회로 및 경보장치 • 전력조절부/Static 스위치 자동·수동절체시험 • 역방향운전 제어시험 • 단독 운전 방지 시험 • 인버터 자동·수동절체시험 • 충전기능시험	• 단선결선도 • Sequence 도면 • 보호장치 및 계전기시험 성적서 • 절연저항시험 성적서 • 절연내력시험 성적서 • 경보회로시험 성적서 • 부대설비시험 성적서
③ 보호장치검사	• 외관검사 • 절연저항 • 보호장치시험	
④ 축전지	• 시설상태 확인 • 전해액 확인 • 환기시설 상태	

4. 종합연동시험검사 5. 부하운전시험검사	• 검사 시 일사량을 기준으로 가능 출력 확인하고 발전량 이상 유무 확인(30분)	• 종합 Interlock 도면 • 출력 기록지
6. 기타 부속설비	• 전기수용설비 항목을 준용	

⑦ **사업용 태양광발전설비에 대한 검사항목**

　(가) 정기검사는 4년마다 실시한다.

　(나) 5대 검사항목 : 태양광전지 검사, 전력변환장치 검사, 변압기 검사, 차단기 검사, 전선로(모선) 검사

　(다) 통상 상기 5대 검사항목 외 발전설비표, 접지설비, 비상발전기, 종합연동, 부하운전 등에 대한 검사도 진행한다.

⑧ **법정검사 시정기간** : 법정검사 수행절차 시 불합격일 경우 시정기간은 아래와 같다.

　(가) 사용 전 검사 : 15일

　(나) 정기검사 : 3개월

⑨ **전기설비의 임시사용 허용기준**

　(가) 발전기의 출력이 인가를 받거나 신고한 출력보다 낮으나 사용상 안전에 지장이 없다고 인정되는 경우

　(나) 송전·수전과 직접적인 관련이 없는 보호울타리 등이 시공되지 아니한 상태이나 사람이 접근할 수 없도록 안전조치를 한 경우

　(다) 공사계획을 인가받거나 신고한 전기설비 중 교대성·예비성 설비 또는 비상용 예비발전기가 완공되지 아니한 상태이나 주된 전기설비가 전기의 사용상이나 안전에 지장이 없다고 인정되는 경우

신재생에너지 발전설비기사·산업기사

예상문제

제2장 | 공정·안전관리 및 준공검사

1 감리원의 공사진도 관리와 관련된 다음 내용에서 ( ) 안에 맞는 숫자를 채우시오.

- 감리원은 공사업자로부터 전체 실시공정표에 따른 월간 상세공정표 및 주간 상세공정표를 사전에 제출받아 검토·확인하여야 한다.
- 감리원은 공사진도율이 계획공정 대비 월간 공정실적이 (㉠)% 이상 지연되거나, 누계공정 실적이 (㉡)% 이상 지연될 때에는 공사업자에게 부진사유 분석, 만회대책 및 만회공정표를 수립하여 제출하도록 지시하여야 한다.

정답 ㉠ 10, ㉡ 5

2 감리원의 공정관리 계획서 검토와 관련된 다음 내용에서 ( ) 안에 맞는 숫자를 채우시오.

- 감리원은 공사 시작일부터 (㉠)일 이내에 공사업자로부터 공정관리 계획서를 제출받도록 한다.
- 공정관리 계획서를 제출받은 날부터 (㉡)일 이내에 검토·승인하고, 발주자에게 제출하여야 한다.

정답 ㉠ 30, ㉡ 14

3 감리원의 설계변경 및 계약금액의 조정과 관련하여 ( ) 안을 채우시오.

감리원은 설계변경 등으로 인한 계약금액의 조정을 위한 각종 서류를 (㉠)로부터 제출받아 검토·확인한 후 감리업자에게 보고하여야 하며, 감리업자는 소속 비상주감리원으로 하여금 검토, 확인하게 하고 대표자 명의로 (㉡)에게 제출하여야 한다.

정답 ㉠ 공사업자, ㉡ 발주자

4 감리원의 설계변경 및 계약금액의 조정과 관련하여 (   ) 안을 채우시오.

- 물가변동으로 인한 계약금액 조정 시 감리원은 공사업자로부터 제출된 서류를 검토·확인 후 조정요청을 받은 날로부터 (㉠)일 이내에 검토의견을 첨부하여 발주자에게 보고한다.
- 최종 계약금액의 조정은 예비준공검사 기간 등을 고려하여 늦어도 준공 예정일 (㉡)일 전까지 발주자에게 제출되어야 한다.

정답 ㉠ 14, ㉡ 45

5 태양광 발전설비 시험성적서 확인방법 중 사용 전 검사 시 확인할 시험인증서의 종류를 2가지 쓰시오.

정답 ① 공인시험기관에 의한 시험성적서(공인시험)
② 기관에 의한 인증서(제품인증)

6 다음 준공기한 연기에 관련된 감리업무에 대한 설명 중에서 (   ) 안을 채우시오.

감리원은 공사업자의 준공기한 연기원에 대하여 이의 타당성을 검토·확인하고, 필요시 검토의견서를 첨부하여 (㉠)에게 보고하여야 하며, 공기연장은 당해공사의 (㉡)의 연기된 부분만을 인정한다.

정답 ㉠ 발주자, ㉡ 주공정

7 태양광발전설비 공사의 준공검사와 관련하여 (   ) 안을 채우시오.

- 준공검사자는 임명통지를 받은 날로부터 (㉠)일 이내에 당해 공사의 검사를 완료하고 (㉡)를 작성하여 검사 완료일로부터 (㉢)일 이내에 검사결과를 소속 감리업자에게 보고하여야 한다.
- 준공검사자로부터 보고를 받은 감리업자는 신속히 검토 후 (㉣)에게 지체 없이 통보하여야 한다.

정답 ㉠ 8, ㉡ 준공검사조서, ㉢ 3, ㉣ 발주자

> **8** 다음의 공사 완료 후 인수인계에 관련된 내용 중에서 ( ) 안에 적당한 숫자를 채우시오.
>
> - 감리원은 공사업자로 하여금 당해 공사의 예비준공검사(시운전 포함) 완료 후 (㉠)일 이내에 시설물의 인수인계를 위한 계획을 수립하도록 하고 이를 검토하여야 한다.
> - 시설물의 인수·인계는 준공검사 시 지적사항 시정완료일로부터 (㉡)일 이내에 실시한다.
> - 감리원은 감리용역 준공 후 (㉢)일 이내에 발주자와 협의한 현장문서를 발주자에 인계하여야 한다.

정답 ㉠ 14, ㉡ 14, ㉢ 14

> **9** 현장 공사 완료 후 인수인계할 유지관리 지침서에 포함되어야 할 내용을 3개 쓰시오.

정답 다음 중 3개를 골라서 작성한다.
① 시설물의 규격 및 기능 설명서
② 시설물의 유지관리 기구에 대한 의견서
③ 시설물 유지관리 지침
④ 특기사항

> **10** 전체 공사 완료 후 사용 전 검사 시 태양전지 셀 및 어레이 검사방법 3가지를 쓰시오.

정답 다음 중 3개를 골라서 작성한다.
① 지상설치형 어레이의 경우에는 지상에서 육안으로 점검하며, 지붕설치형 어레이는 수검자가 제공한 낙상 보호조치를 확인한 후 검사자가 직접 지붕에 올라 어레이를 검사한다.
② 지붕의 경사가 심해 검사자가 직접 오를 수 없는 경우에는 수검자가 제공한 사다리나 승강장치에 올라 정확한 모듈과 어레이의 설치개수, 설계도면 일치여부 등을 확인한다.
③ 지붕에 설치된 모듈은 모델번호를 확인하기 곤란한 경우가 많으므로 수검자가 카메라로 찍은 사진을 근거로 확인한다.
④ 사용 전 검사 시 공사계획인가서의 내용과 일치하는지 태양전지 모듈의 정격용량을 확인하여 이를 사용전검사필증에 표시한다.
⑤ 검사자는 모듈 간 제대로 접속되었는지 확인하기 위해 개방전압이나 단락전류 등을 확인한다.
⑥ 검사자는 운전 개시 이전에 태양광 회로의 절연상태를 확인하고 통전 여부를 판단하기 위해 절연저항을 측정한다.
⑦ 태양광발전소에 설치된 태양전지 셀의 셀당 최대출력을 기록한다.
⑧ 개방전압과 단락전류와의 곱에 대한 최대출력의 비(충진율)를 태양전지 규격서로부터 확인하여 기록한다.

11. 자가용 태양광 발전설비의 사용전검사 항목 6가지를 쓰시오.

정답
① 태양광발전 설비표
② 태양광 전지 검사
③ 전력변환장치 검사
④ 종합연동시험검사
⑤ 부하운전시험검사
⑥ 기타 부속설비검사

12. 다음 중 기성 및 준공검사의 검사자 임명과 관련하여 ( ) 안에 들어가야 할 담당의 명칭을 쓰시오.

"감리자는 기성부분검사원 또는 준공계를 접수하였을 때는 소속 비상주감리원 중 (㉠) 이상의 자로 검사자, 입회자를 임명하고 즉시 본인에게 통지하여야 하고 이 사실을 (㉡)에게 보고하여야 한다."

정답 ㉠ 고급감리원급, ㉡ 발주자

13. 다음 중 기성검사의 절차와 관련하여 ( ) 안에 들어가야 할 적당한 말을 넣으시오.

- 감리원은 공사업자로부터 검사원을 접수하였을 때는 이를 신속하게 검토 확인하고, (㉠)를 첨부하여 지체 없이 감리업자에게 제출하여야 한다.
- 불합격 공사에 대한 재시공명령 : 검사자는 검사에 합격되지 아니한 부분이 있을 때에는 감리업자에게 지체 없이 그 내용을 보고하고 감리업자의 지시에 따라 즉시 시공자로 하여금 보완시공 또는 재시공하게 하고, 감리업자는 당해 공사의 검사자로 하여금 (㉡)를 하게 하여야 한다.

정답 ㉠ 감리조서, ㉡ 재검사

14. 기성부분 검사원 작성과 관련하여 ( ) 안에 들어가야 할 적당한 용어를 넣으시오.

- 공사업자는 기성부분 검사원 작성 시는 사전에 (㉠)과 의견 조정을 한 후 작성하도록 하여 감리원의 검사원 검토기간을 줄일 수 있도록 하여야 한다.
- 감리원은 공사업자로부터 기성부분 검사원을 접수하였을 때에는 (㉡)과(와) 실제 시공현황을 비교 검토하여 부당하게 과소 또는 과대하게 사정되지 않도록 하여야 한다.

정답 ㉠ 감리원, ㉡ 기성내역 혹은 기성내역서

15 다음 준공검사원의 검토 및 확인과 관련하여 ( )에 들어가야 할 적당한 용어를 넣으시오.

감리원은 공사업자로부터 준공검사원을 접수하였을 때는 계약서, 시방서, 설계도면, 기타 관계서류의 내용대로 시공이 완료되었는지 여부 및 ( ) 결과를 확인하고 준공검사원의 내용이 정산설계도서와의 합치 여부 등을 검토 확인하여야 한다.

정답 시운전

16 다음 하자보수에 대한 의견제시와 관련하여 ( ) 안에 들어가야 할 적당한 용어를 쓰시오.

- 감리업체 대표자 및 감리원은 공사준공 후 발주자와 공사업자 간의 시설물의 하자보수 처리에 대한 분쟁 또는 이견이 있는 경우, (㉠)을 제시하여야 한다.
- 감리업체 대표자 및 감리원은 공사준공 후 (㉡)가 필요하다고 인정하여 하자보수 대책수립을 요청할 경우 이에 협조하여야 한다.

정답 ㉠ 의견 혹은 감리원으로서의 의견, ㉡ 발주자

17 태양광발전설비의 사용 전 검사에 필요한 서류를 다섯 가지 쓰시오.

정답 아래에서 다섯 가지를 골라 작성한다.
① 사용 전 검사 신청서
② 태양광발전설비 개요
③ 공사계획 인가서(신고서)
④ 태양광전지 규격서
⑤ 단선결선도, 시퀀스 도면, 태양전지 트립인터록 도면, 종합 인터록 도면→설계면허(직인 필요 없음)
⑥ 절연저항시험 성적서, 절연내력시험 성적서, 경보회로시험 성적서, 부대설비시험 성적서, 보호장치 및 계전기시험 성적서
⑦ 출력 기록지
⑧ 전기안전관리자 선임필증 사본
⑨ 감리원 배치확인서

18 사용 전 점검 및 검사와 관련하여 (　) 안에 들어갈 말을 쓰시오.

"태양광 발전소 건설 시 전기안전관리자 (㉠) 사본, 감리원 (㉡) 등은 사용 전 점검 시에는 제외되고, 사용 전 검사 시에 필요한 서류이다."

정답 ㉠ 선임필증, ㉡ 배치확인서

19 파워컨디셔너의 사용 전 검사 방법(항목)을 5가지 쓰시오.

정답 다음 중 5가지를 골라 작성한다.
① 규격 확인
② 외관검사
③ 절연저항
④ 절연내력
⑤ 제어회로 및 경보장치
⑥ 전력조절부/Static스위치 자동·수동 절체시험
⑦ 역방향운전 제어시험
⑧ 단독운전 방지시험
⑨ 인버터 자동·수동 절체시험
⑩ 충전기능시험

20 축전지의 사용 전 검사 방법(항목)을 세 가지 쓰시오.

정답 시설상태 확인, 환기시설 상태 확인, 전해액 확인

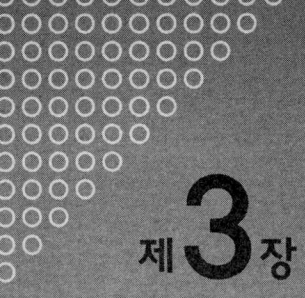

제3장 발전시스템 성능진단

3-1 성능 진단 시 주의사항

① **모듈 1개의 특성을 진단** : '모듈 후면 단자함'에서 개방전압, 단락전류 등을 측정하도록 한다.
② 각 스트링 개방전압 측정값의 차가 모듈 1매분 개방전압의 1/2보다 적으면 결선 또는 모듈의 이상이 없는 것으로 판정할 수 있다.
③ 태양전지 어레이의 출력보다 변압기의 출력이 항상 낮게 나타난다(인버터 변환효율, 전압강하로 인한 배선효율, 변압기/차단기/배전반 등의 수변전설비 효율 등 때문이다).
④ **PCS의 정상운전 전압범위** : 공칭전압의 88~110%
⑤ PCS의 보호기능시험을 위해서 정격 전압, 정격 주파수, 정격 출력상태에서 해당 시험항목을 변화시켜 기준에서 정한 고장제거 시간 안에 정지되는지 시험한다.

3-2 성능의 진단

① 태양전지 모듈의 일조량, 온도변화에 따른 최대출력, 개방전압, 단락전류의 특성변화 : 정(+) / 부(−) 특성

구 분	최대출력	개방전압	단락전류
일조량	정(+)	부(−)	정(+)
온도	부(−)	부(−)	정(+)

② PCS의 정격출력에 따른 직류 입력전압과 교류 출력전압

PCS 정격출력	직류 입력전압	교류 출력전압
10kW 이하(소형)	1,000V 이하	380V 이하
10kW 초과~250kW 이하(중대형)	1,000V 이하	1,000V 이하

③ 인버터(독립형/연계형)의 시험항목

시험항목		독립형	계통연계형	구 분
1. 구조시험		○	○	비고1
2. 절연성능시험	(a) 절연저항시험	○	○	비고1
	(b) 내전압시험	○	○	비고1
	(c) 감전보호실험	○	○	비고1
	(d) 절연거리시험	○	○	비고1
3. 보호기능시험	(a) 출력 과전압 및 부족전압보호기능시험	○	○	
	(b) 주파수 상승 및 저하보호기능시험	○	○	
	(c) 단독운전 방지기능시험	×	○	
	(d) 복전후일정시간투입방지기능시험	×	○	
4. 정상특성시험	(a) 교류전압, 주파수 추종범위 시험	×	○	
	(b) 교류출력전류 변형률 시험	×	○	
	(c) 누설전류시험	○	○	비고1
	(d) 온도상승시험	○	○	비고1
	(e) 효율시험	○	○	
	(f) 대기손실시험	×	○	
	(g) 자동기동·정지시험	×	○	
	(h) 최대전력 추종시험	×	○	
	(i) 출력전류 직류분 검출 시험	×	○	
5. 과도응답 특성시험	(a) 입력전력 급변시험	○	○	
	(b) 계통전압 급변시험	×	○	
	(c) 계통전압위상 급변시험	×	○	
6. 외부사고시험	(a) 출력측 단락시험	○	○	
	(b) 계통전압 순간정전·강하시험	×	○	
	(c) 부하차단시험	○	○	
7. 내전기 환경시험	(a) 계통전압 왜형률내량시험	×	○	
	(b) 계통전압불평형시험	×	○	
	(c) 부하불평형시험	○	×	
8. 내주위 환경시험	(a) 습도시험	○	○	비고1
	(b) 온습도사이클시험	○	○	비고1
9. 전자기적합성(EMC)	(a) 전자파 장해(EMI)	○	○	비고1
	(b) 전자파 내성(EMS)	○	○	비고1

비고 1. 실내·외 설치를 위해 케이스 변경 시 인증모델의 유사모델을 적용하며, 이 항목만 실시한다.
2. 부하불평형 시험은 3상 인버터만 적용한다.
3. 감전보호시험과 전자기적합성 시험은 전기용품 안전인증기관 및 정부 출연 시험기관에서 시험한 성적서로 대체할 수 있다.

④ **인버터 누설전류 시험방법** : 중·대형급 이상의 발전소에 많이 사용
　(가) 교류 전원을 정격 전압 및 정격 주파수로 운전한다.
　(나) 직류 전원은 인버터 출력이 정격출력이 되도록 설정한다.
　(다) 인버터의 기체와 대지의 사이에 1kΩ 이상의 저항을 접속해서 저항에 흐르는 누설전류를 측정한다.
　(라) 판정기준은 누설전류 5mA 이하이다.

⑤ PCS의 [출력 과전압 및 부족전압 보호 기능시험]에서 전압범위별 고장 제거시간

전압범위[기준전압에 대한 비율(%)]	고장 제거시간
V<50	0.16s 이내
110<V<120	2.00s 이내
V≥120	2.00s 이내
V≥120	0.16s 이내
88≤V≤110 : 정상 운전 전압범위는 공칭전압의 88~110%로 한다.	

㈜ 1. 고장제거시간 : 계통에서 비정상 전압상태가 발생한 때로부터 전원 발전설비가 계통으로부터 완전히 분리될 때까지의 시간
　2. PCS의 출력 과전압/부족전압 보호기능시험에서 판정기준
　　① 출력 과전압 보호등급 : 공칭전압의 +10%(허용오차 ±2%)
　　② 출력 부족전압 보호등급 : 공칭전압의 -12%(허용오차 ±2%)

⑥ 비정상 주파수에 대한 고장제거시간(분산형 전원 분리시간)

분산형 전원 용량	주파수 범위(Hz)	고장제거
30kW 이하	>60.5	0.16s
	<59.3	0.16s
30kW 초과	>60.5	0.16s
	<57.0~59.8(조정가)	0.16s~300ms(조정가)
	<57.0	0.16s

* 허용오차 : ±0.05Hz

⑦ PCS의 주파수 상승 보호 기능시험은 정격 전압, 정격 주파수, 정격 출력 상태의 기준에서 정한 비정상 주파수를 만들어 고장제거 시간 내에 제거되는지를 다음과 같이 시험한다.
　㈎ 모의 계통전원을 조정하여 출력전압의 주파수를 정격에서부터 최대 0.05Hz 단위로 서서히 상승시켜 인버터가 정지하는 등급(주파수 상승보호 등급)을 측정한다.
　㈏ 주파수를 정격 주파수에서 주파수 상승 보호등급의 +0.1Hz까지 계단함수 형태로 올리면서 인버터가 정지하는 시간(또는 게이트 블록 기능 동작)을 측정한다.
⑧ **PCS의 "단독운전방지" 기능시험의 판정기준** : 단독운전을 검출하여 0.5초 이내에 개폐기 개방 또는 게이트 블록 기능이 동작할 것.
⑨ **다음과 같은 PCS 시험회로에서 "복전 후 일정시간 투입방지" 기능시험의 순서**
　㈎ 인버터를 정격 출력에서 운전한다.
　㈏ 스위치를 개방하여 정전을 발생시킨 후 10초 동안 유지한다.
　㈐ 스위치를 투입하여 복전시킨다.
　㈑ 복전 후 재운전 시간과 교류출력, 전압 및 전류를 측정한다.
　㈒ 판단기준 : 5분 이상 재운전 금지, 재운전 시 출력전류의 실효치가 정격전류의 150% 이하일 것

신재생에너지 발전설비기사·산업기사

예상문제

제3장 | 발전시스템 성능진단

1. 다음의 태양광발전 시스템의 성능 진단 시 주의사항에 대한 설명 중 ( ) 안에 들어갈 부품 혹은 숫자를 쓰시오.

- 모듈 1개의 특성을 진단 측면에서는 모듈 후면의 (㉠)에서 개방전압, 단락전류 등을 측정하도록 한다.
- 각 스트링 개방전압 측정값의 차가 모듈 1매분 개방전압의 (㉡)보다 적으면 결선 또는 모듈의 이상이 없는 것으로 판정할 수 있다.

정답 ㉠ 단자함, ㉡ $\frac{1}{2}$

2. 태양전지 모듈의 일조량, 표면 온도변화에 따른 최대출력, 개방전압, 단락전류의 특성변화와 관련하여 다음 표의 ( ) 안에 '정특성(+)' 혹은 '부특성(−)'을 각각 기입하시오.

구분	최대출력	개방전압	단락전류
일조량	(㉠)	(㉡)	(㉢)
온도	(㉣)	(㉤)	(㉥)

정답 ㉠ 정특성(+), ㉡ 부특성(−), ㉢ 정특성(+),
㉣ 부특성(−), ㉤ 부특성(−), ㉥ 정특성(+)

3. 파워컨디셔너(PCS)의 정격출력에 따른 직류 입력전압 및 교류 출력전압과 관련하여 다음 표에서 ( ) 안에 맞는 수치는?

PCS 정격출력	직류 입력전압	교류 출력전압
10kW 이하(소형)	1,000V 이하	(㉠)V 이하
10kW 초과~250kW 이하(중대형)	(㉡)V 이하	1,000V 이하

정답 ㉠ 380, ㉡ 1,000

4. 인버터의 시험항목 중에서 독립형 및 연계형 공히 시험해야 하는 보호기능시험 2가지를 쓰시오.

   정답 출력 과전압 및 부족전압 보호기능시험, 주파수 상승 및 저하 보호기능시험

5. 인버터의 시험항목 중에서 절연성능시험 4가지를 쓰시오.

   정답 절연저항시험, 내전압시험, 감전보호시험, 절연거리시험

6. 인버터의 시험항목 중에서 독립형 및 연계형 공히 시험해야 하는 정상특성시험 3가지를 쓰시오.

   정답 누설전류시험, 온도상승시험, 효율시험

7. 인버터의 시험항목 중에서 독립형 및 연계형 공히 시험해야 하는 전자기 적합성시험(EMC) 2가지를 쓰시오.

   정답 전자파 장해(EMI), 전자파 내성(EMS)

8. 인버터의 시험항목 중에서 독립형 및 계통 연계형 공히 시험해야 하는 외부사고시험 2가지를 쓰시오.

   정답 출력 측 단락시험, 부하차단시험

9. 다음 인버터의 시험항목 시험 시의 주의사항과 관련하여 ( ) 안에 들어갈 적당한 말을 쓰시오.
   - 부하불평형 시험은 (㉠)인버터만 적용한다.
   - 감전보호시험과 전자기적합성 시험은 전기용품 안전인증기관 및 정부 출연 시험기관에서 시험한 (㉡)로 대체할 수 있다.

   해설 부하불평형 시험은 3상 인버터에만 적용하는 시험이다.
   정답 ㉠ 3상, ㉡ 시험성적서

10 다음은 중·대형급 이상의 발전소에 많이 사용하는 인버터 누설전류 시험방법이다. ( ) 안을 채우시오.

- 교류 전원을 정격 전압 및 정격 주파수로 운전한다.
- 직류 전원은 인버터 출력이 정격출력이 되도록 설정한다.
- 인버터의 기체와 대지 사이에 (㉠)kΩ 이상의 저항을 접속해서 저항에 흐르는 누설전류를 측정한다.
- 판정기준은 누설전류가 (㉡)mA 이하여야 한다.

정답 ㉠ 1, ㉡ 5

11 다음은 PCS의 출력 과전압 및 부족전압 보호 기능시험에서 전압범위별 고장 제거시간이다. ( )에 맞는 숫자를 채우시오.

전압범위[기준전압에 대한 비율 (%)]	고장 제거시간
V<50	0.16s 이내
50≤V<88	(㉠)s 이내
110<V<120	2.00s 이내
V≥120	0.16s 이내
정상 운전 전압범위는 공칭전압의 (㉡)~(㉢)%로 한다.	

정답 ㉠ 2.00, ㉡ 88, ㉢ 110

12 다음은 PCS의 비정상 주파수에 대한 고장 제거시간(분산형 전원 분리시간)이다. ( )에 맞는 숫자를 채우시오.

분산형 전원 용량	주파수 범위(Hz)	고장제거
30kW 이하	>60.5	0.16s
	<(㉠)	0.16s
30kW 초과	>60.5	(㉡)s
	<57.0~59.8(조정가)	0.16s~300ms(조정가)
	<57.0	(㉢)s

정답 ㉠ 59.3, ㉡ 0.16, ㉢ 0.16

13 다음은 PCS 시험회로에서 "복전 후 일정시간 투입방지" 기능시험의 순서이다. (   ) 안을 채우시오.

① 인버터를 정격 출력에서 운전한다.
② 스위치를 개방하여 정전을 발생시킨 후 (㉠)초 동안 유지한다.
③ 스위치를 투입하여 복전시킨다.
④ 복전 후 (㉡)과 교류출력, 전압 및 전류를 측정한다.

정답 ㉠ 10, ㉡ 재운전 시간

14 다음의 PCS의 주파수 상승 보호 기능시험에 대한 설명 중 (   ) 안을 채우시오.

• 모의 계통전원을 조정하여 출력전압의 주파수를 정격에서부터 최대 (㉠)Hz 단위로 서서히 상승시켜 인버터가 정지하는 등급(주파수 상승보호 등급)을 측정한다.
• 주파수를 정격 주파수에서 주파수 상승 보호등급의 +(㉡)Hz까지 계단함수 형태로 올리면서 인버터가 정지하는 시간(또는 게이트 블록 기능 동작시간)을 측정한다.

정답 ㉠ 0.05, ㉡ 0.1

15 다음의 PCS의 단독운전방지기능 시험의 판정기준에 대한 설명 중 (   ) 안에 들어갈 수치는?

PCS의 "단독운전방지" 기능시험의 판정기준 : 단독운전을 검출하여 (   )초 이내에 개폐기 개방 또는 게이트 블록 기능이 동작할 것

정답 0.5

제5편

태양광발전 시스템 운영 및 유지보수

제1장 태양광 운영 · 모니터링 · 전기실 관리

1-1 태양광발전 시스템의 운영방법

(1) 시설용량 및 발전량

① 시설용량은 부하의 용도 및 적정 사용량을 합산한 월평균 사용량에 따라 결정된다.
② 발전량은 봄, 가을에 많이 발생되며 여름과 겨울에는 기후여건에 따라 현저하게 감소된다(상대적으로 박막형은 온도에 덜 민감하다).

(2) 모듈관리

① 모듈 표면은 특수 처리된 강화유리로 되어 있어 강한 충격이 있을 시 파손될 우려가 있으므로 주의가 필요하다.
② 모듈 표면에 그늘이 지거나 황사나 먼지, 공해물질이 쌓이고 나뭇잎 등이 떨어진 경우 전체적인 발전효율이 많이 저하되므로 고압 분사기를 이용하여 정기적으로 물을 뿌려주거나 부드러운 천으로 이물질을 제거해주면 발전효율을 높일 수 있다.
③ 모듈 표면의 온도가 높을수록 발전효율이 저하되므로 태양광에 의해 모듈온도가 올라갈 경우 살수장치 등을 사용하여 정기적으로 물을 뿌려 온도를 조절해주면 발전효율을 올릴 수 있다.
④ 풍압이나 진동으로 인해 모듈과 형강의 체결부위가 느슨해지는 경우가 있으므로 정기적으로 점검이 필요하다.

(3) 인버터 및 접속함 관리

① 태양광발전설비의 고장요인은 대부분 인버터에서 발생하므로 정상 가동 여부를 정기적으로 점검해야 한다.
② 접속함에는 역류방지 다이오드, 차단기, T/D, PT, CT, 단자대 등이 있으므로 누수나 기타 습기침투 등에 대한 정기적인 점검이 필요하다.

(4) 태양광발전 시스템의 응급조치방법

① **태양광발전설비가 작동되지 않을 경우**
  (가) AC 차단기 개방(Off)
  (나) 접속함 내부 DC 차단기 개방(Off)
  (다) 인버터 정지 후 점검

② **점검 완료 후 복귀순서** : 점검 완료 후에는 역으로 전기를 투입한다.
  (가) 접속함 내부 DC 차단기 투입(On)
  (나) AC 차단기 투입(On)

(5) 태양광발전 시스템의 운전 시 조작방법

① Main VCB반 전압 확인
② 접속반, 인버터 DC 전압 확인
③ DC 측 차단기 On
④ AC 측 차단기 On
⑤ 5분 후 인버터의 정상동작 여부 확인

(6) 태양광발전 모니터링 Trouble Shooting

① **태양전지 과전압 발생**
  (가) 발생원인 : 태양전지 전압이 규정 이상일 때 발생
  (나) 조치사항 : 태양전지 전압 점검 후 정상 시 5분 후 재기동

② **인버터 과전류 발생**
  (가) 발생원인 : 인버터 전류가 규정값 이상으로 흐를 때 발생
  (나) 조치사항 : 시스템 정지 후 고장부분 수리 후 또는 계통점검 후 운전

③ **인버터 MC(전자접촉기) 이상 발생**
  (가) 발생원인 : 전자접촉기 고장
  (나) 조치사항 : 전자접촉기 교체/점검 후 운전

④ **PV 발전 시스템의 정전 시 조작방법**
  (가) Main VCB반 전압확인 및 계전기를 확인하여 정전여부 확인, 부저 Off
  (나) 인버터 상태 확인(정지)
  (다) 한전 전원 복구 여부 확인
  (라) 인버터 DC 전압 확인 후 운전 시 조작방법에 의해 재시동

(7) 태양전지 어레이의 점검주기 및 유의사항

① 태양전지 모듈은 일반적으로 특별한 관리는 불필요하지만, 일상점검으로 1개월에 한 번, 정기점검으로 1년 또는 수년에 한 번씩 모듈의 오염, 유리의 금이 간 부분의 손상에 관하여 육안으로 점검을 실시한다.

② 가대도 일반적으로 특별한 관리는 불필요하지만 일상점검으로 1개월에 한 번, 정기점검으로 1년 또는 수년에 한 번씩 녹의 발생, 손상의 유무, 심하게 조인 부분의 이완 등에 관해서 육안으로 점검을 실시한다.

(8) 계측기구 및 표시장치 설치목적

① 시스템의 운전상태를 감시하기 위한 계측 또는 표시
② 시스템에 의한 발전 전력량을 알기 위해 계측
③ 시스템 기기 또는 시스템에 대한 종합평가를 위한 계측
④ 홍보용으로 표시장치를 설치하는 경우도 있음
◐ 보통 24시간 운전하므로 계측기의 소비전력을 최소로 줄이는 것이 중요하다.

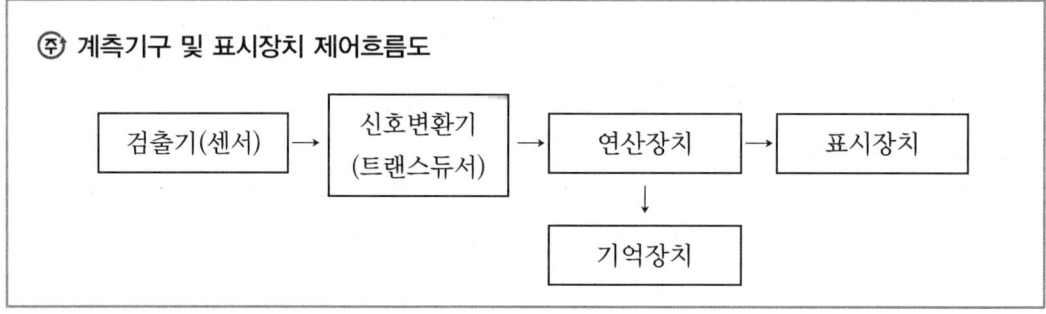

(9) 검출기(센서)의 검출방법

① 직류회로의 전압은 직접 또는 분압기로 분압하여 검출
② 직류회로의 전류는 직접 또는 분류기를 사용하여 검출
③ 교류회로의 전압, 전류, 전력, 역률 등은 직접 또는 PT, CT 등을 통해서 검출
④ 일사강도는 일사계, 기온은 온도계로 검출
⑤ 풍향, 풍속은 풍향풍속계로 검출

(10) 신호변환기(트랜스듀서)

① 신호변환기는 검출기로 검출된 데이터를 컴퓨터 및 먼 거리에 설치된 표시장치에 전송하는 경우에 사용한다.

② 신호의 출력은 노이즈가 혼입되지 않도록 실드선을 사용하여 전송하도록 한다 (4~20mA의 전류신호로 전송하면 노이즈의 염려가 줄어든다).

(11) 주택용 태양광발전 시스템

① 주택용 태양광발전 시스템의 경우에는 전력회사에서 공급받는 전력량과 설치자가 전력회사로 역조류한 잉여전력량을 동시에 계량할 수 있어야 한다.
② 주택용 파워컨디셔너에는 운전상태를 감시하기 위해 발전전력의 검출기능과 그 계측결과를 표시하기 위한 LED나 액정디스플레이 등의 표시장치를 갖추고 있다.
③ 최근에는 파워컨디셔너와는 별도로 표시장치를 설치하고, 거실 등의 떨어진 위치에서 태양광발전 시스템의 운전상태를 모니터링하는 제품, CO_2의 삭감량 표시 기능이 있는 제품 등이 다양하게 개발되고 있다.

1-2 태양광발전 모니터링 프로그램

(1) 모니터링 프로그램 개요

① 태양광발전 통합모니터링 시스템은 주로 전력변환장치 감시제어 장치(AIS), 태양광모듈 계측 메인장치(SCS), 자동기상 관측 장치(AWS) 등으로 구성된다.
② 모니터링 프로그램의 주요 기능
  (개) 데이터 수집기능 : 각각의 인버터에서 서버로 전송되는 데이터를 DB의 실시간 표 형식에 맞도록 데이터를 수집한다.
  (내) 데이터 저장기능 : DB에 실시간 표 형식에 맞도록 수집된 데이터는 DB에 실시간 표로 저장된다.
  (대) 데이터 분석기능 : 데이터베이스에 저장된 데이터를 표로 작성하여 (각각의 계측요소마다 일일 평균값과 시간에 따른 각 계측값의 변화를 알 수 있도록) 데이터를 제공
  (래) 데이터 통계기능 : DB에 저장된 데이터를 일간과 월간의 통계기능을 구현하여 지정날짜 또는 지정 월의 통계 데이터를 출력한다.
③ **모니터링 시스템(관제시스템)의 주요 구성요소** : 직렬서버(Serial Server), 각종 센서류, 모니터, 통신케이블, 공급 전원, 공유기, 기상수집 I/O 통신모듈 등

(2) 태양광발전 모니터링(통합)의 화면구성

① 채널 모니터 감시화면
② 계통 모니터 감시화면
③ 동작상태 감시화면
④ 그래프 감시화면(일보1)
⑤ 이상 발생 기록 화면
⑥ 일일 발전현황(일보2)
⑦ 월간 발전현황(월보3)
⑧ 월간 시간대별 발전현황(월보2)

(3) 모니터링 시스템의 주요 기능

① 발전 진단
② 고장 진단
③ 경보 현황
④ 기록 및 통계 기능
⑤ 정보 분석
⑥ 보고서 화면(디지털 감시화면/계통도 화면/경보 화면/보고서 화면)
⑦ 추가기능(CCTV 시스템 연동기능/자탐 설비 연동기능/관리자 원격 통보 기능)

(4) 모니터링 시스템 요구사항

① 계측설비별 요구사항

계측설비	요구사항	확인방법
인버터	CT 정확도 3% 이내	• 관련 내용이 명시된 설비 스펙 제시 • 인증 인버터는 면제
온도센서	정확도 ±0.3℃(-20~100℃) 미만 정확도 ±1℃(100~100℃) 이내	• 관련 내용이 명시된 설비 스펙 제시
유량계, 열량계	정확도 ±1.5% 이내	• 관련 내용이 명시된 설비 스펙 제시
전력량계	정확도 1% 이내	• 관련 내용이 명시된 설비 스펙 제시

② 인버터의 주요 Data 관리

측정항목	모니터링 항목	데이터(누적값)
인버터 출력	일일 발전량(kWh)	24개(시간당)
	생산시간(분)	1개(1일)

(5) 태양광발전 모니터링 시스템 구축방안

① 로컬 모니터링 시스템(응용 프로그램방식)
② 로컬 모니터링 시스템(웹 프로그램방식)
③ 통합 모니터링 시스템
④ 온라인 상시 감시 시스템(대규모 태양광 발전설비)

1-3 전기실

(1) 전기실의 설치 시 주요 고려사항

① 어레이 구성의 중심에 가깝고, 배전에 편리한 장소
② 전력회사로부터 전원 인출과 구내 배전선의 인입이 편리한 곳
③ 장치의 증설이나 확장의 여유가 있을 것
④ 기기의 반출입이 편리할 것
⑤ 고온이나 다습한 곳은 피할 것
⑥ 냉방과 환기시설을 잘 설치할 것
⑦ 부식성 가스, 먼지, 대기오염이 많은 곳은 피할 것
⑧ 침수의 우려가 없을 것
⑨ 폭발물, 가연성의 저장소 부근을 피할 것
⑩ 진동이 없고, 지반이 견고한 장소일 것
⑪ 수·변전실용 건축물 등에 의해 모듈에 그림자가 없을 것

(2) 수변전실 특고압 관련 주요 기기

① 계기용 변압 변류기 ⑤ 부하개폐기(LBS)
② 피뢰기   ⑥ 디지털 계측기
③ 전력 퓨즈   ⑦ 디지털 보호계전기
④ 진공 차단기(VCB)   ⑧ 시험단자 등

(3) CCTV의 주요 구성요소

카메라, 저장장치(DVR), 영상선택기, 영상 분배 증폭기(VDA), 폴(카메라 설치), 낙뢰 보호시설, 하우징(장기간 카메라 보호), 안내판, 전원공급선, 배관 및 배선 등

1-4 전기실 기기

(1) 전력용 주요 기기

① **전력용 반도체 응용 다기능 변압기**(Solid State Universal Transformer) : 직류/교류/고주파 출력이 가능하고, 순간 전압 강하가 보상되는 고품질의 전력 공급용 차세대 변압기(친환경적 ; Oil Free)
② **MOF**(Metering Out Fitting ; **계기용 변압변류기**) : 계기용 변류기(CT)와 계기용 변압기(PT)를 한 상자(철제, 유입)에 넣은 것
③ **VCB**(Vacuum Circuit Breaker ; **진공차단기**) : 진공을 소호(차단 시 아크 제거, 공기의 절연 파괴를 방지하여 전류의 순간적인 계속적 흐름을 완전 차단)의 매질로 하는 VI(Vacuum Interrupter)를 적용한 차단기
④ **ACB**(Air Circuit Breaker ; **기중차단기**) : 주로 교류 저압용으로서 대기 중에서 개폐동작이 행해지는 차단기

MOF(계기용 변압변류기)

VCB(진공차단기)

ACB (기중차단기)

⑤ **ABB**(Air Blast circuit Breaker ; **공기차단기**) : 고압/특고압용으로서 압축공기로 소호하는 방식의 차단기
⑥ **LBS**(Load Breaker Switch ; **부하개폐기**) : 수변전 설비의 인입구 개폐기로 사용되며, 부하전류를 개폐할 수 있으나(정상 상태에서 소정의 전류를 투입, 차단, 통전하고 그 전로의 단락상태에서 이상전류까지 투입 가능), 고장전류를 차단할 수 없으므로 한류퓨즈 등과 직렬로 사용하는 것이 좋다.

⑦ GCB(Gas Circuit Breaker ; 가스차단기) : 주로 소호 및 절연특성이 뛰어난 SF_6(육불화황)을 매질로 사용하는 차단기(저소음형으로 154kV급 이상의 변전소에 많이 사용함)
⑧ OCR(Over Current Relay ; 과전류 계전기) : 단락사고 및 지락사고 보호용
⑨ OFR(Over Frequency Relay ; 과주파수 계전기) : 과주파수에 대한 감시 및 동작
⑩ UFR(Under Frequency Relay ; 부족주파수 계전기) : 저주파수에 대한 감시 및 동작
⑪ OVR(Over Voltage Relay ; 과전압 계전기) : 과전압에 대한 감시 및 동작
⑫ UVR(Under Voltage Relay ; 부족전압 계전기) : 저전압에 대한 감시 및 동작
⑬ DS(Disconnecting Switch ; 단로기) : 무부하 전류 개폐(부하전류에 대한 차단능력은 없음)
⑭ GR[Ground Relay ; 지락(과전류)계전기] : 고압 비접지선로에서 지락사고 시 영상변류기(ZCT)로부터 검출된 지락전류를 계전기의 입력단자에 인가하여 유입된 전류치가 정정치 이상이 되면 접점이 폐로(Close) 또는 개로(Open)되어 동작신호를 출력하는 계전기
⑮ 재폐로 차단기(Recloser) : 송전선로의 고장구간을 고속으로 영구분리 또는 재가압하는 기능을 가진 자동 재폐로 차단기이며, 후비보호능력이 있음(재폐로 동작을 최대 4회까지 반복하여 순간고장을 제거하거나, 고장구간을 분리하여 건전구간을 송전)

 ㈜ 후비보호(Back-up Protection) : 주보호장치의 실패, 운휴 또는 동작정지에 의해 주보호장치의 역할을 못할 경우를 대비하여 2차적인 보호기능을 수행하는 것

⑯ 자동 선로구분 개폐기(섹셔널라이저 ; Sectionalizer) : 송배전선로에서 부하분기점에 설치되어 고장 발생 시 선로의 타보호기기와 협조하여 고장구간을 신속 정확히 개방하는 자동구간 개폐기로서, 후비보호능력은 없음[보통 리클로저(Recloser) 등의 후비보호장치와 직렬로 연결·설치하여 사용함]
⑰ 자동고장구간개폐기(ASS ; Automatic section Switch) : 수용가구 내에 사고를 자동 분리하여 사고의 파급확대를 방지하고, 수용가 구내설비의 피해를 최소한으로 억제하기 위하여 개발된 개폐기로, 공급변전소 CB와 리클로저(Recloser)와 협조하여 사고 발생 시 고장구간을 자동 분리
⑱ 인터럽트 스위치(Interrupt Switch) : 수동조작만 가능하고, 과부하 시 자동으로 개폐할 수 없고, 돌입전류 억제기능을 가지고 있지 않으며 용량 300kVA 이하의 ASS(Auto Section Switch) 대신에 주로 사용되고 있으며, 보호협조 기기라고 할 수 없음

자동 선로구분 개폐기(Sectionalizer)　　　　인터럽트스위치(Interrupt Switch)

⑲ **계기용 변성기** : 고압이나 대전류가 직접 배전반에 있는 각종 계측기나 계전기에 유입되면 위험하므로 이를 저전압이나 소전류로 변성시켜 계측기나 계전기의 입력 전원으로 사용하기 위한 장치의 총칭[계기용 변성기에는 계기용 변압기(Potential Transformer), 계기용 변류기(Current Transformer), 계기용 변압변류기(MOF ; Metering Out Fit), 영상변류기(ZCT) 등이 있음]

⑳ **한류 리액터(Current Limiting Reactor, 限流-)** : 단락 고장에 대하여 고장 전류를 제한하기 위해서 회로에 직렬로 접속되는 리액터. 단락 전류에 의한 기계의 기계적 및 열적 장해를 방지하고, 차단해야 할 전류를 제한하여 차단기의 소요 차단 용량을 경감하는 용도에 사용됨. 일반적으로 불변 인덕턴스를 갖는 공심형(空心形) 건식(乾式)이나 또는 유입식 사용

㉑ **몰드변압기** : 권선부분을 에폭시 수지로 절연한 변압기로, 저압(220/380V)을 특고압(22.9kV)으로 승압

(2) 기타 부속기기

① **전력퓨즈(PF)** : 사고전류 차단 및 후비보호
② **계기용 변압기(PT ; Potential Transformer)** : 계기에서 수용 가능한 전압으로 변압
③ **계기용 변류기(CT ; Current Transformer)** : 계기에서 수용 가능한 전류로 변류
④ **영상변류기(ZCT ; Zero Current Transformer)** : 지락 시 발생하는 영상전류를 검출
⑤ **배선용 차단기(MCCB, NFB)** : 과전류 및 사고전류를 차단
⑥ **역송전용 특수계기** : 계통연계 시 역송전 전력의 계측을 위한 전력량계, 무료전력량계 등

1-5 고효율 변압기

(1) 아몰퍼스 고효율 몰드변압기

① 변압기의 기본 구성 요소인 철심의 재료를 일반적인 방향성 규소 강판 대신 아몰퍼스 메탈(Amourphous Metal)을 사용
② 무부하손을 기존 변압기의 75% 이상 절감
③ 아몰퍼스 메탈은 철(Fe), 붕소(B), 규소(Si) 등이 혼합된 용융금속을 급속 냉각시켜 제조되는 비정질성 자성재료
④ **특징** : 아몰퍼스 메탈의 결정 구조의 무결정성(비정질) 및 얇은 두께
⑤ **장점**
  ㈎ 비정질성에 의한 히스테리시스손의 절감
  ㈏ 얇은 두께로 와류손 절감
  ㈐ 무부하손이 약 75% 절감되어 대기전력 절감 효과 탁월
  ㈑ 평균 부하율이 낮고, 낮과 밤의 부하 사용 편차가 큰 경부하 수용가에 유리
⑥ **단점**
  ㈎ 가격이 비쌈(특히 전력요금이 싸고 부하율이 높은 일반 산업체에서는 투자비 회수가 어려울 수도 있음)
  ㈏ 철심 제조 공정상의 어려움으로 소음이 큰 편
⑦ **주 적용분야** : 학교, 도서관, 관공서 등

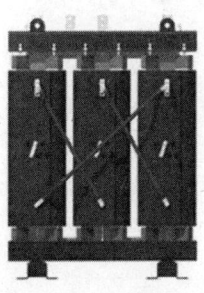
아몰퍼스 고효율 몰드변압기

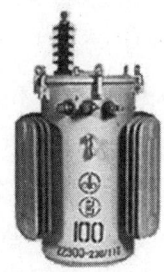
유입변압기

(2) 레이저 코어 저소음 고효율 몰드 변압기(Laser Core Mold Transformer)

① 자구미세화 규소강판(레이저 규소강판) 고효율 변압기라고도 함
② 방향성 규소강판을 레이저 빔으로 가공, 분자 구조인 자구(Domain)를 미세하게 분할함으로써 손실을 개선한 전기 강판
③ 소재의 특성상, 제작이 용이하여 모든 용량의 변압기를 제작 가능
④ 레이저 코어 저소음 고효율 변압기의 장점과 적용
  ㈎ 무부하손 60~70%와 부하손 30%를 동시에 절감하여 총손실을 최소화
  ㈏ 아몰퍼스 대비 실질 투자회수 기간 단축
  ㈐ 자속 밀도와 전류 밀도가 낮게 설계되어 있기 때문에 저소음 특성을 가짐(아몰퍼스 및 KSC 규격 일반 변압기 대비 30% 이상 저소음)
  ㈑ 대용량 변압기 제작 가능(최대 20,000kVA 이상)
  ㈒ 평균 부하율이 높고(30% 이상), 낮과 밤, 계절별 부하 사용의 편차가 크지 않은 수용가에 유리
⑤ 단점
  ㈎ 가격은 일반 변압기와 아몰퍼스 변압기의 중간 정도
  ㈏ 전력 요금이 낮고, 부하율 변화가 심한 장소에 적용 시 경제성 측면 정확한 검토가 필요함
⑥ **적용분야** : 아파트, 빌딩, 제조공장, 병원, 방송국, 사무용 빌딩 등

(3) (고온)초전도 고효율 변압기

① 변압기 권선에 구리 대신 초전도선을 사용하여 동손을 낮춤
② 아직 실용화는 되지 않은 상태
③ 단순히 크기가 줄어들거나 효율이 증가하는 것이 아니라 일반 변압기가 갖고 있는 용량과 수명의 한계를 극복할 수 있음
④ 만일 냉각 기술이 더 발전하여 냉각 손실이 줄어든다면 고온 초전도 변압기의 효율은 더 증가하고 가격은 더 싸게 될 것임
⑤ 절연유 대신 액체질소 등의 환경친화적 냉매를 사용함(화재의 위험성도 없음)
⑥ 향후 선재의 전류 밀도 향상 필요

1-6 사후관리

(1) 사후관리 일반사항

① 연 1~2회 이상 시스템 정기점검 실시
② 시스템 전반에 관한 교육 실시
③ 계약자는 본자재의 납품 시 기기 및 시스템 운용과 유지보수에 필요한 관련 자료와 설명서를 반드시 제공할 것
④ 하자보증기간 내에 발생한 하자는 수리 혹은 교체 요구일로부터 15일 이내에 무상으로 처리할 것
⑤ 하자보증기간 종료 후에도 하지 및 본 장치의 유지보수에 대한 기술지원 요구가 있을 시 기술지원할 것
⑥ 무상보증기간은 시스템 설치완료 후 1년으로 할 것

(2) 하자보증 예외사항

① 사용자의 부주의로 인한 이상
② 사용자 임의의 수리 및 개조에 의한 고장 및 손실
③ 천재지변 및 기타 불가항력으로 인한 고장 및 손실
④ 해당 설치업체 이외의 업체에서 시스템 수리 또는 정비 시 발생한 이상 등

1-7 유지관리체계

① 유지관리 담당자가 시설물을 보전하기 위한 정확한 정보 제공
② 공사상 하자에 대한 신속한 대응 가능
③ 유지관리 업무에 대한 기준 정립
④ 유지관리 지원체계의 구축
⑤ 전체 발전 시스템에 대한 신뢰성 확보
⑥ 경제수명 기법(LCC)을 통한 관리
⑦ 향후 발전적 시스템에 대한 유연성 및 업그레이드 용이

신재생에너지 발전설비기사·산업기사
예상문제

제1장 | 태양광 운영·모니터링·전기실 관리

1 다음 태양광발전 시스템의 운전 시 조작방법에서 ( ) 안을 채우시오.

Main VCB반 전압 확인 → 접속반, 인버터 DC 전압 확인 → (㉠) 차단기 On → AC측 차단기 On → 5분 후 (㉡)의 정상동작 여부 확인

정답 ㉠ DC측, ㉡ 인버터

2 태양광발전설비에서 계측기구 및 표시장치의 설치목적을 4가지 쓰시오.

정답
① 시스템의 운전상태를 감시하기 위한 계측 또는 표시
② 시스템에 의한 발전 전력량을 알기 위해 계측
③ 시스템 기기 또는 시스템에 대한 종합평가를 위한 계측
④ 홍보용으로 표시장치를 설치하는 경우도 있음

3 태양광발전 시스템 모니터링 프로그램의 주요 기능 4가지를 쓰고 간략히 설명하시오.

정답 모니터링 프로그램의 주요 기능
① 데이터 수집기능 : 각각의 인버터에서 서버로 전송되는 데이터를 DB의 실시간 표 형식에 맞도록 데이터를 수집한다.
② 데이터 저장기능 : 수집된 데이터는 DB에 실시간 표로 저장된다.
③ 데이터 분석기능 : 데이터베이스에 저장된 데이터를 표로 작성하여 (각각의 계측요소마다 일일 평균값과 시간에 따른 각 계측값의 변화를 알 수 있도록) 데이터를 제공
④ 데이터 통계기능 : DB에 저장된 데이터를 일간과 월간의 통계기능을 구현하여 지정날짜 또는 지정 월의 통계 데이터를 출력한다.

4 태양광발전설비 모니터링 시스템(관제시스템)의 주요 구성요소 3가지를 쓰시오.

정답 다음 중 3개를 골라서 작성한다.
① 직렬서버(Serial server) ② 각종 센서류 ③ 모니터
④ 통신케이블   ⑤ 공급 전원   ⑥ 공유기
⑦ 기상수집 I/O 통신모듈

5 태양광발전설비 모니터링 시스템의 주요 기능 4가지를 쓰시오.

정답 다음 중 4개를 골라서 작성한다.
① 발전 진단   ② 고장 진단
③ 경보 현황   ④ 기록 및 통계 기능
⑤ 정보 분석기능
⑥ 보고서 화면(디지털 감시화면/계통도 화면/경보 화면/보고서 화면)
⑦ 추가기능(CCTV 시스템 연동기능/자탐 설비 연동기능/관리자 원격 통보 기능 등)

6 태양광발전 모니터링 시스템 구축방안 4가지를 쓰시오.

정답 ① 로컬 모니터링 시스템(응용 프로그램방식)
② 로컬 모니터링 시스템(웹 프로그램방식)
③ 통합 모니터링 시스템
④ 온라인 상시 감시 시스템(대규모 태양광 발전설비)

7 태양광발전소의 전기실 설치 시 주요 고려사항 5가지를 쓰시오.

정답 다음 중 5개를 골라서 작성한다.
① 어레이 구성의 중심에 가깝고, 배전에 편리한 장소
② 전력회사로부터 전원 인출과 구내 배전선의 인입이 편리한 곳
③ 장치의 증설이나 확장의 여유가 있을 것
④ 기기의 반출입이 편리할 것
⑤ 고온이나 다습한 곳은 피할 것

⑥ 냉방과 환기시설을 잘 설치할 것
⑦ 부식성 가스, 먼지, 대기오염이 많은 곳은 피할 것
⑧ 침수의 우려가 없을 것
⑨ 폭발물, 가연성의 저장소 부근을 피할 것
⑩ 진동이 없고, 지반이 견고한 장소일 것
⑪ 수·변전실용 건축물 등에 의해 모듈에 그림자가 없을 것

8. 태양광 설비의 모니터링 장비 중 CCTV의 주요 구성요소 5가지를 쓰시오.

정답 다음 중 5개를 골라서 작성한다.
① 카메라 ② 저장장치(DVR) ③ 영상선택기
④ 영상 분배 증폭기(VDA) ⑤ 폴(카메라 설치) ⑥ 낙뢰 보호시설
⑦ 하우징(장기간 카메라 보호) ⑧ 안내판 ⑨ 전원공급선
⑩ 배관 및 배선 등

9. 다음은 태양광발전설비의 사후관리에 관한 내용이다. ( ) 안에 적절한 말을 채우시오.

- 계약자는 본자재의 납품 시 기기 및 시스템 운용과 유지보수에 필요한 관련 자료와 (㉠)를 반드시 제공할 것
- (㉡)기간 내에 발생한 하자는 수리 혹은 교체 요구일로부터 15일 이내에 무상으로 처리할 것

정답 ㉠ 사용설명서, ㉡ 하자보증

10. 다음은 태양광발전설비의 사후관리 일반사항의 일부이다. ( ) 안에 들어갈 적당한 말을 넣으시오.

- (㉠) 종료 후에도 하지 및 본 장치의 유지보수에 대한 기술지원 요구가 있을 시 기술지원할 것
- (㉡)은 시스템 설치완료 후 1년으로 할 것

정답 ㉠ 하자보증기간, ㉡ 무상보증기간

11. 태양광발전설비의 사후관리 시 하자보증의 예외사항 3가지를 쓰시오.

정답 다음 중 3개를 골라서 작성한다.
① 사용자의 부주의로 인한 이상
② 사용자 임의의 수리 및 개조에 의한 고장 및 손실
③ 천재지변 및 기타 불가항력으로 인한 고장 및 손실
④ 해당 설치업체 이외의 업체에서 시스템 수리 또는 정비 시 발생한 이상

12. 태양광 계측설비 중 인버터의 가장 주된 모니터링 항목(데이터 관리항목) 2개를 쓰시오.

정답 일일 발전량(kWh), 생산시간(분)

13. 수변전실 특고압 관련 주요 기기 4개를 쓰시오.

정답 다음 중 4개를 골라서 작성한다.
① 계기용 변압 변류기   ② 피뢰기
③ 전력 퓨즈   ④ 진공 차단기(VCB)
⑤ 부하개폐기(LBS)   ⑥ 디지털 계측기
⑦ 디지털 보호계전기   ⑧ 시험단자

14. 태양광발전설비의 유지관리 체계 구축의 올바른 방향에 대해 4가지를 쓰시오.

정답 다음 중 4개를 골라서 작성한다.
① 유지관리 담당자가 시설물을 보전하기 위한 정확한 정보 제공
② 공사상 하자에 대한 신속한 대응 가능
③ 유지관리 업무에 대한 기준 정립
④ 유지관리 지원체계의 구축
⑤ 전체 발전 시스템에 대한 신뢰성 확보
⑥ 경제수명 기법(LCC)을 통한 관리
⑦ 향후 발전적 시스템에 대한 유연성 및 업그레이드 용이

15 전력용 기기 중 다음 부품에 대해 간략히 설명하시오.
- 전력용 반도체 응용 다기능 변압기
- 진공차단기

정답 ① 전력용 반도체 응용 다기능 변압기(Solid State Universal Transformer) : 직류/교류/고주파 출력이 가능하고, 순간 전압 강하가 보상되는 고품질의 전력 공급용 차세대 변압기(친환경적 ; Oil Free)
② 진공차단기(VCB ; Vacuum Circuit Breaker) : 진공을 소호(차단 시 아크 제거, 공기의 절연 파괴를 방지하여 전류의 순간적인 계속적 흐름을 완전 차단)의 매질로 하는 VI(Vacuum Interrupter)를 적용한 차단기

16 전력용 기기 중 다음 부품에 대해 간략히 설명하시오.
- 재폐로 차단기
- 부하개폐기

정답 ① 재폐로 차단기(Recloser) : 송전선로의 고장구간을 고속으로 영구분리 또는 재가압하는 기능을 가진 자동 차단기이며, 보통 후비보호능력이 있다(재폐로 동작을 최대 4회까지 반복하여 순간고장을 제거하거나, 고장구간을 분리하여 건전구간을 송전).
② 부하개폐기(LBS ; Load Breaker Switch) : 수변전 설비의 인입구 개폐기로 사용되며, 부하전류를 개폐할 수 있으나(정상 상태에서 소정의 전류를 투입, 차단, 통전하고 그 전로의 단락상태에서 이상전류까지 투입 가능), 고장전류를 차단할 수 없으므로 한류퓨즈 등과 직렬로 사용하는 것이 좋다.

17 태양광발전설비에 사용되는 다음 전기 제어장치에 대해 간략히 설명하시오.
- 충·방전 컨트롤러
- 한류 리액터

정답 ① 충·방전 컨트롤러 : 야간에는 태양전지 모듈이 부하의 형태로 변하므로 역류방지 다이오드와 함께 축전지가 일정 전압 이하로 떨어질 경우 부하와의 연결을 차단하는 기능, 야간타이머 기능, 온도보정기능(축전지의 온도를 감지해 충전 정압을 보정) 등을 보유한 제어장치이다.

② 한류 리액터 (Current Limiting Reactor) : 단락 고장에 대하여 고장 전류를 제한하기 위해서 회로에 직렬로 접속되는 리액터이다. 단락 전류에 의한 기계의 기계적 및 열적장해를 방지하고, 차단해야 할 전류를 제한하여 차단기의 소요 차단 용량을 경감하는 용도에 사용된다. 일반적으로 불변 인덕턴스를 갖는 공심형(空心形) 건식(乾式)이나 유입식이 사용된다.

18 송배전선로에서 부하분기점에 설치되어 고장 발생 시 선로의 타보호기기와 협조하여 고장구간을 신속 정확히 개방하는 자동구간 개폐기로서 보통 후비 보호장치와 직렬로 연결, 설치하여 사용하는 개폐기를 무엇이라고 부르는가?

정답 자동 선로구분 개폐기 혹은 섹셔널라이저(Sectionalizer)

19 태양광발전설비에 사용되는 전력용 기기 중 다음 부품에 대해 간략히 설명하시오.
- GCB
- GR

정답 ① GCB(Gas Circuit Breaker ; 가스차단기) : 주로 소호 및 절연특성이 뛰어난 SF_6(육불화황)을 매질로 사용하는 차단기(저소음형으로 154kV급 이상의 변전소에 많이 사용함)
② GR[Ground Relay ; 지락(과전류)계전기] : 고압 비접지선로에서 지락사고 시 영상변류기(ZCT)로부터 검출된 지락전류를 계전기의 입력단자에 인가하여 유입된 전류치가 정정치 이상이 되면 접점이 폐로(Close) 또는 개로(Open)되어 동작신호를 출력하는 계전기

20 변압기의 기본 구성 요소인 철심의 재료를 일반적인 방향성 규소 강판 대신 아몰퍼스 메탈(Amourphous Metal)의 사용으로 히스테리시스손을 절감하여 무부하손이 약 75% 절감되어 대기전력 절감 효과가 탁월한 변압기를 무엇이라고 하는가?

정답 아몰퍼스 변압기(아몰퍼스 고효율 몰드변압기)

21 방향성 규소강판을 레이저 빔으로 가공하여 분자 구조를 미세하게 분할함으로써 손실을 개선하고, 무부하손과 부하손을 동시에 절감하여 총손실을 최소화하며, 자속 밀도와 전류 밀도가 낮게 설계되어 있기 때문에 저소음 특성을 가지는 변압기를 무엇이라고 하는가?

정답 자구미세화 변압기(레이저 코어 저소음 고효율 몰드변압기)

22 변압기 권선에 구리 대신 초전도선을 사용하여 동손을 낮추어 일반 변압기가 갖고 있는 용량과 수명의 한계를 극복할 수 있는 차세대 변압기를 무엇이라고 하는가?

정답 초전도 고효율 변압기

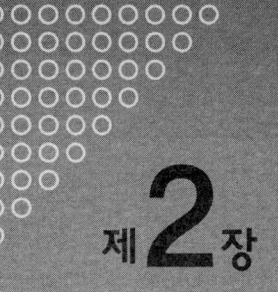
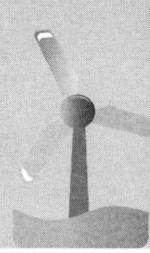

제2장 유지·정기·긴급 보수 계획 및 실시

2-1 태양광발전 시스템 유지관리

(1) 유지관리 시 고려사항

① 시설물별 적절한 '유지관리 계획서'를 작성
② 유지관리자는 '유지관리 계획서'에 의거 시설물의 점검 실시 및 '점검기록부' 작성·보관
③ 점검 시 발견된 문제점이나 결함에 대한 원인과 장해추이를 정확히 판단 후 그 대책을 수립하여야 함

(2) 태양광발전 시스템 유지관리 절차

시설물 점검(일상점검, 정기점검, 임시점검) → 이상 및 결함 발견 → 응급처치/작동금지/안정성 검토 → 정밀조사 및 정밀 안전진단 실시 → 필요시 보수계획 수립 → 설계 반영 및 예산 확보 → 공사 및 준공검사 → 시설물 사용 및 지속적 유지관리

2-2 태양광발전설비 점검

(1) 태양광발전설비 송변전 점검 시의 제약조건 및 점검주기

구분	문의 개방	커버류의 개방	무정전	회로 정전	모선 정전	차단기 인출	일반 점검 주기
일상점검 (순시점검)	-	-	○	-	-	-	매일
	○	-	○	-	-	-	1회/월
정기점검	○	○	-	○	-	○	1회/6개월
	○	○	-	○	○	○	1회/3년
임시점검	○	○	-	○	○	○	필요시

(2) 태양광발전설비 부분별 주요 점검사항

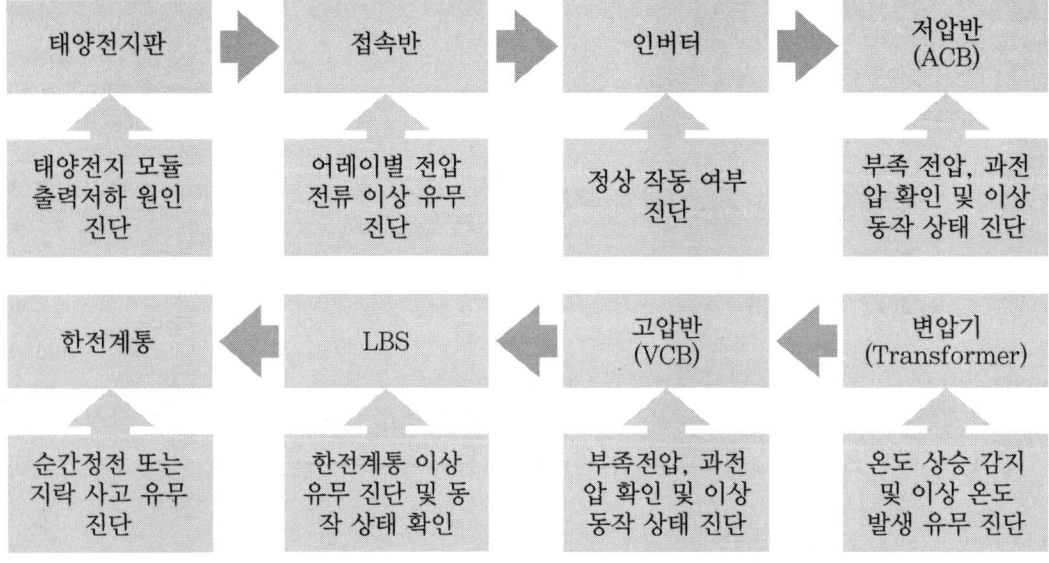

2-3 태양광발전 설비의 유지관리방법

(1) 일상(순시) 점검

① 이상한 소리, 냄새, 손상 등을 배전반 외부에서 점검
② 이상상태 발견 시 배전반 문을 열고 확인
③ 이상상태 내용을 기록하여 정기점검 시 반영함으로써 참고자료로 활용
④ **청소** : 공기를 사용할 경우 흡입방식 추천(공기 중 습도와 압력에 주의), 절연물은 충전부 사이를 가로지르는 방향으로 청소, 청소걸레는 중성일 것, 기타 실(섬유)이나 이물질 혹은 물기 등에 주의 필요

(2) 정기점검

① 100kW 이상의 설비에 대한 (안전)정기점검 주기는 설비용량에 따라 월 1~4회 이상 실시된다(제약조건과 별개).

② 정부지원금으로 설치된 경우에는 하자보수기간인 3년 동안 연 1회 이상 점검을 실시하고 신재생에너지센터에 점검결과를 보고하여야 한다.
③ 정전을 시키고 무전압 상태에서 기기의 이상상태를 점검한다. 필요에 따라서는 기기를 분해하여 점검한다.
④ 모선을 정전하지 않고 점검해야 할 경우 안전사고에 주의한다.
⑤ 계전기의 특성시험과 점검시험도 실시한다.

(3) 임시점검

일상(순시) 점검 및 정기점검에 의하여 상세점검 사항 발생 시 점검한다.

(4) 수전설비의 배전반 등의 최소 유지거리(단위 ; m)

구 분	앞면 또는 조작 · 계측면	뒷면 또는 점검면	열상호간
특고압 배전반	1.7	0.8	1.4
고압 배전반	1.5	0.6	1.2
저압 배전반	1.5	0.6	1.2
변압기 등	0.6	0.6	1.2

2-4 보수점검 작업

(1) 보수점검 일반사항

① 사전에 면밀한 계획 수립 후 필요 공구와 예비품 준비
② 유지관리자는 '유지관리 계획서'에 의거 시설물의 점검 실시 및 '점검기록부' 작성 · 보관

(2) 보수점검 계획 수립 시 고려사항

① 설비의 사용시간
② 설비의 중요도

③ 환경조건
④ 고장이력
⑤ 부하상태

(3) 점검 전 유의사항

① **준비 작업** : 응급처치방법 및 설비의 안전 확인
② **회로도 검토** : 전원계통이 Loop가 형성되는 경우를 대비
③ **연락처** : 비상시 대비하여 비상연락망 확인
④ **무전압 상태 확인 및 안전조치** : 차단기, 단로기 등 Open
⑤ **잔류전압 주의** : 콘덴서 및 케이블의 접속부 점검 시 접지 실시
⑥ **오조작 방지** : 인출형 차단기, 단로기 등은 '점검 중' 표찰 부착
⑦ 절연용 보호기구 준비
⑧ 쥐, 곤충 등의 침입 대책 수립

(4) 점검 후 유의사항

① 접지선 제거
② **최종 확인사항**
 ㈎ 작업자가 수배전반 내에 들어가 있는지 확인
 ㈏ 점검을 위해 임시로 설치한 가설물 등이 철거되었는지 확인
 ㈐ 볼트, 너트 등 단자반 결선의 조임이나 누락 여부 확인
 ㈑ 작업 전에 투입된 공구 등의 회수 여부(목록을 통해 확인할 것)
 ㈒ 점검 중 쥐, 곤충, 뱀, 벌레 등의 침입이 없었는지 확인

(5) 기타사항

① 금속부분에 녹이 발생한 경우 유의하여 점검
② 도장이 벗겨진 경우 유의

(6) 유지관리비의 구성요소

① 유지비
② 보수비와 개량비

③ 일반관리비
④ 운용지원비

(7) 유지관리에 필요한 서류

① 주변지역의 현황도 및 관계서류
② 지반조사 보고서 및 실험 보고서
③ 준공시점에서의 설계도, 구조계산서, 설계도면, 표준시방서, 특별시방서, 견적서
④ 보수, 개수 시 상기 ③번과 같은 설계도서 및 작업기록
⑤ 공사계약서, 시공도, 사용재료의 업체명 및 품명
⑥ 공정사진, 준공사진
⑦ 인허가 관련 서류 등

(8) 설계도서 보관기준

① 전력시설물의 소유자 및 관리주체는 실시설계도서 및 준공설계도서를 시설물이 폐지될 때까지 보관하여야 한다.
② 설계업자는 실시설계도서를 해당 시설물이 준공된 후 5년간 보관한다.
③ 감리업자는 준공설계도서를 하자담보 책임기간이 끝날 때까지 보관한다.

(9) 태양광 모듈의 고장원인

① 제조결함
② 시공불량
③ 운영과정에서의 외상
④ 전기적, 기계적 스트레스에 의한 셀의 파손
⑤ 모듈 표면의 이물질, 낙엽, 새의 배설물 등에 의한 고장
⑥ 경년 열화에 의한 셀 및 리본의 노화
⑦ 주변환경에 의한 부식(염해, 부식성 가스 등에 의함)

2-5 설비의 내구연한(내용연수)

(1) 개요
① 각종 설비(장비)에 대해 내구연한을 논할 때는 주로 물리적 내구연한을 위주로 말하고 있으며, 이는 설비의 유지보수와 밀접한 관계를 가지고 있다.
② 내구연한은 일반적으로 다음 네 가지로 크게 나누어진다 : 물리적 내구연한, 사회적 내구연한, 경제적 내구연한, 법적 내구연한

(2) 내구연한의 분류 및 특징
① **물리적 내구연한**
  (가) 마모, 부식, 파손에 의한 사용불능의 고장빈도가 자주 발생하여 기능장애가 허용한도를 넘는 상태의 시기를 물리적 내구연한이라 한다.
  (나) 물리적 내구연한은 설비의 사용수명이라고도 할 수 있으며 일반적으로는 15~20년을 잡고 있다(단, 15~20년이란 사용수명도 유지관리에 따라 실제로는 크게 달라질 수 있는 값이다).

② **사회적 내구연한**
  (가) 사회적 동향을 반영한 내구연수를 말하는 것으로, 이는 진부화, 구형화, 신기종 등의 새로운 방식과의 비교로 상대적 가치 저하에 의한 내구연수이다.
  (나) 법규 및 규정변경에 의한 갱신의무, 형식취소 등에 의한 갱신 등도 포함된다.

③ **경제적 내구연한** : 수리·수선을 하면서 사용하는 것이 신형제품 사용에 비하여 경제적으로 비용이 더 소요되는 시점을 말한다.

④ **법적 내구연한** : 고정자산의 감가상각비를 산출하기 위하여 정해진 세법상의 내구연한을 말한다.

> 주 건축물 등에서는 다음 용어도 같이 사용된다.
> 1. **기능적 내용연수** : 기술 혁신에 의한 새로운 설비, 기기의 도입이나 생활양식의 변화 등으로 그 건물이 변화에 대응할 수 없게 된 경우(가족 수, 구성의 변화, 자녀의 성장과 가족의 노령화에 의한 주요구의 변화, 가전제품 도입에 의한 전기 용량 부족, 부엌, 욕실 설비 개선)
> 2. **구조적 내용연수** : 노후화가 진척되어 주택의 주요부재가 물리적으로 수명을 다하고 기술적으로 더 이상 수리가 불가능하여 지진이나 태풍 등의 자연 재해에 견디는 힘이 한계에 이른 경우(설비 측면에서의 물리적 내구연한에 해당)
> 3. **자연적 내용연수** : 자연 재해에 의해 건물의 수명이 다한 경우

2-6 태양광발전설비의 품질기준 및 점검 시 유의사항

(1) 태양광발전설비의 품질기준

① 품질기준은 유지보수 활동에 필요한 외적인 조건으로 정의되며, 기술 및 성과품의 특성을 규정한다.
② 품질기준은 유지관리 활동을 야기하는 조건과 점검주기를 명시해야 하며, 필요한 조치에 대한 규정을 정해야 한다.
③ 충분한 결과를 얻기 위해서는 성과품에 대한 시방서를 상세히 확인하여야 한다.
④ 완료된 작업의 성과를 평가할 수 있도록 상세한 세부항목을 점검표에 작성하여 품질기준에 포함시켜야 하며, 전력변환장치와 같은 복잡한 설비는 전문기술자에 의해 품질기준이 규정되어 있어야 한다.

(2) 태양광발전설비 점검 시(점검 중) 유의사항

① 태양광발전모듈은 햇빛을 받으면 발전하는 소자로 접속반 차단기를 개방했다고 하더라도 항상 감전에 유의한다.
② 인버터는 한전 측 계통 전원을 Off시키면 자동으로 정지하게 되어 있으나, 항상 정지를 재확인한 후 점검에 임한다.
③ 구름이 많거나 흐린 날은 일사량의 변화가 많을 수 있으므로 인버터의 MPPT 제어 실패로 인한 인버터 정지현상이 발생할 가능성이 있으며, 이때 인버터는 약 5분 경과 후 자동 재가동한다는 것을 알고 점검작업에 임한다.
④ 태양광 어레이 부근에 진행 중인 건축공사 현장이 있을 경우 먼지나 이물질이 모듈에 부착될 가능성이 있으므로 유의한다.
⑤ 절연물 보수방법
　(가) 자기성 절연물에 붙은 이물질은 철저히 청소해야 한다.
　(나) 합성수지 적층판, 목재 등이 오래되어 헐거운 경우에는 부품 자체를 교환한다.
　(다) 절연물의 균열, 파손, 변형이 있는 경우에도 부품을 교환한다.
　(라) 절연물의 절연저항이 떨어진 경우 종래의 측정 데이터를 기초로 하여 비교 검토하고, 동시에 접속된 각 기기 등을 같이 체크한 후 원인규명 및 적절한 처리를 행한다.
　(마) 절연저항값은 온도, 습도 및 표면의 오손상태 등에 크게 영향을 받는다.

2-7 일상순시점검에 의한 처리 방법

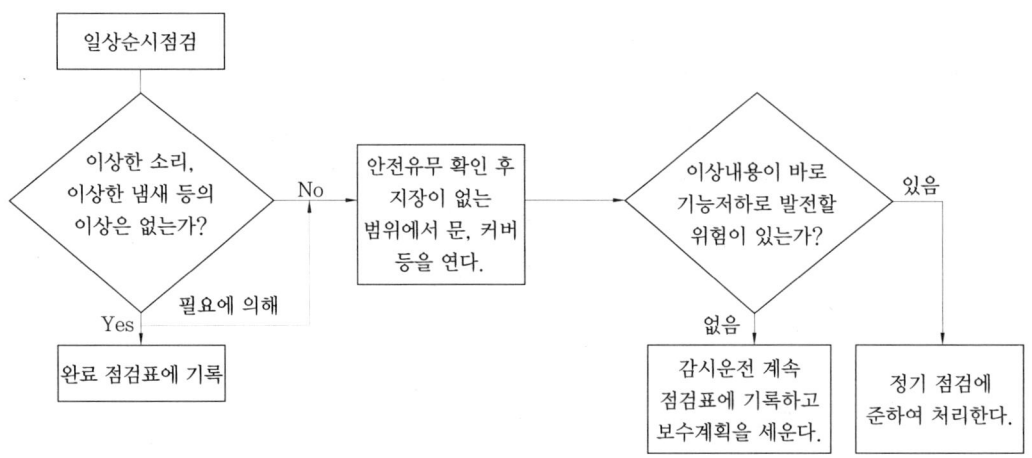

2-8 보수점검의 내용(점검 분류)

(1) 점검 내용

① **운전점검** : 감각에 의한 외관 점검
② **일상점검** : 외관 점검을 행하여 이상이 있을 시 필요한 조치를 취함
③ **정기점검(보통)** : 주로 정지상태에서 기계점검, 절연저항 측정, 배전반 종합 동작 시험, 계전기의 모의 동작시험을 실시
④ **정기점검(세밀)** : 장시간 정지 후 불량품 교체, 차단기 내부점검 등, 계전기 특성시험, 계기의 점검시험
⑤ 임시점검, 일상점검 등에서 이상을 발견했거나 큰 사고가 발생한 경우

(2) 점검 분류

NO	점검의 분류	설비의 상태	점검횟수
1	운전점검	운전 중	1회/8시간
2	일상점검	운전 중	1회/1주~3개월
3	정기점검(보통)	정지(단시간)	1회/6개월~2년
4	정기점검(세밀)	정지(장시간)	1회/1~5년
5	임시점검	정지	

2-9 공사의 공종별 담보책임 존속기간(지방계약법 시행규칙 68조의 별표1)

공종	담보책임 존속기간
1. 「건설산업기본법」에 따른 건설공사	
① 교량	
㈎ 기둥 사이의 거리가 50m 이상이거나 길이 500m 이상인 교량의 철근콘크리트 또는 철골구조부	10년
㈏ 길이 500m 미만인 교량의 철근콘크리트 또는 철골구조부	7년
㈐ 교량 중 교면포장, 이음부, 난간시설 등 ㈏ 및 ㈐ 외의 공종	2년
② 터널	
㈎ 터널(지하철을 포함한다)의 철근콘크리트 또는 철골구조부	10년
㈏ ㈎ 외의 시설	5년
③ 철도	
㈎ 교량 및 터널을 제외한 철도시설 중 철근콘크리트 또는 철골구조부	7년
㈏ ㈎ 외의 시설	5년
④ 공항 및 삭도	
㈎ 철근콘크리트 또는 철골구조부	7년
㈏ ㈎ 외의 시설	5년
⑤ 항만, 사방 또는 간척	
㈎ 철근콘크리트 또는 철골구조부	7년
㈏ ㈎ 외의 시설	5년
⑥ 도로(암거, 측구를 포함한다)	2년
⑦ 댐	

㈎ 본체 또는 여수로 부분	10년
㈏ ㈎ 외의 시설	5년
⑧ 상수도·하수도	
㈎ 철근콘크리트 또는 철골구조부	7년
㈏ 관로 매설 또는 기기 설치	3년
⑨ 관개수로 또는 매립	3년
⑩ 부지정지	2년
⑪ 조경시설물 또는 조경식재	2년
⑫ 발전·가스 또는 산업설비	
㈎ 철근콘크리트 또는 철골구조부	7년
㈏ 압력이 1제곱센티미터당 10킬로그램 이상인 고압가스의 관로(부대기기를 포함한다) 설치	5년
㈐ ㈎ 및 ㈏ 외의 시설	3년
⑬ 그 밖의 토목공사	1년
⑭ 건축	
㈎ 대형 공공성 건축물(공동주택, 종합병원, 관광숙박시설, 관람집회시설 또는 대규모 소매점과 16층 이상의 그 밖의 용도의 건축물을 말한다. 이하 이 목에서 같다)의 기둥 또는 내력벽	10년
㈏ 대형 공공성 건축물 중 기둥, 내력벽 외의 주요 구조부 또는 ㈎ 외의 건축물 중 주요 구조부	5년
㈐ 건축물 중 ㈎ 및 ㈏와 ⑮목의 전문공사를 제외한 그 밖의 부분	1년
⑮ 전문공사	
㈎ 실내의장	1년
㈏ 토공	2년
㈐ 미장 또는 타일	1년
㈑ 방수	3년
㈒ 도장	1년
㈓ 석공사 또는 조적	2년
㈔ 창호 설치	1년
㈕ 지붕	3년
㈖ 철물(①목부터 ⑧목까지 및 ⑨목부터 ⑭목까지에 해당하는 철골은 제외한다)	2년
㈗ 철근콘크리트(①목부터 ⑧목까지 및 ⑨목부터 ⑭목까지에 해당하는 철근콘크리트는 제외한다)	3년
㈘ 급배수, 공동구, 지하저수조, 냉난방, 환기, 공기조화, 자동제어, 가스 또는 배연설비	2년
㈙ 승강기 또는 인양기기설비	3년
㈚ 온실 설치	2년
㈛ 보링	1년
㈜ 건축물 조립(건축물의 기둥 및 내력벽의 조립은 제외하며, 이는 ⑭목에 따른다)	1년
㈝ 판금	1년

㈜ 보일러 설치	1년
㈐ 포장	2년
㈑ ㈎ 및 ㈜ 외의 건물 내 설비	2년
㈒ 자갈도상 철도·궤도 공사	1년
2.「전기공사업법」에 따른 전기공사	
① 발전설비공사	
㈎ 철근콘크리트 또는 철골구조부	7년
㈏ ㈎ 외의 시설공사	3년
② 터널식 및 개착식 전력구 송배전설비공사	
㈎ 철근콘크리트 또는 철골구조부	10년
㈏ ㈎ 외의 송전설비공사	5년
㈐ ㈎ 외의 배전설비공사	2년
③ 지중 송배전설비공사	
㈎ 송전설비공사(케이블공사 및 물밑송전설비공사를 포함한다)	5년
㈏ 배전설비공사	3년
④ 송전설비공사	3년
⑤ 변전설비공사(전기설비 및 기기설치공사를 포함한다)	3년
⑥ 배전설비공사	
㈎ 배전설비 철탑공사	3년
㈏ ㈎ 외의 배전설비공사	2년
⑦ 그 밖의 전기설비공사	1년
3.「정보통신공사업법」에 따른 정보통신공사	
① 터널식 또는 개착식 등의 통신구공사	5년
②「전기통신기본법」제2조제4호에 따른 사업용 전기통신설비 중 케이블 설치공사(구내에서 시공되는 공사는 제외한다), 관로공사, 철탑공사, 교환기설치공사, 전송설비공사, 위성통신설비공사	3년
③ ①목 및 ②목의 공사 외의 공사	1년
4.「소방시설공사업법」에 따른 소방시설공사	
① 피난기구, 유도등, 유도표지, 비상경보설비, 비상조명등, 비상방송설비 및 무선통신보조설비	2년
② 자동식소화기, 옥내소화전설비, 스프링클러설비, 간이스프링클러설비, 물분무등소화설비, 옥외소화전설비, 자동화재탐지설비, 상수도소화용수설비 및 소화활동설비(무선통신보조설비는 제외한다)	3년
5.「문화재보호법」에 따른 문화재 수리공사	
① 성곽	
㈎ 석성(石城)	
㉮ 화강석 등을 방형 형태로 다듬어 쌓은 구조	5년
㉯ 자연상태의 돌을 사용하여 쌓은 구조	3년
㈏ 토성(土城), 혼축성(混築城)	2년
㈐ 전축성(塼築城)	3년

㈑ 목책성(木柵城)	1년
② 탑·석조물	
㈎ 석불(石佛), 부도(浮屠), 비석(碑石), 석등(石燈), 당간지주(幢竿支柱), 지석묘(支石墓), 석빙고(石氷庫), 석탑(石塔), 석교(石橋) 등	5년
㈏ 전탑(塼塔)	3년
㈐ 새로운 재료로 교체한 석재부(石材部)	7년
③ 목조건축물	
㈎ 지붕	
㉮ 산자(橵子) 또는 개판(蓋板) 이상의 기와지붕	3년
㉯ 산자 또는 개판 이상의 너와지붕	2년
㉰ 억새 등을 이용한 선사시대 움집	2년
㉱ 산자 또는 개판 이상의 초가지붕	1년
㈏ 목부재(木部材)	
㉮ 기둥, 창방, 대들보, 도리 등 주요 구조재	3년
㉯ 그 밖의 구조재	2년
㈐ 목조건축물의 수장재(修粧材)	1년
㈑ 기초 및 기단	
㉮ 정(井)자형 장대석 기초	10년
㉯ 강회잡석 적심기초, 화강석 가공주초	7년
㉰ 도드락다듬 이상의 석조 기단·월대의 지대석	5년
㉱ 그 밖의 기초 및 기단	3년
㈒ 미장 및 아궁이, 굴뚝, 방고래 등 구들과 관련되는 시설의 수리	2년
㈓ 건축물의 단청(벽화 및 불화를 포함한다)	2년
④ 담	
㈎ 사괴석(四塊石) 담장의 장대지대석	5년
㈏ 그 밖의 사괴석담	3년
㈐ 돌담, 자연석담, 판축담, 토담, 전축담, 와편담	2년
⑤ 분묘	
㈎ 봉분시설(잔디 심기는 제외한다)	2년
㈏ 구조부	
㉮ 적석총(積石塚)·석곽묘(石槨墓)	5년
㉯ 전축분(塼築墳)	3년
㉰ 목곽묘(木槨墓)	1년
㈐ 병풍석(屛風石)	3년
⑥ 도로	
㈎ 암거, 배수로, 측구, 맨홀	2년
㈏ 포장	
㉮ 박석, 포방전	2년
㉯ 마사토, 강회다짐, 그 밖의 혼합토 등	1년
⑦ 철물	
㈎ 장식철물, 보호철물, 관리철물	2년

㈏ 구조철물, 보강철물		3년
⑧ 조경, 식물보호, 발굴지정비, 벽화 등		
㈎ 조경시설물 및 조경식재		2년
㈏ 식물보호		3년
㈐ 발굴지 정비		2년
㈑ 불상개금, 도금, 탱화, 옷칠 등		5년
⑨ 그 밖의 문화재와 문화재보호·보강시설(전통한옥양식건축물 또는 보호각, 보호시설의 철골 또는 철근콘크리트 구조로 된 내력벽, 기둥이나 주요 구조부)		5년
6. 「지하수법」에 따른 지하수개발·이용시설공사나 그 밖의 공사 관련 법령에 따른 공사		1년

2-10 태양광발전 시스템의 점검(일반적 분류)

태양광발전설비에 대한 점검은 주로 준공 시의 점검, 일상점검, 정기점검의 3가지로 분류된다.

(1) 준공 시의 점검

① 시스템 준공 시의 점검내용
  ㈎ 시스템 준공 시의 점검내용   ㈏ 육안점검
  ㈐ 각 부의 절연저항 측정   ㈑ 접지저항 측정

② **태양전지 어레이 점검** : 다음과 같은 사항에 대해 육안점검 및 측정을 행한다.

	점검항목	점검요령
육안 점검	표면의 오염 및 파손	오염 및 파손의 유무
	프레임의 파손 및 변형	파손 및 두드러진 변형이 없을 것
	가대의 부식 및 녹 발생	부식 및 녹이 없을 것 (녹의 진행이 없고, 도금강판의 끝부분은 제외)
	가대의 고정	볼트 및 너트의 풀림이 없을 것
	가대접지	배선공사 및 접지접속이 확실할 것
	코킹	코킹의 망가짐 및 불량이 없을 것
	지붕재의 파손	지붕재의 파손, 어긋남, 뒤틀림, 균열이 없을 것
측정	접지저항	접지저항 100Ω 이하(제3종 접지)

③ 접속함(중간 단자함)

	점검항목	점검요령
육안 점검	외함의 부식 및 파손	부식 및 파손이 없을 것
	방수처리	전선 인입구가 실리콘 등으로 방수처리되어 있을 것
	배선의 극성	태양전지에서 배선의 극성이 바뀌어 있지 않을 것
	단자대 풀림	확실하게 취부되고 나사의 풀림이 없을 것
측정	절연저항 (태양전지-접지 간)	0.2MΩ 이상 측정전압 DC 500V (각 회로마다 전부 측정)
	절연저항 (중간단자함 출력단지-접지 간)	1MΩ 이상 측정전압 DC 500V
	개방전압 및 극성	규정 전압이어야 하고 극성이 올바를 것

④ 인버터 1

	점검항목	점검요령
육안 점검	외부의 부식 및 파손	부식 및 파손이 없을 것
	취부	• 견고하게 고정되어 있을 것 • 유지보수 충분한 공간이 확보되어 있을 것 • 옥내용 : 과도한 습기, 기름, 습기, 연기, 부식성 가스, 가연성 가스, 먼지, 염부, 화기 등이 존재하지 않는 장소일 것 • 옥외용 : 눈이 쌓이거나 침수의 우려가 없을 것 • 화기, 가연가스 및 인화물이 없을 것

⑤ 인버터 2

	점검항목	점검요령
육안 점검	배선의 극성	• P는 태양전지(+), N은 태양전지(−)
	단자대 나사의 풀림	• U.O.W는 계통 측 배선(단상 3선식 220V) [(O는 중성선) U-O, O-W 간 220V] • 자립운전의 배선은 전용 콘서트 또는 단자에 의해 전용배선으로 하고 용량은 15A일 것
	접지단자와 접속	접지와 바르게 접속되어 있을 것 (접지봉 및 인버터 '접지단자'와 접속)
측정	절연저항 (인버터 입출력단지-접지 간)	1MΩ 이상 측정전압 DC 500V
	접지저항	접지저항 100Ω 이하(제3종 접지)
	수전전압	주회로 단자대 U-O, O-W 간의 AC 220일 것

⑥ 운전 및 정지

점검항목		점검요령
조작 및 육안 점검	보호계전기의 설정	전력회사 정정치를 확인할 것
	운전	운전스위치 '운전'에서 운전할 것
	정지	운전스위치 '정지'에서 정지할 것
	투입저지 시한 타이머 동작시험	인버터가 정지하고 5분 후 자동 기동할 것
	자립운전	자립운전에 절환할 때 자립운전용 콘센트에서 제조업자 규정전압이 출력될 것
	표시부의 동작확인	표시가 정상으로 표시되어 있을 것
	이상음 등	운전 중 이상음, 이상 진동, 악취 등의 발생 없을 것
측정	발전전압 (태양전지전압)	태양전지의 동작전압이 정상일 것 (동작전압 판정 일람표에서 확인)

⑦ 발전전력

점검항목		점검요령
육안 점검	인버터의 출력표시	인버터 운전 중, 전력표시부에 사양과 같이 표시될 것
	전력량계(거래용 계량기) (송전 시)	회전을 확인할 것
	전력량계(수전 시)	정지를 확인할 것

⑧ 기타 항목

점검항목		점검요령
육안 점검	전력량계	발전사업자의 경우 전력회사에서 지급한 전력량계 사용
	주간선 개폐기(분전반 내)	역접속 가능형으로 볼트의 흔들림이 없을 것
	태양광발전용(개폐기)	'태양광발전용'이라 표시되어 있을 것

(2) 일상점검

① 태양전지 어레이

점검항목		점검요령
육안 점검	유리 등 표면의 오염 및 파손	심한 오염 및 파손이 없을 것
	가대의 부식 및 녹	부식 및 녹이 없을 것
	외부배선(접속케이블)의 손상	접속케이블에 손상이 없을 것

② 태양전지 접속함

점검항목		점검요령
육안 점검	외함의 부식 및 손상	부식 및 파손이 없을 것
	외부배선(접속케이블)의 손상	접속케이블에 손상이 없을 것

③ 인버터

점검항목		점검요령
육안 점검	외함의 부식 및 파손	외함의 부식·녹이 없고 충전부가 노출 없을 것
	외부배선(접속케이블)의 손상	인버터에 접속된 배선에 손상이 없을 것
	환기 확인 (환기구멍, 환기필터)	• 환기구를 막고 있지 않을 것 • 환기필터가 막혀 있지 않을 것
	이상음 악취, 발연 및 이상과열	운전 시 이상음, 이상한 진동, 악취 및 이상한 과열이 없을 것
	표시부의 이상표시	표시부에 이상코드, 이상을 표시하는 램프의 점등, 점멸 등이 없을 것
	발전상황	표시부의 발전상황에 이상이 없을 것

④ 배전반 제어회로 배선

대상(점검개소)	목적	점검내용
제어회로의 배선 (배선 전반)	손상	• 가동부 등의 연결전선의 절연피복 손상 여부 확인 • 전선 지지물의 탈락 여부 확인
	이상한 냄새	과열에 의한 이상한 냄새 여부 확인
단자대(외부 일반)	조임의 이완	조임부의 이완 여부 확인
	손상	절연물 등 균열 및 파손 여부 확인

⑤ 차단기류

대 상	점검개소	목 적	점검내용
주회로용 차단기 (VCB, GCB, ACB)	외부 일반	이상한 소리	코로나 방전 등에 의한 이상한 소리는 없는가?
		이상한 냄새	코로나 방전, 과열에 의한 이상한 냄새 유무 확인
		누출	GCB의 경우 가스 누출은 없는가?
	개폐표시기	지시	표시의 정확 유무 확인
	개폐표시등	표시	표시의 정확 유무 확인
	개폐도수계	표시	기계적인 수명 횟수에 도달하여 있지 않은가?
배선용 차단기	외부 일반	이상한 냄새	과열에 의한 이상한 냄새는 없는가?
	조작 장치	표시	동작상태를 표시하는 부분이 잘 보이는가?
			개폐기구의 핸들과 표시등의 상태는 올바른가?

⑥ 변압기

대 상	점검개소	목 적	점검내용
변압기리액터	외부일반	이상한 소음	코로나 등에 의한 이상한 소리는 없는가?
		이상한 냄새	코로나 방전 또는 과열에 의한 이상한 냄새는 없는가?
		누출	절연유의 누출은 없는가?
	온도계	지시표시	지시는 소정의 범위 내에 들어가 있는가?
	유면계 가스압력계	지시표시	유면은 적당한 위치에 있는가?
			가스의 압력은 규정치보다 낮지 않은가? (질소 봉입의 경우)

⑦ 기타 기기

대 상	점검개소	목 적	점검내용
전력용 콘덴서	외부일반	볼트조임 이완	단자부 볼트류의 조임이 이완되지 않았는가?
		손상	붓싱부의 균열, 파손이나 변형 등이 없는가?
		변색	붓싱, 단자부 등의 균열에 의한 변색은 없는가?
		오손	붓싱부의 이물질, 먼지 등의 부착은 없는가?
축전지	육안점검		변색, 변형, 팽창, 손상, 액면저하, 온도 상승, 단자풀림 등(부하에 급전한 상태로 실시)

(3) 정기점검

① 태양전지 어레이

점검항목		점검요령
육안점검	접지선의 접속 및 접속단자의 풀림	• 접지선에 확실하게 접속되어 있을 것 • 볼트의 풀림이 없을 것

② 접속함

	점검항목	점검요령
육안점검	외함의 부식 및 파손	부식 및 손상이 없을 것
	외부 배선의 손상 및 접속단자의 풀림	• 배선에 이상이 없을 것 • 볼트의 풀림이 없을 것
	접지선의 접속 및 접속단자의 풀림	• 접지선에 이상이 없을 것 • 볼트의 풀림이 없을 것
측정 및 시험	절연저항	• 〈태양전지-접지선〉 0.2 MΩ 이상 측정 전압 DC 500V • 〈출력단자-접지간〉 1MΩ 이상 측정 전압 DC 500V
	개방전압	• 규정의 전압일 것 • 극성이 올바를 것(각 회로마다 전부 측정)

③ 인버터 1

	점검항목	점검요령
육안점검 (외관)	외함의 부식 및 파손	• 부식파손이 없을 것
	외부배선의 손상 및 접속단자의 풀림	• 배선에 이상이 없을 것 • 볼트의 풀림이 없을 것
	접지선의 파손 및 접속단자의 풀림	• 접지선에 이상이 없을 것 • 볼트의 풀림이 없을 것
	환기확인 (환기구, 환기필터 등)	• 환기구를 막고 있지 않을 것 • 환기필터가 막혀 있지 않을 것
	운전 시의 이상음, 진동 및 악취의 유무	운전 시에 이상음, 이상 진동 및 악취가 없을 것
	발전상황	표시부의 발전상황에 이상이 없을 것

④ 인버터 2

점검항목		점검요령
측정 및 시험	절연저항 (인버터 입출력단자-접지 간)	1MΩ 이상 측정 전압 DC 500V
	표시부의 동작확인 (표시부 표시, 충전전력 등)	표시상황 및 발전상황에 이상이 없을 것
	투입저지 시한 타이머 (동작시험)	한전 전원 정전 시에 인버터가 0.5초 이내 정지하고, 복전 시 5분 후 자동 기동할 것
육안점검	태양광발전용 개폐기의 접속단자의 풀림	나사의 풀림이 없을 것
기타	제어회로 및 경보장치, 단독운전 방지시험	기능에 이상 없을 것

⑤ 기타 기기

구분	점검항목		점검요령
축전지	육안 점검	외관, 전해액의 비중 및 액면저하 여부	부하에 급전한 상태로 실시
	측정 및 시험	단자전압(총전압 및 각 소자의 전압)	
개폐기	육안, 접촉 등	접속단자 풀림	나사의 풀림이 없을 것
	측정	절연저항	1MΩ 이상 측정 전압 DC 500V

2-11 유지관리의 자세 및 하자 발생 시 조치사항

(1) 유지관리의 자세

① 시설물의 결함이나 파손을 초래하는 요인을 사전조사로 발견하여 미연에 방지하는 것이 최선의 방법이다.
② 시설물의 결함이나 파손은 조기에 발견하고 즉시 조치하여 결함이나 파손이 확대되지 않도록 한다.
③ 이용에 불편, 제한 및 장애를 최대한 적게 한다.

④ 안전을 최우선으로 하여 모든 작업을 행한다.
⑤ 상세한 작업계획을 수립하여 효율적인 작업이 되도록 하고, 예산이 불필요하게 낭비되는 일이 없도록 관리하여야 한다.

(2) 하자 발생 시 조치사항

① 하자 발견 즉시 도급자에 서면 통보하여 하자를 보수하도록 한다.
② 하자 보수 요청 후 미이행 시에는 연대보증인 또는 하자보증 보험사에 서면으로 통보하여 조치한다. 또한 발주자는 하자보수 불이행에 따른 도급자에 행정처벌 조치를 한다.
③ 도급자는 하자보수 착공계 제출 후 공사를 해야 하며, 하자보수가 끝나면 하자보수 준공계를 제출하여 감독자의 준공검사를 득해야 한다.
④ 하자보수 및 검사를 완료한 경우에는 '하자보수 관리부'를 작성·보관한다.

2-12 신·재생에너지설비의 하자보증기간

원 별	하자보증기간
태양광발전설비	3년
풍력발전설비	3년
소수력발전설비	3년
지열이용설비	3년
태양열이용설비	3년
기타 신재생에너지설비	3년

* 단, 지열이용설비 중 개방형의 경우 5년으로 한다.

예상문제

신재생에너지 발전설비기사 · 산업기사

제2장 | 유지 · 정기 · 긴급 보수 계획 및 실시

1 다음은 태양광발전 시스템 유지관리절차이다. ( ) 안에 적당한 말을 보기에서 골라 순서대로 기호를 채우시오.

"( ) → ( ) → ( ) → ( ) → 필요시 보수계획 수립 → 설계 반영 및 예산 확보 → 공사 및 준공검사 → 시설물 사용 및 지속적 유지관리"

보기
㉠ 이상 및 결함 발견
㉡ 정밀조사 및 정밀 안전진단 실시
㉢ 시설물 점검(일상점검, 정기점검, 임시점검)
㉣ 응급처치/작동금지/안정성 검토

정답 ㉢ → ㉠ → ㉣ → ㉡

2 태양광발전의 계통흐름에 따라 점검을 진행하려 한다. ( ) 안에 적당한 점검순서를 보기에서 골라 순서대로 기호를 채우시오.

" 태양전지 → ( ) → ( ) → ( ) → ( ) → ( ) → ( ) → 한전계통 "

보기 ㉠ VCB ㉡ 인버터 ㉢ ACB ㉣ LBA ㉤ 접속반 ㉥ 변압기

해설

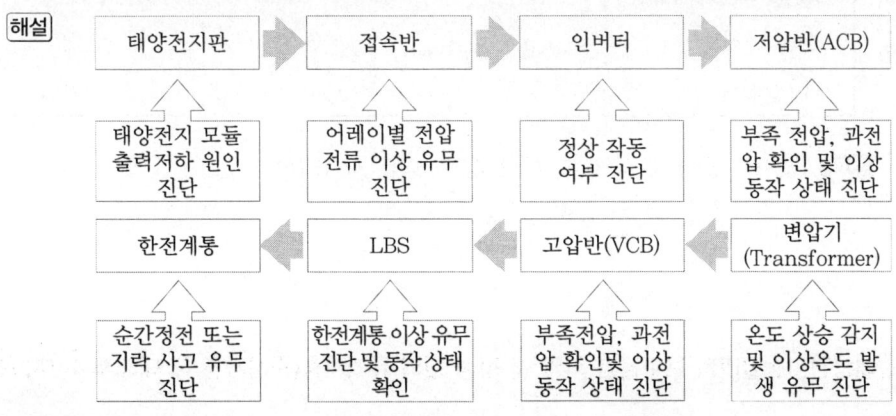

정답 태양전지 → ㉤ → ㉡ → ㉢ → ㉥ → ㉠ → ㉣ → 한전계통

3. 다음은 일상(순시) 점검 방법을 설명한 것이다. (　) 안을 채우시오.

① 이상한 소리, 냄새, 손상 등을 배전반 외부에서 점검한다.
② 이상상태 발견 시 배전반 문을 열고 확인한다.
③ 이상상태 내용을 기록하여 (㉠)점검 시 반영함으로써 참고자료로 활용할 수 있다.
④ 청소는 공기압을 사용할 경우 흡출방식보다는 (㉡)방식이 추천된다.

정답 ㉠ 정기, ㉡ 흡입

4. 다음은 태양광발전설비를 정부지원금을 지원받아 설치한 경우의 정기점검 방법에 대한 설명이다. (　) 안에 적당한 숫자나 담당 기관을 각각 넣으시오.

정부지원금으로 설치된 경우에는 하자보수기간인 (㉠)년 동안 연 (㉡)회 이상 점검을 실시하고 (㉢)에 점검결과를 보고하여야 한다.

정답 ㉠ 3, ㉡ 1, ㉢ 신재생에너지센터

5. 다음은 수전설비의 배전반 등의 최소 유지거리이다. (　) 안에 맞는 숫자를 각각 넣으시오(단위 ; m).

구 분	앞면 또는 조작·계측면	뒷면 또는 점검면	열상호간(점검의 면)
특고압 배전반	(㉠)	0.8	(㉡)
고압 배전반	1.5	(㉢)	(㉣)
저압 배전반	1.5	0.6	1.2
변압기 등	(㉤)	(㉥)	1.2

정답 ㉠ 1.7, ㉡ 1.4, ㉢ 0.6, ㉣ 1.2, ㉤ 0.6, ㉥ 0.6

6. 태양광발전설비의 보수점검 작업 시 점검 전의 유의사항(준비사항)에 대해서 4가지 쓰시오.

정답 다음 중 4개를 골라서 작성한다.

① 준비 작업 : 응급처치방법 및 설비의 안전 확인
② 회로도 검토 : 전원계통이 Loop가 형성되는 경우를 대비
③ 연락처 : 비상시 대비하여 비상연락망 확인
④ 무전압 상태 확인 및 안전조치 : 차단기, 단로기 등 Open
⑤ 잔류전압 주의 : 콘덴서 및 케이블의 접속부 점검 시 접지 실시
⑥ 오조작 방지 : 인출형 차단기, 단로기 등은 '점검중' 표찰 부착
⑦ 절연용 보호기구 준비
⑧ 쥐, 곤충 등의 침입 대책 수립

7. 태양광발전설비의 보수점검 작업에서 점검 후의 유의사항(체크사항)에 대해서 4가지 쓰시오.

정답 다음 중 4개를 골라서 작성한다.
① 접지선 제거
② 작업자가 수배전반 내에 들어가 있는지 확인
③ 점검을 위해 임시로 설치한 가설물 등이 철거되었는지 확인
④ 볼트, 너트 등 단자반 결선의 조임이나 누락 여부 확인
⑤ 작업 전에 투입된 공구 등의 회수 여부(목록을 통해 확인할 것)
⑥ 점검 중 쥐, 곤충, 뱀, 벌레 등의 침입이 없었는지 확인

8. 유지관리비의 4대 구성요소를 쓰시오.

정답 ① 유지비
② 보수비와 개량비
③ 일반관리비
④ 운용지원비

9. 다음은 유지관리를 위한 설계도서의 보관기준에 관한 것이다. ( ) 안을 각각 채우시오.

• 전력시설물의 소유자 및 관리주체는 (㉠) 및 준공설계도서를 시설물이 폐지될 때까지 보관하여야 한다.
• 설계업자는 실시설계도서를 해당 시설물이 준공된 후 (㉡)년간 보관한다.
• 감리업자는 준공설계도서를 (㉢)이 끝날 때까지 보관한다.

정답 ㉠ 실시설계도서, ㉡ 5, ㉢ 하자담보 책임기간

10 설비의 내구연한 중 경제적 내구연한과 법적 내구연한이 무엇인지 쓰시오.

정답 ① 경제적 내구연한 : 수리 수선을 하면서 사용하는 것이 신형제품 사용에 비하여 경제적으로 비용이 더 소요되는 시점을 말한다.
② 법적 내구연한 : 고정자산의 감가상각비를 산출하기 위하여 정해진 세법상의 내구연한을 말한다.

11 설비의 내구연한 중 물리적 내구연한과 사회적 내구연한이 무엇인지 쓰시오.

정답 ① 물리적 내구연한
㈎ 마모, 부식, 파손에 의한 사용불능의 고장빈도가 자주 발생하여 기능장애가 허용한도를 넘는 상태의 시기를 물리적 내구연한이라 한다.
㈏ 물리적 내구연한은 설비의 사용수명이라고도 할 수 있으며 일반적으로는 15~20년을 잡고 있다(단, 15~20년이란 사용수명도 유지관리에 따라 실제로는 크게 달라질 수 있는 값이다).
② 사회적 내구연한
㈎ 사회적 동향을 반영한 내구연수를 말하는 것으로 이는 진부화, 구형화, 신기종 등의 새로운 방식과의 비교로 상대적 가치 저하에 의한 내구연수이다.
㈏ 법규 및 규정변경에 의한 갱신의무, 형식취소 등에 의한 갱신 등도 포함된다.

12 다음은 태양광발전설비의 점검 시(점검 중) 유의사항에 대한 설명이다. ( ) 안을 채우시오.

- 인버터는 한전 측 계통 전원을 Off시키면 (㉠)기능에 의해 자동으로 정지하게 되어 있으나, 항상 정지를 재확인 후 점검에 임한다.
- 구름이 많거나 흐린 날은 일사량의 변화가 많을 수 있으므로 인버터의 MPPT 제어 실패로 인한 인버터 정지현상이 발생할 가능성이 있으며, 이때 인버터는 약 (㉡)분 경과 후 자동 재가동한다는 것을 알고 점검작업에 임한다.

정답 ㉠ 단독운전방지, ㉡ 5

13 다음은 태양전지 어레이 점검 관련 내용이다. ( ) 안에 적당한 점검방법이나, 숫자를 넣으시오.

- 태양광발전설비에 대한 점검은 주로 (㉠), (㉡), 정기점검의 3가지로 분류된다.
- 준공 시의 점검에서 접지저항을 측정하여 (㉢)Ω 이하가 나오는지 확인해야 한다.

정답 ㉠ 준공 시의 점검, ㉡ 일상점검, ㉢ 100

14 다음은 전기공사의 공종별 담보책임 존속기간이다. (   ) 안에 맞는 담보책임 존속기간을 기재하시오.

대구분	소구분	담보책임 존속기간
발전설비공사	철근콘크리트 또는 철골구조부	(㉠)
	그 외의 시설공사	(㉡)
터널식 및 개착식 전력구 송배전설비공사	철근콘크리트 또는 철골구조부	(㉢)
	그 외의 송전설비공사	5
	그 외의 배전설비공사	2
지중 송배전설비공사	송전설비공사	(㉣)
	배전설비공사	3
송전설비공사		(㉤)
변전설비공사		3
배전설비공사	배전설비 철탑공사	(㉥)
	그 외의 배전설비공사	2
그 밖의 전기설비공사		(㉦)

정답 ㉠ 7, ㉡ 3, ㉢ 10, ㉣ 5, ㉤ 3, ㉥ 3, ㉦ 1

15 다음은 태양광발전설비의 준공 시 접속함 점검 관련 내용이다. (   ) 안에 적당한 말을 채우시오.

- 태양전지와 접지 간 절연저항을 측정하여 각 회로마다 (㉠)MΩ 이상이 나오는지 확인해야 한다.
- 중간단자함 출력단자와 접지 간 절연저항을 측정하여 (㉡)MΩ 이상이 나오는지 확인해야 한다.

정답 ㉠ 0.2, ㉡ 1

16 다음은 태양광발전설비의 준공 시 인버터 점검 관련 내용이다. (   ) 안에 적당한 문자나 숫자를 채우시오.

- P는 (+)극으로 연결되고, N은 (−)극으로 연결되어야 한다.
- 계통측 배선의 U, O, W 중에서 중성선은 (㉠)이다.
- 인버터의 입 · 출력단자와 접지 간 절연저항을 측정하여 (㉡)MΩ 이상이 나오는지 확인해야 한다.

정답 ㉠ O, ㉡ 1

17 태양광발전설비의 일상점검 시 주회로용 차단기 및 배선용 차단기류의 일반 점검내용을 쓰시오.

[정답]

대 상	점검개소	목 적	점검내용
주회로용 차단기 (VCB, GCB, ACB)	외부 일반	이상한 소리	코로나 방전 등에 의한 이상한 소리는 없는가?
		이상한 냄새	코로나 방전, 과열에 의한 이상한 냄새 유무 확인
		누출	GCB의 경우 가스 누출은 없는가?
	개폐표시기	지시	표시의 정확 유무 확인
	개폐표시등	표시	표시의 정확 유무 확인
	개폐도수계	표시	기계적인 수명 횟수에 도달하여 있지 않은가?
배선용 차단기	외부 일반	이상한 냄새	과열에 의한 이상한 냄새는 없는가?
	조작 장치	표시	동작상태를 표시하는 부분이 잘 보이는가?
			개폐기구의 핸들과 표시등의 상태는 올바른가?

18 태양광발전설비의 일상점검 시 변압기의 일반 점검내용을 쓰시오.

[정답]

대 상	점검개소	목 적	점검내용
변압기 리액터	외부 일반	이상한 소음	코로나 등에 의한 이상한 소리는 없는가?
		이상한 냄새	코로나 방전 또는 과열에 의한 이상한 냄새는 없는가?
		누출	절연유의 누출은 없는가?
	온도계	지시표시	지시는 소정의 범위 내에 들어가 있는가?
	유면계 가스압력계	지시표시	유면은 적당한 위치에 있는가?
			가스의 압력은 규정치보다 낮지 않은가? (질소 봉입의 경우)

19 태양광발전설비의 정기점검 시 접속함의 일반 점검내용을 쓰시오.

정답

	점검항목	점검요령
육안점검	외함의 부식 및 파손	부식 및 손상이 없을 것
	외부 배선의 손상 및 접속단자의 풀림	• 배선에 이상이 없을 것 • 볼트의 풀림이 없을 것
	접지선의 접속 및 접속단자의 풀림	• 접지선에 이상이 없을 것 • 볼트의 풀림이 없을 것
측정 및 시험	절연저항	• 〈태양전지-접지선〉 0.2MΩ 이상 측정 전압 DC 500V • 〈출력단자-접지간〉 1MΩ 이상 측정 전압 DC 500V
	개방전압	• 규정의 전압일 것 • 극성이 올바를 것(각 회로마다 전부 측정)

20 다음은 신·재생에너지설비의 하자보증기간을 정리한 표이다. ㉠과 ㉡에 적당한 수치를 기입하시오.

원별	하자보증기간
태양광발전설비	3년
풍력발전설비	3년
소수력발전설비	3년
지열이용설비	3년
태양열이용설비	3년
기타 신재생에너지설비	(㉠)년

* 단, 지열이용설비 중 개방형의 경우 (㉡)년으로 한다.

정답 ㉠ 3, ㉡ 5

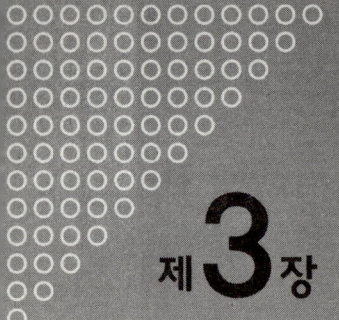

제3장 안전교육 및 안전장비

3-1 태양광발전설비 안전대책

(1) 안전 보호장구
① **안전모**(전기안전모)
② **안전대**(안전띠) : 추락 방지(떨어지거나 구르는 것을 방지)
③ **안전화** : 미끄럼 방지(미끄럼 방지의 효과가 있는 신발)
④ **안전 허리띠** : 공구, 공사부재의 낙하 방지

(2) 절연용 보호구

7천 볼트 이하 전로의 활선작업 또는 활선 근접 작업 시 작업자의 감전사고를 방지하기 위해 작업자의 몸에 착용하는 것이다.
① 안전모(전기안전모)
② 안전화(전기용 고무절연 장화)
③ 전기용 고무장갑
④ 보호용 가죽장갑

(3) 감전 방지대책
① 작업 전에 태양전지모듈의 표면에 차광시트를 붙여 태양광을 차단한다.
② 저압선로용 절연장갑을 낀다.
③ 절연처리가 된 공구를 사용한다.
④ 강우 시 작업을 하지 않는다(감전사고의 원인뿐만 아니라 미끄러짐으로 인한 추락 사고로 이어진다).

3-2 정전 작업

(1) 정전 작업 전 조치사항
① 전로의 개로 개폐기에 시건장치 및 통전금지 표지판 설치
② 전력 케이블, 전력 콘덴서 등의 잔류전하의 방전
③ 검전기로 개로된 전로의 충전 여부 확인
④ 단락접지기구로 단락접지

(2) 정전 절차
ISSA(국제사회 안전협의)의 5대 안전수칙 준수
① 작업 전 전원 차단
② 전원투입의 방지
③ 작업장소의 무전압 여부 확인
④ 단락 접지
⑤ 작업장소의 보호

(3) 작업 중 조치사항
① 작업지휘자에 의한 작업 진행
② 개폐기의 관리
③ 단락접지의 수시 확인
④ 근접 활선에 대한 방호상태의 관리

(4) 작업종료 후의 조치
① 단락접지기구의 철거
② 시건장치 또는 표지판 철거
③ 작업자에 대한 위험이 없는 것을 최종 확인
④ 개폐기 투입으로 송전 재개

(5) 정전 작업 시 안전 유의사항
① 안전장구 및 표지
② **무전압상태의 유지** : 개폐기의 개방 보증, 잔류전하의 방전, 단락접지 등
③ **재통전의 안전조치** : 감전의 위해가 없음, 단락접지기구의 제거 등

3-3 활선 및 활선근접 작업

(1) 충전로의 방호

① 방호의 범위
　㈎ 활선 작업 시 절연피복에 관계없이 방호 필요
　㈏ 재료나 공구를 취급하는 경우와 신체가 이동하는 범위가 큰 경우, 중량물을 취급하는 경우, 도전성의 긴 물체를 취급하는 경우에는 특별히 완전한 방호가 필요하다.

② 충전전로 방호 시 유의사항
　㈎ 작업지휘자는 작업자에게 방호방법 및 순서를 지시하고, 직접 방호작업을 지휘한다.
　㈏ 절연용 방호구는 잘 손질되고, 정비된 것으로 준비하고, 손상 유무를 점검한다.
　㈐ 방호를 하는 작업자는 먼저 절연용 보호구를 착용하여 신체를 보호하고, 작업지휘자는 보호구의 착용상태를 확인하며, 미비점에 대해서 바로잡은 후 작업에 착수한다.
　㈑ 주상에서의 방호작업은 원칙적으로 2명이 하고, 단독작업은 가급적 피한다.
　㈒ 방호작업 시에 발판 등을 사용하고, 안정된 자세로 절연용 방호구를 장착한다.
　㈓ 절연용 방호구는 몸 가까운 충전전로부터 설치하고, 철거 시에는 반대로 먼 곳부터 한다.
　㈔ 바인드선이나 전선의 끝이 전기용 고무장갑에 상처를 내지 않도록 주의한다.
　㈕ 절연용 방호구는 작업 중이나 이동 시 탈락되지 않도록 고무끈 등으로 확실하게 고정시킨다.

(2) 안전거리 확보

고압 이상의 전기는 직접적인 접촉이 아니어도 어느 한계 내의 충전부에 접근하면 공기의 절연이 파괴되어 섬락을 일으켜 충격을 받을 수 있다.

① 사용전압에 따른 접근 한계거리

사용전압(kV)	접근 한계거리(cm)	사용전압(kV)	접근 한계거리(cm)
22 이하	20	110 초과~154 이하	120
22 초과~33 이하	30	154 초과~187 이하	140
33 초과~66 이하	50	187 초과~220 이하	160
66 초과~77 이하	60	220 초과	220
77 초과~110 이하	90		

② 사용전압에 따른 와이어로프와 송배전선 간 이격거리

사용전압(kV)	이격거리(m)	사용전압(kV)	이격거리(m)
0.6 이하	1.0	77 이하	2.4
7 이하	1.2	110 이하	3.0
11 이하	2.0	154 이하	4.0
22 이하	2.0	220 이하	5.2
33 이하	2.0	275 이하	6.4
66 이하	2.0	500 이하	10.8

(3) 활선 작업을 시행할 때 관련부서에 통고해야 할 사항

① 장소
② 선로명 및 전주번호
③ 작업내용
④ 작업실시 일시
⑤ 작업 완료 예정시간
⑥ 작업책임자 또는 공사감독원 성명

(4) 고압 활선 작업 시의 안전조치사항

① 절연용 보호구 착용(안전모, 전기용 고무장갑, 전기용 고무절연장화 등)
② 절연용 방호구 설치(고무판, 절연관, 절연시트, 절연커버, 애자커버 등)
③ 활선 작업용 기구 사용
④ 활선 작업용 장치 사용

(5) 기타사항

① 활선 작업은 활선장구 및 고무보호장구를 사용한다. 단, 7,000V를 초과하는 경우에는 고무보호장구를 사용해서는 안 된다.
② 작업 착수 전 작업장소에 도체(전화선 포함)는 대지전압이 7,000V이하일 때에는 반드시 고무방호구로 방호해야 하며, 7,000V를 초과하는 경우에는 활선장구로 옮기도록 한다.

3-4 전기안전 작업수칙

① 작업자는 시계, 반지 등 금속체 물건을 착용해서는 안 된다.
② 정전 작업 시 작업 중의 안전표찰을 부착하고, 출입을 제한시킬 필요가 있는 경우에는 구획로프를 설치한다.
③ 고압 이상의 개폐기 및 차단기 조작은 반드시 책임자의 승인을 받고 조작순서에 의거해 조작한다.
④ 고압 이상의 개폐기 조작은 반드시 무부하상태에서 실시하고, 개폐기의 조작 후 잔류전하 방전상태를 검전기로 확인한다.
⑤ 고압 이상의 전기설비는 꼭 안전장구를 착용한 후 조작한다.
⑥ 비상용 발전기 가동 전 비상전원 공급구간을 반드시 재확인한다.
⑦ 작업 완료 후 전기설비의 이상 유무를 확인한 후 통전한다.

3-5 태양광발전설비의 안전관리 대책

(1) 추락사고 예방

① **모듈 설치 시**
  ㈎ 높은 곳 작업 시 안전 난간대 설치
  ㈏ 안전모, 안전화, 안전벨트 착용
② **구조물 설치**
  ㈎ 안전 난간대 설치
  ㈏ 안전모, 안전화, 안전벨트 착용
③ **전선작업**
  ㈎ 정품의 알루미늄 사다리 등 사용
  ㈏ 안전모, 안전화, 안전벨트 착용

(2) 감전사고 예방

① 접속함, 파워컨디셔너 등 연결

㈎ 태양전지 모듈 등 전원 개방
㈏ 절연장갑 착용
② **배선작업**
㈎ 누전 발생 우려장소에 누전차단기 설치
㈏ 전선 피복상태 관리 등

3-6 전기안전 주의사항

(1) 전기안전규칙 준수사항

① 모든 전기설비 및 전기선로에는 항상 전기가 흐르고 있다고 생각하고 작업에 임한다.
② 작업 전에 현장의 작업조건과 위험요소의 존재 여부를 미리 확인한다.
③ 배선용 차단기, 누전차단기 등과 같은 안전장치로는 결코 자신을 보호할 수 없다고 생각해야 한다.
④ 어떠한 경우에도 접지선을 절대 제거해서는 안 된다.
⑤ 기기와 전선의 연결, 공구 등의 정리정돈을 철저히 해야 한다.
⑥ 작업장의 바닥이 젖은 상태에서는 절대로 작업해서는 안 된다.
⑦ 전기작업을 할 때에는 절대로 혼자 작업해서는 안 된다.
⑧ 전기작업은 양손을 사용하지 말고, 가능한 한 한 손으로 작업한다.
⑨ 작업 중에는 절대 잡담을 하지 않도록 한다(특히 활선인 경우에는 더욱 주의를 기울이도록 한다).
⑩ 전기 작업자는 어떤 상황이라도 급하게 행동해서는 안 된다.

(2) 절연용 고무장갑 사용 시 주의사항

① 사용 전에 반드시 공기를 불어넣어 새는 곳이 없는지 확인할 것
② 고무장갑은 공구, 자재와 혼합보관 및 운반하지 말 것
③ 사용하지 않는 고무장갑은 먼지, 습기, 기름 등이 없고 통풍이 잘 되는 곳에 보관할 것
④ 고무장갑의 손상이 우려될 경우에는 반드시 가죽장갑을 외부에 착용할 것
⑤ 3kV용 고무장갑을 6kV 작업에 사용하지 말 것
⑥ 소매를 접어서 사용하지 말 것

(3) 검전기 사용 시 주의사항(저압용, 고압용)

① 습기가 있는 장소에서 위험이 예상되는 경우에는 고압 고무장갑 착용할 것
② 검전기의 정격전압을 초과하여 사용하지 말 것
③ 검전기의 사용이 부적당한 경우에는 조작봉으로 대용할 것
④ 활선접근 경보기를 검전기 대용으로 사용하지 말 것

(4) 안전장비의 정기점검 관리 및 보관요령

① 한 달에 한 번 이상 책임 감독자가 점검할 것
② 청결하고 습기가 없는 장소에 보관할 것
③ 보호구를 사용 후에는 손질하여 항상 청결히 보관할 것
④ 세척한 후에는 항상 건조시켜 보관할 것

(5) 계측기는 용도 외 사용금지

① **멀티미터(테스터)** : 저항, 직류전류, 직류전압, 교류전압
② **클램프미터** : 전류, 전압, 저항 등

예상문제

제3장 | 안전교육 및 안전장비

1. 태양광발전설비 공사에 사용되는 안전보호장구 및 절연보호장구를 각각 4가지 쓰시오.

정답
① 안전보호장구 : 안전모(전기안전모), 안전대(안전띠), 안전화, 안전 허리띠
② 절연보호장구 : 안전모(전기안전모), 안전화(전기용 고무절연 장화), 전기용 고무장갑, 보호용 가죽장갑

2. 태양광발전설비의 전기공사에서 감전방지대책을 4가지 쓰시오.

정답
① 작업 전에 태양전지모듈의 표면에 차광시트를 붙여 태양광을 차단한다.
② 저압선로용 절연장갑을 낀다.
③ 절연처리가 된 공구를 사용한다.
④ 강우 시 작업을 하지 않는다(감전사고의 원인뿐만 아니라 미끄러짐으로 인한 추락사고로 이어진다).

3. 정전 절차 중에서 ISSA(국제사회 안전협의)의 5대 안전수칙을 쓰시오.

정답
① 작업 전 전원 차단
② 전원투입의 방지
③ 작업장소의 무전압 여부 확인
④ 단락 접지
⑤ 작업장소의 보호

4. 태양광발전설비에서 정전 작업 전 조치사항을 3가지 쓰시오.

정답 다음 중 3개를 골라서 작성한다.
① 전로의 개로 개폐기에 시건장치 및 통전금지 표지판 설치

② 전력 케이블, 전력 콘덴서 등의 잔류전하의 방전
③ 검전기로 개로된 전로의 충전 여부 확인
④ 단락접지기구로 단락접지

5 태양광발전설비에서 정전 작업 종료 후 조치사항을 3가지 쓰시오.

정답 다음 중 3개를 골라서 작성한다.
① 단락접지기구의 철거
② 시건장치 또는 표지판 철거
③ 작업자에 대한 위험이 없는 것을 최종 확인
④ 개폐기 투입으로 송전 재개

6 다음은 태양광발전설비의 활선 및 활선근접 작업 시 유의사항에 관한 내용이다. ( ) 안을 채우시오.
- (㉠)는 작업자에게 방호방법 및 순서를 지시하고, 직접 방호작업을 지휘한다.
- 주상에서의 방호작업은 원칙적으로 (㉡)명이 한다.

정답 ㉠ 작업지휘자, ㉡ 2

7 고압 이상의 전기는 직접적인 접촉이 아니어도 어느 한계 내의 충전부에 접근하면 공기의 절연이 파괴되어 섬락을 일으켜 충격을 받을 수 있다. 다음 표는 사용전압에 따른 접근 한계거리(안전거리) 확보에 관한 것이다. ( ) 안을 채우시오.

사용전압(kV)	접근 한계거리(cm)	사용전압(kV)	접근 한계거리(cm)
22 이하	(㉠)	110 초과~154 이하	(㉢)
22 초과~33 이하	30	154 초과~187 이하	140
33 초과~66 이하	(㉡)	187 초과~220 이하	160
66 초과~77 이하	60	220 초과	(㉣)
77 초과~110 이하	90		

정답 ㉠ 20, ㉡ 50, ㉢ 120, ㉣ 220

8 다음 표는 사용전압에 따른 와이어로프와 송배전선 간 이격거리를 나타낸 것이다. (   ) 안을 채우시오.

사용전압(kV)	이격거리(m)	사용전압(kV)	이격거리(m)
0.6 이하	(㉠)	77 이하	(㉢)
7 이하	1.2	110 이하	3.0
11 이하	2.0	154 이하	4.0
22 이하	2.0	220 이하	5.2
33 이하	2.0	275 이하	6.4
66 이하	(㉡)	500 이하	(㉣)

정답 ㉠ 1.0, ㉡ 2.0, ㉢ 2.4, ㉣ 10.8

9 전기 활선 작업을 시행할 때 관련부서에 통보해야 할 사항을 4가지 쓰시오.

정답 다음 중 4개를 골라서 작성한다.
① 장소
② 선로명 및 전주번호
③ 작업내용
④ 작업실시 일시
⑤ 작업 완료 예정시간
⑥ 작업책임자 또는 공사감독원 성명

10 고압 활선 전기 작업 시의 안전조치사항을 3가지 쓰시오.

정답 다음 중 3개를 골라서 작성한다.
① 절연용 보호구 착용(안전모, 전기용 고무장갑, 전기용 고무절연장화 등)
② 절연용 방호구 설치(고무판, 절연관, 절연시트, 절연커버, 애자커버 등)
③ 활선 작업용 기구 사용
④ 활선 작업용 장치 사용

11 다음의 충전전로 방호 시 유의사항에 대한 설명 중 ( ) 안에 들어갈 용어를 쓰시오.

- 절연용 (㉠)는 몸 가까운 충전전로부터 설치하고, 철거 시에는 반대로 먼 곳부터 한다.
- 안전거리 확보 : 고압 이상의 전기는 직접적인 접촉이 아니어도 어느 한계 내의 충전부에 접근하면 공기의 절연이 파괴되어 섬락을 일으켜 충격을 받을 수 있다. 이렇게 공기의 절연이 파괴되는 전압을 (㉡)이라고 하며, 표준조건의 교류에서는 약 (㉢)kV/cm이다.

정답 ㉠ 방호구
㉡ 절연파괴전압(혹은 극한파괴전압)
㉢ 21

12 다음의 전기안전 고압 작업수칙에 대한 설명 중 ( ) 안에 들어갈 적당한 말을 쓰시오.

- 고압 이상의 개폐기 조작은 반드시 (㉠)상태에서 실시하고, 개폐기의 조작 후 잔류전하 방전상태를 검전기로 확인한다.
- 고압 이상의 개폐기 및 차단기 조작은 반드시 책임자의 승인을 받고 (㉡)에 의거 조작한다.

정답 ㉠ 무부하
㉡ 순서(혹은 조작순서)

부록

과년도 출제문제

* 본 출제문제는 수험자들의 기억에 의해 복원한 내용이므로 실제 문제와 다소 차이가 날 수 있습니다.

2013년 11월 9일 시행
신재생에너지 발전설비기사 실기

1. 일상 순시 점검사항 중 내장기기, 부속기기의 주회로용 차단기의 점검사항은?

[정답]

대 상	점검개소	목 적	점검내용
주회로용 차단기 (VCB, GCB, ACB)	외부 일반	이상한 소리	코로나 방전 등에 의한 이상한 소리는 없는가?
		이상한 냄새	코로나 방전, 과열에 의한 이상한 냄새 유무 확인
		누출	GCB의 경우 가스 누출은 없는가?
	개폐표시기	지시	표시의 정확 유무 확인
	개폐표시등	표시	표시의 정확 유무 확인
	개폐도수계	표시	기계적인 수명 횟수에 도달하여 있지 않은가?

2. 모듈 $I-V$ 커브 특성곡선에서 얻을 수 있는 파라미터 5가지를 쓰시오.

[정답]
① 최대출력(P_{max}) ② 개방전압(V_{oc}) ③ 단락전류(I_{sc})
④ 최대출력(동작)전압(V_{mpp}) ⑤ 최대출력(동작)전류(I_{mpp})

[해설] $I-V$ 특성곡선
'표준시험조건'에서 시험한 태양전지 모듈의 '$I-V$ 특성곡선'은 다음 그림과 같다.

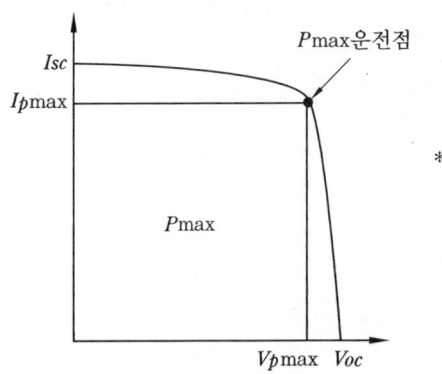

* Pmax : 최대출력
Ipmax : 최대출력 동작전류(=Impp)
Vpmax : 최대출력 동작전압(=Vmpp)
Isc : 단락전류
Voc : 개방전압

3. 수전설비의 배전반 등의 최소 유지거리는 얼마인가? ( ) 안을 채우시오.

위치별 기기별	앞면, 조작면, 계측면	뒷면, 점검면	열 상호간 (점검하는 면)	기타 면
특고압 배전반	(㉠)	(㉡)	(㉢)	−
저압 배전반	(㉣)	(㉤)	(㉥)	−
변압기 등	(㉦)	(㉧)	(㉨)	(㉩)

정답 ㉠ 1.7, ㉡ 0.8, ㉢ 1.4, ㉣ 1.5, ㉤ 0.6, ㉥ 1.2, ㉦ 0.6, ㉧ 0.6, ㉨ 1.2, ㉩ 0.3

해설 수전설비의 배전반 등의 최소 유지거리(단위 ; m)

구 분	앞면, 조작면, 계측면	뒷면, 점검면	열 상호간 (점검하는 면)	기타 면
특고압 배전반	1.7	0.8	1.4	−
고압 배전반	1.5	0.6	1.2	−
저압 배전반	1.5	0.6	1.2	−
변압기 등	0.6	0.6	1.2	0.3

4. 태양전지판에서 PCS 입력단 간 및 PCS 출력단과 계통연계점 간의 전압강하와 관련하여, 다음 표의 ( )를 채우시오.

전선길이	60m 이하	120m 이하	200m 이하	200m 초과
전압강하	(㉠)	(㉡)	(㉢)	(㉣)

정답 ㉠ 3% 이하, ㉡ 5% 이하, ㉢ 6% 이하, ㉣ 7% 이하

5. 수용가 인입구의 전압이 22.9kV, 주차단기의 차단용량이 250MVA이며, 10MVA, 22.9kV/380V 변압기의 임피던스가 5.5%일 때, 변압기 2차 측에 필요한 차단기 용량을 제시된 정격차단 용량을 참조하여 구하시오.

50MVA, 100MVA, 150MVA, 200MVA, 250MVA

[정답] 기준 Base를 10MVA로 할때, 전원 측 임피던스는
Ps = 100/%Zs × Pn에서, %Zs = (Pn × 100)/Ps = (10 × 100)/250 = 4%
- 변압기 2차 측까지의 합성 임피던스 %Z=%Zs+%Ztr=4+5.5=9.5%
- 2차측 차단기 단락용량 Ps'=100/%Z × Pn=100/9.5) × 10=105.26MVA
∴ 차단용량은 단락용량보다 커야 하므로, '150MVA'를 선정

6. 태양광 발전시스템의 계측기구, 표시장치의 설치목적 4가지를 쓰시오.

[정답] ① 시스템의 운전상태를 감시하기 위한 계측 또는 표시
② 시스템에 의한 발전 전력량을 알기 위해 계측
③ 시스템 기기 또는 시스템에 대한 종합평가를 위한 계측
④ 홍보용으로 표시장치를 설치하는 경우도 있다.

※ 참조 : 계측기구 및 표시장치 제어흐름도

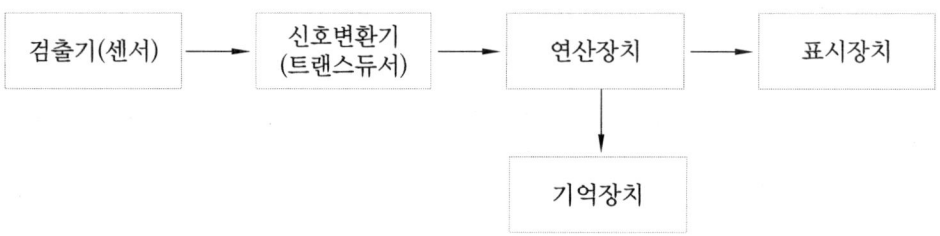

7. 고조파 왜형률과 관련하여 ( )를 채우시오.

"분산형 전원 발전설비로부터 계통에 유입되는 고조파 전류는 (㉠)가(이) 각 차수별로 (㉡)% 이하로 제어되어야 한다."

[정답] ㉠ (전류파형의) 왜형률, ㉡ 3%

[해설] 고조파 전류는 10분 평균한 40차까지의 종합전류 왜형률이 5%를 초과하지 않도록 각 차수별로 3% 이하로 제어되어야 한다.

8. 다음 ( )를 채우시오.

> 분산형 전원 발전설비의 연계로 인한 저압계통의 상시 전압변동(10분 평균값)은 (㉠) 이하, 전동기 등의 순시전압 변동(2초 이하)은 (㉡) 이하로 한다.

정답 ㉠ 3%, ㉡ 6%

해설 상시 전압변동률과 순시 전압변동률
① 저압일반선로에서 분산형 전원의 상시 전압변동률은 3%를 초과하지 않아야 한다.
② 저압계통의 경우, 계통병입 시 돌입전류를 필요로 하는 발전원에 대해서 계통 병입에 의한 순시 전압변동률이 6%를 초과하지 않아야 한다.
③ 특고압 계통의 경우, 분산형 전원의 연계로 인한 순시 전압변동률은 발전원의 계통 투입, 탈락 및 출력변동 빈도에 따라 다음 표에서 정하는 허용기준을 초과하지 않아야 한다.

변동빈도	순시 전압변동률
1시간에 2회 초과 10회 이하	3%
1일 4회 초과, 1시간에 2회 이하	4%
1일에 4회 이하	5%

9. 인버터 단독운전 방지기능에서 능동적 방식을 4가지 쓰시오.

정답 ① 주파수 시프트방식 ② 유효전력 변동방식
③ 무효전력 변동방식 ④ 부하 변동방식

해설 단독운전 방지기능
1. 한전계통의 정전에 의한 단독운전 발생 시 배전망에 전기가 공급되어 보수점검자에 위해를 끼칠 수 있으므로, 한전계통 정전 시에는 이를 수동적 혹은 능동적 방식으로 검출하여 태양광발전 시스템을 안전하게 정지하게 하는 기능을 말한다.
2. 수동적 방식(검출시한 0.5초 이내, 유지시간 5~10초)
    ① 전압위상 도약 검출방식
    ② 제3차 고조파 전압 검출방식
    ③ 주파수 변화율 검출방식
3. 능동적 방식(검출시한 0.5~1초)
    ① 주파수 시프트방식
    ② 유효전력 변동방식
    ③ 무효전력 변동방식
    ④ 부하 변동방식

10. 허용지내력을 15t/m², 기초판의 크기를 1.5m×1.5m로 설계했는데, 현장 지내력 시험결과 10t/m²이었다. 기초판의 크기는? (단, 구조물에 걸리는 수직하중은 33t이다.)

정답 '수직하중 < 현장지내력 × 기초판면적'이어야 한다.

따라서, 기초판면적 = $\frac{수직하중}{현장지내력} = \frac{33}{10} = 3.3 m^2$ 이상이어야 한다.

정방형으로 하면, $\sqrt{3.3}$ = 약 1.82m 이상이다.

11. 감리원이 공사업자로부터 착공신고서를 제출받아 발주자에게 보고할 때 첨부하는 서류 6가지는 무엇인가?

정답 ① 시공관리 책임자 지정 통지서(현장관리조직, 안전관리자 등)
② 공사 예정공정표
③ 품질관리 계획서
④ 공사도급 계약서 사본 및 산출내역서
⑤ 착공 전 사진
⑥ 현장기술자 경력사항 확인서 및 자격증 사본

해설 '착공신고서 검토 및 보고'
감리원은 공사가 착공된 경우에는 즉시 공사업자로부터 다음 각 호의 서류가 포함된 착공신고서를 제출받아 적정성 여부를 검토하여 7일 이내 발주자에게 보고해야 한다.
1. 시공관리 책임자 지정 통지서(현장관리조직, 안전관리자 등)
2. 공사 예정공정표
3. 품질관리 계획서
4. 공사도급 계약서 사본 및 산출내역서
5. 착공 전 사진
6. 현장기술자 경력사항 확인서 및 자격증 사본
7. 안전관리 계획서
8. 작업인원 및 장비투입 계획서
9. 기타 발주자가 지정한 사항

12. 태양전지 모듈에 다른 태양전지 회로와 축전지의 전류가 유입되는 것을 방지하기 위해 접속함 내에 설치하는 소자는?

정답 역류방지 소자(Blocking Diode)

13. 인버터 회로 방식 3가지를 쓰고 회로도를 그리시오.

정답 인버터(파워컨디셔너)를 회로 절연방식에 의해 분류하면, 다음 표와 같다.

종 류	설 명
상용주파 절연방식	• 태양전지 직류출력을 상용주파의 교류로 변환한 후 변압기로 절연한다. • 제어부가 가장 간단하여 안정성이 우수하다. • 내뇌성 및 노이즈 커트 특성이 우수하다. • 변압기 때문에 효율이 떨어지고 부피와 무게가 커진다. • 3상 10kW 이상에 주로 적용한다(주로 복권변압기 적용 방식이다).
고주파 절연방식	• 태양전지의 직류출력을 고주파 교류로 변환 후, 소형 고주파 변압기로 절연한다. 그다음 일단 직류로 변환하고 다시 상용주파수 교류로 변환한다. • 저주파 절연변압기를 사용하지 않기 때문에 고효율화, 소형경량화, 저가화가 가능하다. • 많은 파워소자로 구성이 복잡하다.
트랜스리스 방식	• 태양전지의 직류출력을 DC-DC 컨버터로 승압하고 DC/AC 인버터로 상용주파수의 교류로 변환한다. • 저주파 변압기를 사용하지 않기 때문에 고효율화, 소형경량화, 저가화에 가장 유리하다. • 주택용(3kW 이하)에 많이 적용되는 절연방식이다. • 변압기를 사용하지 않기 때문에 안정성에 불리하다(복잡한 안정성 제어가 필요).

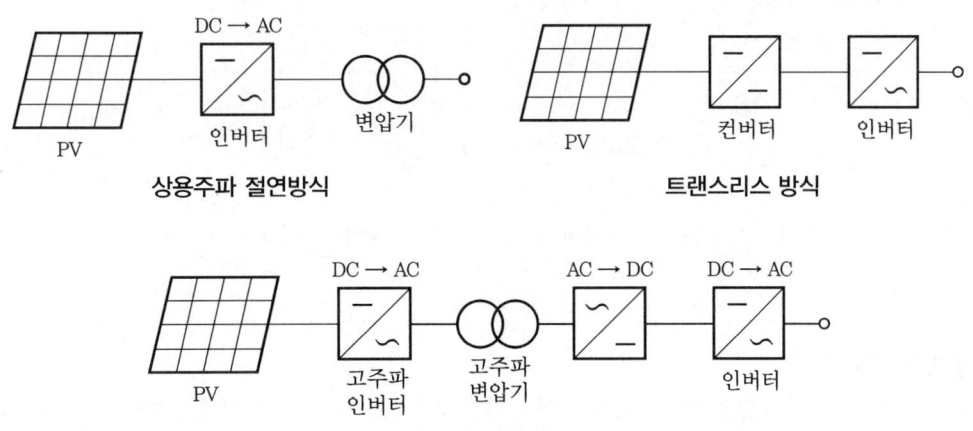

14. 다음은 태양광발전소를 건설하기 위해 주어지는 조건이다. 조건에 맞도록 태양광발전소를 설계하여라.

[조건]
- 70m(가로)×150m(세로)
- 경계선 : 상하좌우 3m씩 빈 공간
- 계산은 소수점 두 번째 자리까지 표시
- 반올림은 하지 않는다.

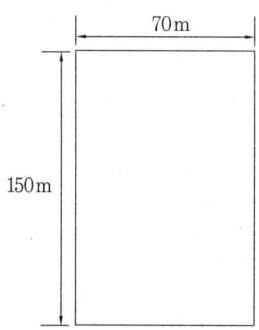

태양광 설치 부지

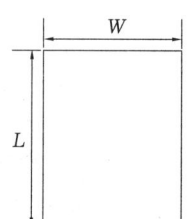

태양광모듈 설치형상

구 분	태양전지 모듈 사양
최대전력 Pmax[W]	250[W]
개방전압 Voc[V]	37.50[V]
최대전압 Vmpp[V]	30.50[V]
온도 보정계수 Vocc	−0.33[%/℃]
온도 보정계수 Vmpc	−0.33[%/℃]
모듈 치수	1,800[L]×950[W]×35.5[D]mm
NOCT	46[℃]

구 분	인버터 사양
정격 출력전력 [kWp]	200[kWp]
효율	96.2%
압력전압 VDC	450~820[V]

정답 및 해설

① 최대 발전가능 전력량은? (단, 어레이 경사각을 33°, 동지 시 발전 한계시각에서의 태양고도각을 21°라고 할 때, 그림과 같이 세로방향의 1단 가로깔기로 가정한다.)

(가) 가로 모듈수 = $\dfrac{\text{가로길이}-6}{\text{모듈폭}} = \dfrac{64}{0.95} = 67.36 ≒ 67$개

(나) 이격거리 계산

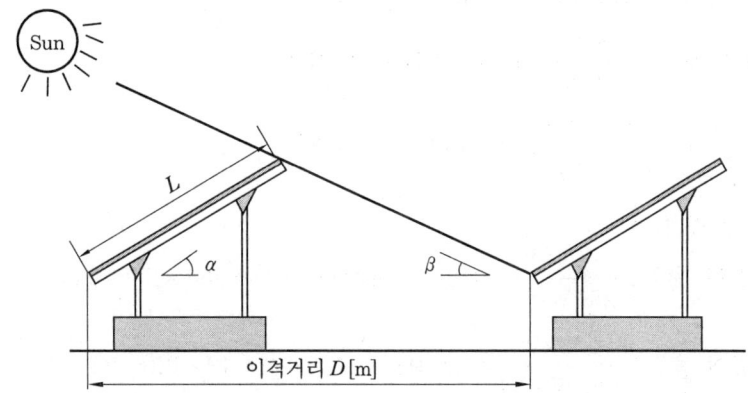

$$이격거리\ D = \frac{\sin(180°-\alpha-\beta)}{\sin \beta} \times L$$

$$= \frac{\sin(180°-33-21)}{\sin 21} \times 1,800 = 4.06\,\text{m}$$

(다) 세로 모듈수 $= \dfrac{\text{세로길이}}{\text{모듈 이격거리}} = \dfrac{150-6}{4.06} = 35.46 ≒ 35$개 이상

단, 마지막 열에 대해서는 음영의 고려 없이 투영면적만 고려하면 되므로,
4.06×35개$+1.8 \times \cos 33° = 143.60 \leq 150\,\text{m}$ → 최종 36개로 선정

(라) 따라서, 총 모듈수 $= 67$개 $\times 36$개 $= 2,412$개

(마) 최대 발전가능 전력량 $= 2,412 \times 250 \times 96.2\% = 580,086\,\text{W}$

② 모듈 표면온도가 최저인 $-10℃$에서의 V_{oc}, V_{mpp}와 주변온도 최고 $40℃$에서의 V_{oc}, V_{mpp}를 구하시오. (단, 일사량은 $1,000\,\text{kW/m}^2$로 한다.)

(가) $T_{cell} = T_{air} + \dfrac{\text{NOCT}-20}{800} \times S$(기준 일사강도)

$$= \frac{40+(46-20)}{800} \times 1,000 = 72.50℃$$

(나) $V_{oc}(-10℃) = V_{oc} \times (1+\gamma \cdot \theta) = 37.5 \times \{1-0.0033 \times (-10-25)\} = 41.83\,\text{V}$
  * γ : V_{oc} 온도계수
    θ : STC 조건 온도편차($T_{cell}-25℃$)

(다) $V_{mpp}(-10℃) = 30.5 \times \{1-0.0033 \times (-10-25)\} = 34.02\,\text{V}$

(라) $V_{oc}(72.5℃) = 37.5 \times \{1-0.0033 \times (72.5-25)\} = 31.62\,\text{V}$

(마) $V_{mpp}(72.5℃) = 30.5 \times \{1-0.0033 \times (72.5-25)\} = 25.71\,\text{V}$

③ 최대 직병렬 모듈수는?

입력전압 범위가 450~820VDC이므로,

㈎ 최대 직렬 모듈수 = $\dfrac{820}{41.83}$ =19.60 이하 → 19개

㈏ 최소 직렬 모듈수 = $\dfrac{450}{25.71}$ =17.49 이상 → 18개

㈐ 병렬 모듈수 및 출력

18개 직렬인 경우 : $\dfrac{603\,kW}{250\,W \times 18}$ =134 → 134개 → 18×134×250=603 kW

19개 직렬인 경우 : $\dfrac{603\,kW}{250\,W \times 19}$ =126.94 → 126개 → 19×126×250=598.50 kW

☞ 따라서 발전량이 제일 큰 '직렬 18개×병렬 134개'로 연결한다.

④ 발전부지에 설치될 수 있는 인버터의 용량 및 대수는?

모듈설치용량이 인버터의 용량의 105% 이내이면 된다.

그러므로, 인버터의 전체용량= $\dfrac{603\,kW}{1.05}$ =574.3 kW 이상

→ 규격품으로 600 kW×1대, 300 kW×2대, 200 kW×3대 중 선택하면 되지만, 문제에서 주어진 인버터의 정격출력전력이 200 kWp이므로 '200 kW×3대'로 결정한다.

---

15. ( )를 채우시오.

사업계획수립	시스템 설계	체크리스트	시공계획 및 진행
(㉠) →	설계자 →	(㉡) →	시공자

정답 ㉠ 발주자, ㉡ 감리원

해설
- 발주자 : 공사의 계획, 발주, 설계, 시공, 감리 등 전반 총괄
- 감리원 : 발주자와 감리업자 간에 체결된 감리용역 계약내용에 따라 해당 공사가 설계도서 및 그 밖에 관계 서류의 내용대로 시공되었는지 여부 확인

16. 과수원용지에 태양광발전설비를 다음 조건으로 설치할 때 각 문제에 답하시오.

[조건]
- 설비용량 : 2.288MWp
- SMP : 140원/kWh
- REC : 170원/kWh
- 할인율 : 5.5%
- 발전시간(hour) : 3.36
- 모듈발전량 경년 감소율 : 0.7%
- 1차년 모듈발전량 감소율 : 3%

① REC 가중치가 적용된 단가와 전체 판매단가는 얼마인가?
② 시스템 이용률을 계산하시오.
③ 다음 표에 5년간의 발전용량과 발전수익을 기재하시오. (단, REC 전용기간은 3년으로 하고, 발전수익 백만 원 이하와 소수점 이하는 절사한다.)

(단위 : 백만 원)

구 분	1차년도	2차년도	3차년도	4차년도	5차년도
발전용량[MWh/year]					
발전수익(총투자편익)					

④ 순현가(NPV)를 계산하시오.
⑤ 본 발전소의 순현가와 비용 편익비를 분석하여 사업 타당성을 논하시오.

정답 및 해설

① REC 가중치가 적용된 단가와 전체 판매단가는 얼마인가?
  (가) 과수원용지의 REC 가중치가 0.7배이므로 $0.7 \times 170 = 119$원/kWh
  (나) 판매단가 = 119 + 140 = 259원/kWh

② 시스템 이용률을 계산하시오.

$$시스템\ 이용률 = \frac{일평균\ 발전시간}{24} = \frac{3.36}{24} = 0.14 \rightarrow 14\%$$

③ 다음 표에 5년간의 발전용량과 발전수익을 기재하시오.

(단위 : 백만 원)

구 분	1차년도	2차년도	3차년도	4차년도	5차년도
발전용량[MWh/year]	2,721	2,702	2,683	2,665	2,646
발전수익(총투자편익)	704	700	695	373	370

- 1차년도 발전용량[MWh/year] = $2,288 \times 24 \times 365 \times 0.14 \times 0.97$
  $= 2,721,823 = 2,721$[MWh/년]
- 1차년도 발전수익 = $259 \times 2,721,823 = 704,952,157$원 = 704백만 원
- 2차년도 발전용량[MWh/year] = $2,721,823 \times 0.993$
  $= 2,702,770 = 2,702$[MWh/년]
- 2차년도 발전수익 = $259 \times 2,702,770 = 700,017,430$원 = 700백만 원
- 3차년도 발전용량[MWh/year] = $2,702,770 \times 0.993$
  $= 2,683,850 = 2,683$[MWh/년]
- 3차년도 발전수익 = $259 \times 2,683,850 = 695,117,150$원 = 695백만 원
- 4차년도 발전용량[MWh/year] = $2,683,850 \times 0.993$
  $= 2,665,063 = 2,665$[MWh/년]
- 4차년도 발전수익 = $140 \times 2,665,063 = 373,108,820$원 = 373백만 원
- 5차년도 발전용량[MWh/year] = $2,665,063 \times 0.993$
  $= 2,646,407 = 2,646$[MWh/년]
- 5차년도 발전수익 = $140 \times 2,646,407 = 370,496,980$원 = 370백만 원

총편익 = 2,842(백만 원)

④ 순현가(NPV)를 계산하시오.   (단위 : 백만 원)

구 분	0차년도	1차년도	2차년도	3차년도	4차년도	5차년도
발전비용	1,877	240	236	226	209	196

$$\text{NPV} = \Sigma \frac{B_i}{(1+r)^i} - \Sigma \frac{C_i}{(1+r)^i}$$

* B_i : 연차별 총편익
  C_i : 연차별 총비용
  r : 할인율(미래의 가치를 현재의 가치와 같게 하는 비율)
  i : 기간

여기서, $\Sigma \dfrac{B_i}{(1+r)^i} = \dfrac{704}{(1+0.055)^1} + \dfrac{700}{(1+0.055)^2} + \dfrac{695}{(1+0.055)^3} + \dfrac{373}{(1+0.055)^4} + \dfrac{370}{(1+0.055)^5}$
$= 2,472$백만 원

$\Sigma \dfrac{C_i}{(1+r)^i} = \dfrac{1,877}{(1+0.055)^0} + \dfrac{240}{(1+0.055)^1} + \dfrac{236}{(1+0.055)^2} + \dfrac{226}{(1+0.055)^3}$
$+ \dfrac{209}{(1+0.055)^4} + \dfrac{196}{(1+0.055)^5}$
$= 2,827$백만 원

따라서,

$$NPV = \Sigma \frac{B_i}{(1+r)^i} - \Sigma \frac{C_i}{(1+r)^i} = 2,472 - 2,827 = -355백만 원$$

⑤ 본 발전소의 순현가와 비용 편익비를 분석하여 사업 타당성을 논하시오.

㈎ 순현가(순현재가치법, NPV ; Net Present Value) 분석 : 상기 ④번의 풀이에서 보듯이, 순현가(NPV)가 '-355백만 원'이므로 사업의 타당성이 없다.

㈏ 비용 · 편익비(CBR ; Benefit-Cost Ratio, B/C Ratio) 분석 : 비용 · 편익비(CBR) $= \dfrac{총편익}{총비용} = \dfrac{2,472}{2,827} = 0.874$로, '1'보다 적으므로 역시 사업의 타당성이 없다.

2013년 11월 9일 시행
신재생에너지 발전설비산업기사 실기

1. 다음 전선의 단면적을 구하시오.

- 전압강하율 : 2%
- 전선길이 : 25m
- 4.4kW, 교류 220V
- 감소계수 : 0.7

정답
- 전류 $I = \dfrac{W}{V} = \dfrac{4,400}{220} = 20\,\text{A}$
- 전압강하 $= 220 \times 0.02 = 4.4\,\text{V}$
- 전선의 단면적 $= \dfrac{35.6 \times 25 \times 20}{1,000 \times 4.4 \times 0.7} = 5.78\,\text{mm}^2 \rightarrow 6\,\text{mm}^2$

해설

전기방식	전압강하[V]	전선의 단면[mm] 	비 고
단상2선식, 직류2선식	$e = \dfrac{35.6 \times L \times I}{1,000 \times A}$	$A = \dfrac{35.6 \times L \times I}{1,000 \times e}$	
3상3선식	$e = \dfrac{30.8 \times L \times I}{1,000 \times A}$	$A = \dfrac{30.8 \times L \times I}{1,000 \times e}$	
단상3선식, 3상4선식	$e' = \dfrac{17.8 \times L \times I}{1,000 \times A}$	$A = \dfrac{17.8 \times L \times I}{1,000 \times e'}$	중앙선과 외선 또는 외선 간의 전압강하

2. 태양광 추적식의 방식을 3가지 쓰시오.

정답 태양광 추적식의 세 가지 방식
① 감지식 추적법(Sensor Tracking)
② 프로그램 추적법(Program Tracking)
③ 혼합 추적법(Mixed Tracking)

[해설]

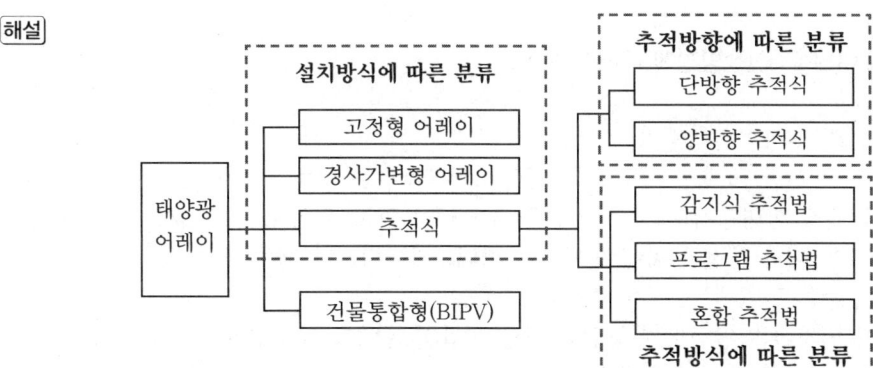

3. 무변압기 방식의 회로도를 그리고 장점 3가지를 쓰시오.

[정답] ① 무변압기 방식의 회로도

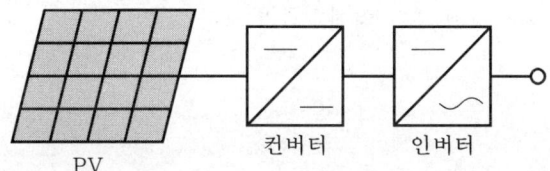

② 무변압기 방식의 장점 3가지 : 저주파 변압기를 사용하지 않기 때문에 고효율화, 소형 경량화, 저가화

4. 인버터 상용주파 절연방식에 대하여 그림을 그리고 설명하시오.

[정답] 상용주파 절연방식

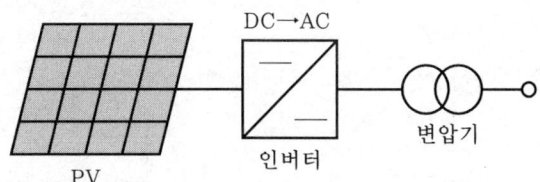

① 태양전지 직류출력을 상용주파의 교류로 변환한 후 변압기로 절연한다.
② 제어부가 가장 간단하여 안정성이 우수하다.
③ 내뇌성 및 노이즈 커트 특성이 우수하다.
④ 변압기 때문에 효율이 떨어지고 부피와 무게가 커진다.
⑤ 3상 10kW 이상에 주로 적용한다(주로 복권변압기 적용 방식이다).

5. 서지보호장치(SPD) 선정방법에 대해서 쓰시오.

정답 서지보호장치(SPD) 선정방법
① 접속함, 분전함 내에는 '어레스터' 선정 : 어레스터는 낙뢰에 의한 충격성 과전압을 전기설비 규정 이내로 감소시켜 정전을 일으키지 않고 원상태로 회귀시키는 역할을 하며, 접속함 내와 분전반 내에 설치하는 피뢰소자이다(방전내량이 큰 것으로 선정).
② 어레이 주회로 내에는 '서지 업서버' 선정
　(개) 서지 업서버는 전선로에 침입한 이상 전압의 높이를 완화시키고 파고치를 저하시키는 역할을 하며, 어레이 주회로 내에 설치하는 피뢰소자이다(주로 방전내량이 작은 것으로 선정함).
　(내) 최대 허용 DC 전압 이상의 것으로 선정한다.
　(대) 유도 뇌서지 전류로서 $1,000A(8/20\mu s)$에서 제한전압이 $2,000V$ 이하로 선정한다.
　(라) 방전내량이 최저 $4kA$ 이상이며, 탈착이 용이하고 서비스성이 좋아야 한다.
③ 교류 전원 측에는 '내뢰트랜스' 선정 : 내뢰트랜스는 상용계통과 완전 절연 및 뇌서지 완전 차단 기능을 하며(설치비용이 고가), 1차 측과 2차 측 간에 실드판이 있고, 이 판 수가 많을수록 뇌서지에 대한 억제효과가 크다.

6. 태양광 계통연계 시 주요설비 3가지를 쓰시오.

정답 변압기, CB(VCB, ACB 등), MOF(한전수전용/잉여전력용 계량기용)

해설 태양광 계통연계 시스템 그림(사례)

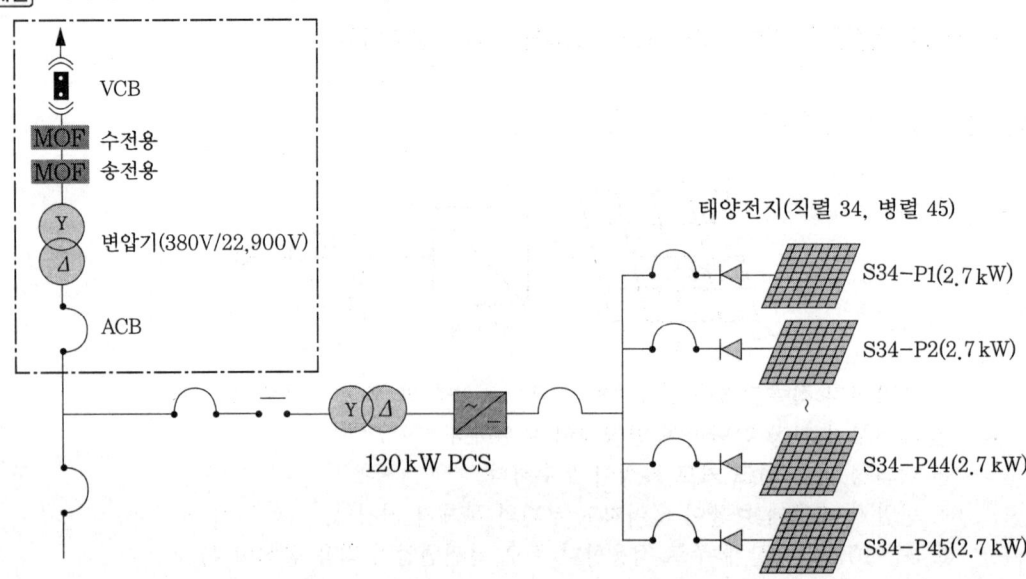

7. 다음 특고압반 기호의 이름을 쓰시오.

① LBS　　② LA　　③ MOF　　④ VCB　　⑤ ACB

정답 ① LBS(Load Breaker Switch) : 부하개폐기
② LA(Lightening Arrester) : 피뢰기
③ MOF(Metering Out Fitting) : 계기용 변성기
④ VCB(Vacuum Circuit Breaker) : 진공차단기
⑤ ACB(Air Circuit Breaker) : 기중차단기

8. LBS 윗단에서 사용되는 전선(한전으로 가는 가공전선)의 종류는 무엇인가?

정답 ACSR(강심 알루미늄연선), TACSR(내열 강심 알루미늄 합금연선) 등

해설 ① 강심 알루미늄연선(ACSR ; Aluminum Cable Steal Reinforced)
　(가) 도전율 61%
　(나) 인장강도 125kg/mm2
　(다) 동선에 비해 강도 보강, 장거리 경간에 적합, 강선에 비해 도전율 증가, 가장 일반적으로 쓰임
② 내열 강심 알루미늄 합금연선(TACSR ; Thermo resistance ACSR)
　(가) 아연도금강선을 중심에 두고 내열 알루미늄을 외부로 하여 연선한 내열 강심 알루미늄 합금연선
　(나) 도전율이 경알루미늄보다 약간 작은 60%이지만, 150℃의 높은 온도까지 사용이 가능하므로 동일 Size의 ACSR보다 약 60% 큰 전류를 흘릴 수 있다. 즉 동일 전류를 흘렸을 시 약 1/2 Size로 가능하다.
　(다) 용도 : 일반 ACSR보다 1.5~1.6배의 큰 허용전류가 필요한 가공전선로, 이도 제약이 비교적 적은 지역의 가공전선로, 동일 부하에서 송전선로를 경량화하여 운용이 필요한 전선로 등

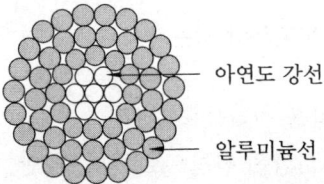 

강심 알루미늄연선(ACSR)

9. 정부나 공공기관에서 발주하는 전기공사의 물량 산출 시 '재료할증률'이란 무엇인가?

정답 전기재료의 할증률(표준품셈)

종 류	할증률(%)	철거손실률(%)
옥외전선	5	2.5
옥내전선	10	-
Cable(옥외)	3	1.5
Cable(옥내)	5	-
전선관배관	10	-
Trolley 선	1	-
동대, 동봉	3	1.5
애자류 100개 미만	5	2.5
100개 이상	4	2
200개 이상	3	1.5
500개 이상	1.5	0.75
1,000개 이상	1	0.5
전선로 철물류 100개 미만	3	6
100개 이상	2.5	5
200개 이상	2	4
500개 이상	1.5	3
1,000개 이상	1	2
조가선(철, 강)	4	4
합성수지파형전선관(파상형 경질 폴리에틸렌 전선관)	3	-

① 재료의 할증률 : 시방 및 도면 등에 의해 산출된 재료의 정미량에 재료의 운반, 절단, 가공 및 시공 중에 발생되는 손실량을 가산해주는 비율(%)
② 철거손실률 : 전기설비공사에서 철거작업 시 발생하는 폐자재를 환입할 때 재료의 파손, 망실 및 일부 부식 등에 의한 손실률을 말한다.

10. 분산형 전원의 원칙적 역률은 몇 % 이상을 유지해야 하는가?

정답 분산형 전원의 역률은 90% 이상을 유지함을 원칙으로 한다.

해설 1. 분산형 전원의 역률은 90% 이상으로 유지함을 원칙으로 한다. 다만, 역송병렬로 연계하는 경우로서 연계계통의 전압상승 및 강하를 방지하기 위하여 기술적으로 필요하다고 평가되는 경우에는 연계계통의 전압을 적절하게 유지할 수 있도록 분산형 전원 역률의 하한값과 상한값을 사용자 측과 협의하여야 정할 수 있다.
2. 분산형 전원의 역률은 계통 측에서 볼 때 진상역률(분산형 전원 측에서 볼 때 지상역률)이 되지 않도록 함을 원칙으로 한다.

---

11. 태양광 어레이 준공 시 육안점검 방법(점검항목과 점검요령) 5가지를 쓰시오.

정답 다음 중 5가지를 골라 작성한다.
① 표면의 오염 및 파손 : 오염 및 파손의 유무
② 프레임의 파손 및 변형 : 파손 및 두드러진 변형이 없을 것
③ 가대의 부식 및 녹 발생 : 부식 및 녹이 없을 것(녹의 진행이 없고, 도금강판의 끝부분은 제외)
④ 가대의 고정 : 볼트 및 너트의 풀림이 없을 것
⑤ 가대접지 : 배선공사 및 접지접속이 확실할 것
⑥ 코킹 : 코킹의 망가짐 및 불량이 없을 것
⑦ 지붕재의 파손 : 지붕재의 파손, 어긋남, 뒤틀림, 균열이 없을 것

---

12. 모든 공사의 공통적인 사항을 규정한 시방서는?

정답 표준시방서

---

13. 기초의 종류 5가지를 쓰시오.

정답 다음 중 5가지를 쓰면 된다.

```
              ┌─ 직접기초 ──┬─ Footing 기초 ──┬─ 독립 Footing 기초
              │  (얕은기초)  └─ 전면기초        ├─ 복합 Footing 기초
  기초 ──────┤                                  └─ 연속 Footing 기초
              │              ┌─ 말뚝기초
              └─ 깊은기초 ──┼─ 피어기초
                             └─ 케이슨기초
```

---

14. '어레이 구조물'의 명칭 5개를 쓰시오.

정답 프레임, 지지대, 기초판, 앵커볼트, 기초

488 부록

해설 가대[프레임, 지지대, 기초판(베이스 플레이트)], 앵커볼트, 기초

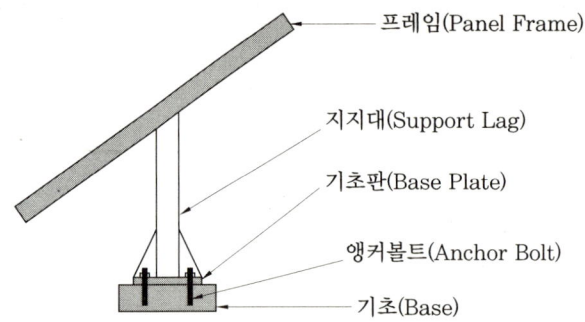

15. 모듈과 가대의 접합 시 전식방지를 위해 사용하는 것은?

정답 모듈과 가대 사이에 개스킷을 설치한다.

16. 변압기 결선도를 종류별로 그리시오.

정답 1차와 2차는 다음과 같이 여러 가지 결선의 조합이 가능하다.
① 1차 권선 : 델타, 2차 권선 : 델타 ($\Delta - \Delta$)
② 1차 권선 : 와이, 2차 권선 : 와이 ($Y - Y$)
③ 1차 권선 : 와이, 2차 권선 : 델타 ($Y - \Delta$)
④ 1차 권선 : 델타, 2차 권선 : 와이 ($\Delta - Y$)

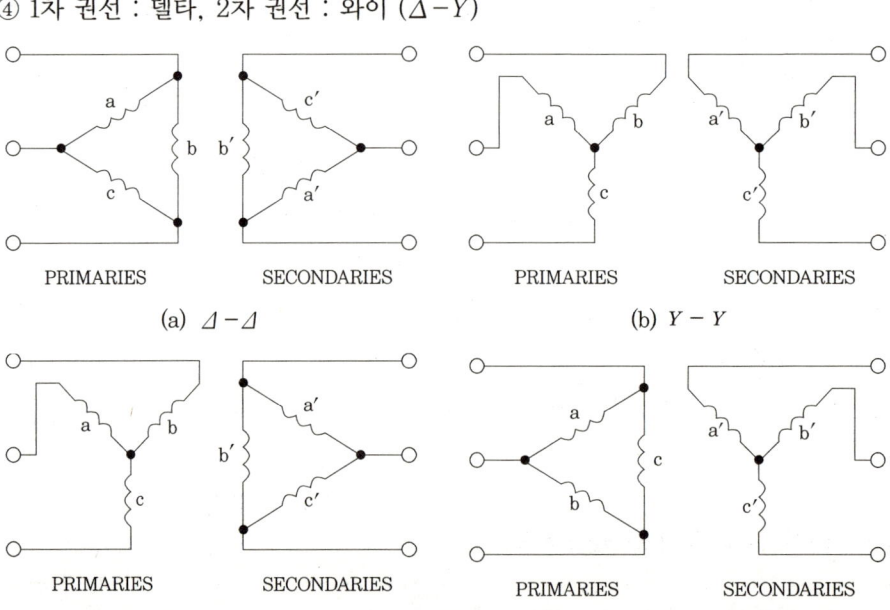

17. 개방전압(V_{oc}) 측정 시 감전 방지대책은?

정답
① 작업 전에 태양전지모듈의 표면에 차광시트를 붙여 태양광을 차단한다.
② 저압선로용 절연장갑을 낀다.
③ 절연처리가 된 공구를 사용한다.
④ 강우 시 작업을 하지 않는다(감전사고의 원인뿐만 아니라 미끄러짐으로 인한 추락사고로 이어진다).

18. 개방전압(V_{oc}) 측정 시 유의사항은?

정답
① 태양전지 어레이 표면을 청소해야 한다.
② 각 스트링의 측정은 안정된 일사강도가 얻어질 때 실시한다.
③ 측정시각은 일사강도, 온도의 변동을 적게 하기 위해 맑을 때 및 태양이 남쪽에 있을 때의 전후 1시간에 실시하는 것이 가장 좋다.
④ 태양전지 셀은 비오는 날에도 미소한 전압이 발생하므로 감전에 특히 유의해야 한다.

19. 다음 직렬 스트링의 발전량을 구하시오.

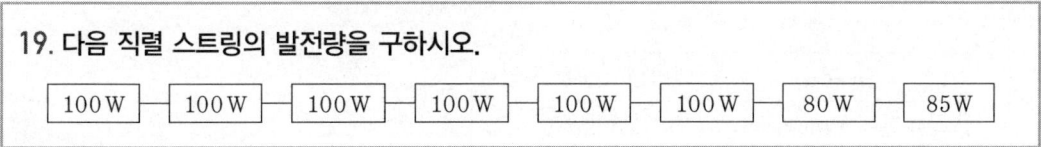

정답 80W × 8매 = 640W

20. '발전 계통도'를 그리시오.

정답
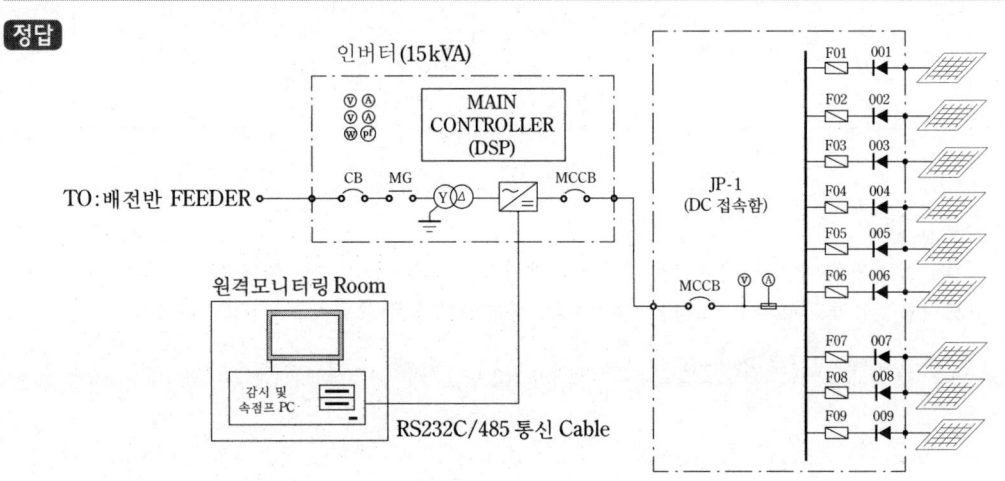

21. 다음은 태양광발전소를 건설하기 위해 주어지는 조건이다. 조건에 맞도록 태양광발전소를 설계하여라.

[조건]
- 70m(가로)×150m(세로)
- 경계선 : 상하좌우 3m씩 빈 공간
- 계산은 소수점 두 번째 자리까지 표시
- 반올림은 하지 않는다.

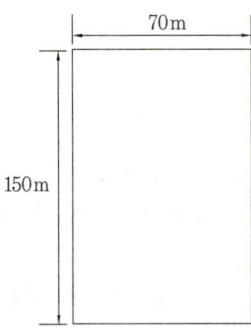

태양광 설치 부지

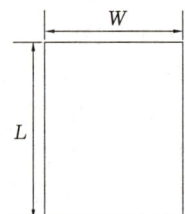

태양광모듈 설치형상

구 분	태양전지 모듈 사양
최대전력 Pmax[W]	250[W]
개방전압 Voc[V]	37.50[V]
최대전압 Vmpp[V]	30.50[V]
온도 보정계수 Vocc	−0.33[%/℃]
온도 보정계수 Vmpc	−0.33[%/℃]
모듈 치수	1,800[L]×950[W] ×35.5[D]mm
NOCT	46[℃]

구 분	인버터 사양
정격 출력전력 [kWp]	200[kWp]
효율	96.2%
압력전압 VDC	450~820[V]

정답 및 해설

① 최대 발전가능 전력량은? (단, 어레이 경사각을 33°, 동지 시 발전 한계시각에서의 태양고도각을 21°라고 할 때, 그림과 같이 세로방향의 1단 가로깔기로 가정한다.)

㉮ 가로 모듈수 = $\dfrac{\text{가로길이}-6}{\text{모듈폭}} = \dfrac{64}{0.95} = 67.36 ≒ 67$개

(나) 이격거리 계산

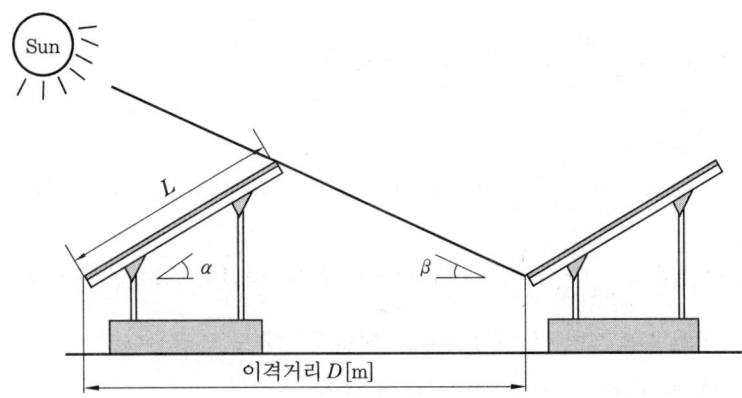

$$이격거리\ D = \frac{\sin(180°-\alpha-\beta)}{\sin\beta} \times L$$

$$= \frac{\sin(180°-33-21)}{\sin 21} \times 1,800 = 4.06\,\text{m}$$

(다) 세로 모듈수 $= \dfrac{\text{세로길이}}{\text{모듈 이격거리}} = \dfrac{150-6}{4.06} = 35.46 ≒ 35$개 이상

단, 마지막 열에 대해서는 음영의 고려 없이 투영면적만 고려하면 되므로,
4.06×35개 $+ 1.8 \times \cos 33° = 143.60 ≤ 150\,\text{m}$ → 최종 36개로 선정

(라) 따라서, 총 모듈수 $= 67$개 $\times 36$개 $= 2,412$개

(마) 최대 발전가능 전력량 $= 2,412 \times 250 \times 96.2\% = 580,086\,\text{W}$

② 모듈 표면온도가 최저인 $-10°\text{C}$에서의 V_{oc}, V_{mpp}와 주변온도 최고 $40°\text{C}$에서의 V_{oc}, V_{mpp}를 구하시오. (단, 일사량은 $1,000\,\text{kW/m}^2$로 한다.)

(가) $T_{cell} = T_{air} + \dfrac{\text{NOCT}-20}{800} \times S(\text{기준 일사강도})$

$= \dfrac{40+(46-20)}{800} \times 1,000 = 72.50°\text{C}$

(나) $V_{oc}(-10°\text{C}) = V_{oc} \times (1+\gamma \cdot \theta) = 37.5 \times \{1-0.0033 \times (-10-25)\} = 41.83\,\text{V}$

* γ : V_{oc} 온도계수
  θ : STC 조건 온도편차($T_{cell} - 25°\text{C}$)

(다) $V_{mpp}(-10°\text{C}) = 30.5 \times \{1-0.0033 \times (-10-25)\} = 34.02\,\text{V}$

(라) $V_{oc}(72.5°\text{C}) = 37.5 \times \{1-0.0033 \times (72.5-25)\} = 31.62\,\text{V}$

(마) $V_{mpp}(72.5°\text{C}) = 30.5 \times \{1-0.0033 \times (72.5-25)\} = 25.71\,\text{V}$

③ 최대 직병렬 모듈수는?
입력전압 범위가 450~820 VDC이므로,

(가) 최대 직렬 모듈수 = $\dfrac{820}{41.83}$ = 19.60 이하 → 19개

(나) 최소 직렬 모듈수 = $\dfrac{450}{25.71}$ = 17.49 이상 → 18개

(다) 병렬 모듈수 및 출력

18개 직렬인 경우 : $\dfrac{603\,\text{kW}}{250\,\text{W} \times 18}$ = 134 → 134개 → $18 \times 134 \times 250 = 603\,\text{kW}$

19개 직렬인 경우 : $\dfrac{603\,\text{kW}}{250\,\text{W} \times 19}$ = 126.94 → 126개 → $19 \times 126 \times 250 = 598.50\,\text{kW}$

☞ 따라서 발전량이 제일 큰 '직렬 18개 × 병렬 134개'로 연결한다.

④ 발전부지에 설치될 수 있는 인버터의 용량 및 대수는?

모듈설치용량이 인버터의 용량의 105% 이내이면 된다.

그러므로, 인버터의 전체용량 = $\dfrac{603\,\text{kW}}{1.05}$ = 574.3 kW 이상

→ 규격품으로 600 kW × 1대, 300 kW × 2대, 200 kW × 3대 중 선택하면 되지만, 문제에서 주어진 인버터의 정격출력전력이 200 kWp이므로 '200 kW × 3대'로 결정한다.

2014년 11월 1일 시행 신재생에너지 발전설비기사 실기

1. 최대 50kW의 태양광 발전소 부지에 다음 표와 같은 사양의 모듈 및 인버터를 설치할 경우 다음 물음에 답하시오. (단, 주변 최고온도는 40℃, 전압강하율은 3%로 한다.)

모듈사양	
용량	300W
V_{oc}	39.8
V_{mpp}	30.5
I_{sc}	8.92A
I_{mpp}	8.02A
전압의 온도계수	0.29%
모듈 최저 동작온도	-15℃
NOCT	47℃

인버터사양	
용량	50kW
입력전압범위	333~500V
최대입력전압	700V
최대입력전류	220A

① 주변 최고온도에서의 모듈의 표면온도를 구하시오.
② 모듈의 최저동작온도 및 최고동작온도에서의 V_{oc}와 V_{mpp}를 각각 구하시오.
③ 최대 병렬 회로수를 구하시오.
④ 최대 전력 생산을 위해 연결 가능한 최적의 직·병렬 모듈수를 구하시오.

정답 ① 주변 최고온도에서의 모듈의 표면온도 계산

셀온도 보정 산식

$$T_{cell} = T_{air} + \frac{NOCT-20}{800} \times S$$

(S : 기준 일사강도 = 1,000W/m²)

$$T_{cell} = T_{air} + \frac{NOCT-20}{800} \times S = 40 + \frac{47-20}{800} \times 1,000 = 73.75℃$$

② 각 온도에서 V_{oc} 및 V_{mpp} 계산

(가) $V_{oc}(-15℃) = V_{oc} \times (1+\gamma \cdot \theta) = 39.8 \times (1-0.0029 \times (-15-25)) = 44.42V$

 * γ : V_{oc} 온도계수
 θ : STC 조건 온도편차($T_{cell}-25℃$)

(나) $V_{mpp}(-15℃) = 30.5 \times \{1-0.0029 \times (-15-25)\} = 34.04V$

(다) $V_{oc}(73.75℃) = 39.8 \times \{1-0.0029 \times (73.75-25)\} = 34.17V$

(라) $V_{mpp}(73.75℃) = 30.5 \times \{1-0.0029 \times (73.75-25)\} = 26.19V$

③ 최대 병렬회로수 계산

$$\text{최대 병렬회로수} = \frac{\text{발전소 최대출력}}{\text{모듈용량} \times \text{최소 직렬회로수}}$$

$$= \frac{50,000}{300 \times 14} = 11.9 \rightarrow 11\text{장으로 결정}$$

④ 최대 전력 생산을 위해 연결 가능한 최적 직·병렬 모듈수 계산

(가) 최대 직렬 수 $= \dfrac{\text{PCS 입력전압 변동범위의 최저값(최대입력전압)}}{\text{모듈 온도가 최저인 상태의 개방전압} \times (1-\text{전압강하율})}$

$$= \frac{700}{44.42(1-0.03)} = 16.25 \rightarrow 16\text{장으로 결정}$$

(나) 최저 직렬 수 $= \dfrac{\text{PCS 입력전압 변동범위의 최저값}}{\text{모듈 온도가 최고인 상태의 최대 출력 동작전압} \times (1-\text{전압강하율})}$

$$= \frac{333}{26.19(1-0.03)} = 13.11 \rightarrow 14\text{장으로 결정}$$

(다) 최적의 직·병렬수 계산

16직렬일 경우 $\rightarrow \dfrac{50,000\text{W}}{16 \times 300\text{W}} = 10.41 \rightarrow$ 병렬 10장

☞ 직렬 16장 × 병렬 10장 × 300W = 48,000W

15직렬일 경우 $\rightarrow \dfrac{50,000\text{W}}{15 \times 300\text{W}} = 11.11 \rightarrow$ 병렬 11장

☞ 직렬 15장 × 병렬 11장 × 300W = 49,500W

14직렬일 경우 $\rightarrow \dfrac{50,000\text{W}}{14 \times 300\text{W}} = 11.9 \rightarrow$ 병렬 11장

☞ 직렬 14장 × 병렬 11장 × 300W = 46,200W

따라서, 최대의 전력을 생산할 수 있는 최적 직·병렬수 = 직렬 15장 × 병렬 11장

---

2. 다음 '표준시험조건(STC)'에서 시험한 태양전지 모듈의 I-V 특성곡선을 보고 물음에 답하시오.

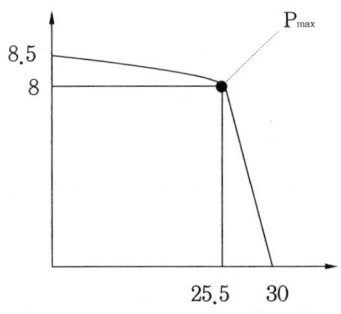

① 상기 태양전지 모듈의 I-V 특성곡선에서 FF(충진율)을 구하시오.
② 결정질 태양전지모듈 충진율의 범위는 얼마인가?

정답 ① FF(충진율)$=\dfrac{V_{mpp} \times I_{mpp}}{V_{oc} \times I_{sc}}=\dfrac{25.5 \times 8}{30 \times 8.5}=0.8$

② 결정질 태양전지모듈의 충진율의 범위 = 0.75~0.85

해설 결정질 태양전지의 충진율은 약 0.75~0.85이고, 비정질 태양전지는 약 0.5~0.7 정도이다.

---

3. 태양광발전 시스템 건설 절차에 관련하여 다음 질문에 답하시오.

① ( ) 안을 채우시오.

 "계획 및 설계 → 전력회사와 사전 협의 → 계통연계에 관한 계약 체결 → 설치공사
 → (㉠) → 대상설비 설치확인 → 전력수급 계약 체결 → (㉡) → 상업운전 개시"

② 상기 절차에서 계약 체결 시 주체가 되는 정부기관은?

 1MW 초과 :

 1MW 이하 :

정답 ① ㉠ 사용 전 검사, ㉡ 사용개시 신고

② 1MW 초과 : 전력시장(한국전력거래소)

 1MW 이하 : 전력시장(한국전력거래소), 전기판매사업자(한국전력)

---

4. 어떤 기기의 효율이 다음 표와 같다고 할 때 표를 채우고 European 효율의 계산식과 결과값을 쓰시오.

운전 용량	효율	계산식
5% 운전 시	92.2%	
10% 운전 시	95.8%	
20% 운전 시	97.6%	
30% 운전 시	98.5%	
50% 운전 시	99.5%	
100% 운전 시	98.2%	

정답 ① 표 작성

운전 용량	효율	계산식
5% 운전 시	92.2%	3%×92.2%=2.77
10% 운전 시	95.8%	6%×95.8%=5.75
20% 운전 시	97.6%	13%×97.6%=12.69
30% 운전 시	98.5%	10%×98.5%=9.85
50% 운전 시	99.5%	48%×99.5%=47.76
100% 운전 시	98.2%	20%×98.2%=19.64

② European 효율 계산식 및 결과값

$$\text{European 효율}(\eta_{euro}) = 0.03 \times \eta_{5\%} + 0.06 \times \eta_{10\%} + 0.13 \times \eta_{20\%}$$
$$+ 0.1 \times \eta_{30\%} + 0.48 \times \eta_{50\%} + 0.2 \times \eta_{100\%}$$
$$= (3\% \times 92.2\%) + (6\% \times 95.8\%) + (13\% \times 97.6\%)$$
$$+ (10\% \times 98.5\%) + (48\% \times 99.5\%) + (20\% \times 98.2\%)$$
$$= 98.46\%$$

---

5. 태양광발전소 부지 선정 시 환경측면에서의 고려사항 5개를 쓰시오.

정답 다음 중 5개를 골라서 작성한다.
(1) 설치 시 주변환경 및 운영상 검토사항
  ① 호우, 홍수, 태풍, 기타 재연재해의 발생 가능성이 적을 것
  ② 수목이 생장하면서 발생하는 악영향이 없을 것
  ③ 공해, 대기오염, 염해 적을 것
  ④ 보안상 문제가 없을 것
  ⑤ 설치 시나 운용 시 전기, 가스, 상수도의 공급성
  ⑥ 접근의 용이성(설치자재나 서비스자재의 운송)
(2) 자연환경요소상의 검토사항
  ① 생태자연도 및 녹지자연도
  ② 지반, 지질 및 경사도 등의 지형에 대한 검토
  ③ 주변 토지의 이용 현황
  ④ 주변 경관과의 조화 여부

6. 아래 그림은 태양광발전용량 200kW, 인버터 200kW 한 대를 설치하여 설계한 단선 결선도이다. 각 물음에 답하시오. (변압기의 여유율은 1.2배로 하고, 무변압기 인버터를 사용한다.)

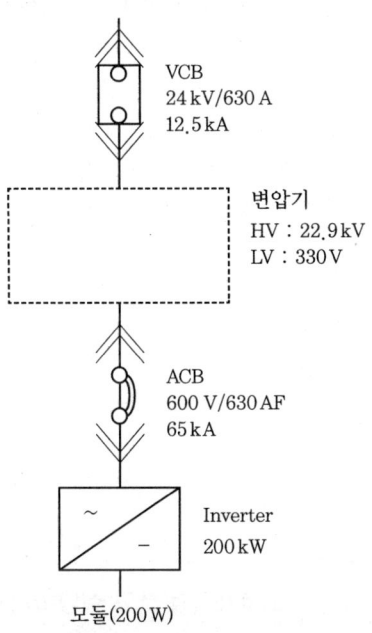

① VCB 차단용량을 구하시오.
② 변압기의 정격용량을 구하시오.
③ 점선 안에 들어갈 변압기의 단선도를 그리고, 접지 종류를 표시하시오.

정답 ① VCB 차단용량 계산

　　VCB 차단용량 $=\sqrt{3} \times V \times$ 단락전류(Is) $= \sqrt{3} \times 24 \times 12.5$
　　　　　　　　$= 519.62\,\text{MVA} =$ 약 $520\,\text{MVA}$

② 변압기의 정격용량 계산

　　변압기의 정격용량 $=$ PCS 용량$\times 1.2 = 200 \times 1.2 = 240\,\text{kVA}$

③ 점선 안에 들어갈 변압기의 단선도와 접지 표시

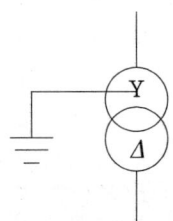

7. 다음 물음에 답하시오.

① 저압-특고압 계통연계에 설치할 변압기의 접지의 종류를 쓰시오.
② 역송전이 있는 저압계통의 연계 시 보호장치를 4가지 쓰시오.

정답 ① 변압기의 접지의 종류 : 고압 또는 특고압과 저압을 결합한 변압기의 저압 측의 중성점에는 고저압의 혼촉에 의한 위험을 예방하기 위하여 제2종 접지공사를 한다. 이때 300V 이하의 것은 저압 측의 1단자를 접지할 수 있다.
② 역송전이 있는 저압계통의 연계 시 보호장치
　(가) 과전압 계전기(OVR)
　(나) 저전압 계전기(UVR)
　(다) 과주파수 계전기(OFR)
　(라) 저주파수 계전기(UFR)

8. 계측기구 및 표시장치의 구성요소 4가지를 쓰고 설명하시오.

정답 다음 중 4개를 골라 작성한다.
① 검출기(센서)
　(가) 직류회로의 전압은 직접 또는 분압기로 분압하여 검출
　(나) 직류회로의 전류는 직접 또는 분류기를 사용하여 검출
　(다) 교류회로의 전압, 전류, 전력, 역률 등은 직접 또는 PT, CT 등을 통해서 검출
　(라) 일사강도는 일사계, 기온은 온도계로 검출
　(마) 풍향, 풍속은 풍향풍속계로 검출 등
② 신호변환기(트랜스듀서)
　(가) 신호변환기는 검출기로 검출된 데이터를 컴퓨터 및 먼 거리에 설치된 표시장치에 전송하는 경우에 사용한다.
　(나) 신호의 출력은 노이즈가 혼입되지 않도록 실드선을 사용하여 전송하도록 한다 (4~20mA의 전류신호로 전송하면 노이즈의 염려가 줄어든다).
　(다) 연산장치 : 신호변환기(트랜스듀서)로부터 전송받은 데이터를 연산하여 필요한 데이터로 재생산하여 기억장치 및 표시장치로 보내주는 역할을 한다.
　(라) 기억장치 : 연산장치에서 데이터를 연산하여 필요한 데이터로 재생산 한 후 일시적으로 저장하는 역할을 한다.
　(마) 기억장치 : 연산장치에서 데이터를 연산한 후 유효하고 보기 쉬운 형태로 표시(Display)해주는 역할을 한다.

※ 참조 : 계측기구 및 표시장치 제어흐름도

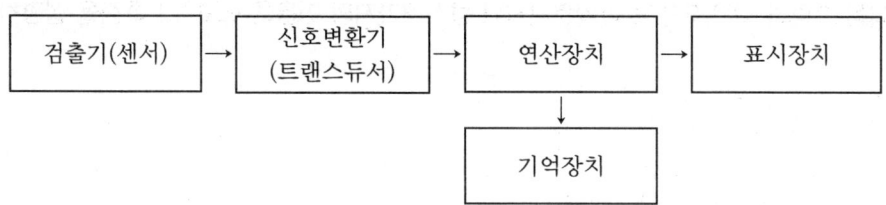

9. 일상순시점검에 의한 처리 방법 관련하여 빈칸을 채우시오.

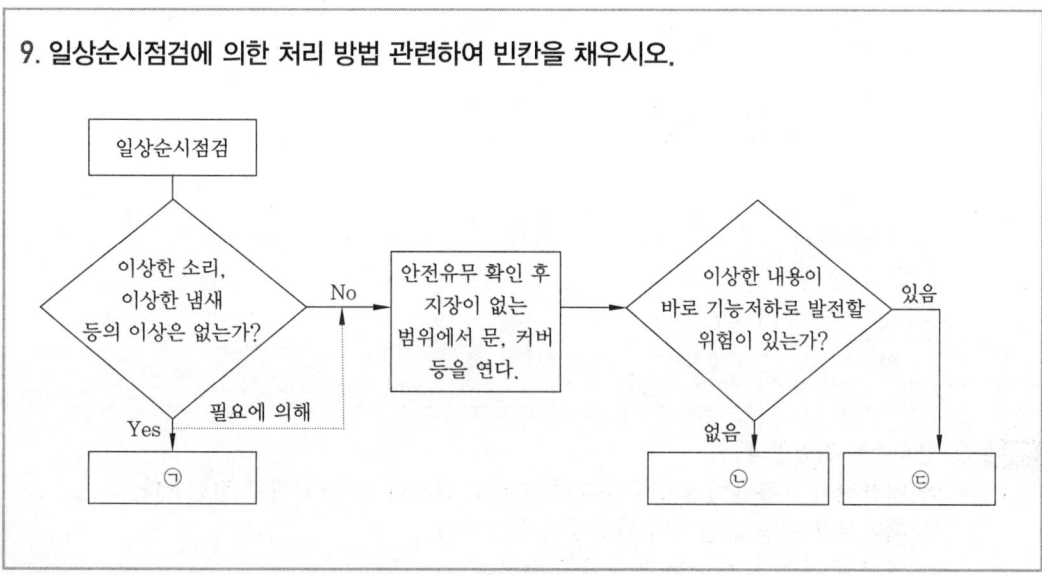

[정답] ㉠ 완료 점검표에 기록, ㉡ 감시운전 계속. 점검표에 기록하고 보수계획을 세운다,
㉢ 정기 점검에 준하여 처리한다

10. 모듈의 크기가 1,000mm×1,700mm, P_{max}=250W, V_{mp}=30V, I_{mp}=8.5A일 때, NTC 조건에서의 태양전지 모듈의 최대효율은?

[정답] 15%

[해설] $P_{max}=250W$
$V_{mp} \times I_{mp} = 30V \times 8.5A = 255W$
여기서, $P_{max} < (V_{mp} \times I_{mp})$ 이므로

태양전지 모듈의 최대효율 $= \dfrac{255}{1m \times 1.7m \times 1,000W/m^2} \times 100\% = 15\%$

11. 다음 그림과 같은 태양광 파워컨디셔너 방식 3가지의 이름을 쓰고, 그 특징을 설명하시오.

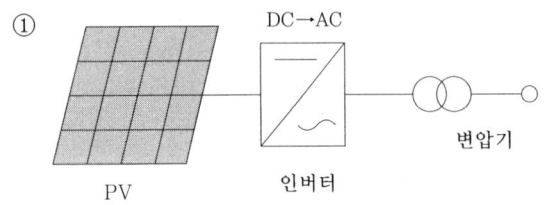
① PV — 인버터(DC→AC) — 변압기

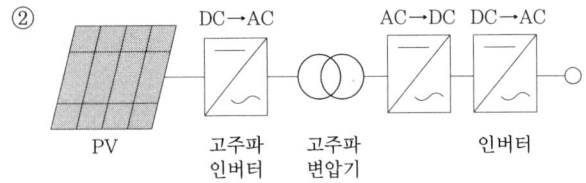
② PV — 고주파 인버터(DC→AC) — 고주파 변압기 — (AC→DC) — 인버터(DC→AC)

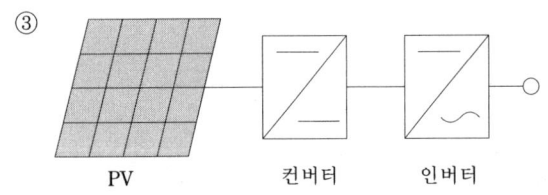
③ PV — 컨버터 — 인버터

정답 ① 상용주파 절연방식
  ㈎ 태양전지 직류출력을 상용주파의 교류로 변환한 후 변압기로 절연한다.
  ㈏ 제어부가 가장 간단하여 안정성이 우수하다.
  ㈐ 내뢰성 및 노이즈 커트 특성이 우수하다.
  ㈑ 변압기 때문에 효율이 떨어지고 부피와 무게가 커진다.
  ㈒ 상 10kW 이상에 주로 적용한다(주로 복권변압기 적용방식이다).
② 고주파 절연방식
  ㈎ 태양전지의 직류출력을 고주파 교류로 변환 후, 소형 고주파 변압기로 절연한다. 그 다음 일단 직류로 변환하고 다시 상용주파수 교류로 변환한다.
  ㈏ 저주파 절연변압기를 사용하지 않기 때문에 고효율화, 소형경량화, 저가화가 가능하다.
  ㈐ 많은 파워소자로 구성이 복잡하다.
③ 트랜스리스 방식
  ㈎ 태양전지의 직류출력을 DC-DC 컨버터로 승압하고 DC/AC 인버터로 상용주파수의 교류로 변환한다.
  ㈏ 저주파 변압기를 사용하지 않기 때문에 고효율화, 소형경량화, 저가화에 가장 유리하다.
  ㈐ 주택용(3kW 이하)에 많이 적용되는 절연 방식이다.
  ㈑ 변압기를 사용하지 않기 때문에 안정성에 불리하다(복잡한 안정성 제어가 필요).

12. 계통연계시스템에 축전지를 적용하면 여러 가지 장점이 있다. 그 3가지 방식을 쓰고 각 특징을 설명하시오.

정답 ① 방재 대응용
  (가) 평상시 연계운전
  (나) 정전 시 자립운전
  (다) 정전회복 후·야간 충전운전

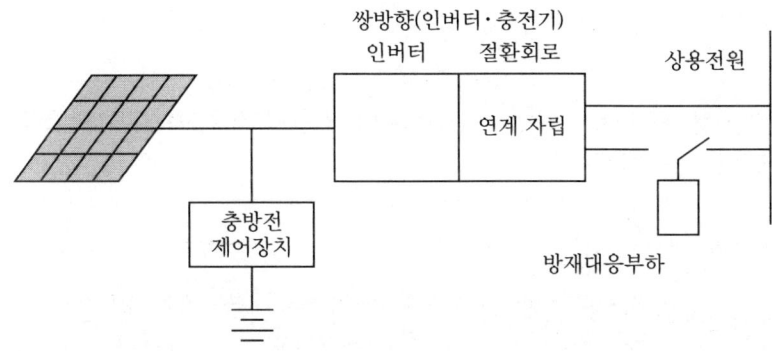

② 부하 평준화 대응형
  (가) 평상시 연계운전
  (나) 피크 시 태양전지 축전지 겸용 연계운전
  (다) 야간충전운전

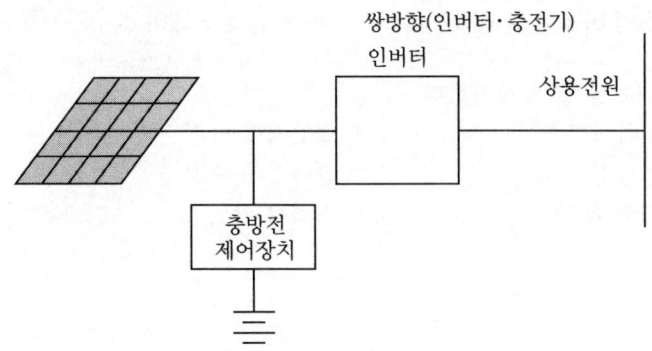

③ 계통안정화 대응형
  (가) 계통도는 상기 '부하 평준화 대응형'과 동일하다.
  (나) 계통부하 급증 시 방전하고, 태양전지 출력 증대로 인한 계통전압 상승 시 충전하는 방식을 말한다.

13. 다음 표의 빈칸에 태양광 발전소의 전기 발전사업 허가권자를 기입하시오.

3,000kW 초과설비	3,000kW 이하설비
㉠	㉡

정답 ㉠ 산업통상자원부 장관, ㉡ 특별시장, 광역시장, 도지사

14. 양의 지지 허용하중이 10N/m², 수직하중이 5N 작용할 경우, 독립기초의 최적 지지면적의 가로와 세로길이는 얼마인가?

정답 '지지 허용하중 = $\dfrac{작용하는 힘}{지지면적}$' 공식에서,

지지면적 = $\dfrac{작용하는 힘}{지지 허용하중}$ = $\dfrac{수직하중+기초의 자중}{지지 허용하중}$ = $\dfrac{5N+2N}{10N/m^2}$ = $0.7\,m^2$

따라서, 최적의 면적(가로×세로) = $\sqrt{0.7} \times \sqrt{0.7}$ = $0.84\,m \times 0.84\,m$

15. 태양광 발전소의 어레이 및 접속반 설치 후 측정 및 확인해야 할 3가지를 쓰시오.

정답 아래에서 3가지를 골라 작성한다.
① 접지저항 측정
② 절연저항 측정
③ 개방전압 측정
④ 단락전류 측정
⑤ 단자의 극성 확인
⑥ 비접지 확인

16. 내부수익률(IRR)에 의한 경제성 검토방법의 판단방법에 대해 쓰시오.

정답 ① 투자로부터 기대되는 총편익의 현가와 총비용의 현가를 같게 하는 할인율을 말한다.
② 즉, 어떤 사업의 순현재가치(NPV)를 '0'으로 만들어 평가할 때의 '할인율'을 말한다.
③ IRR이 r보다 크면 사업의 경제성이 있다.

$$NPV = \Sigma \dfrac{B_i}{(1+r)^i} = -\Sigma \dfrac{C_i}{(1+r)^i}$$

17. 태양광발전소 설치 및 운영 현황에 대해 다음 표를 보고 물음에 답하시오.

SMP	130원	발전방식	수상 태양광발전
REC	160원	투자비	1.2억
연간 발전량	300MWh	할인율	5%
경제성 평가기한	1년 회수 기준		

① kWh당 전력 판매가격은 얼마인가?
② 순현가(순현재가치법, NPV ; Net Present Value)에 의해 경제성을 판단하시오.

정답 ① 전력 판매가격=SMP+REC×가중치=130+160×1.5=370원/kWh
(※ 수상 태양광발전의 가중치는 1.5이다.)

② 순현가(순현재가치법, NPV ; Net Present Value)에 의한 경제성 판단

$$NPV = \Sigma \frac{B_i}{(1+r)^i} - \Sigma \frac{C_i}{(1+r)^i}$$

* B_i : 연차별 총편익
  C_i : 연차별 총비용
  r : 할인율(미래의 가치를 현재의 가치와 같게 하는 비율)
  i : 기간

그러므로,
$$NPV = \Sigma \frac{B_i}{(1+r)^i} - \Sigma \frac{C_i}{(1+r)^i} = \frac{300,000 \times 370}{(1+0.05)^1} - \frac{120,000,000}{(1+0.05)^0}$$

$= -14,285,714원 < 0$

→ 순현가가 "0"보다 작으므로 경제성이 없는 것으로 판단한다.

2014년 11월 1일 시행
신재생에너지 발전설비산업기사 실기

1. 다음 표와 같은 사양의 독립형 축전지 용량을 산출하시오.

1일 적산부하량	600kWh	불일조일수	5일
보수율	0.8	축전지 공칭전압	25V
방전심도	0.75	축전지 개수	50개

정답 ① 계산식

독립형 전원시스템용 축전지이므로,

$$C = \frac{L_d \times D_r \times 1,000}{L \times V_b \times N \times DOD} \text{(Ah)}$$

* L_d : 1일 적산 부하전력량(kWh)
  D_r : 불일조 일수
  L : 보수율
  V_b : 공칭 축전지 전압(V)
  N : 축전기 개수
  DOD : 방전심도(일조가 없는 날의 마지막 날을 기준으로 결정)

② 상기 식으로부터

$$C = \frac{600 \times 5 \times 1,000}{0.8 \times 25 \times 50 \times 0.75} = 4,000 \text{Ah}$$

2. 인버터의 단독운전 방지기능 중 능동적 제어방식의 의미를 서술하시오.

정답 ① 라인에 변화가 있을 때만 검출하는 수동검출법과 달리 인버터 출력전류에 변동을 주고, 이를 이용하여 단독운전을 검출하는 방식이다.
② 수동적 검출기법으로는 단독운전 시에 전력 생산량과 부하 요구량이 일치할 경우 연계점의 전압 및 주파수 특성이 변하지 않으므로 검출하지 못하게 되는 상황이 발생하나, 능동적 검출기법에서는 인버터 전류제어를 통해 미소한 왜곡을 주입하여 전력평형 상태에서도 단독운전 시에 연계점 전압의 주파수 등을 변동시켜 단독운전검출이 가능하다.

3. 다음 흐름도는 태양광시스템의 설계 중에서 가대의 설계절차이다. ( ) 안을 채우시오.

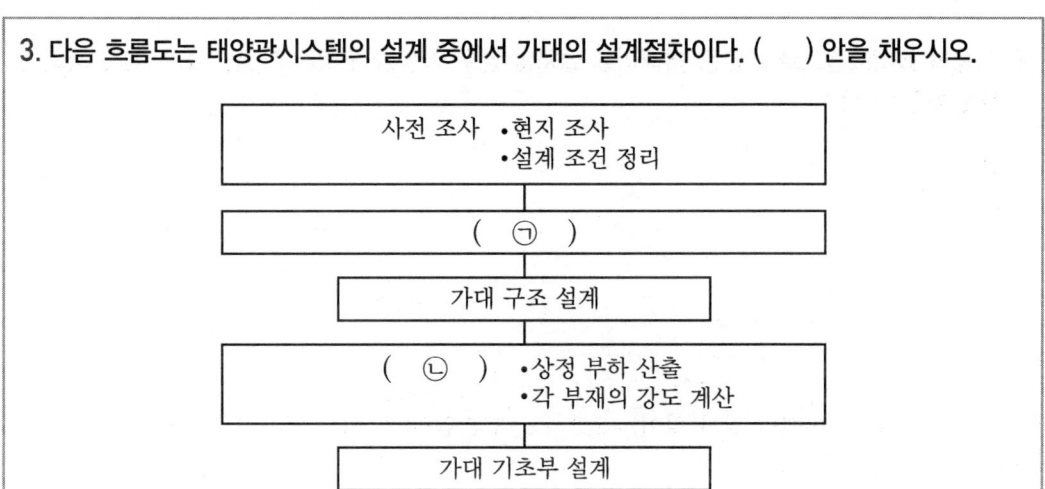

정답 ㉠ 태양전지 모듈의 배열 결정, ㉡ 가대의 강도 계산

4. 인버터의 단독운전 방지기능 중 능동적 제어방식을 4가지 쓰시오.

정답 ① 주파수(Hz) 시프트방식
② 유효전력(P_e) 변동방식
③ 무효전력(P_r) 변동방식
④ 부하(P) 변동방식

5. AC 부하를 사용하는 독립형 발전시스템의 구성요소 4가지를 쓰시오.

정답 ① 태양광 어레이
② 충방전 제어장치
③ 파워컨디셔너
④ 축전지

6. 다음의 설치조건으로 태양광 어레이를 설치할 경우 다음을 구하시오. (단, 소수 셋째 자리에서 반올림한다.)

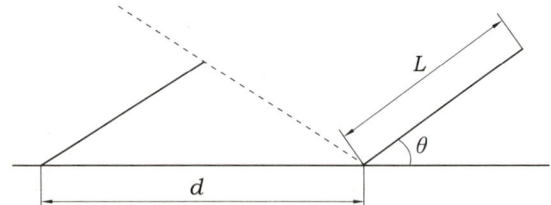

L(어레이 경사 길이)=2.5m, 태양 입사각=29°, 경사각=32°

① 이격거리는 몇 m인가?
② 대지 이용계수(f)는 얼마인가?

정답 ① 어레이 이격거리 계산공식에서,

$$이격거리\ D = \frac{\sin(180°-\alpha-\beta)}{\sin\beta} \times L = \frac{\sin(180°-32°-29°)}{29°} \times 2.5$$
$$= 4.51\text{m}$$

② 대지 이용계수(f) = $\dfrac{L(어레이\ 경사길이)}{D(이격거리)} = \dfrac{2.5}{4.51} = 0.55$

---

7. 지붕설치형 태양광발전소의 배선 설치지침 2가지를 쓰시오.

정답 다음 중 2개를 골라 작성한다.
① 태양전지 모듈 뒷면의 접속용 케이블 극성을 확인한다.
② 전선은 모듈 전용선, XLPE 케이블 등을 사용하고, 특히 옥외용으로는 자외선에 견딜 수 있는 UV 케이블이 적당하다.
③ 태양전지 모듈을 스트링에 필요한 매수만큼 직렬로 결선한다.
④ 지붕 위에 설치한 태양전지 어레이에서 접속함으로 복수의 케이블을 배선하는데, 지붕 환기구 및 처마 밑에 배선하게 된다.
⑤ 접속함은 어레이 근처에 설치하는 것이 바람직하지만 건물의 구조와 미관상 설치장소가 제한되는 경우가 있다.
⑥ 접속함에서 인버터까지의 배선은 전압강하율을 1~2%로 할 것을 권장한다.

⑦ 태양전지 어레이를 지상에 설치할 경우에는 지중배선을 하기도 한다.
⑧ 바람에 흔들릴 우려가 있는 곳에는 케이블 타이, 스테이플 스트랩, 행거 등을 이용하여 130cm 이내의 간격으로 단단히 고정한다. 가장 많이 늘어진 부분이 모듈면으로부터 30cm 이내에 들도록 한다.
⑨ 케이블 접속 시 견고하게 하여야 하며, 접속점에 장력이 가해지지 않도록 주의를 기울여야 한다.
⑩ 태양전지 모듈 간 배선은 단락전류를 충분히 견딜 수 있도록 2.5mm^2 이상의 연동선 또는 이와 동등 이상이어야 한다.
⑪ 케이블이나 전선, 전선관 등의 굴곡 시 최소 굴곡반경은 지름의 6배 이상이 되도록 한다.
⑫ 케이블 트레이를 사용하면 방열특성 우수, 허용전류 큼, 부하 증설 시 대응력 우수, 시공 용이 등의 장점이 있으나, 케이블 노출에 따른 자연재해나 인축으로부터의 영향을 받기 쉽다는 단점도 있다.
⑬ 분산형 전원의 계통 주파수가 비정상 범위에 있는 경우 한전계통에 대한 가압을 중지하고 해당 분리시간 내에 발전설비를 분리해야 한다.
⑭ 차수(접속함으로의 물의 침입을 방지하기 위한 물빼기) 시공 방법 : 케이블 지름의 6배 이상의 반경으로 한다.

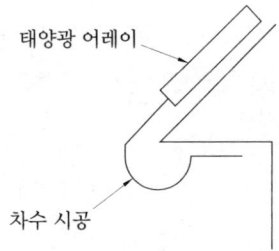

⑮ 전선관의 굵기는 전선 피복을 포함하여 단면적 합계가 48% 이하가 되도록 선정한다(단, 굵기가 서로 다른 케이블을 같은 전선관 속에 넣을 때에는 32% 이하가 되도록 한다).
⑯ 케이블 트레이의 안전율은 1.5 이상의 강도여야 한다.
⑰ 접속함과 PCS(파워 컨디셔너) 간의 전압강하율은 2% 이하로 한다.
⑱ 태양전지 모듈에서 PCS(파워 컨디셔너) 입력단 간 및 PCS(파워 컨디셔너)의 출력단과 계통연계점 간의 전압강하치는 각각 3% 이하로 관리하는 것이 원칙이다.

---

8. 역송전이 있는 저압계통의 연계 시 보호장치를 4가지 쓰시오.

정답 ① 과전압 계전기(OVR) ② 저전압 계전기(UVR)
③ 과주파수 계전기(OFR) ④ 저주파수 계전기(UFR)

9. 태양광발전소 건설 시 공사비 3억, 5개월 미만, 100kW 미만일 경우 간접노무비율을 계산하시오.

정답

구분	공사종류별	간접노무비율
공사 종류별	건축공사	14.5
	토목공사	15
	특수공사(포장, 준설 등)	15.5
	기타(전문, 전기, 통신 등)	15
공사 규모별	50억 원 미만	14
	50~300억 원 미만	15
	300억 원 이상	16
공사 기간별	6개월 미만	13
	6~12개월 미만	15
	12개월 이상	17

☞ 참고 : '행정규칙(계약예규 ; 예정가격작성기준) 별표 2의1'

공사규모가 공사비 3억, 5개월 미만, 100kW 미만의 전문공사일 경우이므로,

간접노무비율 = $\frac{14\% + 13\% + 15\%}{3}$ = 14%

10. 접속함의 용도에 대해서 서술하시오.

정답 접속함은 다수 태양전지 모듈의 스트링을 하나의 접속함에서 연결하기 위하여 설치하며, 피뢰기, 차단기 등을 설치하여 낙뢰, 전기적 안전에 대한 문제 해결 및 절연저항, 개방전압, 접지저항 등을 측정하게 하여 태양광발전소의 유지관리를 용이하게 한다.

11. 어레이의 육안 점검방법에 대해서 3가지를 쓰고 각각 설명하시오.

정답 다음 중 3가지를 골라 작성한다.
 ① 표면의 오염 및 파손 : 오염 및 파손의 유무
 ② 프레임의 파손 및 변형 : 파손 및 두드러진 변형이 없을 것

③ 가대의 부식 및 녹 발생 : 부식 및 녹이 없을 것(녹의 진행이 없고, 도금강판의 끝부분은 제외)
④ 가대의 고정 : 볼트 및 너트의 풀림이 없을 것
⑤ 가대접지 : 배선공사 및 접지접속이 확실할 것
⑥ 코킹 : 코킹의 망가짐 및 불량이 없을 것
⑦ 지붕재의 파손 : 지붕재의 파손, 어긋남, 뒤틀림, 균열이 없을 것

12. 다음 전위차계 접지저항계의 측정방법 중 ( ) 안을 채우시오.

> 계측기를 수평으로 반듯하게 놓고, 보조 접지봉을 (㉠)으로 (㉡)m 이상 간격을 두고 박고, (㉢)단자의 리드선을 접지극(접지선)에 접속하고, (㉣)와 (㉤)단자를 보조 접지봉에 접속한다.

정답 ㉠ 직선, ㉡ 10, ㉢ E, ㉣ P, ㉤ C

13. 감리용역 계약문서 4가지를 쓰시오.

정답 다음 중 4가지를 골라 작성한다.
① 감리용역 계약서
② 기술용역 입찰유의서
③ 기술용역 계약 일반조건
④ 감리용역 계약 특수조건
⑤ 과업지시서
⑥ 감리비 산출내역서

14. 태양광발전소 부지 선정 시 환경 측면에서의 고려사항 5개를 쓰시오.

정답 다음 중 5개를 골라 작성한다.
① 설치 시 주변환경 및 운영상 검토사항
  ㈎ 호우, 홍수, 태풍, 기타 자연재해의 발생 가능성이 적을 것

(나) 수목이 생장하면서 발생하는 악영향이 없을 것
(다) 공해, 대기오염, 염해 적을 것
(라) 보안상 문제가 없을 것
(마) 설치 시나 운용 시 전기, 가스, 상수도의 공급성
(바) 접근의 용이성(설치자재나 서비스자재의 운송)
② 자연환경요소상의 검토사항
(가) 생태자연도 및 녹지자연도
(나) 지반, 지질 및 경사도 등의 지형에 대한 검토
(다) 주변 토지의 이용 현황
(라) 주변 경관과의 조화 여부

---

15. 태양광 공사에 사용되는 연동선의 굵기와 배관공사의 종류 3가지를 쓰시오.

정답 ① 태양광 공사에 사용되는 연동선의 굵기 : 2.5mm^2
② 배관공사의 종류 3가지 : 합성수지관공사, 금속관공사, 가요전선관공사

---

16. 독립형 태양광발전 시스템에서 다음 표를 보고 1일 전력수요량 관련 (　) 안을 채우시오.

전기 기기명	수량(EA)	소비전력(Wh)	사용시간(h)	1일 소비전력량(Wh)
LED 전등	3	7.2	5	108
펌프	1	150	1	150
펠티어 냉장고	1	주1		(㉠)
컬러 TV 10″	1	60	5	300
카세트 라디오	1	15	8	120
컴퓨터(노트북)	1	70	3	210
선풍기	1	15	6	90
소 계				(㉡)

* 주1 : 월간 소비전력량은 18kWh이며, 부하운전율은 60%, 한 달은 30일로 계산한다.

정답 ㉠ 펠티어 냉장고의 1일 소비전력량(Wh) = 18,000Wh/30일 × 0.6 = 360Wh
㉡ 1일 소비전력량 소계 = 108Wh + 150Wh + 360Wh + 300Wh + 120Wh + 210Wh + 90Wh
= 1,338Wh

17. 모듈과 접속함 사이의 전선에 관하여 아래의 경우 전압강하율을 산출하시오.

> 사용한 전선의 길이 100m, 95SQ, 전선에 흐르는 전류 30A, 모듈단 전압 33V

정답 전압강하(e)를 계산하면,

$$e = \frac{35.6 \times L \times I}{1,000 \times A} = \frac{35.6 \times 100 \times 30}{1,000 \times 95} = 1.12421 \text{V}$$

$$\text{전압강하율} = \frac{1.12421}{33 - 1.12421} \times 100 = 3.53\%$$

18. 최대 50kW의 태양광 발전소 부지에 다음 표와 같은 사양의 모듈 및 인버터를 설치할 경우 다음 물음에 답하시오. (단, 주변 최고온도는 40℃, 전압강하율은 3%로 한다.)

모듈사양	
용량	300W
V_{oc}	39.8
V_{mpp}	30.5
I_{sc}	8.92A
I_{mpp}	8.02A
전압의 온도계수	0.29%
모듈 최저 동작온도	-15℃
NOCT	47℃

인버터사양	
용량	50kW
입력전압범위	333~500V
최대입력전압	700V
최대입력전류	220A

① 주변 최고온도에서의 모듈의 표면온도를 구하시오.
② 모듈의 최저동작온도 및 최고동작온도에서의 V_{oc}와 V_{mpp}를 각각 구하시오.
③ 최대 병렬 회로수를 구하시오.
④ 최대 전력 생산을 위해 연결 가능한 최적의 직·병렬 모듈수를 구하시오.

정답 ① 주변 최고온도에서의 모듈의 표면온도 계산
셀온도 보정 산식

$$T_{cell} = T_{air} + \frac{\text{NOCT} - 20}{800} \times S$$

(S: 기준 일사강도 = 1,000W/m²)

$$T_{cell} = T_{air} + \frac{\text{NOCT} - 20}{800} \times S = 40 + \frac{47-20}{800} \times 1,000 = 73.75℃$$

② 각 온도에서 V_{oc} 및 V_{mpp} 계산

(가) $V_{oc}(-15℃) = V_{oc} \times (1 + \gamma \cdot \theta) = 39.8 \times (1 - 0.0029 \times (-15 - 25)) = 44.42\,V$

　　* γ : V_{oc} 온도계수
　　　θ : STC 조건 온도편차($T_{cell} - 25℃$)

(나) $V_{mpp}(-15℃) = 30.5 \times \{1 - 0.0029 \times (-15 - 25)\} = 34.04\,V$

(다) $V_{oc}(73.75℃) = 39.8 \times \{1 - 0.0029 \times (73.75 - 25)\} = 34.17\,V$

(라) $V_{mpp}(73.75℃) = 30.5 \times \{1 - 0.0029 \times (73.75 - 25)\} = 26.19\,V$

③ 최대 병렬회로수 계산

$$\text{최대 병렬회로수} = \frac{\text{발전소 최대출력}}{\text{모듈용량} \times \text{최소 직렬회로수}}$$

$$= \frac{50,000}{300 \times 14} = 11.9 \rightarrow 11\text{장으로 결정}$$

④ 최대 전력 생산을 위해 연결 가능한 최적 직·병렬 모듈수 계산

(가) 최대 직렬 수 $= \dfrac{\text{PCS 입력전압 변동범위의 최저값(최대입력전압)}}{\text{모듈 온도가 최저인 상태의 개방전압} \times (1 - \text{전압강하율})}$

$$= \frac{700}{44.42(1 - 0.03)} = 16.25 \rightarrow 16\text{장으로 결정}$$

(나) 최저 직렬 수 $= \dfrac{\text{PCS 입력전압 변동범위의 최저값}}{\text{모듈 온도가 최고인 상태의 최대 출력 동작전압} \times (1 - \text{전압강하율})}$

$$= \frac{333}{26.19(1 - 0.03)} = 13.11 \rightarrow 14\text{장으로 결정}$$

(다) 최적의 직·병렬수 계산

16직렬일 경우 $\rightarrow \dfrac{50,000\,W}{16 \times 300\,W} = 10.41 \rightarrow$ 병렬 10장

☞ 직렬 16장 × 병렬 10장 × 300W = 48,000W

15직렬일 경우 $\rightarrow \dfrac{50,000\,W}{15 \times 300\,W} = 11.11 \rightarrow$ 병렬 11장

☞ 직렬 15장 × 병렬 11장 × 300W = 49,500W

14직렬일 경우 $\rightarrow \dfrac{50,000\,W}{14 \times 300\,W} = 11.9 \rightarrow$ 병렬 11장

☞ 직렬 14장 × 병렬 11장 × 300W = 46,200W

따라서, 최대의 전력을 생산할 수 있는 최적 직·병렬수 = 직렬 15장 × 병렬 11장

2015년 7월 12일 시행 신재생에너지 발전설비기사 실기

1. 태양광발전설비 설치현장에서 지켜야 할 사항에 대해 아래 물음에 답하시오.

① 작업복 및 추락방지 대책 네 가지는 무엇인가?
② 감전 방지대책 세 가지는 무엇인가?

정답 ① 작업복 및 추락방지 대책
　　(가) 높은 곳에서 작업 시 안전 난간대를 설치한다.
　　(나) 안전모, 안전화 등 착용으로 추락 및 미끄럼을 방지한다.
　　(다) 안전벨트 착용으로 떨어지거나 구르는 것을 방지한다.
　　(라) 정품의 알루미늄 사다리 등을 사용한다.
② 감전 방지대책 : 아래에서 3개를 골라 작성한다.
　　(가) 작업 전에 태양전지모듈의 표면에 차광시트를 붙여 태양광을 차단한다.
　　(나) 저압선로용 절연장갑을 낀다.
　　(다) 절연처리가 된 공구를 사용한다.
　　(라) 강우 시 작업을 하지 않는다(감전사고의 원인뿐만 아니라 미끄러짐으로 인한 추락 사고로 이어진다).

2. 태양광발전설비는 일사조건, 기후 등 외부환경 조건에 따라 수시로 출력이 변할 수 있다. 항상 최적의 출력조건을 확보할 수 있도록 자동으로 제어를 행하는 인버터의 제어방식을 무엇이라고 하는가?

정답 최대전력추종제어(MPPT ; Maximum Power Point Tracking)

3. 인버터를 회로 방식에 따라 세 가지로 분류하고 설명하시오.

정답

종류	설명
상용주파 절연방식	• 태양전지 직류출력을 상용주파의 교류로 변환한 후 변압기로 절연한다. • 제어부가 가장 간단하여 안정성이 우수하다. • 내뢰성 및 노이즈 커트 특성이 우수하다. • 변압기 때문에 효율이 떨어지고 부피와 무게가 커진다. • 3상 10kW 이상에 주로 적용한다(주로 복권변압기 적용 방식이다).
고주파 절연방식	• 태양전지의 직류출력을 고주파 교류로 변환 후, 소형 고주파 변압기로 절연한다. 그다음 일단 직류로 변환하고 다시 상용주파수 교류로 변환한다. • 저주파 절연변압기를 사용하지 않기 때문에 고효율화, 소형경량화, 저가화가 가능하다. • 많은 파워소자로 구성이 복잡하다.
트랜스리스 방식	• 태양전지의 직류출력을 DC-DC 컨버터로 승압하고 DC/AC 인버터로 상용주파수의 교류로 변환한다. • 저주파 변압기를 사용하지 않기 때문에 고효율화, 소형경량화, 저가화에 가장 유리하다. • 주택용(3kW 이하)에 많이 적용되는 절연방식이다. • 변압기를 사용하지 않기 때문에 안정성에 불리하다(복잡한 안정성 제어가 필요).

4. 태양광발전설비 공사 시 현장에서 여러 가지 문제가 발생하여 공사의 진척이 더디거나 잘 이루어지지 않을 수 있다. 그중 공사의 전면중지 사유를 네 가지 쓰시오.

정답
① 공사업자가 고의로 공사의 추진을 지연하거나, 공사의 부실 발생 우려가 짙은 상황에서 적절한 조치를 취하지 않은 채 공사를 계속 진행하는 경우
② 부분중지가 이행되지 않음으로써 전체 공정에 영향을 끼칠 것으로 판단될 때
③ 지진, 해일, 폭풍 등 불가항력적인 사태가 발생하여 시공을 계속할 수 없다고 판단될 때
④ 기타 천재지변 등으로 발주자의 지시가 있을 때

5. 0.4V, 3A의 태양전지 24개를 병렬로 설치하여 운전할 경우 생산될 수 있는 전압(V)과 전류(A)는 얼마인가?

정답 ① 전류 = 3A × 24병렬 = 72A, ② 전압 = 0.4V × 1직렬 = 0.4V

6. 면적이 400cm²인 태양전지의 변환효율이 15%라고 할 때 최대 발전량(W)은 얼마인가? (단, AM 1.5로 운전되고 태양강도는 1,000 W/m²으로 한다.)

정답 모듈변환효율 = $\dfrac{\text{모듈출력(W)}}{\text{모듈면적(m}^2) \times 1,000(\text{W/m}^2)} \times 100(\%)$ 공식에서,

모듈출력(W) = 모듈변환효율 × 모듈면적(m²) × 1,000(W/m²)
= 0.15 × 0.04 m² × 1,000 W/m²
= 6 W

7. 연면적 1,000m²인 건물에 아래와 같이 에너지를 적용할 경우, 예상 에너지 사용량은 얼마인가?

- 단위 에너지사용량 : 346.64kWh/m² · yr
- 용도별 보정계수 : 1.00
- 지역계수 : 0.99

정답 예상 에너지 사용량 = 건축 연면적 × 단위 에너지사용량 × 용도별 보정계수 × 지역계수
= 1,000 m² × 346.64 kWh/m² · yr × 1.00 × 0.99
= 343,173.6 kWh/m² · yr

8. 태양광발전설비 공사에서 지중으로 전선관을 매립 시 주의사항에 대해 ( ) 안을 채우시오.

- 총 전선의 길이 (㉠)m마다 지중함을 설치할 것(지중함 내부에서는 케이블 길이에 여유가 있을 것)
- 간혹 지반의 침하가 우려될 수 있으므로 배관 도중에는 조인트가 없을 것
- 지중 매설 시에는 (㉡), 내충격성 (㉢)을 사용할 것(단, 부득이한 사유로 후강 전선관을 사용 시에는 방수 · 방습 처리하여 사용할 것)
- 지중 매설된 배관과 지표면 사이에는 (㉣)를 설치하여 '매립되어 있음'을 표시할 것
- 필요에 따라서는 지표 위 잘 보이는 곳에 전선의 (㉤), (㉥) 등의 표식도 같이 해 두는 것이 유리
- 매설의 깊이는 중량물의 압력을 견딜 수 있도록 약 (㉦)m 이상의 깊이로 매설(중량물의 압력 우려가 없는 곳은 (㉧)m 이상으로 매설할 것)

정답 ㉠ 30, ㉡ 배선용 탄소강관, ㉢ 경질염화비닐관, ㉣ 안전테이프, ㉤ 매립방향, ㉥ 매설깊이, ㉦ 1.2, ㉧ 0.6

9. 아래는 절연저항의 측정 시 전로전압에 대한 절연 저항값이다. ( )에 알맞은 내용을 채우시오.

전로의 사용전압 구분	절연저항치
대지전압이 150V 이하인 경우	(㉠)
대지전압이 150V 초과 300V 이하인 경우	(㉡)
사용전압이 300V 초과 400V 미만의 경우	(㉢)
사용전압이 400V 이상	(㉣)

정답 ㉠ $0.1M\Omega$, ㉡ $0.2M\Omega$, ㉢ $0.3M\Omega$, ㉣ $0.4M\Omega$

10. 특고압 계통연계 시 순시 전압변동률 관련 내용으로 ( ) 안을 채우시오.

- 해당 분산형 전원의 변동 빈도를 정의하기 어렵다고 판단되는 경우에는 순시전압변동률 (㉠)%를 적용한다.

변동빈도	순시 전압변동률(%)
1시간에 2회 초과 10회 이하	(㉡)
1일 4회 초과, 1시간에 2회 이하	(㉢)
1일에 4회 이하	(㉣)

정답 ㉠ 3, ㉡ 3, ㉢ 4, ㉣ 5

11. 벽건재형 태양광 발전시스템의 특징을 4가지 쓰시오.

정답 ① 발전량이 크게 떨어진다(지붕형에 비해 약 30% 정도 일사량이 감소).
② 수직벽면의 미적인 파사드(facade)를 제공하고 PV 모듈을 다기능 건물재료로 사용 가능하다.
③ 다양한 사이즈, 형태, 패턴, 색상 등 건축요소를 다양화할 수 있다.
④ 태양전지의 설치면이 고정되어 있어 입사각에 따른 태양전지의 손실이 불가피하다.

12. 구조물 공사에 적용할 수 있는 기초의 종류 5가지를 쓰시오.

정답 아래에서 5개를 선택하여 작성한다.
① 직접기초(얕은 기초) : 독립 Footing 기초, 연속 Footing 기초, 복합 Footing 기초, 전면기초
② 깊은 기초 : 말뚝기초, 케이슨 기초, 피어 기초

13. 다음 태양광발전소의 회로도상에 적당한 부품명을 ( ) 안에 기입하시오.

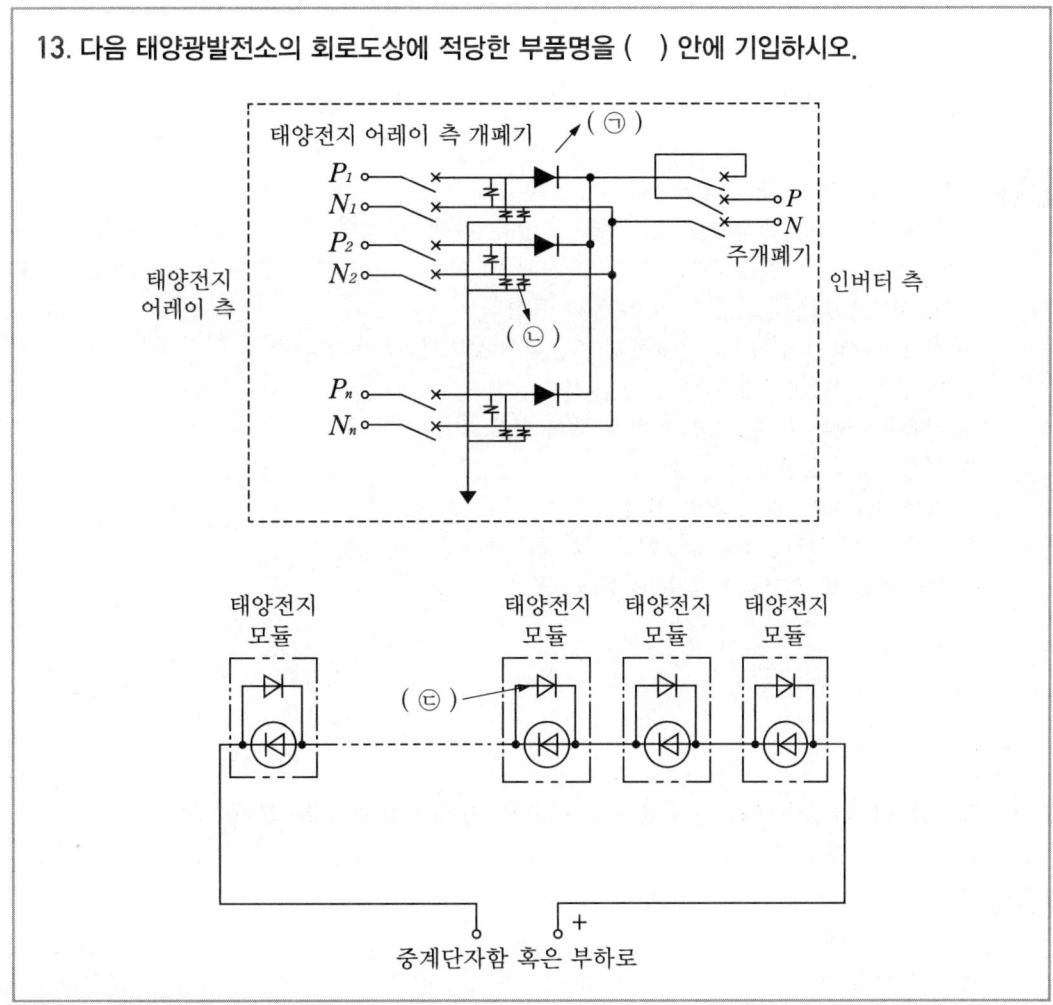

정답 ㉠ 역류방지 다이오드, ㉡ 피뢰소자(SPD), ㉢ 바이패스 다이오드

14. 위도 33°, 경도 68°인 태양광발전소에서 이격거리 및 대지이용률(f)을 구하시오. (단, 모듈의 경사길이는 1.5m, 경사각은 33°, 태양고도각은 25°로 한다.)

정답 ① 이격거리 계산

$$이격거리\ D = \frac{\sin(180°-\alpha-\beta)}{\sin\beta} \times L = \frac{\sin(180°-33-25)}{\sin 25} \times 1.5 = 3.0\text{m}$$

② 대지이용률(f) = $\dfrac{\text{모듈의 경사길이}}{\text{이격거리}} = \dfrac{1.5}{3.0} = 0.5$

15. 태양광발전 시스템에서 인버터 선정 시 주요 고려사항 5가지를 쓰시오.

정답 아래에서 5가지를 골라 작성한다.
① 연계하는 한전 측과 전기방식 일치, 인증 여부, 설치의 용이성, 비상시 자립운전 여부, 축전지 운전연계 가능, 수명 및 신뢰성, 보호장치 설정/시험 용이, 발전량 확인 용이, 서비스 네트워크 구축 용이 등의 종합적 사항
② 전력변환효율이 높고, 최대전력 추종제어(MPPT)가 용이할 것
③ 대기손실 및 저부하 손실이 적을 것
④ 잡음 및 직류 유출, 고조파 발생 등이 적을 것
⑤ 기동, 정지가 안정적일 것
⑥ 출력 기본파 역률이 95% 이상일 것
⑦ 전류의 왜형률이 종합 5% 이하, 각 차수마다 3% 이하일 것
⑧ 최고효율 및 유로피언 효율이 높을 것

16. 태양광 모니터링시스템에서 주요하게 관리하여야 하는 항목 4가지를 쓰시오.

정답 ① 인버터 출력
② 일일 발전량
③ 생산시간
④ 발전량 및 생산시간에 대한 누적값

17. 태양광발전소의 용량이 50kW이고 주위 최고온도가 40℃이며 설치된 모듈 및 인버터의 사양이 아래와 같을 때 물음에 답하시오. (전압강하율은 2.5%로 계산한다.)

모듈사양	
용량	250 W
V_{oc}	36.4
V_{mpp}	33.0
I_{sc}	8.4 A
I_{mpp}	8.1 A
전압의 온도계수	0.33%
모듈 최저 동작온도	-15℃
NOCT	45℃

인버터사양	
용량	20 kW
입력전압범위	500~700 V
최대입력전압	1,000 V

① 주변 최고온도에서의 셀온도를 구하시오.
② 셀 최고 및 최저온도에서의 V_{oc}, V_{mpp}를 각각 구하시오.
③ 최대 전력 생산을 위한 최적의 연결 가능한 직·병렬 모듈수를 구하시오.

정답 ① 주변 최고온도 40℃에서의 셀온도 계산

셀온도 보정 산식

$$T_{cell} = T_{air} + \frac{NOCT-20}{800} \times S$$

  * S : 기준 일사강도 = 1,000 W/m²

$$T_{cell} = T_{air} + \frac{NOCT-20}{800} \times S = 40 + \frac{45-20}{800} \times 1,000 = 71.25℃$$

② 셀 최고 및 최저온도에서의 V_{oc} 및 V_{mpp} 계산

전압의 온도계수는 V_{oc} 및 V_{mpp} 계산에 모두 사용 가능하므로,

(가) $V_{oc}(-15℃) = V_{oc} \times (1+\gamma \cdot \theta) = 36.4 \times \{1-0.0033 \times (-15-25)\} = 41.2$ V

  * γ : 전압의 온도계수, θ : STC 조건 온도편차($T_{cell}-25℃$)

(나) $V_{mpp}(-15℃) = 33 \times \{1-0.0033 \times (-15-25)\} = 37.36$ V

(다) $V_{oc}(71.25℃) = 36.4 \times \{1-0.0033 \times (71.25-25)\} = 30.84$ V

(라) $V_{mpp}(71.25℃) = 33 \times \{1-0.0033 \times (71.25-25)\} = 27.96$ V

③ 최대 전력 생산을 위해 연결 가능한 최적 직·병렬 모듈수 계산

(가) 최대 직렬 수 = $\dfrac{\text{PCS 입력전압 변동범위의 최고값(최대입력전압)}}{\text{모듈 온도가 최저인 상태의 개방전압 } V_{oc}' \times (1-\text{전압강하율})}$

$= \dfrac{1,000}{41.2 \times (1-0.025)} = 24.89$ → 24장으로 결정

(나) 최저 직렬 수 = $\dfrac{\text{PCS 입력전압 변동범위의 최저값}}{\text{모듈 온도가 최고인 상태의 } V_{mpp}' \times (1-\text{전압강하율})}$

$= \dfrac{500}{27.96 \times (1-0.025)} = 18.34 \rightarrow 19$장으로 결정

(다) 최적의 직·병렬수 계산
  ㉠ 최대 설치 가능한 모듈 매수 = 50kW ÷ 250W = 200장
  ㉡ 최적의 직·병렬수 계산

  24직렬일 경우 → $\dfrac{200장}{24} = 8.33 \rightarrow$ 병렬 8장

  23직렬일 경우 → $\dfrac{200장}{23} = 8.7 \rightarrow$ 병렬 8장

  22직렬일 경우 → $\dfrac{200장}{22} = 9.09 \rightarrow$ 병렬 9장

  21직렬일 경우 → $\dfrac{200장}{21} = 9.52 \rightarrow$ 병렬 9장

  20직렬일 경우 → $\dfrac{200장}{20} = 10.0 \rightarrow$ 병렬 10장

  19직렬일 경우 → $\dfrac{200장}{19} = 10.53 \rightarrow$ 병렬 10장

  상기처럼 최대 설치 가능한 모듈 매수를 직렬매수로 나눌 때 정수로 정확히 계산되는 병렬 10장이 손실이 없어 최적이라고 할 수 있다.
  따라서, 최적의 직·병렬수 = 직렬 20 × 병렬 10

---

18. 일반 부지에 300kW 태양광 발전소를 건립할 때 아래 물음에 답하시오. (단, 발전시간은 3.6시간, SMP 가격은 150원, REC 가격은 170원, 할인율은 4%이다.)

① 전력 판매단가를 계산하시오.
② 시스템 이용률은 얼마인가?
③ 아래 표를 이용하여 비용편익비를 계산하고, 경제성을 논하시오. (단, 금액은 백만 원 단위로 계산하고 소수점 첫째 자리에서 반올림하여 정수로 표현한다.)

(단위 : 백만 원)

항목	2015년	2016년	2017년	2018년	2019년	2020년
판매수익		85,000	80,000	75,000	70,000	70,000
투자비용	200,000	40,000	35,000	30,000	25,000	20,000

정답 ① 전력 판매단가 계산

일반부지 300kW 태양광발전의 가중치는 1.0이므로,

전력 판매단가=150[원/kWh]+1.0×170[원/kWh]=320[원/kWh]

② 시스템 이용률 계산

$$\text{시스템 이용률} = \frac{\text{일평균 발전시간}}{24} = \frac{3.6}{24} = 0.15 \rightarrow 15\%$$

③ 비용편익비 계산

$$\sum \frac{B_i}{(1+r)^i} = \frac{85,000}{(1+0.04)^1} + \frac{80,000}{(1+0.04)^2} + \frac{75,000}{(1+0.04)^3} + \frac{70,000}{(1+0.04)^4} + \frac{70,000}{(1+0.04)^5}$$

$$= 339,741 \text{백만 원}$$

$$\sum \frac{C_i}{(1+r)^i} = \frac{200,000}{(1+0.04)^0} + \frac{40,000}{(1+0.04)^1} + \frac{35,000}{(1+0.04)^2} + \frac{30,000}{(1+0.04)^3} + \frac{25,000}{(1+0.04)^4}$$

$$+ \frac{20,000}{(1+0.04)^5}$$

$$= 335,299 \text{백만 원}$$

따라서, 비용편익비는

$$\text{B/C Ratio} = \frac{\sum \frac{B_i}{(1+r)^i}}{\sum \frac{C_i}{(1+r)^i}} = \frac{339,741 \text{백만 원}}{335,299 \text{백만 원}} = 1.01 > 1$$

따라서, 상기와 같이 B/C Ratio가 1보다 크므로 "경제성이 있다"고 할 수 있다.

2015년 7월 12일 시행
신재생에너지 발전설비산업기사 실기

> 1. 어떤 지역에 태양광 어레이를 설치하고자 한다. 태양을 바라보는 방향으로 높이가 1.5m인 방해물이 있을 경우 방해물로부터 최소 이격거리(m)를 구하여라. (단, 태양 입사각은 30°이다.)

정답
$$\tan\theta = \frac{1.5}{x}$$

$$x = \frac{1.5}{\tan\theta} = \frac{1.5}{\tan 30} = 2.6\,\text{m}$$

> 2. 다음 물음에 답하시오.
> ① 태양전지와 접지 간의 절연저항 값은?
> ② 단자함 내 출력단자와 접지 간의 절연저항값은?
> ③ 측정기의 전압값은?

정답
① 태양전지와 접지 간의 절연저항 값 = 0.2MΩ 이상
② 단자함 내 출력단자와 접지 간의 절연저항값 = 1.0MΩ 이상
③ 측정기의 전압값 = DC 500 V

> 3. 태양광 배선공사에서 차수 처리 시 케이블 지름의 몇 배 이상 반경으로 해야 하는가?

정답 6배

해설 차수(접속함으로의 물의 침입을 방지하기 위한 물빼기) 시공 방법은 케이블 지름의 6배 이상의 반경으로 해야 한다.

4. 아래 그래프에서 ( ) 안을 채우시오.

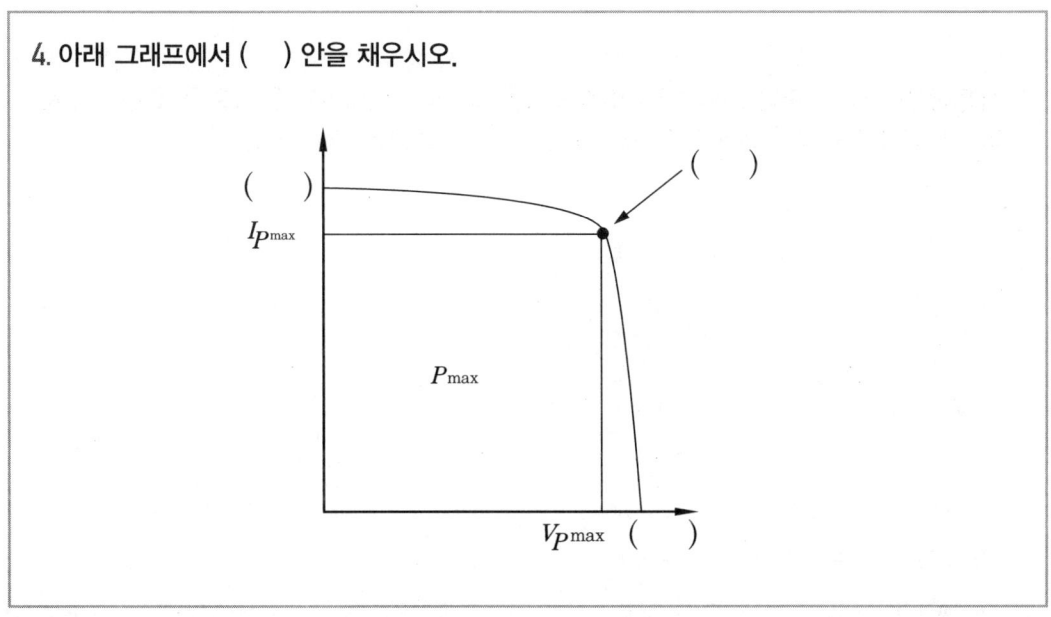

정답

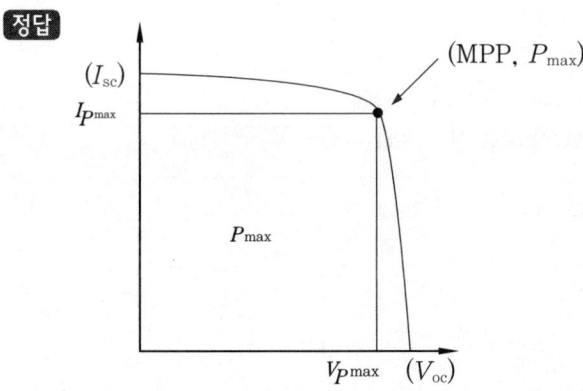

* I_{sc} : 단락전류, V_{oc} : 개방전압, MPP 혹은 P_{max} : 최대전력

5. 인버터의 추적효율이란 무엇인가?

정답 태양광 모듈의 출력이 최대가 되는 최대전력점(MPP ; Maximum Power Point)을 찾는 기술에 대한 성능지표를 말한다.

6. 태양광발전소의 용량이 50kW이고 주위 최고온도가 40℃이며 설치된 모듈 및 인버터의 사양이 아래와 같을 때 물음에 답하시오. (전압강하율은 2.5%로 계산한다.)

모듈사양	
용량	250 W
V_{oc}	36.4
V_{mpp}	33.0
I_{sc}	8.4 A
I_{mpp}	8.1 A
전압의 온도계수	0.33%
모듈 최저 동작온도	-15℃
NOCT	45℃

인버터사양	
용량	20 kW
입력전압범위	500~700 V
최대입력전압	1,000 V

① 주변 최고온도에서의 셀온도를 구하시오.
② 셀 최고 및 최저온도에서의 V_{oc}, V_{mpp}를 각각 구하시오.
③ 최대 전력 생산을 위한 최적의 연결 가능한 직·병렬 모듈수를 구하시오.

정답 ① 주변 최고온도 40℃에서의 셀온도 계산
  셀온도 보정 산식
  $$T_{cell} = T_{air} + \frac{\text{NOCT}-20}{800} \times S$$
  * S : 기준 일사강도 = 1,000 W/m²
  $$T_{cell} = T_{air} + \frac{\text{NOCT}-20}{800} \times S = 40 + \frac{45-20}{800} \times 1,000 = 71.25℃$$

② 셀 최고 및 최저온도에서의 V_{oc} 및 V_{mpp} 계산
  전압의 온도계수는 V_{oc} 및 V_{mpp} 계산에 모두 사용 가능하므로,
  (가) $V_{oc}(-15℃) = V_{oc} \times (1+\gamma \cdot \theta) = 36.4 \times \{1-0.0033 \times (-15-25)\} = 41.2$ V
    * γ : 전압의 온도계수, θ : STC 조건 온도편차($T_{cell}-25℃$)
  (나) $V_{mpp}(-15℃) = 33 \times \{1-0.0033 \times (-15-25)\} = 37.36$ V
  (다) $V_{oc}(71.25℃) = 36.4 \times \{1-0.0033 \times (71.25-25)\} = 30.84$ V
  (라) $V_{mpp}(71.25℃) = 33 \times \{1-0.0033 \times (71.25-25)\} = 27.96$ V

③ 최대 전력 생산을 위해 연결 가능한 최적 직·병렬 모듈수 계산
  (가) 최대 직렬 수 = $\dfrac{\text{PCS 입력전압 변동범위의 최고값(최대입력전압)}}{\text{모듈 온도가 최저인 상태의 개방전압 } V_{oc}' \times (1-\text{전압강하율})}$

$$= \frac{1,000}{41.2 \times (1-0.025)} = 24.89 \rightarrow 24장으로 결정$$

(나) 최저 직렬 수 $= \dfrac{\text{PCS 입력전압 변동범위의 최저값}}{\text{모듈 온도가 최고인 상태의 } V_{mpp}' \times (1-\text{전압강하율})}$

$$= \frac{500}{27.96 \times (1-0.025)} = 18.34 \rightarrow 19장으로 결정$$

(다) 최적의 직·병렬수 계산

　㉠ 최대 설치 가능한 모듈 매수 = 50kW ÷ 250W = 200장

　㉡ 최적의 직·병렬수 계산

24직렬일 경우 → $\dfrac{200장}{24} = 8.33$ → 병렬 8장

23직렬일 경우 → $\dfrac{200장}{23} = 8.7$ → 병렬 8장

22직렬일 경우 → $\dfrac{200장}{22} = 9.09$ → 병렬 9장

21직렬일 경우 → $\dfrac{200장}{21} = 9.52$ → 병렬 9장

20직렬일 경우 → $\dfrac{200장}{20} = 10.0$ → 병렬 10장

19직렬일 경우 → $\dfrac{200장}{19} = 10.53$ → 병렬 10장

상기처럼 최대 설치 가능한 모듈 매수를 직렬매수로 나눌 때 정수로 정확히 계산되는 병렬 10장이 손실이 없어 최적이라고 할 수 있다.

따라서, 최적의 직·병렬수 = 직렬 20 × 병렬 10

7. 건축물에서 태양광 모듈을 외피마감재로 쓰는 것을 무슨 방식의 태양전지라고 부르는가?

정답 건물일체형 태양전지(BIPV)

8. 연(납)축전지의 정격용량 100Ah, 상시부하 4,400W, 표준전압 220V인 부동충전 방식 충전기의 2차 전류(충전전류)값은 몇 A인가?

정답 30A

해설 2차 전류(충전전류) = $\dfrac{\text{축전지 정격용량}}{\text{정격 방전율}} + \dfrac{\text{부하용량}}{\text{표준전압}}$

$= \dfrac{100}{10} + \dfrac{4,400}{220} = 30\,\text{A}$

㈜ **정격 방전율** : 연축전지=10h, 알칼리 축전지=5h

---

9. 모듈 설치 시 케이블 설치공사 관련 유의사항 4가지를 쓰시오.

정답 아래에서 4개를 선택하여 작성한다.
① 각 조립하는 케이블 선단에 케이블 번호를 표시해 두면 중계단자에 접속할 때 오결선을 피할 수 있다.
② 차수(접속함으로의 물의 침입을 방지하기 위한 물빼기) 시공 방법 : 케이블 지름의 6배 이상의 반경으로 한다.

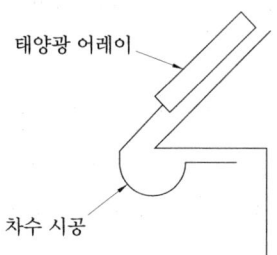

③ 전선관의 굵기는 전선 피복을 포함하여 단면적 합계가 48% 이하가 되도록 선정한다(단, 굵기가 서로 다른 케이블을 같은 전선관 속에 넣을 때에는 32% 이하가 되도록 할 것).
④ 케이블 트레이의 안전율은 1.5 이상의 강도여야 한다.
⑤ 접속함과 PCS(파워 컨디셔너) 간의 전압강하율은 2% 이하로 한다.
⑥ 태양전지 모듈에서 PCS(파워 컨디셔너) 입력단 간 및 PCS의 출력단과 계통연계점 간의 전압강하치는 각각 3% 이하로 관리하는 것이 원칙이다.

---

10. 태양광발전 시스템에서 계측 및 표시기기를 설치하는 이유 3가지를 쓰시오.

정답 아래에서 3개를 선택하여 작성한다.
① 시스템의 운전상태 감시를 위한 계측 또는 표시
② 시스템의 발전전력량을 알기 위한 계측
③ 시스템기기 및 시스템 종합평가를 위한 계측
④ 시스템의 운전상황을 견학자에게 보여주고, 시스템의 홍보를 위한 계측 또는 표시

11. 태양광발전 시스템 설치 시 뇌서지 대책 3가지를 쓰시오.

정답 아래에서 3개를 선택하여 작성한다.
① 피뢰소자를 어레이 주회로 내부에 분산시켜 설치하고 접속함에도 설치한다.
② 낙뢰의 우려가 있는 건축물 또는 높이 20m 이상의 건축물에는 '피뢰설비'를 반드시 설치하여야 한다.
③ 저압배전선에서 침입하는 뇌서지에 대해서는 분전반에 피뢰소자를 설치한다.
④ 뇌우 다발지역에서는 교류 전원 측으로 내뢰 트랜스를 설치한다.
⑤ 접속함을 실내에 설치하더라도 피뢰소자는 반드시 설치한다.

12. 모듈 한 셀당 0.5V, 3A일 때, 36개를 직렬 연결할 경우 전압과 전류는 얼마인가?

정답 ① 전압=0.5V×36직렬=18V
② 전류=3A×1병렬=3A

13. 태양광 인버터의 절연방식 중 트랜스리스 방식을 그리고 그 특징을 쓰시오.

정답

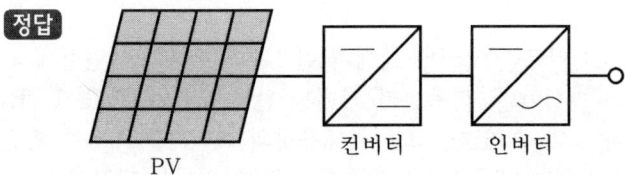

① 태양전지의 직류출력을 DC-DC 컨버터로 승압하고 DC/AC 인버터로 상용주파수의 교류로 변환한다.
② 저주파 변압기를 사용하지 않기 때문에 고효율화, 소형경량화, 저가화에 가장 유리하다.
③ 주택용(3kW 이하)에 많이 적용되는 절연방식이다.
④ 변압기를 사용하지 않기 때문에 안정성에 불리하다(복잡한 안정성 제어가 필요).

14. 165 W의 태양전지(5[A], 33[V])가 10개 직렬, 30개 병렬로 설치된 PV 어레이에서 파워 컨디셔너 설치 위치까지의 거리가 50[m], 전선의 단면적이 50[mm²]일 때 전압강하율 [%]은 얼마인가?

정답 ① 최대출력 전류 및 전압 계산
  (가) 최대 출력 전류 $I = 5 \times 30 = 150\,A$
  (나) 최대 출력 전압 $E = 33 \times 10 = 330\,V$
② 전압강하(e)를 계산하면,
$$e = \frac{35.6 \times L \times I}{1,000 \times A} = \frac{35.6 \times 50 \times 150}{1,000 \times 50} = 5.34\,(V)$$
③ 전압강하율 $= \dfrac{5.34}{330 - 5.34} \times 100 = 1.64\,\%$

15. 인버터의 단독운전 방지기능의 주파수 변화율 검출방식에서 주파수 변화율을 검출하는 방법은?

정답 아래 ①의 (가)를 참조한다.
  '인버터의 단독운전 방지기능'
  ① 수동적 방식
    (가) 주파수 변화율 검출방식 : 주로 단독운전 이행 시에 발전출력과 부하의 불평형에 의한 주파수의 급변을 검출하는 방식이며, 단독운전 억제를 위한 계전기(UVR, UFR, OVR, OFR)보다 검출 감도를 높일 수 있다. 그러나 대용량의 회전기를 이용한 발전 등의 안정된 전원이 연계되어 있으면 단독운전 현상을 검출할 수 없다는 단점이 있다.

(나) 전압위상 도약(급변) 검출방식 : 단독운전 이행 시에 발전 출력과 부하의 불평형에 의한 전압위상의 급변을 검출하는 방식이며, 단독운전 억제를 위한 계전기(UVR, UFR, OVR, OFR)보다 검출 감도를 높일 수 있다. 그러나 발전 출력과 부하의 유효전력과 무효전력이 완전히 평형되어 있으면 검출할 수 없다는 단점이 있다.
- (다) 제3차 고조파 전압(급증) 검출방식 : 역변환장치에 전류제어형을 이용하는 경우 단독운전 이행 시에 변압기에 의하여 방생하는 3차 고조파전압의 급증을 검출하는 방식이다. 본 방식은 발전 출력과 부하의 평형도에 좌우되지 않지만 불평형이 없는 3상회로와 전압제어형 역변환장치에서는 적용할 수 없다.

② 능동적 방식
- (가) 라인에 변화가 있을 때만 검출하는 수동검출법과 달리 인버터 출력전류에 변동(주파수, 유효전력, 무효전력, 부하)을 주어 이를 이용하여 단독운전을 검출하는 방식이다.
- (나) 수동적 검출기법으로는 단독운전 시에 전력 생산량과 부하 요구량이 일치할 경우 연계점의 전압 및 주파수 특성이 변하지 않으므로 검출하지 못하게 되는 상황이 발생하나, 능동적 검출기법에서는 인버터 전류제어를 통해 미소한 왜곡을 주입하여 전력평형상태에서도 단독운전 시에 연계점 전압의 주파수 등을 변동시켜 단독운전 검출이 가능하다.

16. 태양광발전부지 선정 시 자연환경요소상의 검토사항 중 '지반, 지질 및 경사도 등의 지형에 대한 검토' 외 나머지 3가지는 무엇인가?

정답 ① 생태자연도 및 녹지자연도
② 주변 토지의 이용 현황
③ 주변 경관과의 조화 여부

17. 태양광 모듈에 저항이 높아지면 열이 발생하는 것을 방지하기 위해 설치하는 디바이스는 무엇인가?

정답 바이패스 다이오드

18. 태양광발전소에서 아래 그림을 보고 개방전압의 측정순서 5단계를 쓰시오.

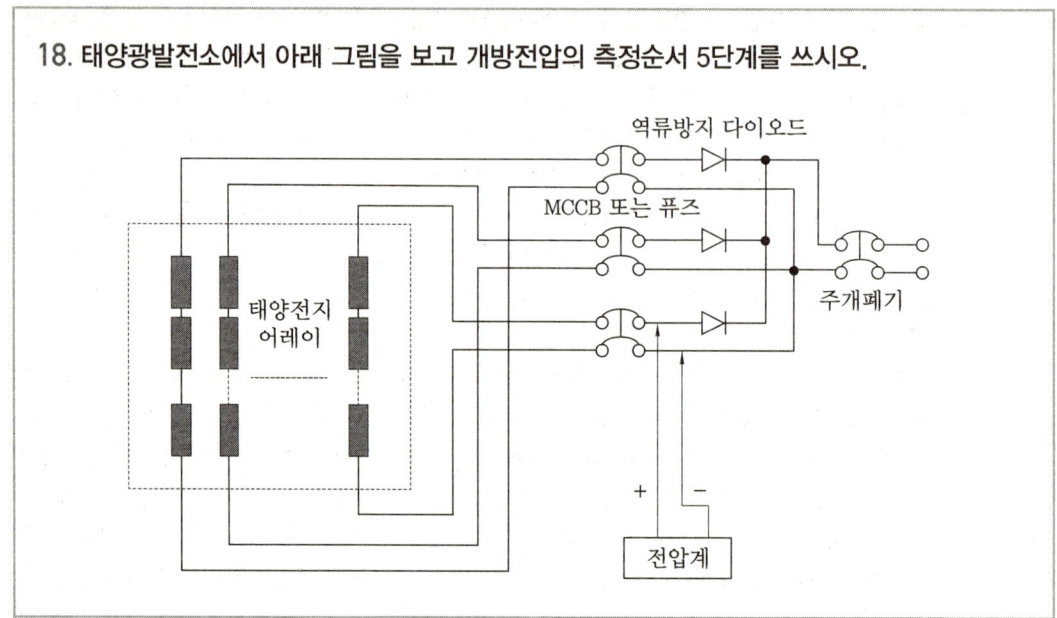

정답 ① 접속함의 주개폐기(출력개폐기) Off
② 접속함 각 스트링의 단로스위치(MCCB 또는 퓨즈) Off
③ 태양전지 어레이에 음영의 영향이 없는 것을 확인
④ 측정하는 스트링의 단로스위치(MCCB 또는 퓨즈)만 On
⑤ 전압계를 이용하여 각 스트링의 P-N 단자 간 전압 측정

2015년 11월 7일 시행 신재생에너지 발전설비기사 실기

1. 태양광발전 시스템에서 모듈을 지지하는 구조물의 종류 5가지를 쓰시오.

정답 프레임, 지지대, 기초판(베이스 플레이트), 앵커볼트, 기초

2. 태양광발전설비의 보수점검 시 사전 확인해야 할 사항 5가지를 쓰시오.

정답 아래에서 5가지를 골라 작성한다.
① 준비 작업 : 응급처치방법 및 설비의 안전 확인
② 회로도 검토 : 전원계통의 Loop가 형성되는 경우 등을 검토
③ 연락처 : 비상시 대비하여 비상연락망 확인
④ 무전압 상태 확인 및 안전조치 : 차단기, 개폐기, 단로기, 회로 등 Open
⑤ 잔류전압 주의 : 콘덴서 및 케이블의 접속부 점검 시 접지 실시
⑥ 오조작 방지 : 인출형 차단기, 단로기 등은 '점검 중' 표찰 부착
⑦ 절연용 보호기구 준비
⑧ 쥐, 곤충 등의 침입 대책 수립

3. 아래 그림을 보고 태양전지 어레이의 개방전압 측정순서를 쓰시오.

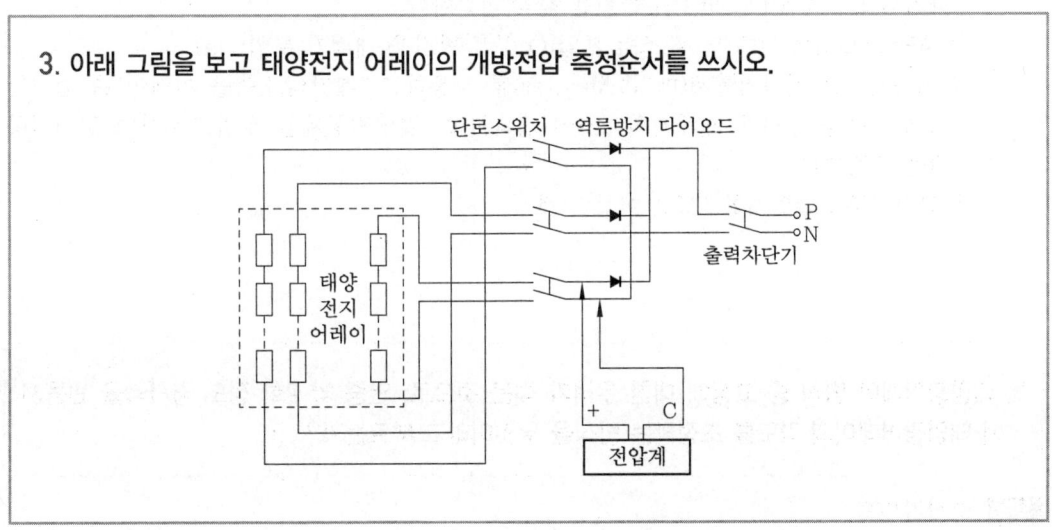

정답 접속함의 출력차단기 Off → 접속함 각 스트링의 단로스위치 Off → 각 모듈에 음영의 영향이 없는 것을 확인 → 측정하는 스트링의 단로스위치(MCCB, 퓨즈 등)만 On하고, 각 스트링의 P-N 단자 간 전압 측정

4. 아래 그림을 보고 태양전지 어레이의 절연저항의 측정순서를 쓰시오.

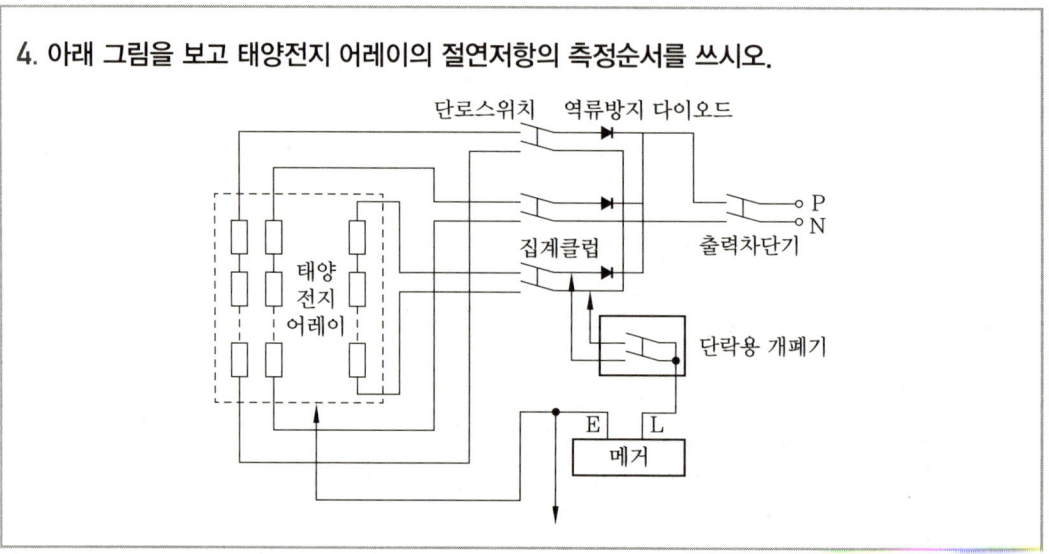

정답 ① 출력차단기를 개방(Off) 및 SPD의 접지단자 분리
② 단락용 개폐기(태양전지의 개방전압에서 차단전압이 높고, 출력개폐기와 동등 이상의 전류 차단능력을 가진 전류개폐기의 2차 측을 단락하여 1차 측에 각각 클립을 취부한 것) 개방(Off)
③ 전체 스트링의 MCCB 또는 퓨즈를 개방(Off)한다.
④ 측정하고자 하는 스트링의 MCCB 또는 퓨즈와 역류방지 다이오드 사이에 단락용 개폐기의 1차 측의 (+) 및 (-) 클립을 각각 접속한다.
⑤ 해당 스트링의 MCCB, 퓨즈를 투입(On) 후 단락용 개폐기 투입(On)
⑥ 계측기로는 절연저항계(메거 ; Megger)를 사용하고, 메거의 E측을 어레이 측 접지단자에, L측을 단락용 개폐기의 2차에 접속하고, 절연저항계를 투입(On)하여 절연저항 값을 측정한다.
⑦ 판정기준 : 절연저항 1MΩ 이상일 것

5. 태양광어레이 방식 중 고장에 대한 우려가 적은 것으로, 연중 약 2회 정도 경사각을 변동시켜 태양광어레이의 각도를 조정하는 방식을 무엇이라고 부르는가?

정답 경사가변형

6. 납축전지 사용 시 단자 부분에 흰색 가루가 발생하며, 축전지가 경년 열화되어 빠른 방전으로 이어지는 현상을 무엇이라고 하는가?

정답 설페이션(Sulfation) 혹은 황산염 백화현상 혹은 백화현상

7. 공사규모가 320억 원이고, 공사기간이 8개월인 전기공사의 경우 아래 표를 보고 간접노무비율을 계산하시오.

구 분	공사종류별	간접노무비율
공사 종류별	건축공사	14.5
	토목공사	15
	특수공사(포장, 준설 등)	15.5
	기타(전문, 전기, 통신 등)*	15
공사 규모별	50억 원 미만	14
	50~300억 원 미만	15
	300억 원 이상*	16
공사 기간별	6개월 미만	13
	6~12개월 미만*	15
	12개월 이상	17

정답 공사규모가 320억 원이고, 공사기간이 8개월인 전기공사의 경우이므로, 상기 표의 * 항목을 참조하면 다음과 같다.

$$발전원가 = \frac{15\% + 16\% + 15\%}{3} = 15.3\%$$

8. 태양광발전설비의 어레이 및 내부시스템에 대한 뇌서지 보호대책을 3가지 쓰시오.

정답 아래에서 3가지를 골라 작성한다.
① 접지 및 본딩
② 자기차폐
③ 선로의 경로
④ SPD 보호 등

9. 태양광발전소의 총 건설비용이 4억 원이었으며, 내용연수는 20년, 연간 유지비는 2천만 원, 연간 발전량은 200MWh일 경우 발전원가를 계산하시오(단위 : 원/kWh).

정답 발전원가 계산

$$간접노무비율 = \frac{\dfrac{초기\ 투자비용}{설비\ 수명연한} + 연간\ 유지관리비}{연간\ 총발전량}$$

$$= \frac{\dfrac{4억\ 원}{20년} + 2천만\ 원}{200\text{MWh}} = 200,000원/\text{MWh}$$

10. 일일 적산부하량이 300kWh인 부하에 태양광시스템이 연결되어 운전되고 있다. 축전지 용량(Ah)을 구하시오. (단, 보수율=0.8, 일조가 없는 날은 10일, 공칭축전지 전압은 2V, 축전지 직렬연결 개수는 260, 방전심도는 60%로 하고, 소수 첫째 자리에서 반올림한다.)

정답 12,019Ah

해설 ① 계산식

독립형 전원시스템용 축전지이므로,

$$C = \frac{L_d \times D_r \times 1,000}{L \times V_b \times N \times DOD} \text{(Ah)}$$

* L_d : 1일 적산 부하전력량(kWh)
D_r : 불일조 일수
L : 보수율
V_b : 공칭 축전지 전압(V)
N : 축전기 개수
DOD : 방전심도(일조가 없는 날의 마지막 날을 기준으로 결정)

② 상기 식으로부터

$$C = \frac{300 \times 10 \times 1,000}{0.8 \times 2 \times 260 \times 0.6} = 12,019.23\text{Ah}$$

11. 태양광발전소 준공 시 접속함 점검요령 3가지를 쓰시오.

[정답] 아래에서 3가지를 골라 작성한다.

점검항목		점검요령
육안점검	외함의 부식 및 파손	부식 및 파손이 없을 것
	방수 처리	전선 인입구가 실리콘 등으로 방수 처리되어 있을 것
	배선의 극성	태양전지에서 배선의 극성이 바뀌어 있지 않을 것
	단자대 풀림	확실하게 취부되고 나사의 풀림이 없을 것
측정	절연저항 (태양전지-접지 간)	0.2MΩ 이상 측정전압 DC 500V(각 회로마다 전부 측정)
	절연저항 (중간단자함 출력단자-접지 간)	1MΩ 이상 측정전압 DC 500V
	개방전압 및 극성	규정전압이어야 하고 극성이 올바를 것

12. 태양광발전소의 모듈 및 가대 등으로 흐를 수 있는 누설전류의 이상 유무를 체크하는 방법과 그 판정기준을 쓰시오.

[정답] ① 누설전류의 이상 유무 체크방법 : 절연저항 측정
② 판정기준 : 절연저항 1MΩ 이상일 것

13. 태양광발전소에서 폭설이 20~30cm 내릴 시에도 눈이 자연스럽게 모듈을 타고 흘러내릴 수 있게 하는 모듈 경사각의 한계는 얼마인가?

[정답] 30° 혹은 30~40°

[해설] 최근의 연구에 따르면 약 30°가 폭설피해를 막을 수 있는 한계 각도로 알려져 있으며, 지역에 따라서는 더 크게 약 40°까지 설치하는 경우도 있다.

14. PV 어레이에서 파워컨디셔너 설치 위치까지의 거리가 100[m], 전선의 단면적이 6[mm^2], 전압이 650[VDC], 전류가 9[A]일 때 전압강하는 몇 [%]인가? (단, 소수점 셋째 자리에서 반올림한다.)

정답 0.83[%]

해설 직류 2선식에서의 전압강하(e) 계산식

$$e = \frac{35.6 \times L \times I}{1,000 \times A} = \frac{35.6 \times 100 \times 9}{1,000 \times 6} = 5.34[V]$$

$$전압강하율 = \frac{5.34}{650-5.34} \times 100 = 0.83[\%]$$

15. 인버터 회로 방식을 3가지 쓰고 각 특징을 설명하시오.

정답 인버터(파워컨디셔너)를 회로 절연방식에 의해 분류하면 다음과 같다.

종류	설명
상용주파 절연방식	• 태양전지 직류출력을 상용주파의 교류로 변환한 후 변압기로 절연한다. • 제어부가 가장 간단하여 안정성이 우수하다. • 내뢰성 및 노이즈 커트 특성이 우수하다. • 변압기 때문에 효율이 떨어지고 부피와 무게가 커진다. • 3상 10kW 이상에 주로 적용한다(주로 복권변압기 적용 방식이다).
고주파 절연방식	• 태양전지의 직류출력을 고주파 교류로 변환 후, 소형 고주파 변압기로 절연한다. 그다음 일단 직류로 변환하고 다시 상용 주파수 교류로 변환한다. • 저주파 절연변압기를 사용하지 않기 때문에 고효율화, 소형 경량화, 저가화가 가능하다. • 많은 파워소자로 구성이 복잡하다.
트랜스리스 방식	• 태양전지의 직류출력을 DC-DC 컨버터로 승압하고 DC/AC 인버터로 상용주파수의 교류로 변환한다. • 저주파 변압기를 사용하지 않기 때문에 고효율화, 소형경량화, 저가화에 가장 유리하다. • 주택용(3kW 이하)에 많이 적용되는 절연방식이다. • 변압기를 사용하지 않기 때문에 안정성에 불리하다(복잡한 안정성 제어가 필요).

16. 태양광발전소에서 상용 전력계통과 연계하여 생산전력을 역송병렬 형태로 한전 등에 판매 가능하도록 설치하는 시스템의 형태를 무엇이라고 부르는가?

정답 계통연계형 시스템

17. 임야에 태양광발전설비를 아래의 조건으로 설치한다고 할 때 다음 문제에 답하시오.

[조건]
- 설비용량 : 500[kWp]
- SMP : 100[원/kWh]
- REC : 100[원/kWh]
- 할인율 : 3.0[%]
- 일평균 발전시간(hour) : 2.4
- 모듈발전량 경년 감소율 : 0.5[%]

① 전력 판매단가(원/kWh)를 구하시오.
② 시스템 이용률을 구하시오.
③ 5년간을 기준으로 비용편익비율(CBR)을 구하고, 사업의 타당성을 평가하시오.
  (단, 발전 비용은 0차년도는 3억 원, 1~5차년도는 각 3천만 원으로 하며, 매년 및 총 발전용량과 비용 계산 시 소수점 첫째 자리에서 반올림한다.)

정답 및 해설

① 전력 판매단가 계산 : 아래 '가중치 적용표'의 *를 참조하여,
  전력 판매가격=SMP+REC×가중치=100+100×1.0=200원/kWh

구 분	공급인증서 가중치	대상에너지 및 기준	
		설치유형	세부기준
태양광에너지	1.2	일반부지에 설치하는 경우	100kw 미만
	1.0*		100kW부터*
	0.7		3,000kW 초과부터
	1.5	건축물 등 기존 시설물을 이용하는 경우	3,000kW 이하
	1.0		3,000kW초 과부터
	1.5	유지의 수면에 부유하여 설치하는 경우	

	0.25	IGCC, 부생가스	
	0.5	폐기물, 매립지가스	
	1.0	수력, 육상풍력, 바이오에너지, RDF 전소발전, 폐기물 가스화 발전, 조력(방조제 有)	
기타	1.5	목질계 바이오매스 전소발전, 해상풍력(연계거리 5km 이하)	
신·재생에너지	2.0	연료전지, 조류	
	2.0	해상풍력(연계거리 5km초과), 지열, 조력(방조제 無)	고정형
	1.0~2.5		변동형
	5.5	ESS 설비(풍력설비 연계)	2015년
	5.0		2016년
	4.5		2017년

② 시스템 이용률 계산

$$\text{시스템 이용률} = \frac{\text{일평균 발전시간}}{24} \times 100 = \frac{2.4}{24} \times 100 = 10\%$$

③ 5년간 비용편익비율(CBR) 및 경제성 평가
- 1차년도 발전용량[kWh/year] = $500 \times 24 \times 365 \times 0.1 \times 0.995 = 435,810$[kWh/년]
- 1차년도 발전수익 = 200원/kWh × 435,810[kWh/년] = 87,162,000원
- 2차년도 발전용량[kWh/year] = 435,810[kWh/년] × 0.995 = 433,631[kWh/년]
- 2차년도 발전수익 = 200원/kWh × 433,631[kWh/년] = 86,726,200원
- 3차년도 발전용량[kWh/year] = 433,631[kWh/년] × 0.995 = 431,463[kWh/년]
- 3차년도 발전수익 = 200원/kWh × 431,463[kWh/년] = 86,292,600원
- 4차년도 발전용량[kWh/year] = 431,463[kWh/년] × 0.995 = 429,306[kWh/년]
- 4차년도 발전수익 = 200원/kWh × 429,306[kWh/년] = 85,861,200원
- 5차년도 발전용량[kWh/year] = 429,306[kWh]년] × 0.995 = 427,159[kWh]년]
- 5차년도 발전수익 = 200원/kWh × 427,159[kWh]년] = 85,431,800원

총 편익 = 431,473,800원

또한, $\sum \frac{B_i}{(1+r)^i} = \frac{87,162,000}{(1+0.03)^1} + \frac{86,726,200}{(1+0.03)^2} + \frac{86,292,600}{(1+0.03)^3}$

$+ \frac{85,861,200}{(1+0.03)^4} + \frac{85,431,800}{(1+0.3)^5}$

$= 395,321,801$원

$\sum \frac{C_i}{(1+r)^i} = \frac{300,000,000}{(1+0.03)^0} + \frac{30,000,000}{(1+0.03)^1} + \frac{30,000,000}{(1+0.03)^2}$

$+ \frac{30,000,000}{(1+0.03)^3} + \frac{30,000,000}{(1+0.03)^4} + \frac{30,000,000}{(1+0.03)^5}$

$= 437,391,216$원

따라서, 비용·편익비(CBR ; Benefit-Cost Ratio, B/C Ratio)는

$\dfrac{\text{총편익}}{\text{총비용}} = \dfrac{395,321,801원}{437,391,216원} = 0.904$이고, '1'보다 적으므로 사업의 타당성이 없다.

---

18. 아래 표의 어레이의 경사각을 20°에서 30°로 변경했더니 일사량이 10% 증가하였다. 실제 발전량 측면에서의 일평균 발전시간은 몇 시간인가? (단, 시스템발전효율은 0.85로 하고, 소수점 셋째 자리에서 반올림한다.)

월	1월	2월	3월	4월	5월	6월	7월	8월	9월	10월	11월	12월
월일사량	100	90	90	100	120	130	120	100	100	120	110	100

*주 : 월일사량은 월별 경사각 20°에서의 태양광어레이 경사면 일사량(kWh/m²)이다.

정답 경사각 30°에서의 연간 일사량
= (100+90+90+100+120+130+120+100+100+120+110+100) × 1.1
= 1,408 kWh/m²

따라서, 일평균 발전시간 = 1,408 ÷ 365 × 0.85 = 3.28시간

---

19. 최대전력 50kW인 태양광발전소의 경우, 아래 주어진 조건에 따라 다음 질문에 답하시오.
(단, 모듈 최저온도는 -12℃, 모듈 최고온도는 73℃이며, 직류 측 전압강하는 무시한다.)

태양전지 모듈특성		인버터 특성	
최대전력 P_{max}	250W	최대입력전력[kW]	50
개방전압 V_{oc}	36.4	MPPT 범위[V]	350~500
단락전류 I_{sc}	33.0	최대입력전압[V]	700
최대전압 V_{mpp}	8.4A	최대입력전류[A]	120
최대전류 I_{mpp}	8.1A	정격출력[kW]	50
전압온도변화(V_{oc}/℃)	0.33%	주파수[Hz]	60

① 모듈 최고 및 최저온도에서의 V_{oc} 및 V_{mpp}를 각각 계산하시오.
② 최적의 직렬 및 병렬 모듈수를 구하시오.
③ 인버터의 용량 선정 시 몇 kW급을 몇 대로 해야 하는가?

정답 ① 모듈 최고 및 최저온도에서의 V_{oc} 및 V_{mpp} 계산

전압온도변화율($V_{oc}/℃$)을 이용하여 모듈의 최저 및 최고온도에서의 V_{oc} 및 V_{mpp}를 각각 구한다.

(가) $V_{oc}(-12℃) = V_{oc} \times (1+\gamma \cdot \theta) = 45.1 \times \{1-0.0011 \times (-12-25)\} = 46.936\,V$

  * γ : V_{oc} 온도계수(전압온도변화율), θ : STC 조건 온도편차($T_{cell}-25℃$)

(나) $V_{mpp}(-12℃) = V_{mpp} \times \left(1 + \dfrac{V_{mpp}}{V_{oc}}\gamma \cdot \theta\right)$

$= 35.9 \times \left\{1 + \dfrac{35.9}{45.1} \times (-0.0011) \times (-12-25)\right\} = 37.063\,V$

(다) $V_{oc}(73℃) = 45.1 \times \{1-0.0011 \times (73-25)\} = 42.719\,V$

(라) $V_{mpp}(73℃) = 35.9 \times \left\{1 + \dfrac{35.9}{45.1} \times (-0.0011) \times (73-25)\right\} = 34.391\,V$

② 최적의 직·병렬 모듈수 계산

(가) 최대 직렬 수 $= \dfrac{\text{PCS 최대 입력전압}}{\text{모듈 온도가 최저인 상태의 개방전압 } V_{oc}}$

$= \dfrac{700}{46.936} = 14.91 \rightarrow 14$장

(나) 최저 직렬 수 $= \dfrac{\text{PCS 입력전압 변동범위의 최저값}}{\text{모듈 온도가 최고인 상태의 } V_{mpp}}$

$= \dfrac{350}{34.391\,V} = 10.18 \rightarrow 11$장

(다) 최적의 직·병렬수 계산

14직렬일 경우 $\rightarrow \dfrac{50,000\,W}{14 \times 280\,W} = 12.76 \rightarrow$ 병렬 12장

☞ 직렬 14장 × 병렬 12장 × 280W = 47,040W

13직렬일 경우 $\rightarrow \dfrac{50,000\,W}{13 \times 280\,W} = 13.24 \rightarrow$ 병렬 13장

☞ 직렬 13장 × 병렬 13장 × 280W = 47,320W

12직렬일 경우 $\rightarrow \dfrac{50,000\,W}{12 \times 280\,W} = 14.88 \rightarrow$ 병렬 14장

☞ 직렬 12장 × 병렬 14장 × 280W = 47,040W

11직렬일 경우 $\rightarrow \dfrac{50,000\,W}{11 \times 280\,W} = 16.23 \rightarrow$ 병렬 16장

☞ 직렬 11장 × 병렬 16장 × 280W = 49,280W

따라서 최대의 전력을 생산할 수 있는 직·병렬수 = 직렬 11장 × 병렬 16장

③ 인버터 정격용량 선정

인버터의 전체 용량 $= \dfrac{49,280\,W}{1.05} = 46,933\,W = 46.933\,kW$ 이상

또한 주어진 표에서 인버터의 정격용량은 50kW이므로 '50kW × 1대'로 선정한다.

2015년 11월 7일 시행
신재생에너지 발전설비산업기사 실기

1. 태양광어레이 중 추적방향에 따른 종류 2가지를 쓰시오.

정답 양방향 추적식, 단방향 추적식

2. 계통연계형 인버터의 구성 시스템 방식의 종류 3가지를 쓰시오.

정답 아래에서 3가지를 골라 작성한다.
마스터 슬래브 인버터 방식, 중앙집중식 인버터 방식, 모듈 인버터 방식, 스트링 인버터 방식, 서브어레이 인버터 방식, 분산형 인버터 방식, 병렬인버터 방식

3. STC 조건 3가지를 쓰시오.

정답 표준시험조건(STC ; Standard Test Conditions) 3가지
① 태양광발전소자 접합온도 : 25℃
② AM 1.5(대기질량) : 직달 태양광이 지구 대기를 48.2° 경사로 통과(태양 고도각은 41.8°)
③ 광 조사강도 : $1kW/m^2$

4. 구조물 설치 시 기초의 종류와 용도 5가지를 쓰시오.

정답 아래에서 5가지를 골라 작성한다.
① 직접기초(얕은 기초)
  ㈎ 독립 Footing 기초 : 건조물의 하중을 받는 각 모서리, 기둥 등을 단독적으로 지탱하게 함(한 개의 기둥 등을 지지하는 경우)
  ㈏ 연속 Footing 기초 : 일련의 연속된 형태로 건물의 외벽 등을 전체적으로 떠받침(부동침하 방지, 지진하중 방어에 효과적)

㈐ 복합 Footing 기초 : 독립 Footing 기초와 연속 Footing 기초가 합쳐진 형태로, 도로 및 대지 경계선에 인접한 외곽기둥의 기초판과 내부 기초판을 하나로 묶어 이것의 도심에 두 기둥하중의 합력이 작용하도록 한 기초

㈑ 전면기초 : 건조물을 방석 형태의 기초로 전체 바닥면을 떠받치게 함(하나의 큰 슬래브로 연결하여 지반에 작용하는 단위압력을 감소시키려는 경우)

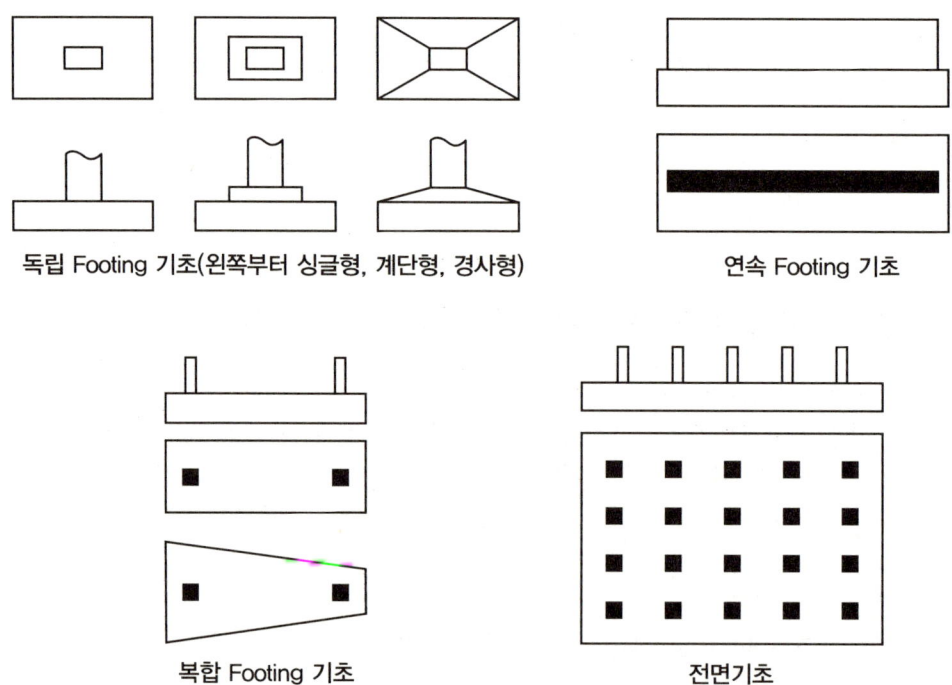

독립 Footing 기초(왼쪽부터 싱글형, 계단형, 경사형)　　연속 Footing 기초

복합 Footing 기초　　전면기초

② 깊은 기초
  ㈎ 말뚝기초 : 보통 파지 않고 지반 속에 때려 박아서 단단한 지반에 연결하고자 하는 경우에 사용하는 방식
  ㈏ 케이슨 기초 : 원통형 혹은 상자형 케이슨을 자중 또는 적재 하중에 의하여 소정의 깊이까지 침하시키는 방법(지하수 영향 큰 지역, 하상, 수상 등 특수지역에 주로 적용)
  ㈐ 피어 기초 : 시공 전에 굴착한 후 현장 콘크리트 타설하는 방식

5. 주택용 태양광의 설계 · 시공 시 고려사항 3가지를 쓰시오.

[정답] 아래에서 3가지를 골라 작성한다.
  ① 설계 시 고려사항

㈎ 주택용 태양광발전 시스템의 경우에는 전력회사에서 공급받는 전력량과 설치자가 전력회사로 역조류한 잉여전력량을 동시에 계량할 수 있어야 한다.
㈏ 주택용 파워컨디셔너에는 운전 상태를 감시하기 위해 발전전력의 검출기능과 그 계측결과를 표시하기 위한 LED나 액정디스플레이 등의 표시장치를 갖추고 있는 것이 좋다.
㈐ 주택용 파워컨디셔너의 종류로는 비교적 간단하면서도 효율이 우수한 트랜스리스 인버터를 적용 검토 가능하다.
㈑ 최근에는 파워컨디셔너와는 별도로 표시장치를 설치하고, 거실 등의 떨어진 위치에서 태양광발전 시스템의 운전 상태를 모니터링하는 제품, CO_2의 삭감량 표시 기능이 있는 제품 등이 다양하게 개발되고 있다.
㈒ 구조물은 안전을 고려한 사전 구조 검토를 하여야 한다.
㈓ 상정하중에 대한 강도 : 고정하중, 적설하중, 활하중, 풍하중, 지진하중 등
㈔ 기후 : 적설이 녹아서 흘러내릴 수 있는 각도 및 지면과의 이격거리 등
② 시공 시 고려사항
㈎ 연중 음영이 적은 위치에 설치한다.
㈏ 방위 및 경사가 적절해야 한다.
㈐ 인접 건물과의 거리가 충분해야 한다.
㈑ 건축과의 조화를 이뤄야 한다.
㈒ 형상과 색상이 기능성 및 건물과 조화를 이뤄야 한다.
㈓ 건축물과의 통합 수준을 향상시켜야 한다.
㈔ 유지보수가 용이해야 한다.

6. 아래 그림과 같이 축전지는 대전류 부하 시 정류기를 통하여 제어하지만 일시적으로 부하가 급증할 때 방전하고, 출력 증대로 인한 계통전압 상승 시 충전하는 방식을 무엇이라고 하는가?

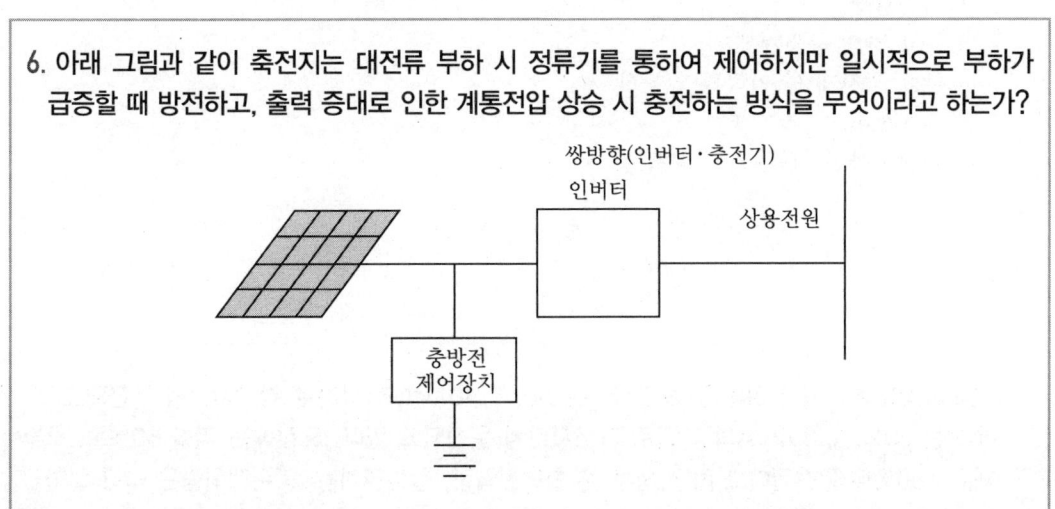

정답 계통안정화 대응형 축전지

7. 태양광발전 시스템의 시공 시 태양전지 모듈의 배선이 끝난 후 측정 및 확인하여야 할 사항을 3가지 쓰시오.

정답 모듈의 극성 확인, 전압 및 단락전류 확인, 양극과의 접지 여부(비접지)

8. 분산형 전원 연계 시 저압의 연결기준 및 전압(단상, 3상)은 각각 얼마인가?

정답 ① 저압의 연결기준 : 500kW 미만
② 단상 : 단상2선 220V
③ 3상 : 3상4선 380V

9. 시공계획서 작성 시 기준이 되는 6가지 항목을 쓰시오.

정답 아래에서 6가지를 골라 작성한다.
① 현장 조직표
② 세부 공정표
③ 주요 공정의 시공절차 및 방법
④ 시공일정
⑤ 주요 장비 동원계획
⑥ 주요 기자재 및 인력투입 계획
⑦ 주요설비
⑧ 품질·안전·환경관리 대책 등

10. 50kVA의 변압기가 하루 중 오전에는 20kVA, 40kVA의 부하로 각 6시간씩 운전되고, 오후에는 50kVA, 30kVA의 부하로 각 6시간씩 운전되고 있다. 오전에는 역률 80%로, 오후에는 100%로 운전된다고 하면 하루 총 출력전력량, 철손전력량, 동손전력량은 각각 얼마인가? (단, 이 변압기의 철손은 600W, 전부하율의 동손은 1,000W라 한다.)

정답 ① 하루 총 출력전력량=$(20\times6+40\times6)\times0.8+(50\times6+30\times6)\times1.0$
    　　　　　　　　　　=768[kWH]
② 철손전력량은 부하와 무관하므로,
　　　철손전력량=$600\times24=14,400W=14.4$[kWH]
③ 동손전력량은 부하율의 제곱에 비례하므로,
　　　동손전력량=$1,000\times6\times\left\{\left(\frac{20}{50}\right)^2+\left(\frac{40}{50}\right)^2+\left(\frac{50}{50}\right)^2+\left(\frac{30}{50}\right)^2\right\}$
　　　　　　　　=$12,960W=12.96$[kWH]

11. 태양광발전설비에서 전압이 400[V] 미만일 때 접지공사의 종류와 접지용량[Ω]을 쓰시오.

정답 ① 접지공사의 종류 : 제3종 접지공사
② 접지용량[Ω] : 100Ω

해설 1. 접지공사의 적용

기계기구의 구분	접지공사
400V 미만의 저압용	제3종 접지공사
400V 이상의 저압용	특별 제3종 접지공사
고압용 또는 특별고압용	제1종 접지공사

2. 접지의 종류별 접지저항

접지공사의 종류	접지저항
제1종 접지공사	10Ω
제2종 접지공사	변압기 고압 측 또는 특별고압 측 전로의 1선 지락 전류 암페어 수에서 150을 나눈 값의 옴 수
제3종 접지공사	100Ω
특별 제3종 접지공사	10Ω

12. 태양전지판이 주변의 음영이나 기타의 오염에 의해 다음과 같은 출력으로 병렬로 연결되었을 때 총 출력은 얼마인지 계산하시오.

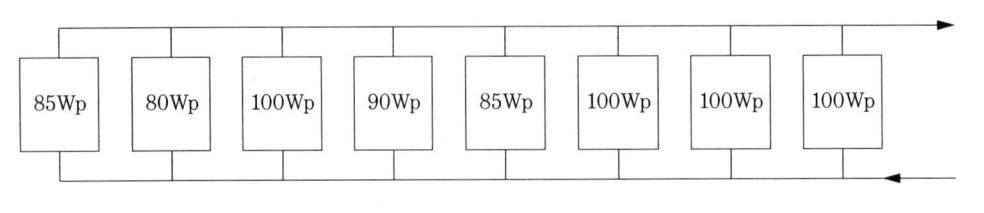

정답 병렬연결이므로, 총 출력은 다음과 같다.

총 출력 = 85Wp+80Wp+100Wp+90Wp+85Wp+100Wp+100Wp+100Wp=740Wp

13. 허용지내력이 20[kgf/m²]인 가정집 옥상에 설치한 태양광의 총 출력이 6[kWp]이고 효율이 20%일 때 모듈의 면적(m²)을 구하시오. (단, STC 조건으로 계산하시오.)

정답 모듈변환효율 $= \dfrac{\text{모듈출력(W)}}{\text{모듈면적(m}^2) \times 1,000\,(\text{W/m}^2)} \times 100\,(\%)$ 공식에서,

$$\text{모듈면적(m}^2) = \dfrac{\text{모듈출력(W)}}{\text{모듈변환효율} \times 1,000\,(\text{W/m}^2)} \times 100$$

$$= \dfrac{6,000\,(\text{W})}{20\% \times 1,000\,(\text{W/m}^2)} \times 100 = 30\,\text{m}^2$$

14. 태양광발전 시스템에서 고려하여야 할 상정하중의 종류 4가지를 쓰시오.

정답 아래에서 4가지를 골라 작성한다.

구 분		내 용
수직하중	고정하중	어레이+프레임+서포트 하중
	적설하중	경사계수 및 눈의 단위 질량 고려
	활하중	건축물 및 공작물 점유 시 발생 하중
수평하중	풍하중	어레이에 가한 풍압과 지지물에 가한 풍합 하중 풍력계수, 환경계수, 용도계수, 가스트계수 고려
	지진하중	지지층의 전단력 계수 고려

15. 아래 주어진 조건을 보고 태양광모듈에서 접속반까지의 전압강하율(%)을 계산하시오. (모듈 18개, 전선길이 75m, 단면적 6.0 F-CV 전선)

[조건]
- P_{max} : 300
- I_{sc} : 8.85
- I_{mpp} : 8.27
- V_{oc} : 45.1
- V_{mpp} : 36.3

정답 ① 전압강하(e)를 계산하면,

$$e = \frac{35.6 \times L \times I}{1,000 \times A} = \frac{35.6 \times 75 \times 8.27}{1,000 \times 6} = 3.68[V]$$

② 전압강하율 $= \frac{3.68}{36.3 - 3.68} \times 100 = 11.28[\%]$

16. 아래 그림을 보고 태양전지 어레이의 절연저항의 측정순서를 쓰시오.

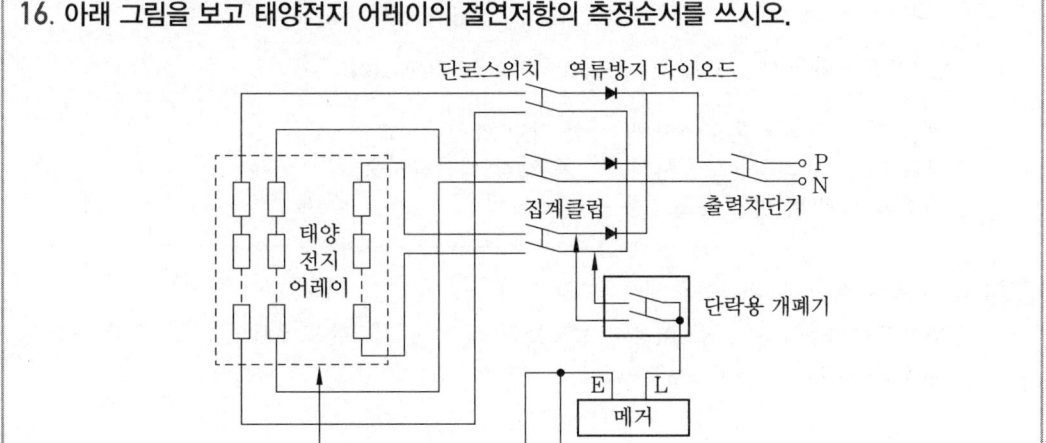

정답 ① 출력차단기를 개방(Off) 및 SPD의 접지단자 분리
② 단락용 개폐기(태양전지의 개방전압에서 차단전압이 높고, 출력개폐기와 동등 이상의 전류 차단능력을 가진 전류개폐기의 2차 측을 단락하여 1차 측에 각각 클립을 취부한 것) 개방(Off)
③ 전체 스트링의 MCCB 또는 퓨즈를 개방(Off)한다.
④ 측정하고자 하는 스트링의 MCCB 또는 퓨즈와 역류방지 다이오드 사이에 단락용 개폐기의 1차 측의 (+) 및 (-) 클립을 각각 접속한다.

⑤ 해당 스트링의 MCCB, 퓨즈를 투입(On) 후 단락용 개폐기 투입(On)
⑥ 계측기로는 절연저항계(메거 ; Megger)를 사용하고, 메거의 E측을 어레이 측 접지단자에, L측을 단락용 개폐기의 2차에 접속하고, 절연저항계를 투입(On)하여 절연저항값을 측정한다.
⑦ 판정기준 : 절연저항 1MΩ 이상일 것

17. 최대전력 50kW인 태양광발전소의 경우, 아래 주어진 조건에 따라 다음 질문에 답하시오. (단, 모듈 최저온도는 -12℃, 모듈 최고온도는 73℃이며, 직류 측 전압강하는 무시한다.)

태양전지 모듈특성		인버터 특성	
최대전력 P_{max}	280[wp]	최대입력전력[kW]	50
개방전압 V_{oc}	45.1	MPPT 범위[V]	350~500
단락전류 I_{sc}	8.27	최대입력전압[V]	700
최대전압 V_{mpp}	35.9	최대입력전류[A]	120
최대전류 I_{mpp}	11.8	정격출력[kW]	50
전압온도변화율 (V_{oc}/℃)	-0.11%	주파수[Hz]	60

① 모듈 최고 및 최저온도에서의 V_{oc}를 각각 계산하시오.
② 모듈 최고 및 최저온도에서의 V_{mpp}를 각각 계산하시오.
③ 최적의 직렬 및 병렬 모듈수를 구하시오.

정답 ① 모듈의 최저 및 최고온도에서의 V_{oc} 계산

전압온도변화율(V_{oc}/℃)을 이용하여 모듈의 최저 및 최고온도에서의 V_{oc}를 각각 구한다.

(가) $V_{oc}(-12℃) = V_{oc} \times (1 + \gamma \cdot \theta)$
$= 45.1 \times \{1 - 0.0011 \times (-12 - 25)\} = 46.936$ V

* γ : V_{oc} 온도계수(전압온도변화율), θ : STC 조건 온도편차(T_{cell} - 25℃)

(나) $V_{oc}(73℃) = 45.1 \times \{1 - 0.0011 \times (-73 - 25)\} = 42.719$ V

② 모듈의 최저 및 최고온도에서의 V_{mpp} 계산

(가) $V_{mpp}(-12℃) = \left(1 + \dfrac{V_{mpp}}{V_{oc}} \gamma \cdot \theta \right)$
$= 35.9 \times \left\{1 + \dfrac{35.9}{45.1} \times (-0.0011) \times (-12 - 25)\right\} = 37.063$ V

(나) $V_{mpp}(73℃) = 35.9 \times \left\{1 + \dfrac{35.9}{45.1} \times (-0.0011) \times (73 - 25)\right\} = 34.391$ V

③ 최적의 직·병렬 모듈수 계산

(가) 최대 직렬 수 = $\dfrac{\text{PCS 최대 입력전)}}{\text{모듈 온도가 최저인 상태의 개방전압 } V_{oc}{'}}$

$= \dfrac{700}{46.936} = 14.91 \rightarrow 14$장

(나) 최저 직렬 수 = $\dfrac{\text{PCS 입력전압 변동범위의 최저값}}{\text{모듈 온도가 최고인 상태의 } V_{mpp}{'}}$

$= \dfrac{350}{34.391\text{V}} = 10.18 \rightarrow 11$장

(다) 최적의 직·병렬수 계산

14직렬일 경우 $\rightarrow \dfrac{50,000\text{W}}{14 \times 280\text{W}} = 12.76 \rightarrow$ 병렬 12장

☞ 직렬 14장 × 병렬 12장 × 280W = 47,040W

13직렬일 경우 $\rightarrow \dfrac{50,000\text{W}}{13 \times 280\text{W}} = 13.74 \rightarrow$ 병렬 13장

☞ 직렬 13장 × 병렬 13장 × 280W = 47,320W

12직렬일 경우 $\rightarrow \dfrac{50,000\text{W}}{12 \times 280\text{W}} = 14.88 \rightarrow$ 병렬 14장

☞ 직렬 12장 × 병렬 14장 × 280W = 47,040W

11직렬일 경우 $\rightarrow \dfrac{50,000\text{W}}{11 \times 280\text{W}} = 16.23 \rightarrow$ 병렬 16장

☞ 직렬 11장 × 병렬 16장 × 280W = 49,280W

따라서 최대의 전력을 생산할 수 있는 직·병렬수 = 직렬 11장 × 병렬 16장

◈ 주요 참고문헌

1. 국내서적

조용덕 외, 『신재생에너지』, 이담.
일본화학공학회, 『신재생에너지공학』, 북스힐.
이재근 외, 『신재생에너지 시스템설계』, 홍릉과학출판사.
김원정 외, 『신재생에너지』, 한티미디어.
박형동 외, 『신재생에너지』, 씨아이알.
위용호 역, 『공기조화 핸드북』, 세진사.
신치웅, 『SI단위 공기조화설비』, 기문당.
신정수, 『공조냉동기계 · 건축기계설비기술사 용어풀이 대백과』, 일진사.
신정수, 『공조냉동기계 · 건축기계설비기술사 용어해설』, 일진사.
신정수, 『공조냉동기계 · 건축기계설비기술사 핵심 600제』, 일진사.
신정수, 『신재생에너지발전설비(태양광) 기사 · 산업기사 필기』, 일진사.
신정수, 『신재생에너지 시스템공학』, 일진사.

2. 외국서적

R. Gavasci, *Environmental Engineering and Renewable Energy*, Elsevier.
IEA-RETD, *READy Renewable Energy Action on Deployment*, Elsevier.
Luo, Fang Lin, *Renewable Energy Systems*, Taylor&Francis.
Sayigh, Ali, *Comprehensive Renewable Energy*, Elsevier.
Aldo V. da Rosa, *Fundamentals of Renewable Energy Processes*, Elsevier.
Goodstal, Gary, *Electrical Theory for Renewable Energy*, Cengage Learning.
Phillip Olla, *Global Sustainable Development and Renewable Energy Systems*, Igi Global.
Ehrilich, Robert, *Renewable Energy*, Taylor&Francis.

신정수

- (주) 제이앤지 신재생에너지 기술연구소장
- 전주 비전대학교 신재생에너지과 겸임교수
- 건축기계설비기술사
- 공조냉동기계기술사
- 신재생에너지발전설비기사
- 한국기술사회 정회원
- 저서:『신재생에너지 시스템공학』
  『신재생에너지발전설비(태양광) 기사・산업기사 필기』
  『공조냉동기계/건축기계설비기술사 핵심 600제』
  『공조냉동기계/건축기계설비 기술사용어해설』

신재생에너지발전설비(태양광) 기사・산업기사 실기

2016년 1월 10일 인쇄
2016년 1월 15일 발행

저　자 : 신정수
펴낸이 : 이정일

펴낸곳 : 도서출판 **일진사**
www.iljinsa.com

(우) 04317 서울시 용산구 효창원로 64길 6
전화 : 704-1616 / 팩스 : 715-3536
등록 : 제1979-000009호 (1979.4.2)

값 25,000원

ISBN : 978-89-429-1473-9